Beuth Bauelemente

Elektronik 2

Klaus Beuth

Bauelemente

15., überarbeitete Auflage

Vogel Buchverlag

Zur Fachbuchgruppe „Elektronik"
gehören die Bände:

Klaus Beuth/Olaf Beuth: Elementare Elektronik

Heinz Meister: Elektrotechnische Grundlagen (Elektronik 1)

Klaus Beuth: Bauelemente (Elektronik 2)

Klaus Beuth/Wolfgang Schmusch: Grundschaltungen (Elektronik 3)

Klaus Beuth: Digitaltechnik (Elektronik 4)

Helmut Müller/Lothar Walz: Mikroprozessortechnik (Elektronik 5)

Wolfgang Schmusch: Meßtechnik (Elektronik 6)

Klaus Beuth/Richard Hanebuth, Günter Kurz: Nachrichtentechnik (Elektronik 7)

Wolf-Dieter Schmidt: Sensorschaltungstechnik (Elektronik 8)

Die Deutsche Bibliothek – CIP-Einheitsaufnahme

Elektronik. – Würzburg : Vogel.
2. Bauelemente / Klaus Beuth. – 15., überarb. Aufl. – 1997
(Vogel-Fachbuch)
ISBN 3-8023-1713-0
NE: Beuth, Klaus

ISBN 3-8023-1713-0
15. Auflage, 1997

Herstellung: Universitätsdruckerei H. Stürtz AG, Würzburg

Vorwort

Die Elektronik dringt in immer weitere Bereiche unseres beruflichen und privaten Lebens ein. Vor wenigen Jahren hatte nur eine geringe Zahl von Spezialisten mit elektronischen Bauelementen zu tun. Heute müssen sich Angehörige sehr verschiedenartiger Berufe mit der Elektronik, das heißt mit den elektronischen Bauelementen und den elektronischen Schaltungen, auseinandersetzen. Kraftfahrzeuge, Büromaschinen, Haushaltsgeräte und Uhren – um nur einige Dinge unserer Umwelt zu nennen – enthalten in zunehmendem Maße „Elektronik". Moderne Operationsräume und Praxisräume von Ärzten bekommen eine gewisse Ähnlichkeit mit Elektroniklabors.

Die Entwicklung schreitet auf dem Gebiet der Elektronik außerordentlich rasch voran. Häufige Fortbildung, ein dauerndes Lernen, wird für alle, die in ihrem Beruf Könner sein und bleiben wollen, zur unumgänglichen Notwendigkeit. Das vorliegende Buch ist das Ergebnis langjähriger Erfahrung, die der Autor in Fachschulen und bei der Durchführung von Erwachsenenfortbildungskursen auf dem Gebiet der Elektronik und Datenverarbeitung gewinnen konnte. Die verhältnismäßig komplizierten Zusammenhänge werden anschaulich und leicht faßlich dargestellt. Viele Abbildungen und Skizzen erleichtern das Verständnis. Auf allzuviel Mathematik wird bewußt verzichtet, denn das Buch wendet sich an den Praktiker. Die für die Praxis wichtigen Stoffinhalte werden ausführlich, die lediglich theoretisch interessierenden Stoffinhalte werden nur kurz behandelt.

Die einzelnen Abschnitte sind so aufgebaut, daß ein Selbststudium ohne Schwierigkeiten möglich ist, obwohl das Buch in erster Linie als unterrichtsbegleitendes Lernmittel gedacht ist. Ein Lernziel-Test mit Fragen und Aufgaben am Ende eines jeden Kapitels gibt Auskunft über den Lernerfolg und den erreichten Grad des Verstehens. Die Lösungen der Lernziel-Test-Aufgaben sind auf den letzten Buchseiten angegeben.

Studierende verschiedener Fachrichtungen, Ingenieure, Techniker, Meister und Facharbeiter unterschiedlichster Berufe, die über elektrotechnische Grundkenntnisse verfügen, können das Buch mit gutem Erfolg nutzen. Aber auch ausgesprochene Nichttechniker, wie Mediziner, Biologen, Pharmazeuten und Schüler höherer Schulen, finden hier einen ballastarmen Einstieg in die Elektronik.

Die dargestellten Beispiele und die vorgeführten Berechnungen sind praktischen Anwendungsfällen entnommen.

Waldkirch — Klaus Beuth

Inhaltsverzeichnis

1. Einführung in die Oszillographenmeßtechnik

1.1. Allgemeines

Der Oszillograph ist ein sehr vielseitig einsetzbares Sichtgerät, das die Möglichkeit bietet, Messungen durchzuführen. Ein Festhalten der Darstellung ist mit einer Registriereinrichtung möglich.
Der Name „Oszillograph" kommt von oscillare, lat. = schwingen, und grafein, griech. = schreiben. Oszillograph heißt also Schwingungsschreiber. Schreiben im eigentlichen Sinne, das heißt aufzeichnen und festhalten, erfolgt jedoch nur bei einigen Spezial-Oszillographen mit Registriereinrichtung. Bei den meisten Oszillographen wird nichts festgehalten. Sie sind reine Sichtgeräte und werden treffender als *Oszilloskope* bezeichnet (scopein, griech. = sehen, Oszilloskop = Schwingungssichtgerät).

> *Mit Hilfe eines Oszilloskops ist es möglich, den zeitlichen Verlauf einer elektrischen Spannung sichtbar zu machen.*

$$U = f(t)$$

U ist eine Funktion der Zeit (Bild 1.1).

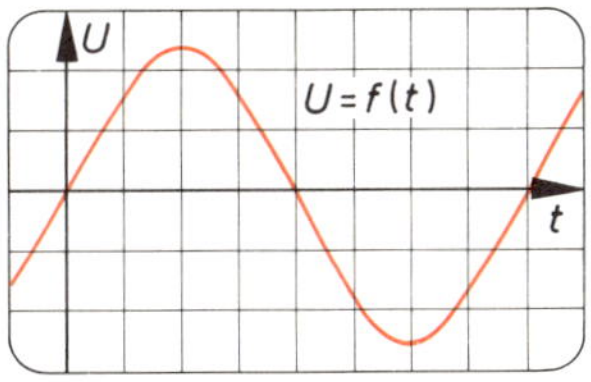

Bild 1.1 Zeitlicher Verlauf einer elektrischen Spannung

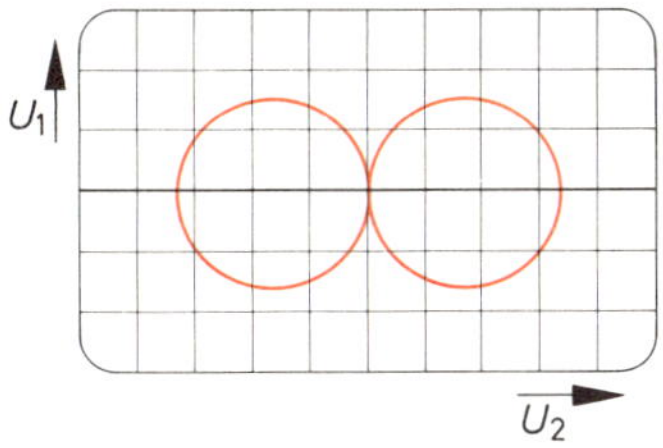

Bild 1.2 Verlauf einer Spannung U_1 in Abhängigkeit von einer Spannung U_2

Weiterhin kann der Verlauf einer Spannung (U_1) in Abhängigkeit von einer zweiten Spannung (U_2) dargestellt werden (Bild 1.2).

$$U_1 = f(U_2)$$

U_1 ist eine Funktion von U_2.
Der Verlauf eines elektrischen Stromes kann *direkt* nicht dargestellt werden. Läßt man den Strom I durch einen Widerstand R fließen, so entsteht an R ein Spannungsabfall U_R (Bild 1.3), der den gleichen zeitlichen Verlauf wie der Strom I hat. U_R kann dann stellvertretend für I dargestellt werden.

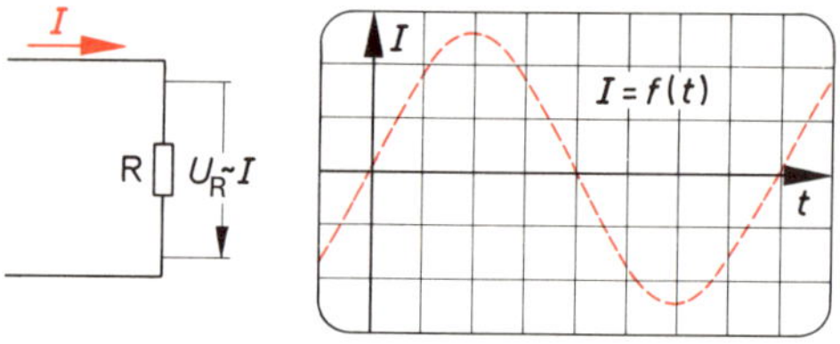

Bild 1.3 Umwandlung eines Stromes I in eine äquivalente Spannung, zeitlicher Verlauf des Stromes

Entsprechendes gilt für die Darstellung anderer Größen, wie z.B. der magnetischen Flußdichte B, der magnetischen Feldstärke H und der Frequenz f. Alle diese Größen müssen in zeitlich gleichverlaufende Spannungen umgesetzt werden. Diese Spannungen werden dann stellvertretend für die betreffenden Größen dargestellt.

1.2. Aufbau und Arbeitsweise eines Oszilloskops

Das Sichtbarmachen der Funktionsverläufe $U = f(t)$ oder $U_1 = f(U_2)$ erfolgt mit Hilfe eines Elektronenstrahles, der in einer Bildröhre, auch Elektronenstrahlröhre genannt, fast trägheitslos abgelenkt werden kann (Bild 1.4).

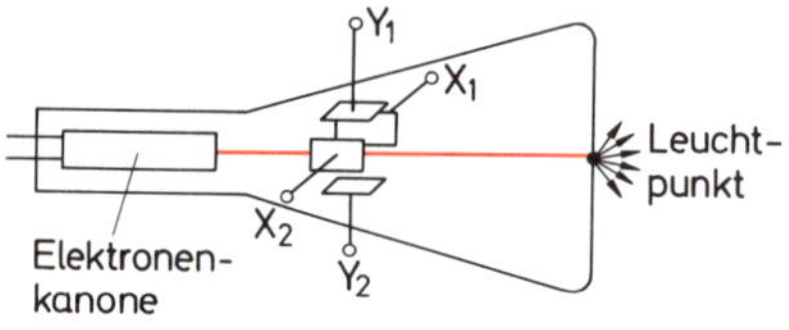

Bild 1.4 Grundaufbau einer Elektronenstrahlröhre

Eine solche Elektronenstrahlröhre ist genauer in Abschnitt 14 beschrieben. Sie besteht aus einer Elektronenkanone, die den Strahl erzeugt. Der Strahl prallt auf den sogenannten Leuchtschirm auf. Dort, wo er aufprallt, wird der Schirmwerkstoff zum Leuchten angeregt. Es entsteht ein Lichtpunkt.

Im Glaskolben der Elektronenstrahlröhre sind zwei Plattenpaare angeordnet. Das eine Plattenpaar hat die Aufgabe, den Elektronenstrahl senkrecht abzulenken. Ist die untere Platte z.B. positiver gegenüber der oberen Platte, so zieht sie die Elektronen an. Der Strahl wird nach unten gekrümmt. Der Lichtpunkt wandert nach unten (Bild 1.5).

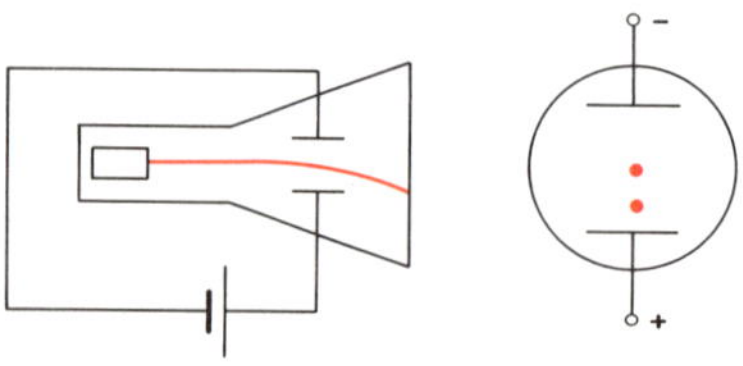

Bild 1.5 Senkrechte Ablenkung des Elektronenstrahls

Das Plattenpaar, durch dessen Spannung der Elektronenstrahl senkrecht ausgelenkt wird, heißt Y-Plattenpaar.

Das andere Plattenpaar hat die Aufgabe, den Elektronenstrahl waagerecht abzulenken. Auch hier krümmt sich der Elektronenstrahl zur positiven Platte hin (Bild 1.6).

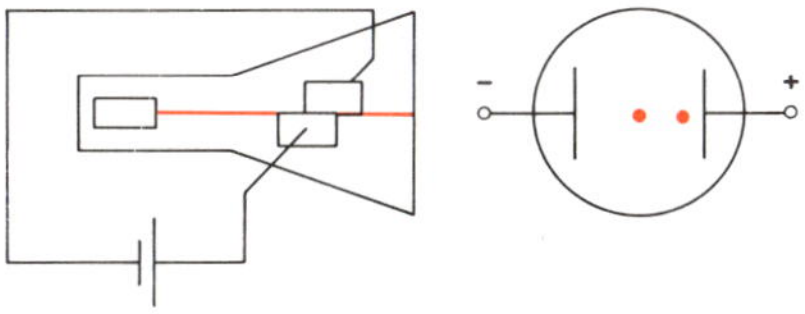

Bild 1.6 Waagerechte Ablenkung des Elektronenstrahls

Das Plattenpaar, durch dessen Spannung der Elektronenstrahl waagerecht ausgelenkt wird, heißt X-Plattenpaar.

Mit den Spannungen an den X- und Y-Platten kann der Elektronenstrahl an jeden Punkt des Schirmes gelenkt werden.
Es gibt Elektronenstrahlröhren mit zwei Elektronenstrahlen. Röhren dieser Art enthalten zwei Elektronenkanonen. Jeder Elektronenstrahl hat sein eigenes Y-Plattenpaar. Bei den meisten Zweistrahlröhren steuert das X-Plattenpaar beide Strahlen gemeinsam.
Oszilloskope mit Zweistrahlröhren heißen Zweistrahloszilloskope oder Zweistrahloszillographen. Mit Geräten dieser Art kann man zwei Funktionen gleichzeitig darstellen.
Welche Spannung wird nun an einem Plattenpaar benötigt, um den Elektronenstrahl so auszulenken, daß sein Auftreffpunkt auf dem Schirm um 1 cm verschoben wird?
Die Größe der erforderlichen Spannung ist vom inneren Aufbau der Elektronenstrahlröhre und von den verwendeten Beschleunigungsspannungen abhängig.
Die Ablenkempfindlichkeit einer Elektronenstrahlröhre gibt der Ablenkkoeffizient an. Er liegt je nach Röhrentyp zwischen 1 V/cm und 50 V/cm.
Für das X-Plattenpaar und für das Y-Plattenpaar gelten normalerweise unterschiedliche Ablenkkoeffizienten.
Will man nun die zeitlichen Verläufe von Spannungen darstellen, die wesentlich kleiner als 1 V sind, so ist es erforderlich, diese Spannungen zunächst einmal zu verstärken.
Jedes Oszilloskop hat einen Verstärker für die an die Y-Platten anzulegenden Spannungen. Dies ist der sogenannte *Y-Verstärker.* Sein Verstärkungsfaktor ist stufig und stetig einstellbar (Bild 1.7).

Bild 1.7 Y-Verstärker mit stetig und stufig einstellbarem Verstärkungsfaktor

Bild 1.8 X-Verstärker mit stetig und stufig einstellbarem Verstärkungsfaktor

Zur Verstärkung der an die X-Platten anzulegenden Spannungen dient der *X-Verstärker,* dessen Verstärkungsfaktor ebenfalls stufig und stetig einstellbar ist (Bild 1.8).

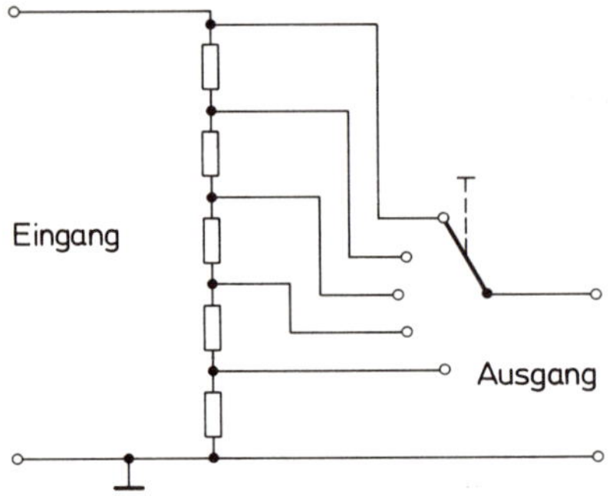

Bild 1.9 Aufbau eines Abschwächers für den Y-Eingang oder für den X-Eingang

Bild 1.10 Blockschaltbild eines Oszilloskops

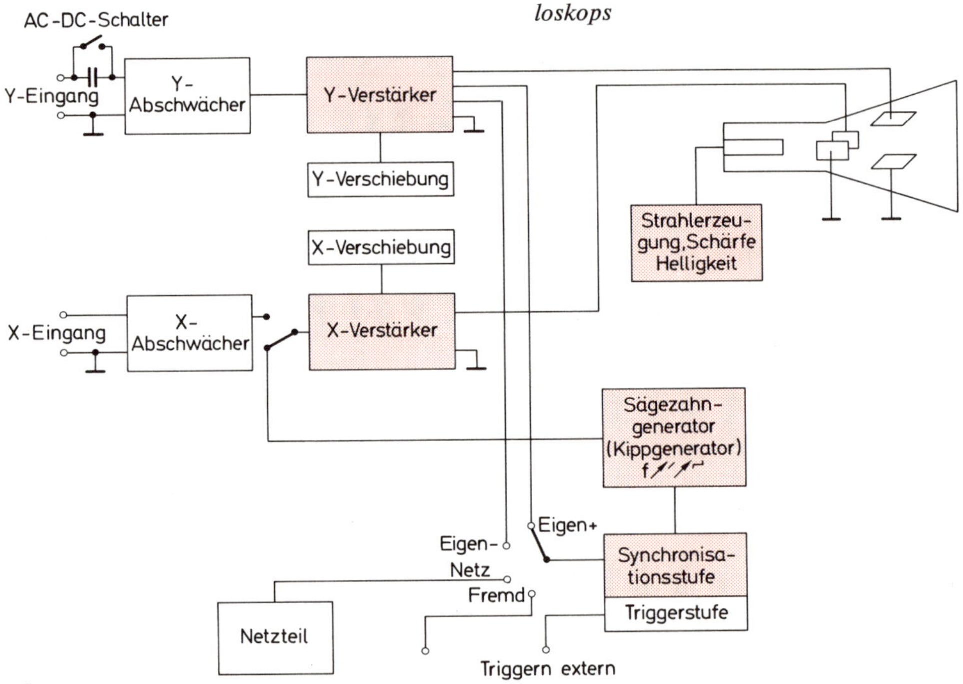

Oft ist es notwendig, die zeitlichen Verläufe verhältnismäßig großer Spannungen darzustellen, z.B. den zeitlichen Verlauf der Netzspannung von 220 V. Um dies zu ermöglichen, sind in den meisten Oszilloskopen sogenannte *Abschwächer* eingebaut. Das sind verhältnismäßig einfach aufgebaute Spannungsteiler, die stufig schaltbar sind (Bild 1.9). Meist ist je ein Abschwächer für den Y-Eingang und für den X-Eingang vorhanden, immer aber für den Y-Eingang.

Bild 1.10 zeigt das Blockschaltbild eines Oszilloskops. Die Darstellung ist auf das Wesentliche beschränkt.

Der Y- und der X-Eingang sind unsymmetrisch. Ein Pol liegt jeweils an Masse. Die Eingangswiderstände betragen einige MΩ.

Das an den Y-Eingang angelegte Signal (Y-Signal) durchläuft den Y-Abschwächer, den Y-Verstärker und wird an den Y-Platten wirksam.

Der Y-Verstärker ist heute fast immer als Gleichspannungsverstärker aufgebaut, d. h., er verstärkt auch Gleichspannungsanteile des Y-Signals.
Wird eine Darstellung des Gleichspannungsanteils nicht gewünscht, so kann der Gleichspannungsanteil durch Vorschalten eines Kondensators „ausgesperrt" werden. Hierzu dient der AC-DC-Schalter.

AC alternating current, Wechselspannung
DC direct current, Gleichspannung

Bei Schalterstellung AC ist der Kondensator vorgeschaltet. Es werden nur Wechselspannungen durchgelassen.

Das an den X-Eingang angelegte Signal (X-Signal) durchläuft den X-Abschwächer, den X-Verstärker und wird an den X-Platten wirksam.

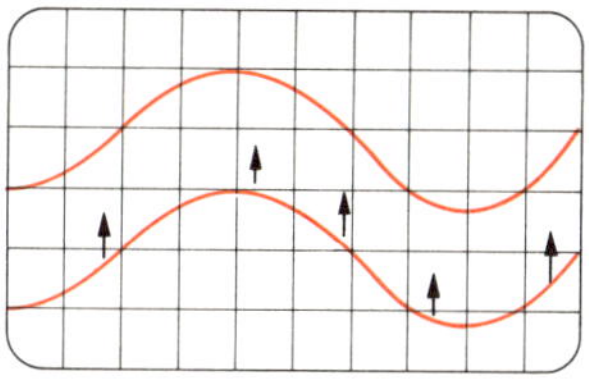

Bild 1.11 Nach oben verschobene Spannungskurve

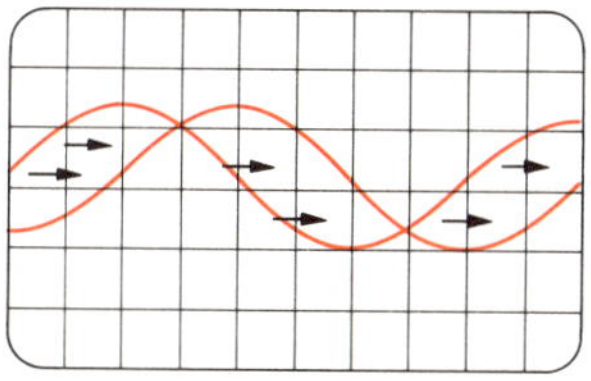

Bild 1.12 Nach rechts verschobene Spannungskurve

Die Darstellung auf dem Schirm kann verschoben werden (Bild 1.11). Gibt man zusätzlich zum verstärkten Y-Signal eine Gleichspannung auf die Y-Platten, so wird je nach Polung und Größe der Gleichspannung das Schirmbild mehr oder weniger nach oben oder unten verschoben. Diese zusätzliche Gleichspannung kommt aus der Stufe „Y-Verschiebung".
Ebenfalls mit Hilfe einer Gleichspannung kann das Schirmbild nach links oder rechts verschoben werden (Bild 1.12). Diese Gleichspannung wird zusätzlich zum verstärkten X-Signal auf die X-Platten gegeben. Sie kommt aus der Stufe „X-Verschiebung".
Soll der Verlauf einer Spannung in Abhängigkeit von der Zeit dargestellt werden, so ist es zunächst einmal erforderlich, den Elektronenstrahl mit gleichbleibender Geschwindigkeit von links nach rechts zu bewegen. Dies ist die sogenannte Zeitablenkung. Der Elektronenstrahl wird z.B. in $^1/_{50}$ Sekunde vom linken Schirmrand zum rechten Schirmrand bewegt.
Für die gleichmäßige Bewegung des Elektronenstrahls benötigt man eine gleichmäßig ansteigende Spannung. Hat der Elektronenstrahl den rechten Schirmrand erreicht, so muß die Spannung auf ihren Anfangswert zurückspringen. Eine derartige Spannung nennt man *Sägezahnspannung* (Bild 1.13).

Bild 1.13 Sägezahnspannung (Kippspannung)

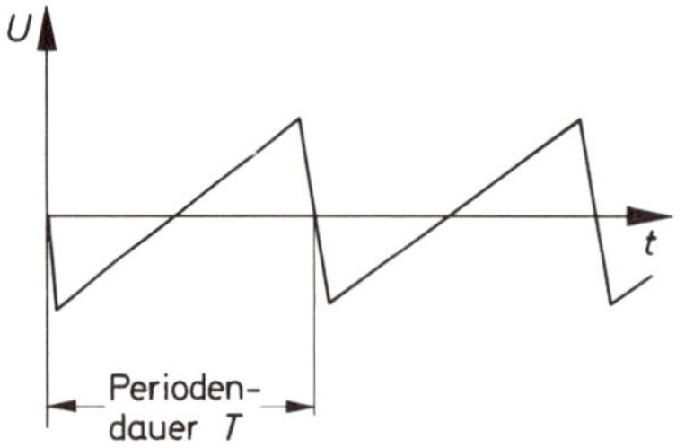

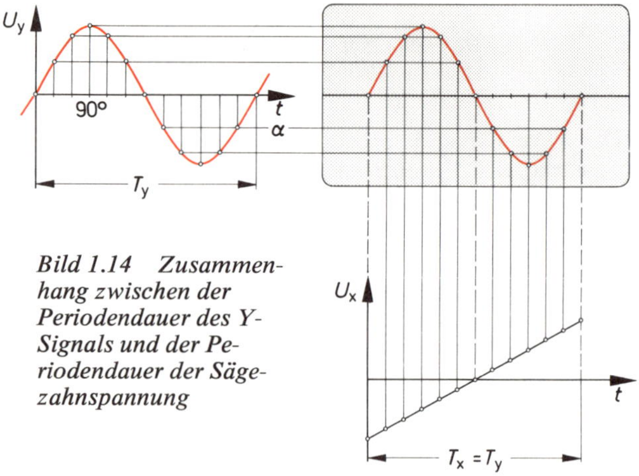

Bild 1.14 Zusammenhang zwischen der Periodendauer des Y-Signals und der Periodendauer der Sägezahnspannung

Da eine solche Sägezahnspannung häufig benötigt wird, enthält jedes Oszilloskop einen Sägezahngenerator, auch Kippgenerator genannt. Die Frequenz dieses Kippgenerators ist stufig und stetig einstellbar. Je größer die eingestellte Frequenz, desto schneller erfolgt die waagerechte Ablenkung des Elektronenstrahls.

Will man z.B. eine Periode einer Sinusschwingung darstellen, so gibt man auf den Y-Eingang eine sinusförmige Spannung und auf den X-Eingang eine Sägezahnspannung. Die Periodendauer der Sägezahnspannung muß gleich der Periodendauer der Sinusspannung sein (Bild 1.14). Ist die Periodendauer der Sägezahnspannung etwas größer oder kleiner als die Periodendauer der Sinusspannung, so bleibt das Bild nicht stehen.

Ist die Periodendauer der Sägezahnspannung doppelt so groß wie die Periodendauer der Sinusspannung, so erscheinen zwei Sinusperioden auf dem Bildschirm.

> *Man erhält nur dann ein stehendes Bild, wenn die Periodendauer der Sägezahnspannung ein ganzzahliges Vielfaches der Periodendauer des darzustellenden Y-Signals ist.*

Zwischen dem Y-Signal und der Sägezahnspannung muß ein zeitlicher Gleichlauf herrschen. Dieser zeitliche Gleichlauf kann von Hand eingestellt werden. Das ist aber schwierig.

Die Stufe, die den zeitlichen Gleichlauf automatisch einstellt, heißt *Synchronisationsstufe*.

Die Synchronisationsstufe kann verschieden gesteuert werden. Es ist eine Steuerung durch die Netzspannung möglich (*Netzsynchronisation).* Diese Synchronisation ist immer dann zu empfehlen, wenn die darzustellenden Signale mit der Netzspannung gekoppelt sind.

Man kann weiterhin durch von außen zugeführte (fremde) Spannungen die Synchronisationsstufe steuern (*Fremdsynchronisation).* Die Fremdsynchronisation wird aber selten angewendet.

Meist wendet man die *Eigensynchronisation* an. Hier wird das eigene Signal, das Y-Signal, zur Synchronisation herangezogen. Will man den positiven Teil zur Synchronisation nutzen, so schaltet man den Synchronisationsschalter auf „+ Eigen", will man den negativen Teil nutzen, auf „– Eigen".

Teurere Oszilloskope haben als Erweiterung der Synchronisationsstufe eine *Triggerstufe*. Bei der Triggerung wird der Sägezahngenerator solange angehalten, bis ein Triggerimpuls kommt. Erst dann beginnt die Sägezahnschwingung. Die Auslösung der Zeitablenkung durch den

Triggerimpuls kann einmalig, periodisch oder vollkommen regellos mit einer Steuerung von außen (externe Triggerung) erfolgen.
Zum Betrieb des Oszilloskops werden verschiedene Spannungen benötigt, die teilweise stabilisiert sein müssen. Sie werden in einem Netzgerät erzeugt.
Die Spannungen der Elektronenstrahlröhre sind teilweise einstellbar. Mit einer Spannung kann die Stromstärke des Strahles und damit die *Helligkeit* des Schirmbildes eingestellt werden.
Mit einer anderen Spannung wird die Bündelung des Elektronenstrahls beeinflußt. Man kann die *Schärfe* des Strahles einstellen.
Die Einstellung von Helligkeit und Schärfe erfolgt mit Hilfe von zwei Potentiometern.

1.3. Bedienung eines Oszilloskops

Bei einem unbekannten Oszilloskop verwirrt oft die Vielzahl der Drehknöpfe und Schalter. Leider hat jedes Fabrikat eine etwas andere Anordnung der Bedienungselemente. Man sollte sich zuerst die Bedeutung der einzelnen Drehknöpfe und Schalter klarmachen, bevor man das Gerät einschaltet.
Nach dem Einschalten des Oszilloskops muß man zunächst etwas warten. Die Elektronenstrahlröhre und eventuell weitere im Gerät vorhandenen Röhren benötigen eine gewisse Anwärmzeit.
Erscheint der Lichtpunkt des Elektronenstrahls, so ist das Gerät betriebsbereit. Erscheint auch nach einiger Wartezeit kein Lichtpunkt, so ist das Gerät vermutlich verstellt.
Der Helligkeitseinsteller ist etwas weiter aufzudrehen. Die Einsteller „Y-Verschiebung“ und „X-Verschiebung“ sollten in Mittelstellung stehen. Die Zeitablenkung ist abzuschalten. Jetzt muß der Leuchtpunkt erscheinen, wenn das Gerät nicht defekt ist.
Der Leuchtpunkt darf nicht zu hell eingestellt werden. Der Schirm kann durch Einbrennen beschädigt werden. Durch die Einsteller „Y-Verschiebung“ und „X-Verschiebung“ kann der Leuchtpunkt zur Schirmmitte geschoben werden. Der Durchmesser des Leuchtpunktes ist mit Hilfe des Einstellers „Schärfe“ veränderbar.
Will man den zeitlichen Verlauf einer Spannung darstellen, so ist eine Zeitablenkung zu wählen. Der Kippgenerator ist einzuschalten.
Durch die Sägezahnspannung wird der Lichtpunkt waagerecht über den Schirm bewegt. Es erscheint ein waagerechter Strich (Bild 1.14). Die Schärfe des Striches kann mit dem Einsteller „Schärfe“ eingestellt werden.
Moderne Oszilloskope sind *kalibriert,* das heißt, die Werte ihrer Zeitablenkung sind „geeicht“, ebenso die Verstärkungs- oder Abschwächungsfaktoren.
Die Zeitablenkung bezieht sich meist auf einen Skalenteil der Bildschirmskala, manchmal auch auf 1 cm. Der stetige Frequenzeinsteller des Kippgenerators muß ganz zurückgedreht werden. Jetzt gilt die Zeitablenkung, die der stufige Einsteller angibt, z.B. 10 ms/Skt. (10 ms pro Skalenteil, Bild 1.15).

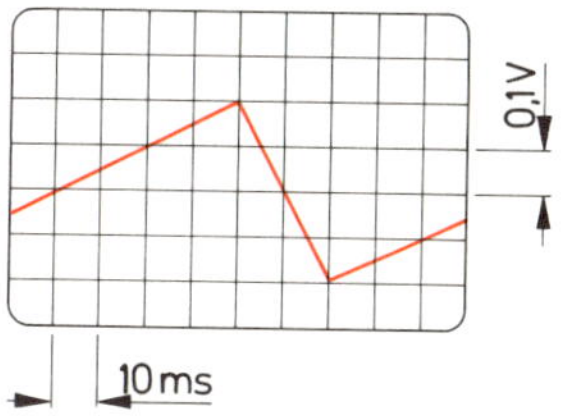

Bild 1.15 Kalibrierte Zeitablenkung, kalibrierte Y-Ablenkung

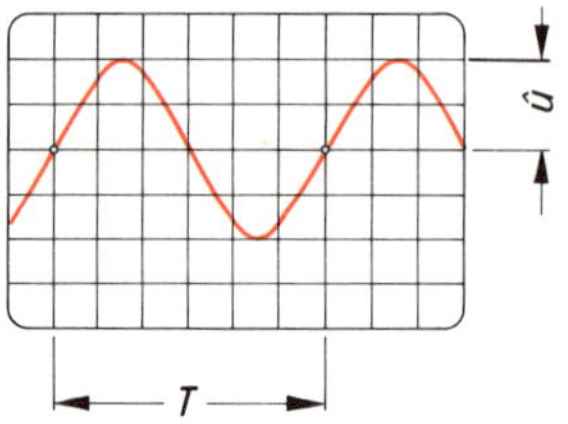

Bild 1.16 Darstellung einer sinusförmigen Spannung mit einem Scheitelwert von 20 mV und einer Frequenz von 6,67 kHz

Die Y-Ablenkung eines Oszilloskops ist auf 10 mV/Skt. eingestellt, die Zeitablenkung auf die Angabe des stufigen Einstellers, z.B. 0,1 V/Skt. (0,1 V pro Skalenteil, Bild 1.15).

Beispiel:
Die Y-Ablenkung eines Oszilloskops ist auf 10 mV/Skt. eingestellt, die Zeitablenkung auf 25 µs/Skt. Es wird die in Bild 1.16 dargestellte Sinuskurve aufgezeichnet. Wie groß sind Scheitelwert und Frequenz der Sinusspannung?

Zeitachse: 6 Skt. $\widehat{=}$ 150 µs
T 150 µs
Y-Achse: 2 Skt. $\widehat{=}$ 20 mV
$\hat{u}$ 20 mV

$$f = \frac{1}{T} = \frac{1}{150\ \mu\text{s}} = 6{,}67\ \text{kHz}$$

Ein nichtkalibriertes Oszilloskop ist vor Durchführung einer Messung zu „eichen". Mit Hilfe einer bekannten Vergleichsspannung ist die Y-Ablenkung einzustellen, z.B. 1 Skt. $\widehat{=}$ 0,5 V. Zur Einstellung der Zeitablenkung benötigt man ebenfalls einen Vergleichsmaßstab. Ein solcher Vergleichsmaßstab kann eine Spannung mit bekannter Frequenz sein, z.B. ein Teil der Netzspannung (T = 20 ms). Ein Skalenteil der Zeitachse sei z.B. 5 ms.
Die gefundene Einstellung darf während der Messung nicht verändert werden. Das Arbeiten mit nichtkalibrierten Oszilloskopen ist recht mühsam.

1.4. Lernziel-Test

1. Wie wird in einer Elektronenstrahlröhre der Elektronenstrahl waagrecht und senkrecht abgelenkt?
2. Welche Aufgabe hat der Y-Verstärker?
3. Wozu wird ein Sägezahngenerator benötigt?
4. Was versteht man unter Synchronisation?
5. Jedes Oszilloskop hat einen AC-DC-Schalter.
   Welche Bedeutung hat dieser Schalter?
6. Wie wird die Zeitachse auf dem Schirm des Oszilloskops erzeugt?
7. Was versteht man unter einer kalibrierten Zeitablenkung?
8. Welche Aufgabe hat eine Triggerstufe?

2. Lineare und nichtlineare Widerstände

2.1. Allgemeine Eigenschaften

Widerstände sind Bauteile mit einem gewünschten Widerstandsverhalten. Sie setzen der Elektronenströmung Widerstand entgegen.
Nach ihrem Verhalten im Stromkreis unterscheidet man *lineare Widerstände* und *nichtlineare Widerstände* (Bild 2.1).

> *Lineare Widerstände sind Widerstände mit linearer I-U-Kennlinie*

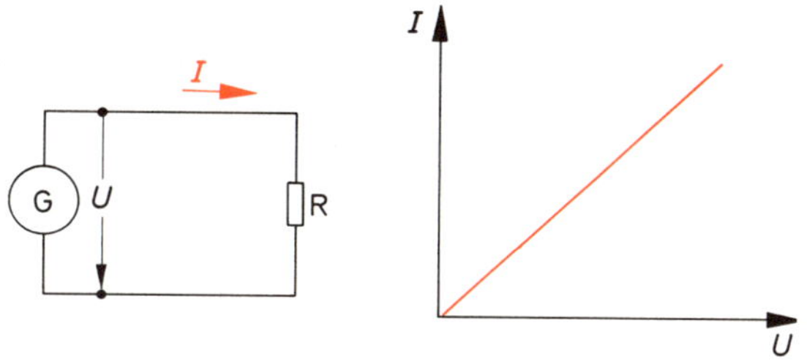

Bild 2.1 I-U-Kennlinie eines linearen Widerstandes

Zwischen Strom und Spannung besteht Verhältnisgleichheit (Proportionalität). Es gilt das Ohmsche Gesetz:

$$I = \frac{U}{R}, \qquad R = \frac{U}{I}$$

Die I-U-Kennlinien einiger linearer Widerstände sind in Bild 2.2 dargestellt. Das Steigungsmaß, der Tangens des Winkels α, entspricht dem Leitwert des Widerstandsbauteiles.

$$\tan \alpha = \frac{\Delta I}{\Delta U} = \frac{1}{R} = G$$

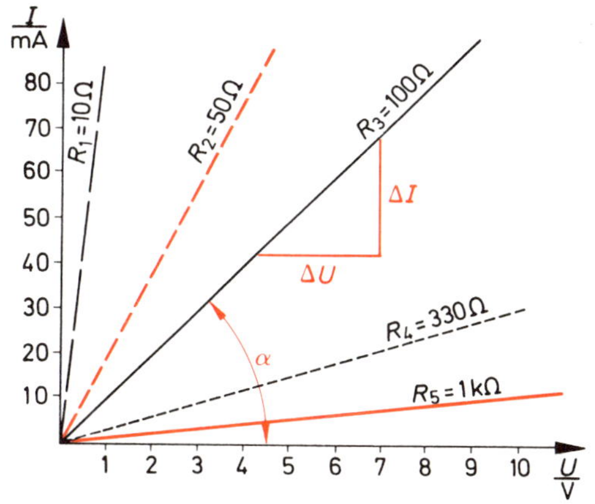

Bild 2.2 I-U-Kennlinien linearer Widerstände mit verschiedenen Widerstandswerten

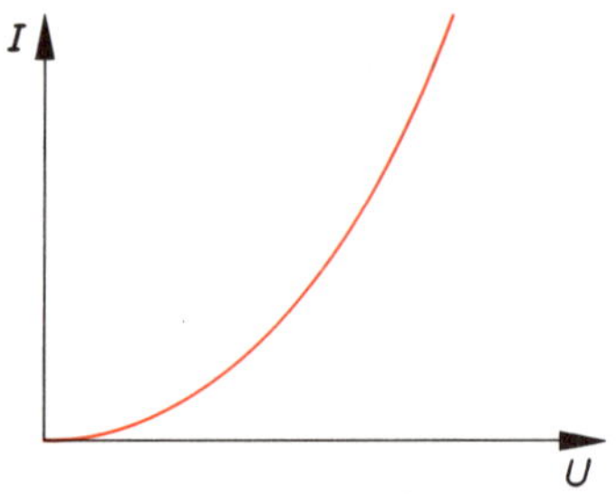

Bild 2.3 I-U-Kennlinie eines nichtlinearen Widerstandes

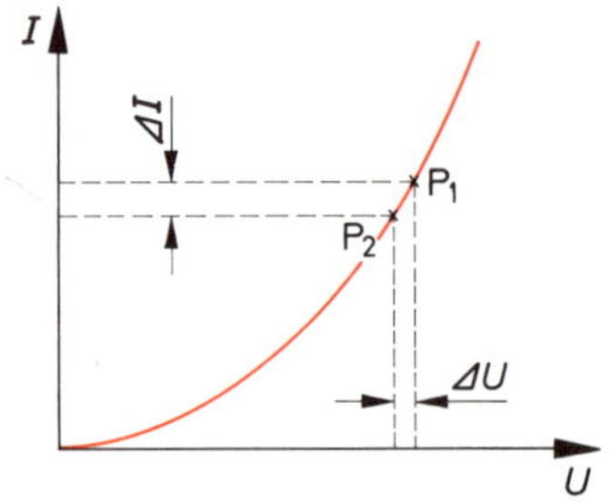

Bild 2.4 I-U-Kennlinie eines nichtlinearen Widerstandes. Im Bereich zwischen P_1 und P_2 verläuft die Kennlinie fast linear

Lineare Widerstände heißen auch *ohmsche Widerstände,* da das Ohmsche Gesetz für sie gilt.

> *Nichtlineare Widerstände sind Widerstände mit nichtlinearer I-U-Kennlinie.*

Zwischen Strom und Spannung besteht keine Verhältnisgleichheit (Bild 2.3). Das Ohmsche Gesetz in der üblichen Form kann nicht angewendet werden.

Betrachtet man ein kleines Stück der Kennlinie (Bild 2.4), so stellt man fest, daß hier angenäherte Linearität herrscht. Die Kennlinie verläuft in dem kleinen Bereich fast gerade. Man kann ihren Anstieg durch die Differenzen ΔU und ΔI angeben und erhält den sogenannten differentiellen Widerstand r.

$$r = \frac{\Delta U}{\Delta I}$$

> *Mit dem differentiellen Widerstand r kann man kleine Änderungen von I und U in dem betrachteten Kennlinienbereich berechnen.*

Spricht man allgemein von Widerständen, so meint man ohmsche Widerstände, also lineare Widerstände. Nichtlineare Widerstände sind besondere Widerstände. Es ist nicht einfach, den Begriff nichtlineare Widerstände abzugrenzen. Es gibt sehr viele Bauteile mit nichtlinearem Widerstandsverhalten. Bauteile mit nichtlinearem Widerstandsverhalten sind z.B. Halbleiterdioden, Transistoren, Elektronenröhren und Thyristoren. Sie werden aber nicht als nichtlineare Widerstände bezeichnet. Die eigentlichen nichtlinearen Widerstände sind z.B. VDR-Widerstände und NTC- und PTC-Widerstände. NTC- und PTC-Widerstände können auch nur dann als nichtlineare Widerstände gelten, wenn ihre Temperatur bei Stromänderungen nicht konstant gehalten wird.

Widerstände haben einen *Widerstandswert* und eine *Belastbarkeit.*

Es gibt Widerstände mit festem Widerstandswert und Widerstände mit einstellbarem Widerstandswert.

Die Belastbarkeit gibt an, welche elektrische Leistung der Widerstand dauernd in Wärmeleistung umsetzen kann. Die Größe der Belastbarkeit hängt von der Fähigkeit des Widerstandes

ab, Wärme an die Umgebung abzugeben. Sie hängt weiterhin von der höchstzulässigen Temperatur des Widerstandes ab.
Die Fähigkeit, Wärme an die Umgebung abzugeben, wird durch den *Wärmewiderstand* R_{thU} erfaßt.
Die höchstzulässige Temperatur der Widerstandsoberfläche ist ϑ_{max}, die Temperatur der umgebenden Luft ist ϑ_U.
In diesen Größen läßt sich die Belastbarkeit P eines Widerstandes errechnen:

$$P = \frac{\vartheta_{max} - \vartheta_U}{R_{thU}}$$

Die Belastbarkeit von Widerständen wird in Watt angegeben.
Die gewünschten Widerstandswerte (Widerstandsnennwerte) lassen sich bei der Herstellung nicht genau erreichen. Man muß bestimmte *Toleranzen* zulassen. Die Toleranzgrenzen liegen zwischen $\pm 0{,}1\%$ bis $\pm 20\%$ vom Widerstandsnennwert. Enge Toleranzgrenzen erfordern einen größeren Aufwand bei der Herstellung. Widerstände mit geringeren Toleranzen sind teurer als solche mit großen Toleranzen.
Die technischen Eigenschaften von Widerständen ändern sich durch Lagerung und Betrieb. Sie unterliegen einer *Alterung.*
Die *Güteklassen* geben im einzelnen an, in welchen Grenzen sich die Eigenschaften von Widerständen in bestimmten Zeiträumen ändern dürfen.

2.2. Festwiderstände

2.2.1. Eigenschaften von Festwiderständen

Festwiderstände sind ohmsche Widerstände mit festen, d.h. nicht einstellbaren Widerstandswerten. Sie sind bestimmt durch

Nennwiderstand,
Belastbarkeit,
Auslieferungstoleranz,
Güteklasse.

Die Nennwiderstände sind abgestuft nach bestimmten Normzahlreihen. Eine solche Abstufung ist aus wirtschaftlichen Gründen erforderlich. Man kann nicht Festwiderstände mit jedem beliebigen Widerstandswert herstellen. Benötigt man einen ganz bestimmten Widerstandswert, der in der Normreihe nicht enthalten ist, so kann man einen einstellbaren Widerstand verwenden und diesen auf den gewünschten Wert einstellen.
Festwiderstände werden heute fast ausschließlich nach den international gültigen IEC-Normreihen hergestellt (Bild 2.5).

E 6 (±20%)	1,0				1,5				2,2				3,3				4,7				6,8			
E 12 (±10%)	1,0		1,2		1,5		1,8		2,2		2,7		3,3		3,9		4,7		5,6		6,8		8,2	
E 24 (± 5%)	1,0	1,1	1,2	1,3	1,5	1,6	1,8	2,0	2,2	2,4	2,7	3,0	3,3	3,6	3,9	4,3	4,7	5,1	5,6	6,2	6,8	7,5	8,2	9,1

Bild 2.5 IEC-Widerstands-Normreihen E 6, E 12 und E 24

Die Normreihe E 6 gilt für Widerstände mit einer Auslieferungstoleranz von ± 20%. Folgende Nennwiderstände sind nach der Normreihe E 6 möglich:

1 Ω,	1,5 Ω,	2,2 Ω,	3,3 Ω,	4,7 Ω,	6,8 Ω,
10 Ω,	15 Ω,	22 Ω,	33 Ω,	47 Ω,	68 Ω,
100 Ω,	150 Ω,	220 Ω,	330 Ω,	470 Ω,	680 Ω,
1 kΩ,	1,5 kΩ,	2,2 kΩ,	3,3 kΩ,	4,7 kΩ,	6,8 kΩ,
10 kΩ,	15 kΩ,	22 kΩ,	33 kΩ,	47 kΩ,	68 kΩ usw.

Widerstände der Normreihen E 6, E 12 und E 24 werden besonders häufig verwendet. Außer diesen Normreihen gibt es noch die Normreihen

E 48 (±2,0%)
E 96 (±1,0%)
E 192 (±0,5%)

Die Normreihen E 48 und E 96 sind auf Seite 28 dargestellt.

Die Normzahlreihen sind so festgelegt, daß die Toleranzfelder der einzelnen Nennwiderstandswerte sich berühren oder leicht überschneiden (Bild 2.6). Aus einer großen Zahl von Widerständen kann somit jeder beliebige Widerstandswert herausgemessen werden.

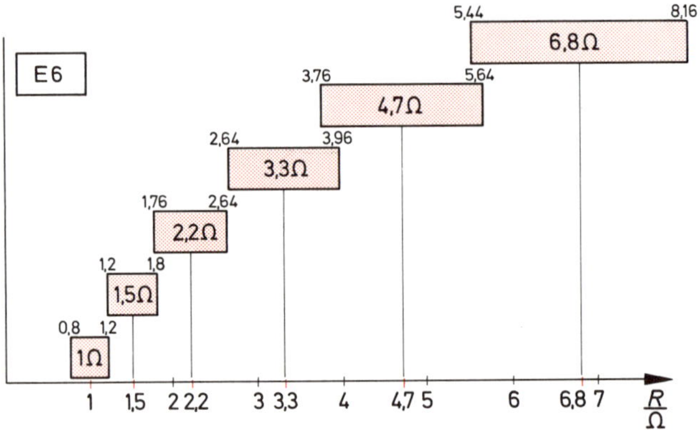

Bild 2.6 Toleranzfelder einiger Nennwiderstandswerte der Normreihe E 6

Zur Kennzeichnung von Widerständen verwendet man den internationalen Farbcode. Nennwiderstand und Toleranz dürfen auch als Zahlenwert mit Einheit aufgedruckt werden. Diese Kennzeichnung ist heute vor allem bei großen Widerständen mit hoher Belastbarkeit üblich. Die Belastbarkeit der Widerstände ist ebenfalls gestuft. Die Nennlastreihe enthält folgende Werte:

0,05 W, 0,1 W, 0,25 W, 0,5 W, 1 W, 2 W, 3 W, 6 W, 10 W, 20 W.

Die vom Hersteller angegebene Belastbarkeit gilt stets bis zu einer bestimmten Umgebungstemperatur (z.B. 50 °C). Oberhalb dieser Temperatur wird die zulässige Belastbarkeit geringer.

Beim internationalen Farbcode unterscheidet man die Vierfachberingung und die Fünffachberingung. Widerstände der Normreihen E6, E12, und E24 werden durch Vierfachberingung gekennzeichnet. Die Fünffachberingung dient der Kennzeichnung von Widerständen der Normreihen E48, E96 und E192. Sie erlaubt die Angabe des Widerstandsbeiwertes mit drei Wertziffern.

Internationaler Farbcode für Vierfachberingung (E 6, E 12, E 24)

Kennfarbe	1. Ring = 1. Wertziffer	2. Ring = 2. Wertziffer	3. Ring = Multiplikator	4. Ring = Toleranz
farblos	–	–	–	± 20%
silber	–	–	$\cdot\ 10^{-2}\ \Omega$	± 10%
gold	–	–	$\cdot\ 10^{-1}\ \Omega$	± 5%
schwarz	0	0	$\cdot\ 10^{0}\ \Omega$	
braun	1	1	$\cdot\ 10^{1}\ \Omega$	± 1%
rot	2	2	$\cdot\ 10^{2}\ \Omega$	± 2%
orange	3	3	$\cdot\ 10^{3}\ \Omega$	
gelb	4	4	$\cdot\ 10^{4}\ \Omega$	
grün	5	5	$\cdot\ 10^{5}\ \Omega$	± 0,5%
blau	6	6	$\cdot\ 10^{6}\ \Omega$	
violett	7	7	$\cdot\ 10^{7}\ \Omega$	
grau	8	8	$\cdot\ 10^{8}\ \Omega$	
weiß	9	9	$\cdot\ 10^{9}\ \Omega$	

Beispiele:

gelb 4	violett 7	rot $\cdot\ 10^2$	gold ± 5%	= 4700 Ω ± 5%
blau 6	grau 8	blau $\cdot\ 10^6$	– ± 20%	= 68 MΩ ± 20%
braun 1	grün 5	orange $\cdot\ 10^3$	silber ± 10%	= 15 kΩ ± 10%

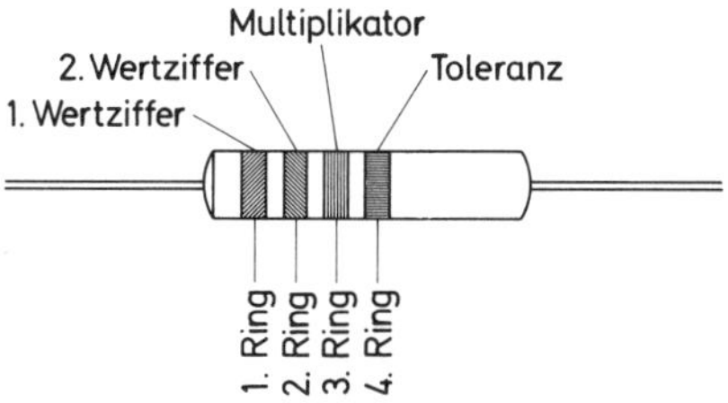

Bild 2.6a Lage der Ringe des internationalen Farbcodes bei Vierfachberingung

Internationaler Farbcode für Fünffachberingung (E 48, E 96, E 192)

Kennfarbe	1. Ring = 1. Wertziffer	2. Ring = 2. Wertziffer	3. Ring = 3. Wertziffer	4. Ring = Multiplikator	5. Ring = Toleranz
farblos	–	–	–	–	± 20 %
silber	–	–	–	$\cdot 10^{-2}\,\Omega$	± 10 %
gold	–	–	–	$\cdot 10^{-1}\,\Omega$	± 5 %
schwarz	0	0	0	$\cdot 10^{0}\,\Omega$	
braun	1	1	1	$\cdot 10^{1}\,\Omega$	± 1 %
rot	2	2	2	$\cdot 10^{2}\,\Omega$	± 2 %
orange	3	3	3	$\cdot 10^{3}\,\Omega$	
gelb	4	4	4	$\cdot 10^{4}\,\Omega$	
grün	5	5	5	$\cdot 10^{5}\,\Omega$	± 0,5 %
blau	6	6	6	$\cdot 10^{6}\,\Omega$	
violett	7	7	7	$\cdot 10^{7}\,\Omega$	
grau	8	8	8	$\cdot 10^{8}\,\Omega$	
weiß	9	9	9	$\cdot 10^{9}\,\Omega$	

Beispiele;

braun 1	grau 8	violett 7	orange $\cdot 10^{3}$	rot 2 %	= 187 kΩ ± 2 %
orange 3	blau 6	grün 5	gold $\cdot 10^{-1}$	braun 1 %	= 36,5 Ω ± 1 %
weiß 9	violett 7	blau 6	silber $\cdot 10^{-2}$	grün 0,5 %	= 9,76 Ω ± 0,5 %

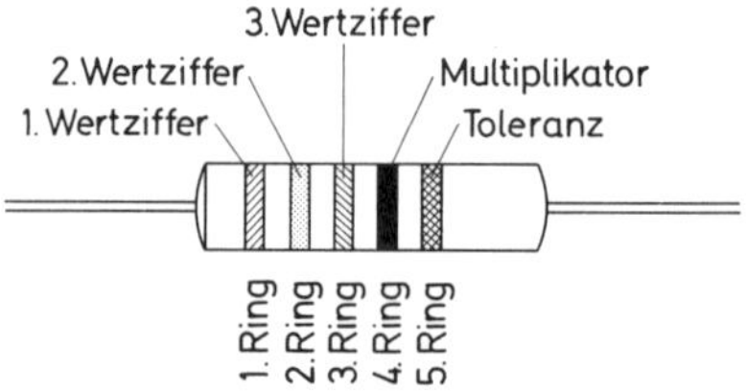

Bild 2.6 b Lage der Ringe des internationalen Farbcodes bei Fünffachberingung

IEC-Widerstands-Normreihen E 48 (± 2%) und E 96 (± 1%)

E48	E96	E48	E96	E48	E96	E48	E96	E48	E96	E48	E96	E48	E96	E48	E96
100	100	133	133	178	178	237	237	316	316	422	422	562	562	750	750
	102		137		182		243		324		432		576		768
105	105	140	140	187	187	249	249	332	332	442	442	590	590	787	787
	107		143		191		255		340		453		604		806
110	110	147	147	196	196	261	261	348	348	464	464	619	619	825	825
	113		150		200		267		357		475		634		845
115	115	154	154	205	205	274	274	365	365	487	487	649	649	866	866
	118		158		210		280		374		499		665		887
121	121	162	162	215	215	287	287	383	383	511	511	681	681	909	909
	124		165		221		294		392		523		698		931
127	127	169	169	226	226	301	301	402	402	536	536	715	715	953	953
	130		174		232		309		412		549		732		976

2.2.2. Bauarten von Festwiderständen

2.2.2.1. Schichtwiderstände

Auf zylindrische Keramik- oder Hartglaskörper wird eine dünne leitfähige Schicht durch Tauchen, Aufsprühen oder Aufdampfen im Vakuum aufgebracht. Die Schichtdicke liegt zwischen 0,001 μm und 20 μm.

Als Schichtwerkstoffe verwendet man Kohle, Metalle (auch Edelmetalle) und Metalloxide.

Den gewünschten Widerstandsnennwert erreicht man angenähert durch die Wahl der Schichtdicke bzw. der Aufdampfzeit. Die moderne Aufdampftechnologie gestattet die Herstellung von Widerständen im Toleranzbereich ±5% ohne nachträgliche Abgleicharbeit.

Bei größeren Anforderungen an die Genauigkeit wird der Widerstandswert durch Einschliff in die Schicht abgeglichen (Bild 2.7). Beim Wendelschliff entsteht eine bandförmig um den Trägerkörper laufende Widerstandsbahn, die leider die Induktivität des Widerstandes erhöht. Das Einschleifen von Längs- und Querrillen (Mäanderschliff) ist günstiger (Bild 2.8).

Bild 2.7 Festwiderstand mit Wendelschliff

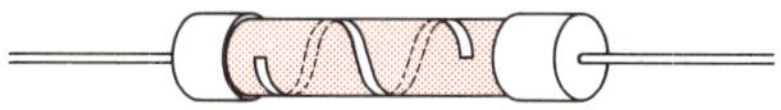

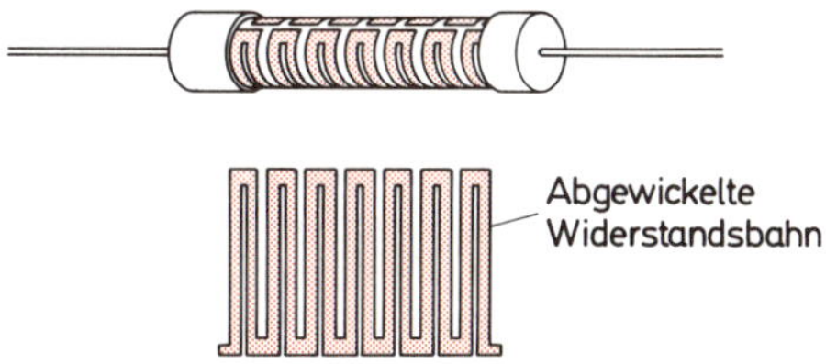

Bild 2.8 Festwiderstand mit Mäanderschliff

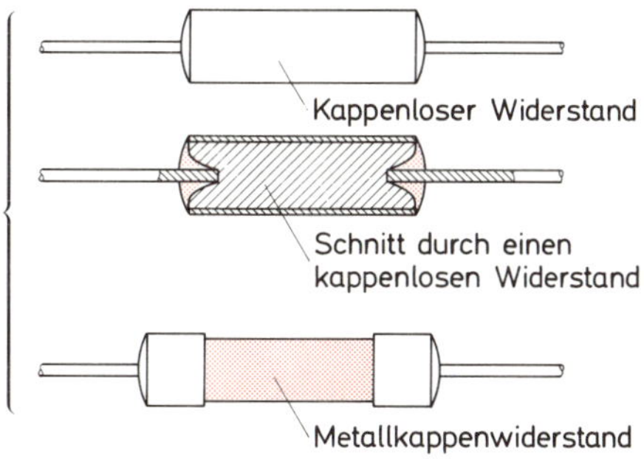

Bild 2.9 Bauformen von Schichtwiderständen

Der Widerstandskörper wird mit Anschlüssen versehen. Besonders hochwertig sind Kappenanschlüsse. Metallkappen (meist Messing) mit angeschweißten Anschlußdrähten werden an beiden Enden auf den Widerstandskörper aufgepreßt. Bei kappenlosen Anschlüssen erhalten die Stirnseiten des Widerstandskörpers einen Metallüberzug (meist Einbrennpaste). Die Anschlußdrähte werden etwa 2 mm tief in vorgesehene stirnseitige Vertiefungen des Keramikkörpers eingepreßt und mit dem Metallüberzug leitend verbunden (Bild 2.9).

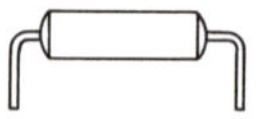

Bild 2.10 Widerstand mit gebogenen und auf richtige Länge geschnittenen Anschlußdrähten

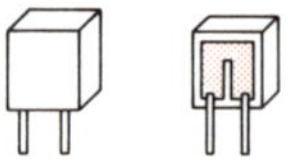

Bild 2.11 Widerstand mit einseitigen Anschlüssen

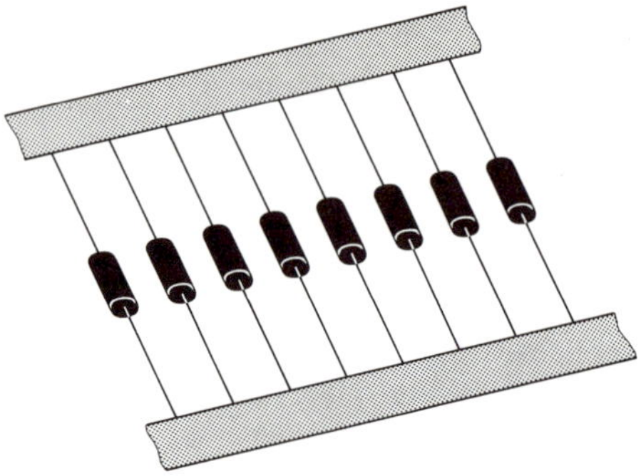

Bild 2.12 Gegurtete Widerstände

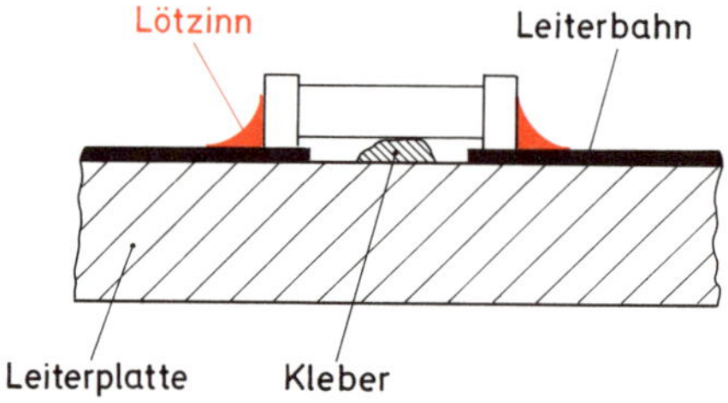

Bild 2.12a SMD-Widerstand auf der Leiterplatte, SMD-Technik

Der Widerstandskörper einschließlich eventueller Kappen wird mit einem Lack- oder Kunstharzüberzug versehen. Ein Einpressen in Kunststoff ist ebenfalls üblich. Damit ist der Widerstand gegen Feuchtigkeit, aggressive Luftbestandteile und mechanische Beschädigung geschützt.

Axiale Anschlüsse sind für die Bestückung von Leiterplatten nicht günstig. Die Anschlüsse müssen vor der Bestückung gebogen und auf richtige Länge geschnitten werden (Bild 2.10). Die Länge des Widerstandes erfordert ein verhältnismäßig großes Rastermaß.

In neuerer Zeit werden immer mehr Widerstände mit einseitigen Anschlüssen (Bild 2.11) von den Herstellern angeboten. Als Träger wird anstelle eines zylindrischen Keramikkörpers ein Keramikplättchen verwendet. Auf dieses Plättchen wird die Widerstandsschicht wie vorstehend beschrieben aufgebracht und durch Einschleifen abgeglichen. Es ist zu vermuten, daß dies die Widerstandsform der Zukunft sein wird.

Viele Widerstände werden heute gegurtet geliefert (Bild 2.12). Dadurch wird eine Maschinenbestückung von Leiterplatten ermöglicht. In zunehmendem Umfang wird die Oberflächen-Montagetechnik, die sogenannte SMD-Technik, angewendet (SMD = Surface Mounted Device). Die Widerstände werden plan auf der Leiterplatte fixiert (meist geklebt) und anschließend mit den anderen Bauteilen gemeinsam gelötet. Bild 2.12a zeigt einen SMD-Widerstand auf der Leiterplatte.

2.2.2.2. Widerstände in der Mikromodultechnik

In der Mikromodultechnik werden Widerstände, Dioden, Transistoren und Kondensatoren mit kleinen Kapazitätswerten zu einer Schaltung vereinigt und mit Kunststoff umpreßt. Eine derartige Schaltung wird *Modul* genannt. Man unterscheidet zwei Technologien: die *Dünnfilmtechnik* und die *Dickschichttechnik*.

In der Dickschichttechnik verwendet man zur Herstellung der Widerstände Metallpasten (Edelmetalle, Oxide, Beimischungen). Die Pasten werden nach dem Siebdruckverfahren auf den Träger gedruckt. Als Träger dienen oxidierte Aluminiumplättchen. Die Pasten werden nach dem Aufdrucken eingebrannt. Ein nachträglicher Abgleich ist durch Schleifen möglich (Bild 2.13)

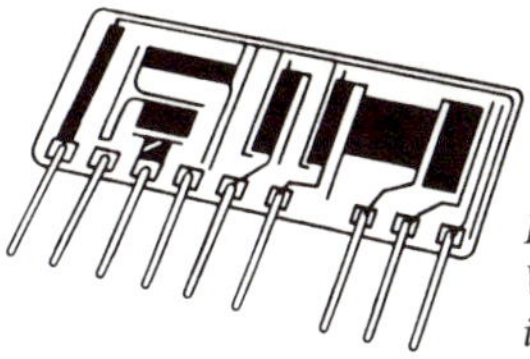

Bild 2.13 Widerstandskörper in Dickschichttechnik

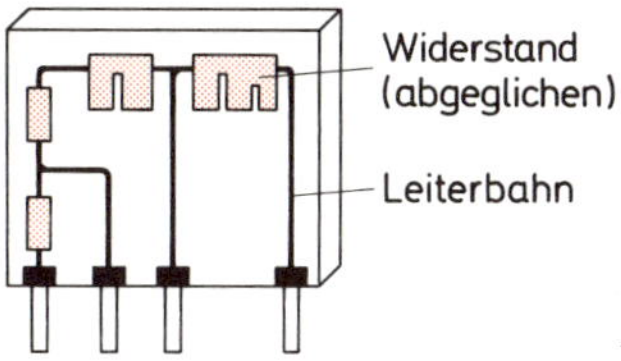

Bild 2.13 a Widerstandskörper in Dünnfilmtechnik

Die Dünnfilmtechnik verwendet das Aufdampfverfahren im Vakuum. Auf ein Plättchen aus Keramik oder Hartglas wird eine Maske mit „Fenstern" aufgebracht (Bild 2.13a). Dort, wo Fenster sind, entstehen Widerstandsschichten. Die Widerstandsschichten können abgeglichen werden. Mit einem Laserstrahl werden sehr genaue Einschnitte erzeugt. Der Widerstandswert kann auf diese Weise auf $\pm 0{,}1\%$ genau abgeglichen werden.

2.2.2.3. Drahtwiderstände

Auf einen Körper aus temperaturbeständiger Keramik wird Widerstandsdraht gewickelt. Es werden spezielle Widerstandslegierungen verwendet.

Drahtwiderstände können verhältnismäßig große Induktivitäten haben. Bei normaler Wicklung sind sie ja wie Spulen aufgebaut. Um möglichst kleine Induktivitäten zu erhalten, wendet man die bifilare Wickeltechnik an. Der Widerstandsdraht wird in der Mitte seiner Länge zusammengefaltet (Bild 2.14) und doppeldrähtig gewickelt. Zwei nebeneinander liegende Windungen werden dann entgegengesetzt vom Strom durchflossen, so daß sich ihre Magnetfelder fast aufheben. Trotzdem ergibt sich noch eine nicht zu vernachlässigende Induktivität. Auch induktivitätsarme Drahtwiderstände können nur bis zu einer Frequenz von etwa 200 kHz eingesetzt werden.

Die Widerstandsdrähte müssen bei enger Wicklung isoliert sein. Lackisolierung wird gelegentlich angewendet. Sie ist jedoch sehr temperaturempfindlich. Besser ist die Isolation durch Oberflächenoxidschichten.

Bei sehr hoch belastbaren Drahtwiderständen verwendet man Widerstandsdrähte mit Rechteckquerschnitt, um den Wickelraum besser auszunutzen.

Drahtwiderstände werden meist mit Schellen-, Kappen- oder Lötfahnenanschluß geliefert. Kappenlose Anschlüsse mit Drahtenden sind ebenfalls üblich (Bild 2.15).

Die Widerstandswicklung kann ungeschützt, lackiert, zementiert oder glasiert sein.

Am hochwertigsten ist ein Glasurschutz. Es handelt sich um eine porzellanähnliche Abdeckung. Sie bietet einen hervorragenden Schutz gegen Feuchtigkeit, aggressive Bestandteile der

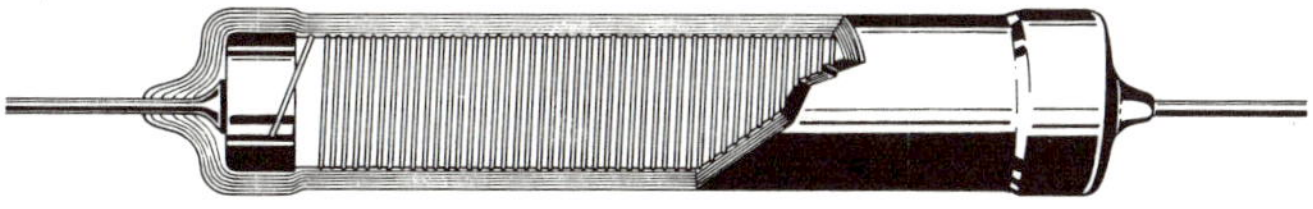

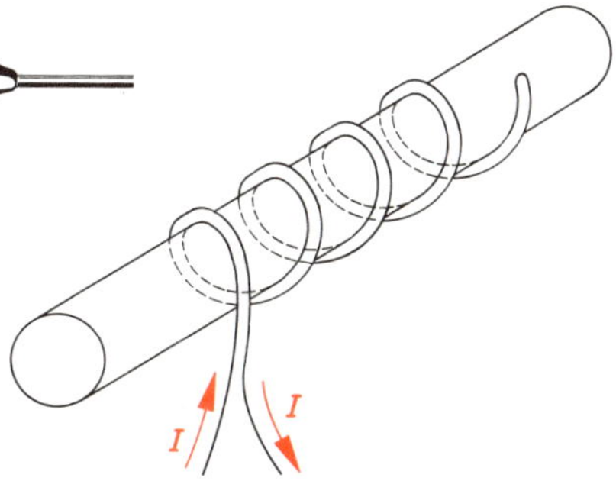

Bild 2.14 Aufbau eines Drahtwiderstandes, Prinzip der bifilaren Wicklung

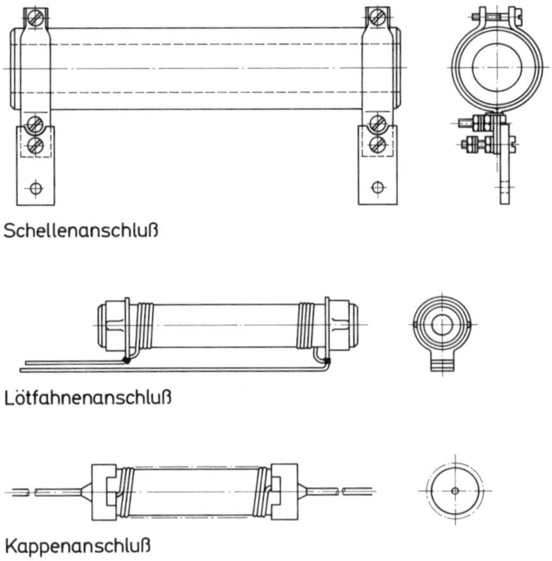

Bild 2.15 Bauarten von Drahtwiderständen

Atmosphäre und gegen mechanische Beschädigungen. Einen guten Schutz vor mechanischer Beschädigung bietet auch die Zementierung, nur ist sie feuchtigkeitsdurchlässig.
Die Lackabdeckung bietet keinen großen Schutz, doch ist der Widerstand isoliert, und bei Berührung mit leitenden Teilen der Schaltung entsteht kein Schaden.
Ungeschützte Drahtwiderstände sind mechanischen Beschädigungen und Feuchtigkeit voll ausgesetzt. Sie können jedoch bis zum Schmelzpunkt der Lötstellen, in denen der Widerstandsdraht angelötet ist, erwärmt werden. Dadurch ergibt sich eine hohe Belastbarkeit.

2.3. Einstellbare Widerstände

Bei einstellbaren Widerständen kann die Größe des Widerstandswertes in einem bestimmten Bereich eingestellt werden.
Die Einstellung kann, je nach Ausführung, mit einer Drehachse, mit einem Schieber oder mit Hilfe eines Schraubenziehers vorgenommen werden.
Die einfachsten einstellbaren Widerstände sind ungeschützte Drahtwiderstände mit einer verschiebbaren Schelle (Abgreifschelle) (Bild 2.16).

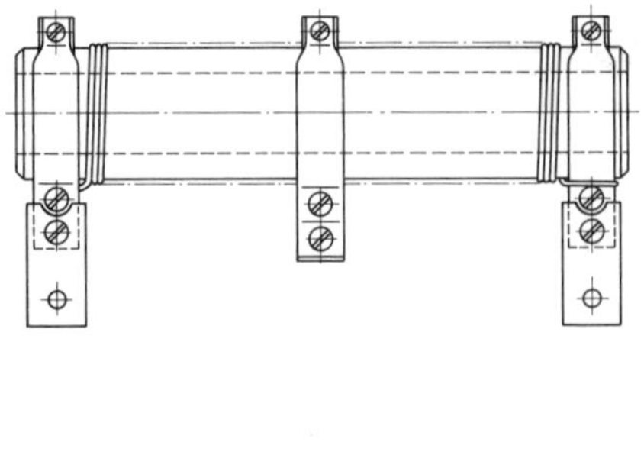

Bild 2.16 Einstellbarer Widerstand mit verschiebbarer Abgreifschelle

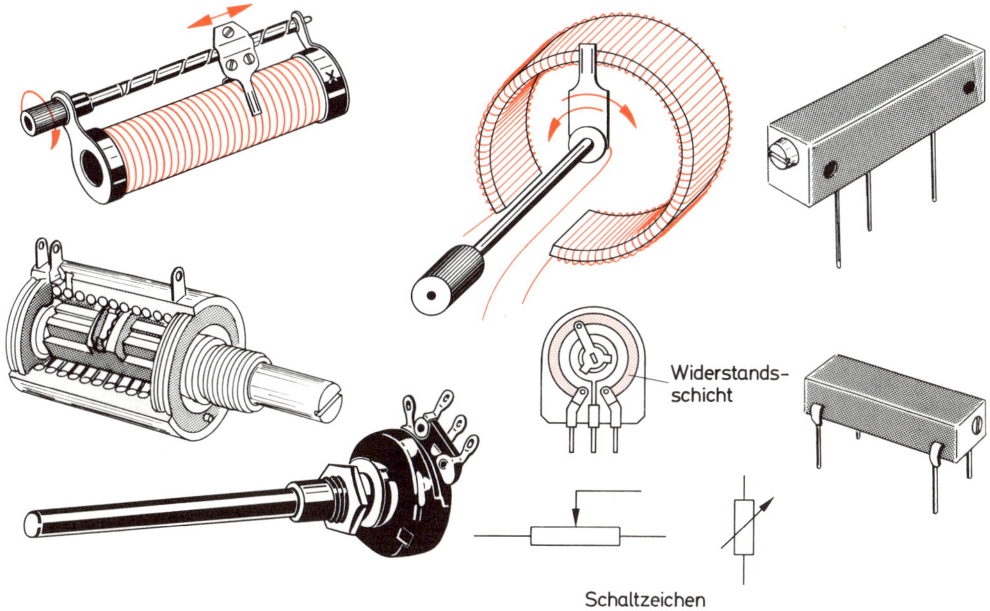

Bild 2.17 Einstellbare Widerstände

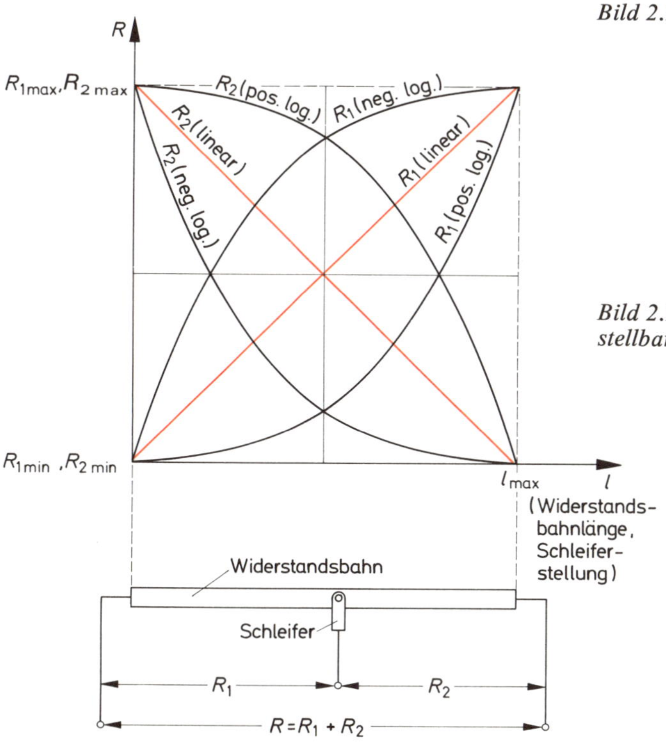

Bild 2.18 Widerstandskurven einstellbarer Widerstände

Bei den meisten einstellbaren Widerständen wird der Widerstandswert jedoch mit Hilfe eines Schleifkontaktes abgegriffen. Der Schleifkontakt kann über eine bestimmte Länge der Widerstandsbahn bewegt werden (Bild 2.17). Diese Strecke wird Arbeitsbereich genannt.

Die Widerstandsbahn ist kreisringförmig oder gerade ausgebildet.

Jeder einstellbare Widerstand hat einen Kleinstwert und einen Größtwert. Der Kleinstwert kann Null sein. Zwischen Kleinstwert und Größtwert sind sehr verschiedene Widerstandsverläufe möglich (Bild 2.18).

Beim linearen Widerstandsverlauf nimmt der Widerstandswert pro mm Bahnverlängerung immer um den gleichen Betrag zu. Das bedeutet, pro Drehwinkelgrad ergibt sich stets die gleiche Widerstandszunahme.

Beim positiv-logarithmischen Verlauf nimmt der Widerstandswert pro mm Bahnverlängerung zunächst sehr langsam zu, steigt gegen Ende des Arbeitsbereichs aber stark an (Bild 2.19).

Einstellbare Widerstände mit pos.-logarithmischem Widerstandsverlauf werden meist für die Lautstärkeeinstellung bei Rundfunk- und Fernsehgeräten verwendet, da die Empfindlichkeit unseres Ohres einen ähnlichen Verlauf hat. Pro Drehwinkelgrad ergibt sich dann eine gleichmäßige Lautstärkezunahme.

Für Steuerungen der verschiedensten Art verwendet man einstellbare Widerstände mit positiv- oder negativ-exponentiellem Widerstandsverlauf. Für die Analogrechentechnik und für Navigationsgeräte benötigt man einstellbare Widerstände mit Sinusverlauf und mit bestimmtem S-Kurvenverlauf (Bild 2.20). Die Genauigkeit, mit der die Widerstandsverlaufskurven eingehalten werden, ist ein wesentliches Gütemerkmal.

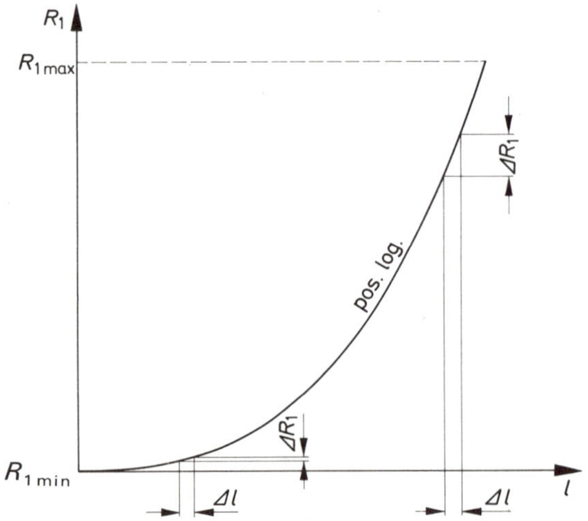

Bild 2.19 Widerstandsänderung R pro Bahnlänge Δl in verschiedenen Bahnbereichen eines einstellbaren Widerstandes mit positiv-logarithmischem Widerstandsverlauf

Bild 2.20 Widerstandskurven einstellbarer Widerstände ▶

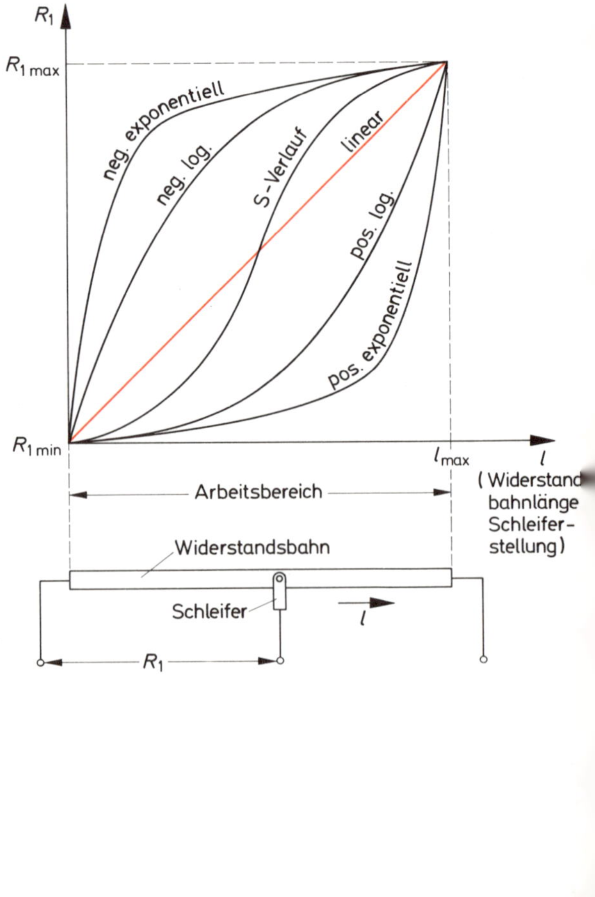

2.3.1. Einstellbare Schichtwiderstände

Die Widerstandsbahnen bestehen aus ähnlichen Werkstoffen wie die Widerstandsbahnen von festen Schichtwiderständen, nur muß hier eine möglichst große *Abriebfestigkeit* und ein geringes *Drehrauschen* angestrebt werden. Das Drehrauschen ist die Störspannung, die beim Drehen des Schleifers entsteht.

Einstellbare Widerstände, deren Widerstandswert durch Drehen einer Achse verändert wird, werden *Potentiometer* genannt. Durch Schieben einstellbare Widerstände heißen *Schiebewiderstände*. Der Ausdruck Schieberegler sollte nicht verwendet werden, da es sich um einen Einstellvorgang und nicht um einen Regelvorgang handelt.

> *Die vom Hersteller angegebene Belastbarkeit gilt stets für die ganze Widerstandsbahn.*

Sind nur Teile der Widerstandsbahn von Strom durchflossen, so ist die Belastbarkeit entsprechend geringer. Einstellbare Schichtwiderstände haben übliche Belastbarkeiten von 0,25 W bis maximal etwa 2 W.

Einstellbare Schichtwiderstände haben oft eine große Kapazität und sind nur bedingt für Hochfrequenzen verwendbar.

2.3.2. Einstellbare Drahtwiderstände

Einstellbare Drahtwiderstände werden für mittlere bis große Belastbarkeiten gebaut (maximale Belastbarkeit etwa 1 kW). Sie werden als Schiebewiderstände und als Drehwiderstände hergestellt.

Der Widerstandsdraht wird auf keramische Trägerkörper gewickelt. Die Widerstandswicklung bleibt entweder ungeschützt oder sie wird mit einer Zement- oder Glasurschicht so umhüllt, daß nur die Schleiferbahn frei bleibt (Bild 2.21). Als Schleifer verwendet man Kontaktfedern oder Kohlekontakte.

Bild 2.21

Der Widerstandsverlauf in Abhängigkeit von der Schleiferbahnlänge ist linear. Andere Widerstandsverläufe sind schwer herzustellen.

Drahtwiderstände können, genau genommen, nicht kontinuierlich, sondern nur stufig eingestellt werden. Der kleinste Betrag, um den der Widerstandswert verändert werden kann, ist der Widerstand einer Drahtwindung.

2.4. Temperaturabhängigkeit von Widerständen

Die für Festwiderstände und einstellbare Widerstände angegebenen Widerstandswerte gelten normalerweise für eine Temperatur von 20 °C. Ändert man die Temperatur, so ändert sich auch der Widerstandswert. Er wird bei Metallschichten mit steigender Temperatur etwas größer. Die Widerstandswerte von Kohleschichten nehmen mit steigender Temperatur ab.
Die Temperaturabhängigkeit von Widerstandswerten wird durch den Temperaturbeiwert α erfaßt. Der Wert von α wird von den Widerstandsherstellern angegeben.
Die Änderung des Widerstandswertes bei Temperaturerhöhung oder Temperaturabnahme wird mit folgender Gleichung errechnet:

$$\Delta R = R_{20} \cdot \alpha \cdot \Delta\vartheta$$

ΔR	Änderung des Widerstandswertes
R_{20}	Widerstandswert bei 20 °C
α	Temperaturbeiwert
$\Delta\vartheta$	Temperaturänderung

Der Temperaturbeiwert hat die Einheit $\frac{1}{°\mathrm{C}}$ bzw. $\frac{1}{\mathrm{K}}$

Für den erwärmten Widerstand gilt:

$$R_w = R_{20} + \Delta R$$

R_w erwärmter Widerstand (Warmwiderstand)

Für den abgekühlten Widerstand gilt:

$$R_k = R_{20} - \Delta R$$

R_k abgekühlter Widerstand (Kaltwiderstand)

Durch Einsetzen der Gleichung $\Delta R = R_{20} \cdot \alpha \cdot \Delta\vartheta$ in die Gleichung $R_w = R_{20} + \Delta R$ erhält man:

$$R_w = R_{20} + \Delta R$$
$$R_w = R_{20} + R_{20} \cdot \alpha \cdot \Delta\vartheta$$

$$R_w = R_{20} \cdot (1 + \alpha \cdot \Delta\vartheta)$$

Entsprechend erhält man für den Kaltwiderstand die Gleichung:

$$R_k = R_{20} \cdot (1 - \alpha \cdot \Delta\vartheta)$$

2.5. Heißleiterwiderstände und Kaltleiterwiderstände

Bestimmte Werkstoffe zeigen eine extrem große Temperaturabhängigkeit ihres Widerstandsverhaltens. Aus derartigen Werkstoffen fertigt man Widerstände, deren Widerstandswerte sich bei Temperaturschwankungen stark ändern.
Man unterscheidet *Heißleiterwiderstände* und *Kaltleiterwiderstände.*

2.5.1. Heißleiterwiderstände

2.5.1.1. Aufbau und Arbeitsweise

Heißleiterwiderstände leiten im heißen Zustand besonders gut, d.h., ihr Widerstandswert nimmt mit steigender Temperatur ab. Sie haben einen recht großen negativen Temperaturbeiwert und werden daher auch *NTC-Widerstände* genannt (NTC = Negative Temperature Coefficient).

> *Der Widerstandswert von NTC-Widerständen (Heißleitern) wird mit ansteigender Temperatur geringer.*

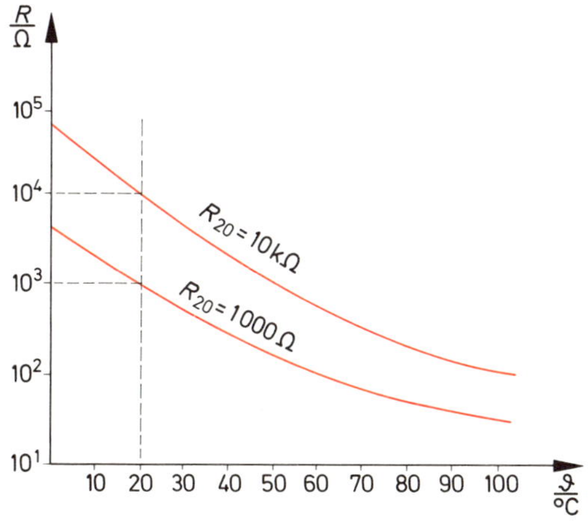

Bild 2.22 Widerstandskurven von NTC-Widerständen

In Bild 2.22 sind die Widerstandsverläufe zweier NTC-Widerstände in Abhängigkeit von der Temperatur dargestellt. Die Änderung der Widerstandswerte im angegebenen Temperaturbereich ist sehr groß. Der gekrümmte Verlauf der Kennlinien zeigt, daß der Temperaturbeiwert temperaturabhängig ist.

Die Größe des Temperaturbeiwertes α hängt vom verwendeten Werkstoff und von der Temperatur des NTC-Widerstandes ab.

Bei den üblichen NTC-Widerständen liegen die Temperaturbeiwerte zwischen $-2\%/°C$ bis $-10\%/°C$, ($\alpha = -0{,}02$ 1/°C bis $-0{,}07$ 1/°C). Statt °C wird auch die absolute Temperatur in Kelvin (K) angegeben. 1 Kelvin entspricht 1 °C. Die Temperaturbeiwerte (Temperaturkoeffizienten) liegen somit zwischen $-2\%/K$ bis $-10\%/K$.
Da die Temperaturbeiwerte selbst temperaturabhängig sind, wird mit ihnen selten gerechnet. Genaue Widerstandswerte bei bestimmten Temperaturen werden den Kennlinien entnommen.

Die Werkstoffe, die zur Herstellung von NTC-Widerständen verwendet werden, gehören zur Gruppe der Halbleiterwerkstoffe. Es handelt sich um polykristalline Mischkristalle aus Eisenoxiden, Nickeloxiden, Kobaltoxiden, Titanverbindungen und besonderen Beimengungen. Mit steigender Temperatur werden mehr und mehr Elektronen aus ihren Bindungen herausgelöst. Dadurch wird der Werkstoff immer leitfähiger.

2.5.1.2. Kennwerte und Grenzwerte

Die Hersteller von Heißleiterwiderständen geben eine Reihe von Daten an. Folgende Kennwerte und Grenzwerte sind für den Anwender besonders wichtig:

R_{20}	*Widerstand im kalten Zustand* (bei 20 °C) Statt R_{20} wird oft R_{25} oder R_{40} (Widerstandswerte bei 25 °C bzw. bei 40 °C) angegeben.
t	*Abkühlungszeit* Die Abkühlungszeit gibt an, in wieviel Sekunden ein mit P_{max} betriebener Heißleiter nach dem Abschalten seinen Widerstandswert verdoppelt
Tol	*Toleranz* des Kaltwiderstandswertes oder eines anderen Widerstandswertes bei bestimmter Temperatur
P_{max}	*höchstzulässige Belastung*
$\vartheta_{max\,0}$	*höchstzulässige Betriebstemperatur* bei Nullast
$\vartheta_{max\,P}$	*höchstzulässige Betriebstemperatur* bei P_{max}

Bild 2.23 zeigt das Schaltzeichen eines Heißleiterwiderstandes. Die beiden entgegengesetzt gerichteten kleinen Pfeile deuten an, daß bei Zunahme der Temperatur der Widerstand abnimmt.

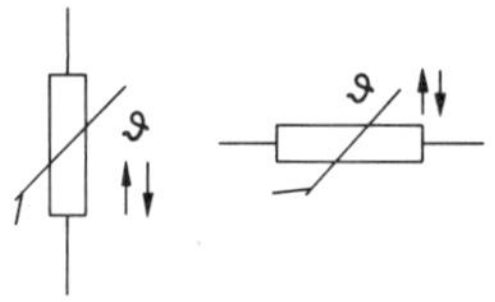

Bild 2.23 Schaltzeichen von Heißleiterwiderständen (NTC-Widerständen)

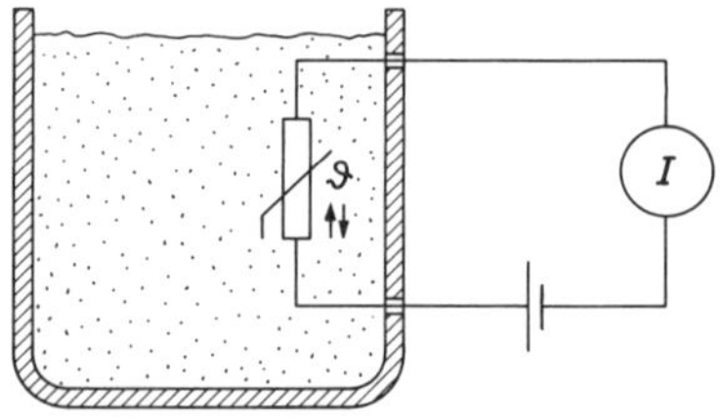

Bild 2.24 Heißleiterwiderstand als Temperaturfühler

2.5.1.3. Anwendungen

Heißleiterwiderstände werden in großem Umfange zur Temperaturstabilisierung von Halbleiterschaltungen eingesetzt (Abschnitt 7.11). In Stromkreisen dienen sie zur Herabsetzung des Einschaltstromes. Sie eignen sich ebenfalls gut als Temperaturfühler (Bild 2.24).

2.5.2. Kaltleiterwiderstände

2.5.2.1. Aufbau und Arbeitsweise

Kaltleiter leiten in kaltem Zustand besonders gut, d.h., ihr Widerstandswert nimmt mit steigender Temperatur zu. Sie haben einen recht großen positiven Temperaturbeiwert und werden daher auch *PTC-Widerstände* genannt (PTC = Positive Temperature Coefficient).

> *Der Widerstandswert von PTC-Widerständen (Kaltleitern) wird mit ansteigender Temperatur größer.*

In Bild 2.25 ist der Widerstandsverlauf eines PTC-Widerstandes in Abhängigkeit von der Temperatur dargestellt.

Erhöht man von 20 °C ausgehend die Temperatur, so sinkt der Widerstandswert zunächst leicht ab. Durch die Temperaturerhöhung werden Ladungsträger freigesetzt, die die Leitfähigkeit vergrößern. Die Widerstandszunahme beginnt bei der sogenannten *Anfangstemperatur* ϑ_A.

Der Widerstandsanstieg ist bis zur Temperatur ϑ_N stark nichtlinear. Die Temperatur ϑ_N heißt *Nenntemperatur.* Von der Nenntemperatur ϑ_N bis zur Endtemperatur ϑ_E erstreckt sich der eigentliche Arbeitsbereich des PTC-Widerstandes. Der Widerstand nimmt in diesem Bereich sehr stark zu — bei den meisten PTC-Widerständen um mehrere Zehnerpotenzen. Ursache der starken Widerstandszunahme ist die Ausbildung von Sperrschichten zwischen den Werkstoffkristallen.

Der Temperaturbeiwert α ist stark temperaturabhängig. Von 20 °C bis zur Temperatur ϑ_A ist α negativ. Ab ϑ_A hat der Temperaturbeiwert einen positiven Wert, der im Bereich ϑ_N bis ϑ_E am größten ist.

Die Größe des Temperaturbeiwertes α hängt vom verwendeten Werkstoff und von der Temperatur des PTC-Widerstandes ab.

Übliche Temperaturbeiwerte liegen etwa zwischen $\alpha = 0{,}07$ 1/°C bis $\alpha = 0{,}5$ 1/°C entsprechend 7%/K bis 50%/K. Dies gilt für den Bereich R_N bis R_E der Kennlinie.

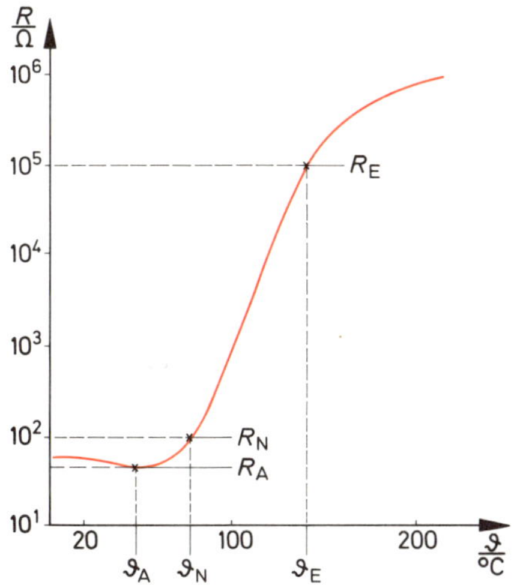

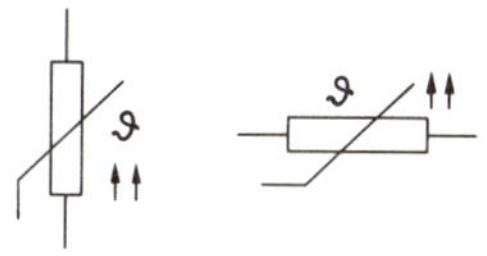

Bild 2.26 Schaltzeichen von Kaltleiterwiderständen (PTC-Widerständen)

Bild 2.25 Widerstandsverlauf eines PTC-Widerstandes in Abhängigkeit von der Temperatur

PTC-Widerstände werden aus polykristallinen Titanat-Keramik-Sorten hergestellt. Die Titanat-Keramik wird mit bestimmten Fremdstoffen gezielt verunreinigt. Diesen Vorgang nennt man Dotieren.

2.5.2.2. *Kennwerte und Grenzwerte* (siehe auch Bild 2.25)

ϑ_A	Anfangstemperatur
R_A	Anfangswiderstand (Widerstandswert bei ϑ_A)
R_{25}	Widerstandswert bei 25 °C
ϑ_N	Nenntemperatur
R_N	Nennwiderstand (Widerstandswert bei ϑ_N)
α_R	Temperaturbeiwert im steilsten Bereich der R-ϑ-Kennlinie
ϑ_E	Endtemperatur
R_E	Endwiderstand (Widerstandswert bei ϑ_E)
U_{max}	höchstzulässige Betriebsspannung
ϑ_{max}	höchstzulässige Temperatur

In Bild 2.26 ist das Schaltzeichen eines Kaltleiterwiderstandes dargestellt.
Die beiden gleichgerichteten Pfeile deuten an, daß bei Zunahme der Temperatur der Widerstandswert ebenfalls zunimmt.

2.5.2.3. *Anwendungen*

PTC-Widerstände können im Bereich der *Fremderwärmung* und im Bereich der *Eigenerwärmung* betrieben werden.

Fremderwärmung
Wird an den PTC-Widerstand nur eine kleine Spannung angelegt (üblich etwa 1 V), so ändert sich die Temperatur praktisch nicht. Der Widerstandswert bleibt angenähert konstant.

Die Temperatur des PTC-Widerstandes wird durch die Umgebungstemperatur bestimmt.

Man kann den PTC-Widerstand als Temperaturfühler verwenden. Er wird z.B. in Motor- und Generatorwicklungen eingebaut. Erhöht sich die Temperatur im Innern der Maschine unzulässig stark, so kann eine Sicherheitsabschaltung ausgelöst werden.

Eigenerwärmung
Die Spannung am PTC-Widerstand wird so groß gewählt (üblich sind etwa 10 V bis 60 V), daß ein Strom fließt, der den PTC-Widerstand merklich erwärmt.
Mit der Temperatur des PTC-Widerstandes steigt sein Widerstandswert, der Strom geht zurück. Es stellt sich ein Gleichgewichtszustand ein zwischen der vom Strom „erzeugten" Wärme und der abgegebenen Wärme. Dieser stabile Zustand bleibt erhalten, wenn sich die Kühlung nicht ändert.

Die Temperatur des PTC-Widerstandes wird durch die angelegte Spannung und durch die Kühlung bestimmt.

Im Zustand der Eigenerwärmung betriebene PTC-Widerstände werden häufig als Füllstandsmelder eingesetzt (Bild 2.27). Hat die Flüssigkeit den PTC-Widerstand erreicht, so kühlt sie ihn stark. Der Widerstandswert nimmt erheblich ab. Der Füllvorgang kann automatisch unterbrochen werden.

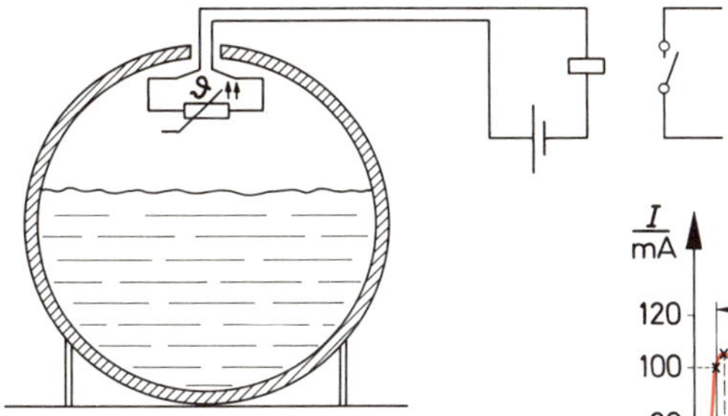

Bild 2.27 PTC-Widerstand als Füllstandsmelder (z.B. als Grenzwertmelder)

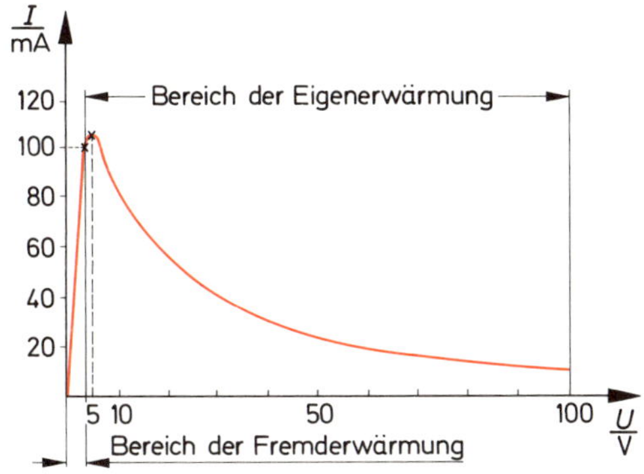

Bild 2.28 Stationäre Kennlinie eines PTC-Widerstandes

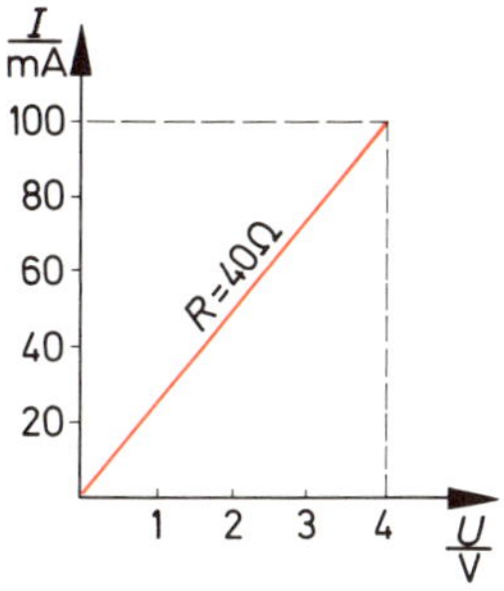

Bild 2.29 Widerstandsverlauf im Bereich der Fremderwärmung

Die Zustandsbereiche *Fremderwärmung* und *Eigenerwärmung* können aus der stationären Strom-Spannungs-Kennlinie (Bild 2.28) entnommen werden. Diese Kennlinie wird bei sehr langsamer Spannungserhöhung aufgenommen. Man muß nach jedem Vergrößern der Spannung zunächst warten, bis sich der vorstehend beschriebene Gleichgewichtszustand auch eingestellt hat. Daher nennt man diese Kennlinie auch stationäre Kennlinie.
Bei kleinen Spannungen wird wenig elektrische Energie in Wärme umgesetzt. Der PTC-Widerstand behält seine Temperatur bei. Er hat in diesem Bereich der Fremderwärmung einen fast konstanten Widerstandswert (Bild 2.29).
Im Bereich der Eigenerwärmung ändert sich der Widerstandswert stark. Für jeden Spannungswert gibt es einen Zustandspunkt, in dem Gleichgewicht zwischen der erzeugten und der abgeführten Wärme herrscht.

2.6. Spannungsabhängige Widerstände

2.6.1. Aufbau und Arbeitsweise

Bei spannungsabhängigen Widerständen ändert sich der Widerstandswert mit der anliegenden Spannung. Diese Widerstände werden auch *VDR-Widerstände* genannt (VDR = Voltage Dependent Resistor, engl. = spannungsabhängiger Widerstand).
Zur Herstellung von VDR-Widerständen verwendet man Siliziumkarbid mit bestimmten Korngrößen und elektrischen Eigenschaften. Das Siliziumkarbid wird mit einem keramischen

Binder zu Scheiben oder Stäben gepreßt. Diese Körper werden dann gesintert. Die elektrischen Eigenschaften werden durch die Sinterzeit und durch die Sintertemperatur beeinflußt.
Der fertig gesinterte Widerstandskörper erhält metallische Kontaktflächen und Anschlußdrähte und eine Schutzlackschicht.
Das gesinterte Siliziumkarbid ist ein polykristalliner Halbleiterwerkstoff, d.h., er besteht aus vielen kleinen Halbleiterkristallen. Diese Halbleiterkristalle stellen viele kleine Halbleiterzonen unterschiedlicher Leitfähigkeit dar. Zwischen den kleinen Halbleiterzonen entstehen Sperrschichten ähnlich wie bei Halbleiterdioden. Die Polung dieser Sperrschichten ist völlig unregelmäßig.
Durch die angelegte Spannung entsteht ein elektrisches Feld. Die Kräfte dieses elektrischen Feldes bauen die Sperrschichten teilweise ab.
Je größer die angelegte Spannung, desto größer ist die elektrische Feldstärke, desto mehr Sperrschichten werden abgebaut.

Der Widerstandswert eines VDR-Widerstandes wird mit zunehmender Spannung immer kleiner. Die Polung der Spannung spielt keine Rolle.

Bild 2.30a zeigt den Verlauf des Widerstandes in Abhängigkeit von der Spannung.
Die *I-U*-Kennlinie des VDR-Widerstandes ist in Bild 2.30b dargestellt.

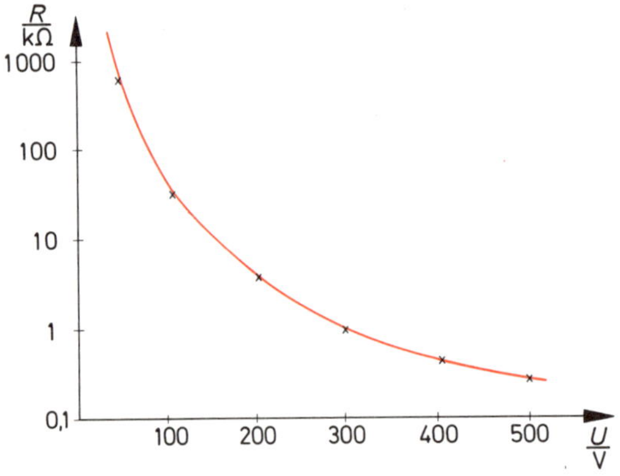

Bild 2.30a Widerstandsverlauf eines VDR-Widerstandes in Abhängigkeit von der Spannung

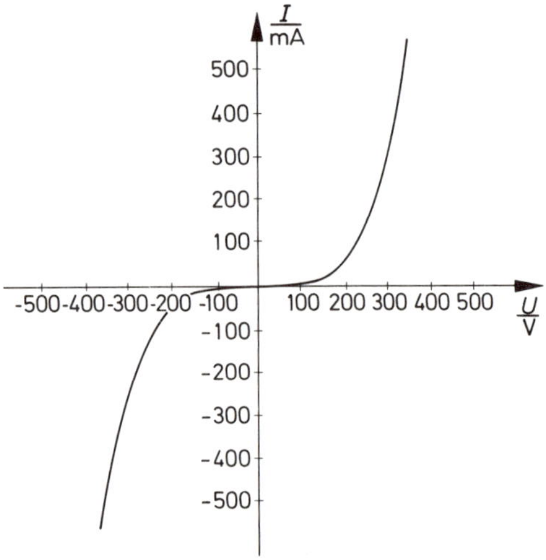

Bild 2.30b I-U-Kennlinie eines VDR-Widerstandes

2.6.2. Kennwerte und Grenzwerte

Das wesentliche Verhalten des VDR-Widerstandes ist durch die *I-U*-Kennlinie gegeben. Sie verläuft nach der Einheitengleichung

$$U = C \cdot I^{\beta}$$

$$I = \left(\frac{U}{C}\right)^{\frac{1}{\beta}}$$

β Regelfaktor
C Konstante, die von den Abmessungen des VDR-Widerstandes abhängt.
(U in Volt, I in Ampere)

Die Konstante C gibt die Spannung an, bei der ein Strom von 1 A durch den VDR-Widerstand fließt (üblich $C = 15$ bis $C = 5000$).

β = Regelfaktor. Der Wert von β ist ein Maß für die Steilheit der Kennlinie (übliche Werte 0,15 bis 0,40).

Zusätzlich zu diesen Werten werden von den Herstellern noch bestimmte Kurvenpunkte der I-U-Kennlinie angegeben (Meßwerte).

Grenzwerte sind:

P_{max} höchstzulässige Belastbarkeit
ϑ_{max} höchstzulässige Temperatur

Die Kennwerte werden für Gleichspannung angegeben. Die I-U-Kennlinie gilt ebenfalls für Gleichspannung. Bei Wechselspannungsbetrieb weichen die Werte etwas ab.

Das Schaltzeichen eines VDR-Widerstandes ist in Bild 2.31 angegeben. Die beiden kleinen entgegengerichteten Pfeile deuten an, daß bei zunehmender Spannung der Widerstandswert abnimmt.

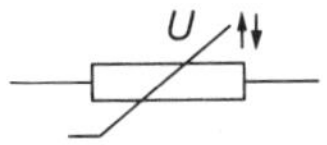

Bild 2.31 Schaltzeichen eines VDR-Widerstandes

Beispiel:

Für einen VDR-Widerstand werden vom Hersteller folgende Daten angegeben:

$C = 100$
$\beta = 0{,}2$

Welche Ohmwerte hat dieser VDR-Widerstand bei

a) 10 V,
b) 25 V,
c) 50 V,
d) 75 V,
e) 100 V?

Es sind zuerst die sich ergebenden Ströme zu berechnen, dann die Widerstandswerte.

$$\text{a)}\quad I = \left(\frac{U}{C}\right)^{\frac{1}{\beta}} = \left(\frac{10}{100}\right)^{\frac{1}{0{,}2}} \text{A} = 0{,}1^5\ \text{A} = 10\ \mu\text{A}$$

$$\underline{R} = \frac{U}{I} = \frac{10\ \text{V}}{10\ \mu\text{A}} = \underline{1\ \text{M}\Omega}$$

$$\text{b)}\quad I = \left(\frac{U}{C}\right)^{\frac{1}{\beta}} = \left(\frac{25}{100}\right)^{\frac{1}{0{,}2}} \text{A} = 0{,}25^5\ \text{A} = 0{,}977\ \text{mA}$$

$$\underline{R} = \frac{25\ \text{V}}{0{,}977\ \text{mA}} = \underline{25{,}59\ \text{k}\Omega}$$

$$\text{c)}\quad I = \left(\frac{U}{C}\right)^{\frac{1}{\beta}} = \left(\frac{50}{100}\right)^{\frac{1}{0{,}2}} \text{A} = 0{,}5^5\ \text{A} = 31{,}25\ \text{mA}$$

$$\underline{R} = \frac{50\ \text{V}}{31{,}25\ \text{mA}} = \underline{1{,}6\ \text{k}\Omega}$$

d) $I = \left(\frac{U}{C}\right)^{\frac{1}{\beta}} = \left(\frac{75}{100}\right)^{\frac{1}{0,2}} \text{A} = 0{,}75^5\ \text{A} = 237{,}3\ \text{mA}$

$\underline{R} = \frac{75\ \text{V}}{237{,}3\ \text{mA}} = \underline{316\ \Omega}$

e) $I = \left(\frac{U}{C}\right)^{\frac{1}{\beta}} = \left(\frac{100}{100}\right)^{\frac{1}{0,2}} \text{A} = 1^5\ \text{A} = 1\ \text{A}$

$\underline{R} = \frac{100\ \text{V}}{1\ \text{A}} = \underline{100\ \Omega}$

Beim Einsatz von VDR-Widerständen ist darauf zu achten, daß die höchstzulässige Belastbarkeit nicht überschritten wird. Die tatsächliche Belastung ergibt sich aus der Gleichung $P = U \cdot I$. Die tatsächliche Belastung muß stets gleich oder kleiner als die höchstzulässige Belastbarkeit sein.

2.6.3. Anwendungen

Spannungsabhängige Widerstände eignen sich sehr gut zur Spannungsbegrenzung. Sie werden zu diesem Zweck auch häufig eingesetzt. Sie können als Schutzwiderstände parallel zu Bauteilen geschaltet werden, die durch Überspannungen gefährdet sind (Bild 2.32).
VDR-Widerstände erzeugen Verformungen von Spannungs- und Stromkurven.
Wird z.B. eine sinusförmige Spannung an einen VDR-Widerstand gelegt, so fließt ein nichtsinusförmiger Strom durch den VDR-Widerstand (Bild 2.33).
Läßt man einen sinusförmigen Strom durch den VDR-Widerstand fließen, so entsteht an seinen Klemmen eine nichtsinusförmige Spannung.
Diese Verformungseigenschaft wird in der Impulstechnik, in der Fernsehtechnik und in der Steuer- und Regelungstechnik genutzt.

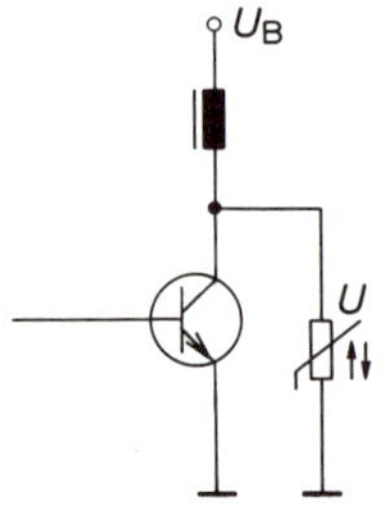

Bild 2.32 VDR-Widerstand als Schutz gegen zu hohe Kollektor-Emitter-Sperrspannung

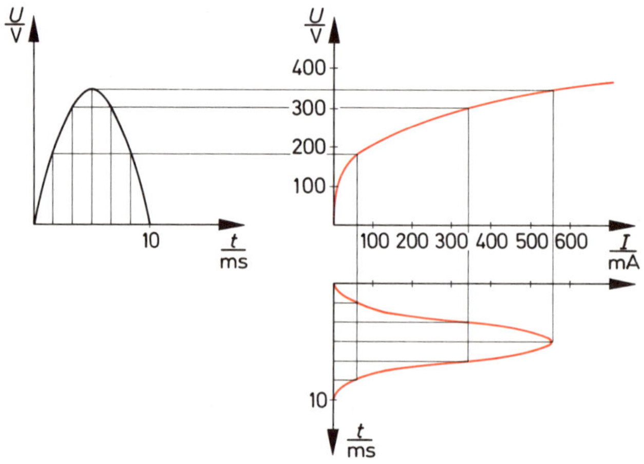

Bild 2.33 Stromverformung durch einen VDR-Widerstand bei sinusförmiger Wechselspannung

2.7 Lernziel-Test

1. Was versteht man unter einem linearen, was unter einem nichtlinearen Widerstand?
2. Wie wird der differentielle Widerstand *r* eines Bauteiles ermittelt?
3. Was sind IEC-Widerstands-Normreihen?
4. Nennen Sie die Widerstandswerte der Normreihe E 12, die zwischen den Ohmwerten 400 Ohm und 10 Kiloohm liegen.
5. Wieviel Widerstandswerte hat die Normreihe E 96 im Bereich 100 Ohm bis 1000 Ohm? Welche Toleranz gehört zu dieser Normreihe?
6. Für die Belastbarkeit gibt es eine Nennlastreihe.
   Nennen Sie die Belastbarkeitswerte bis 20 W.
7. Für die Kennzeichnung der Widerstände werden zwei internationale Farbcodes verwendet, ein Farbcode für Vierfachberingung und ein Farbcode für Fünffachberingung. Welche Bedeutung haben die Ringe a) bei Vierfachberingung, b) bei Fünffachberingung?
8. Einige Widerstände sind wie folgt beringt. Welche Nennwiderstände und Toleranzen haben sie?

	1. Ring	*2. Ring*	*3. Ring*	*4. Ring*
a)	braun	schwarz	orange	gold
b)	grau	rot	braun	silber
c)	rot	rot	gold	gold
d)	gelb	violett	blau	farblos
e)	braun	grün	silber	silber

	1. Ring	*2. Ring*	*3. Ring*	*4. Ring*	*5. Ring*
f)	grün	orange	blau	silber	rot
g)	grau	grau	violett	blau	braun
h)	rot	violett	gelb	schwarz	rot
i)	braun	orange	grau	gold	braun
k)	gelb	orange	rot	braun	braun

9. Geben Sie die Fünffachberingung für folgende Widerstände an:
   a) $3{,}74\ \Omega \pm 1\%$ b) $681\ k\Omega \pm 2\%$ c) $114\ \Omega \pm 0{,}5\%$
   d) $2{,}46\ M\Omega \pm 0{,}5\%$ e) $46{,}4\ K\Omega \pm 1\%$ f) $7150\ \Omega \pm 2\%$
10. Welche Werkstoffe werden für die Herstellung von Schichtwiderständen verwendet?
11. Was versteht man bei Schichtwiderständen unter Wendelschliff, was unter Mäanderschliff?
    Welchen Zweck haben diese Schliffarten?
12. Erklären Sie den Begriff SMD-Technik. Wie ist ein SMD-Widerstand aufgebaut?
13. Widerstände können in Dünnfilmtechnik und in Dickschichttechnik hergestellt werden. Beschreiben Sie diese Herstellungstechniken.
14. Wie sind Drahtwiderstände aufgebaut?
15. Wie vermindert man bei Drahtwiderständen die Induktivität?
16. Ein einstellbarer Widerstand (Potentiometer) hat einen positiv-logarithmischen Widerstandsverlauf. Skizzieren Sie den Widerstandsverlauf in Abhängigkeit von der Bahnlänge bzw. vom Drehwinkel.

17. Was versteht man beim einstellbaren Widerstand unter Drehrauschen?
18. Welche Vorteile und Nachteile haben einstellbare Drahtwiderstände gegenüber einstellbaren Schichtwiderständen?
19. Was gibt der Temperaturbeiwert α, auch Temperaturkoeffizient genannt, eines Widerstandswerkstoffes an?

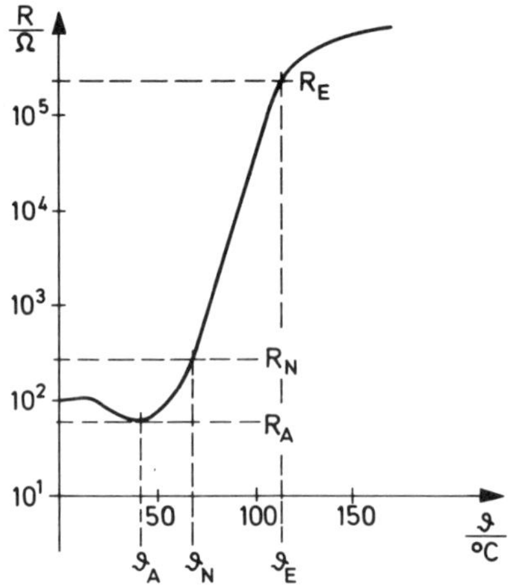

Bild 2.34 Kennlinie eines PTC-Widerstandes

20. Ein Drehwiderstand aus dem Widerstandswerkstoff Nikelin hat einen Nennwert von $R_{20} = 490\ \Omega$. Der Widerstand wird auf eine Betriebstemperatur von 110 °C erwärmt. Berechnen Sie den Ohmwert bei Betriebstemperatur. Der Temperaturbeiwert von Nikelin ist $\alpha_{Nk} = +0{,}15 \cdot 10^{-3}\ \frac{1}{°C}$
21. Wie verhält sich der Widerstandswert eines NTC-Widerstandes bei Temperaturerhöhung?
22. Wie ist die Abkühlzeit eines Heißleiterwiderstandes festgelegt?
23. Skizzieren Sie die typische Kennlinie eines PTC-Widerstandes (Widerstandsverlauf *R* in Abhängigkeit von der Temperatur).
24. Was versteht man bei einem Kaltleiterwiderstand unter Eigenerwärmung und unter Fremderwärmung?
25. Wie ändert sich der Widerstandswert eines VDR-Widerstandes mit ansteigender Spannung?
26. Skizzieren Sie die typische *I*-*U*-Kennlinie eines VDR-Widerstandes.
27. Ein VDR-Widerstand hat eine C-Konstante von 120 und einen Regelfaktor β von 0,3. Welchen Ohmwert hat der VDR-Widerstand
    a) bei 20 V,
    b) bei 100 V?
28. Legt man an einen VDR-Widerstand eine sinusförmige Spannung, so fließt ein nichtsinusförmiger Strom. Warum?
29. Für einen PTC-Widerstand wird die Kennlinie Bild 2.34 angegeben. Was sagt diese Kennlinie aus?

3. Kondensatoren und Spulen

3.1. Kapazität

Körper, die mehr Elektronen enthalten als Protonen, sind negativ elektrisch geladen. Die negative Ladung ist die Summe der Elementarladungen der überzähligen Elektronen.
Körper, die weniger Elektronen enthalten als Protonen, sind positiv elektrisch geladen. Die positive Ladung ist die Summe der Elementarladungen der überzähligen Protonen.

Der Raum um die elektrisch geladenen Körper ist in einem besonderen Zustand: Dieser besondere Raumzustand wird elektrisches Feld genannt.

Man denkt sich das elektrische Feld aus Feldlinien bestehend. Den Feldlinien ist eine Richtung zugeordnet. Sie gehen von der positiven Ladung aus und enden in der negativen Ladung.
Legt man an zwei benachbarte voneinander isolierte elektrisch leitfähige Körper eine Spannung an, so werden diese beiden Körper geladen (Bild 3.1).

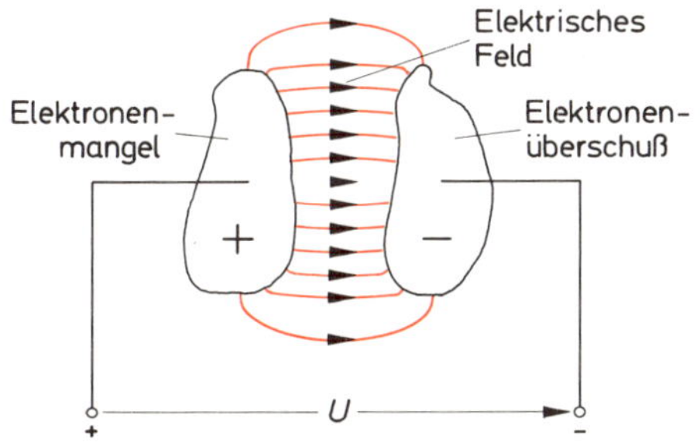

Bild 3.1 Elektrisches Feld zwischen elektrisch geladenen Körpern

Der mit dem Minuspol der Spannungsquelle verbundene Körper erhält eine bestimmte Menge zusätzlicher Elektronen. Die gleiche Menge Elektronen wird von dem mit dem Pluspol der Spannungsquelle verbundenen Körper abgesaugt. Zwischen beiden Körpern entsteht ein elektrisches Feld.
Die Größe der Ladung Q, die die beiden Körper aufnehmen können, hängt von der Ausdehnung, Form und Stärke des elektrischen Feldes ab.
Das entstehende elektrische Feld ist abhängig von der angelegten Spannung, von den Abmessungen der beiden Körper und von dem Abstand, den sie zueinander haben.
Der Einfluß, den die Körperabmessungen, ihr gegenseitiger Abstand und der zwischen ihnen befindliche isolierende Stoff auf die Aufnahmefähigkeit elektrischer Ladung haben, wird in einer Größe zusammengefaßt. Diese Größe wird *Kapazität* genannt (Formelzeichen C). Kapazität heißt Fassungsvermögen, Aufnahmefähigkeit.
Die Kapazität ist der Proportionalitätsfaktor zwischen der Ladung Q und der Spannung U.

$$Q = C \cdot U$$

Q elektrische Ladung
C Kapazität
U Spannung

Aus der Gleichung $Q = C \cdot U$ ergibt sich die Einheit der Kapazität. Die elektrische Ladung hat die Einheit Amperesekunden (As) = Coulomb.

$$C = \frac{Q}{U}$$

$$[C] = \frac{\text{As}}{\text{V}} = \text{Ss} = \text{F}$$

Die Einheit As/V bzw. Ss wird Farad (F) genannt.

1 Farad = 1 Siemenssekunde
1 F = 1 Ss

Das Farad ist eine recht große Einheit. Folgende Teile dieser Einheit sind üblich:

1 Millifarad = 1 mF = 10^{-3} F
1 Mikrofarad = 1 µF = 10^{-6} F
1 Nanofarad = 1 nF = 10^{-9} F
1 Picofarad = 1 pF = 10^{-12} F

Eine Anordnung leitfähiger Körper hat eine Kapazität von 1 Farad, wenn bei Anlegen einer Spannung von 1 Volt eine Ladung von 1 Coulomb aufgenommen wird.

Eine Kapazität besteht immer zwischen zwei voneinander isolierten elektrisch leitfähigen Körpern. Die beiden Adern einer Doppelleitung haben eine Kapazität. Ein über der Erde ausgespannter Draht bildet mit der Erde eine Kapazität. Zwei voneinander isolierte Leiterbahnen einer Leiterplatte stellen eine Kapazität dar.

Kapazität ist die Eigenschaft, unter dem Einfluß einer Spannung elektrische Ladungen speichern zu können.

Die Größe der Kapazität hängt von der Fläche ab, auf der sich die beiden Beläge gegenüberstehen, vom Abstand der beiden Beläge und von der Dielektrizitätszahl ε_r des Dielektrikums.

Für einen Plattenkondensator (Bild 3.2) gilt:

$$C = \frac{\varepsilon_0 \cdot \varepsilon_r \cdot A}{a}$$

C Kapazität
ε_0 Dielektrizitätskonstante

$$\varepsilon_0 = 8{,}85 \cdot 10^{-12} \frac{\text{F}}{\text{m}}$$

ε_r Dielektrizitätszahl
A Fläche, auf der sich die beiden Beläge gegenüberstehen
a Abstand der Beläge

Um große Kapazitäten zu erreichen, verwendet man statt der Platten Metallfolien oder metallisierte Kunststoffolien, die mit zwischengelegten Isolierschichten aufgerollt werden (s. Bauarten).

Bild 3.2 *Plattenkondensator*

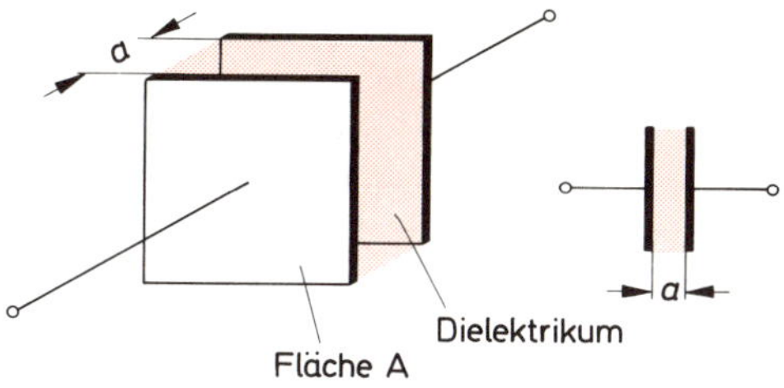

3.2. Kondensatoren

3.2.1. Allgemeines

Kondensatoren sind Bauteile, die eine gewollte Kapazität bestimmter Größe haben.

Diese Nennkapazität kann innerhalb eines bestimmten Toleranzbereiches schwanken. Sie ist außerdem temperaturabhängig.
Der zwischen den beiden elektrisch leitfähigen Körpern (Belägen) befindliche Isolierstoff wird Dielektrikum genannt. Das Dielektrikum hat eine bestimmte Durchschlagsfestigkeit. Durch diese Durchschlagsfestigkeit ist die höchste Spannung, die an den Kondensator angelegt werden darf, bestimmt.
Das Dielektrikum hat keinen unendlich großen Widerstand. Ein aufgeladener Kondensator entlädt sich selbst. Im Dielektrikum wird elektrische Arbeit in Wärme umgesetzt. Ein Kondensator hat Verluste. Diese setzen sich zusammen aus den Isolationsverlusten, den Zuleitungs- und Belagsverlusten und den dielektrischen Verlusten. Die dielektrischen Verluste entstehen bei Betrieb an Wechselspannung. Das Dielektrikum wird häufig umpolarisiert.

Man unterscheidet *Gleichspannungskondensatoren* und *Wechselspannungskondensatoren.*
Gleichspannungskondensatoren sind für den Betrieb an Gleichspannung gebaut. Man verwendet Isolierstoffe (Dielektrika), die bei Wechselspannungsbetrieb verhältnismäßig große Verluste haben. Gleichspannungskondensatoren für eine bestimmte Nennspannung dürfen nicht an einer Wechselspannung gleichen Scheitelwertes betrieben werden. In Sonderfällen ist ein Betrieb an einer wesentlich kleineren Wechselspannung möglich. Der Betrieb an einer Gleichspannung mit überlagerter Wechselspannung ist bis zu einer bestimmten Größe der Wechselspannung erlaubt.
Wechselspannungskondensatoren sind für den Betrieb an Wechselspannung geeignet. Sie sind für die bei Wechselspannung auftretenden größeren Verluste bemessen und dürfen auch an Gleichspannungen verwendet werden, deren Höhe den Effektivwert der Nennwechselspannung nicht überschreitet.
Kondensatoren werden in sehr unterschiedlichen Gehäusen geliefert. Für große Kapazitäten und hohe Nennspannungen verwendet man Bechergehäuse, sonst Wickelgehäuse mit axialen Anschlußdrähten oder SMD-Gehäuse ohne Anschlußdrähte für die Oberflächenmontage (siehe auch Seite 28).

Kennwerte und Grenzwerte
Die Eigenschaften eines Kondensators werden durch seine Kennwerte und Grenzwerte beschrieben.

Kennwerte:

Nennkapazität
Auslieferungstoleranz
Temperaturabhängigkeit der Kapazität
Feuchteabhängigkeit der Kapazität
Selbstentlade-Zeitkonstante
Betriebstemperaturbereich
Brauchbarkeitsdauer
Betriebszuverlässigkeit
Verlustfaktor

Grenzwerte:

Nennspannung
Dauergrenzspannung
Spitzenspannung
zulässige Wechselspannungen

Nennkapazität und Toleranz werden entweder mit Zahlenwert und Einheit auf den Kondensatorkörper aufgedruckt oder durch Farbringe (Farbpunkte) nach einem Farbcode angegeben. Dieser Farbcode entspricht weitgehend dem für Widerstände gültigen Farbcode. Der 5. Ring oder Punkt gibt die Nennspannung an.

Farbe	1. Ring 1. Ziffer	2. Ring 2. Ziffer	3. Ring Multiplikator	4. Ring Toleranz	5. Ring Nennspannung
keine	–	–	–	± 20%	5000 V
silber	–	–	10^{-2}	± 10%	2000 V
gold	–	–	10^{-1}	± 5%	1000 V
schwarz	–	0	10^{0} pF		
braun	1	1	10^{1} pF	± 1%	100 V
rot	2	2	10^{2} pF	± 2%	200 V
orange	3	3	10^{3} pF		300 V
gelb	4	4	10^{4} pF		400 V
grün	5	5	10^{5} pF	± 0,5%	500 V
blau	6	6	10^{6} pF		600 V
violett	7	7	10^{7} pF		700 V
grau	8	8	10^{8} pF		800 V
weiß	9	9	10^{9} pF		900 V

Die Nennkapazitäten sind nach den IEC-Normreihen gestuft (siehe Kapitel 2, Widerstände). Vorzugsweise werden die Reihen E 6, E 12 und E 24 verwendet. Für Präzisionskondensatoren gelten die Reihen E 48, E 96 und E 192.

Die außenliegende leitfähige Schicht eines Kondensators kann als Abschirmung verwendet werden, wenn man sie an Masse anschließt. Es ist deshalb wichtig zu wissen, an welchem Kondensatoranschluß der *Außenbelag* liegt.

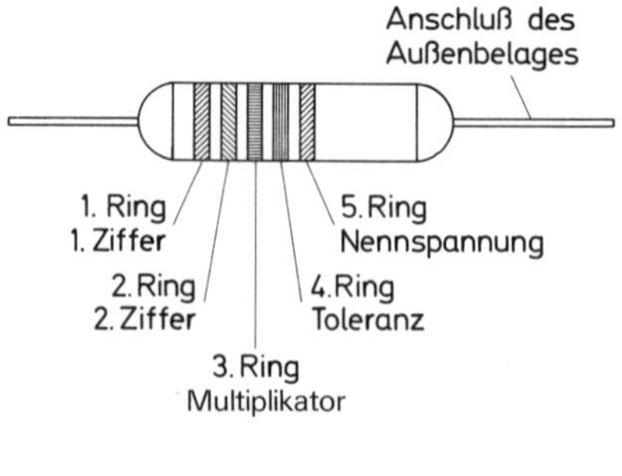

Bild 3.3 Farbringkennzeichnung von Kondensatoren

Bild 3.4 Kennzeichnung des Außenbelages von Kondensatoren, rechts SMD-Kondensatoren

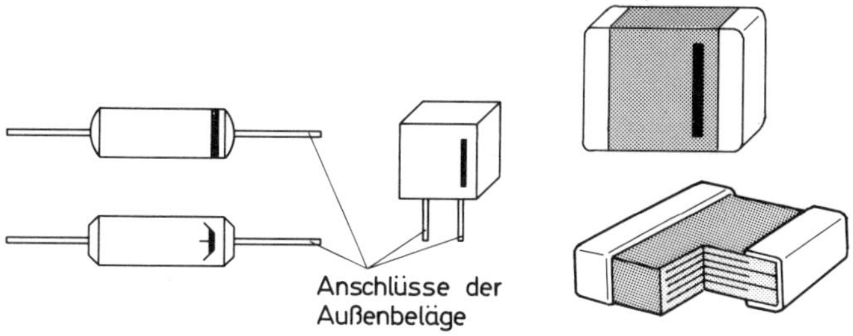

Bei Kondensatoren mit Farbringkennzeichnung liegt der Außenbelag an der Anschlußseite, die zu den Farbringen den größten Abstand hat (Bild 3.3). Bei anderen Kondensatoren ist der Außenbelag durch einen Strich, schwarzen Ring oder durch einen stilisierten Schirm (Bild 3.4) gekennzeichnet.

Die Temperaturabhängigkeit eines Kondensators wird durch den Temperaturbeiwert α_c angegeben. Es gilt

$$\Delta C = C \cdot \alpha_c \cdot \Delta\vartheta$$

ΔC	Kapazitätsänderung
C	Kapazität bei 20 °C oder 40 °C (Nennkapazität)
α_c	Temperaturbeiwert
$\Delta\vartheta$	Temperaturänderung

Der Temperaturbeiwert hat die Einheit 1/°C.

Die anderen Kennwerte sind den Datenblättern der Hersteller zu entnehmen. Bei einigen Herstellern sind weitere Kennwerte durch firmeneigene Buchstaben- und Zifferncode auf den Kondensatorkörpern angegeben.

Die Selbstentladezeitkonstante τ_s ist das Produkt aus Isolationswiderstand R_{is} und Kapazität des Kondensators.

$$\tau_s = R_{is} \cdot C$$

Je größer die Selbstentladezeitkonstante ist, desto hochwertiger ist der Kondensator. Übliche Werte sind $\tau_s = 1000$ s bis $\tau_s = 10\,000$ s (s = Sekunden).

Der Betriebstemperaturbereich gibt den zulässigen Temperaturbereich an, in dem der Kondensator betrieben werden darf.

Unter Brauchbarkeitsdauer versteht man die vom Hersteller angegebene Lebensdauer eines Kondensators. Sie wird bestimmt unter Annahme bestimmter Pausen- und Lagerzeiten. Die Brauchbarkeitsdauer liegt meist zwischen 8 und 15 Jahren.

Die Betriebszuverlässigkeit gibt die Anzahl der Betriebsstunden an, in denen ein bestimmter Prozentsatz der Kondensatoren ausfallen kann, z.B. 100 000 h/3%.

Das bedeutet, daß innerhalb von 100 000 Betriebsstunden 3% der Kondensatoren ausfallen dürfen.

Der Verlustfaktor tan δ ist frequenzabhängig. Er nimmt mit steigender Frequenz stark zu. Eine gewisse Temperaturabhängigkeit ist ebenfalls vorhanden.

Die für einen Kondensator angegebene Nennspannung gilt für eine Umgebungstemperatur bis 40 °C. Der Nennspannungswert darf im Dauerbetrieb nicht überschritten werden.

Bei Umgebungstemperaturen, die über 40 °C liegen, ist die Dauergrenzspannung zu beachten. Sie liegt um so niedriger, je höher die Umgebungstemperatur ist, und kann bei 80 °C z.B. nur 60% der Nennspannung betragen. Der Wert der Dauergrenzspannung darf im Dauerbetrieb nicht überschritten werden.

Die Spitzenspannung ist der höchste Scheitelwert der Spannung, die am Kondensator kurzzeitig und selten auftreten darf.
Gleichspannungskondensatoren dürfen an einer Mischspannung betrieben werden. Die höchstzulässige Wechselspannung gibt an, welchen Wechselspannungsanteil diese Mischspannung haben darf.

3.2.2. Bauarten von Kondensatoren

3.2.2.1 Papierkondensatoren, Kunststoffkondensatoren (Folienkondensatoren)

Papierkondensatoren bestehen aus zwei Metallfolien, meist Aluminiumfolien, die voneinander durch getränkte Papierlagen isoliert sind. Metallfolien und Isolierstoff werden zu einem Wickel aufgerollt (Bild 3.5).
Der Wickel wird mit Anschlüssen versehen und mit Kunststoff umpreßt. Er kann auch in einen Kunststoff-, Hartpapier-, Keramik- oder Metallbecher eingesetzt und vergossen werden. Ein luftdichter Abschluß ist erforderlich, um das Eindringen von Feuchtigkeit zu erschweren.

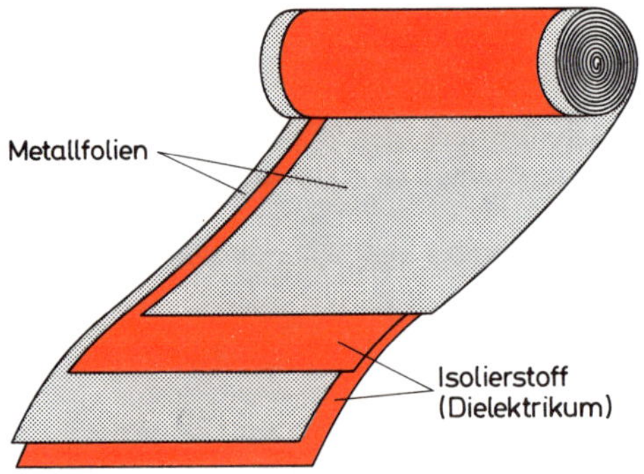

Bild 3.5 Aufbau eines Papierkondensators bzw. eines Kunststoffkondensators

Papier hat als Dielektrikum viele ungünstige Eigenschaften. Es wird immer mehr von Kunststoffolien verdrängt.
Kunststoffkondensatoren sind wie Papierkondensatoren aufgebaut, nur verwendet man statt der Papierzwischenlagen Kunststoffolien. Als Kunststoffe werden Polyester, Polyäthylenterephthalat und Polykarbonat verwendet.
Kunststoffkondensatoren haben im allgemeinen bessere Eigenschaften als Papierkondensatoren. Sie können bei gleicher Kapazität und gleicher Spannungsfestigkeit kleiner gebaut werden.
Ein besonderer Kunststoffkondensator ist der *Styroflexkondensator*. Als Dielektrikum werden Folien aus gerecktem Polystyrol verwendet. Als Beläge dienen Aluminium- oder Zinnfolien. Der fertige Wickel wird einer Wärmebehandlung unterzogen, in deren Verlauf die Polystyrolfolie schrumpft. Es entsteht ein sehr fester Wickel mit hoher Kapazitätskonstanz. Polystyrol hat geringe dielektrische Verluste und einen geringen negativen Temperaturbeiwert α_c. Es eignet sich gut als Dielektrikum für Hochfrequenzkondensatoren. Styroflexkondensatoren werden vorwiegend als Schwingkreiskondensatoren eingesetzt.

3.2.2.2. *Metall-Papier-Kondensatoren* (MP-Kondensatoren)

Die Dicke der Metallbeläge hat keinen Einfluß auf die Kapazität eines Kondensators. Will man große Kapazitätswerte pro Volumeneinheit bei bestimmter Spannungsfestigkeit erreichen, so wird man bemüht sein, die Dicke der Beläge so gering wie möglich zu machen.
Bei Metall-Papier-Kondensatoren werden die Metallbeläge auf das als Dielektrikum dienende Papier aufgedampft. Man erzeugt Schichtdicken von etwa 0,05 μm. Die erforderliche Dicke des Papiers hängt von der gewünschten Nennspannung ab.
Die dünnen Metallschichten haben einen verhältnismäßig großen ohmschen Widerstand. Dies könnte zu einem Nachteil führen. Man spritzt jedoch auf beide Stirnflächen des Wickels Metallschichten auf, an denen die Anschlüsse befestigt werden. Die Ladungsträger können nun von den Stirnseiten her auf die Beläge auffließen und auf dem gleichen Wege wieder abfließen. Durch die Stirnbeschichtung verringert man auch die Eigeninduktivität des Wickels erheblich.

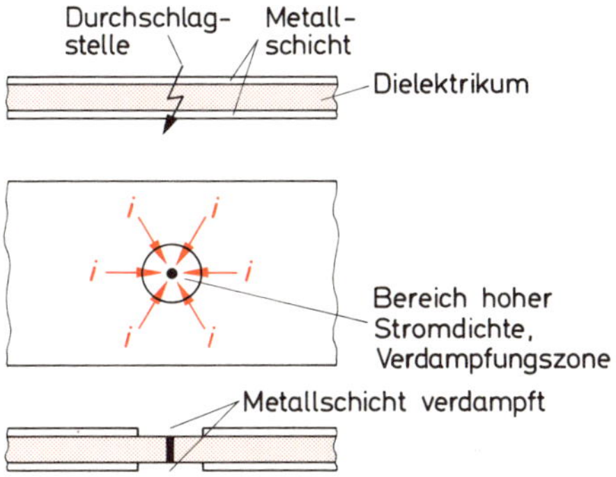

Bild 3.6 Selbstheilung bei MP- und MK-Kondensatoren

Kommt es bei einem MP-Kondensator zu einem Durchschlag, so entsteht in der Umgebung des Durchschlagspunktes kurzzeitig eine so große Stromdichte, daß die außerordentlich dünne Metallschicht hier verdampft (Bild 3.6). Das Dielektrikum wird dabei nicht beschädigt. Der Durchschlagspunkt ist jetzt isoliert. Der Durchschlag hat sich selbst geheilt. Diese Selbstheilung ist eine sehr vorteilhafte Eigenschaft der MP-Kondensatoren.
Ein Ausheilvorgang dauert etwa 10 μs bis 50 μs. Während dieser Zeit sinkt die Kondensatorspannung kurzzeitig ab. Dies kann in elektronischen Schaltungen zu einem störenden Impuls führen.
Mit jedem Ausheilvorgang wird die Kapazität des MP-Kondensators etwas geringer. Das macht aber sehr wenig aus. Nach 1000 Ausheilvorgängen ist die Kapazität erst um etwa 1% gesunken.

3.2.2.3. *Metall-Kunststoff-Kondensatoren* (MK-Kondensatoren)

MK-Kondensatoren sind im Prinzip gleich aufgebaut wie MP-Kondensatoren. Anstelle von Papier verwendet man Kunststoff. Auf Kunststoffolien werden dünne Metallschichten aufgedampft. Die Schichtdicken betragen etwa 0,02 μm bis 0,05 μm. Man erhält große Kapazitäten pro Volumeneinheit.
Die Folien werden zu Rundwickeln oder zu Flachwickeln gerollt. Nach neuerer Technik werden Folienstücke aufeinander geschichtet. Die Stirnseiten erhalten Metallschichten, die alle

Windungen, die zu einem Belag gehören, elektrisch leitend verbinden. Dadurch erhält man einen geringen ohmschen Widerstand und eine geringe Induktivität.
Eine Selbstheilung ist ebenso möglich wie beim MP-Kondensator.
Bei MK-Kondensatoren unterscheidet man folgende Varianten der Bauform:

MKT-Kondensatoren
(nach DIN 41379)
Kunststoff: Polyethylenterephthalat, häufig verwendete Bezeichung: MKH-Kondensatoren.

MKC-Kondensatoren
(nach DIN 41379) Kunststoff: Polykarbonat, häufig verwendete Bezeichnung: MKM-Kondensatoren.

MKU-Kondensatoren
(nach DIN 41379) Kunststoff: Zelluloseazetat, häufig verwendete Bezeichnung: MKL-Kondensatoren.

MKS-Kondensatoren
(nach DIN 41379) Kunststoff: Polystyrol, häufig verwendete Bezeichnung: MKY-Kondensatoren.

3.2.2.4. Keramikkondensatoren

Bei Keramikkondensatoren werden keramische Massen als Dielektrikum verwendet.
Die keramischen Massen lassen sich in zwei Gruppen einteilen:

Gruppe 1
Keramische Massen mit geringer Dielektrizitätszahl ($\varepsilon_r \approx$ 6 bis 450) und kleinen dielektrischen Verlusten. Die Temperaturabhängigkeit der Dielektrizitätszahlen ist gering.

Gruppe 2
Spezial-Keramikmassen mit extrem großen Dielektrizitätszahlen ($\varepsilon_r \approx$ 700 bis 50000). Leider sind die Dielektrizitätszahlen dieser Werkstoffe stark temperaturabhängig. Die dielektrischen Verluste sind verhältnismäßig groß.

Keramische Massen der Gruppe 1 eignen sich gut zur Herstellung von Schwingkreiskondensatoren. Man stellt mit diesen Massen Präzisionskondensatoren her, die eine sehr gute Kapazitätskonstanz und eine gute Temperaturstabilität haben. Die dielektrischen Verluste sind bis zu sehr hohen Frequenzen gering.
Mit den Keramikmassen der Gruppe 2 ist es möglich, sehr kleine Kondensatoren mit verhältnismäßig großer Kapazität herzustellen, z.B. erbsengroße Kondensatoren mit $C = 10\ \mu F$, $U = 30\ V$. Diese Kondensatoren haben einen großen Temperaturbeiwert. Der Verlustfaktor ist ebenfalls verhältnismäßig groß. Kondensatoren dieser Art eignen sich nicht als frequenzbestimmende Bauteile (Schwingkreiskondensatoren). Sie werden vorwiegend als Koppelkondensatoren eingesetzt.

3.2.2.5. Elektrolytkondensatoren

Bei Elektrolytkondensatoren besteht ein Kondensatorbelag aus einer elektrisch leitenden Flüssigkeit, einem sogenannten Elektrolyten. Bei einer Sonderbauform verwendet man statt des Elektrolyten einen Halbleiterwerkstoff, der sich ähnlich verhält.

Aluminium-Elektrolyt-Kondensatoren

Eine Aluminiumfolie ist mit einer Oxidschicht versehen. Diese Oxidschicht stellt das Dielektrikum dar. Die Aluminiumfolie ist der eine Kondensatorbelag, der andere Kondensatorbelag ist die elektrisch leitende Flüssigkeit (Elektrolyt).
Die Oxidschicht hat eine hohe Spannungsfestigkeit. Sie kann sehr dünn sein. Bei einem Kondensator für 100 V Nennspannung hat die Oxidschicht etwa eine Dicke von 0,15 μm. Der Abstand zwischen den Kondensatorbelägen ist also sehr gering. Die auf die Flächeneinheit der Beläge bezogene Kapazität wird damit sehr groß.
Durch ein Aufrauhen der Aluminiumfolie wird die Fläche wesentlich vergrößert (Bild 3.7). Der zweite Belag folgt den Oberflächenrauhigkeiten, da er ja flüssig ist.

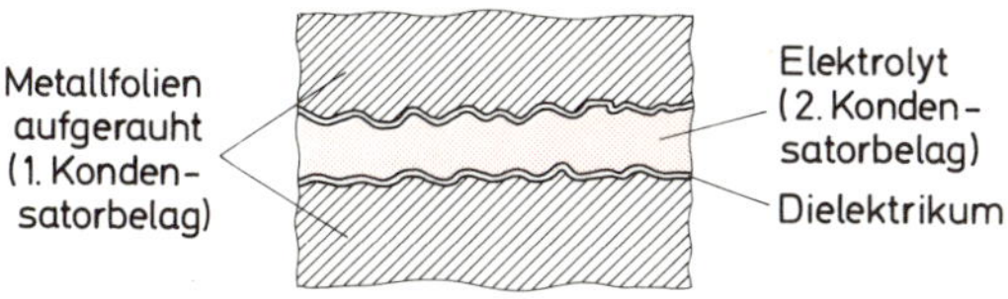

Bild 3.7 Schichtausschnitt eines Elektrolytkondensators mit aufgerauhten Belägen

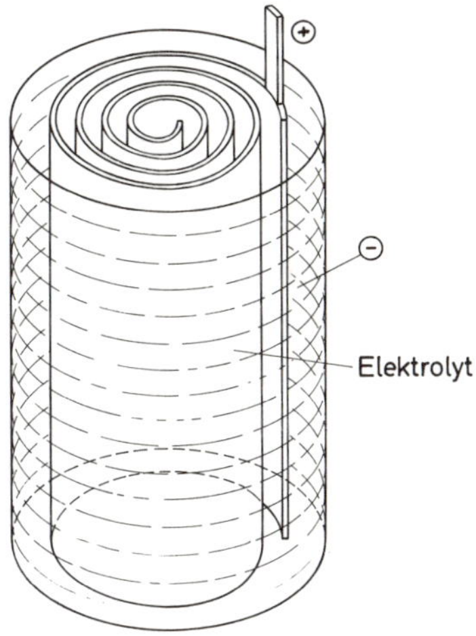

Bild 3.8 Aufbau eines Elektrolytkondensators

Es gibt Aluminium-Elektrolyt-Kondensatoren mit rauhen und mit glatten Folien (Elektroden). Die rauhen Folien setzen sich immer mehr durch. Sie haben keine besonderen Nachteile gegenüber glatten Folien, außer einem geringfügig größeren Verlustfaktor, erbringen aber eine 6- bis 8fach größere Kapazität pro Volumeneinheit.

Die Dielektrizitätszahl ε_r der Aluminiumoxidschicht liegt zwischen 7 und 8.
Aluminium-Elektrolyt-Kondensatoren in der beschriebenen Ausführung müssen gepolt betrieben werden. Die Aluminiumfolie ist der positive Pol. Der Elektrolyt bzw. sein Anschluß ist der negative Pol (Bild 3.8).
Wird der Elektrolytkondensator an Spannungen oberhalb 2 V falsch gepolt, wird die Oxidschicht abgebaut. Der Elektrolyt erwärmt sich stark. Es kommt zur Gasbildung und möglicherweise zu einer Explosion des Kondensators. Eine Falschpolung bis zu einer Spannung von 2 V ist erlaubt. Bis zu dieser Spannung ist auch ein Wechselstrombetrieb möglich.

Bei einigen Elektrolytkondensatortypen wird eine zweite Aluminiumfolie ohne Oxidschicht für die Stromzuführung zum Elektrolyten verwendet. Dadurch wird der ohmsche Widerstand des Elektrolytkondensators herabgesetzt. Diese Folie, die den Minuspol darstellt, wird *Katodenfolie* genannt. Die Folie, die die Oxidschicht trägt, heißt *Anodenfolie.* Zwischen beiden Folien befindet sich der Elektrolyt und ein Abstandhalter aus Papier oder textilem Werkstoff.

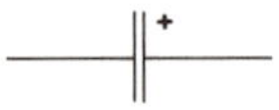

gepolter Kondensator

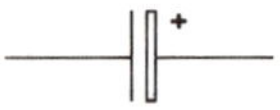

gepolter Elektrolytkondensator

Bild 3.9 Schaltzeichen

Bild 3.10 Zwei gepolte Elektrolytkondensatoren sind zu einem ungepolten Elektrolytkondensator zusammengeschaltet

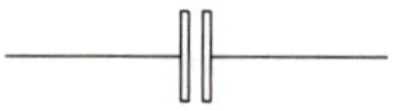

Bild 3.11 Schaltzeichen eines ungepolten Elektrolytkondensators

Bild 3.9 zeigt das Schaltzeichen eines Elektrolytkondensators in gepolter Ausführung.
Erzeugt man auf der Katodenfolie ebenfalls eine Oxidschicht, so erhält man praktisch zwei Elektrolytkondensatoren, die wie in Bild 3.10 geschaltet sind. Die Kapazität geht auf die Hälfte zurück. Kondensatoren dieser Art können ungepolt betrieben werden. Wechselspannungsbetrieb ist innerhalb der vom Hersteller angegebenen Grenzen möglich.
In Bild 3.11 ist das Schaltzeichen eines ungepolten Elektrolytkondensators dargestellt.
Elektrolytkondensatoren in ungepolter Ausführung haben bei gleicher Kapazität und gleicher Spannungsfestigkeit ungefähr das doppelte Volumen wie Elektrolytkondensatoren in gepolter Ausführung.

Tantal-Elektrolyt-Kondensatoren

Das verhältnismäßig teure Tantal eignet sich hervorragend zur Herstellung von Elektrolytkondensatoren. Als Dielektrikum dient eine sehr durchschlagsfeste Schicht aus Tantalpentoxid, die durch einen Formierungsvorgang auf die Anodenbeläge aufgebracht wird. Tantalpentoxid hat eine verhältnismäßig große Dielektrizitätszahl ($\varepsilon_r \approx 27$). Dadurch ergeben sich große Kapazitätswerte pro Volumeneinheit bei gleicher Spannungsfestigkeit.
Die Tantalpentoxidschicht baut sich auch bei längerer Lagerung nicht ab. Die Restströme sind sehr gering. Tantalkondensatoren genügen meist erhöhten Anforderungen. Sie werden als Tantalfolien-Elektrolytkondensatoren und als Tantal-Sinter-Elektrolytkondensatoren gebaut.

Tantalfolien-Elektrolyt-Kondensatoren
Elektrolytkondensatoren dieser Art werden als Kondensatoren der Bauart F bezeichnet. Sie sind ähnlich aufgebaut wie Aluminium-Elektrolyt-Kondensatoren. Als Anodenfolie verwendet man eine Tantalfolie mit aufgerauhter Oberfläche. Es werden gepolte und ungepolte Ausführungen hergestellt.

Tantal-Elektrolyt-Kondensatoren mit Sinteranoden und flüssigem Elektrolyten (Bauart S).
Um eine möglichst große Oberfläche zu erhalten, sintert man Tantalpulver zu einer Art Metallschwamm zusammen. Der Elektrolyt, der ja den zweiten Kondensatorbelag bildet, dringt in die Poren ein. Als Dielektrikum dient auch hier eine dünne Schicht aus Tantalpentoxid, die auf der Oberfläche des Tantalsinterkörpers erzeugt wurde. Den üblichen Aufbau eines solchen Kondensators zeigt Bild 3.12.
Durch die außerordentlich große Oberfläche ergeben sich sehr große Kapazitäten pro Volumeneinheit, wie sie bei keiner anderen Kondensatorenbauart erreicht werden.

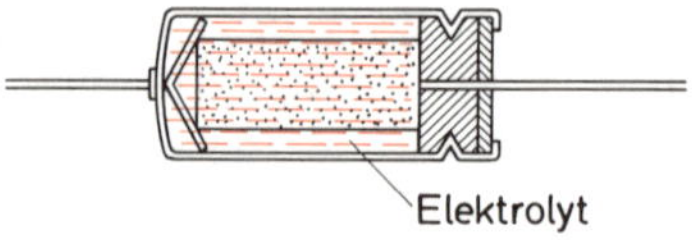

Bild 3.12 Aufbau eines Tantal-Elektrolyt-Kondensators mit Sinteranode (Bauart S)

Tantal-Elektrolyt-Kondensatoren mit Sinteranoden und festem Elektrolyten (Bauart SF).
Ein Elektrolyt ist ja bekanntlich eine elektrisch leitende Flüssigkeit. Es ist also eigentlich nicht richtig, von einem festen Elektrolyten zu sprechen. Der verwendete Werkstoff verhält sich aber sehr ähnlich wie ein Elektrolyt, deshalb wurde diese Bezeichnung gewählt.
Als fester Elektrolyt dient Mangandioxid (MnO_2) in besonderer Struktur. Mangandioxid hat die Eigenschaften eines n-leitenden Halbleitermaterials.
Als Anodenbelag verwendet man einen Tantalsinterkörper. Nach Erzeugen der Tantalpentoxidschicht wird eine Manganverbindung in die Poren des Sinterkörpers gedrückt, die dann durch ein besonderes Verfahren in MnO_2 umgewandelt wird. Den Aufbau eines Tantal-Elektrolyt-Kondensators mit Sinteranode und festem Elektrolyten zeigt Bild 3.13.

Bild 3.13 Aufbau eines Tantal-Elektrolyt-Kondensators mit festem Elektrolyt (Bauart SF)

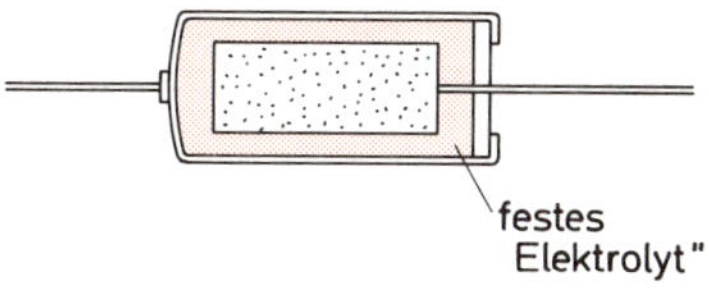

Kondensatoren dieser Art sind besonders robust. Der Elektrolyt kann nicht auslaufen, nicht verdunsten und nicht einfrieren. Sie dürfen mit reinen Wechselspannungen betrieben werden, die nicht größer als 15% der Nennspannung sind.
Einige Vorsicht ist beim Laden und Entladen dieser Tantal-Elektrolyt-Kondensatoren geboten. Sie sind empfindlich gegen zu große Stromstärken, auch wenn diese nur kurzzeitig auftreten. Das Laden und Entladen sollte stets über Vorwiderstände erfolgen.

3.2.2.6. Einstellbare Kondensatoren

Verhältnismäßig häufig werden Kondensatoren benötigt, deren Kapazität einstellbar ist. Solche Kondensatoren bestehen meist aus Platten oder Plattenpaketen, die gegeneinander verschoben werden können.

Drehkondensatoren

Bild 3.14 zeigt den Aufbau eines Drehkondensators. Der Drehkondensator ist im Prinzip ein Plattenkondensator. Es sind mehrere Platten zusammengeschaltet. Dadurch erreicht man eine große wirksame Plattenfläche (Bild 3.15).

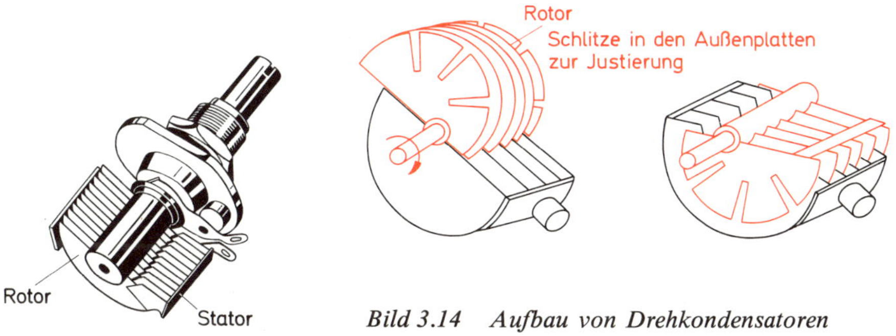

Bild 3.14 Aufbau von Drehkondensatoren

Bild 3.15 Zusammenschaltung der Platten eines Drehkondensators

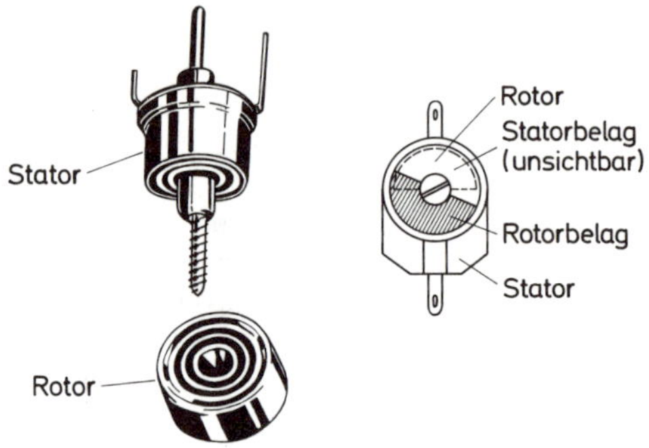

Bild 3.16 Übliche Bauformen von Trimmerkondensatoren

Drehkondensatoren haben im allgemeinen Endkapapzitäten zwischen wenigen pF und etwa 500 pF. Die kleinste einstellbare Kapazität liegt ungefähr bei 10% der Endkapazität.

Trimmerkondensatoren

Trimmerkondensatoren sind meist Scheibenkondensatoren mit verhältnismäßig geringer Kapazität. Die eine Scheibe ist fest, die andere Scheibe ist verschiebbar. Sie werden zur Feinabstimmung verwendet. Übliche Bauformen von Trimmerkondensatoren zeigt Bild 3.16.

3.3. Kondensator im Gleichstromkreis

3.3.1. Kondensatorladung

Der Kondensator C in Bild 3.17 soll ungeladen sein. Im ersten Augenblick nach dem Schließen des Schalters sind im Stromkreis nur die Widerstände R_v und R_i wirksam.

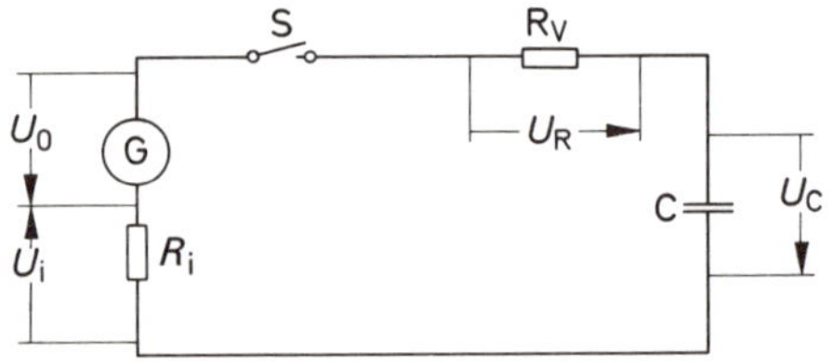

Bild 3.17 Stromkreis eines Kondensators zur Ladung

> *Der ungeladene Kondensator hat den Widerstand Null.*

Es kann noch keine Spannung U_C vorhanden sein, da sich keine elektrische Ladung auf den Platten befindet. Der Strom hat die Größe

$$I_{max} = \frac{U_0}{R_v + R_i}; \qquad R = R_v + R_i$$

$$I_{max} = \frac{U_0}{R}$$

R = Gesamtwirkwiderstand im Stromkreis

Bild 3.18 Zeitlicher Verlauf von Kondensatorspannung und Strom bei der Ladung eines Kondensators

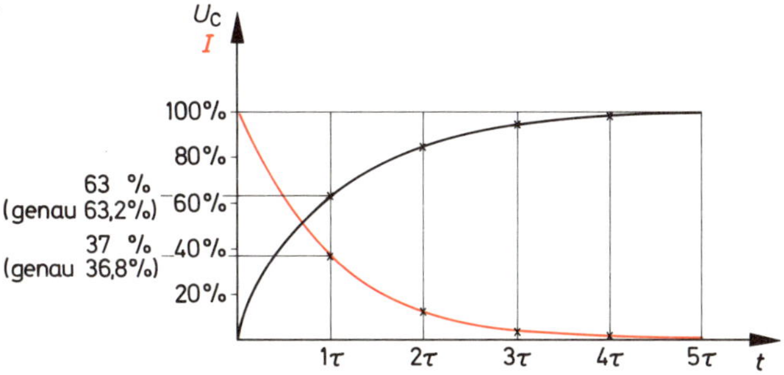

Der Kondensator wird jetzt geladen. Die Spannung U_C steigt an. U_C wirkt dem Strom entgegen. Es tritt eine Bremswirkung auf. Der Kondensator hat einen um so größeren Widerstand, je größer U_C ist.

$$R_C = \frac{U_C}{I}$$

Der Strom I fällt mit dem Ansteigen der Spannung U_C ab. In Bild 3.18 ist der zeitliche Verlauf von Strom I und Kondensatorspannung U_C dargestellt.

Die Zeit, die für das Aufladen des Kondensators benötigt wird, hängt von dem im Stromkreis wirksamen Widerstand R und von der Größe der Kapazität C ab. Ein Maß für die Aufladegeschwindigkeit ist das Produkt aus $R \cdot C$. Dieses Produkt wird Zeitkonstante genannt (Kurzzeichen τ).

$$\tau = R \cdot C$$

Nach Ablauf einer Zeitkonstanten nach dem Einschalten ist die Spannung U_C auf 63% ihres Höchstwertes angestiegen.

Nach 5 Zeitkonstanten hat die Spannung U_C praktisch ihren Höchstwert erreicht.

Der Kondensator gilt nach 5 Zeitkonstanten als geladen.

Für den geladenen Zustand gilt:

$$U_C = U_0$$
$$I = 0$$

Der geladene Kondensator hat einen fast unendlich großen Widerstand. Er sperrt den Gleichstrom.

Beispiel:
Ein Kondensator von 100 μF liegt in einem Stromkreis mit $R = 2\ \text{k}\Omega$. Wie groß ist die Ladezeit dieses Kondensators?

$$\tau = R \cdot C$$
$$\tau = 2 \cdot 10^3\ \Omega \cdot 100 \cdot 10^{-6}\ \text{Ss}$$
$$\tau = 200\ \text{ms}$$

Ladezeit: $5\ \tau = 1000\ \text{ms} = 1\ \text{s}$

3.3.2. Kondensatorenergie

Der geladene Kondensator hat elektrische Energie gespeichert. Die Größe der gespeicherten Energie ergibt sich aus folgender Gleichung:

$$W = \frac{1}{2} C \cdot U^2$$

W	elektrische Energie
C	Kapazität
U	Spannung

3.3.3. Kondensatorentladung

Der geladene Kondensator wirkt wie eine Spannungsquelle mit außerordentlich geringem Innenwiderstand.
Werden die Klemmen eines Kondensators kurzgeschlossen, so fließt im ersten Augenblick ein außerordentlich großer Strom. Der Kondensator wird sehr schnell entladen. Eine solche Kurzschlußentladung ist vor allem bei Kondensatoren großer Kapazität gefährlich. Der Kondensator kann durch den großen Strom beschädigt werden.

Kondensatoren sollten stets über einen Widerstand entladen werden.

Wird der Schalter S geschlossen, so treibt der Kondensator einen Strom über den Widerstand R. Der Kondensator gibt seine Energie ab. Er entlädt sich. Die Spannung U_C sinkt ab.
In jedem Augenblick ist $I = \frac{U_C}{R}$. I nimmt in gleicher Weise wie U_C ab.
Der zeitliche Verlauf von U_C und I ist in Bild 3.19 dargestellt.
Nach Ablauf einer Zeitkonstanten nach dem Einschalten sind U_C und I auf 37% ihres Höchstwertes abgefallen.

Nach 5 Zeitkonstanten ist der Kondensator praktisch entladen.

U_C und I sind auf Null abgefallen.

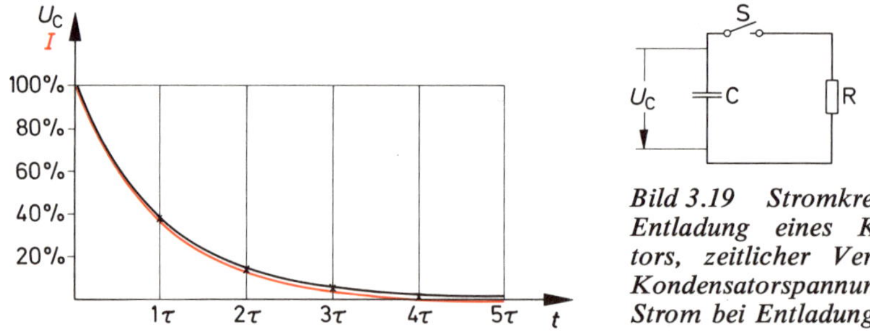

Bild 3.19 Stromkreis zur Entladung eines Kondensators, zeitlicher Verlauf von Kondensatorspannung und Strom bei Entladung

3.4. Kondensator im Wechselstromkreis

3.4.1. Durchlaß von Wechselstromschwingungen

Ein an Wechselspannung liegender Kondensator wird häufig geladen und wieder entladen.
In der ersten Viertelperiode eines sinusförmigen Wechselstromes wird der Kondensator geladen, in der zweiten Viertelperiode wieder entladen. Danach wird er umgekehrt aufgeladen (3. Viertelperiode) und wieder entladen (4. Viertelperiode) (Bild 3.20).

Bild 3.20 Ladung und Entladung eines Kondensators an Wechselspannung

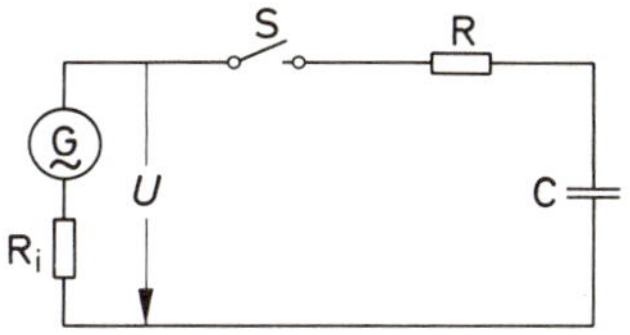

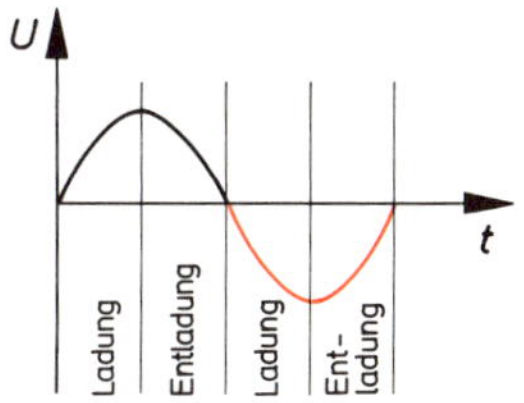

Bild 3.21 Schwingbewegungen der Elektronen im Leiter bei Wechselstrom

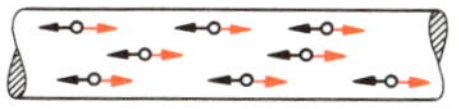

Die Elektronen eines Wechselstromes führen Schwingbewegungen aus. Sie schwingen im Leiter hin und her (Bild 3.21). Sie schwingen auf einen Kondensatorbelag herauf und von dem anderen Kondensatorbelag herunter.

> *Die Wechselstromschwingung setzt sich über den Kondensator hinweg fort.*

Man sagt, ein Kondensator läßt Wechselstrom durch. Das ist jedoch nicht so zu verstehen, daß die Elektronen von einem Belag zum anderen durch das Dielektrikum hindurch fließen könnten. Die Ladungen der beiden Beläge sind über das elektrische Feld miteinander gekoppelt. Dadurch wird die Wechselstromschwingung weitergeleitet.

3.4.2. Kapazitiver Blindwiderstand

Der Kondensator setzt der Wechselstromschwingung einen Widerstand entgegen. Dieser Widerstand ist um so geringer, je größer die Frequenz des Wechselstromes und je größer die Kapazität des Kondensators sind.
Es gilt:

$$X_C = \frac{1}{2\pi \cdot f \cdot C}$$

$$\omega = 2\pi \cdot f$$

$$X_C = \frac{1}{\omega \cdot C}$$

X_C kapazitiver Blindwiderstand des Kondensators
C Kapazität
f Frequenz
ω Kreisfrequenz

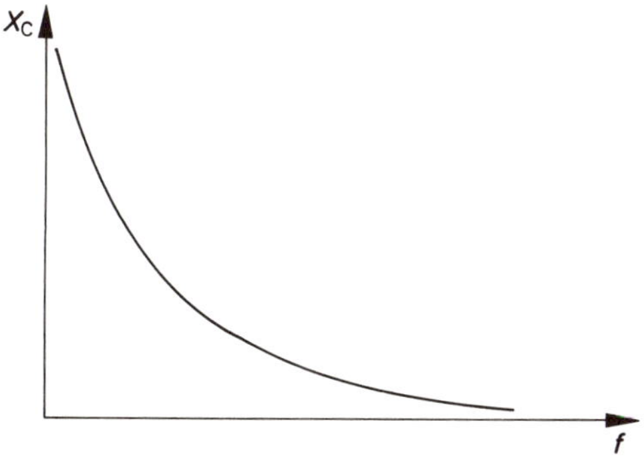

Bild 3.22 Abhängigkeit des kapazitiven Blindwiderstandes von der Frequenz

Der Widerstand des Kondensators wird Blindwiderstand genannt, da in ihm keine elektrische Leistung in Wärmeleistung umgesetzt wird.
Bild 3.22 zeigt die Abhängigkeit des kapazitiven Blindwiderstandes X_C von der Frequenz.

Beispiel:

Wie groß ist der kapazitive Blindwiderstand eines Kondensators von 2,2 nF bei einer Frequenz von 1 MHz?

$$X_C = \frac{1}{2\pi \cdot f \cdot C} = \frac{1}{6{,}28 \cdot 10^6 \frac{1}{\mathrm{s}} \cdot 2{,}2 \cdot 10^{-9}\ \mathrm{Ss}}$$

$$X_C = \frac{1000}{6{,}28 \cdot 2{,}2}\ \Omega = 72{,}3\ \Omega$$

3.4.3. Phasenverschiebung und Zeigerdiagramm

Wenn der Kondensator seinen größten Ladezustand erreicht hat, U_C also am größten ist, ist der Strom $I = 0$.
Wenn der Kondensator entladen ist, also $U_C = 0$ ist, ist der Strom I am größten.
Das bedeutet, daß zwischen U_C und I eine Phasenverschiebung von 90° herrscht. Genau gilt dies nur für den verlustfreien Kondensator.

Beim verlustfreien Kondensator eilt der Strom der Kondensatorspannung um 90° voraus.

Der zeitliche Verlauf von I und U_C ist im *Liniendiagramm* Bild 3.23 dargestellt.
Anstelle des Liniendiagrammes kann das *Zeigerdiagramm* verwendet werden (Bild 3.24).

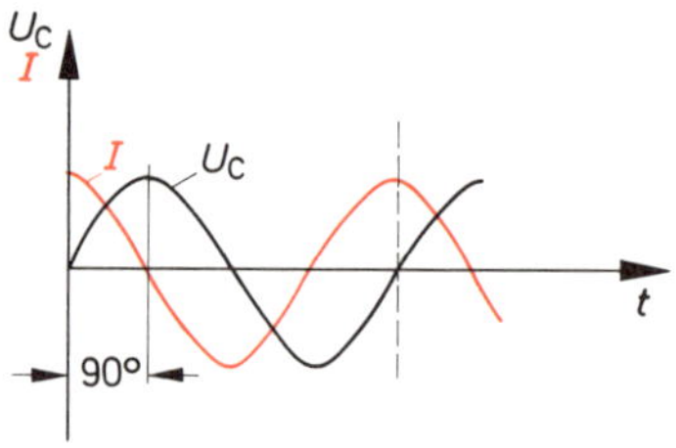

Bild 3.23 Liniendiagramm eines verlustfreien Kondensators

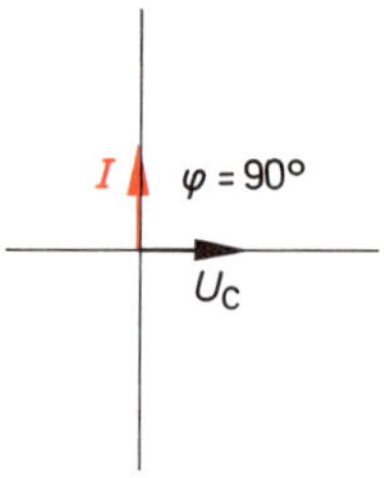

Bild 3.24 Zeigerdiagramm eines verlustfreien Kondensators

3.4.4. Verlustfaktor und Verlustwinkel

Vollkommen verlustfreie Kondensatoren gibt es nicht. Es gibt nur verlustarme Kondensatoren, die vernachlässigbar kleine Verluste haben. Die Verluste werden durch einen Verlustwiderstand R erfaßt, der zur verlustfreien Kapazität C in Reihe liegt (Bild 3.25).
Für einen verlustbehafteten Kondensator ergibt sich das Zeigerdiagramm Bild 3.26. Die Phasenverschiebung zwischen U und I ist kleiner als 90°. Dem Kondensator fehlt zur Vollkommenheit der Winkel δ. Dieser Winkel wird *Verlustwinkel* genannt. Der *Verlustfaktor* ist der Tangens des Verlustwinkels.

$\tan \delta$ Verlustfaktor,

$$\tan \delta = \frac{U_R}{U_C} = \frac{I \cdot R}{I \cdot X_C}$$

$$\boxed{\tan \delta = \frac{R}{X_C}}$$

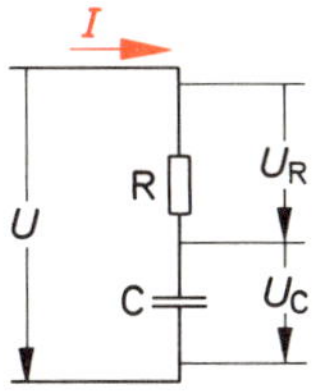

Bild 3.25 Ersatzschaltung eines verlustbehafteten Kondensators

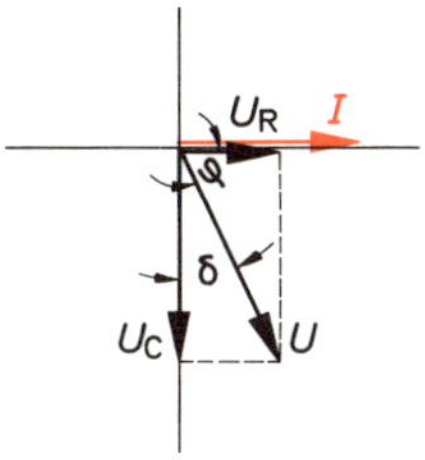

Bild 3.26 Zeigerdiagramm eines verlustbehafteten Kondensators

Je kleiner der $\tan \delta$ eines Kondensators ist, desto verlustärmer, also desto besser ist der Kondensator. Der Kehrwert des $\tan \delta$ wird Güte genannt (Kurzzeichen Q).

$$\boxed{Q = \frac{1}{\tan \delta}} \qquad \boxed{Q = \frac{X_C}{R}}$$

Q = Güte

3.5. Reihen- und Parallelschaltung von Kondensatoren

3.5.1. Reihenschaltung

Bild 3.27 zeigt drei in Reihe geschaltete Kondensatoren. Der Gesamtwiderstand ergibt sich nach Gleichung:

$$X_{Cg} = X_{C1} + X_{C2} + X_{C3}$$

Aus dieser Gleichung kann die Gesamtkapazität abgeleitet werden:

$$X_{Cg} = X_{C1} + X_{C2} + X_{C3}$$

$$\frac{1}{\omega \cdot C_g} = \frac{1}{\omega \cdot C_1} + \frac{1}{\omega \cdot C_2} + \frac{1}{\omega \cdot C_3}$$

$$\frac{1}{\omega} \cdot \frac{1}{C_g} = \frac{1}{\omega} \cdot \left(\frac{1}{C_1} + \frac{1}{C_2} + \frac{1}{C_3}\right)$$

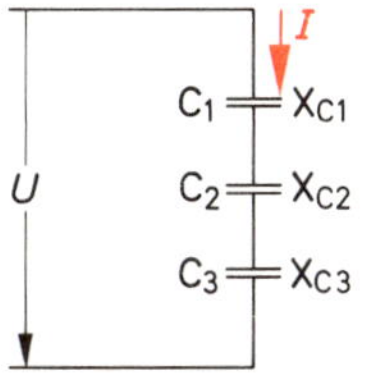

Bild 3.27 Reihenschaltung von drei Kondensatoren

Für n in Reihe geschaltete Kondensatoren gilt:

$$\boxed{\frac{1}{C_g} = \frac{1}{C_1} + \frac{1}{C_2} + \frac{1}{C_3} + \cdots \frac{1}{C_n}}$$

Benötigt man die Gesamtkapazität von nur zwei in Reihe geschalteten Kondensatoren, kann man die folgende Gleichung umformen:

$$\frac{1}{C_g} = \frac{1}{C_1} + \frac{1}{C_2}$$

$$\frac{1}{C_g} = \frac{C_2}{C_1 \cdot C_2} + \frac{C_1}{C_1 \cdot C_2} = \frac{C_2 + C_1}{C_1 \cdot C_2}$$

$$\boxed{C_g = \frac{C_1 \cdot C_2}{C_1 + C_2}}$$

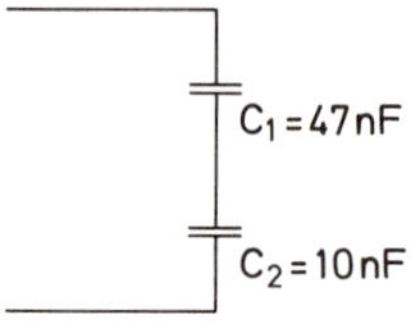

Bild 3.28 Reihenschaltung von zwei Kondensatoren

Beispiel:
Wie groß ist die Gesamtkapazität der beiden in Reihe geschalteten Kondensatoren $C_1 = 47$ nF und $C_2 = 10$ nF (Bild 3.28)?

$$C_g = \frac{C_1 \cdot C_2}{C_1 + C_2} = \frac{47\text{ nF} \cdot 10\text{ nF}}{47\text{ nF} + 10\text{ nF}}$$

$$C_g = \frac{470}{57}\text{ nF}$$

$$C_g = 8{,}25\text{ nF}$$

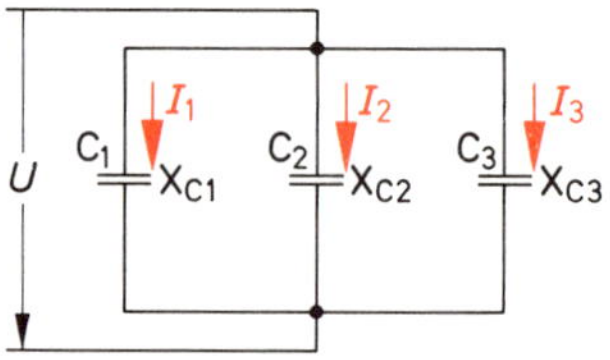

Bild 3.29 Parallelschaltung von drei Kondensatoren

3.5.2 Parallelschaltung

Der Gesamtwiderstand der drei parallel geschalteten Kondensatoren (Bild 3.29) wird nach folgender Gleichung berechnet:

$$\frac{1}{X_{Cg}} = \frac{1}{X_{C1}} + \frac{1}{X_{C2}} + \frac{1}{X_{C3}}$$

$$\omega \cdot C_g = \omega \cdot C_1 + \omega \cdot C_2 + \omega \cdot C_3$$

Für die Gesamtkapazität gilt:

$$C_g = (C_1 + C_2 + C_3)$$

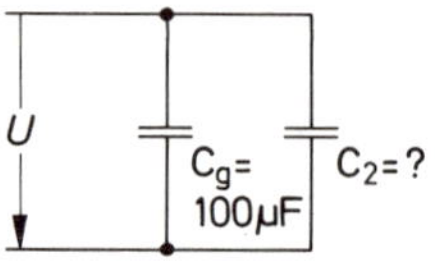

Bild 3.30 Parallelschaltung von zwei Kondensatoren

Die Gesamtkapazität von *n* parallelgeschalteten Kondensatoren ist gleich der Summe der Einzelkapazitäten.

$$\boxed{C_g = C_1 + C_2 + C_3 + \ldots C_n}$$

Beispiel:
Eine Parallelschaltung aus zwei Kondensatoren (Bild 3.30) hat eine Kapazität von 430 µF. Wie groß ist die Kapazität des Kondensators C_2, wenn C_1 eine Kapazität von 100 µF hat?

$$C_g = C_1 + C_2$$
$$C_2 = C_g - C_1 = 430\,\mu\text{F} - 100\,\mu\text{F}$$
$$C_2 = 330\,\mu\text{F}$$

3.6. Spulen

3.6.1. Induktivität

Wird eine Spule (Schaltzeichen siehe Bild 3.31) von einem sich zeitlich ändernden Strom durchflossen, so entsteht in ihrer Umgebung ein zeitlich sich änderndes magnetisches Feld. Dieses magnetische Feld induziert in der Spule eine Spannung (Selbstinduktion). Die Größe der induzierten Spannung ergibt sich aus dem Induktionsgesetz:

$$U_0 = -N \cdot \frac{\Delta \Phi}{\Delta t}$$

U_0 induzierte Spannung
N Windungszahl
$\Delta \Phi$ Änderung des magnetischen Flusses
Δt Zeitraum, in dem die Flußänderung erfolgt

Die induzierte Spannung ist stets der Änderung ihrer Ursache entgegengerichtet. Die Ursache des Magnetfeldes und damit auch der induzierten Spannung ist der Strom.

Nimmt der Strom durch die Spule zu, so entsteht eine Selbstinduktionsspannung, die dem Strom entgegengerichtet ist und die Zunahme des Stromes bremst (Bild 3.32a).

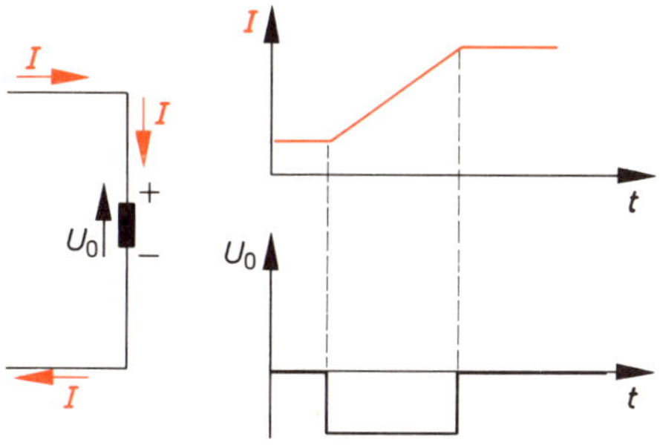

Bild 3.31 (oben) Schaltzeichen von Spulen

Bild 3.32a (links) Zeitlicher Verlauf von Spulenstrom und induzierter Spannung (Stromzunahme)

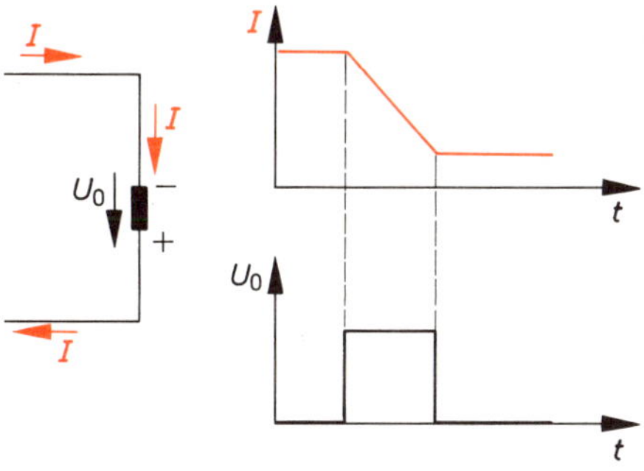

Bild 3.32b Zeitlicher Verlauf von Spulenstrom und induzierter Spannung (Stromabnahme)

Nimmt der Strom durch die Spule ab, so entsteht eine Selbstinduktionsspannung, die in Richtung des Stromes wirkt und die Abnahme des Stromes bremst (Bild 3.32b).

Die Selbstinduktionsspannung ist eine Gegenspannung. Die Selbstinduktionsspannung hängt einmal von den Aufbaugrößen einer Spule ab, also von der Windungszahl von der Spulenlänge, vom Spulenquerschnitt, von Art und Abmessungen eines Kerns.

Zum anderen hängt die Selbstinduktionsspannung von der Größe und Änderungsgeschwindigkeit des in die Spule durchfließenden Stromes ab.
Von diesen Größen ist auch der magnetische Fluß Φ abhängig.

Für die Selbstinduktionsspannung U_L gilt die Gleichung:

$$U_L = -L \frac{\Delta I}{\Delta t}$$

U_L Selbstinduktionsspannung
ΔI Änderung des Stromes
Δt Zeitraum, in dem die Stromänderung erfolgt
L Induktivität

Der Einfluß aller Aufbaugrößen der Spule auf die Größe der Selbstinduktionsspannung wird durch einen Koeffizienten erfaßt. Dieser Selbstinduktionskoeffizient wird *Induktivität* genannt (Kurzzeichen L).

Die Einheit der Induktivität L ist Ωs. Die Einheit Ωs hat die Bezeichnung Henry (H).

$$[L] = \frac{\mathrm{Vs}}{\mathrm{A}} = \Omega\mathrm{s} = \mathrm{H}$$

Eine Spule hat eine Induktivität von 1 Henry, wenn bei gleichförmiger Stromänderung von 1 Ampere in 1 Sekunde eine Selbstinduktionsspannung von 1 Volt entsteht.

Die Teile der Einheit Henry sind:

1 Millihenry	1 mH $= 10^{-3}$ H
1 Mikrohenry	1 μH $= 10^{-6}$ H
1 Nanohenry	1 nH $= 10^{-9}$ H
1 Picohenry	1 pH $= 10^{-12}$ H

Vielfache der Einheit Henry, z.B. 1000 Henry = 1 Kilohenry, sind zwar möglich, aber nicht gebräuchlich.

Zur Berechnung der Induktivität einer Spule ist die folgende Gleichung geeignet:

$$L = N^2 \frac{\mu_0 \cdot \mu_r \cdot A}{l_m}$$

$$L = N^2 \cdot \Lambda$$

L Induktivität
N Windungszahl
μ_0 magn. Feldkonstante
μ_r Permeabilitätszahl
A Spulenquerschnitt
l_m mittlere Feldlinienlänge
Λ magn. Leitwert

Die Induktivität einer Spule ist dem Quadrat der Windungszahl proportional.

Die Berechnung ergibt jedoch nur näherungsweise richtige Ergebnisse. Besonders schwierig ist es, die Permeabilitätszahl eines Eisenkerns zu bestimmen. Unsicher sind auch die Werte für die mittlere Feldlinienlänge.

3.6.2. Bauarten von Spulen

3.6.2.1. Luftspulen

Luftspulen werden in verschiedenen Formen gebaut. Sehr häufig werden *Zylinderspulen* verwendet (Bild 3.33).

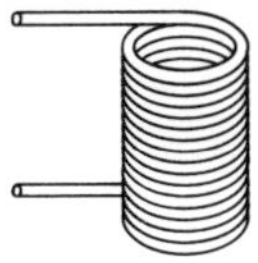

Bild 3.33 Zylinderspule

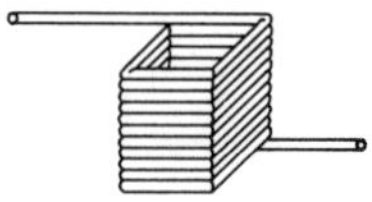

Bild 3.34 Rechteckspule

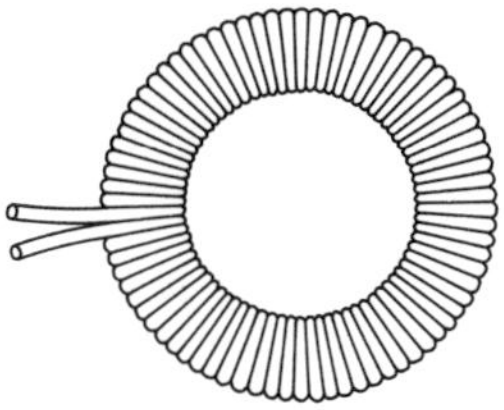

Bild 3.35 Toroidspule (Kreisringspule)

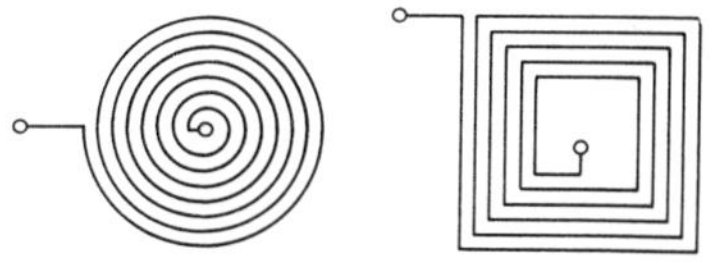

Bild 3.36 Flachspulen

Wählt man statt des runden Querschnitts einen rechteckigen Spulenquerschnitt, so ergeben sich Spulen nach Bild 3.34. Diese Spulen werden *Rechteckspulen* genannt.
Eine häufig verwendete Bauform ist die *Kreisringspule,* auch *Toroidspule* genannt (Bild 3.35). Die magnetischen Feldlinien verlaufen bei der Kreisringspule fast ausschließlich im Spuleninnern.
Bild 3.36 zeigt den Aufbau von *Flachspulen.* Flachspulen können Spiralform oder Rechteckform haben. Sie können leicht in Leiterplatten eingeätzt werden. Es lassen sich jedoch nur verhältnismäßig kleine Induktivitäten auf diese Weise herstellen.

3.6.2.2. Eisenkernspulen

Eisenkernspulen bestehen aus einer Wicklung und aus einem Kern. Der Kern ist aus einem weichmagnetischen Werkstoff gefertigt.

Blechkerne
Blechkerne sind aus geschichteten Blechen aufgebaut, die gegeneinander isoliert sind, um die Wirbelströme gering zu halten (Bild 3.37). Kerne dieser Art sind nur für verhältnismäßig niedrige Frequenzen zu verwenden, etwa bis 20 kHz. Bei höheren Frequenzen werden die Wirbelstromverluste zu groß.

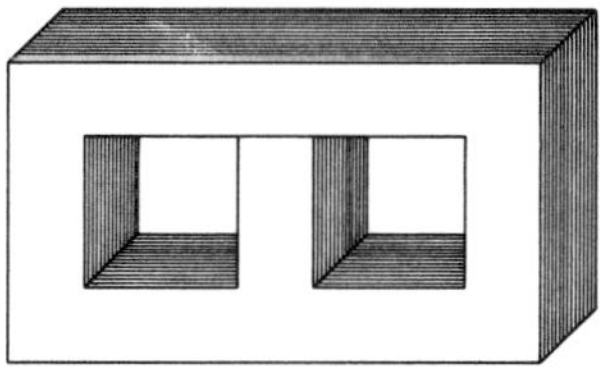

Bild 3.37 Blechkern

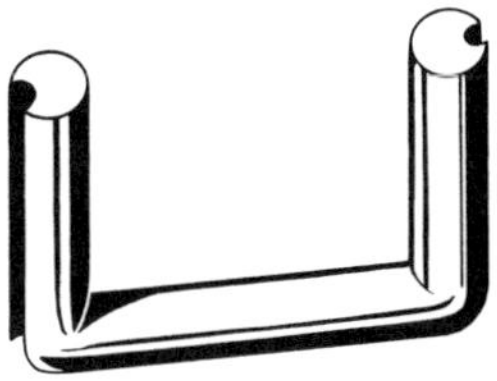

Bild 3.38 Ferritkern

Hf-Eisenkerne (Hochfrequenzeisenkerne)
Eisenpulver oder ein Pulver eines anderen ferromagnetischen Metalls wird mit flüssigem Kunststoff vermengt, bis fast jedes Pulverkörnchen eine isolierende Kunststoffschicht um sich herum hat. Dann wird die Mischung in Formen gegossen, und der Kunststoff härtet aus.
In diesen Kernen können sich nur geringe Wirbelströme ausbilden, da das Metall sehr fein unterteilt ist. Die Kerne sind für Hochfrequenzspulen geeignet.

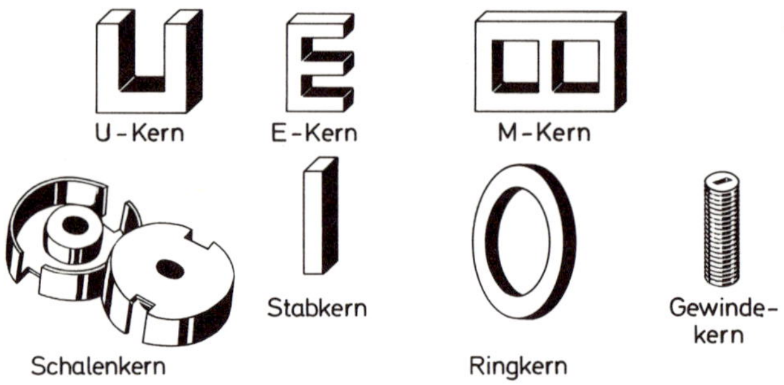

Bild 3.39 Kernformen

Ferritkerne

Ferrite sind ferrimagnetische Werkstoffe, die aus elektrisch nicht leitenden Metalloxiden aufgebaut sind. Es gibt weichmagnetische und hartmagnetische Ferrite (Bild 3.38).

Aus weichmagnetischen Ferriten werden sehr hochwertige Spulenkerne gefertigt. Die Metalloxide werden in die gewünschten Formen gepreßt und gesintert.

Ferritkerne haben sehr geringe Verluste. Da sie elektrisch nicht leitfähig sind, können sich praktisch auch keine Wirbelströme ausbilden. Sie sind für hohe Frequenzen geeignet.

Die Eisenkerne können sehr unterschiedliche Formen haben. Man unterscheidet z.B. U-Kerne, E-Kerne, M-Kerne, Schalenkerne, Stabkerne, Ringkerne (Bild 3.39). Die Induktivität von Spulen mit Eisenkernen hängt von der magnetischen Flußdichte B bzw. von der Permeabilitätszahl μ_r ab. Sie ist damit abhängig von der Größe des Stromes, der durch die Wicklung fließt.

Für industriell gefertigte Spulenkerne wird ein Induktivitätsfaktor A_L angegeben. Dieser entspricht dem magnetischen Leitwert Λ des Spulenkerns. Die Induktivität der Spule ergibt sich durch Multiplikation des A_L-Wertes mit dem Quadrat der Windungszahl (siehe Seiten 74 und 75).

3.7. Spule im Gleichstromkreis

3.7.1. Magnetfeldaufbau (Einschaltvorgang)

In Bild 3.40 ist eine Spule im Gleichstromkreis dargestellt. Der Widerstand R ist der gesamte im Stromkreis vorhandene Wirkwiderstand. Die Spule ist eine reine Induktivität, d.h., ihr ohmscher Widerstand ist vernachlässigbar klein.

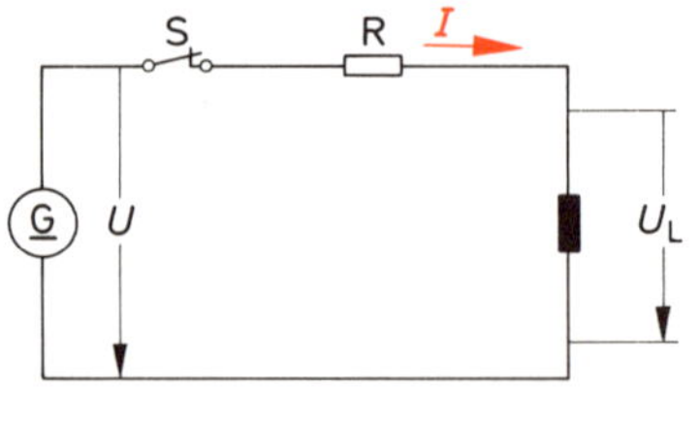

Bild 3.40 Spule im Gleichstromkreis (Einschaltvorgang)

Wird der Schalter S geschlossen, so steigt der Strom langsam an. Die Selbstinduktionsspannung U_L ist im ersten Augenblick nach dem Einschalten so groß wie die angelegte Spannung U.

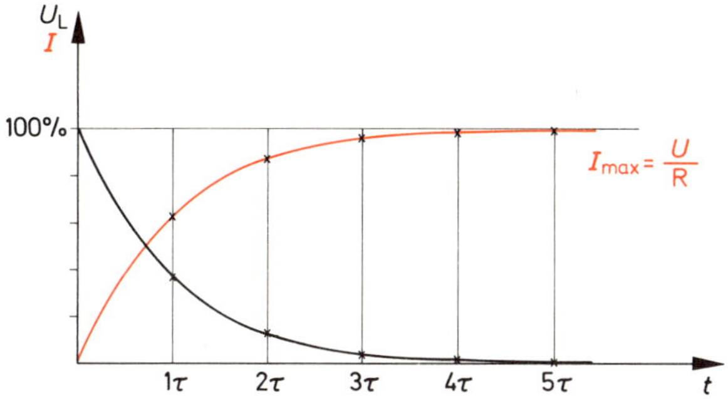

Bild 3.41 Zeitlicher Verlauf von Spulenspannung und Strom beim Aufbau des Magnetfeldes

Die Selbstinduktionsspannung wirkt dem Strom entgegen. Sie bremst den Strom und ist die Ursache für das langsame Ansteigen.
Bild 3.41 zeigt den Verlauf von U und I in Abhängigkeit von der Zeit.
Der Aufbau eines Magnetfeldes dauert um so länger, je größer die Induktivität der Spule und je kleiner der Widerstand R ist.
Der Ausdruck L/R ist ein Maßstab für die Aufbaugeschwindigkeit des Magnetfeldes. Er wird Zeitkonstante genannt (Kurzzeichen τ).

$$\tau = \frac{L}{R}$$

Nach Ablauf einer Zeitkonstanten nach dem Einschalten hat der Strom I 63% seines Höchstwertes erreicht. Der Höchstwert I_{max} des Stromes ist praktisch nach 5 Zeitkonstanten erreicht.

$$I_{max} = \frac{U}{R}$$

Das Magnetfeld einer Spule gilt nach 5 Zeitkonstanten als vollständig aufgebaut.

Beispiel:
Eine Spule hat eine Induktivität von 0,2 H. Sie wird an eine Gleichspannung von 100 V gelegt. Im Stromkreis ist ein Widerstand von 50 Ω wirksam.
a) Nach welcher Zeit ist das Magnetfeld aufgebaut?
b) Wie groß ist der Strom nach Aufbau des Magnetfeldes?

$$\text{a) } \tau = \frac{L}{R} = \frac{0{,}2\ \text{H}}{50\ \Omega} = \frac{0{,}2\ \Omega\text{s}}{50\ \Omega} = 4\ \text{ms}$$

Aufbauzeit: $5 \cdot \tau = 20$ ms

Nach 20 ms ist das Magnetfeld aufgebaut.

$$\text{b) } I_{max} = \frac{U}{R} = \frac{100\ \text{V}}{50\ \Omega} = 2\ \text{A}$$

3.7.2. Spulenenergie

Die stromdurchflossene Spule hat in ihrem Magnetfeld eine bestimmte Energie gespeichert. Die Größe dieser Energie läßt sich mit folgender Gleichung errechnen:

$$W = \frac{1}{2} \cdot L \cdot I^2$$

W	Energie der Spule
L	Induktivität
I	Strom

Beispiel:
Eine Spule mit einer Induktivität von 0,5 H wird von einem Strom von 3 A durchflossen. Wie groß ist die im Magnetfeld gespeicherte Energie?

$$W = \frac{1}{2} \cdot L \cdot I^2 = \frac{1}{2} \cdot 0{,}5\ \Omega\text{s} \cdot (3\ \text{A})^2$$

$$W = 2{,}25\ \text{Ws} \qquad (\text{Ws} = \text{Wattsekunden})$$

3.7.3. Magnetfeldabbau (Ausschaltvorgang)

Wird in dem in Bild 3.42 dargestellten Stromkreis der Schalter S geöffnet, so kommt es zu einem plötzlichen Zusammenbruch des Magnetfeldes. Die im Magnetfeld gespeicherte Energie wird plötzlich frei. Es entsteht eine u.U. sehr hohe Selbstinduktionsspannung U_L mit der angegebenen Polung.

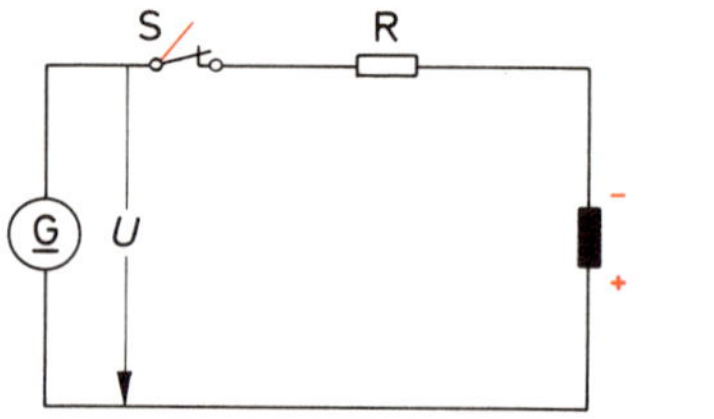

Bild 3.42 Spule im Gleichstromkreis (Ausschaltvorgang)

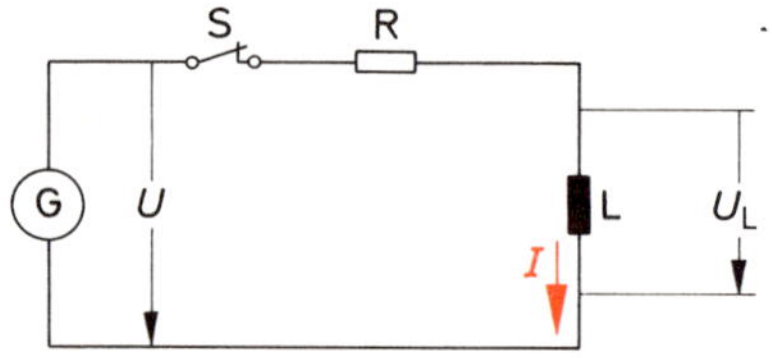

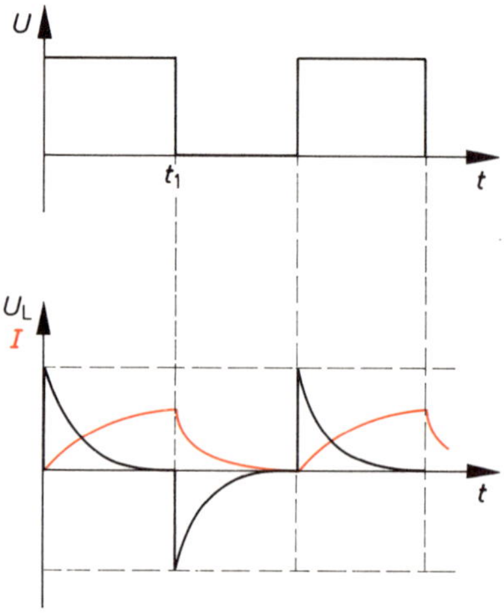

Bild 3.43 Einschalt- und Ausschaltvorgang einer Spule bei Speisung mit Rechteckspannung

Die Größe der Selbstinduktionsspannung hängt von der gespeicherten Energie und von der Schnelligkeit des Abschaltens ab. Am Schalter bildet sich eine Funkenstrecke, über die ein Strom noch eine kurze Zeit weiterfließen kann.
Es können Spannungen von vielen kV entstehen. Die Batteriezündung von Kraftfahrzeugen arbeitet nach diesem Prinzip. Der Stromkreis der Zündspule wird durch den Unterbrecherkontakt plötzlich unterbrochen. Es entsteht eine Selbstinduktionsspannung von 15 kV bis 18 kV. Diese führt zu dem gewünschten Funkenüberschlag zwischen den Zündkerzenkontakten.

Wird der Stromkreis der Spule nicht unterbrochen, sondern wird die Spule kurzgeschlossen, so ergibt sich ein langsamerer Magnetfeldabbau.
Die Schaltung in Bild 3.43 wird mit einer Rechteckspannung gespeist. Zur Zeit t_1 geht die Generatorspannung auf Null herunter.
Die Induktivität möchte den Strom aufrechterhalten. Die Spannung U_L kehrt zur Zeit t_1 ihre Polung um. Die Spule wirkt jetzt als Generator. Sie versucht, den Strom weiterfließen zu lassen, und gibt die gespeicherte Energie ab.
Die Spannung U_L fällt langsam ab. Das gleiche gilt für den Strom I.
Die Zeitkonstante $\tau = L/R$ ist ein Maßstab für die Schnelligkeit des Magnetfeldabbaus. Ist nach dem Zeitpunkt t_1 eine Zeitkonstante vergangen, so sind U_L und I auf 37% ihres Höchstwertes abgesunken. Nach 5 Zeitkonstanten ist das Magnetfeld abgebaut.

3.8. Spule im Wechselstromkreis

3.8.1. Auf- und Abbau des Magnetfeldes

Wird eine Spule von einem Wechselstrom durchflossen, so wird ihr Magnetfeld in bestimmter zeitlicher Folge auf- und abgebaut (Bild 3.44).
In der ersten Viertelperiode eines sinusförmigen Wechselstromes erfolgt ein Aufbau des Magnetfeldes. In der zweiten Viertelperiode wird das Magnetfeld abgebaut (Bild 3.45).
Während der dritten Viertelperiode wird das Magnetfeld mit anderer Polung wieder aufgebaut, und während der vierten Viertelperiode erfolgt ein Abbau des Magnetfeldes.

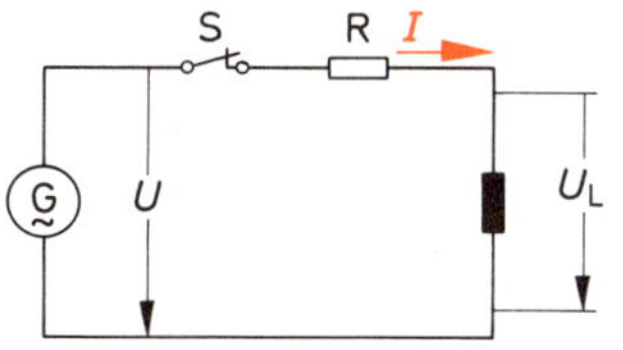

Bild 3.44 Spule im Wechselstromkreis

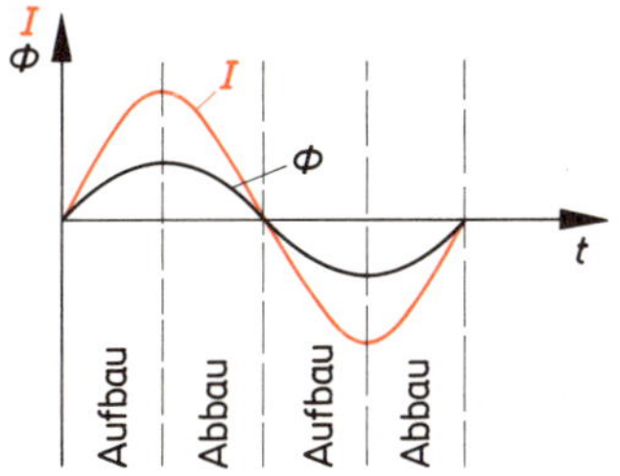

Bild 3.45 Aufbau und Abbau des Magnetfeldes einer Spule

3.8.2. Phasenverschiebung und Zeigerdiagramm

Die Spulenspannung U_L ist immer dann am größten, wenn der Strom I durch Null geht. Sie hat den Wert Null, wenn der Strom I seinen Höchstwert erreicht hat (siehe „Spule im Gleichstromkreis"). Das bedeutet, daß zwischen der Spannung U_L und dem Strom I eine Phasenverschiebung von 90° besteht. Die Spannung eilt dem Strom um 90° voraus. Dies gilt genau nur für eine verlustfreie Spule.

> *Bei der verlustfreien Spule eilt die Spannung dem Strom um 90° voraus.*

Bild 3.46 zeigt den zeitlichen Verlauf von U_L und I (Liniendiagramm).
Die Zusammenhänge können einfacher durch ein Zeigerdiagramm dargestellt werden. Das Zeigerdiagramm Bild 3.47 gilt nur für die verlustfreie Spule.

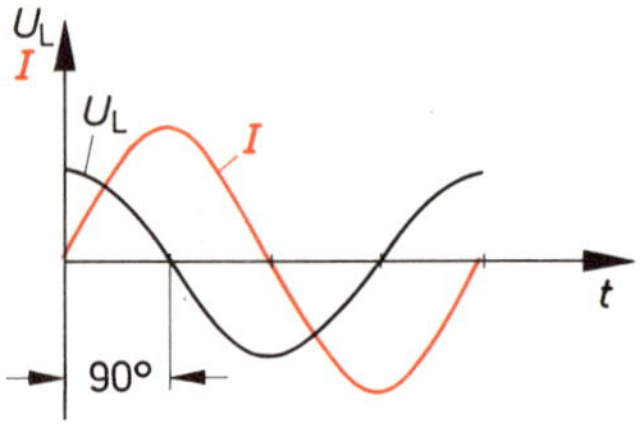

Bild 3.46 Zeitlicher Verlauf von Spulenspannung und Strom einer mit Wechselspannung gespeisten verlustfreien Spule (Liniendiagramm)

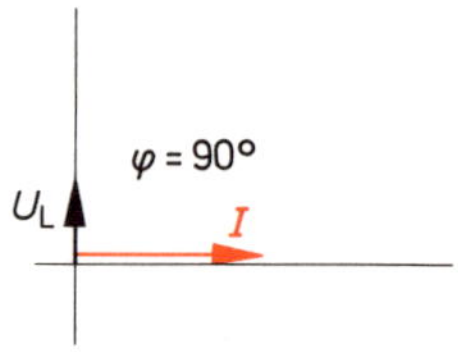

Bild 3.47 Zeigerdiagramm einer verlustfreien Spule

3.8.3. Induktiver Blindwiderstand

Die Selbstinduktionsspannung einer Spule wirkt der Änderung ihrer Ursache entgegen. Die Spule hat eine Widerstandswirkung.
Die Größe des Spulenwiderstandes ergibt sich aus dem Verhältnis U_L/I.

$$\frac{U_L}{I} = \text{Spulenwiderstand}$$

Der Widerstand einer verlustfreien Spule ist ein Blindwiderstand, d.h., es wird in ihm keine elektrische Leistung in Wärmeleistung umgesetzt. Er wird induktiver Blindwiderstand genannt (Kurzzeichen X_L).

$$X_L = \frac{U_L}{I}$$

Bild 3.48 Abhängigkeit des induktiven Blindwiderstandes von der Frequenz

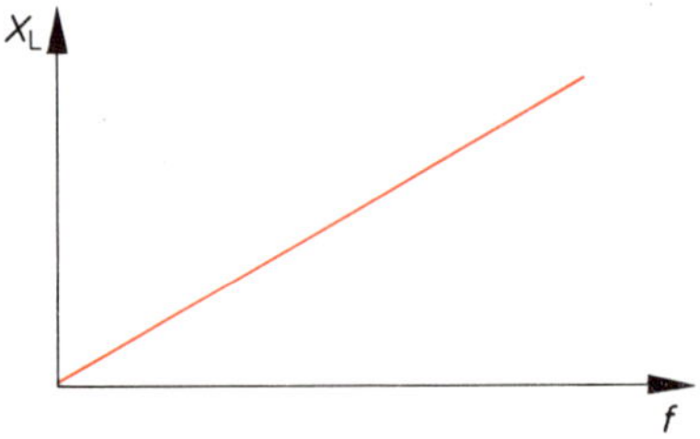

Für den induktiven Blindwiderstand gilt die Gleichung:

$$X_L = 2\,\pi \cdot f \cdot L$$

$$X_L = \omega \cdot L$$

X_L induktiver Blindwiderstand
f Frequenz
L Induktivität
ω Kreisfrequenz ($\omega = 2\,\pi \cdot f$)

Bild 3.48 zeigt den Verlauf des induktiven Blindwiderstandes X_L in Abhängigkeit von der Frequenz.

Beispiel:
Wie groß ist der induktive Blindwiderstand einer Spule mit einer Induktivität von 10 mH bei einer Frequenz von 2 MHz?

$$X_L = 2 \cdot \pi \cdot f \cdot L = 6{,}28 \cdot 2 \cdot 10^6 \frac{1}{\text{s}} \cdot 10 \cdot 10^{-3}\ \Omega\text{s}$$

$$X_L = 125\,600\ \Omega$$

$$X_L = \underline{\underline{125{,}6\ \text{k}\Omega}}$$

3.8.4. Verlustfaktor und Güte

Bei vielen Spulen der Praxis können die Verluste nicht vernachlässigt werden. Man erfaßt die Verluste mit Hilfe eines sogenannten Verlustwiderstandes R, den man sich zur verlustfreien Spule in Reihe geschaltet denkt (Bild 3.49).

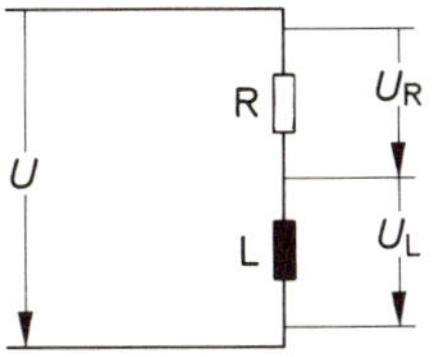

Bild 3.49 Ersatzschaltung einer verlustbehafteten Spule

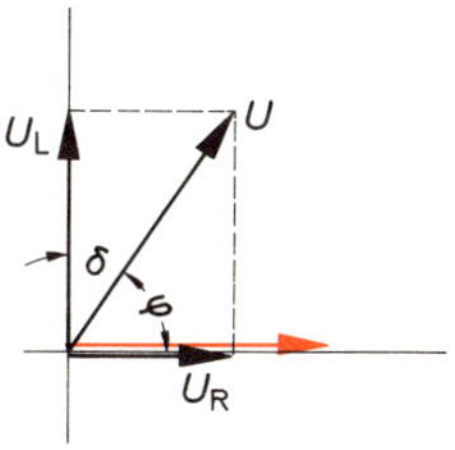

Bild 3.50 Zeigerdiagramm einer verlustbehafteten Spule

Für die Reihenschaltung von Verlustwiderstand und Spule ergibt sich das in Bild 3.50 dargestellte Zeigerdiagramm. Hätte die Spule keine Verluste, so wäre der Winkel $\delta = 0$. Der Winkel δ wird *Verlustwinkel* genannt.
Der Tangens des Winkels δ ist der *Verlustfaktor.*

$\tan \delta$ Verlustfaktor

$$\tan \delta = \frac{U_R}{U_L} = \frac{I \cdot R}{I \cdot X_L}$$

$$\tan \delta = \frac{R}{X_L}$$

Je kleiner der $\tan \delta$ einer Spule ist, desto verlustärmer ist diese Spule.
Der Kehrwert des $\tan \delta$ wird Güte oder Spulengüte genannt (Kurzzeichen Q).

$$Q = \frac{1}{\tan \delta}$$

$$Q = \frac{X_L}{R}$$

Q Güte
R Verlustwiderstand
X_L induktiver Blindwiderstand

3.8.5. Wickeln von Spulen

Die für die verschiedenen Anwendungsfälle benötigten Spulen müssen meist selbst gewickelt werden. Es gibt keine von den Bauelemente-Herstellern angebotene große Typenvielfalt fertiger Spulen, etwa vergleichbar mit der Typenvielfalt von Kondensatoren.
Die *Luftspulen* werden überwiegend als Zylinderspulen und als Toroidspulen (Ringspulen) hergestellt. Für diese beiden Spulenarten werden nachfolgend die Berechnungsgleichungen angegeben. Die Gleichungen sind Näherungsgleichungen.

Für Zylinderspulen (Bild 3.50a) gilt:

$$L = N^2 \cdot \frac{78 \cdot D^2}{3 \cdot D + 9 \cdot l + 10 \cdot w}$$

$$N = \sqrt{\frac{L \cdot (3 \cdot D + 9 \cdot l + 10 \cdot w)}{78 \cdot D^2}}$$

Induktivität	L	in nH
Durchmesser	D	in cm
Spulenlänge	l	in cm
Wicklungsdicke	w	in cm
Windungszahl	N	

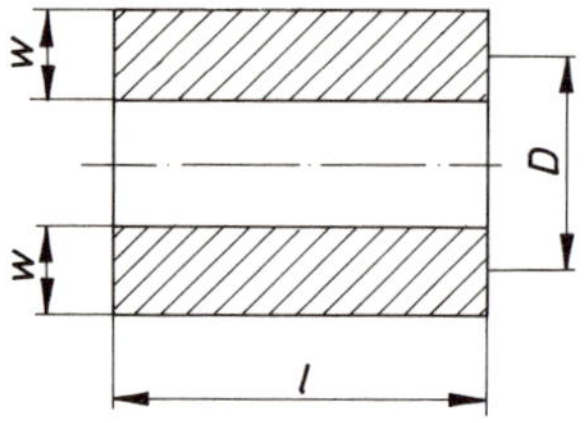

Bild 3.50a Zylinderspule, einlagig und mehrlagig

Toroidspulen (Bild 3.50b) werden wie folgt berechnet:

$$L = N^2 \cdot \pi \cdot \frac{D^2}{d}$$

$$N = \sqrt{\frac{L \cdot d}{\pi \cdot D^2}}$$

Induktivität	l	in nH
Großdurchmesser	D	in cm
Kleindurchmesser	d	in cm
Windungszahl	N	

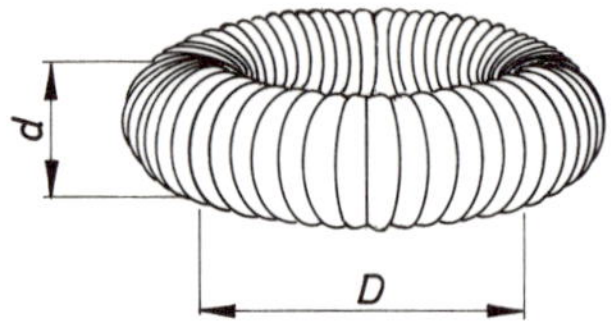

Bild 3.50b Toroidspule (Ringspule)

Beispiel:
Eine Zylinderspule nach Bild 3.50a hat eine Länge $l = 2$ cm, einen Durchmesser $D = 1{,}5$ cm und eine Wicklungsdicke $w = 4$ mm mit 100 Windungen. Wie groß ist die Induktivität der Spule?

$$L = N^2 \cdot \frac{78 \cdot D^2}{3 \cdot D + 9 \cdot l + 10 \cdot w}$$

$$L = 100^2 \cdot \frac{78 \cdot 1{,}5^2}{3 \cdot 1{,}5 + 9 \cdot 2 + 10 \cdot 0{,}4}\ \text{nH}$$

$$\underline{\underline{L = 66226\ \text{nH} = 66{,}226\ \mu\text{H}}}$$

Für *Eisenkernspulen* gibt es eine große Anzahl verschiedener industriell vorgefertigter Kerntypen. Die Wicklungen sind jedoch vom Anwender zu fertigen. Die Kerne sind heute meist weichmagnetische Ferritkerne. Für sie wird ein *Induktivitätsfaktor* angegeben, der auch *A_L-Wert* genannt wird.

Der A_L-Wert eines Spulenkerns entspricht dem magnetischen Leitwert des Kerns.

Die Induktivität einer Eisenkernspule läßt sich mit dem A_L-Wert leicht berechnen:

$$L = N^2 \cdot A_L$$

Induktivitätsfaktor A_L in nH
Induktivität L in nH

$$N = \sqrt{\frac{L}{A_L}}$$

Schalenkerne nach Bild 3.50c lassen sich universell bis zu Frequenzen von etwa 50 MHz nutzen.

Beispiel:
Mit einem Schalenkern nach Bild 3.50c soll eine Spule mit einer Induktivität 360 µH gewickelt werden. Der Schalenkern hat einen Induktivitätsfaktor (A_L-Wert) von 60 nH. Wieviel Windungen sind erforderlich?

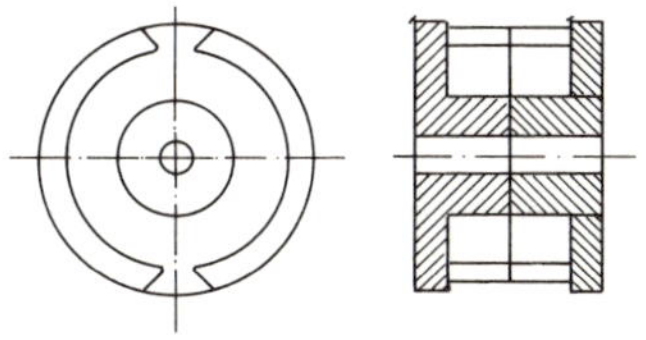

Bild 3.50c Schalenkern (weichmagnetischer Ferritkern)

$$N = \sqrt{\frac{L}{A_L}} = \sqrt{\frac{360000\ \text{nH}}{60\ \text{nH}}} = \sqrt{6000}$$

$$\underline{\underline{N = 77{,}5}}$$

Es werden 77,5 Windungen benötigt.

3.9. Reihen- und Parallelschaltung von Spulen

3.9.1. Reihenschaltung

Die drei in Reihe geschalteten Spulen von Bild 3.51 entsprechen drei in Reihe geschalteten induktiven Blindwiderständen.

$$X_{Lg} = X_{L1} + X_{L2} + X_{L3}$$

Mit Hilfe dieser Gleichung kann die Gesamtinduktivität abgeleitet werden.

$$X_{Lg} = X_{L1} + X_{L2} + X_{L3}$$
$$\omega \cdot L_g = \omega \cdot L_1 + \omega \cdot L_2 + \omega \cdot L_3$$
$$\omega \cdot L_g = \omega \cdot (L_1 + L_2 + L_3)$$

Für eine beliebige Anzahl n in Reihe geschalteter Spulen gilt die Gleichung:

$$L_g = L_1 + L_2 + L_3 + \ldots L_n$$

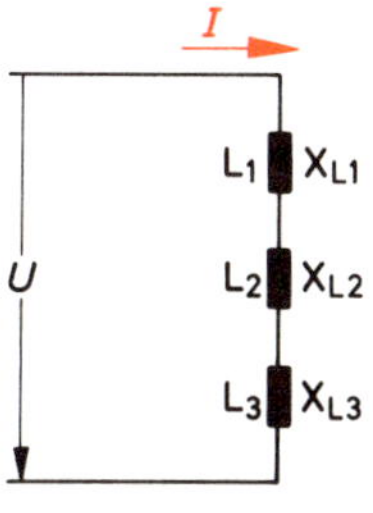

Bild 3.51 Reihenschaltung von drei Spulen

Bei der Reihenschaltung von Spulen ist die Gesamtinduktivität gleich der Summe der Einzelinduktivitäten.
Dies gilt nur, wenn die Spulen untereinander keine magnetische Koppelung haben, d.h., wenn keine Spule vom Magnetfeld einer anderen Spule durchsetzt wird.

3.9.2. Parallelschaltung

Der Gesamtwiderstand der drei parallel geschalteten Spulen (Bild 3.52) läßt sich mit folgender Gleichung berechnen:

$$\frac{1}{X_{Lg}} = \frac{1}{X_{L1}} + \frac{1}{X_{L2}} + \frac{1}{X_{L3}}$$

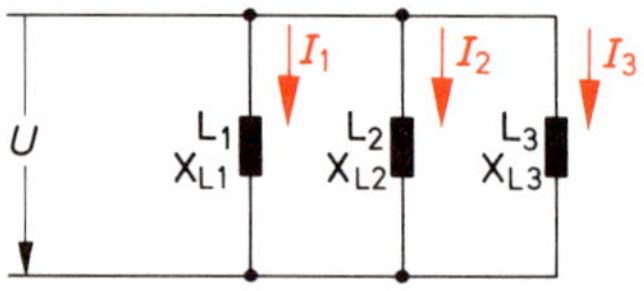

Bild 3.52 Parallelschaltung von drei Spulen

Aus dieser Beziehung ergibt sich die Gesamtinduktivität L_g.

$$\frac{1}{\omega \cdot L_g} = \frac{1}{\omega \cdot L_1} + \frac{1}{\omega \cdot L_2} + \frac{1}{\omega \cdot L_3}$$

$$\frac{1}{\omega \cdot L_g} = \frac{1}{\omega} \cdot \left(\frac{1}{L_1} + \frac{1}{L_2} + \frac{1}{L_3}\right)$$

Für eine beliebige Anzahl n parallel geschalteter Spulen lautet die Gleichung:

$$\frac{1}{L_g} = \frac{1}{L_1} + \frac{1}{L_2} + \frac{1}{L_3} + \cdots \frac{1}{L_n}$$

Die Gesamtinduktivität von zwei parallel geschalteten (Bild 3.53) Spulen kann nach folgender Gleichung berechnet werden:

$$L_g = \frac{L_1 \cdot L_2}{L_1 + L_2}$$

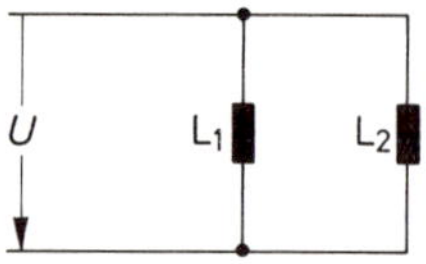

Bild 3.53 Parallelschaltung von zwei Spulen

Die vorstehenden Gleichungen gelten nur unter der Voraussetzung, daß keine magnetische Koppelung der Spulen untereinander besteht.

Beispiel:
Die Gesamtinduktivität der Spulenschaltung nach Bild 3.54 ist zu berechnen.

$$L_{1,2} = \frac{L_1 \cdot L_2}{L_1 + L_2} = \frac{300\ \text{mH} \cdot 150\ \text{mH}}{300\ \text{mH} + 150\ \text{mH}}$$

$$L_{1,2} = \frac{45\,000\ \text{mH}}{450} = 100\ \text{mH}$$

$$L_g = L_{1,2} + L_3 = 100\ \text{mH} + 100\ \text{mH}$$

$$\underline{\underline{L_g = 200\ \text{mH}}}$$

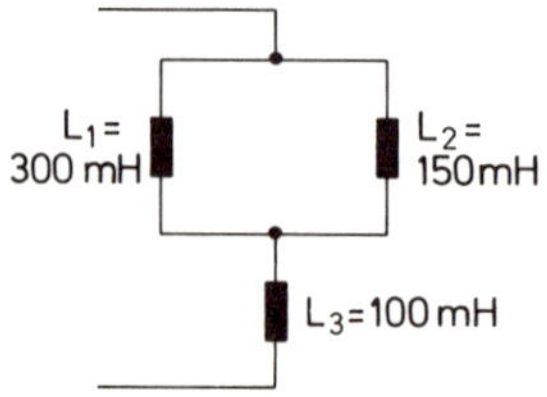

Bild 3.54 Spulenschaltung

3.10 Lernziel-Test

1. Erklären Sie allgemein den Begriff Kapazität, und geben Sie an, wie Leitungskapazitäten, Kabelkapazitäten und Gehäusekapazitäten entstehen.
2. Wie hängen elektrische Ladung Q, Spannung U und Kapazität C zusammen?
3. Kondensatoren werden ähnlich wie Widerstände durch Farbringe oder Farbpunkte gekennzeichnet. Man verwendet eine Fünffachberingung. Welche Angaben werden durch die fünf Ringe gemacht?
4. Jeder Kondensator hat eine Selbstentlade-Zeitkonstante. Von welchen Größen hängt τ_s ab?
5. Ein Kondensator hat eine Nennkapazität bei 20 °C von 2,2 nF und einen Temperaturbeiwert $\alpha_C = -2{,}5 \cdot 10^{-3} \frac{1}{K}$. Wie groß ist seine Kapazität bei der höchstzulässigen Betriebstemperatur von 95 °C?
6. Was versteht man unter der Dauergrenzspannung eines Kondensators?
7. Folienkondensatoren werden als Papierkondensatoren oder als Kunststoffkondensatoren hergestellt. Erklären Sie den Aufbau dieser Kondensatoren.
8. Metall-Papier-Kondensatoren, auch MP-Kondensatoren genannt, dürfen nicht mit Folienkondensatoren verwechselt werden. Wie sind sie aufgebaut und wie ist es möglich, daß nach einem Durchschlag Selbstheilung auftritt?
9. Wie sind Metall-Kunststoff-Kondensatoren (MK-Kondensatoren) aufgebaut?
10. Besonders interessante Kondensatoren sind die Elektrolyt-Kondensatoren. Woraus bestehen Dielektrikum, 1. Kondensatorplatte und 2. Kondensatorplatte?
11. Warum müssen normale Elektrolyt-Kondensatoren gepolt betrieben werden?
12. Warum verwendet man bei Elektrolyt-Kondensatoren rauhe Elektroden?
13. Wie kann man ungepolte Elektrolyt-Kondensatoren aufbauen?
14. Tantal-Elektrolyt-Kondensatoren gibt es mit flüssigen und festen Elektrolyten. Erklären Sie den prinzipiellen Aufbau der beiden Kondensator-Typen.
15. Wie sind Drehkondensatoren und Trimmerkondensatoren aufgebaut?
16. Wird ein Kondensator in einem Stromkreis geladen, so hat dieser Stromkreis immer eine Zeitkonstante. Wie hängen Zeitkonstante und Aufladezeit zusammen?
17. Ein Kondensator mit $C = 2200\ \mu F$ wurde an einer Gleichspannung von 450 V aufgeladen. Wie groß ist die in ihm gespeicherte elektrische Energie?
18. Ein Kondensator mit $C = 6800\ \mu F$ wird als Hilfsspannungsquelle verwendet. Er speist einen Lastwiderstand von 10 MΩ. Nach welcher Zeit ist der Kondensator entladen? Zu Beginn der Entladung ist er voll aufgeladen.
19. Der Verlustfaktor eines Kondensators von 47 nF beträgt bei 10 kHz 0,02. Wie groß ist der Reihenverlustwiderstand R? Welche Güte hat der Kondensator?
20. Drei Kondensatoren $C_1 = 100$ nF, $C_2 = 22$ nF und $C_3 = 47$ nF sind in Reihe geschaltet. Berechnen Sie die Gesamtkapazität.
21. Ein Kondensator mit einer Kapazität von 1 µF soll mit einem zweiten Kondensator in Reihe geschaltet werden. Die Gesamtkapazität soll 359 nF betragen. Welche Kapazität muß der zugeschaltete Kondensator haben?

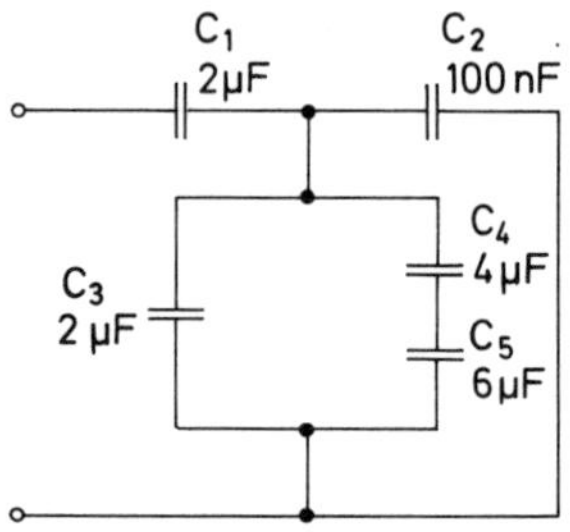

Bild 3.55 Kondensatorschaltung

22. Was versteht man unter der Induktivität einer Spule? Wann hat eine Spule eine Induktivität von 1 H?
23. Wie ist die Zeitkonstante einer Spule im Gleichstromkreis festgelegt?
24. Eine verlustfreie Spule wird von einem Wechselstrom durchflossen. Welche Phasenverschiebung besteht zwischen der Spannung an der Spule U_L und dem Strom I? Zeichnen Sie ein Zeigerdiagramm.
25. Wie ändert sich der Blindwiderstand X_L einer Spule in Abhängigkeit von der Frequenz? Skizzieren Sie ein Diagramm.
26. Was versteht man unter dem Verlustfaktor einer Spule, was unter der Spulengüte?
27. Die drei Spulen $L_1 = 20$ mH, $L_2 = 100$ mH und $L_3 = 1$ H sind parallelgeschaltet. Berechnen Sie die Gesamtinduktivität L_g.
28. Berechnen Sie für die Schaltung Bild 3.55 die Gesamtkapazität C_g.

4. Frequenzabhängige Zwei- und Vierpole

4.1. Allgemeines

4.1.1. Zweipole

Eine Schaltung mit zwei Klemmen bezeichnet man als Zweipol. Ein Zweipol kann als „Kasten“ dargestellt werden (Bild 4.1).

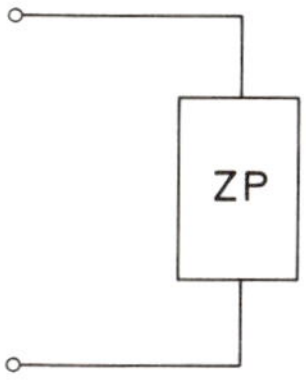

Bild 4.1 Zweipol

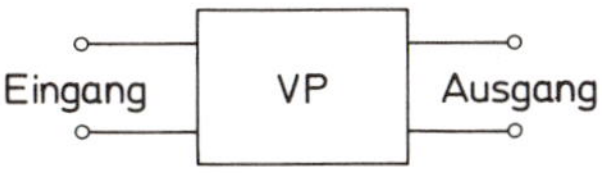

Bild 4.2 Vierpol

Der innere Schaltungsaufbau von Zweipolen kann sehr unterschiedlich sein. Hier sollen nur einige der vielen möglichen Zweipole betrachtet werden. Es wurden Zweipole ausgewählt, die aus Widerständen, Spulen und Kondensatoren aufgebaut sind und in der Elektronik besondere Bedeutung haben.

4.1.2. Vierpole

Vierpole sind Schaltungen mit zwei Eingangsklemmen und zwei Ausgangsklemmen (Bild 4.2). Ein Vierpol kann ebenfalls als „Kasten“ dargestellt werden.
Es sind außerordentlich viele verschiedene Vierpole denkbar. Im folgenden sollen einfache Vierpole untersucht werden, die – wie die Zweipole – aus Spulen, Kondensatoren und ohmschen Widerständen bestehen. Die ausgewählten Vierpole werden in der Elektronik besonders häufig verwendet.

4.2. Reihenschaltung von *R* und *C*

Legt man an eine Reihenschaltung von *R* und *C* eine Wechselspannung an, so treibt diese Spannung einen Strom durch die Reihenschaltung (Bild 4.3).

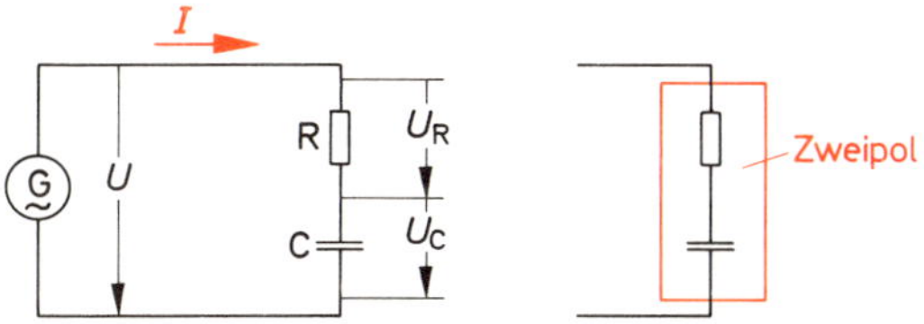

Bild 4.3 Reihenschaltung von R und C (Zweipol)

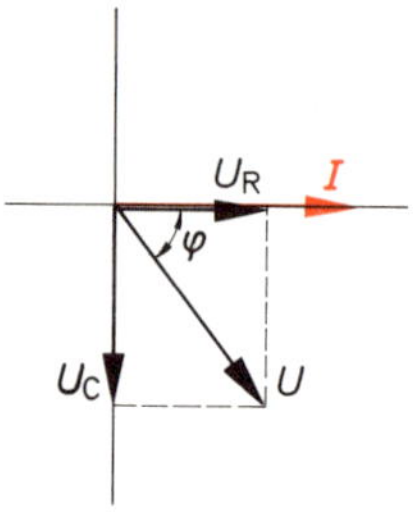

Bild 4.4 Zeigerdiagramm der Spannungen einer Reihenschaltung von R und C (angenommene Zeigerlängen)

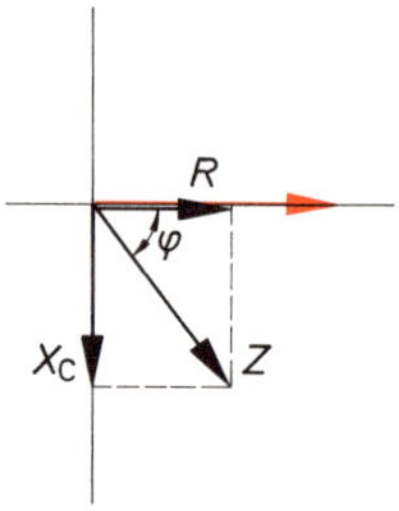

Bild 4.5 Zeigerdiagramm der Widerstände einer Reihenschaltung von R und C (angenommene Zeigerlängen)

Am Widerstand fällt eine Spannung U_R ab. Diese Spannung liegt in Phase mit dem Strom I.
Die Kondensatorspannung U_C eilt dem Strom um 90° nach, oder anders ausgedrückt, der Strom eilt der Spannung U_C um 90° vor. Das Zeigerdiagramm Bild 4.4 zeigt die Phasenlagen der Spannungen. Die Gesamtspannung U ergibt sich nach der Gleichung:

$$U = \sqrt{U_R^2 + U_C^2}$$

Teilt man die Spannungszeiger durch den Strom I, so erhält man Widerstandszeiger.

$$\frac{U_R}{I} = R; \qquad \frac{U_C}{I} = X_C$$

$$\frac{U}{I} = Z$$

Das sich aus dem Zeigerdiagramm der Spannungen ergebende Zeigerdiagramm der Widerstände zeigt Bild 4.5. Für den Wechselstromgesamtwiderstand (Scheinwiderstand) Z gilt:

$$Z = \sqrt{R^2 + X_C^2}$$

Aus den Zeigerdiagrammen kann man die Gleichung für den Phasenwinkel φ entnehmen:

$$\tan \varphi = \frac{U_C}{U_R} = \frac{X_C}{R}$$

4.3. Reihenschaltung von R und L

Wird die Reihenschaltung von R und L von einem Wechselstrom durchflossen, so liegt an R die Spannung U_R und an L die Spannung U_L (Bild 4.6). U_R liegt mit I in Phase, U_L eilt dem Strom I um 90° voraus. Diesen Zusammenhang zeigt das Zeigerdiagramm Bild 4.7. Für die Gesamtspannung gilt die Gleichung:

$$U = \sqrt{U_R^2 + U_L^2}$$

Teilt man die Spannungszeiger durch den Strom I, so erhält man Widerstandszeiger.

$$\frac{U_R}{I} = R, \qquad \frac{U_L}{I} = X_L, \qquad \frac{U}{I} = Z$$

$$\boxed{Z = \sqrt{R^2 + X_L^2}}$$

Die Gleichung für den Phasenwinkel φ kann aus den Zeigerdiagrammen abgelesen werden:

$$\boxed{\tan \varphi = \frac{U_L}{U_R} = \frac{X_L}{R}}$$

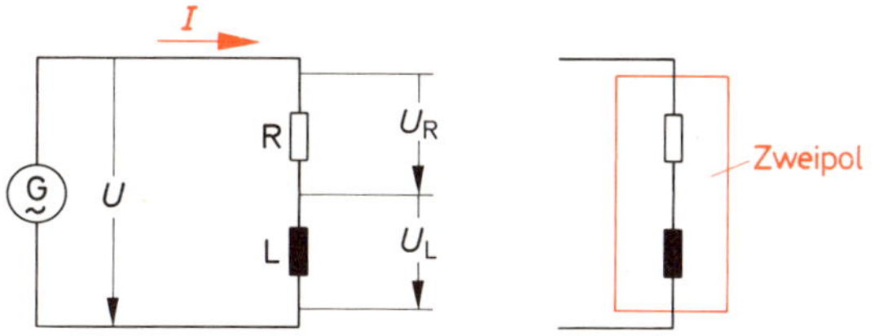

Bild 4.6 Reihenschaltung von R und L (Zweipol)

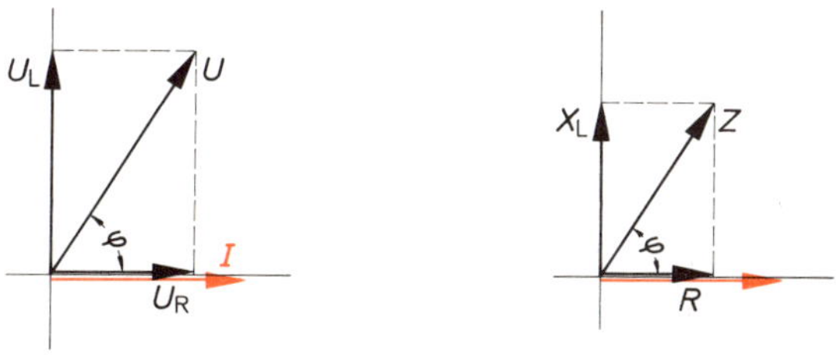

Bild 4.7 Zeigerdiagramm der Spannungen und Zeigerdiagramm der Widerstände einer Reihenschaltung von R und L (angenommene Zeigerlänge)

4.4. RC-Glied

Das RC-Glied ist im Prinzip eine Reihenschaltung von R und C. Nur ist aus dem Zweipol durch die beiden Ausgangsklemmen ein Vierpol geworden.

U_1 ist die Eingangsspannung
U_2 die Ausgangsspannung.

Das Verhalten des RC-Gliedes bei sinusförmiger Eingangsspannung U_1 und verschiedenen Frequenzen soll untersucht werden.
Bei tiefen Frequenzen hat der Kondensator einen großen Widerstand. Am Ausgang liegt fast die volle Eingangsspannung. Es gilt

$$U_2 \approx U_1$$

Bei hohen Frequenzen ist der Widerstand des Kondensators sehr klein. Er strebt gegen Null.

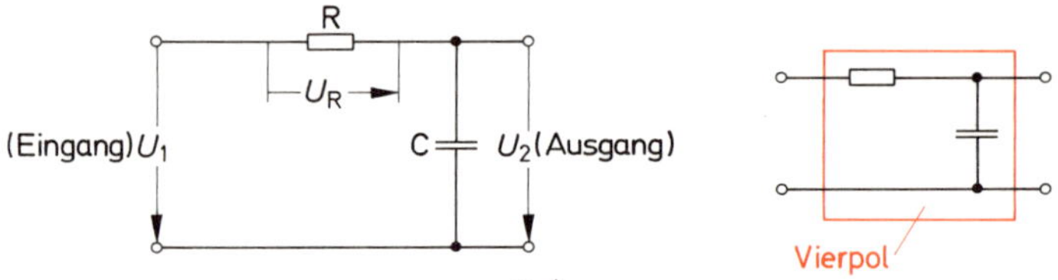

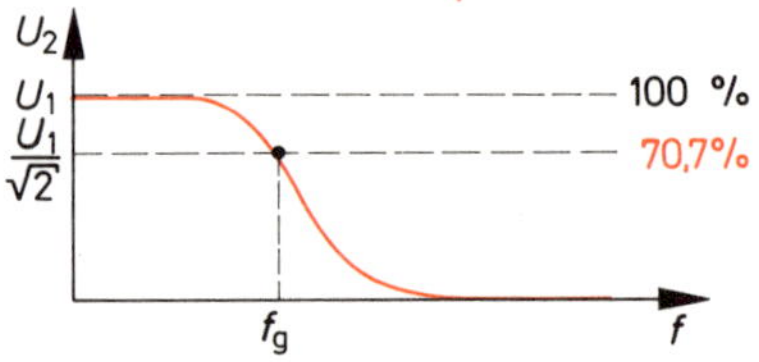

Bild 4.8 RC-Glied als Vierpol, Verlauf der Ausgangsspannung U_2 in Abhängigkeit von der Frequenz

Die Ausgangsspannung U_2 bei hohen Frequenzen ist also angenähert 0.

$$U_2 \approx 0$$

Bild 4.8 zeigt den Verlauf der Ausgangsspannung U_2 in Abhängigkeit von der Frequenz. *Das RC-Glied läßt tiefe Frequenzen durch und dämpft hohe Frequenzen stark.*
Da die tiefen Frequenzen passieren können, nennt man diese Schaltung *Tiefpaß*.

Ein Tiefpaß ist eine Schaltung, die nur tiefe Frequenzen passieren läßt.

Die Frequenz, bei der die Spannung U_2 auf das $1/\sqrt{2}$fache von U_1 abgesunken ist, nennt man Grenzfrequenz (f_g). Frequenzen bis zur Größe der Grenzfrequenz f_g gelten als durchgelassen.

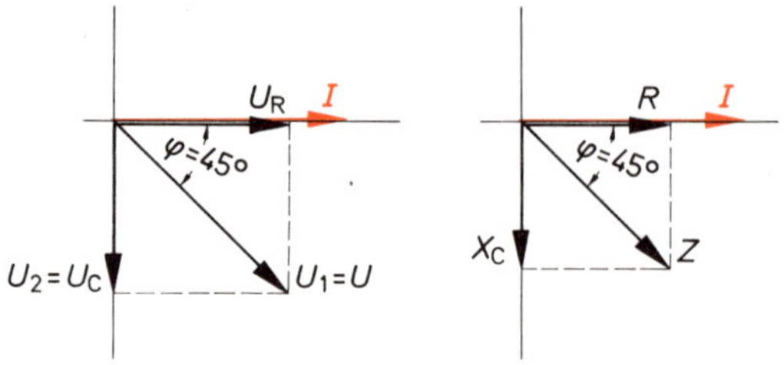

Bild 4.9 Zeigerdiagramm der Spannungen und der Widerstände eines RC-Gliedes für Grenzfrequenz

Aus den Zeigerdiagrammen (Bild 4.9) ist ersichtlich, daß $U_2 = \frac{U_1}{\sqrt{2}}$ dann ist, wenn U_R den gleichen Betrag hat wie U_2 bzw. U_C.

Für f_g gilt: $U_R = U_C$; $\frac{U_R}{I} = \frac{U_C}{I}$

$$R = X_C$$

Aus der Bedingung $R = X_C$ kann die Gleichung für die Grenzfrequenz abgeleitet werden:

$$R = X_C$$

$$R = \frac{1}{2\pi \cdot f_g \cdot C}$$

$$f_g = \frac{1}{2 \cdot \pi \cdot R \cdot C}$$

$R \cdot C$ ist die Zeitkonstante τ des RC-Gliedes.

$$\tau = R \cdot C$$

$$\boxed{f_g = \frac{1}{2\pi \cdot \tau}}$$

Bei der Grenzfrequenz f_g besteht zwischen U_1 und U_2 eine Phasenverschiebung von 45°.

Beispiel:
Ein RC-Glied besteht aus einem Widerstand von $R = 10\ \text{k}\Omega$ und aus einem Kondensator von $C = 100$ nF. Wie groß ist die Grenzfrequenz dieses RC-Gliedes?

$$f_g = \frac{1}{2\pi \cdot R \cdot C} = \frac{1}{6{,}28 \cdot 10 \cdot 10^3\ \Omega \cdot 100 \cdot 10^{-9}\ \text{Ss}}$$

$$f_g = 159\ \text{Hz}$$

4.5. CR-Glied

Das CR-Glied ist dem RC-Glied sehr ähnlich. Die Bauteile in Längs- und Querzweig sind lediglich vertauscht (Bild 4.10).
Das Verhalten des CR-Gliedes bei sinusförmigen Wechselspannungen unterschiedlicher Frequenz ist jedoch ganz anders als das des RC-Gliedes.
Bei tiefen Frequenzen ist der Widerstand des Kondensators sehr groß. Ein sehr großer Teil der Spannung U_1 wird an C abfallen. Der Spannungsabfall an R ist fast Null.

$$U_2 \approx 0$$

Bei hohen Frequenzen ist der Widerstand des Kondensators angenähert Null. Die Eingangsspannung liegt fast voll am Ausgang.

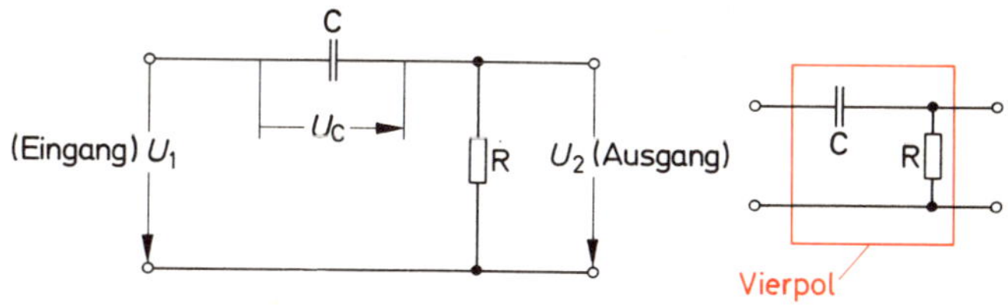

Bild 4.10 CR-Glied als Vierpol

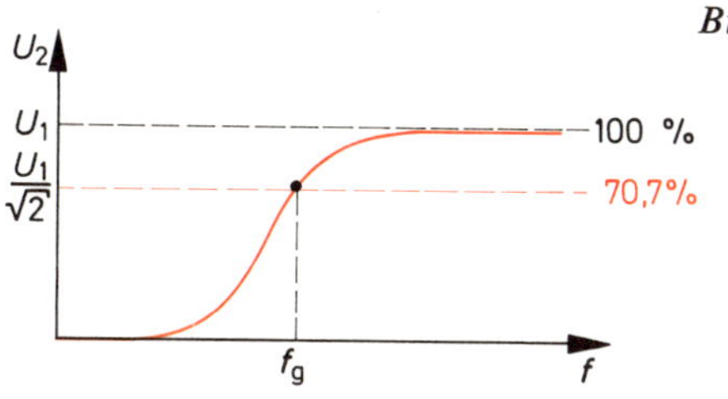

Bild 4.11 Verlauf der Ausgangsspannung U_2 eines CR-Gliedes in Abhängigkeit von der Frequenz

$$U_2 \approx U_1$$

Bild 4.11 zeigt den Verlauf von U_2 in Abhängigkeit der Frequenz.

Das CR-Glied läßt hohe Frequenzen durch und dämpft tiefe Frequenzen stark.

Die hohen Frequenzen können passieren. Man nennt eine Schaltung, die dieses Frequenzverhalten hat, einen *Hochpaß*.

> *Ein Hochpaß ist eine Schaltung, die nur hohe Frequenzen passieren läßt.*

Das CR-Glied hat ebenfalls eine Grenzfrequenz. Die Grenzfrequenz ist die Frequenz, bei der U_2 den $1/\sqrt{2}$fachen Wert von U_1 hat.

In Bild 4.12 ist das Zeigerdiagramm bei Grenzfrequenz dargestellt. U_R (bzw. U_2) hat den gleichen Betrag wie U_C.

Für f_g gilt: $U_R = U_C$

Aus dieser Bedingung ergibt sich die gleiche Formel zur Berechnung der Grenzfrequenz, die auch für das RC-Glied gefunden wurde:

$$f_g = \frac{1}{2\pi \cdot R \cdot C}$$

$$f_g = \frac{1}{2\pi \cdot \tau}$$

Bei Grenzfrequenz herrscht zwischen U_1 und U_2 eine Phasenverschiebung von 45°.

Beispiel:

Der Hochpaß nach Bild 4.13 soll eine Grenzfrequenz von 1 kHz haben. Wie groß muß der Kondensator C gewählt werden?

$$f_g = \frac{1}{2\pi \cdot R \cdot C} \qquad C = \frac{1}{2\pi \cdot R \cdot f_g}$$

$$C = \frac{1}{6{,}28 \cdot 2{,}2\ \text{k}\Omega \cdot 1000\ \frac{1}{\text{s}}}$$

$$C = \frac{1}{6{,}28 \cdot 2{,}2} \cdot 10^{-6}\ \text{F}$$

$$C = \frac{1000}{6{,}28 \cdot 2{,}2}\ \text{nF}$$

$$\underline{C = 72{,}3\ \text{nF}}$$

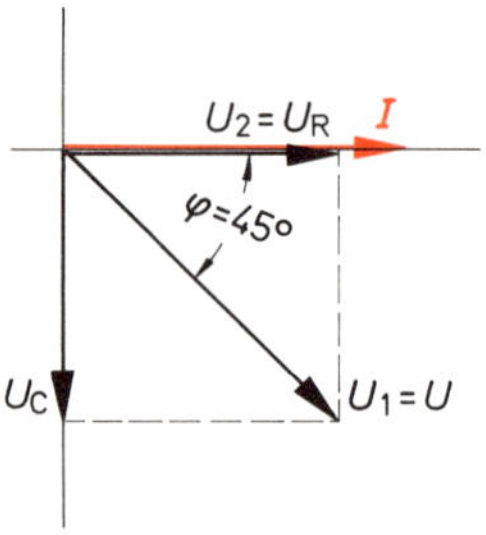

Bild 4.12 Zeigerdiagramm der Spannungen eines CR-Gliedes bei Grenzfrequenz

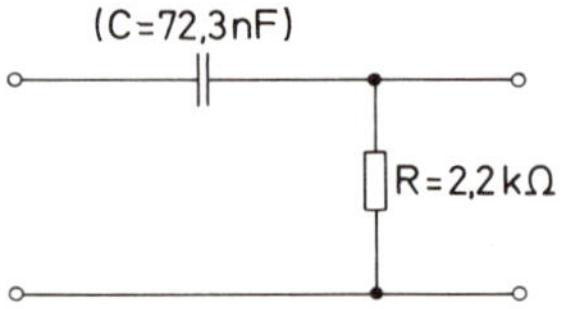

Bild 4.13 Hochpaß mit einer Grenzfrequenz von 1 kHz

4.6 RL-Glied

Eine Schaltung, bei der im Längszweig ein Widerstand und im Querzweig eine Spule liegt, wird RL-Glied genannt (Bild 4.14). Der ohmsche Widerstand der Spule soll vernachlässigbar klein sein.

Das RL-Glied ist ein Hochpaß.

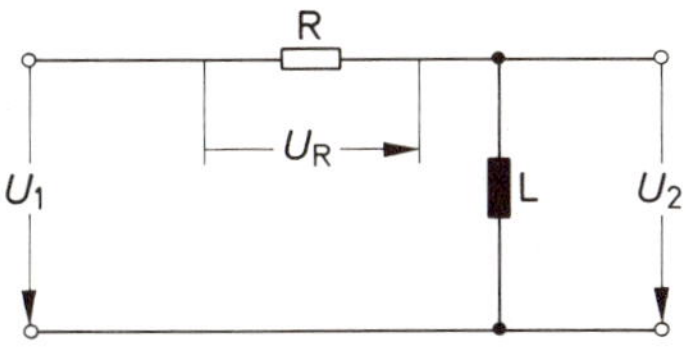

Bild 4.14 RL-Glied

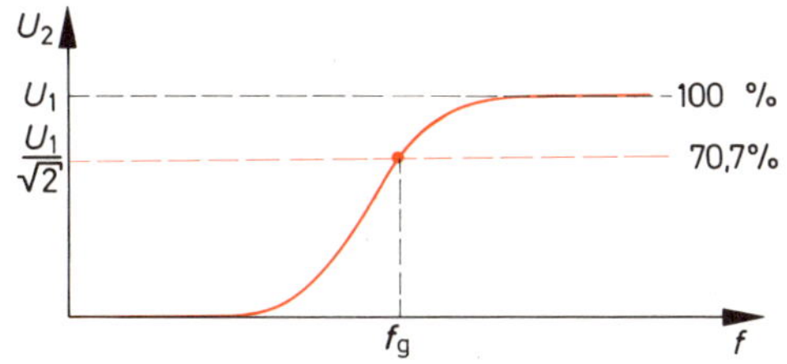

Bild 4.15 Verlauf der Ausgangsspannung U_2 eines RL-Gliedes in Abhängigkeit von der Frequenz

Bei hohen Frequenzen hat die Spule einen großen Widerstand X_L. Die Spannung an L wird wesentlich größer sein als die Spannung an R.

Bei tiefen Frequenzen ist der Widerstand der Spule sehr gering. Die Ausgangsspannung U_2 ist fast Null.

Der Verlauf der Spannung U_2 in Abhängigkeit von der Frequenz zeigt Bild 4.15.

Die Grenzfrequenz f_g eines RL-Gliedes liegt bei dem Spannungswert $U_2 = \frac{U_1}{\sqrt{2}}$.

Das bedeutet aber, daß die Beträge von U_2 (bzw. U_L) und U_R gleich sein müssen. Das Zeigerdiagramm der Spannungen ist in Bild 4.16 dargestellt.

Aus der Bedingung $U_L = U_R$ kann die Grenzfrequenz errechnet werden:

$$U_L = U_R$$
$$X_L = R$$
$$2\pi \cdot f_g \cdot L = R$$

$$\boxed{f_g = \frac{R}{2\pi \cdot L}}$$

Bild 4.16 Zeigerdiagramm der Spannungen eines RL-Gliedes bei Grenzfrequenz

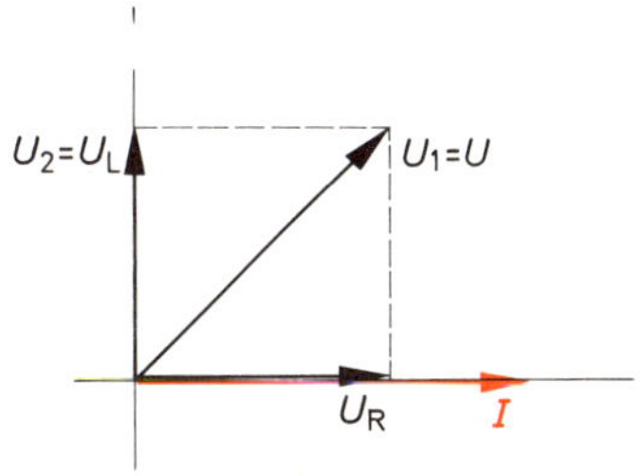

Bei Grenzfrequenz beträgt die Phasenverschiebung zwischen U_1 und U_2 45°.

Die Zeitkonstante τ ergibt sich aus der Gleichung:

$$\tau = \frac{L}{R}$$

Für $\frac{R}{L}$ kann in die Gleichung zur Berechnung der Grenzfrequenz $\frac{1}{\tau}$ eingesetzt werden:

$$\boxed{f_g = \frac{1}{2\pi \cdot \tau}}$$

Beispiel:
Ein RL-Glied hat eine Zeitkonstante von 0,5 ms. Der Widerstand R hat den Wert 100 Ω (Bild 4.17).
Wie groß ist die Grenzfrequenz des RL-Gliedes? Welche Induktivität ergibt sich für die Spule?

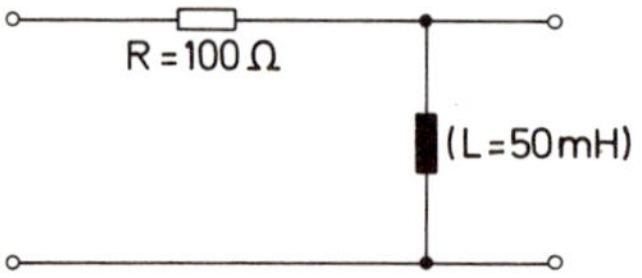

Bild 4.17 RL-Hochpaß mit einer Grenzfrequenz von 318 Hz

$$f_g = \frac{1}{2\pi \cdot \tau}$$

$$f_g = \frac{1}{6{,}28 \cdot 0{,}5 \cdot 10^{-3}\,\text{s}} = \frac{1000}{6{,}28 \cdot 0{,}5}\,\text{Hz}$$

$$\underline{\underline{f_g = 318\,\text{Hz}}}$$

$$\tau = \frac{L}{R}; \qquad L = \tau \cdot R$$

$$L = 0{,}5 \cdot 10^{-3}\,\text{s} \cdot 100\,\Omega$$

$$\underline{\underline{L = 50\,\text{mH}}}$$

4.7. LR-Glied

Vertauscht man bei einem RL-Glied die Bauteile in Längs- und Querzweig, so erhält man ein LR-Glied (Bild 4.18).
Bei tiefen Frequenzen ist der Widerstand der Spule sehr gering. Am Ausgang liegt fast die volle Eingangsspannung

$$U_2 \approx U_1$$

Bei hohen Frequenzen ist der Widerstand der Spule sehr groß. Die Ausgangsspannung U_2 ist angenähert Null.

$$U_2 \approx 0$$

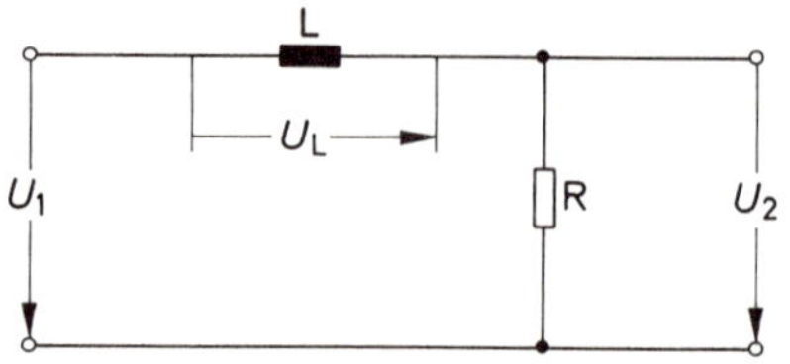

Bild 4.18 LR-Glied

Das LR-Glied ist ein Tiefpaß.
Bild 4.19 zeigt den Verlauf der Ausgangsspannung eines LR-Gliedes in Abhängigkeit von der Frequenz.
Bei der Grenzfrequenz sind die Beträge von U_L und U_R gleich. Aus dieser Bedingung ergibt sich die gleiche Formel zur Bestimmung der Grenzfrequenz, die auch für das RL-Glied gefunden wurde:

$$\boxed{f_g = \frac{R}{2\pi \cdot L}}$$

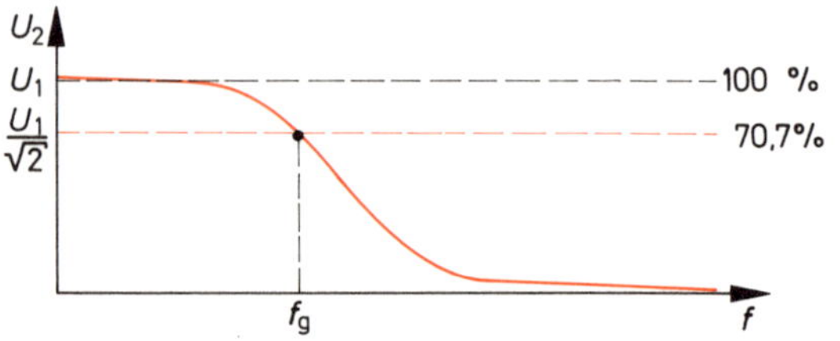

Bild 4.19 Verlauf der Ausgangsspannung U_2 eines LR-Gliedes in Abhängigkeit von der Frequenz

4.8. Schwingkreise

4.8.1. Reihenschaltung von *R, L* und *C*

Eine Reihenschaltung von *R, L* und *C* wird an eine Spannung *U* gelegt (Bild 4.20). Durch die Reihenschaltung fließt ein Strom *I*. Am ohmschen Widerstand *R* fällt eine Spannung U_R ab, die mit dem Strom *I* phasengleich ist.

$$U_R = I \cdot R$$

Die Spannung U_L am induktiven Widerstand X_L eilt dem Strom *I* um 90° voraus.

$$U_L = I \cdot X_L$$

Die am kapazitiven Widerstand X_C liegende Spannung U_C eilt dem Strom *I* um 90° nach.

$$U_C = I \cdot X_C$$

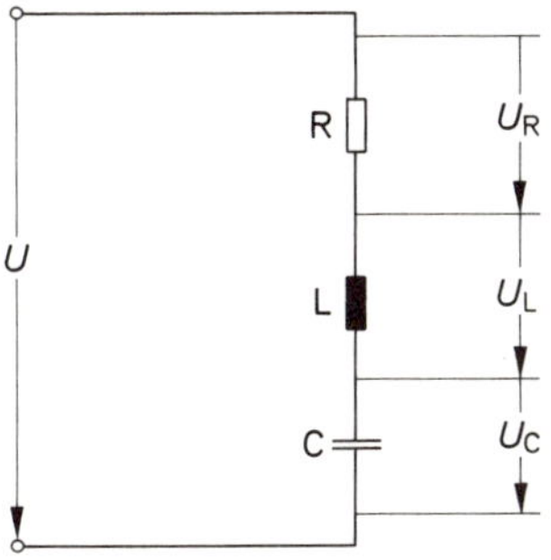

Bild 4.20 Reihenschaltung von R, L und C ◀

Bild 4.21 Zeigerdiagramm einer Reihenschaltung von R, L und C für eine bestimmte Frequenz ▶

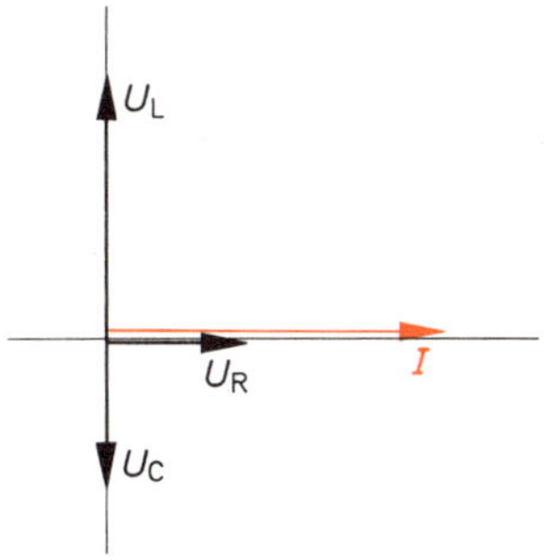

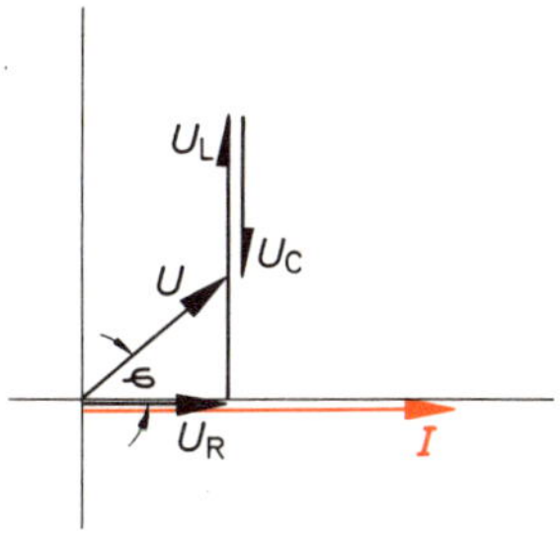

◀ *Bild 4.22 Rechendiagramm der Spannungen einer Reihenschaltung von R, L und C für eine bestimmte Frequenz*

Bild 4.23 Rechendiagramm der Widerstände einer Reihenschaltung von R, L und C für eine bestimmte Frequenz ▶

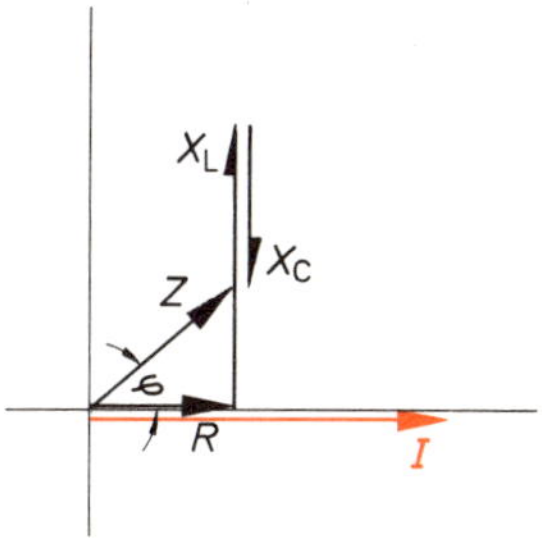

Die drei Spannungen U_R, U_L und U_C sind im Zeigerdiagramm Bild 4.21 dargestellt. Die Spannungszeiger können in einem Rechendiagramm zusammengefaßt werden (Bild 4.22). Für die Gesamtspannung *U* gilt die Gleichung:

$$U = \sqrt{U_R^2 + (U_L - U_C)^2}$$

Aus dem Rechendiagramm der Spannungen kann das Rechendiagramm der Widerstände (Bild 4.23) abgeleitet werden. Die Gleichung für den Gesamtwiderstand *Z* lautet:

$$Z = \sqrt{R^2 + (X_L - X_C)^2}$$

Bei hohen Frequenzen ist Z sehr groß, da X_L sehr groß ist. Bei niedrigen Frequenzen ist Z ebenfalls sehr groß, da X_C sehr groß ist. Der kleinste mögliche Widerstand ergibt sich für $X_L = X_C$. In diesem Fall ist $Z = R$. Die beiden Blindwiderstände heben sich gegenseitig auf. Bild 4.24 zeigt den prinzipiellen Widerstandsverlauf in Abhängigkeit von der Frequenz.

Die Frequenz, bei der X_L und X_C die gleiche Größe haben, wird Resonanzfrequenz (Kurzzeichen f_r) genannt. Die Gleichung zur Berechnung der Frequenz f_r kann aus der Bedingung $X_L = X_C$ abgeleitet werden:

$$X_L = X_C$$

$$\omega \cdot L = \frac{1}{\omega \cdot C}$$

$$\omega^2 = \frac{1}{L \cdot C}$$

$$\omega = \sqrt{\frac{1}{L \cdot C}} = \frac{1}{\sqrt{L \cdot C}} = 2\pi \cdot f_r$$

$$f_r = \frac{1}{2\pi \cdot \sqrt{L \cdot C}}$$

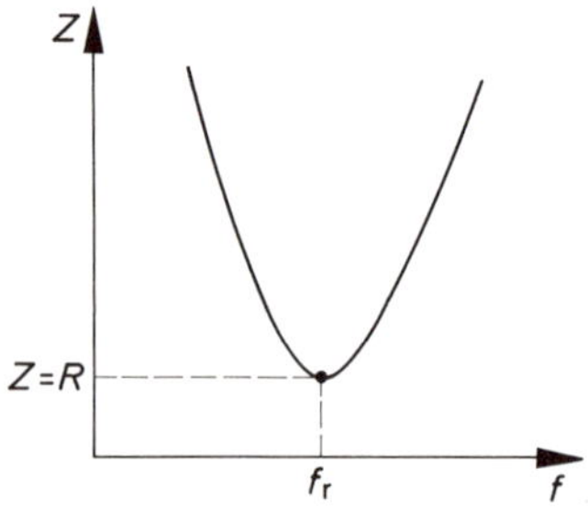

Bild 4.24 Prinzipieller Widerstandsverlauf einer Reihenschaltung von R, L und C

Diese Gleichung wird *Thomsonsche Schwingungsformel* genannt.

4.8.2. Reihenschwingkreise

Reihenschaltungen von R, L und C, bei denen der Wert von R klein ist, werden Reihenschwingkreise genannt.

R ist der gesamte Wirkwiderstand der Reihenschaltung, d.h., in R sind die Verlustwiderstände von L und C enthalten. Die Reihenschaltung kann einen ohmschen Widerstand als Bauteil enthalten. In vielen Fällen ist R aber nur der Gesamtverlustwiderstand von Spule und Kondensator. Bei der Resonanzfrequenz ist der Gesamtwiderstand des Reihenschwingkreises gleich dem Widerstand R.

$$Z = R$$

Bild 4.25 zeigt das Rechendiagramm der Widerstände bei Resonanzfrequenz.

Ein Reihenschwingkreis hat bei Resonanzfrequenz seinen kleinsten Widerstand.

Da $X_L = X_C$ ist, müssen auch die Beträge von U_L und U_C gleich groß sein. Für die Frequenz f_r ergibt sich ein Rechendiagramm der Spannungen nach Bild 4.26.

Die Spannungen U_L und U_C haben gleiche Amplituden und schwingen gegenphasig (Bild 4.27). Zwischen dem magnetischen Feld der Spule und dem elektrischen Feld des Kondensators ergibt sich eine Energiependelung. Man sagt, U_L und U_C sind miteinander in Resonanz. Diese Resonanz der Spannungen an Spule und Kondensator nennt man *Spannungsresonanz*.

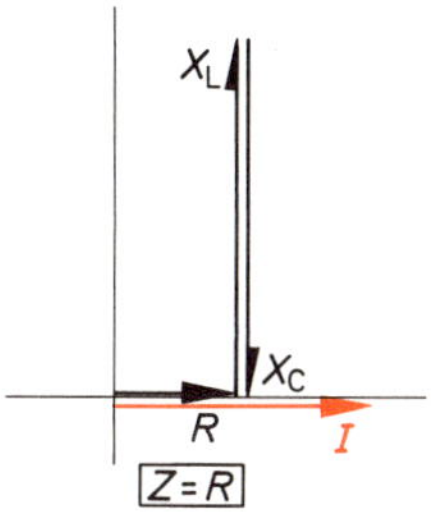

Bild 4.25 Rechendiagramm der Widerstände eines Reihenschwingkreises bei Resonanz

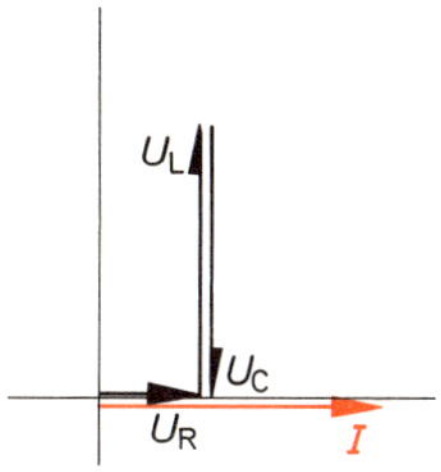

Bild 4.26 Rechendiagramm der Spannungen eines Reihenschwingkreises bei Resonanz

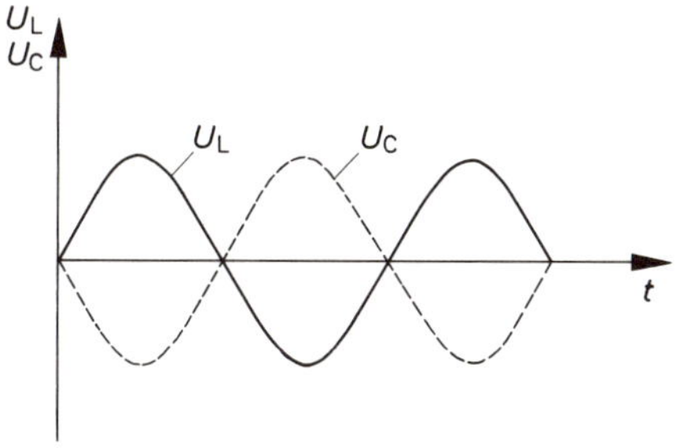

Bild 4.27 Liniendiagramm der Spannungen U_L und U_C eines Reihenschwingkreises

Die Spannungen an Spule und Kondensator sind größer als die an den Schwingkreis angelegte Spannung. Es können sich z.B. Spannungen ergeben, wie in Bild 4.28.
Es tritt eine *Resonanzüberhöhung* auf.
Die Resonanzüberhöhung wird auch Güte genannt (Kurzzeichen Q).

> *Die Güte Q eines Reihenschwingkreises gibt an, wievielmal größer die Spannungen an L oder C bei Resonanz sind als die an den Schwingkreis angelegte Spannung.*

$$Q = \frac{U_L}{U} = \frac{U_C}{U}$$

Teilt man die Spannungen durch den Strom I, der ja überall in der Reihenschaltung gleich groß ist, so erhält man die Gleichung:

$$Q = \frac{X_L}{R} = \frac{X_C}{R}$$

Statt mit der Güte kann auch mit der Dämpfung gerechnet werden. Die Dämpfung (Kurzzeichen d) ist der Kehrwert der Güte

$$d = \frac{1}{Q}$$

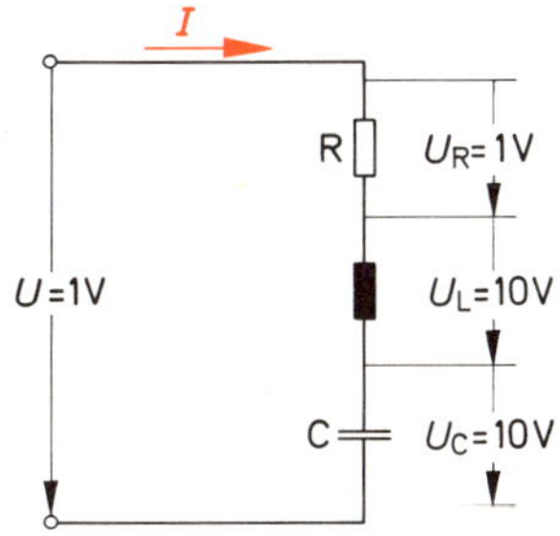

Bild 4.28 Spannungsbeträge an den Bauteilen eines Reihenschwingkreises bei Resonanz

Ein Reihenschwingkreis ist durch seine *Resonanzkurve* gekennzeichnet. Die Resonanzkurve gibt den Verlauf des Stromes I in Abhängigkeit von der Frequenz an. Die Eingangsspannung muß bei der Aufnahme der Resonanzkurve konstant bleiben (Bild 4.29).
In Bild 4.30 sind die Resonanzkurven eines Reihenschwingkreises für drei verschiedene Dämpfungen, also für drei verschiedene Größen des Widerstandes R, dargestellt.

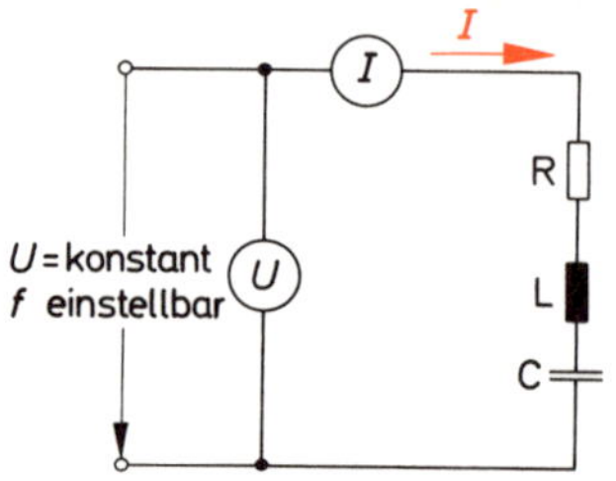

Bild 4.29 Schaltung zur Aufnahme der Resonanzkurve eines Reihenschwingkreises

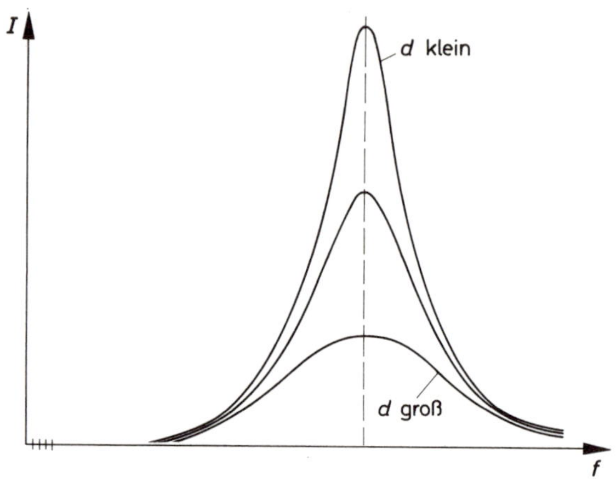

Bild 4.30 Resonanzkurven eines Reihenschwingkreises für verschieden große Dämpfungen

Der Reihenschwingkreis ist eine Siebschaltung oder Filterschaltung. Frequenzen, die die Größe f_r haben oder die in der Nähe von f_r liegen, werden durchgelassen.

Der Frequenzbereich, der als durchgelassen gilt, wird *Bandbreite* genannt. Für die Bandbreite verwendet man das Kurzzeichen *b*.

Die Bandbreite wird begrenzt durch die Frequenzen f_{g1} und f_{g2}. Bei diesen Frequenzen hat der Strom I die Größe

$$\frac{I_{max}}{\sqrt{2}} \qquad \text{(Bild 4.31).}$$

> *Die Bandbreite ist um so größer, je größer die Dämpfung ist.*

Es gilt die Gleichung:

$$b = d \cdot f_r$$

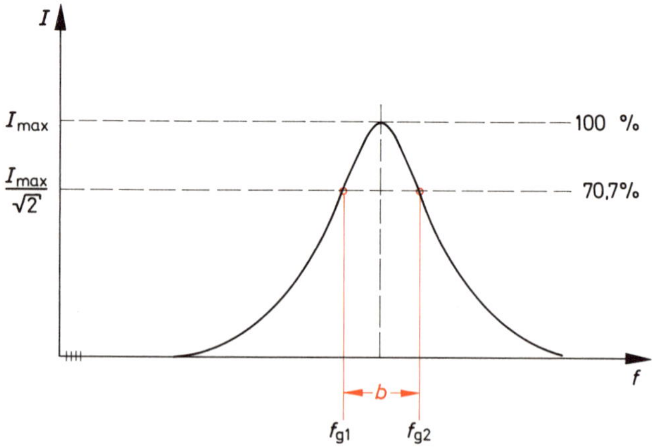

Bild 4.31 Resonanzkurve eines Reihenschwingkreises mit Angabe der Bandbreite

Beispiel:

Es soll ein Reihenschwingkreis für eine Resonanzfrequenz von 1 MHz gebaut werden. Der zu verwendende Kondensator hat eine Kapazität von 20 pF. Wie groß muß die Induktivität der Spule sein?

$$X_L = X_C$$

$$\omega \cdot L = \frac{1}{\omega \cdot C}$$

$$L = \frac{1}{\omega^2 \cdot C}$$

$$L = \frac{1}{\left(6{,}28 \cdot 10^6 \frac{1}{\mathrm{s}}\right)^2 \cdot 20 \cdot 10^{-12}\ \mathrm{Ss}}$$

$$L = \frac{1}{39{,}4 \cdot 10^{12} \cdot 20 \cdot 10^{-12}}\ \mathrm{H}$$

$$L = \frac{1000}{39{,}4 \cdot 20}\ \mathrm{mH}$$

$$\underline{\underline{L = 1{,}27\ \mathrm{mH}}}$$

4.8.3. Parallelschaltung von *R, L* und *C*

An eine Parallelschaltung von *R, L* und *C* (Bild 4.32) wird eine Wechselspannung gelegt. Es fließt ein Strom *I*, der sich in die Teilströme I_L, I_R und I_C aufteilt.
Die Phasenlage der Teilströme ist im Zeigerdiagramm Bild 4.33 dargestellt. Der Strom I_R hat keine Phasenverschiebung gegenüber der Spannung *U*. Der Strom I_C eilt der Spannung um 90° voraus, der Strom I_L eilt der Spannung um 90° nach.

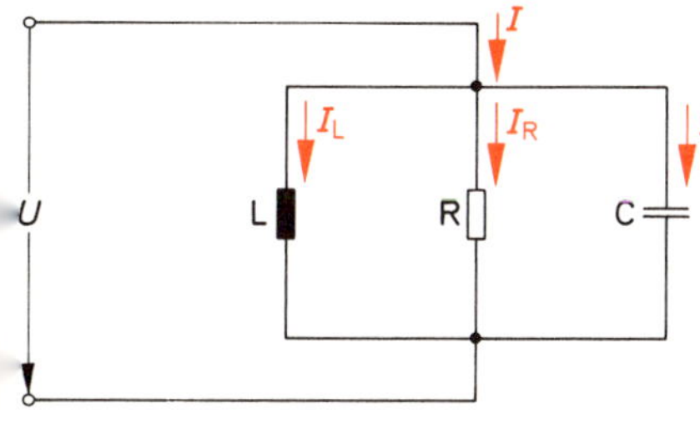

Bild 4.32 Parallelschaltung von R, L und C

Bild 4.34 Rechendiagramm der Ströme einer Parallelschaltung von R, L und C

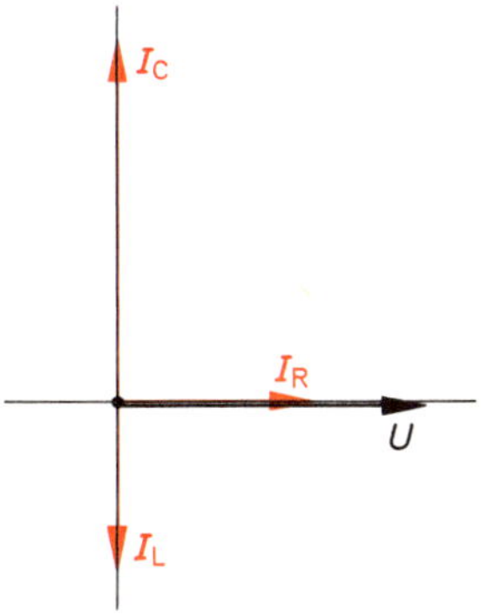

Bild 4.33 Zeigerdiagramm der Ströme einer Parallelschaltung von R, L und C

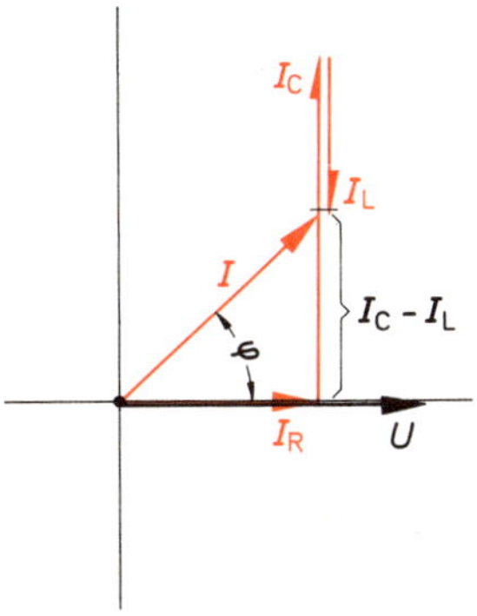

Die drei Teilströme können in einem Rechendiagramm nach Bild 4.34 zusammengefaßt werden. Es ergibt sich die Gleichung

$$\boxed{I = \sqrt{I_R^2 + (I_C - I_L)^2}}$$

Aus dem Rechendiagramm der Ströme kann das Rechendiagramm der Leitwerte abgeleitet werden.
Es gilt:

$$\frac{I_R}{U} = G, \qquad \frac{I_L}{U} = B_L, \qquad \frac{I_C}{U} = B_C, \qquad \frac{I}{U} = Y$$

$G = \frac{1}{R}$ Wirkleitwert

$B_L = \frac{1}{X_L}$ induktiver Blindleitwert

$B_C = \frac{1}{X_C}$ kapazitiver Blindleitwert

$Y = \frac{1}{Z}$ Scheinleitwert, Gesamtleitwert

Das Rechendiagramm der Leitwerte ist in Bild 4.35 dargestellt. Aus dem Rechendiagramm kann die Gleichung zur Berechnung des Gesamtleitwertes Y abgelesen werden.

$$\boxed{Y = \sqrt{G^2 + (B_C - B_L)^2}}$$

Der Gesamtleitwert Y ist am kleinsten, wenn B_C und B_L gleich groß sind. Für diesen Fall gilt:

$$Y = G$$

Den Verlauf des Leitwertes Y in Abhängigkeit von der Frequenz zeigt Bild 4.36.

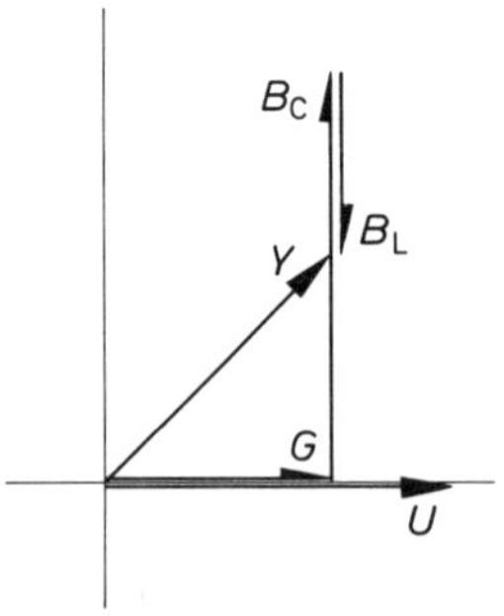

Bild 4.35 Rechendiagramm der Leitwerte einer Parallelschaltung von R, L und C

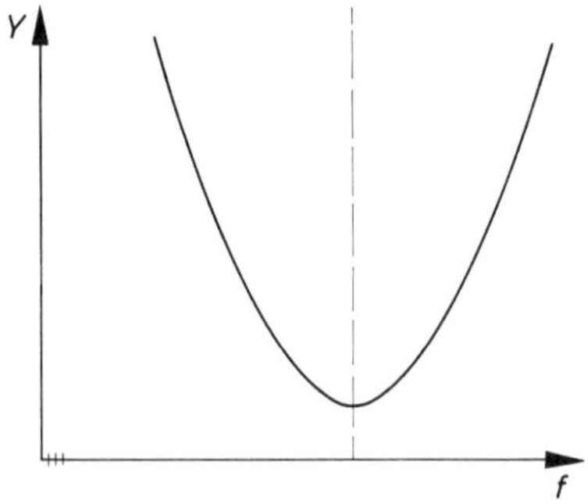

Bild 4.36 Verlauf des Leitwertes einer Parallelschaltung von R, L und C in Abhängigkeit von der Frequenz

Die Frequenz, bei der $B_C = B_L$ ist, wird Resonanzfrequenz genannt (Kurzzeichen f_r). Die Resonanzfrequenz kann aus der Bedingung $B_C = B_L$ errechnet werden:

$$B_C = B_L$$

$$\omega\, C = \frac{1}{\omega\, L}$$

$$\omega^2 = \frac{1}{L \cdot C}$$

$$\omega = \sqrt{\frac{1}{L \cdot C}} = \frac{1}{\sqrt{L \cdot C}}$$

$$\boxed{f_r = \frac{1}{2\pi \cdot \sqrt{L \cdot C}}}$$

Es ergibt sich die Thomsonsche Schwingungsformel.

4.8.4. Parallelschwingkreise

Parallelschaltungen von R, L und C werden Parallelschwingkreise genannt, wenn der Wert von R groß ist. R ist der Gesamtwirkwiderstand der Schaltung, d.h., er enthält die Verlustwiderstände von Spule und Kondensator. Zu den Verlustwiderständen kann ein Bauteilwiderstand kommen. Verlustwiderstände und Bauteilwiderstand bilden den Widerstand R.
Parallelschwingkreise haben bei Resonanzfrequenz ihren kleinsten Leitwert bzw. ihren größten Widerstand. In Bild 4.37 ist der Widerstandsverlauf eines Parallelschwingkreises dargestellt.

Ein Parallelschwingkreis hat bei Resonanzfrequenz seinen größten Widerstand.

Bei der Resonanzfrequenz f_r sind die Leitwerte B_L und B_C gleich groß. Das bedeutet, daß auch die Beträge der Ströme I_L und I_C gleich groß sein müssen. Es ergibt sich das Rechendiagramm nach Bild 4.38.

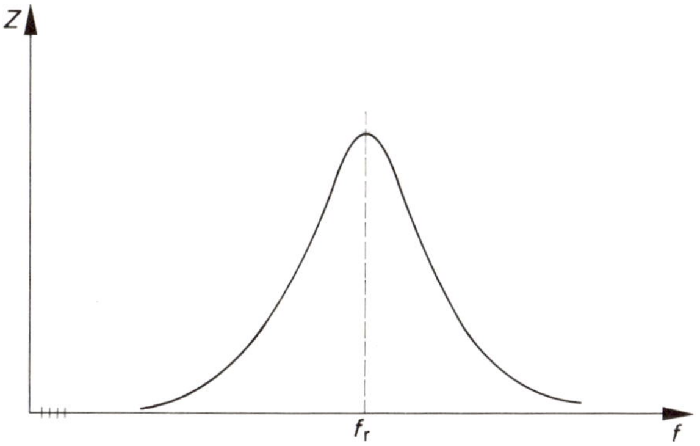

Bild 4.37 Widerstandsverlauf eines Parallelschwingkreises

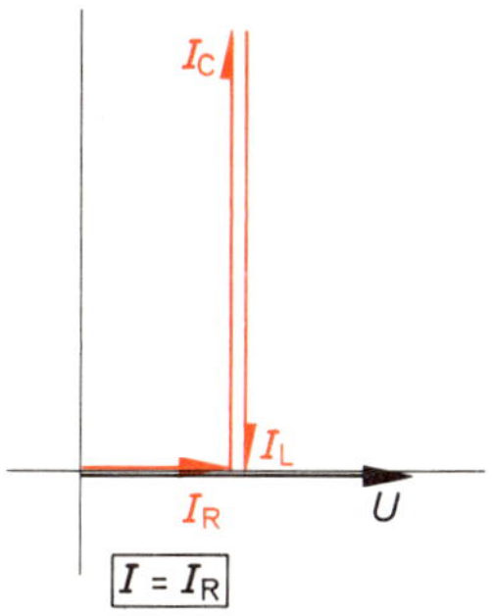

Bild 4.38 Rechendiagramm der Ströme eines Parallelschwingkreises bei Resonanzfrequenz

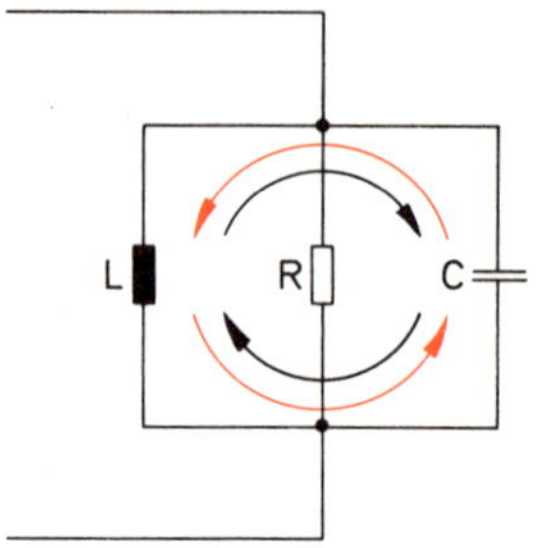

Bild 4.39 Energiependelung zwischen Spule und Kondensator eines Parallelschwingkreises

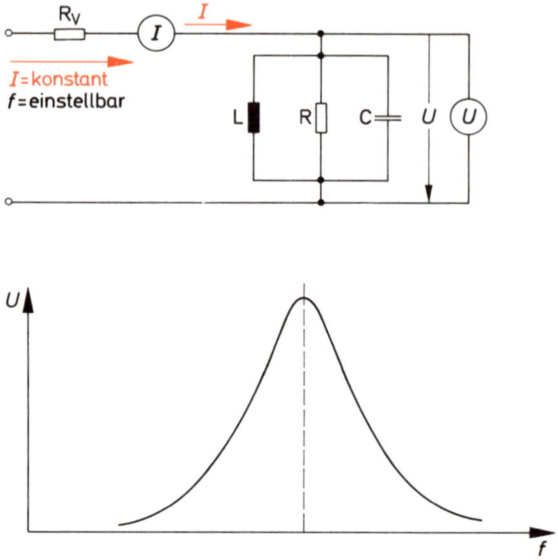

Bild 4.40 Schaltung zur Aufnahme der Resonanzkurve eines Parallelschwingkreises und Resonanzkurve

Die Ströme I_L und I_C sind größer als der Gesamtstrom I, d.h., der im Schwingkreis zwischen Spule und Kondensator pendelnde Strom ist größer als der in den Schwingkreis hineinfließende Strom (Bild 4.39). Es tritt eine Resonanzüberhöhung der Ströme I_L und I_C auf. I_L und I_C sind miteinander in Resonanz. Diese beim Parallelschwingkreis auftretende Resonanz heißt *Stromresonanz*.

Die Resonanzüberhöhung wird auch Güte genannt (Kurzzeichen Q).

Die Güte eines Parallelschwingkreises gibt an, wievielmal größer die Ströme I_L und I_C bei Resonanz sind als der in den Schwingkreis hineinfließende Strom.

$$Q = \frac{I_L}{I} = \frac{I_C}{I}$$

Die Güte kann auch durch Leitwerte bzw. Widerstände ausgedrückt werden.

$$Q = \frac{U \cdot B_L}{U \cdot G} = \frac{U \cdot B_C}{U \cdot G}$$

$$Q = \frac{B_L}{G} = \frac{B_C}{G}$$

$$Q = \frac{R}{X_L} = \frac{R}{X_C}$$

Den Kehrwert der Güte nennt man Dämpfung (Kurzzeichen d).

$$d = \frac{1}{Q}$$

Ein Parallelschwingkreis ist durch seine *Resonanzkurve* gekennzeichnet.

Die Aufnahme der Resonanzkurve erfolgt bei konstantem Strom I.

Die Resonanzkurve gibt den Verlauf der Spannung U in Abhängigkeit von der Frequenz an (Bild 4.40).

Je größer die Dämpfung, desto flacher verläuft die Resonanzkurve. Bild 4.41 zeigt Resonanzkurven für verschieden große Dämpfungen.

Die Bandbreite b eines Parallelschwingkreises ergibt sich wie beim Reihenschwingkreis aus der Resonanzkurve (Bild 4.42).

Die Bandbreite ist um so größer, je größer die Dämpfung ist.

$$b = d \cdot f_r$$

Parallelschwingkreise werden häufig zur Aussiebung von Frequenzen verwendet.

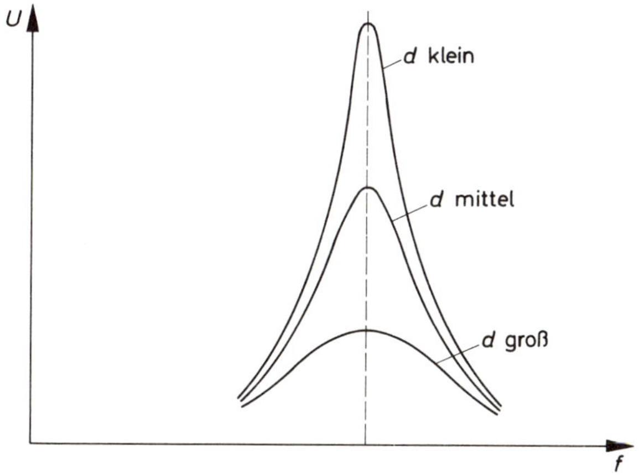

Bild 4.41 Resonanzkurven eines Parallelschwingkreises für verschieden große Dämpfungen

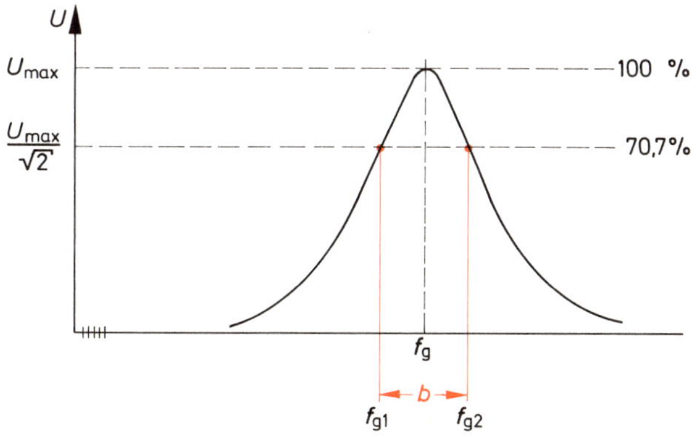

Bild 4.42 Resonanzkurve eines Parallelschwingkreises mit Angabe der Bandbreite

Beispiel:
Ein Parallelschwingkreis, der nur aus Spule und Kondensator besteht (Bild 4.43), hat eine Resonanzfrequenz von 10 MHz und eine Bandbreite von 100 kHz. Wie groß ist der sich aus den Verlusten von Spule und Kondensator ergebende Widerstand R?

$$b = d \cdot f_r \qquad d = \frac{b}{f_r} = \frac{0{,}1\ \text{MHz}}{10\ \text{MHz}}$$

$$d = 0{,}01$$

$$Q = \frac{1}{d} = \frac{1}{0{,}01} = 100$$

$$Q = \frac{R}{X_L}$$

$$R = Q \cdot X_L = Q \cdot \omega \cdot L$$

$$R = 100 \cdot 6{,}28 \cdot 10 \cdot 10^6 \frac{1}{\text{s}} \cdot 100 \cdot 10^{-6}\ \text{s}$$

$$\underline{\underline{R = 628\ \text{k}\Omega}}$$

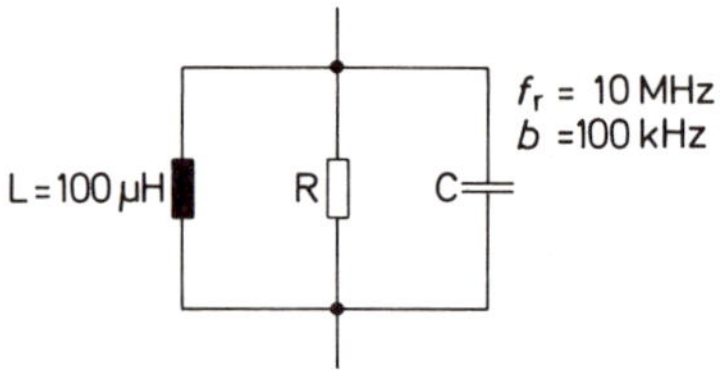

Bild 4.43 Parallelschwingkreis, R ergibt sich aus den Verlusten von Spule und Kondensator

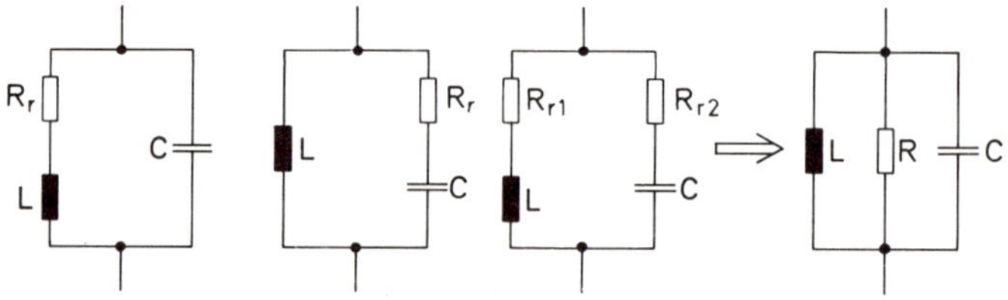

Bild 4.44 Parallelschwingkreise mit Reihenwiderständen

Die in Bild 4.44 dargestellten Schaltungen sind ebenfalls Parallelschwingkreise.
Für die Berechnung ist es zweckmäßig, die Reihenwiderstände R_r bzw. R_{r1} und R_{r2} in einen gleichwertigen Parallelwiderstand R umzurechnen. Es gelten folgende Umrechnungsgleichungen:

$$R = \frac{L}{C \cdot R_r}$$

$$R = \frac{L}{C \cdot (R_{r1} + R_{r2})}$$

R_r, R_{r1}, R_{r2} Reihenwiderstände

Ist der Parallelwiderstand R bekannt, kann nach den vorstehenden Gleichungen gerechnet werden.

4.9. RC-Glied als Integrierglied

4.9.1. Arbeitsweise

Auf den Eingang eines RC-Gliedes wird eine rechteckförmige Spannung U_1 nach Bild 4.45 gegeben.

Im Zeitpunkt t_1 ist der Kondensator C ungeladen. Die Ausgangsspannung U_2 muß also im ersten Augenblick nach t_1 Null sein.

Der Kondensator C wird jetzt geladen. Die Kondensatorspannung entspricht der Ausgangsspannung. Mit dem Ladezustand des Kondensators steigt die Ausgangsspannung an.

Die Ladegeschwindigkeit des Kondensators ist durch die im Stromkreis wirksame Zeitkonstante τ bestimmt.

$$\tau = R \cdot C$$

Nach 5 Zeitkonstanten ist der Ladevorgang praktisch beendet. Nach dieser Zeit ist der Kon-

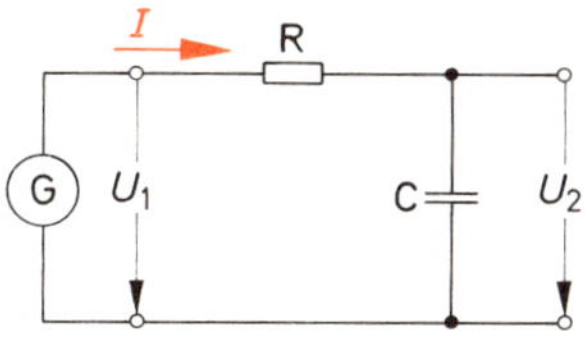

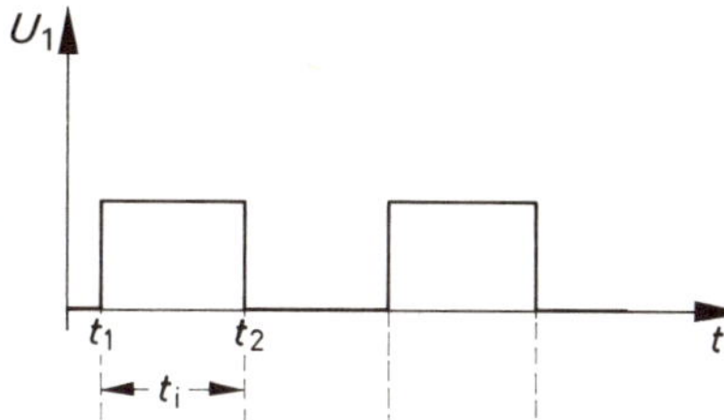

Bild 4.45 Mit Rechteckspannung gespeistes RC-Glied, Darstellung des Eingangsspannungsverlaufs und der Verläufe der Ausgangsspannungen bei verschiedenen großen Zeitkonstanten

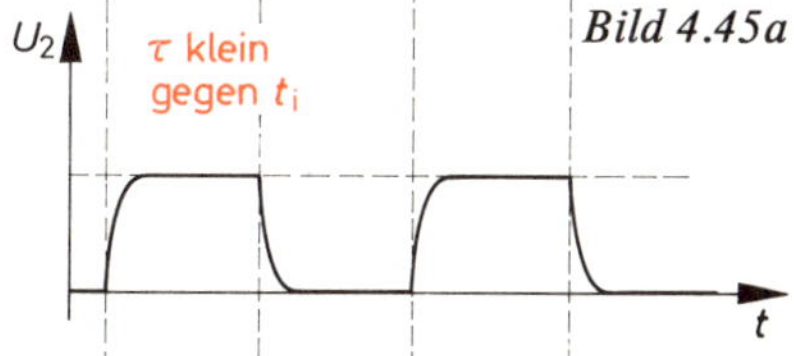

Bild 4.45a

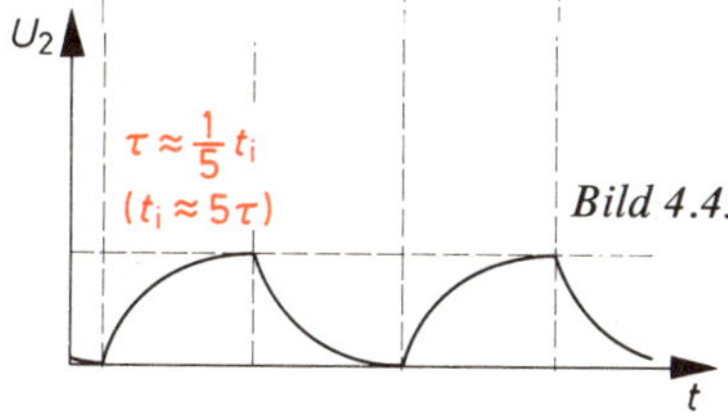

Bild 4.45b

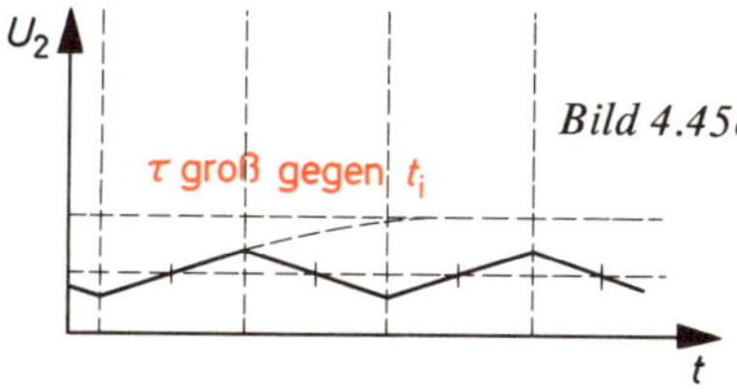

Bild 4.45c

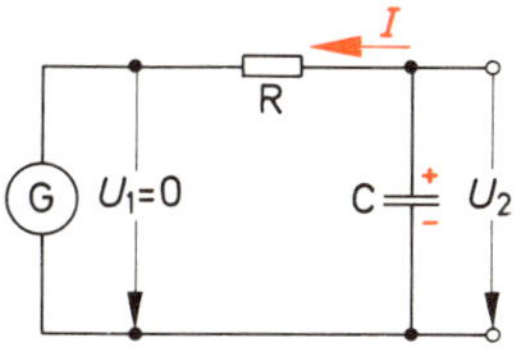

Bild 4.46 Stromkreis während der Entladung des Kondensators

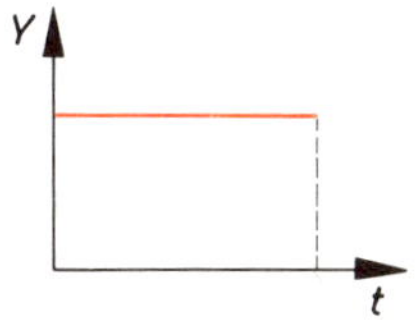

Bild 4.47a Y ändert seinen Wert im betrachteten Zeitraum nicht

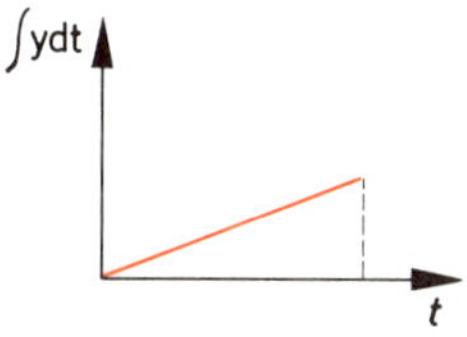

Bild 4.47b Die Integration von Y ergibt eine lineare Funktion

densator bis auf einen vernachlässigbar kleinen Unterschied auf die Spannung U_1 aufgeladen.
Die Anstiegsgeschwindigkeit der Ausgangsspannung ist also durch die Zeitkonstante τ gegeben. Die Bilder 4.45a bis 4.45c zeigen den zeitlichen Verlauf der Ausgangsspannung bei kleiner, mittlerer und großer Zeitkonstante τ bezogen auf die Impulsdauer t_i.
Zum Zeitpunkt t_2 wird die Spannung U_1 Null. Der Kondensator C wird jetzt entladen (Bild 4.46). Die Entladegeschwindigkeit ist ebenfalls von der im Stromkreis wirksamen Zeitkonstanten τ abhängig. Die Entladung verläuft um so langsamer, je größer die Zeitkonstante τ ist. Nach 5 Zeitkonstanten ist der Kondensator praktisch entladen. Die Ausgangsspannung U_2 ist auf Null zurückgegangen.

4.9.2. Integrationsvorgang

Das Integrieren ist ein Rechenverfahren, das auf Funktionen angewendet wird. Man kann z.B. den zeitlichen Verlauf einer Größe Y integrieren.
Ändert sich die Größe Y in der betrachteten Zeit nicht, entspricht ihr zeitlicher Verlauf also der Darstellung in Bild 4.47a, so ergibt die Integration dieses zeitlichen Verlaufs ein lineares Ansteigen in Abhängigkeit von der Zeit. Es entsteht also ein zeitlicher Verlauf nach Bild 4.47b.
Ist die Zeitkonstante eines RC-Gliedes groß im Verhältnis zur Impulsdauer, so ergibt sich für die Ausgangsspannung U_2 ein zeitlicher Verlauf nach Bild 4.45c. Die Spannung steigt linear an und fällt linear ab.
Der zeitliche Verlauf der Ausgangsspannung stellt die Integration des zeitlichen Verlaufs der Eingangsspannung dar.
Ein RC-Glied hat also die Eigenschaft zu integrieren. Es wird daher auch *Integrierglied* genannt.

> *Ein RC-Glied integriert den zeitlichen Verlauf der Eingangsspannung, wenn die Zeitkonstante τ groß ist gegenüber der Impulsdauer.*

Genau genommen erfolgt die Integration nur näherungsweise. Je größer aber die Zeitkonstante τ gegenüber der Impulsdauer t_i ist, desto besser nähert sich der tatsächliche Spannungsverlauf dem mathematisch berechenbaren Spannungsverlauf an. Der Unterschied kann dann vernachlässigbar klein sein.

4.9.3. Einfluß des speisenden Generators

Der speisende Generator ist auf die Integrationsfähigkeit eines RC-Gliedes nicht ohne Einfluß. Jeder Generator hat einen inneren Widerstand. Dieser innere Widerstand R_i beeinflußt die Zeitkonstante τ. Zur Berechnung der Zeitkonstanten τ muß der gesamte im Stromkreis vorhandene Wirkwiderstand R herangezogen werden (Bild 4.48).

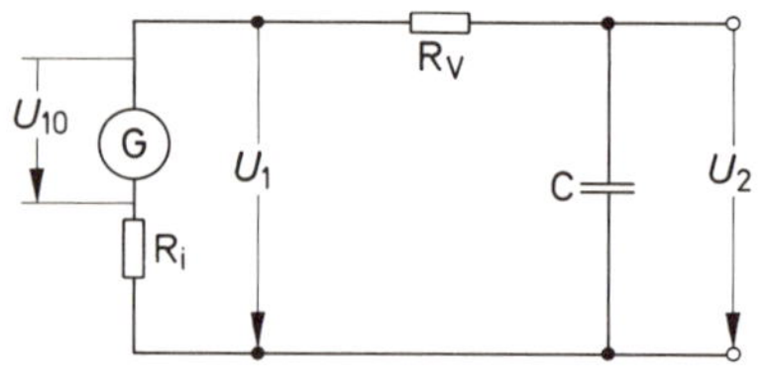

Bild 4.48 Der Innenwiderstand des speisenden Generators beeinflußt die Größe der Zeitkonstante

$$R = R_i + R_v$$
$$\tau = R \cdot C = (R_i + R_v) \cdot C$$

Die Induktivität oder Kapazität vieler Generatoren spielt auch eine gewisse Rolle, kann aber meist vernachlässigt werden.

4.10. CR-Glied als Differenzierglied

4.10.1. Arbeitsweise

Die Spannung U_1 hat einen rechteckförmigen Verlauf, wie in Bild 4.49 dargestellt.
Im Zeitpunkt t_1 ist C ungeladen. Der Kondensator hat im ersten Augenblick keine Widerstandswirkung. Die volle Eingangsspannung von 10 V liegt an R und damit am Ausgang (Bild 4.49a).
Die Widerstandswirkung des Kondensators wird mit zunehmender Ladung immer größer. Es fällt immer mehr Spannung am Kondensator ab. Die Ausgangsspannung geht zurück.
Ist der Kondensator geladen, so ist sein Widerstand fast unendlich. Es fließt praktisch kein Strom mehr. Die Ausgangsspannung ist Null (Bild 4.50). Der Kondensator ist jetzt auf eine Spannung von 10 V aufgeladen (Bild 4.51).
Zur Zeit t_2 geht die Eingangsspannung auf Null zurück. Der Kondensator liegt jetzt mit seinem positiv geladenen Belag an 0 V. Er behält seinen Ladezustand, also auch seine Spannung, im ersten Augenblick bei. Der Kondensator wirkt wie eine Spannungsquelle.
Der negative Pol des Kondensators hat ein um 10 V negativeres Potential als der positive Pol. Liegt der positive Pol an 0 V, so hat der negative Pol ein Potential von − 10 V. Die Ausgangsspannung beträgt also im ersten Augenblick nach dem Zeitpunkt t_2 − 10 V (Bild 4.51).
Nun wird der Kondensator entladen. Seine Spannung geht zurück. Im Zeitpunkt t_{20} ist der Kondensator entladen. Die Ausgangsspannung ist auf 0 V abgefallen.
Ladezeit und Entladezeit sind durch die im Stromkreis wirksame Zeitkonstante bestimmt. Nach jeweils 5 Zeitkonstanten ist der Kondensator geladen bzw. entladen.
In den Bildern 4.49a bis 4.49d ist der zeitliche Verlauf der Ausgangsspannung für verschiedene Zeitkonstanten dargestellt, die klein, mittel, sehr klein und groß im Verhältnis zur Impulsdauer t_i sind.

4.10.2. Differentiationsvorgang

Das Differenzieren ist ein Rechenverfahren, das auf Funktionen angewendet wird. Der zeitliche Verlauf einer Größe Z kann beispielsweise differenziert werden.
Der zeitliche Verlauf einer Größe Z ist in Bild 4.52 dargestellt. Bild 4.53 zeigt den differenzierten zeitlichen Verlauf.
Z' gibt die Änderung von Z an. Der Wert für Z' ist um so größer, je schneller sich Z ändert. Steigt Z an, so hat Z' einen positiven Wert. Fällt Z ab, so hat Z' einen negativen Wert.
Das CR-Glied kann also, sofern die Zeitkonstante klein genug ist, den zeitlichen Verlauf der Eingangsspannung differenzieren (Bild 4.49c). Es wird deshalb auch *Differenzierglied* genannt.

> *Ein CR-Glied differenziert den zeitlichen Verlauf der Eingangsspannung, wenn die Zeitkonstante klein ist gegenüber der Impulsdauer.*

Die Differentiation erfolgt nicht ganz mathematisch exakt. Es ist eine näherungsweise Differentiation. Die Näherung ist um so besser, je kleiner die Zeitkonstante gegenüber der Impulsdauer ist.

4.10.3. Einfluß des speisenden Generators

Der Innenwiderstand R_i und die Induktivität bzw. Kapazität des speisenden Generators beeinflussen die Differenzierfähigkeit des CR-Gliedes. Der Innenwiderstand R_i muß bei der Berechnung der Zeitkonstanten mit berücksichtigt werden. Es gilt hier das gleiche, was beim RC-Glied gesagt wurde. Die Induktivität oder Kapazität des Generators kann meist vernachlässigt werden.

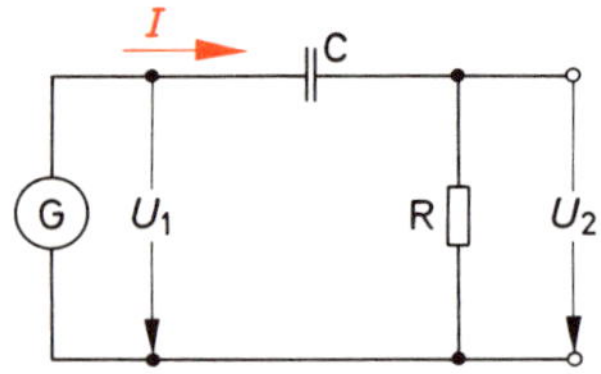

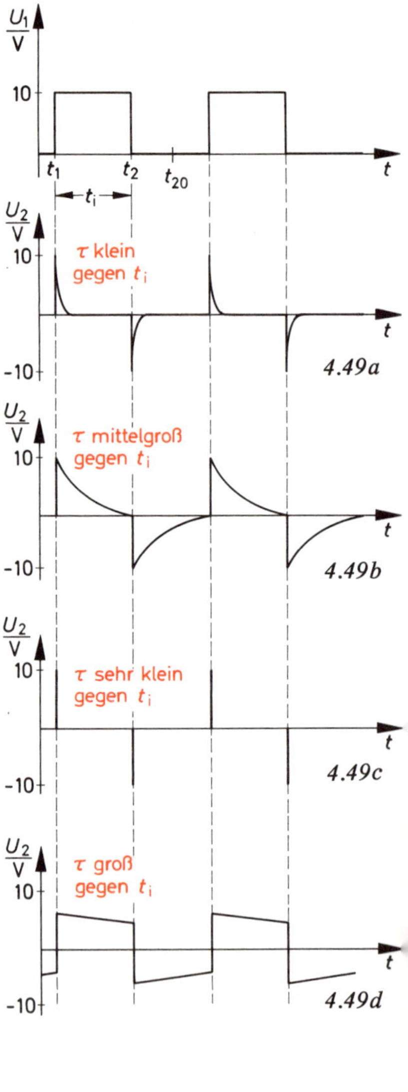

Bild 4.49 Mit Rechteckspannung gespeistes CR-Glied, Darstellung des Eingangsspannungsverlaufs und der Verläufe der Ausgangsspannungen bei verschieden großen Zeitkonstanten

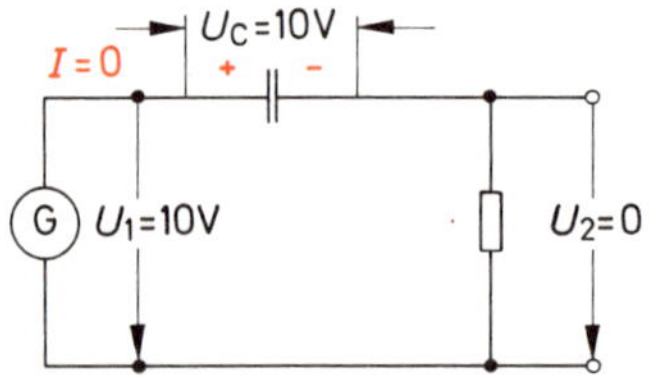

Bild 4.50 Der Kondensator des CR-Gliedes ist auf eine Spannung von 10 V aufgeladen

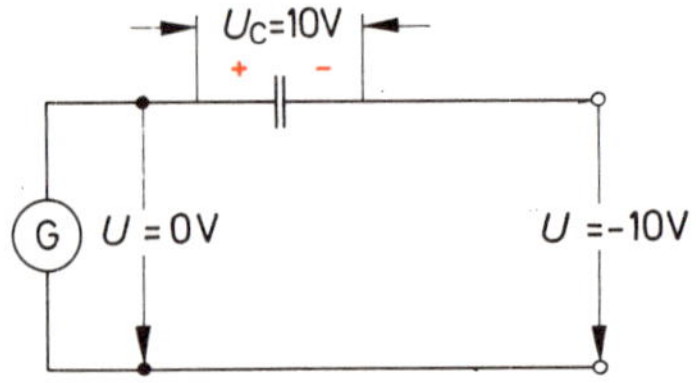

Bild 4.51 Geht die Eingangsspannung auf Null zurück, so beträgt die Ausgangsspannung im ersten Augenblick –10 V

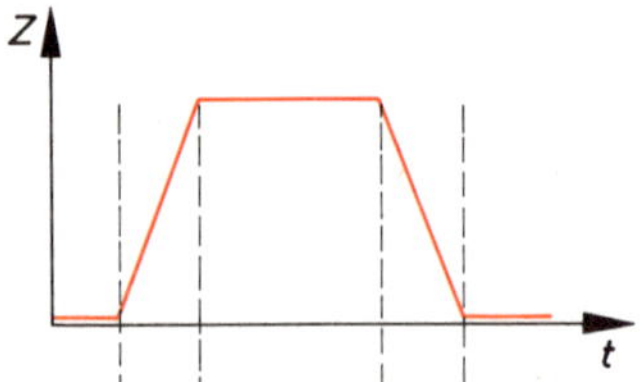

Bild 4.52 Verlauf einer Funktion Z

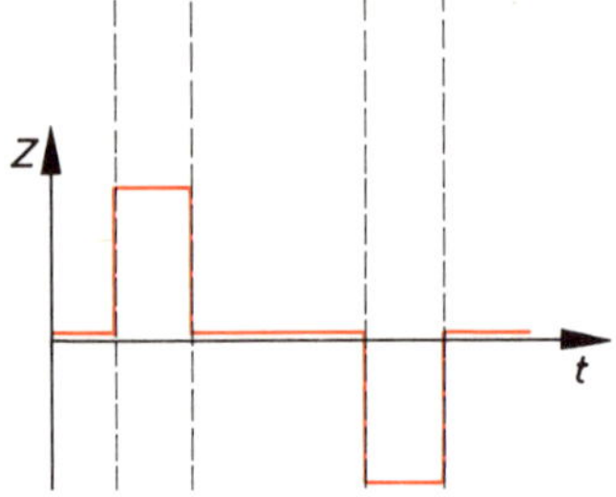

Bild 4.53 Verlauf der differenzierten Funktion Z, genannt Z'

4.11 Lernziel-Test

1. Was versteht man unter einem Zweipol, was unter einem Vierpol?
2. Bestimmen Sie das RC-Glied (Bild 4.54) die Grenzfrequenz f_g, und skizzieren Sie in einem Diagramm den ungefähren Verlauf der Spannung U_2 in Abhängigkeit von der Frequenz f.

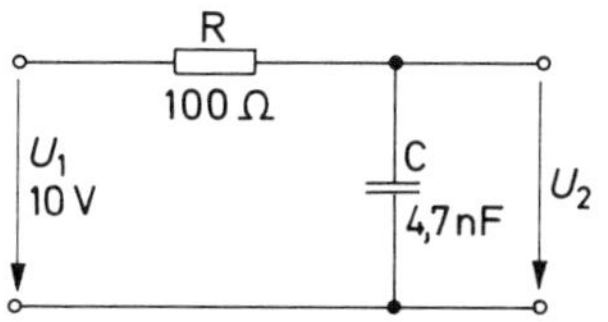

Bild 4.54 RC-Glied

3. Erklären Sie die Begriffe „Hochpaß“ und „Tiefpaß“.
4. Mit einem Kondensator $C = 200$ nF und einem Widerstand R soll ein Hochpaß mit einer Grenzfrequenz von 8 kHz realisiert werden. Berechnen Sie den Ohmwert des Widerstandes R.
5. Ein Tiefton-Lautsprecher mit einem Wirkwiderstand $R = 8\ \Omega$ soll nur tiefe Frequenzen bis zu einer Höchstfrequenz von 300 Hz erhalten. Man bildet einen Tiefpaß durch Vorschalten einer Drossel gemäß Bild 4.55.

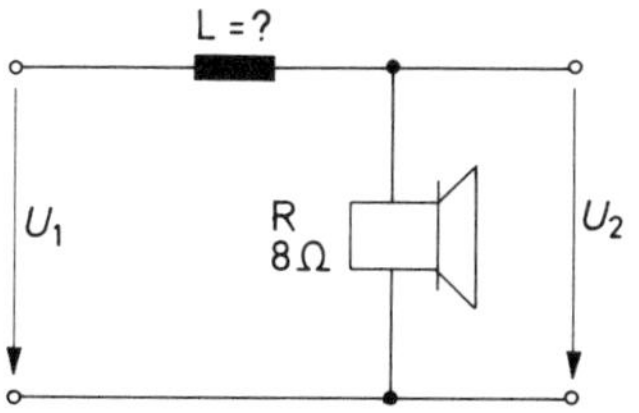

Bild 4.55 Schaltung und Tiefpaßverhalten

   Berechnen Sie die Induktivität der Drossel für eine Grenzfrequenz von 300 Hz. Die Induktivität der Lautsprecherspule wird vernachlässigt.
6. Aus welchen Bauelementen ist ein Reihenschwingkreis aufgebaut? Skizzieren Sie in einem Diagramm den typischen Verlauf des Scheinwiderstandes Z in Abhängigkeit von der Frequenz.
7. Was versteht man unter der Resonanz eines Reihenschwingkreises?
8. Ein Reihenschwingkreis soll eine Resonanz-Frequenz von 19 kHz haben. Zur Verfügung steht eine Spule mit $L = 2$ mH. Berechnen Sie, welche Kapazität der erforderliche Kondensator haben muß.
9. Jeder Reihenschwingkreis hat eine Güte Q und eine Dämpfung d. Was versteht man unter Güte und Dämpfung?
10. Skizzieren Sie in einem Diagramm den typischen Verlauf des Stromes I, der durch einen Reihenschwingkreis fließt, in Abhängigkeit von der Frequenz f. Am Reihenschwingkreis liegt eine konstante Spannung an.
11. Was versteht man unter der Bandbreite eines Reihenschwingkreises und wie ist sie festgelegt?

12. Wie ist ein Parallelschwingkreis aufgebaut?
    Geben Sie eine Schaltskizze an.
13. Wie lautet die Thomsonsche Schwingungsformel?
14. Beim Parallelschwingkreis tritt Stromresonanz auf. Was versteht man darunter?
15. Berechnen Sie für den in Bild 4.56 dargestellten Parallelschwingkreis die Resonanzfrequenz f_r, die Güte Q, die Dämpfung d und die Bandbreite b.

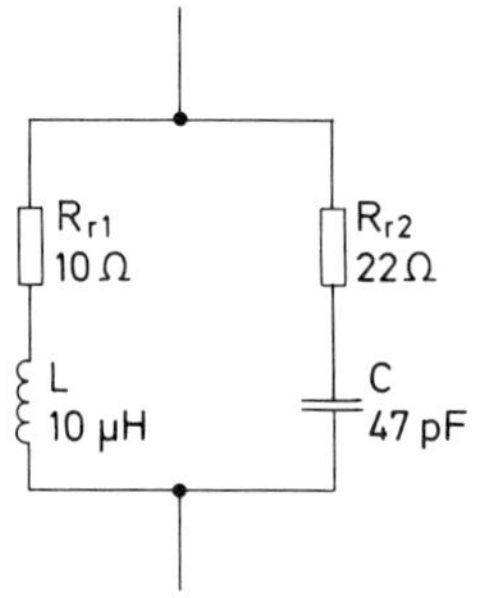

Bild 4.56 Parallelschwingkreis

16. Ein RC-Glied soll als Integrierglied verwendet werden. Die Eingangsspannung ist eine Rechteckspannung. Muß die Zeitkonstante groß oder klein gegenüber der Impulsdauer sein? Begründen Sie Ihre Aussage.
17. Welchen Einfluß hat der Innenwiderstand des speisenden Generators auf die Zeitkonstante eines Integriergliedes?
18. Unter welcher Voraussetzung kann ein CR-Glied als Differenzierglied verwendet werden?
19. Die Spannung U_1 in Bild 4.57 soll differenziert werden. Skizzieren Sie in einem Diagramm den Verlauf der differenzierten Spannung U_2.

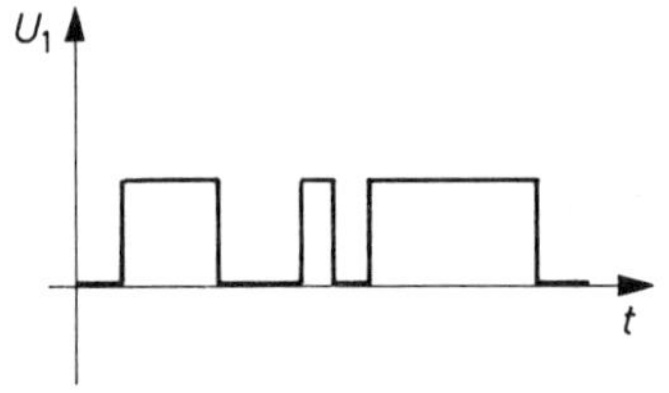

Bild 4.57 Rechteckspannung

5. Halbleiterdioden

5.1. Halbleiterwerkstoffe

Allgemein sind Halbleiter Stoffe, deren elektrische Leitfähigkeit kleiner ist als die der Leiter, aber größer als die der Nichtleiter.
Im engeren Sinn versteht man unter Halbleitern vor allem die Werkstoffe, die für die Herstellung bestimmter elektronischer Bauelemente verwendet werden. Man spricht in diesem Zusammenhang von einer Halbleitertechnik.
In der Halbleitertechnik hat *Silizium* zur Zeit die größte Bedeutung. Weitere technisch wichtige Halbleiterwerkstoffe sind *Germanium, Selen, Galliumarsenid, Indiumphospid* und *Indiumantimonid.*
Diese Werkstoffe haben alle *Kristallstruktur.* Das bedeutet, die Atome sitzen auf bestimmten vorgegebenen Plätzen. Sie sind nach einem bestimmten Schema geordnet. Der Kristall hat einen bestimmten Aufbau.
Der Gegensatz zur Kristallstruktur ist die *amorphe Struktur.* Bei Stoffen mit amorpher Struktur haben die Atome keine bestimmten Plätze. Sie sind ungeordnet.
Die Eigenschaften eines Stoffes sind von der Struktur sehr stark abhängig. Kohlenstoff in amorpher Struktur ist Ruß, in bestimmter Kristallstruktur Diamant.
Siliziumkristalle, Germaniumkristalle und Selenkristalle bestehen aus gleichen Atomen, wenn man von den Verunreinigungen einmal absieht.
Kristalle der Werkstoffe Galliumarsenid, Indiumphosphid und Indiumantimonid bestehen aus verschiedenartigen Atomen. Kristalle dieser Art nennt man *Mischkristalle.* Die Bedeutung der Mischkristallwerkstoffe ist zur Zeit noch gering, wird aber in Zukunft steigen.
Besteht ein Halbleiter-Kristallkörper aus einem einzigen ungestörten Kristall, so sagt man, er hat *Einkristallstruktur* oder *Monokristallstruktur.*
Ist der Körper aus mehreren kleinen Kristallen aufgebaut, so ist er polykristallin oder hat Polykristallstruktur.
Für Silizium, Germanium und die meisten anderen Halbleiterstoffe wird *Einkristallstruktur* gefordert.
Selen wird meist in Polykristallstruktur verarbeitet.
Die Halbleiterkristalle müssen einen extrem hohen Reinheitsgrad haben. Verunreinigungen verändern die Eigenschaften des Halbleitermaterials stark.
Ein üblicher geforderter Mindest-Reinheitsgrad ist

$$10^{10} : 1$$

Das heißt, auf 10^{10} Atome des Werkstoffes, also z.B. auf 10^{10} Si-Atome, darf höchstens 1 Fremdatom kommen.
Der geforderte Reinheitsgrad ist außerordentlich hoch. Wollte man diesen Reinheitsgrad für das Verhältnis Zahl der guten Menschen zu Zahl der bösen Menschen vorschreiben, so könnte sich die Erdbevölkerung bei rd. $3{,}3 \cdot 10^9$ guten Menschen nur ein Drittel eines bösen Menschen leisten. Ein anderer Vergleich macht das Verhältnis $10^{10} : 1$ noch anschaulicher: Will

man eine Länge von 10^{10} mm auf 1 mm genau ausmessen, so bedeutet das, eine Strecke von rd. ein Viertel des Erdumfanges, 10 000 km auf 1 mm genau zu messen.

An Halbleiterwerkstoffe wie Silizium und Germanium werden also zwei besondere Forderungen gestellt:

1. höchste Reinheit
2. Einkristallstruktur

Werkstoffmangel wird bei Silizium und Germanium nie auftreten. Ein großer Teil der Erdoberfläche besteht aus Silizium. Silizium ist in sehr vielen Steinen und Sandarten enthalten. Germanium ist zwar nicht in so großer Menge vorhanden wie Silizium, aber trotzdem überaus reichlich.

5.2. Aufbau eines Halbleiterkristalls

Der Aufbau eines Halbleiterkristalls soll am Beispiel des Siliziumkristalls gezeigt werden. Das Germaniumkristall ist gleich aufgebaut, die anderen Kristalle ähnlich.
Das Si-Atom hat 14 Elektronen. Die Aufteilung auf die Schalen zeigt Bild 5.1.

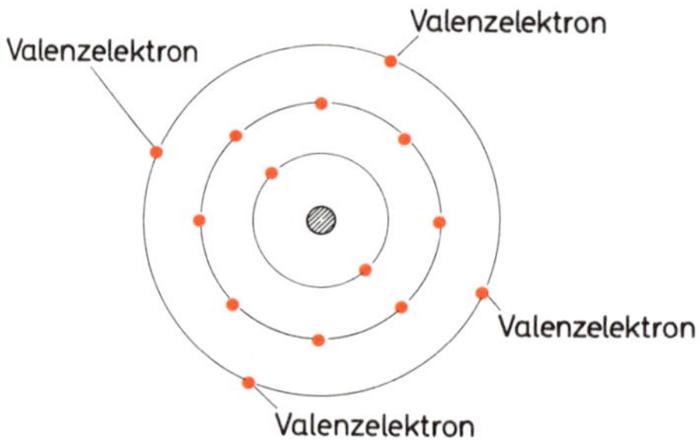

Bild 5.1 Modell eines Si-Atoms

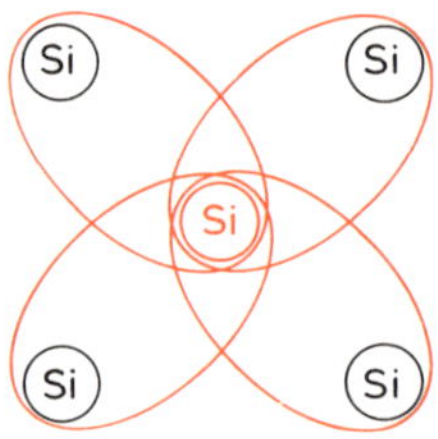

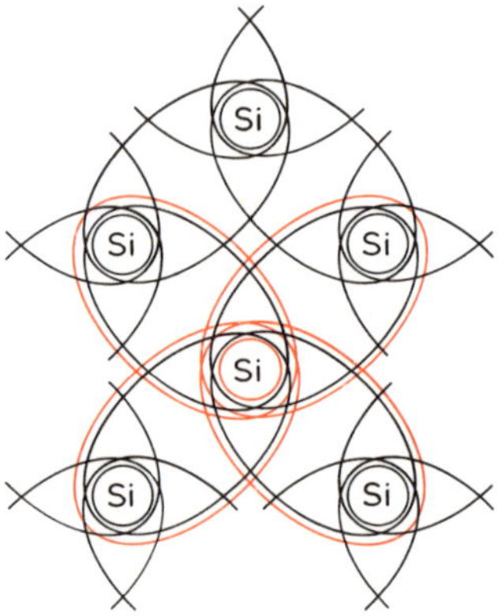

Bild 5.2 Aufbau des Si-Kristalls (in einer Ebene dargestellt)

Von besonderem Interesse sind die 4 Elektronen in der äußeren Schale, der sogenannten M-Schale.
Die vier Elektronen der äußeren Schale werden Valenzelektronen genannt. Die Valenzelektronen sind für die Bindung des Si-Atoms an seine Nachbaratome verantwortlich.
Jedes Valenzelektron stellt eine Bindemöglichkeit dar, bestimmt also die chemische Wertigkeit.

Das Siliziumatom ist wegen seiner 4 Valenzelektronen 4wertig.
Das Siliziumatom baut sich in das Kristallgitter mit Hilfe seiner Valenzelektronen ein.

Jedes Valenzelektron umkreist den eigenen Atomrumpf und einen benachbarten Atomrumpf.

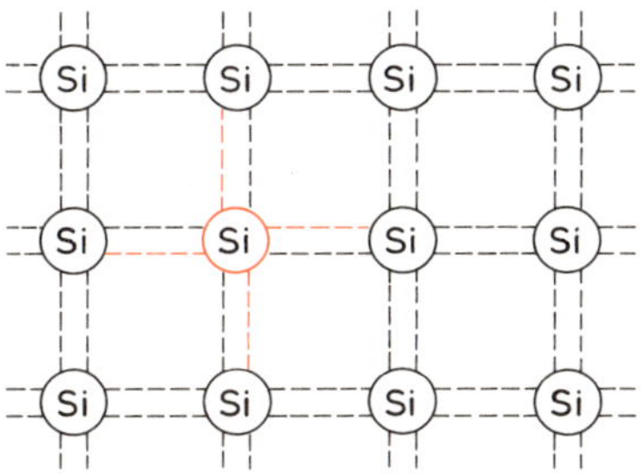

Bild 5.3 Schematische Darstellung des Kristallaufbaus
Jede gestrichelte Linie steht für ein Valenzelektron

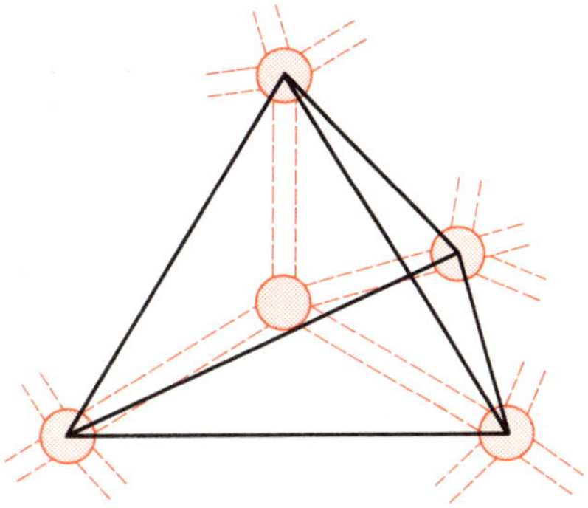

Bild 5.4 Si-Kristallgitter als räumliches Modell, Tetraeder-Struktur

Unter Atomrumpf versteht man das Atom ohne seine Valenzelektronen.
Bild 5.2 zeigt den Kristallaufbau in einer Ebene dargestellt.

Jedes Si-Atom hat 4 Nachbarn im Raum

Die 4 Valenzelektronen des Si-Atoms X erzeugen also je eine Bindung an ein Nachbaratom.
Die Nachbaratome binden sich an das Si-Atom X ebenfalls durch ein Valenzelektron.
Jede Bindung wird also durch zwei Elektronen erzeugt (Elektronenpaarbindung).
Die Bindung zwischen zwei Si-Atomen kann vereinfacht durch einen Doppelstrich dargestellt werden (Bild 5.3). Jeder Strich steht für ein Valenzelektron.
In Bild 5.4 ist das Kristallgitter räumlich als Modell dargestellt.

5.3. Eigenleitfähigkeit

Die elektrische Leitfähigkeit eines Werkstoffes hängt von den vorhandenen freien Elektronen ab. Diese freien Elektronen sind Elektronen der äußeren Schale, die von ihren Kernen gelöst sind.
Bei einem hochreinen Siliziumeinkristall sind aber alle Elektronen der äußeren Schalen für die Kristallbindungen „verbraucht“.
Aus diesen Kristallbindungen können sie nur durch sehr starke Kräfte gelöst werden. Es

dürften also keine freien Elektronen im Si-Kristall vorhanden sein. Ein solches Kristall müßte demnach ein Nichtleiter sein.

Messungen zeigen aber nun eine gewisse allerdings geringe elektrische Leitfähigkeit. Für diese Leitfähigkeit gibt es drei Ursachen:

1. *Leitfähigkeit durch restliche Verunreinigungen.*
   Die trotz hoher Reinheit noch vorhandenen Fremdatome bringen freie Ladungsträger in den Werkstoff.

2. *Leitfähigkeit durch Aufbrechen von Kristallbindungen.*
   Durch die Wärmeschwingungen der Atome kommt es zum Aufbrechen einiger Kristallbindungen. Dadurch werden Ladungsträger freigesetzt. Das Aufbrechen von Kristallbindungen verstärkt sich mit steigender Temperatur.

3. *Oberflächen-Leitfähigkeit.*
   Die Atome an der Oberfläche des Werkstoffes haben nach einer Seite hin keine Nachbarn. Einige Valenzelektronen können daher keine Bindung eingehen.

Diese Leitfähigkeit des hochreinen Einkristalls wird *Eigenleitfähigkeit,*
Intrinsic – Leitfähigkeit oder I-Leitfähigkeit genannt.

Die Eigenleitfähigkeit ist stark temperaturabhängig.

Übliche Werte der Eigenleitfähigkeit bei Zimmertemperatur (20 °C) sind:

$$\varkappa_{i(Si)} = \frac{1}{2 \cdot 10^5\ \Omega \cdot cm} \quad \text{für Silizium}$$

$$\varkappa_{i(Ge)} = \frac{1}{40\ \Omega \cdot cm} \quad \text{für Germanium}$$

Die Eigenleitfähigkeit eines hochreinen Si-Kristalls beträgt also nur $\frac{1}{5000}$ der Eigenleitfähigkeit eines hochreinen Ge-Kristalls.

5.4. n-Silizium

Das hochreine Si-Kristall wird nun gezielt verunreinigt. Man bringt Atome eines geeigneten 5wertigen Werkstoffes in das Kristall. Hierfür sind verschiedene Verfahren entwickelt worden. Ein geeigneter 5wertiger Werkstoff ist z.B. (Phosphor, P).
Ein Phosphoratom baut sich wie ein Si-Atom in das Kristallgitter ein (Bild 5.5). Das Phosphoratom ist 5wertig, es besitzt 5 Valenzelektronen.
Je ein Valenzelektron umkreist den eignen Atomrumpf und den Atomrumpf eines benachbarten Si-Atoms.
Das Phosphoratom benötigt für das Einbauen in das Si-Kristall 4 Valenzelektronen. Ein Valenzelektron wird nicht benötigt. Es kann als freies Elektron der Bildung eines Stromes dienen. Jedes Phosphoratom schenkt dem Werkstoff ein freies Elektron.
Phosphoratome heißen deshalb *Donatoratome* oder Donatoren (von donare, lat. schenken).
Anstelle von Phosphor kann auch Arsen oder Antimon verwendet werden.

Jedes Donatoratom schenkt dem Werkstoff ein freies Elektron.

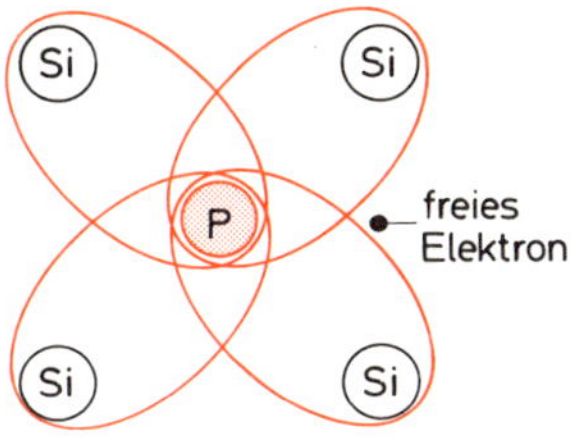

Bild 5.5 Einbau eines 5wertigen Phosphoratoms in das Kristallgitter

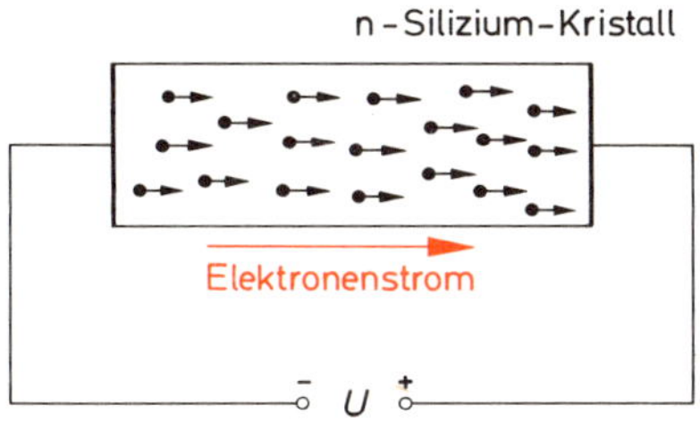

Bild 5.6 Elektronenstrom in einem n-Silizium-Kristall

Der Vorgang des gezielten Verunreinigens heißt *dotieren.*
Je mehr Fremdatome in einen cm^3 eingebracht werden, desto größer ist der Dotierungsgrad. Die durch das Dotieren in das Kristall eingebrachten Elektronen erhöhen die Leitfähigkeit.

> *Je größer der Dotierungsgrad, desto niederohmiger ist das Kristall.*

Mit Donatoratomen dotierte Kristalle enthalten freie Elektronen. Diese freien Elektronen werden zwar nicht für die Kristallbindung benötigt. Sie sind deshalb aber nicht überschüssig. Zu jedem dieser freien Elektronen gehört eine (positive) Protonenladung im Kern eines Donatoratoms. Selbstverständlich hat ein Donatoratom für jedes seiner 5 Valenzelektroden eine Protonenladung im Kern. Der dotierte Kristallwerkstoff ist also keinesfalls elektrisch geladen. Er ist elektrisch neutral.
Mit Donatoratomen dotiertes Silizium enthält freie negative Ladungsträger. Es heißt deshalb *n-Silizium.*

> *n-Silizium ist ein dotierter einkristalliner Halbleiterwerkstoff mit freien negativen Ladungsträgern. Er ist elektrisch nicht geladen.*

Legt man an ein Stück n-Silizium eine Spannung, so bewegen sich die freien Elektronen in Richtung auf den Pluspol. Es fließt ein normaler Elektronenstrom, ähnlich wie in einem Metall (Bild 5.6).
Einen Leitungsvorgang dieser Art nennt man *Elektronenleitung* oder *n-Leitung.*

5.5. p-Silizium

Das hochreine Si-Kristall wird mit einem 3wertigen geeigneten Werkstoff dotiert, zum Beispiel mit Aluminium (Al). Aluminium hat 3 Valenzelektronen.
Baut sich ein Al-Atom in das Kristallgitter ein, so muß eine Kristallbindung offen bleiben (Bild 5.7). Das Al-Atom kann sich mit seinen 3 Valenzelektronen nur an drei Nachbaratome binden.
Die offene Bindung wird *Loch* genannt. Jedes Aluminiumatom bringt ein Loch in den Werkstoff.
Ein Loch ist aber ein fehlendes Elektron. Man kann deshalb auch sagen: Jedes Aluminiumatom verursacht ein fehlendes Elektron.

Bild 5.7 Einbau eines 3wertigen Aluminiumatoms in das Si-Kristallgitter

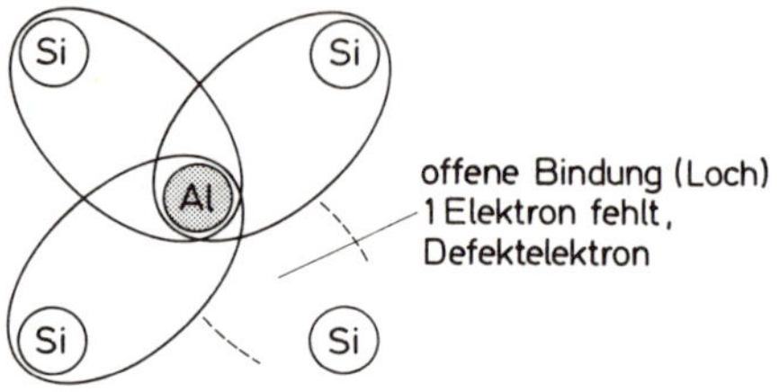

Anstelle von Aluminium kann auch Gallium (Ga) oder Indium (In) verwendet werden. Stoffe, die ein fehlendes Elektron verursachen, heißen *Akzeptoren* (accipere, lat. = annehmen) oder Akzeptoratome.

> *Jedes Akzeptoratom bringt in den Werkstoff ein Loch.*

Je mehr Akzeptoratome eingebracht werden, desto größer ist der Dotierungsgrad, desto größer ist die Anzahl der Löcher pro cm^3.

> *Die Löcher sind innerhalb des Kristalls beweglich.*

Gerät infolge der thermischen Unruhe ein benachbartes Elektron in die Nähe der offenen Bindung, so wird es in diese Bindung gezwungen. Das Loch ist jetzt hier verschwunden. Die Bindung ist vollständig. Irgendwo in der Nachbarschaft fehlt aber nun ein Elektron. Dort ist jetzt ein Loch. Das Loch ist also von einem Ort zu einem anderen gewandert (Bild 5.8).
In spannungslosem Zustand ist die Bewegung der Löcher ungeordnet. Die einzelnen Atome „stehlen" bei sich bietender Gelegenheit ein Elektron, das ihnen zur Vervollständigung der Bindung fehlt.

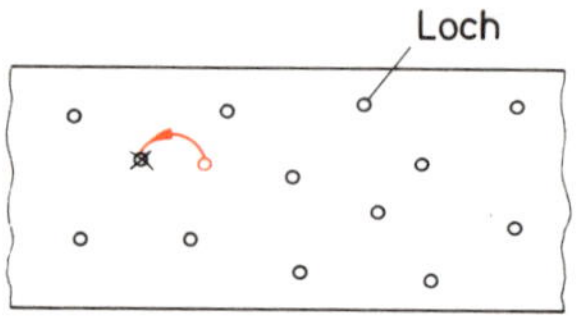

Bild 5.8 Löcherwanderung. Ein Elektron eines Nachbaratoms wird in die offene Bindung (Loch) gezwungen. Das Loch besteht jetzt beim Nachbaratom

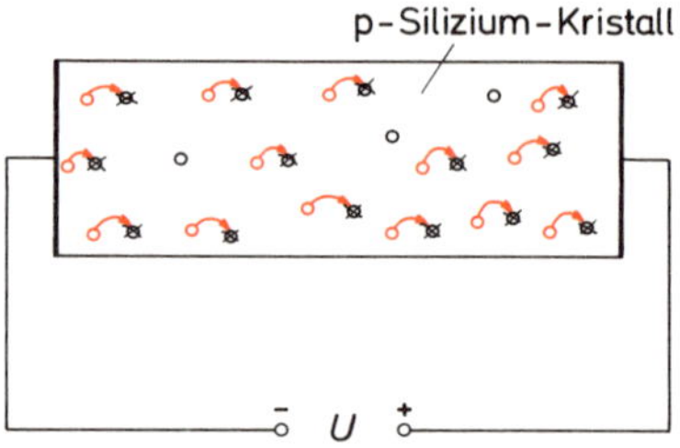

Bild 5.9 Löcherwanderung. Bei angelegter Spannung erfolgt das „Wegstehlen" der Elektronen vorwiegend in einer Richtung

Legt man an ein Stück Löcher enthaltendes Si-Kristall eine Spannung (Bild 5.9), so wird auf die Elektronen eine Kraft in Richtung zum positiven Pol ausgeübt. Das „Wegstehlen" der Elektronen wird in dieser Richtung erleichtert.
Das „Wegstehlen" der Elektronen geschieht jetzt überwiegend in Richtung zum positiven Pol. Das bedeutet aber, daß die Löcher zum negativen Pol hin wandern.

Bild 5.10 Löcherstrom in einem p-Silizium-Kristall

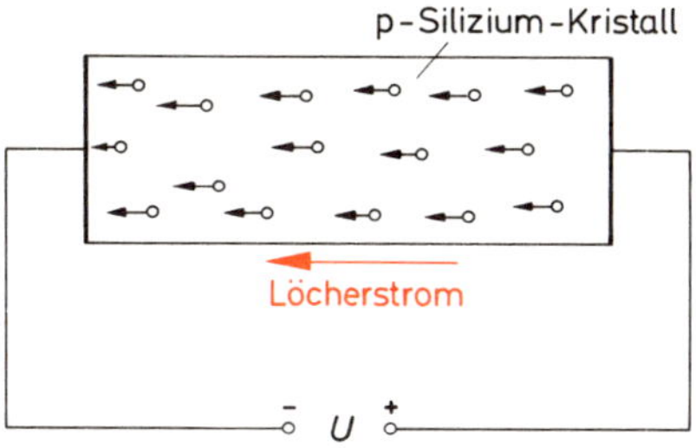

Da die Löcher aber bei Anlegen einer Spannung zum negativen Pol der Spannungsquelle wandern, verhalten sie sich wie positive freie Ladungsträger (Bild 5.10).

> *Die Löcher verhalten sich wie freie positive Ladungsträger.*

Selbstverständlich geschieht der Ladungstransport durch die von Loch zu Loch hüpfenden Elektronen. Es ist aber schwierig, die Elektronen bei ihrem Bäumchen-wechsle-dich-Vorgang zu verfolgen. Man betrachtet lieber die stetige Bewegung der Löcher. Die Löcher bilden einen Löcherstrom.

> *Die Löcher werden als freie positive Ladungsträger aufgefaßt.*

Mit Akzeptoratomen dotiertes Silizium enthält also freie positive Ladungsträger. Es wird deshalb *p-Silizium* genannt.
Man darf aus dem Vorhandensein freier positiver Ladungsträger nun nicht auf eine positive Ladung des Werkstoffes schließen. Jedes Akzeptoratom hat für jedes seiner drei Valenzelektronen eine Protonenladung im Kern. Im gesamten Werkstoff sind also weder mehr noch weniger positive als negative Elementarladungen vorhanden. p-Silizium ist elektrisch nicht geladen.

> *p-Silizium ist ein dotierter einkristalliner Halbleiterwerkstoff mit freien positiven Ladungsträgern. Er ist elektrisch nicht geladen.*

Den Leitungsvorgang in einem p-leitenden Material nennt man *Löcherleitung* oder *p-Leitung.*

5.6. pn-Übergang

5.6.1. pn-Übergang ohne äußere Spannung

Der Grenzbereich zwischen einer p-leitenden Zone und einer n-leitenden Zone in einem Kristall wird *pn-Übergang* genannt (Bild 5.11).

Bild 5.11 Elektronen der n-Zone wandern unter dem Einfluß der Wärmeschwingungen über die Grenzen in die p-Zone

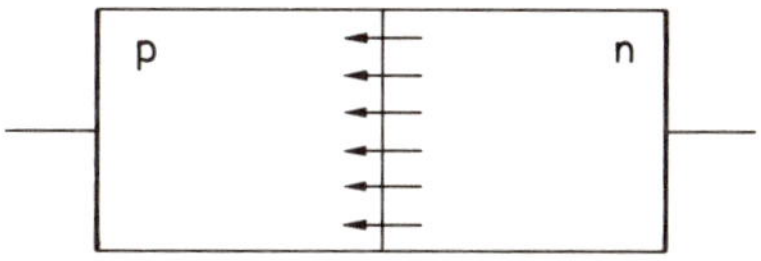

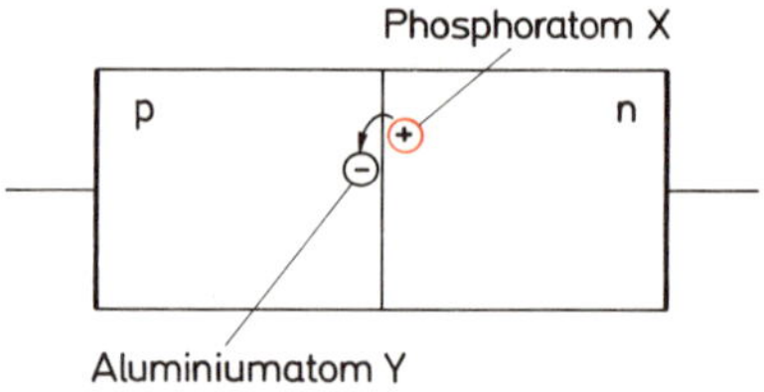

Bild 5.12 Ionisierung von Phosphoratom X und Aluminiumatom Y

Bild 5.13 Raumladungszone beiderseits der Grenze ▸

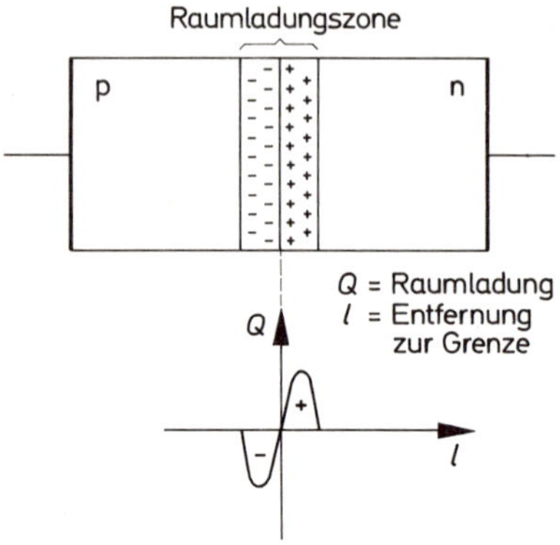

Unter dem Einfluß der Wärmeschwingungen wandern Elektronen von der n-Zone in die p-Zone.
Betrachten wir ein Phosphoratom X, das sich in Grenznähe im Kristallgefüge der n-Zone befindet (Bild 5.12). Das freie Elektron dieses Phosphoratoms wandert über die Grenze in die p-Zone und wird dort in die offene Bindung eines Aluminiumatoms Y gezwungen.
Das Phosphoratom X hat sein freies Elektron verloren. Es hat jetzt ein Elektron zu wenig. Das Phosphoratom X ist *ein positiv geladenes Ion geworden.*
Das Aluminiumatom Y hat ein Elektron mehr als ihm zusteht. Es ist jetzt ein *negativ geladenes Ion.*
Viele freie Elektronen der Phosphoratome in Grenznähe wandern von der n-Zone in die p-Zone.

> *Im Grenzbereich der n-Zone entstehen viele positiv geladene Phosphorionen.*
> *Im Grenzbereich der p-Zone entstehen viele negativ geladene Aluminiumionen.*

Die Wanderung der Elektronen aus der n-Zone in die p-Zone nennt man *Ladungsträgerdiffusion.*
Durch die Ladungsträgerdiffusion entstehen beiderseits der Grenze *Ionengitter.*
Die positiv geladenen Phosphorionen sind ja fest in das Kristallgitter eingebaut. Sie bilden ein positives Ionengitter mit einer *positiven Raumladung.*
Die negativ geladenen Aluminiumionen sind ebenfalls fest in das Kristallgitter eingebaut. Sie bilden ein negatives Ionengitter mit einer *negativen Raumladung.*

> *Beiderseits der Grenze entsteht eine Raumladungszone* (Bild 5.13).

Zwischen den positiven und den negativen elektrischen Ladungen in der Raumladungszone herrscht ein *elektrisches Feld.*
Das elektrische Feld ist, wie in Bild 5.14 dargestellt, von den positiven Ladungen zu den negativen Ladungen gerichtet.

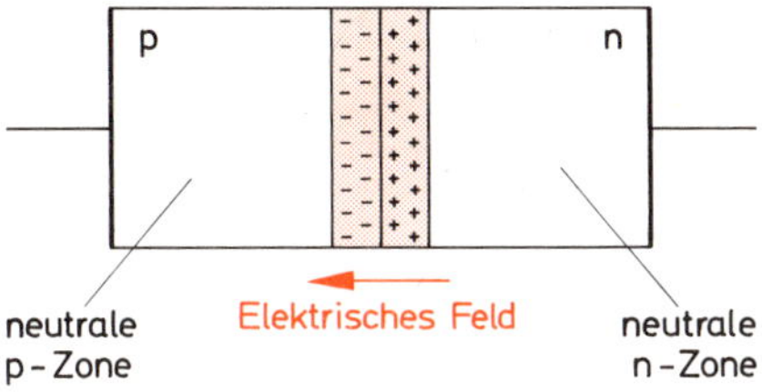

Bild 5.14 Elektrisches Feld in der Raumladungszone

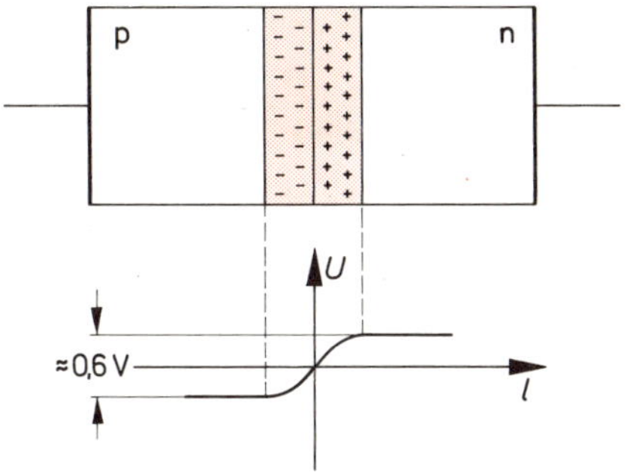

Bild 5.15 Durch die Ladungsträgerdiffusion entsteht eine Spannung (Diffusionsspannung)

Dringt ein Elektron von der neutralen n-Zone her in die Raumladungszone ein, so erfährt es eine Kraftwirkung entgegen der Feldlinienrichtung. Es wird also durch die Kräfte des elektrischen Feldes gebremst und erreicht nur bei großer Anfangsgeschwindigkeit die neutrale p-Zone. Ist die Anfangsgeschwindigkeit des Elektrons nicht groß genug, so wird es wieder in die neutrale n-Zone zurückgedrückt.
Die Ladungsträgerdiffusion wird dann aufhören, wenn die Kraftwirkung des elektrischen Feldes im Gleichgewicht ist mit der Kraftwirkung der Wärmeschwingungen auf die Elektronen. Aus diesem Gleichgewichtszustand ergibt sich die Breite der Raumladungszone.

> *Mit höherer Temperatur wird die Raumladungszone breiter.*

Zwischen den Raumladungen besteht eine elektrische Spannung.
Diese durch Ladungsträgerdiffusion erzeugte Spannung wird *Diffusionsspannung* genannt (Bild 5.15).

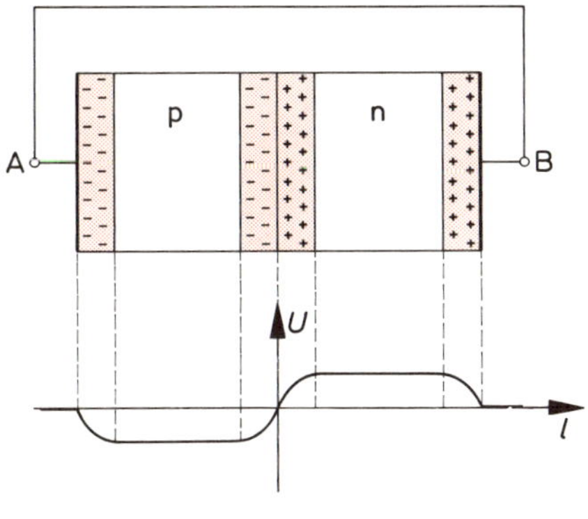

Bild 5.16 Raumladungszonen in einem Siliziumkristall, dessen p-Zone und dessen n-Zone außen leitend verbunden sind

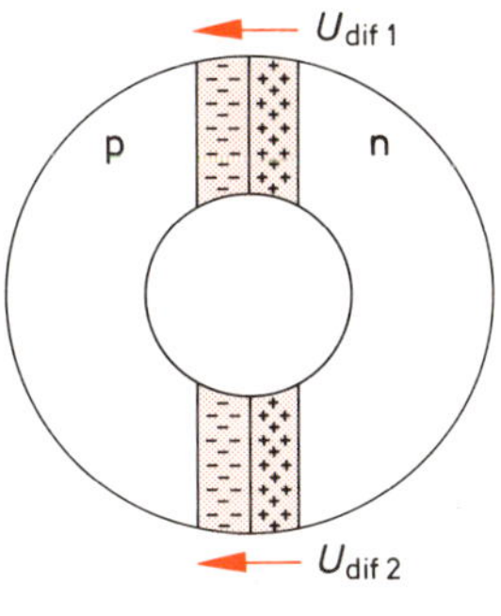

Bild 5.17 Ringförmiges Kristall. Die beiden Diffusionsspannungen wirken gegeneinander und heben sich auf

Die Diffusionsspannungen (U_{dif}) haben bei Zimmertemperatur (20 °C) etwa folgende Größe:

Silizium: $U_{dif} \approx$ 0,6 bis 0,7 V
Germanium: $U_{dif} \approx$ 0,3 V.

Diffusionsspannungen können zur Stromerzeugung nicht genutzt werden. Verbindet man die Punkte A und B in Bild 5.16 leitend miteinander, so erfolgt eine Ladungsträgerdiffusion über diese leitfähige Brücke. Es bauen sich zwei neue Raumladungen auf.
Man kann sich das Kristall auch in Ringform vorstellen (Bild 5.17).
Man sieht dann deutlich, daß die beiden Diffusionsspannungen gegeneinander gerichtet sind. Sie sind gleich groß und heben sich in ihrer Wirkung auf. Ein Strom fließt nicht.

5.6.2. pn-Übergang mit äußerer Spannung

Zunächst soll die äußere Spannungsquelle so angeschlossen werden, daß ihr Minuspol an der p-Zone des Kristalls liegt und der Pluspol natürlich an der n-Zone (Bild 5.18).
Polung der Spannung:

Minus an p-Zone

Bei geöffnetem Schalter S haben wir einen pn-Übergang ohne äußere Spannung. Durch Ladungsträgerdiffusion entsteht eine Raumladungszone.
Wird der Schalter S geschlossen, so drückt der Minuspol der Spannungsquelle Elektronen in die p-Zone. Diese fallen in die offenen Bindungen (Löcher) von Aluminiumatomen.
Unter dem Einfluß der von der Spannung erzeugten elektrischen Feldstärke werden vor allem die Löcher in der Nähe der Raumladungszone aufgefüllt. Der negative Teil der Raumladungszone wird verbreitert (Bild 5.19).

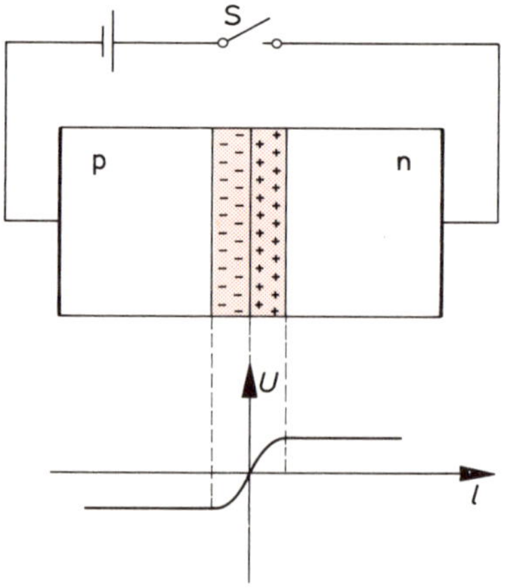

Bild 5.18 pn-Übergang. Bei geöffnetem Schalter entsteht durch Ladungsträgerdiffusion eine Raumladungszone

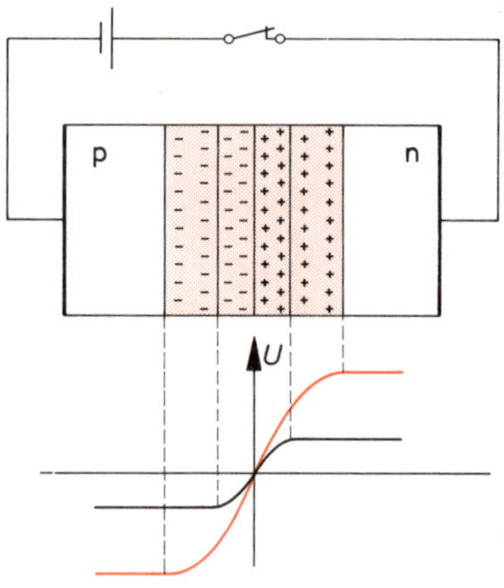

Bild 5.19 pn-Übergang mit äußerer Spannung, „Minus an P-Zone“

Der Pluspol der Spannungsquelle saugt Elektronen aus der n-Zone ab.
Diese Elektronen gehören als freie Elektronen zu Phosphoratomen, oder allgemein zu Donatoratomen. Die Phosphoratome, deren freies Elektron abgesaugt wurde, sind jetzt positiv geladen. Unter dem Einfluß der von der Spannung erzeugten elektrischen Feldstärke werden vor allem die Phosphoratome in der Nähe der Raumladungszone ionisiert. Der positive Teil der Raumladungszone wird verbreitert.
Die Verbreiterung des positiven und des negativen Teils der Raumladungszone erfolgt stets so, daß die positive Gesamtladung immer gleich der negativen Gesamtladung ist.

Je breiter die Raumladungszone ist, desto größer ist die zwischen den neutralen Kristallzonen herrschende Spannung.

Die Raumladungszone wird also nach Schließen des Schalters S soweit verbreitert, daß ihre Spannung gleich der angelegten Spannung ist.
Im Innern der Raumladungszone herrscht ein starkes elektrisches Feld. Irgendwelche beweglichen Ladungsträger können sich hier nicht aufhalten. Sie werden durch die Kräfte des elektrischen Feldes herausgedrängt.

Die Raumladungszone enthält keine beweglichen Ladungsträger.

Ein Elektron der n-Zone kann auch bei hoher Anfangsgeschwindigkeit die Raumladungszone nicht durchqueren. Kommt es in die Raumladungszone, so wird es stark abgebremst.
Das elektrische Feld übt auf das Elektron eine Kraft entgegengesetzt zur Richtung der Feldlinien aus. Das Elektron wird wieder zurück in die neutrale n-Zone gedrückt.
Die Raumladungszone sperrt die Ladungsträger. Sie wird daher auch Sperrschicht genannt.
Bei dieser Polung des pn-Überganges kann kein Strom fließen.

Der pn-Übergang ist in Sperrichtung gepolt, wenn „Minus an p-Zone" liegt.

Messungen zeigen, daß der Widerstand eines in Sperrichtung gepolten pn-Überganges aber nicht unendlich ist. Es gelingt also doch einigen Ladungsträgern, die Sperrschicht zu passieren.
Erinnern wir uns an die Eigenleitfähigkeit. Bei Aufbrechen einer Kristallbindung infolge von Wärmeschwingungen wird ein Elektron freigesetzt. Dort, wo es war, entsteht ein Loch. Durch Wärmeschwingungen entstehen also freie Elektronen und Löcher paarweise. Dies geschieht sowohl im n-leitenden Werkstoff wie im p-leitenden Werkstoff.
Das bedeutet, daß im p-Silizium einige wenige freie Elektronen enthalten sind. Im n-Silizium sind einige wenige Löcher vorhanden. Man nennt diese Ladungsträger Minderheiten-Ladungsträger oder *Minoritätsträger.*
Gelangt nun ein Minoritätselektron der p-Zone in das elektrische Feld der Sperrschicht, so erfährt es eine Kraftwirkung entgegengesetzt zur Feldlinienrichtung (Bild 5.20). Das heißt aber, die Kraft treibt das Elektron herüber in die neutrale n-Zone.

Minoritätsträger können die Sperrschicht durchqueren.

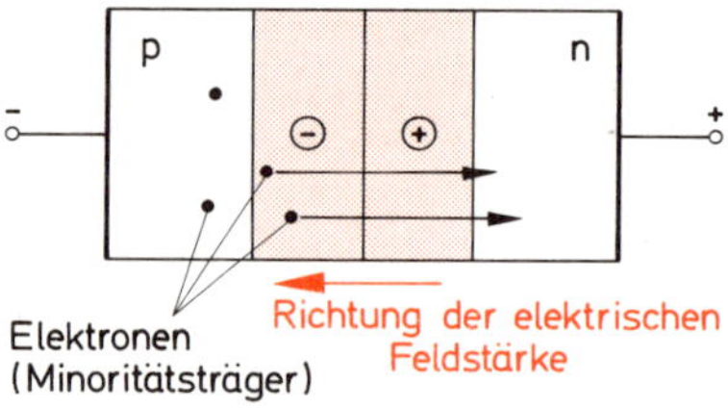

◀ *Bild 5.20 Minoritätsträger können die Sperrschicht durchqueren*

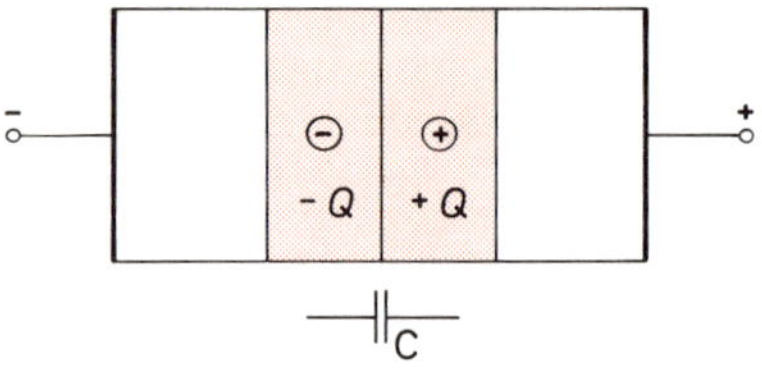

▲ *Bild 5.21 Ein pn-Übergang hat eine Kapazität*

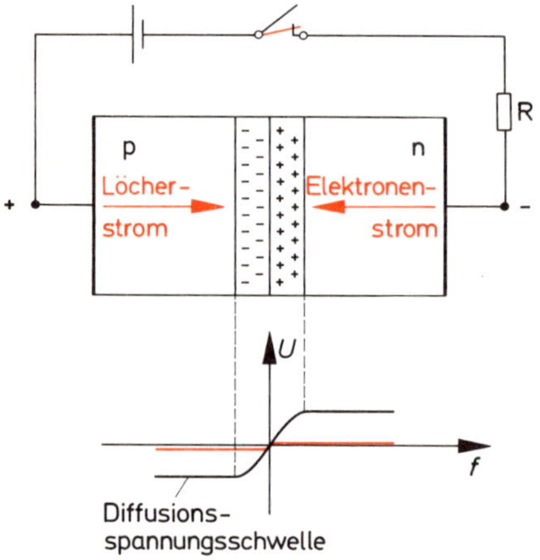

◀ *Bild 5.22 pn-Übergang mit äußerer Spannung. „Plus an p-Zone". Die durch Diffusion entstandene Raumladungszone wird abgebaut*

Der eine Teil der Raumladungszone enthält fest eingebaute negative elektrische Ladungsträger (z.B. negative Aluminiumionen). Der andere Teil der Raumladungszone enthält fest eingebaute positive elektrische Ladungsträger (z.B. positive Phosphorionen).

Zwischen den Ladungsträgern herrscht ein elektrisches Feld. Die Raumladungszone hat elektrische Ladung gespeichert. Sie hat also eine Kapazität (Bild 5.21).

> *Jede Raumladungszone oder Sperrschicht hat eine Kapazität.*

Diese Sperrschichtkapazität ist von der Breite der Sperrschicht, von ihrer Querschnittsfläche und vom Dotierungsgrad abhängig. Diese Zusammenhänge sind im Abschnitt *Kapazitätsdioden* (6.2) näher erläutert.

Die äußere Spannungsquelle soll nun so angeschlossen werden, daß ihr Pluspol an der p-Zone des Kristalls liegt (Bild 5.22).

Polung der Spannung: *Plus an p-Zone.*

Bei geöffnetem Schalter S liegt wieder ein pn-Übergang ohne äußere Spannung vor. Durch Ladungsträgerdiffusion entsteht eine Raumladungszone. Wird der Schalter S geschlossen, so drückt der Minuspol der Spannungsquelle Elektronen in die n-Zone.

Die Elektronen überschwemmen das Kristall. *Die durch Ladungsträgerdiffusion entstandene Raumladung wird abgebaut.*

Der pn-Übergang läßt einen Strom fließen. Er wird sehr niederohmig. Zur Strombegrenzung ist in der Schaltung nach Bild 5.22 ein Widerstand R vorgesehen.

Bei Polung „Plus an p-Zone" ist der pn-Übergang in Durchlaßrichtung geschaltet.

5.7 Arbeitsweise von Halbleiterdioden

5.7.1. Einkristall-Halbleiterdioden

Die Eigenschaften eines pn-Überganges werden bei Halbleiterdioden technisch genutzt. Das Kristall einer Halbleiterdiode besteht aus einer p-Zone und einer n-Zone. Es befindet sich in einem Schutzgehäuse.
Ist der pn-Übergang in Durchlaßrichtung gepolt, so hat die Diode einen sehr niedrigen Widerstandswert. Ist der pn-Übergang in Sperrichtung gepolt, so hat die Diode einen sehr großen Widerstandswert.

Die Halbleiterdiode läßt den Strom in einer Richtung durch und sperrt ihn in der anderen Richtung.

Diese Ventilwirkung hat große technische Bedeutung.
Bild 5.23 zeigt den prinzipiellen Aufbau einer Diode und das Schaltzeichen.
Das Dreieck des Schaltzeichens steht für die p-Zone. Die in Leitungsrichtung zeigende Spitze gibt die Stromrichtung im Durchlaßzustand an. Die Angabe bezieht sich auf die technische Stromrichtung.

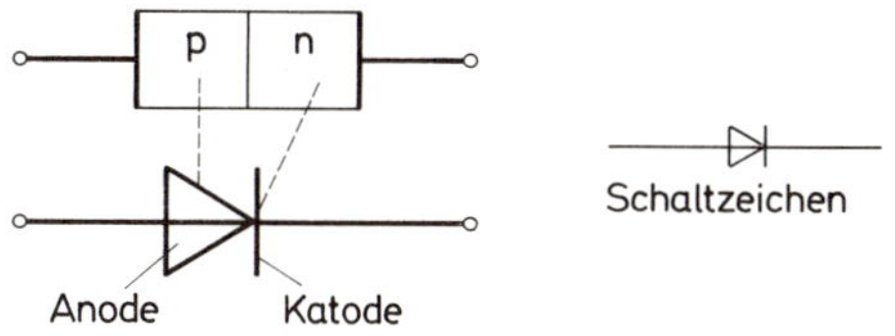

Bild 5.23 Aufbau einer Diode und Schaltzeichen

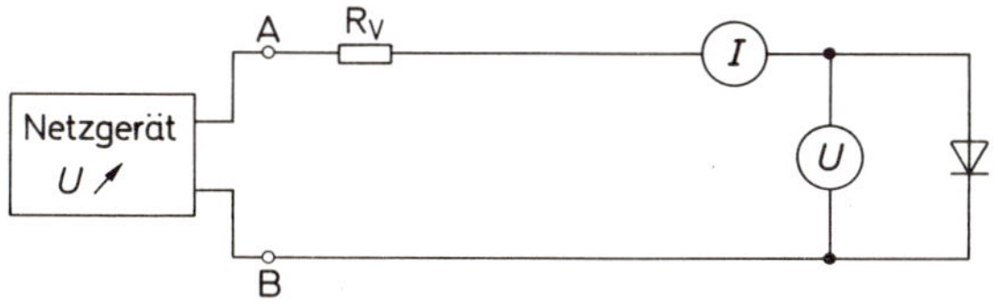

Bild 5.24 Schaltung zur Aufnahme der Diodenkennlinien $I = f(U)$

Die genaue Abhängigkeit zwischen Strom und Spannung einer Halbleiterdiode wird durch ihre Kennlinie beschrieben.
In Bild 5.24 ist eine Schaltung zur Aufnahme der Kennlinie angegeben.

Bild 5.25 Typische I-U-Kennlinien von Germanium- und Siliziumdioden

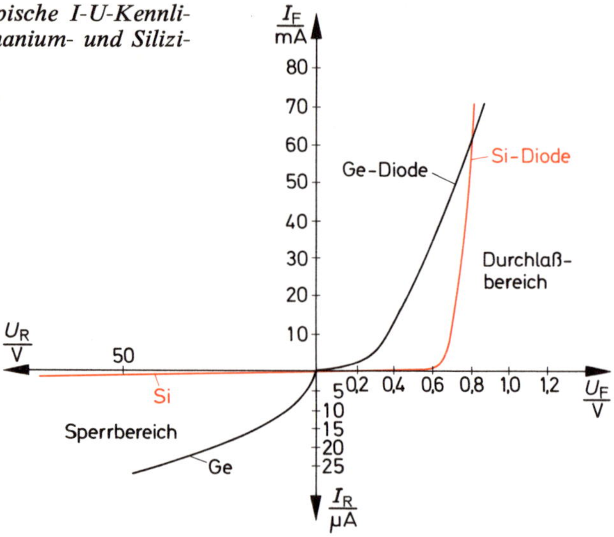

Bild 5.26 Bestimmung der Schwellspannung

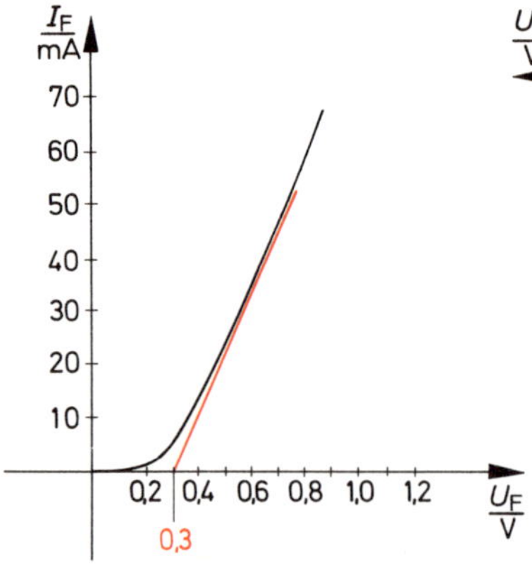

Zunächst soll der *Durchlaßbereich* einer Siliziumdiode betrachtet werden. An Punkt A wird der positive Pol der Netzgerätespannung angeschlossen. Bei einer kleinen Spannung (rd. 0,1 V) fließt nur ein sehr geringer Strom. Der pn-Übergang ist noch verhältnismäßig hochohmig, da die durch die Ladungsträgerdiffusion entstandene Sperrschicht noch nicht abgebaut ist.

Mit steigender Spannung steigt der Strom zunächst geringfügig an. Ab $U = 0{,}6$ V nimmt der Strom dann sehr stark zu. Die Diode ist niederohmig geworden. Der Wert von rd. 0,7 V wird *Schwellspannung* oder *Schleusenspannung* genannt.

Für eine Germaniumdiode ergibt sich ein ähnlicher Kurvenverlauf. Der pn-Übergang wird mit steigender Spannung immer niederohmiger. Die Schwellspannung liegt bei rd. 0,3 V (Bild 5.25).

Die Größen der ungefähren Schwellspannungen werden durch Verlängerung des steilen Kurvenastes bis zum Schnittpunkt mit der *U*-Achse gefunden (Bild 5.26).

Eine Halbleiterdiode ist im Bereich oberhalb der Schwellspannung niederohmig.

Zur Kennlinienaufnahme im Sperrbereich wird die Netzgerätespannung umgepolt. Der auf die Eigenleitfähigkeit (*i*-Leitfähigkeit) des Kristalls zurückzuführende Sperrstrom ist klein. Er beträgt bei Ge-Dioden einige Mikroampere, bei Si-Dioden einige Nanoampere.

Mit zunehmender Sperrspannung steigt der Sperrstrom bei Ge-Dioden leicht an. Bei Si-Dioden bleibt er angenähert konstant.

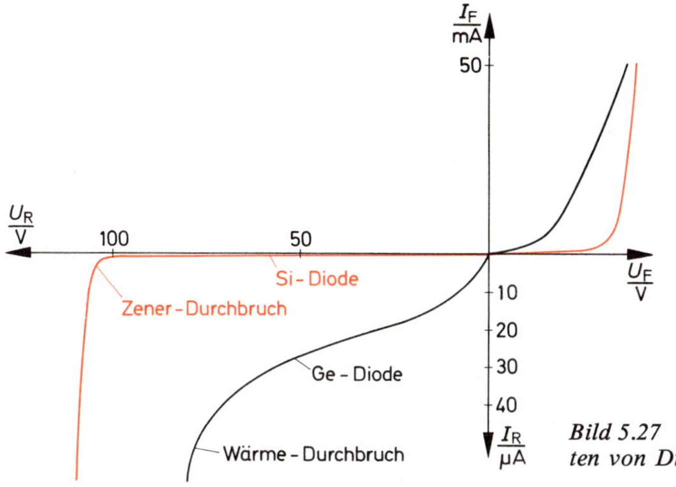

Bild 5.27 Durchbruchsverhalten von Dioden

Die Diode darf nicht überlastet werden. Der vom Hersteller angegebene höchste Strom und die höchstzulässige Spannung in Sperrichtung dürfen nicht überschritten werden.
Wird die höchstzulässige Sperrspannung überschritten, so kommt es zu Durchbrüchen. Man unterscheidet den *Wärmedurchbruch* und den *Zenerdurchbruch* (Bild 5.27).
Der Zenerdurchbruch tritt vor allem bei stark dotierten Si-Dioden auf. Diese Dioden haben sehr große Feldstärken in der Sperrschicht. Von einer bestimmten Sperrspannung ab werden Elektronen aus ihren Kristallbindungen gelöst. Die Sperrschicht wird dadurch plötzlich leitfähig. Wenn es gelingt, die plötzliche Stromzunahme zu begrenzen, wird die Diode nicht zerstört. Der Zenerdurchbruch wird im Abschnitt Z-Dioden noch genauer erläutert.
Der Wärmedurchbruch ist eine häufige Todesursache von Halbleiterdioden. Beim Wärmedurchbruch wird das Kristall unzulässig hoch erhitzt. Es wird dadurch zerstört.
Eine Kristallzerstörung durch übermäßige Erhitzung ist auch im Durchlaßbereich möglich. Steigt der Durchlaßstrom wesentlich über seinen höchstzulässigen Wert, so tritt eine übermäßige Kristallerwärmung ein.
Innerhalb des Kristalls wird die Sperrschicht am stärksten erwärmt. Die höchstzulässigen Temperaturen werden deshalb für die Sperrschicht angegeben.
Übliche *höchstzulässige Sperrschichttemperaturen:*

Siliziumdiode: 180 °C
Germaniumdiode: 80 °C

In Bild 5.28 sind die Kennlinien von Dioden aus verschiedenen Halbleitermaterialien dargestellt.
Aus den Kennlinien kann das Widerstandsverhalten der Dioden abgelesen werden. Man unterscheidet einen *Gleichstromwiderstand* und einen *differentiellen Widerstand.*
Der Unterschied soll am Beispiel der Kennlinie einer Ge-Diode betrachtet werden (Bild 5.29).
Bei einer Spannung U_1 fließt ein Strom I_1. Aus U_1/I_1 erhält man den Gleichstromwiderstand R_F.

$$R_F = \frac{U_1}{I_1}$$

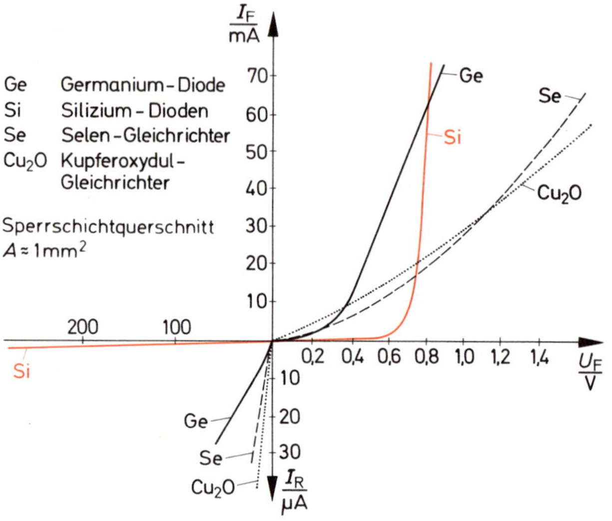

Bild 5.28 Typische I-U-Kennlinien von Dioden aus verschiedenen Halbleiterwerkstoffen

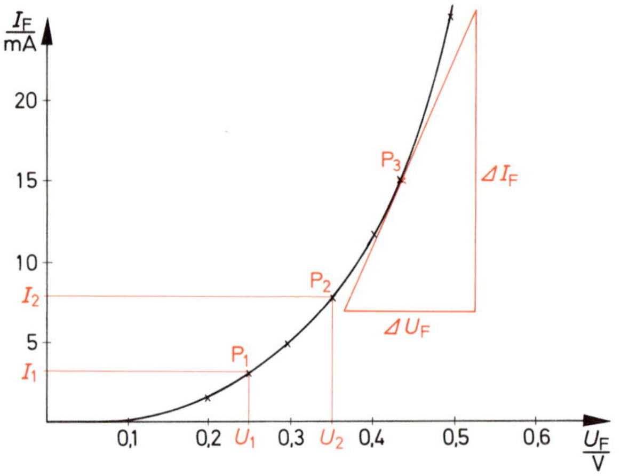

Bild 5.29 Ermittlung von Gleichstromwiderstand R_F und differentiellem Widerstand r_F

Der Wert von R_F gilt nur für den Arbeitspunkt P_1.
Für Arbeitspunkt P_2 ergibt das Verhältnis U_2/I_2 einen anderen Wert. Allgemein gilt:

$$R_F = \frac{U_F}{I_F}$$

Der Gleichstromwiderstand R_F einer Halbleiterdiode ist vom Arbeitspunkt abhängig.

Der differentielle Widerstand ist ein Maß für den Anstieg der Kennlinie.
Den Anstieg der Kennlinie z.B. in P_3 erhält man durch Einzeichnen einer Geraden, die in P_3 den gleichen Anstieg wie die Kurve hat. Man zeichnet ein rechtwinkliges Dreieck wie in Bild 5.29, die Länge der Dreieckseiten ist beliebig.

Bild 5.30 Erläuterung der Bedeutung des differentiellen Widerstandes

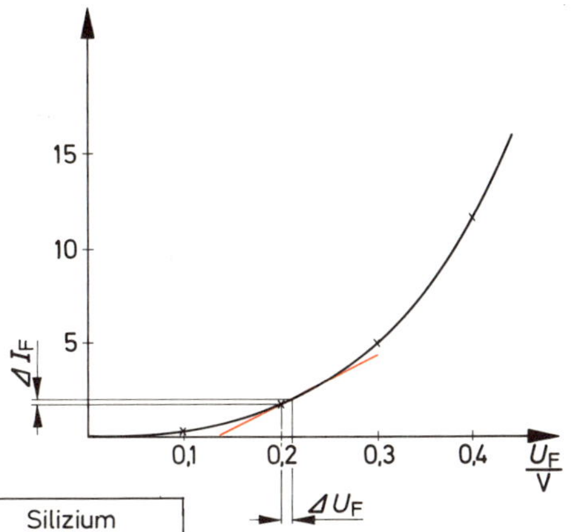

Bild 5.31 Einige ungefähre Werte von Halbleiterdioden ▼

	Germanium	Silizium
Schwellspannung	0,3 V	0,7 V
Durchlaßwiderstand R_F (bezogen auf 1 mm² Sperrschichtquerschnitt)	5 Ω bis 100 Ω	2 Ω bis 50 Ω
Sperrwiderstand R_R	0,1 MΩ bis 10 MΩ	1 MΩ bis 3000 MΩ
Max. Sperrspannung	bis ca. 200 V	bis ca. 3000 V
Max. Sperrschicht-temperatur	90 °C	200 °C
Gleichrichter-wirkungsgrad	98 %	99,5 %

Für den differentiellen Widerstand gilt die Gleichung:

$$r_F = \frac{\Delta U_F}{\Delta I_F}$$

Der differentielle Widerstand r_F einer Halbleiterdiode hat in jedem Kennlinienpunkt einen anderen Wert.

Legt man eine Spannung von 0,2 V an die Diode, so fließt entsprechend der Kennlinie in Bild 5.30 ein Strom von 2 mA. Erhöht man die Spannung um einen kleinen Betrag ΔU_F, so erhöht sich der Strom um ΔI_F.
Sind r_F und ΔU_F bekannt, so kann ΔI_F berechnet werden.

Beispiel:
Eine Germaniumdiode hat im Arbeitspunkt P einen differentiellen Widerstand von 10 Ω. Um welchen Wert erhöht sich der Strom, wenn die Spannung um 0,02 V erhöht wird?

$$r_F = \frac{\Delta U_F}{\Delta I_F}; \qquad \Delta I_F = \frac{\Delta U_F}{r_F} =$$

$$\Delta I_F = \frac{0{,}02\ \text{V}}{10} = 0{,}002\ \text{A}$$

$$\Delta I_F = 2\ \text{mA}$$

Die Tabelle Bild 5.31 gibt einige ungefähre Werte von Halbleiterdioden an. Genaue Werte müssen den Datenbüchern entnommen werden.

5.7.2. Vielkristall-Halbleiterdioden

Selendioden

Silizium- und Germaniumdioden sind einkristalline Halbleiterdioden. Selendioden sind polykristalline Halbleiterdioden. Das heißt, das Selen besteht nicht aus einem einzigen Kristall, sondern aus vielen kleinen Kristallen, die zusammen die Kristallschicht bilden.
Der Aufbau einer Selendiode ist in Bild 5.32 dargestellt.

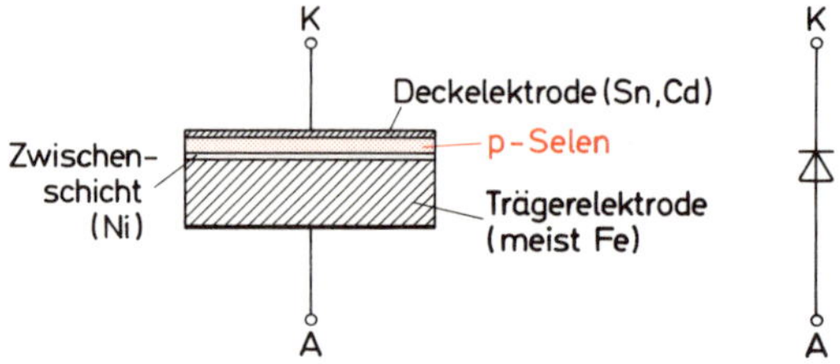

Bild 5.32 Aufbau einer Selendiode

Auf eine vernickelte Trägerplatte aus Eisen oder Aluminium wird nach dem Aufbringen einer Zwischenschicht Selen mit starker p-Dotierung im Vakuum aufgedampft. Dann erfolgt eine Wärmebehandlung, in deren Verlauf das Selen überwiegend in kristalline Form übergeführt wird. Auf das Selen wird eine Kadmium-Zinn-Legierung aufgedrückt oder aufgespritzt.
Die Sperrschicht bildet sich zwischen der Se-Zone und der Sn-Cd-Zone aus. Die Sperrfähigkeit wird durch eine Formierung im elektrischen Wechselfeld verbessert.
Selen-Dioden können kurzzeitige Stromüberlastungen besser vertragen als Si- oder Ge-Dioden. Sie sind besonders geeignet für die Gleichrichtung großer Stromstärken bei niedrigen Spannungen.

Kupferoxyduldioden

Die Kupferoxyduldioden sind die ältesten „Trockengleichrichter". Sie haben einen polykristallinen Aufbau wie die Selendioden (Bild 5.33a).

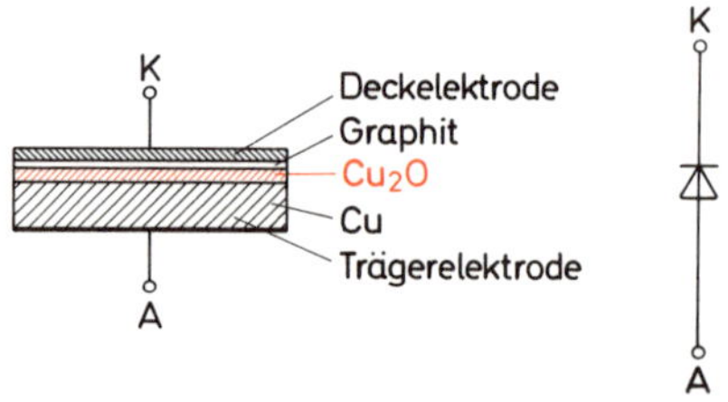

Bild 5.33a Aufbau einer Kupferoxyduldiode

Die Kupferscheibe wird thermisch oxidiert und mit einer Graphitschicht versehen. Auf diese kommt die Gegenelektrode aus einer Zinklegierung.
Die Sperrspannung beträgt etwa 6 V. Besonderer Vorteil der Kupferoxyduldioden sind ihre kleine Schleusenspannung von 0,2 V und ihre näherungsweise linear verlaufende Kennlinie (Bild 5.33b).
Kupferoxyduldioden sind besonders für die Gleichrichtung kleiner Spannungen geeignet. Sie werden vor allem als Vorschaltdioden in Vielfach-Drehspulmeßgeräten eingesetzt.

	Selen	Kupferoxydul
Schwellspannung	0,6 V	0,2 V
Durchlaßwiderstand R_F (bezogen auf 1 mm^2 Sperrschichtquerschnitt)	5 Ω bis 100 Ω	10 Ω bis 50 Ω
Sperrwiderstand R_R	0,1 MΩ bis 1 MΩ	50 kΩ bis 500 kΩ
Max. Sperrspannung	bis ca. 40 V	ca. 6 V
Max. Sperrschicht-temperatur	85 °C	50 °C
Gleichrichter-wirkungsgrad	90%	75%

Bild 5.33b Einige ungefähre Werte von Polykristall-Halbleiterdioden

5.8. Schaltverhalten von Halbleiterdioden

Jede Halbleiterdiode benötigt für den Übergang vom niederohmigen Zustand in den hochohmigen Zustand und umgekehrt eine bestimmte Zeit.
Im niederohmigen Zustand ist der pn-Übergang mit Ladungsträgern überschwemmt. Die Diode ist erst wieder hochohmig, wenn die Sperrschicht aufgebaut ist und wenn die in der Sperrschicht befindlichen Ladungsträger ausgeräumt sind.

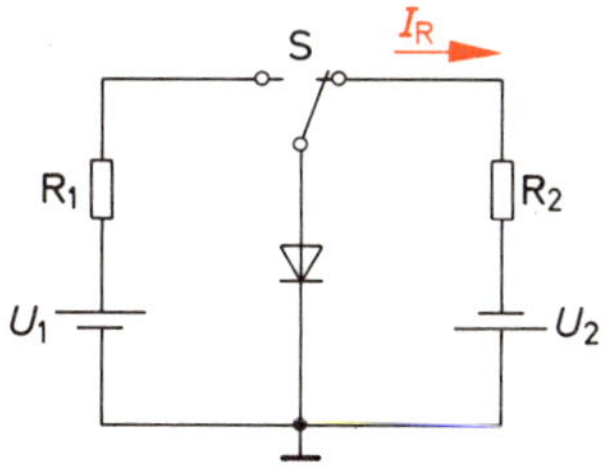

Bild 5.34 Einfache Modellschaltung zur Ermittlung der Diodenschaltzeiten

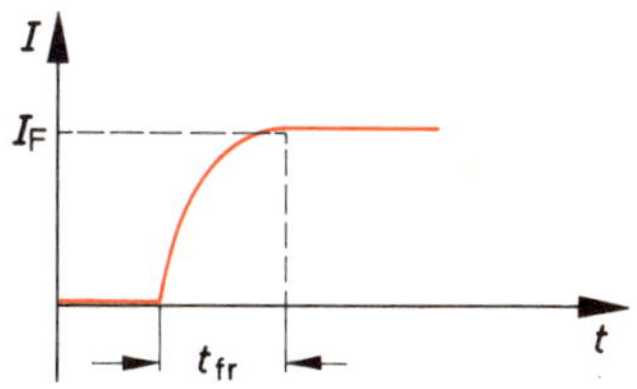

Bild 5.35 Einschaltvorgang einer Diode (Übergang vom Sperrzustand in den Durchlaßzustand)

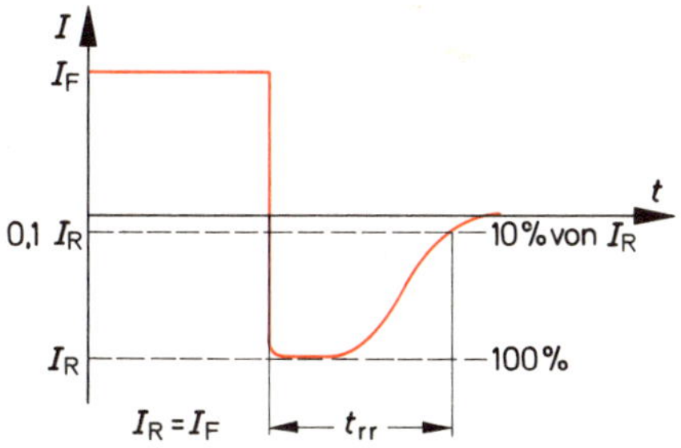

Bild 5.36 Ausschaltvorgang einer Diode (Übergang vom Durchlaßzustand in den Sperrzustand)

Im hochohmigen Zustand ist eine breite Sperrschicht vorhanden. Für den Abbau dieser Sperrschicht wird eine bestimmte Zeit benötigt.
Eine Diode sei wie in Bild 5.34 geschaltet. Bei der eingezeichneten Schalterstellung ist die Diode in Sperrichtung geschaltet. Es fließt ein Strom I_R.
Wird der Schalter nach links umgelegt, so steigt der Strom innerhalb der Zeit t_{fr} auf den Durchlaßstrom I_F (Bild 5.35).
Die Zeit t_{fr} wird *Vorwärtserholzeit, Einschaltträgheit* oder *Einschaltzeit* genannt. Es ist die Zeit, die zum Abbau der Sperrschicht benötigt wird.
Der Schalter wird jetzt wieder nach rechts umgelegt. Die Sperrschicht wird jetzt aufgebaut, die Ladungsträger werden ausgeräumt. Dies geschieht innerhalb der Zeit t_{rr}. Die Zeit t_{rr} wird *Rückwärtserholzeit, Sperrverzug, Sperrträgheit* oder *Ausschaltzeit* genannt (Bild 5.36).
Die Werte, die man für t_{fr} und t_{rr} erhält, sind abhängig von den eingestellten Strömen I_F und I_R bzw. von den entsprechenden Spannungen und von den Widerständen R_1 und R_2.
Aus den Datenbüchern kann man die Werte für t_{fr} und t_{rr} für bestimmte Dioden entnehmen. Gleichzeitig sind dort die Meßbedingungen angegeben, unter denen diese Werte gefunden wurden.
Für die meisten Dioden ergeben sich etwa folgende Schaltzeiten:

t_{fr} = 0,5 bis 50 Nanosekunden,
t_{rr} = 2 bis 200 Nanosekunden.

Spezielle *Schaltdioden* haben besonders kleine Schaltzeiten.

5.9. Temperaturverhalten von Halbleiterdioden

Die Intensität der Wärmeschwingungen wird mit steigender Temperatur größer. Damit erhöht sich auch die Anzahl der pro Zeiteinheit aufbrechenden Kristallbindungen. Die Eigenleitfähigkeit des Kristalls wird größer.
Mit steigender Temperatur nimmt die Eigenleitfähigkeit zu.
Die auftretenden Sperrströme sind von der Eigenleitfähigkeit stark abhängig. Je größer die Eigenleitfähigkeit, desto größer der Sperrstrom.

Mit steigender Temperatur nimmt der Sperrstrom stark zu.

Bild 5.37 zeigt den Verlauf der Sperrströme bei einer Si-Diode für die Temperaturen 25 °C und 125 °C.
Die Ladungsträgerbeweglichkeit ist ebenfalls von der Temperatur abhängig. Bei einer höheren Temperatur ergeben sich größere Ladungsträgerbeweglichkeiten. Das Kristall wird dadurch leitfähiger. Die Schwellspannung wird etwas herabgesetzt. Bild 5.38 zeigt zwei Durchlaßkennlinien einer Si-Diode für die Temperaturen 125 °C und 25 °C.

Mit steigender Temperatur wird der Durchlaßwiderstand etwas geringer.

Durch Temperaturerhöhung wird vor allem das Sperrverhalten der Diode geändert. Das Durchlaßverhalten ändert sich nur geringfügig.

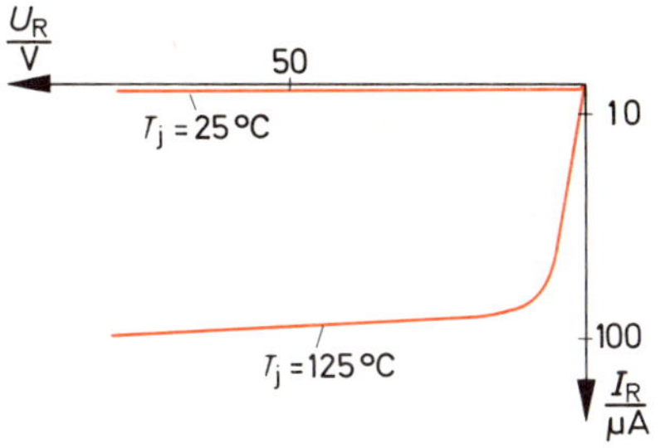

Bild 5.37 Abhängigkeit des Sperrstromes von der Sperrschichttemperatur bei einer Si-Diode

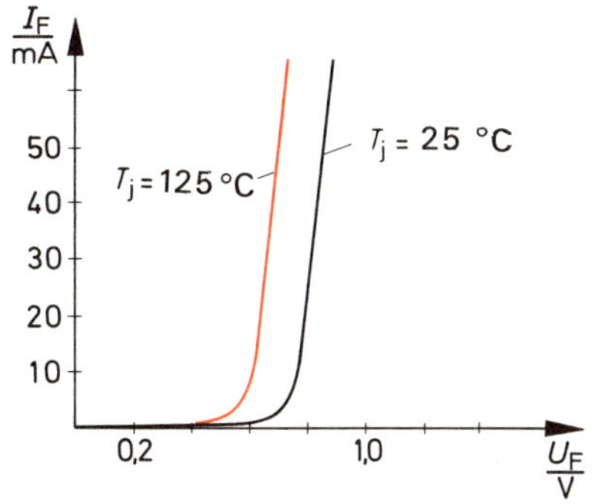

Bild 5.38 Abhängigkeit des Verlaufes der Durchlaßkennlinien einer Si-Diode von der Sperrschichttemperatur (BAY 41)

5.10. Halbleiterdioden als Gleichrichter

5.10.1. Einweg-Gleichrichterschaltung (Einpuls-Mittelpunktschaltung M1)

Die Halbleiterdiode läßt den Strom in einer Richtung durch und sperrt ihn in der anderen Richtung. Sie wirkt wie ein *Stromventil.*

Die Halbleiterdiode ist deshalb das geeignete Bauelement zur Gleichrichtung von Wechselströmen.

Bild 5.39 zeigt die Schaltung eines einfachen Gleichrichters. An den Klemmen AB liegt die Wechselspannung U_1. In der Zeit von t_1 bis t_2 hat A einen positiven Spannungswert gegen B. Die Diode ist in Durchlaßrichtung geschaltet. Es fließt ein Strom I, dessen Größe durch den Verlauf der Spannung U_1 und durch R_L bestimmt wird.

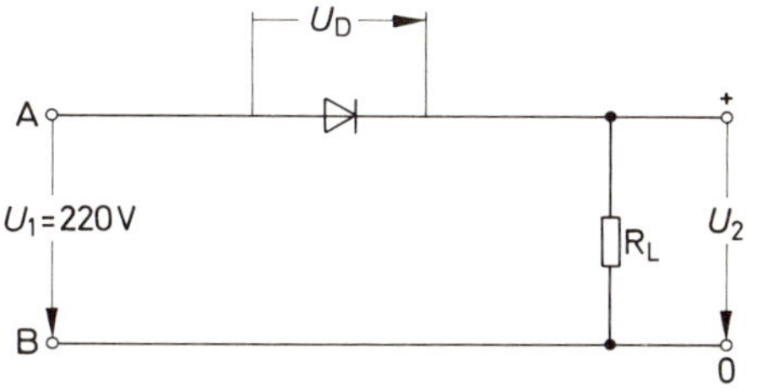

Bild 5.39 Einweg-Gleichrichterschaltung (Einpuls-Mittelpunktschaltung M1)

Am Lastwiderstand fällt eine Spannung ab, deren Verlauf dem Stromverlauf entspricht. An der Diode liegt in der Zeit von t_1 bis t_2 nur eine sehr kleine Spannung. Bei einer Siliziumdiode sind es etwa 0,75 bis 0,9 V.
In jedem Augenblick gilt: $u_1 = u_D + u_2$
Wenn man u_D vernachlässigt, so ist $u_1 = u_2$

> *Die Gleichrichterschaltung läßt die positive Halbwelle der Wechselspannung durch.*

In der Zeit von t_2 bis t_3 hat Punkt A negatives Potential gegen B. Die Diode ist jetzt in Sperrichtung geschaltet. Ihr Widerstand ist sehr groß. Sie läßt praktisch keinen Strom fließen.
In diesem Zeitraum ist I gleich Null. Damit ist auch u_2 gleich Null. Jeder Augenblickswert der Eingangsspannung liegt also voll an der Diode:

$$u_1 = u_D \qquad u_2 = 0$$

> *Die Gleichrichterschaltung sperrt die negative Halbwelle einer Wechselspannung.*

Mißt man die Spannung an der Diode, so stellt man fest, daß an der Anode (also an der p-Zone) eine negative Spannung gegenüber der Katode (n-Zone) liegt (Bild 5.40).

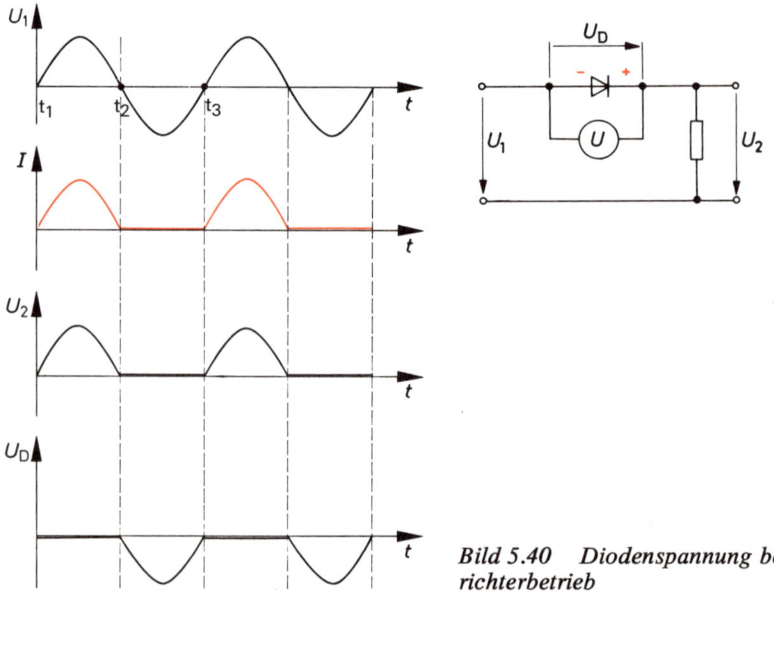

Bild 5.40 Diodenspannung bei Gleichrichterbetrieb

Das ist richtig so. Man mißt vor allem die im Sperrzustand auftretende Spannung. Die im Durchlaßzustand auftretende Spannung ist ja sehr gering.
Die Ausgangsspannung U_L ist noch keine Gleichspannung. Ihr Verlauf besteht aus lauter positiven Halbwellen.
Eine solche Spannung heißt *Mischspannung* oder pulsierende Gleichspannung. Sie enthält außer dem Gleichspannungsanteil noch Wechselspannungsanteile. Diese Wechselspannungsanteile müssen ausgesiebt werden.
Die Aussiebung der Wechselspannungsanteile erfolgt mit Hilfe einer *Siebkette.*
Bild 5.41 zeigt die Schaltung einer RC-Siebkette. Die positiven Halbwellen laden den Ladekondensator C_L auf. Die Spannung U_L hat den in Bild 5.41 rot angegebenen Verlauf.
Wird der Schalter S geschlossen, so liegt die Spannung U_L an einem frequenzabhängigen Spannungsteiler, der aus R und C_S gebildet wird (Bild 5.42).

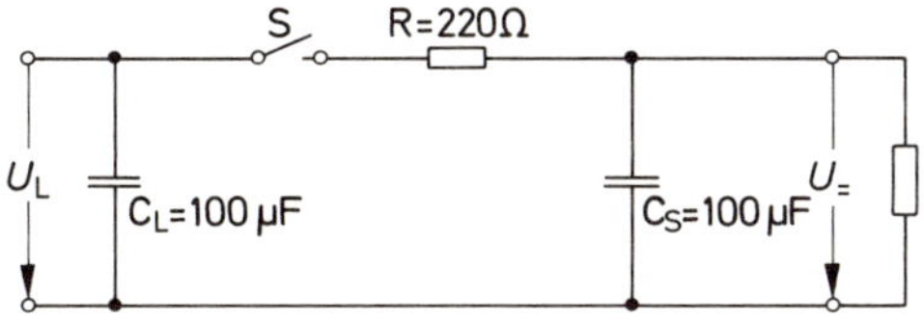

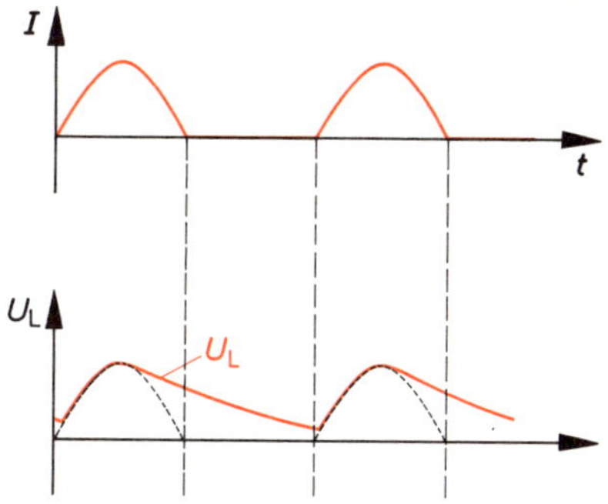

Bild 5.41 Siebkette, Spannungsverlauf an C_L

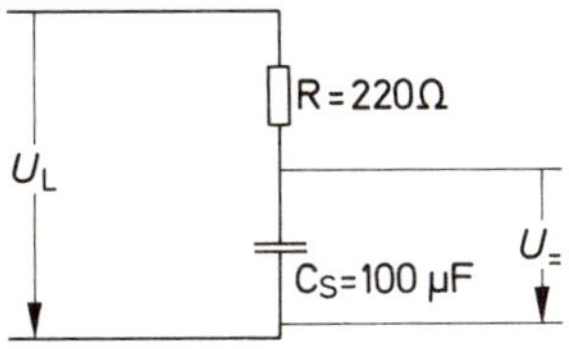

Bild 5.42 R und C_s der Siebkette bilden einen frequenzabhängigen Spannungsteiler

Für Wechselspannungsanteile hat C_S einen sehr kleinen Widerstand. Diese Wechselspannungsanteile werden durch C_S praktisch kurzgeschlossen.
Für Gleichspannung hat C_S jedoch einen fast unendlich großen Widerstand. C_S sperrt den Gleichstrom. Die Gleichspannung fällt an C_S mit einem großen Wert ab.
Am Ausgang der Siebkette liegt die Gleichspannung $U_=$.
Wird der Siebkette kein Strom entnommen, so lädt sich C_S auf den Scheitelwert der Wechselspannung U_1 auf (Bild 5.43).
$U_=$ ist aber immer noch keine hundertprozentige Gleichspannung. Eine kleine restliche Welligkeit läßt sich nicht vermeiden. Man kann die Restwelligkeit aber auch auf einen unmerkbar

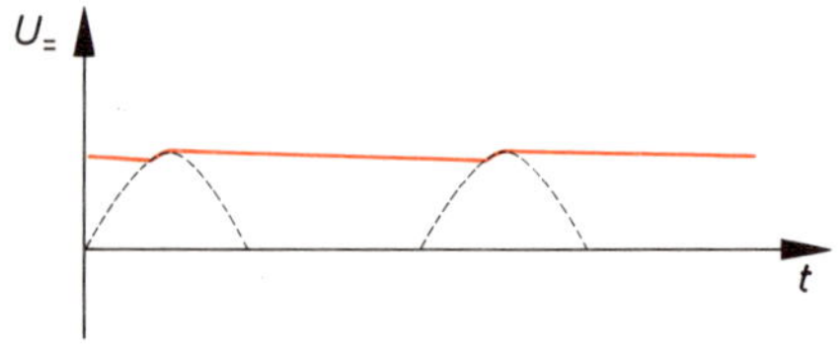

Bild 5.43 Zeitlicher Verlauf der Ausgangsspannung $U_=$

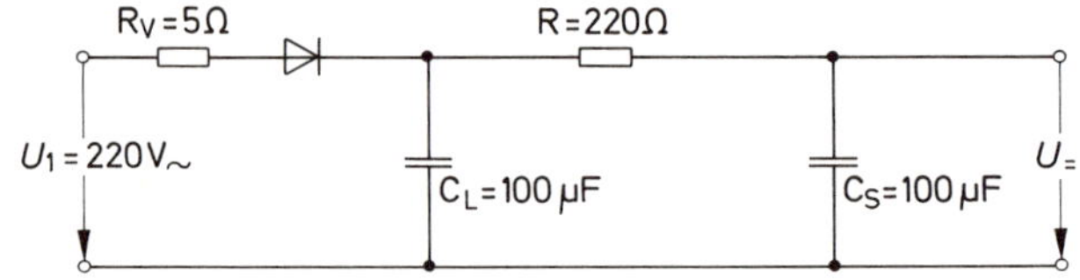

Bild 5.44 Einweg-Gleichrichterschaltung mit Siebkette

kleinen Wert herabdrücken. Dies ist eine Frage der Bemessung der Siebkette. Allgemein gilt:

> *Je größer die Kapazitäten der Kondensatoren C_L und C_S gemacht werden und je kleiner der der Siebkette entnommene Laststrom ist, desto kleiner ist die Restwelligkeit.*

Bild 5.44 zeigt die betrachtete Gleichrichterschaltung mit nachgeschalteter Siebkette. Da hier nur eine Halbwelle der sinusförmigen Wechselspannung ausgenutzt wird, nennt man diese Schaltung *Einweg-Gleichrichterschaltung*.

5.10.2. Mittelpunkts-Zweiweg-Gleichrichterschaltung (Zweipuls-Mittelpunktschaltung M 2)

Sollen beide Halbwellen einer Sinusschwingung gleichgerichtet werden, so benötigt man eine Zweiweg-Gleichrichterschaltung.
In Bild 5.45 ist eine Zweiweg-Gleichrichterschaltung dargestellt. Die Ausgangsspannung des Trafos wird durch Mittelanzapfung in zwei gleiche Spannungen U_1 aufgeteilt.
Hat Punkt A positive Spannung gegenüber B, so ist Diode D_1 in Durchlaßrichtung geschaltet. Es fließt ein Strom I_1 auf dem in Bild 5.45 rot markierten Weg.
Während der negativen Halbwelle hat Punkt A negative Spannung gegenüber Punkt B. Das heißt, Punkt B ist positiv gegenüber Punkt A. Die Diode D_2 ist jetzt in Durchlaßrichtung geschaltet. Es fließt ein Strom I_2 den schwarz gezeichneten Stromweg.
Die Ströme I_1 und I_2 vereinigen sich in Punkt C zum Gesamtstrom I. Der Lastwiderstand R_L wird von I durchflossen. Die Ausgangsspannung U_2 hat den gleichen zeitlichen Verlauf wie I (Bild 5.45).
U_2 ist eine Mischspannung, also eine Gleichspannung mit einem Wechselspannungsanteil. Mit Hilfe einer Siebkette kann der Wechselspannungsanteil wie bei Einweg-Gleichrichterschaltungen ausgesiebt werden.

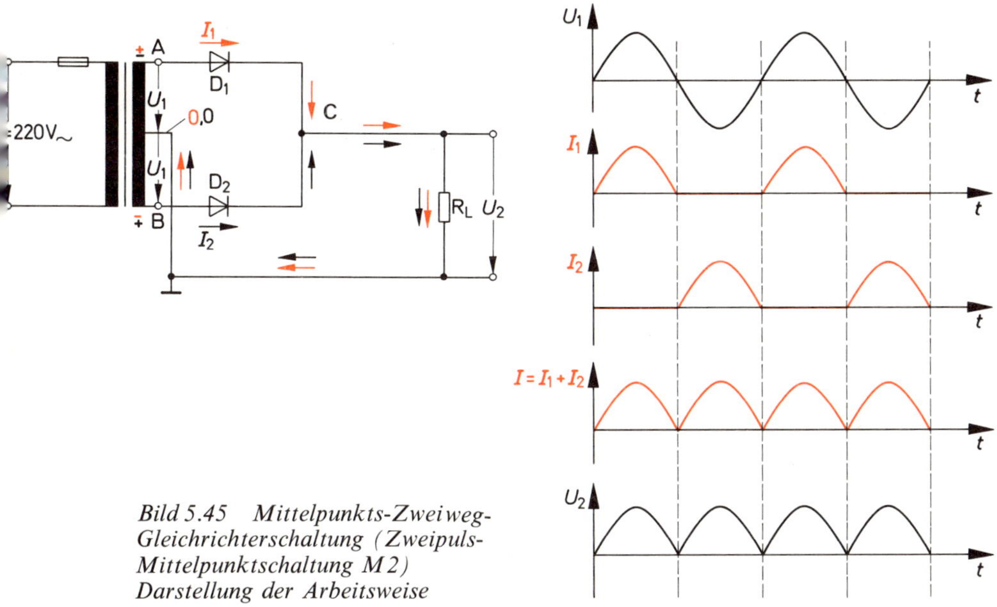

Bild 5.45 Mittelpunkts-Zweiweg-Gleichrichterschaltung (Zweipuls-Mittelpunktschaltung M 2) Darstellung der Arbeitsweise

5.10.3. Brücken-Zweiweg-Gleichrichterschaltung (Zweipuls-Brückenschaltung B 2)

Für die Mittelpunkts-Zweiweg-Gleichrichterschaltung wird ein verhältnismäßig teurer Transformator mit Mittelanzapfung benötigt. Die in Bild 5.46 dargestellte Brücken-Zweiweg-Gleichrichterschaltung erfordert keinen solchen Transformator. Sie ist verhältnismäßig preiswert herzustellen und wird außerordentlich häufig eingesetzt.

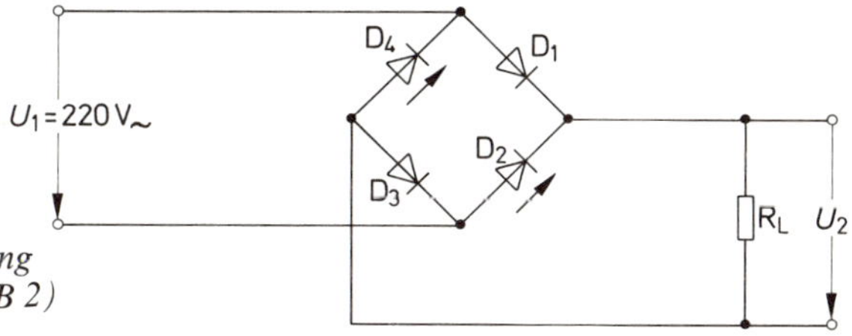

Bild 5.46 Brücken-Zweiweg-Gleichrichterschaltung (Zweipuls-Brückenschaltung B 2)

Während der positiven Halbwelle von U_1 sind die Dioden D_1 und D_3 in Durchlaßrichtung geschaltet. Es fließt ein Strom I_1 (Bild 5.47).
Während der negativen Halbwelle von U_1 sind die Dioden D_2 und D_4 in Durchlaßrichtung geschaltet. Es fließt ein Strom I_2. I_1 und I_2 durchfließen den Lastwiderstand R_L in gleicher Richtung. Sie bilden zusammen den Strom I. Die Spannung U_2 hat den gleichen zeitlichen Verlauf wie der Strom I.
U_2 ist eine Mischspannung. Ihr Wechselspannungsanteil kann durch Nachschalten einer Siebkette vernichtet werden.
Bild 5.48 zeigt eine Brücken-Zweiweg-Gleichrichterschaltung mit Siebkette.

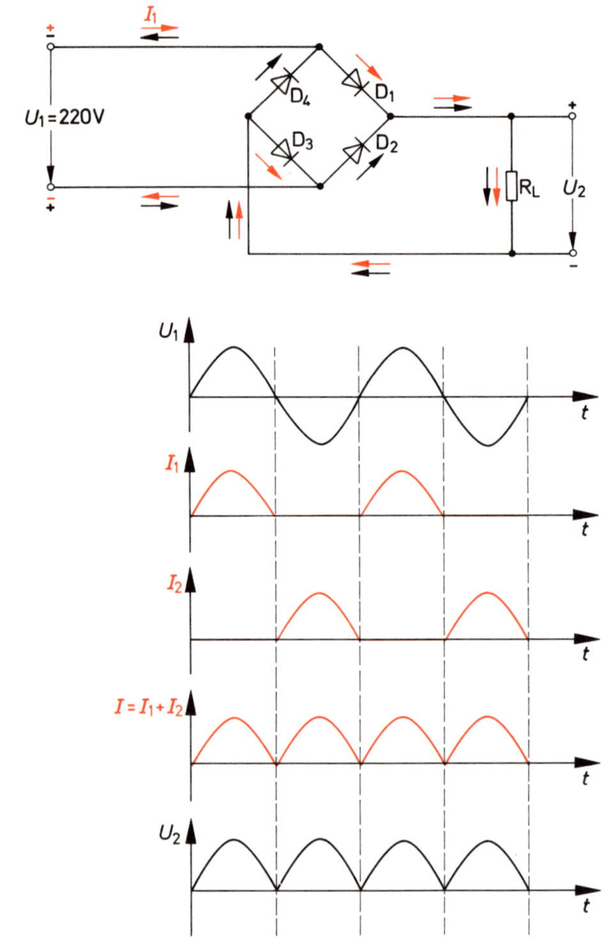

Bild 5.47 Arbeitsweise der Brücken-Zweiweg-Gleichrichter-schaltung (Zweipuls-Brücken-schaltung B2)

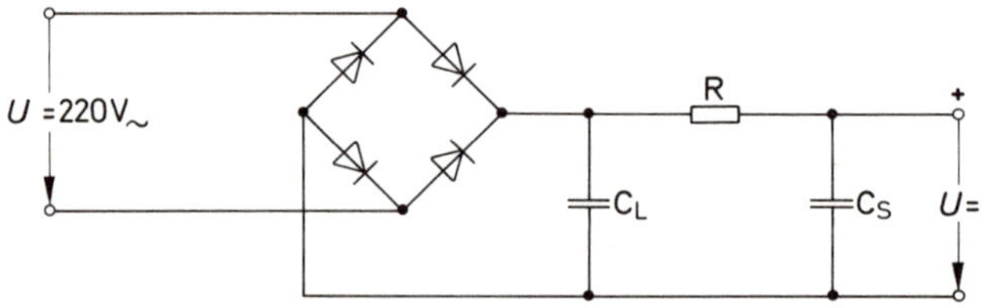

Bild 5.48 Brücken-Zweiweg-Gleichrichterschaltung (Zweipuls-Brückenschaltung B2) mit Siebkette

5.11. Halbleiterdioden als Schalter

Im Bereich der Digitaltechnik verwendet man häufig Dioden als Schalter.
In Bild 5.49 ist ein sogenanntes Oder-Glied (Oder-Gatter) mit den Eingängen A und B und dem Ausgang Z dargestellt.
Es gibt nur die zwei Zustände: 1 und 0.

Folgende Festlegung soll gelten:

$$1 \approx 5\,\text{V} \pm 1\,\text{V}$$
$$0 \approx 0\,\text{V} + 1\,\text{V}$$

Hat entweder der Eingang A oder der Eingang B den Zustand 1, so hat auch der Ausgang Z den Zustand 1.
Die Schaltung erzeugt eine logische Oder-Verknüpfung. Die möglichen Zustandskombinationen zeigt die Tabelle Bild 5.50.
Die Schaltung nach Bild 5.51 erzeugt eine andere logische Verknüpfung.

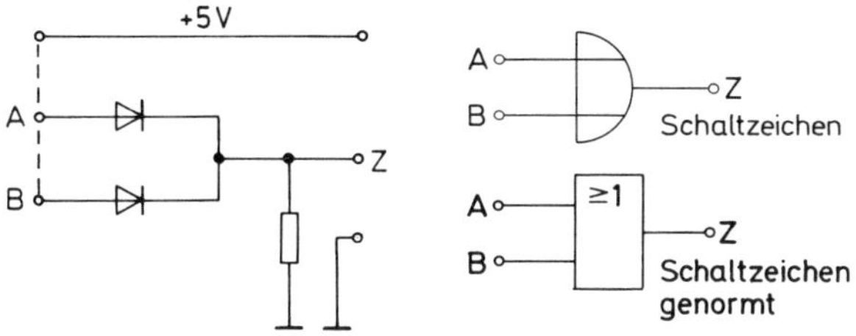

Bild 5.49 Oder-Glied mit Dioden als Schaltelementen

Fall	A	B	Z
1	0	0	0
2	0	1	1
3	1	0	1
4	1	1	1

Bild 5.50 Tabelle der Zustandskombinationen (Wahrheitstabelle) eines Oder-Gliedes

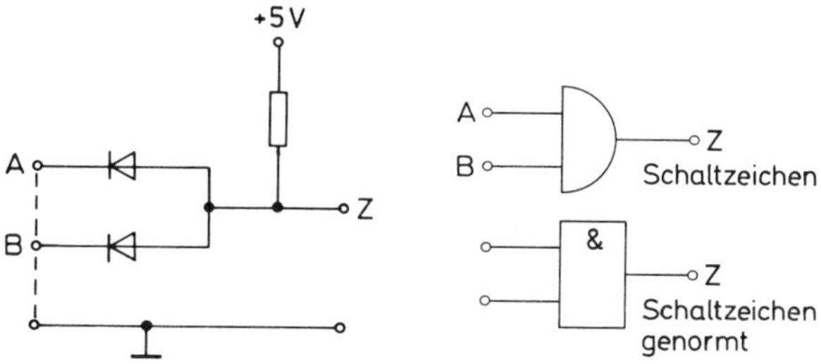

Bild 5.51 Und-Glied mit Dioden als Schaltelementen

Fall	A	B	Z
1	0	0	0
2	0	1	0
3	1	0	0
4	1	1	1

Bild 5.52 Tabelle der Zustandskombinationen (Wahrheitstabelle) eines Und-Gliedes

Am Ausgang Z kann nur dann der Zustand 1 = 5 V vorhanden sein, wenn an Eingang A und an Eingang B 1 = 5 V anliegen. Hat einer der Eingänge Zustand 0, so zieht er die Ausgangsspannung auf ungefähr 0,5 V herab. Damit hat der Ausgang den logischen Zustand 0.
Diese logische Verknüpfung heißt Und-Verknüpfung. Die möglichen Zustandskombinationen zeigt Tabelle Bild 5.52. Die Schaltung wird Und-Glied genannt (Und-Gatter). Näheres siehe Elektronik 3, Kapitel 11.
Bei Digitalschaltungen mit vielen Gattern und schnellem Zustandswechsel kommt es sehr auf die Schaltzeiten der Dioden und der anderen Halbleiterbauteile an. Die Rechengeschwindigkeit eines Digitalrechners ist um so größer, je kürzer diese Schaltzeiten sind.

5.12. Bauarten von Halbleiterdioden

In der Praxis wird ein Unterschied zwischen *Dioden* einerseits und *Gleichrichtern* andererseits gemacht.
Gleichrichter sind Halbleiterdioden, die für den Einsatz in Stromversorgungsgeräten oder Netzteilen gebaut sind. Sie sind für große Stromstärken und meist auch für große Sperrspan-

nungen bemessen. Sie richten also große Leistungen gleich. Die gelegentlich verwendete Bezeichnung *Leistungsdioden* ist darum sachgerechter.
Alle anderen Halbleiterdioden, die z.B. in der Nachrichtentechnik, in der Elektronik und in der Informationstechnik verwendet werden, werden als Dioden bezeichnet.

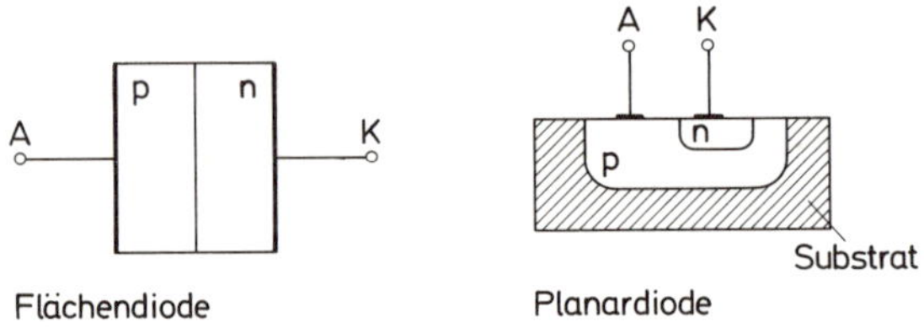

Bild 5.53 Bauarten von Halbleiterdioden

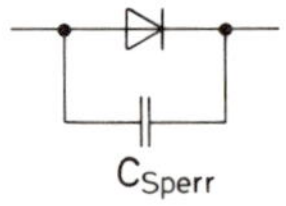

Bild 5.54 Die Sperrschichtkapazität wirkt wie ein der Diode parallelgeschalteter Kondensator

5.12.1. Flächendioden

Bei Flächendioden erstreckt sich der pn-Übergang über eine größere Fläche. Sie können nach verschiedenen Technologien hergestellt sein, z.B. als diffundierte Flächendiode oder als Planardiode (Bild 5.53).
Flächendioden sind meist Si-Dioden. Sie können größere Stromstärken vertragen und haben höhere Sperrspannungen als entsprechende Ge-Dioden.
Je größer die Sperrschichtfläche einer Flächendiode, desto größer ist ihre Sperrschichtkapazität.
Flächendioden mit großer Sperrschichtkapazität sind für Hochfrequenz nicht geeignet. Die Gleichrichtung funktioniert nicht mehr. Die Sperrschichtkapazität wirkt wie ein der Diode parallel geschalteter Kondensator (Bild 5.54). Der Hochfrequenzstrom kann seinen Weg über diesen Kondensator nehmen.
Die Schaltzeiten von Flächendioden wachsen ebenfalls mit der Sperrschichtkapazität. Mit Hilfe der Planartechnik können Flächendioden mit kleiner Sperrschichtfläche und sehr kurzen Schaltzeiten hergestellt werden.

5.12.2. Spitzendioden

Spitzendioden und ihre Sonderbauform, die Golddrahtdiode, werden meist als Germaniumdioden gebaut. Auf ein kleines n-leitendes Stückchen Germaniumkristall wird ein spitzer Draht aufgesetzt und mit dem Kristall verschweißt. Der Draht enthält als Legierungsbestandteile geeignete Akzeptoratome. Diese dringen während des Schweißvorganges in das Germaniumkristall ein und erzeugen eine sehr winzige p-leitende Zone (etwa 50 μm Durchmesser) (Bild 5.55).

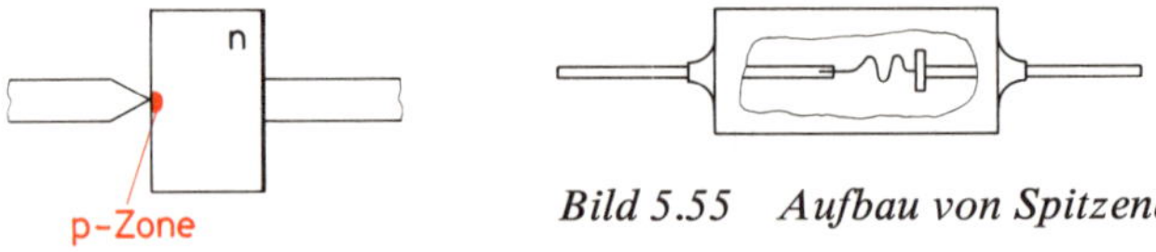

Bild 5.55 Aufbau von Spitzendioden

Spitzendioden haben eine extrem kleine Fläche des pn-Überganges und natürlich eine sehr kleine Sperrschichtkapaztität (oft um 0,2 pF). Sie sind für Hochfrequenz sehr gut geeignet.
Die Golddrahtdiode ist eine Sonderform der Spitzendiode. Der Golddraht wird stumpf aufge-

Bild 5.56 *Aufbau von Golddrahtdioden*

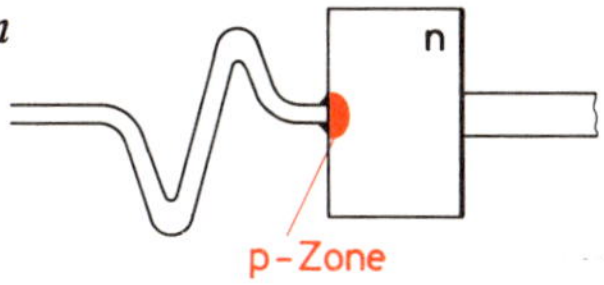

schweißt. Die Sperrschichtfläche wird dadurch etwas größer als bei der Spitzendiode (rd. 100 μm Durchmesser). Das Kristall ist stark dotiert. Dadurch wird der Kristallwiderstand gering. Golddrahtdioden haben kleine Widerstandswerte in Durchlaßrichtung (Bild 5.56).
Spitzendioden und Golddrahtdioden werden vorwiegend in der Nachrichtentechnik angewendet. Man verwendet sie häufig als Demodulatordioden in der Radio- und Fernsehtechnik. Auch als Schalterdioden sind sie einsetzbar. Die modernen Planardioden mit kleiner Sperrschichtfläche sind als Schalterdioden aber besser geeignet.

5.12.3. Leistungsdioden (Gleichrichter)

Leistungsdioden sind heute überwiegend Siliziumdioden. Für einige Sonderfälle verwendet man noch Selendioden (Selenzellen).
Die Kennlinien von Si-Dioden verlaufen oberhalb der Schwellspannung sehr steil. Bei großen Spannungen ergibt sich ein sehr kleiner Durchlaßwiderstand (z.B. 30 mΩ bei $U = 220$ V).
Man kann Si-Dioden mit sehr hohen Sperrspannungen bauen (über 3000 V). Das Kristall darf sich auf nahezu 200 °C erwärmen.
Si-Leistungsdioden für große Stromstärken (500 A, 1000 A) haben verhältnismäßig kleine Abmessungen (Bild 5.57).
Die eigentliche Siliziumpille ist besonders klein und hat nur eine sehr geringe Wärmekapazität. Kurzzeitige Überströme (Kurzschlußströme), unregelmäßige Kühlung usw. können schnell zu thermischen Überlastungen führen. Die Si-Pille kann dann sehr schnell zerstört werden. Eine solche Zerstörung ist in Sekundenbruchteilen möglich. Hier liegt ein Nachteil der Si-Leistungsdioden.
Selenzellen sind gegen kurzzeitige Überströme wesentlich unempfindlicher. Der Überstrom kann recht lange fließen. „Erst raucht es, dann stinkt es – und wenn jetzt immer noch nicht abgeschaltet wird, geht der Selengleichrichter langsam kaputt.“ Wegen dieser Eigenschaft werden heute noch verhältnismäßig viel Selengleichrichter verwendet. Sie sind auch besonders wirtschaftlich, wenn kleine Spannungen bei großen Stromstärken gleichzurichten sind, wie z.B. in der Galvanotechnik.
Mit Si-Leistungsdioden lassen sich Gleichrichterschaltungen aufbauen, die einen Wirkungsgrad von 99,5% haben. Das ist wegen des sehr kleinen Durchlaßwiderstandes möglich.
Mit Selenzellen kommt man etwa auf Wirkungsgrade um 90%.

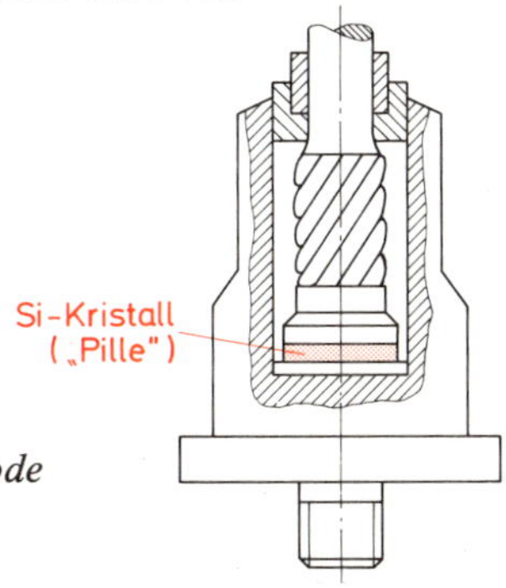

Bild 5.57 *Aufbau einer Si-Leistungsdiode*

5.13. Prüfen von Halbleiterdioden

Der Praktiker muß mit einfachen Mitteln feststellen können, ob eine Diode defekt ist oder nicht.

Am einfachsten kann man das mit Hilfe einer Widerstands-Meßbrücke (Wheatstone-Brücke). Es gibt solche Brücken in Form handlicher Meßgeräte. Sie werden meist durch eine Taschenlampenbatterie von 4,5 V gespeist.

Die Diode wird an die für den unbekannten Widerstand R_x vorgesehenen Klemmen angeschlossen. Dann wird der Durchlaßwiderstand und nach Umdrehen der Diode der Sperrwiderstand gemessen.

Bei der Schaltung der Meßbrücke und der Speisespannung von 4,5 V kann eine Diode kaum überlastet werden. Trotzdem empfiehlt es sich, bei kleinen Dioden die Messung nicht zu lange auszudehnen.

Die an der Diode anliegende Spannung muß oberhalb der Schwellspannung liegen (Bild 5.58). Sonst mißt man einen zu großen Wert für den Durchlaßwiderstand.

Ist die Diode in Ordnung, so mißt man in der einen Richtung einen Durchlaßwiderstand von einigen Ohm (etwa 1 Ω bis 200 Ω, bei Leistungsdioden wesentlich weniger).

In der anderen Richtung erhält man einen Sperrwiderstand von einigen Megaohm (etwa 0,5 MΩ bis 300 MΩ).

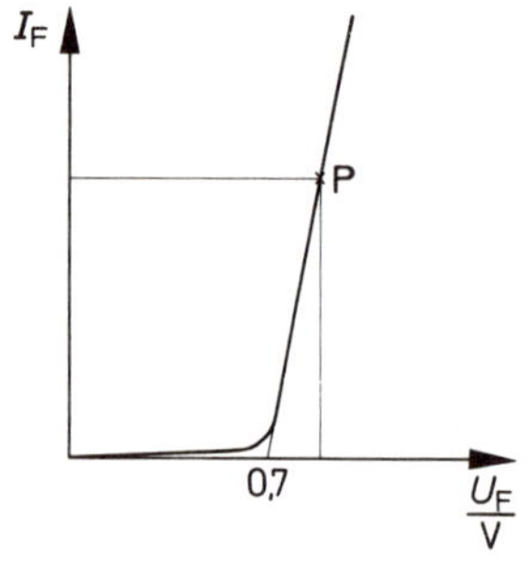

Bild 5.58 Bei der Prüfung von Dioden muß die angelegte Spannung oberhalb der Schwellspannung liegen

> *Mißt man in beiden Richtungen einen geringen Widerstand, so ist die Diode defekt.*
> *Ebenfalls ist die Diode defekt, wenn man in beiden Richtungen einen sehr hohen Widerstandswert feststellt.*

Will man eine Diode ganz genau untersuchen, so benötigt man entsprechende Meßgeräte. Man kann dann die von den Herstellern angegebenen Daten überprüfen und die genaue Kennlinie der Diode aufnehmen. Bei der Kennlinienaufnahme ist darauf zu achten, daß sich die Diode während der Messungen nicht wesentlich erwärmt. Die vom Hersteller angegebenen Kennlinien und Kennwerte gelten meist für eine bestimmte Temperatur.

Auch streuen die Kennwerte von Halbleiterbauteilen in einem bestimmten Bereich. Gewisse Abweichungen von den vom Hersteller angegebenen Daten sind zulässig.

5.14. Kennwerte und Grenzwerte

Alle Hersteller von Halbleiterdioden geben Datenblätter heraus. In diesen Datenblättern sind die Eigenschaften der Halbleiterdioden genau beschrieben. Es sind Daten und Kennlinien angegeben.
Bei den Daten ist zwischen *Grenzwerten* und *Kennwerten* zu unterscheiden.

> *Grenzwerte sind Werte, die der Anwender nicht überschreiten darf, ohne eine sofortige Zerstörung des Bauelementes zu riskieren.*
>
> *Kennwerte sind Werte, die die Eigenschaften des Bauelementes im Betriebsbereich beschreiben.*

Kennwerte können als typische Werte oder als Garantiewerte angegeben werden.

Typische Werte sind Werte, die für eine große Anzahl von Bauelementen dieser Art typisch sind. Die Werte des Einzelexemplars können von den typischen Werten teilweise recht erheblich abweichen.

Garantiewerte werden vom Hersteller garantiert. Meist wird aber kein bestimmter Wert garantiert, sondern es wird zugesichert, daß der betreffende Wert unter einer bestimmten Grenze liegt.

Wird für die Sperrschichtkapazität z.B. angegeben $C < 0{,}75$ pF, so muß die Sperrschichtkapazität bei allen Dioden dieses Typs unter 0,75 pF liegen.

Wichtige Grenzwerte:

Spitzensperrspannung U_{RM}:
Höchste Spannung, die in Sperrichtung an der Diode anliegen darf. Dieser Wert darf auch kurzzeitig nicht überschritten werden.

Richtstrom I_0:
Höchster arithmetischer Mittelwert des Diodenstromes.

Durchlaßstrom I_F:
Maximaler Durchlaßdauerstrom bei bestimmter Kristalltemperatur (Gleichstromwert oder Effektivwert).

Periodischer Spitzenstrom I_{FRM}:
Größter zulässiger Spitzenstrom, der periodisch wiederkehren darf.

Stoßstrom I_{FSM}:
Größtwert für einen stoßartig verlaufenden Strom, der nicht länger als 1 Sekunde fließen darf. Bei Beginn darf das Kristall nur eine Temperatur von 25 °C haben.

Verlustleistung P_{tot}:
Größte zulässige Gesamtverlustleistung.

Sperrschichttemperatur T_j *oder* ϑ_j:
Größte zulässige Temperatur des Kristalls im Bereich der Sperrschicht.

Lagerungstemperaturbereich T_S *oder* ϑ_s:
Die Diode muß in diesem Temperaturbereich gelagert werden. Sie darf inner- und außerhalb des Betriebszustandes keinen anderen Temperaturen ausgesetzt werden, sonst nimmt sie Schaden.

Wichtige Kennwerte:

Durchlaßspannung U_F
bei bestimmtem Durchlaßstrom

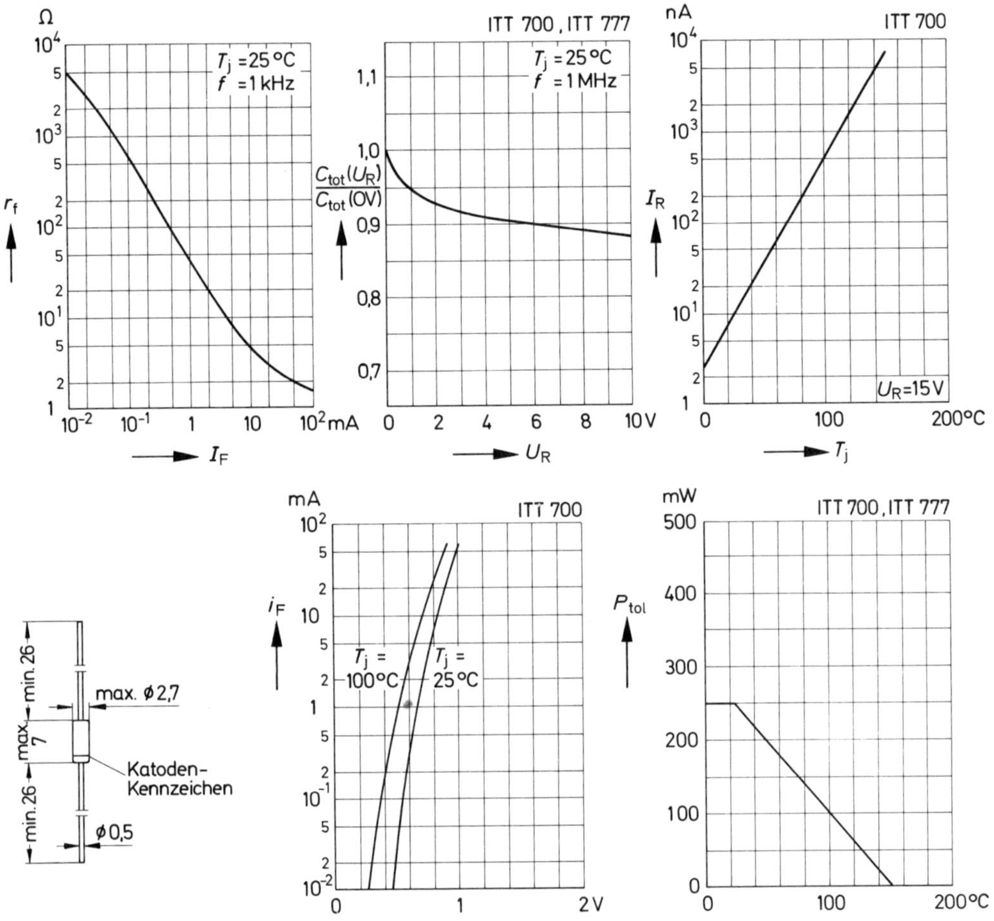

Bild 5.59

Sperrstrom I_R

bei bestimmter Sperrspannung und Temperatur

Sperrschichtkapazität C

bei bestimmter Sperrspannung

Sperrverzögerung t_{rr}

unter bestimmten Bedingungen

Wärmewiderstand

Sperrschicht – umgebende Luft R_{thU}

(Erläuterung siehe Abschnitt 7.10.2.)

In Bild 5.59 sind die Datenangaben und die besonders interessierenden Kennlinien für die Diode ITT 700 wiedergegeben. (Quelle: Datenbuch der Firma Intermetall, Freiburg)

5.15 Lernziel-Test

1. Nennen Sie Halbleiterwerkstoffe, aus denen Dioden und Transistoren hergestellt werden.
2. Was versteht man unter der Einkristallstruktur eines Halbleiterwerkstoffes?
3. Welchen Reinheitsgrad müssen Halbleiterkristalle, die zur Herstellung von Dioden und Transistoren bestimmt sind, mindestens haben?
4. Erklären Sie den Aufbau eines Silizium-Kristalls. Welche Bedeutung haben die Valenzelektronen der Si-Atome?
5. Was versteht man unter der Eigenleitfähigkeit von Halbleitermaterial? Nennen Sie die Ursachen der Eigenleitfähigkeit.
6. Erklären Sie die Begriffe Dotierung und Dotierungsgrad.
7. Wie erzeugt man n-Silizium?
8. Welche freien Ladungsträger enthält n-Silizium?
   Ist das n-Silizium-Kristall elektrisch geladen? Wenn ja, positiv oder negativ?
9. Wie erzeugt man p-Silizium?
10. Was sind Donatoratome, was Akzeptoratome?
11. Welche freien Ladungsträger enthält p-Silizium?
    Wie ist das p-Silizium-Kristall geladen?
12. Erklären Sie, was man unter einem Defektelektron oder Loch versteht!
13. Was ist Löcherleitung, was Elektronenleitung?
14. Wie verhält sich ein pn-Übergang, wenn keinerlei äußere Spannung angelegt ist?
15. Was ist eine Raumladungszone?
16. Enthält eine Raumladungszone wenig oder viel freibewegliche Ladungsträger?
17. Warum herrscht in einer Raumladungszone ein elektrisches Feld?
18. Was ist Ladungsträgerdiffusion und wie entsteht eine Diffusionsspannung?
19. Wie verhält sich ein pn-Übergang, wenn an das Kristall eine äußere Spannung angelegt wird? Der Pluspol der Spannungsquelle liegt an der n-Zone, der Minuspol an der p-Zone.
20. Was sind Minoritätsträger, auch Minderheitenträger genannt?
21. Bei welcher Polung ist ein pn-Übergang in Durchlaßrichtung gepolt?
22. Wie verhält sich ein pn-Übergang, der in Durchlaßrichtung gepolt ist?
23. Warum hat jede Raumladungszone eine Kapazität?
24. Skizzieren Sie die typische I-U-Kennlinie einer Si-Diode.
25. Was versteht man unter einer Schwellspannung oder Schleusenspannung? Wie groß sind die Schwellspannungen bei Germanium-Dioden und bei Silizium-Dioden?
26. Warum tritt bei Halbleiterdioden ein Sperrstrom auf?
27. Bestimmen Sie aus der Kennlinie Bild 5.60 für den Punkt P den Gleichstromwiderstand R_F und den differentiellen Widerstand r_F.
28. Beschreiben Sie den Aufbau von Vielkristall-Halbleiterdioden.
29. Schaltet man eine Diode vom Sperrzustand in den Durchlaßzustand, so vergeht eine Einschaltzeit t_{fr}. Schaltet man die Diode wieder in den Sperrzustand zurück, so ergibt sich eine Ausschaltzeit t_{rr}. Wie groß sind etwa diese Schaltzeiten?
30. Welche Temperaturabhängigkeit zeigen Halbleiterdioden?
31. Bild 5.61 zeigt eine einfache Gleichrichterschaltung mit Dioden. Zeichnen Sie in einem Diagramm die Verläufe des Stromes I und der Spannung U_2 in Abhängigkeit von der Zeit. Die Spannung U_1 ist eine Sinusspannung.
32. In Bild 5.62 ist eine Gleichrichterschaltung mit 4 Dioden in Brückenschaltung dargestellt. Wie arbeitet diese Schaltung? Stellen Sie ein Diagramm für den zeitlichen Verlauf von I und U_2 dar. Die Spannung U_1 ist wieder eine Sinusspannung.

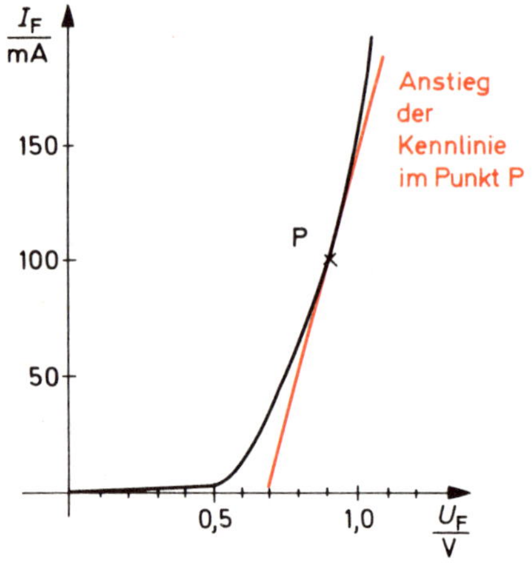

Bild 5.60 Diodenkennlinie

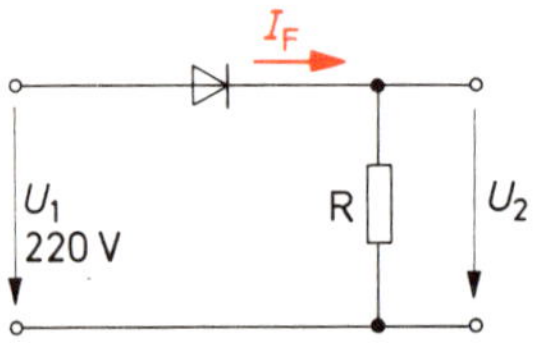

Bild 5.61 Gleichrichterschaltung

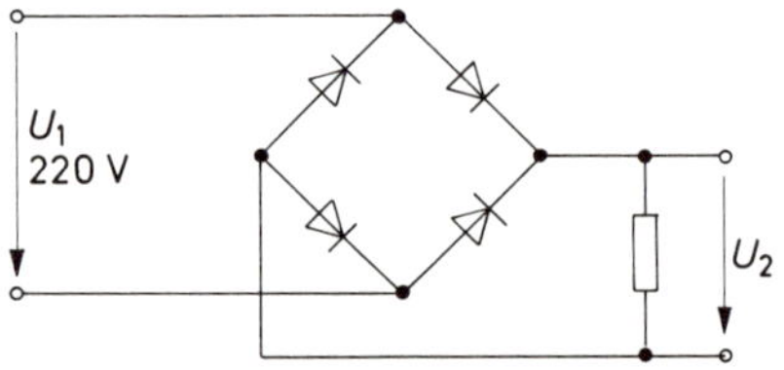

Bild 5.62 Gleichrichterschaltung

33. Nennen Sie Beispiele für die Verwendung von Dioden als Schalter.
34. Welcher wesentliche Unterschied besteht zwischen einer Gleichrichterdiode und einer Hochfrequenzdiode (z.B. einer Spitzendiode)?
35. Wie kann man feststellen, ob eine Diode funktionsfähig oder defekt ist?

6. Halbleiterdioden mit speziellen Eigenschaften

6.1. Z-Dioden

6.1.1. Allgemeines

Z-Dioden sind besonders dotierte Silizium-Halbleiterdioden. Sie werden in Sperrichtung bei einer konstruktionsbedingten Spannung U_{Z0} niederohmig. Im Durchlaßbereich verhalten sie sich wie normale Si-Dioden (Bild 6.1).
Die Spannung U_{Z0} wird *Zenerspannung* genannt.

> *Z-Dioden werden im Sperrbereich bei Erreichen der Zenerspannung niederohmig.*

Der niederohmige Zustand in Sperrichtung wird durch zwei Effekte hervorgerufen, durch den *Zenereffekt* und durch den *Lawineneffekt.*

6.1.2. Zenereffekt

Die Sperrspannung verursacht ein elektrisches Feld in der Sperrschicht der Z-Diode. Mit steigender Sperrspannung wird die Feldstärke des elektrischen Feldes immer größer. Das elektrische Feld übt Kräfte auf die in den Kristallbindungen befindlichen Elektronen aus. Bei einer

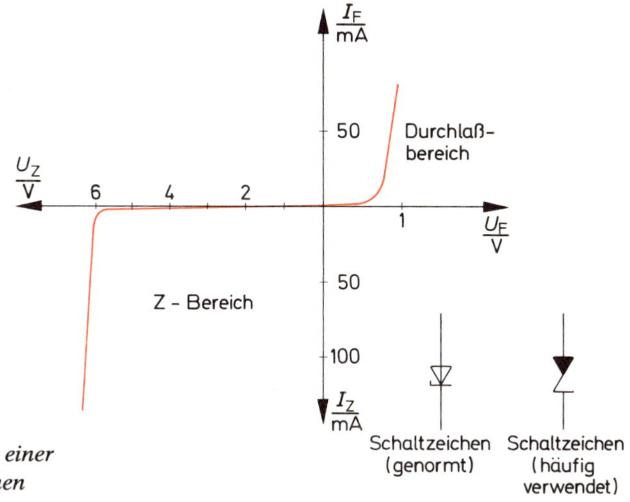

Bild 6.1 I-U-Kennlinie einer Z-Diode und Schaltzeichen

Feldstärke von etwa 20 V/µm ist die Kraft auf die Elektronen so groß, daß viele sich in ihren Bindungen nicht mehr halten können. Sie werden aus den Bindungen herausgerissen und stehen jetzt als freie Elektronen der Bildung eines Stromes zur Verfügung. Die Sperrschicht enthält freie Ladungsträger. Sie ist jetzt elektrisch leitfähig geworden.
Die kritische Feldstärke von etwa 20 V/µm ist eine sehr große Feldstärke. Sie entspricht einem Wert von 200 kV/cm. Diese Feldstärke wird bei der Spannung U_{Z0} erreicht.
Die Dotierung einer Z-Diode kann nun so durchgeführt werden, daß die kritische Feldstärke schon bei 2 V Sperrspannung auftritt. Es ist auch möglich, so zu dotieren, daß diese Feldstärke erst bei 600 V vorhanden ist. Man kann also Z-Dioden mit Zenerspannungen von 2 V bis 600 V bauen.
Der Vorgang des Herauslösens gebundener Elektronen durch Kräfte des elektrischen Feldes wurde von Zener untersucht. Nach ihm wurde dieser Effekt Zenereffekt genannt. Der Zenereffekt ist im Prinzip eine sogenannte Feldemission im Inneren des Kristalls.

Durch die Kräfte des elektrischen Feldes werden Elektronen aus der Kristallbindung gelöst. Sie dienen als freie Ladungsträger der Bildung eines Stromes.

Gleichzeitig entstehen Löcher, die sich wie positive Ladungsträger verhalten.

6.1.3. Lawineneffekt

Die Ladungsträger des geringen Sperrstromes und die durch den Zenereffekt freigemachten Elektronen werden durch das elektrische Feld stark beschleunigt. Sie bekommen eine große Energie und schlagen andere Elektronen aus ihren Bindungen. Dabei kann ein Elektron zwei und mehr andere Elektronen herausschlagen. Die Zahl der freien Ladungsträger steigt lawinenartig an. Die Sperrschicht ist jetzt mit freien Ladungsträgern überschwemmt. Sie ist sehr niederohmig.
Dieser Lawineneffekt wird auch *Avalancheeffekt* genannt. Es handelt sich im Prinzip um einen Vorgang der Stoßionisation im Innern des Kristalls.

Die vorhandenen freien Elektronen werden stark beschleunigt und schlagen andere Elektronen aus ihren Bindungen. Es entsteht eine Ladungsträgerlawine.

6.1.4. Durchbruchverhalten

Bei der Z-Diode überlagern sich Zenereffekt und Lawineneffekt. Man spricht von einem *Z-Durchbruch* oder *Zenerdurchbruch* der Sperrschicht.
Die plötzliche große Leitfähigkeit der Sperrschicht kann zu einem sehr großen Strom in Sperrichtung führen. Wird dieser Strom nicht begrenzt, so wird die Z-Diode zerstört.

Nach dem Zenerdurchbruch ist eine Begrenzung des Stromes unbedingt erforderlich.

Vom Hersteller wird ein höchstzulässiger Strom I_{Zmax} und eine höchstzulässige Verlustleistung P_{tot} angegeben. Diese Grenzwerte dürfen nicht überschritten werden, sonst erwärmt sich das Kristall unzulässig hoch (Bild 6.2).

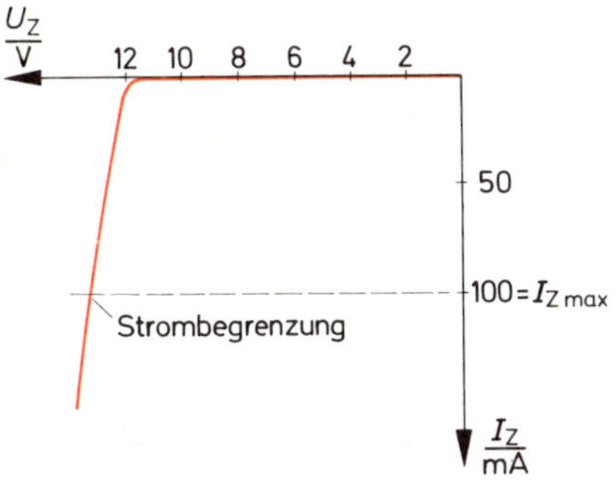

Bild 6.2 Durchbruchskennlinie einer Z-Diode mit Angabe der erforderlichen Strombegrenzung

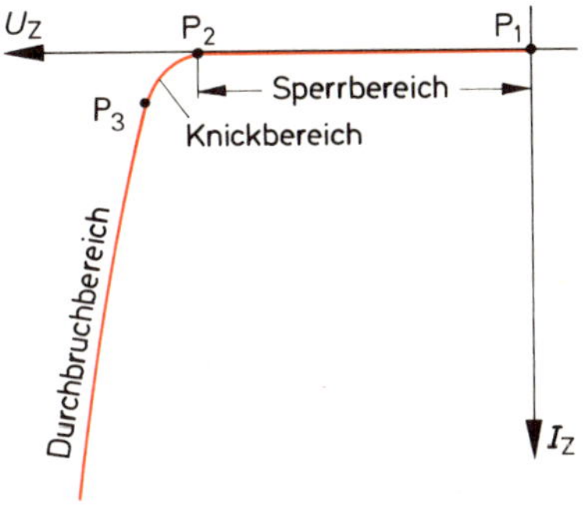

Bild 6.3 Kennlinienbereiche

6.1.5. Regeneration der Sperrschicht

Sinkt die Sperrspannung unter den Wert von U_{Z0}, so hört das Freisetzen von Ladungsträgern plötzlich auf. Die Sperrschichtzone verarmt an Ladungsträgern. Noch vorhandene Elektronen fallen in die offenen Kristallbindungen oder werden von den Kräften des elektrischen Feldes aus dem Sperrschichtbereich transportiert. Nach dieser außerordentlich kurzen Ausräumzeit ist die Sperrschicht leergefegt von freien Ladungsträgern. Sie hat ihre ursprüngliche Sperrwirkung zurückerlangt. Die Z-Diode ist wieder hochohmig geworden. Die Sperrschicht ist wiederhergestellt (regeneriert).

6.1.6. Kennlinien, Kennwerte, Grenzwerte

Die Kennlinie einer Z-Diode in Sperrichtung besteht aus dem *Sperrbereich*, dem *Knickbereich* und dem *Durchbruchsbereich*. Im Sperrbereich P_1 bis P_2 fließt nur ein sehr geringer Sperrstrom (Bild 6.3), der Knickbereich beginnt mit dem Einsetzen des Durchbruches (P_2).
Zunächst beginnt der Zenereffekt, dann der Lawineneffekt. Der Sperrstrom steigt an. Im Punkte P_3 ist der Knickbereich beendet. Der Bereich ab P_3 wird Durchbruchsbereich genannt.
Die Kennlinien einiger Zenerdioden sind in Bild 6.4 dargestellt. Bei Dioden mit höherer Zenerspannung ist der Kennlinienknick schärfer ausgeprägt. Der Knickbereich ist kleiner.
Aus meßtechnischen Gründen wird als Zenerkennspannung U_{ZK} die Spannung angegeben, bei der ein bestimmter Strom I_{ZK}, meist 5 mA, fließt (Bild 6.5a). Diese Spannung ist um einen geringen Wert verschieden von der Spannung U_{Z0}, bei der der Durchbruch beginnt.
Der größte Strom, der durch die Z-Diode fließen darf, wird I_{Zmax} genannt (Bild 6.5a). Er ist ein vom Hersteller gegebener Grenzwert.
Der kleinste Strom bei vollständigem Sperrschichtdurchbruch ist I_{Zmin}. I_{Zmin} liegt außerhalb des Knickbereiches, dort wo der Durchbruchsbereich beginnt.

> *Der Bereich zwischen dem kleinsten Zenerstrom I_{Zmin} und dem größten Zenerstrom I_{Zmax} wird Arbeitsbereich genannt.*

Bild 6.4 Kennlinien einiger Z-Dioden (nach Unterlagen von Siemens und ITT)

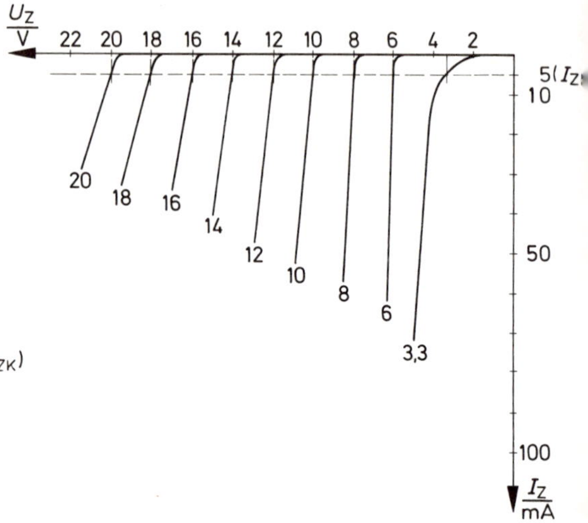

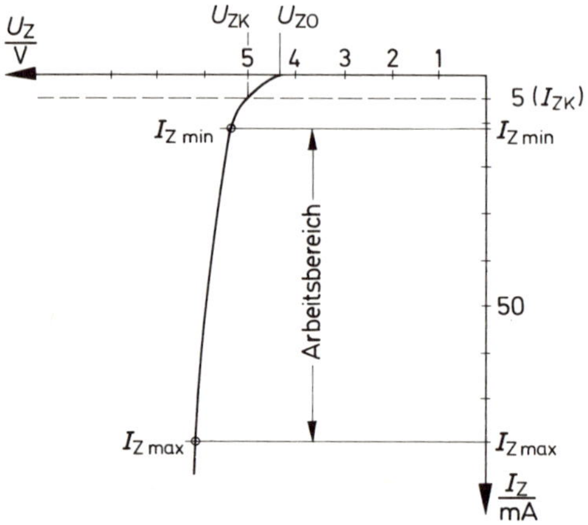

Bild 6.5a Kennlinie einer Z-Diode mit $U_{ZK} = 5$ V

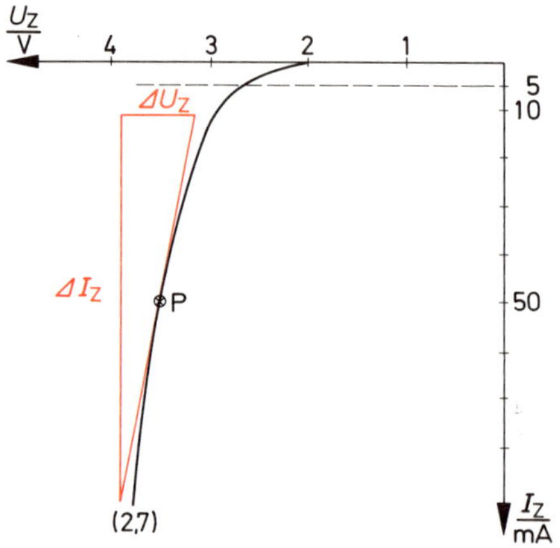

Bild 6.5b Kennlinie einer Z-Diode, Bestimmung des differentiellen Widerstandes r_Z im Punkt P

Aus dem Anstieg der Durchbruchskennlinie erhält man den differenziellen Widerstand r_z.

$$r_Z = \frac{\Delta U_Z}{\Delta I_Z}$$

ΔU_Z	Spannungsänderung
ΔI_Z	Stromänderung
r_Z	differentieller Widerstand

Der differentielle Widerstand r_Z hat in jedem Punkt der Kennlinie einen anderen Wert, da die Kennlinie leicht gekrümmt ist. Die Durchbruchskennlinien von Z-Dioden höherer Zenerspannung sind fast geradlinig.

Der differentielle Widerstand einer Z-Diode gibt die Steilheit der Durchbruchskennlinie an.

Je steiler die Durchbruchskennlinie, desto kleiner ist der differentielle Widerstand.

Beispiel: Eine Z-Diode wird bei einem Strom von 20 mA im Durchbruchsbereich betrieben. An der Diode liegt eine Spannung von 8,2 V. Der Strom durch die Z-Diode wird auf 70 mA erhöht. Die Spannung steigt auf 8,3 V.
Welchen Wert hat der differentielle Widerstand?

$$\Delta U_Z = 0{,}1\ \text{V} \qquad r_Z = \frac{\Delta U_Z}{\Delta I_Z}$$

$$\Delta I_Z = 50\ \text{mA} \qquad r_Z = \frac{0{,}1\ \text{V}}{0{,}05\ \text{A}}$$

$$r_Z = 2\ \Omega$$

Die Durchbruchskennlinien von Z-Dioden mit Zenerspannungen U_{ZK} von etwa 6 V bis 8 V verlaufen besonders steil. Ihr differentieller Widerstand ist sehr klein (übliche Werte 1 Ω bis 100 Ω).
Z-Dioden für Zenerspannungen U_{ZK} oberhalb 8 V und unterhalb 6 V haben einen größeren differentiellen Widerstand. Bild 6.6 zeigt den Verlauf des differentiellen Widerstandes in Abhängigkeit von der Zenerspannung.

Z-Dioden sind in ihren Eigenschaften temperaturabhängig.

In Bild 6.7 sind Kennlinien für verschiedene Z-Dioden dargestellt. Die schwarzen Kennlinien gelten für eine Kristalltemperatur von 25 °C, die roten für eine Kristalltemperatur von 125 °C.

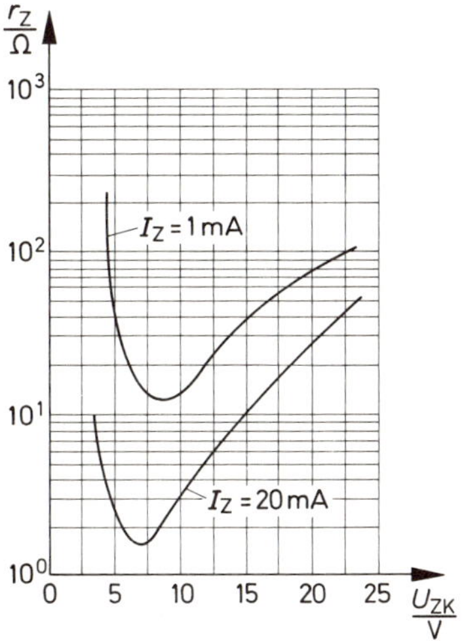

Bild 6.6 Abhängigkeit der Größe des differentiellen Widerstandes r_Z von der Spannung U_{ZK} und vom Strom I_Z

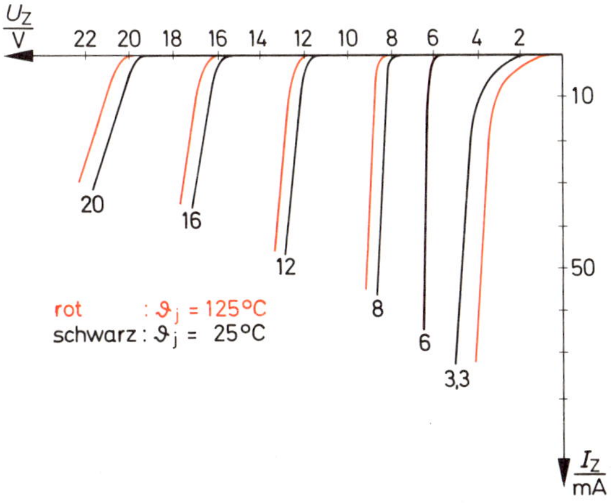

Bild 6.7 Temperaturabhängigkeit von Z-Dioden, Kennlinienverschiebung bei Temperaturerhöhung

Die Spannung U_{Z0}, bei der der Durchbruch beginnt, wird durch die Temperaturerhöhung verschoben, ebenfalls die Spannung U_{ZK} bei $I_Z = 5$ mA.
Die geringste Verschiebung zeigt sich bei Kennlinien für Z-Dioden mit $U_{ZK} \approx 6$ V. Hier ist der Kennlinienverlauf fast temperaturunabhängig.
Die Kennlinien für Z-Dioden mit Zenerspannungen U_{ZK} größer als 6 V sind zu größeren Spannungswerten hin verschoben. Z-Dioden dieser Art haben einen positiven Temperaturkoeffizienten.
Z-Dioden mit Zenerspannungen U_{ZK} kleiner als 6 V haben einen negativen Temperaturkoeffizienten.
Es wird vermutet, daß bei Z-Dioden mit $U_{ZK} < 6$ V die für den Durchbruch erforderliche Ladungsträgerfreisetzung überwiegend durch den Zenereffekt erfolgt. Das Herauslösen der Ladungsträger (innere Feldemission) wird mit steigender Kristalltemperatur leichter.
Bei Z-Dioden mit $U_{ZK} > 6$ V erfolgt die Ladungsträgerfreisetzung überwiegend durch den Lawineneffekt. Dieser wird bei höherer Kristalltemperatur durch die nun stärkeren Wärmeschwingungen gebremst.
Der Temperaturkoeffizient α_Z wird in der Einheit 1/°C oder 1/K angegeben.
Es ist auf das Vorzeichen des Temperaturkoeffizienten zu achten.

Den Betrag der Verschiebung von U_{ZK} erhält man mit folgender Gleichung:

$$\Delta U_{ZK} = U_{ZK} \cdot \alpha_Z \cdot \Delta T_j$$

ΔU_{ZK}	Betrag der Verschiebung von U_{ZK}
U_{ZK}	Zenerspannung bei 25 °C ($I_Z = 5$ mA)
α_Z	Temperaturkoeffizient
ΔT_j	Temperaturerhöhung der Sperrschicht über 25 °C hinaus.

Der Temperaturkoeffizient α_Z gibt an, um welchen Wert die Zenerspannung einer Z-Diode pro °C Temperaturveränderung verschoben wird.

Beispiel: Eine Z-Diode hat bei 25 °C eine Zenerspannung von 30 V und einen Temperaturkoeffizienten von $10 \cdot 10^{-4}$ 1/°C. Wie groß ist die Zenerspannung für 75 °C?

$$\Delta U_{ZK} = U_{ZK} \cdot \alpha_Z \cdot \Delta T_j$$
$$\Delta U_{ZK} = 30\,\text{V} \cdot 10 \cdot 10^{-4}\,1/°\text{C} \cdot 50°\text{C}$$
$$\Delta U_{ZK} = 1{,}5\ \text{V}$$

Die Zenerspannung U_{ZK} bei 75°C beträgt 30 V + 1,5 V = 31,5 V.

Im Kristall der Z-Diode wird elektrische Energie in Wärme umgesetzt.
Die Verlustleistung P_{tot} ergibt sich aus der an der Z-Diode anliegenden Spannung U_Z und dem durch die Diode fließenden Strom I_Z.

$$P_{tot} = U_Z \cdot I_Z$$

Von den Herstellern werden u.a. folgende wichtige Daten angegeben:

Grenzwerte:

Höchstzulässiger Arbeitsstrom	$I_{Z\,max}$
Höchstzulässige Verlustleistung	P_{tot}
Maximale Sperrschichttemperatur	T_j
Lagerungstemperaturbereich	T_s

Kennwerte:

Differentieller Innenwiderstand	r_Z
Arbeitsspannung	U_Z
Temperaturkoeffizient	α_Z
Wärmewiderstand (Sperrschicht umgebende Luft)	R_{thU}

6.1.7 Anwendungen

Z-Dioden eignen sich hervorragend zur Spannungsstabilisierung. Sie werden in fast allen stabilisierten Netzgeräten verwendet. Außerdem benutzt man Z-Dioden als Begrenzerdioden. Da sie bei einer bestimmten Spannung in Sperrichtung niederohmig werden, können Spannungsspitzen abgeschnitten werden. Temperaturkompensierte Ausführungen von Z-Dioden dienen als Sollwertgeber in Schaltungen der Steuer- und Regelungstechnik. Mit Hilfe von Z-Dioden werden Vergleichsspannungen und Bezugsspannungen hergestellt, in neuer Zeit sogar Spannungsnormale.

Bild 6.8 zeigt eine einfache Schaltung zur Spannungsstabilisierung.

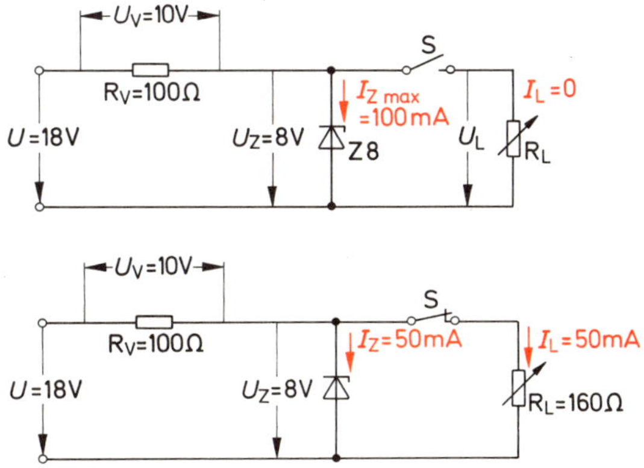

Bild 6.8 Einfache Schaltung zur Spannungsstabilisierung

Die Eingangsspannung U muß immer größer als die Spannung U_{ZK} der Diode sein ($U_Z \approx U_{ZK}$), z.B. $U = 18$ V.

Bei geöffnetem Schalter S wird sich ein Strom in der Größe einstellen, daß an R_V die Spannung $U - U_Z$ abfällt.

$$I_{Z\,max} = \frac{U - U_Z}{R_V};$$

An der Z-Diode fallen $U_Z = 8$ V ab. Die restliche Spannung muß an R_V abfallen:

$$I_{Z\,max} = \frac{18\ \text{V} - 8\ \text{V}}{100\ \Omega} = 100\ \text{mA}$$

Wird der Schalter S geschlossen, so ändert sich die Spannung U_Z praktisch nicht. An R_V muß ebenfalls die gleiche Spannung wie vorher abfallen.

$$U = U_V + U_Z$$

Das bedeutet, daß R_V nach wie vor von einem Strom gleicher Größe durchflossen wird.

$$R_V = \frac{U - U_Z}{I}$$

Dieser Strom teilt sich auf in den Strom I_Z und in den Strom I_L

$$I = I_Z + I_L$$

$$R_V = \frac{U - U_Z}{I_Z + I_L}$$

Ein Teil des Stromes, der bei geöffnetem Schalter über die Z-Diode fließt, fließt nach Schließen des Schalters über den Lastwiderstand. Daraus kann gefolgert werden:
Je größer der Lastwiderstand R_L, desto größer wird der Strom I_Z.
Der Lastwiderstand übernimmt also einen um so größeren Teil des Gesamtstromes, je kleiner sein Widerstandswert ist. Er kann im Grenzfall den ganzen Strom I_{Zmax} übernehmen (im Beispiel 100 mA). Das ist der kleinste Wert von R_L. Wird R_L noch kleiner gemacht, so ist es mit der Stabilisierung aus, denn jetzt muß die Spannung an der Z-Diode absinken. Die Z-Diode wird hochohmig.

$$R_{L\,min} = \frac{U_Z}{I_{Z\,max}}$$

$$R_{L\,min} = \frac{8\ V}{100\ mA} = 80\ \Omega$$

Beispiel: In der Schaltung nach Bild 6.8 wird ein Lastwiderstand von 50 Ω verwendet. Gesucht sind die Spannungen U_V und U_L!

$$I = \frac{U}{R_V + R_L} = \frac{18\ V}{100\ \Omega + 50\ \Omega} = 120\ mA$$

$$U_V = I \cdot R_V = 120\ mA \cdot 100\ \Omega = 12\ V$$

$$U_L = I \cdot R_L = 120\ mA \cdot 50\ \Omega = 6\ V$$

Eine Spannungsstabilisierung ist nicht mehr gegeben.

6.1.8. Temperaturkompensation

Die Temperaturabhängigkeit der Z-Dioden ist in vielen Anwendungsfällen ein Nachteil. Man bemüht sich, diesen Nachteil durch geeignetes Zusammenschalten unterschiedlicher Z-Dioden oder von Z-Dioden mit normalen Dioden zu verringern.
Bild 6.9 zeigt ein Beispiel. Benötigt wird eine Z-Diode mit $U_{ZK} = 12$ V. Es werden eine Z-Diode Z 8 mit $U_{ZK} = 8$ V und eine Z-Diode Z 4 mit $U_{ZK} = 4$ V in Reihe geschaltet. Die Diode Z 8 hat einen positiven Temperaturkoeffizienten, die Diode Z 4 einen negativen Temperaturkoeffizienten. Die beiden Temperaturkoeffizienten heben sich weitgehend auf. Der Gesamttemperaturkoeffizient kann fast Null sein.

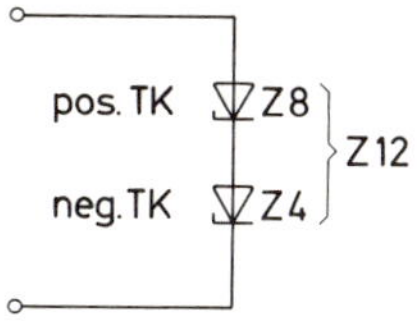

Bild 6.9 Temperaturstabilisierung durch Reihenschaltung von Z-Dioden mit pos. und neg. Temperaturkoeffizienten

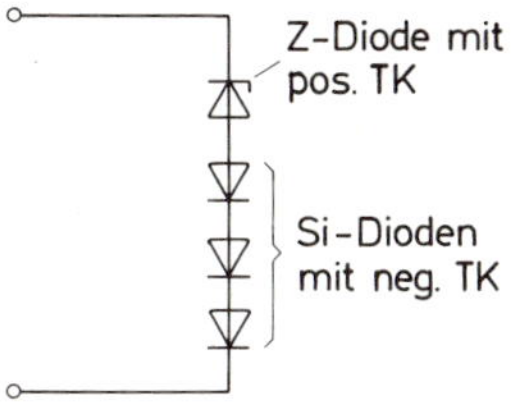

Bild 6.10 Temperaturstabilisierung durch Reihenschaltung einer Z-Diode mit normalen Si-Dioden

Ist eine Kombination geeigneter Z-Dioden nicht möglich, so kann man, wie in Bild 6.10 dargestellt, normale Si-Dioden verwenden. Die negativen Temperaturkoeffizienten dieser Dioden heben einen positiven Z-Dioden-Temperaturkoeffizienten bis auf einen kleinen Rest auf. Die Hersteller von Z-Dioden führen solche Zusammenschaltungen bereits innerhalb eines Z-Diodengehäuses durch und liefern diese Bauteile als *temperaturkompensierte Z-Dioden.*

6.2. Kapazitätsdioden

6.2.1. Aufbau und Arbeitsweise

Wird eine normale Halbleiterdiode in Sperrichtung betrieben, so stellt die Sperrschicht – auch Raumladungszone genannt – eine Kapazität dar. Bei Änderung der Spannung ändert sich auch die Sperrschichtkapazität (Bild 6.11).

> *Kapazitätsdioden sind Spezialdioden mit großer Kapazitätsänderungsmöglichkeit.*

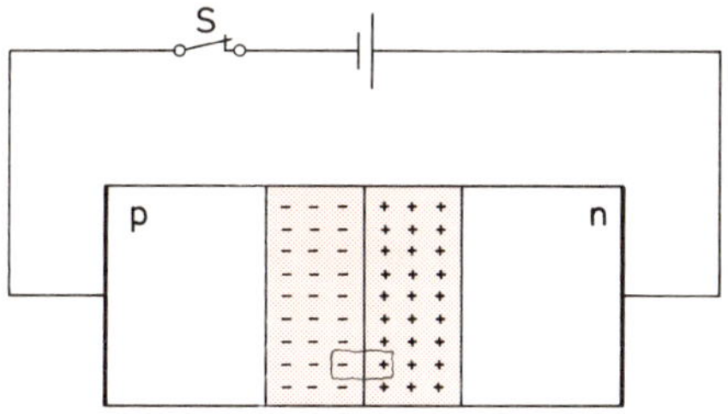

Bild 6.11 Kapazitätsdiode

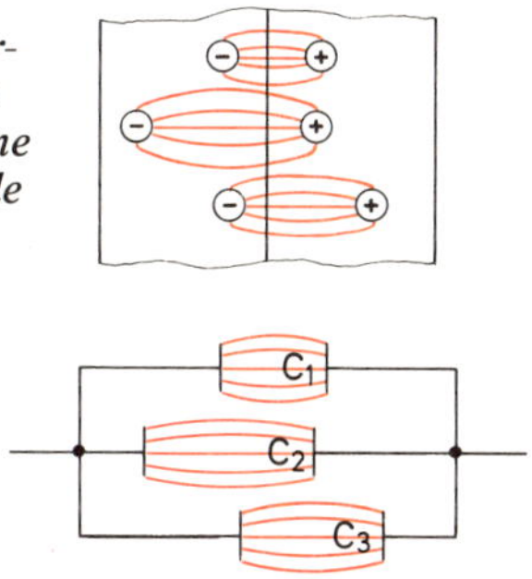

Bild 6.12 Stark vergrößerter Ausschnitt der Raumladungszone einer Kapazitätsdiode mit Ersatzschaltung

Arbeitsweise

Die Sperrschicht enthält fest eingebaute, also unbewegliche Ladungsträger.

> *Die positive Ladung ist in den Kernen der Donatoratome enthalten.*
> *Die negative Ladung ist in den ehemals offenen Bindungen der Akzeptoratome vorhanden.*

Zwischen den positiven und den negativen elektrischen Ladungsträgern besteht ein elektrisches Feld. Bild 6.12 zeigt einen sehr stark vergrößerten Ausschnitt der Raumladungszone. Je zwei unterschiedliche Ladungsträger bilden einen kleinen Kondensator.

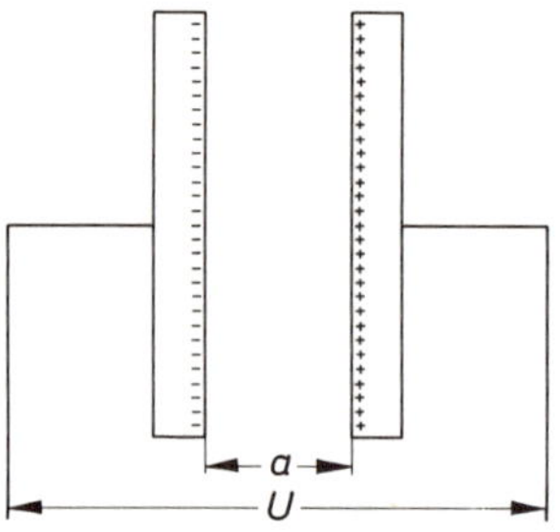

Bild 6.13 Plattenkondensator, Plattenabstand = Ladungsträgerabstand

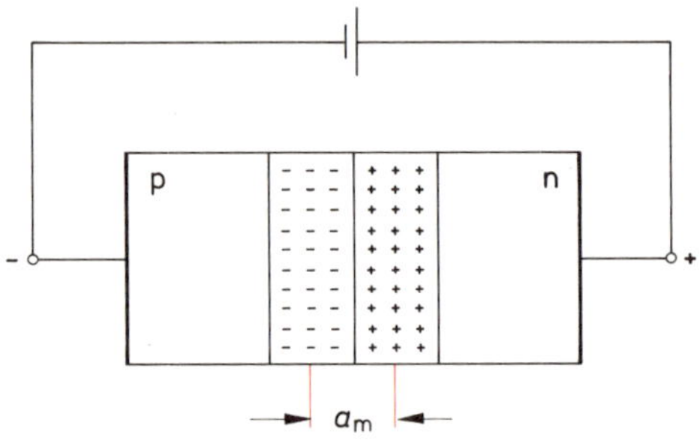

Bild 6.14 Vergleich einer Kapazitätsdiode mit einem Plattenkondensator

Vergleichen wir hierzu einen Plattenkondensator (Bild 6.13).
Die Ladungsträger nähern sich einander soweit wie möglich. Sie sitzen auf den inneren Oberflächen der Platten. *Der Plattenabstand ist gleich dem Ladungsträgerabstand.* Für die Kapazität gilt:

$$C = \frac{\varepsilon_0 \cdot \varepsilon_r \cdot A}{a}$$

ε_0	Dielektrizitätskonstante
ε_r	Dielektrizitätszahl
A	Plattenfläche
a	Plattenabstand, Ladungsträgerabstand
C	Kapazität

Bei einer Kapazitätsdiode gibt es unterschiedliche Ladungsträgerabstände. Ist die Verteilung der Ladungsträger in der Sperrschicht bekannt, so läßt sich ein mittlerer Ladungsträgerabstand a_m errechnen.
Jetzt kann man die Kapazitätsdiode wie einen Plattenkondensator betrachten (Bild 6.14). Der mittlere Ladungsträgerabstand entspricht dem Plattenabstand. Die Gesamtkapazität erhält man mit der Gleichung:

$$C_D \approx \frac{\varepsilon_0 \cdot \varepsilon_r \cdot A}{a_m}$$

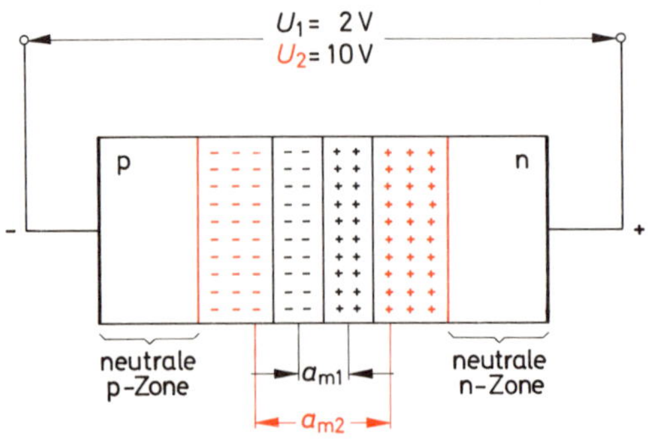

Bild 6.15 Abhängigkeit des mittleren Ladungsträgerabstandes von der Größe der angelegten Sperrspannung

Die kleinen Teilkondensatoren, die jeweils durch zwei unterschiedliche Ladungsträger gebildet werden, liegen alle parallel. Die Gesamtkapazität ist die Summe der Einzelkapazitäten. Wird die Sperrspannung erhöht, so verbreitert sich die Sperrschicht. Der mittlere Ladungsträgerabstand wird größer. Das bedeutet, daß die Kapazität kleiner wird (Bild 6.15).

> *Je größer die Spannung in Sperrichtung, desto breiter die Sperrschicht, desto größer der mittlere Ladungsträgerabstand, desto kleiner die Kapazität.*

Die neutrale p-Zone und die neutrale n-Zone (Bild 6.15) sind nicht elektrisch geladen. Deshalb nennt man sie ja neutrale Zonen. Die in ihnen enthaltenen Ladungsträger sind frei, aber nicht überzählig (siehe pn-Übergang). Da die neutralen Zonen keine Ladungen haben, können sie auch nicht die „Platten" eines Kondensators sein.
Da die Breite der Sperrschicht temperaturabhängig ist, ist auch die Sperrschichtkapazität temperaturabhängig.

> *Die Kapazitätsdiode ist eine durch Spannung steuerbare Kapazität.*

6.2.2. Kennlinien, Kennwerte, Grenzwerte

Das Errechnen der Sperrschichtkapazität erfordert die genaue Kenntnis der inneren Struktur der Kapazitätsdiode und ist für die Praxis unzweckmäßig. Die beste Auskunft über die Abhängigkeit der Sperrschichtkapazität von der Sperrspannung gibt die entsprechende Kennlinie (Bild 6.16a).

> *Zwischen Sperrschichtkapazität und Sperrspannung besteht eine nichtlineare Abhängigkeit.*

Das elektrische Verhalten der Kapazitätsdiode wird durch die Ersatzschaltung Bild 6.16b beschrieben. C ist die Sperrschichtkapazität, R_B der Bahnwiderstand des Kristalls. Eine geringfügige in Reihe liegende Induktivität wird vernachlässigt.

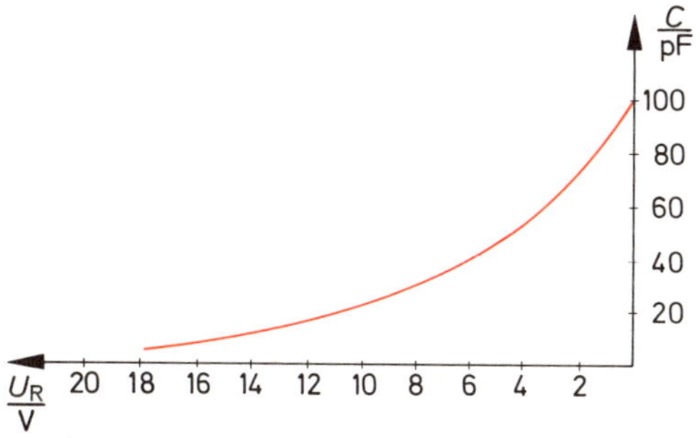

Bild 6.16a Kennlinie $C = f(U_R)$ einer Kapazitätsdiode

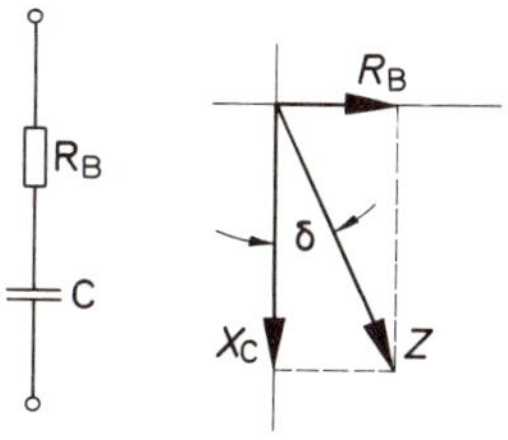

Bild 6.16b Ersatzschaltung einer Kapazitätsdiode und Zeigerdiagramm (unmaßstäblich)

Aus der Ersatzschaltung geht hervor, daß die Kapazitätsdiode eine *Güte* hat.
Für den Verlustfaktor tan δ ergibt sich (Bild 6.17) wie folgt:

$$\tan\delta = \frac{R_B}{X_c}$$

Die Güte ist der Kehrwert des Verlustfaktors

$$Q = \frac{1}{\tan\delta} = \frac{X_c}{R_B} = \frac{1}{2\pi\cdot f\cdot C\cdot R_B}$$

$$\boxed{Q = \frac{1}{2\pi\cdot f\cdot C\cdot R_B}}$$

Q	Güte
R_B	Bahnwiderstand
C	Sperrschichtkapazität
f	Frequenz

Da C spannungs- und temperaturabhängig ist, ist die Güte ebenfalls spannungs- und temperaturabhängig. Die Güte sollte möglichst groß sein.

Die Güte nimmt mit steigender Sperrschichttemperatur ab (Bild 6.17).

Die Güte nimmt mit steigender Sperrspannung zu (Bild 6.17).

Übliche Grenzwerte	
Sperrschichttemperatur	T_j
Lagerungstemperatur	T_S
Verlustleistung	P_{tot}
Übliche Kennwerte	
Kapazität (bei verschiedenen Sperrspannungen)	C
Reihenwiderstand (Bahnwiderstand)	R_B
Güte	Q
Durchlaßspannung	U_F
Sperrstrom	I_R
Durchbruchspannung	U_{BR}

Für häufig verwendete Kapazitätsdioden gelten etwa folgende Werte:

C	≈ 200 pF bis 50 pF (Änderungsbereich)
C	≈ 50 pF bis 20 pF
C	≈ 10 pF bis 3 pF
R_B	≈ 0,5 Ω bis 2 Ω
Q	≈ 100 bis 500
U_F	≈ 0,8 V bis 0,9 V
I_R	≈ 100 nA
U_{BR}	≈ 50 V

6.2.3. Anwendungen

Kapazitätsdioden ersetzen in zunehmendem Maße die Drehkondensatoren für die Schwingkreisabstimmung in Rundfunk- und Fernsehgeräten.

Bild 6.18 zeigt die Prinzipschaltung eines Abstimmaggregats für Fernsehempfänger.

Für jeden „festeingestellten Sender“ wird mit Hilfe eines Potentiometers eine Gleichspannung abgegriffen.

Bild 6.17 *Abhängigkeit von Güte und Bahnwiderstand von der Sperrschichttemperatur und von der Sperrspannung (typische Werte)*

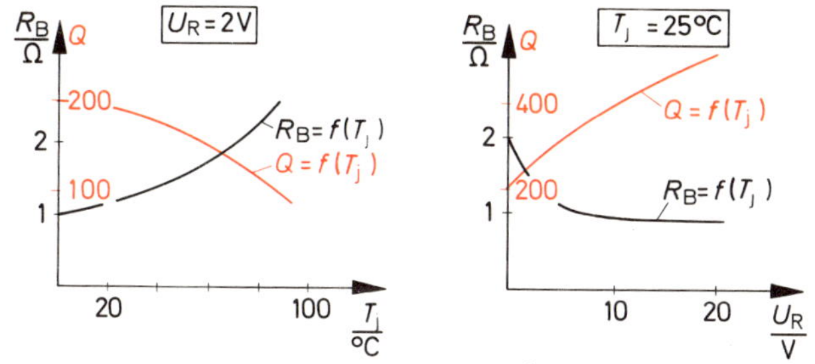

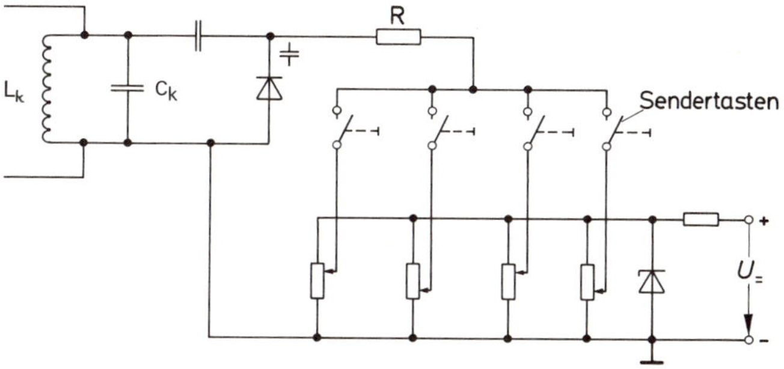

Bild 6.18 *Prinzipschaltung eines Senderabstimmaggregats für Fernsehempfänger*

Soll dieser Sender eingeschaltet werden, so wird die Spannung über den zugehörigen Schalter an die Kapazitätsdiode gelegt. Die Kapazitätsdiode nimmt eine der Spannung entsprechende Kapazität an und verstimmt den aus L_K und C_K gebildeten Schwingkreis. Diese Art der Senderabstimmung ist bequem und preiswert. Allerdings kann es passieren, daß der Sender bei Temperaturerhöhung „wegläuft".

Wurde ein Sender nicht optimal abgestimmt, so kann er durch eine Regelspannung mit Hilfe einer Kapazitätsdiode nachgestimmt werden. Solche Nachstimmschaltungen sind heute allgemein üblich.

Weiter werden Kapazitätsdioden in Schaltungen zur Erzeugung von Frequenzmodulation verwendet.

6.3. Tunneldioden (Esakidioden)

Die Tunneldiode hat ihren Namen von dem auftretenden Tunneleffekt. Dieser Effekt wurde von Esaki erforscht.

6.3.1. Aufbau und Arbeitsweise

Tunneldioden sind Germaniumdioden mit außerordentlich starker Dotierung. Die p-Zone und die n-Zone enthalten so viele Fremdatome, daß man kaum noch von einem Germaniumkristall sprechen kann. Ein solches Kristall wird *entartetes Kristall* genannt.

Die Fläche des pn-Überganges kann unterschiedlich groß gemacht werden. Ihre Größe hängt vom gewünschten Höchststrom ab (Bild 6.19). Die durch Ladungsträgerdiffusion entstehende Sperrschicht ist wegen der hohen Dotierung extrem dünn.

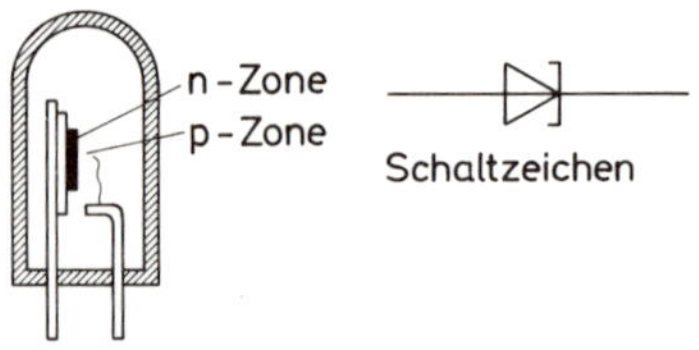

Bild 6.19 Aufbau und Schaltzeichen einer Tunneldiode

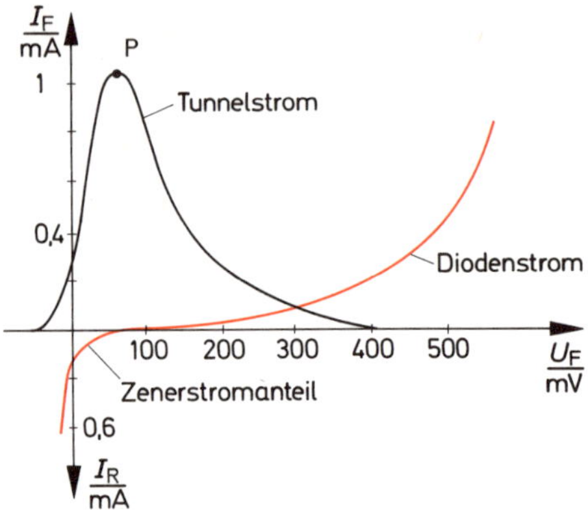

Bild 6.20 Verlauf von Tunnelstrom und Diodenstrom in Abhängigkeit von der angelegten Spannung

Die extrem dünne Sperrschicht kann von Elektronen eines bestimmten Energiezustandes durchlaufen werden. Diese Elektronen haben eine hohe Geschwindigkeit.

Wird an die Tunneldiode in Durchlaßrichtung eine kleine Spannung von etwa 10 mV angelegt, so fließt bereits ein Strom, obwohl die Sperrschicht noch nicht abgebaut ist. Die Sperrschicht wird von den Elektronen „durchtunnelt". Dieser Tunnelstrom steigt bis auf einen Höchstwert (P) und fällt dann gegen Null ab. Der Verlauf des Tunnelstromes ist in Bild 6.20 schwarz dargestellt. Die Durchtunnelung erfolgt fast mit Lichtgeschwindigkeit.

Dem Tunnelstrom überlagert sich der normale Diodenstrom, dessen Verlauf in Bild 6.20 rot eingezeichnet ist.

Die Gesamtkennlinie ist in Bild 6.21 dargestellt. Der Punkt P heißt *Gipfelpunkt,* der Punkt V *Talpunkt.*

Gipfelpunkt und Talpunkt kennzeichnen eine Tunneldiode.

Für jeden Punkt der Tunneldiodenkennlinie kann ein differentieller Widerstand angegeben werden. Im Bereich von P bis V ist der differentielle Widerstand negativ.

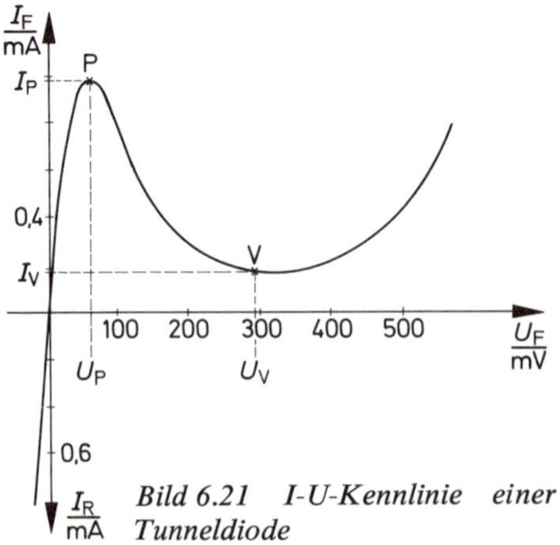

Bild 6.21 I-U-Kennlinie einer Tunneldiode

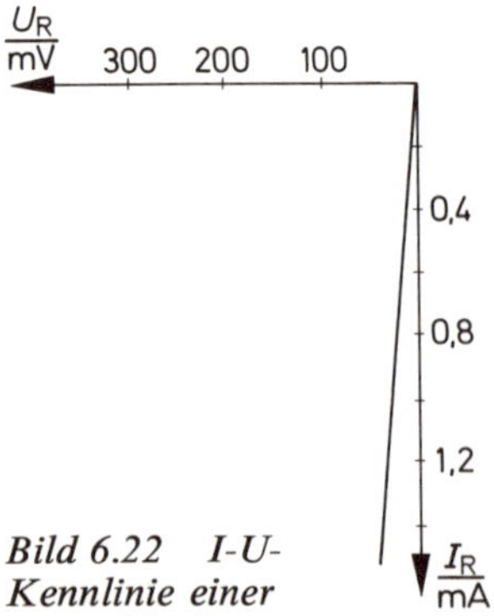

Bild 6.22 I-U-Kennlinie einer Tunneldiode in „Sperrichtung"

> *Die Tunneldiode hat im Bereich von P bis V negative differentielle Widerstandswerte.*

Betreibt man die Tunneldiode in Sperrichtung, so zeigt sich keine Sperreigenschaft. Bei kleinen Sperrspannungen fließen bereits verhältnismäßig große Ströme. Die in Sperrichtung gepolte Tunneldiode arbeitet schon bei sehr kleinen Spannungen im Zenerdurchbruchszustand. Da die Sperrschicht extrem dünn ist, tritt der Zenerdurchbruch schon bei sehr kleinen Spannungswerten auf (Bild 6.22).

> *Die Tunneldiode hat keinen Sperrzustand.*

6.3.2. Kennwerte und Grenzwerte

Wichtige Grenzwerte sind:

Spitzenstrom	$I_{F\,max}$
Verlustleistung	P_{tot}
Max. Sperrschichttemperatur	T_j

Wichtige Kennwerte sind:

Gipfelspannung	U_P
Gipfelstrom	I_P
Talspannung	U_V
Talstrom	I_V
Diodenkapazität	C_D
Reihenwiderstand	R_S
Widerstand im steilsten Punkt des negativen Kennlinienbereiches	R_N

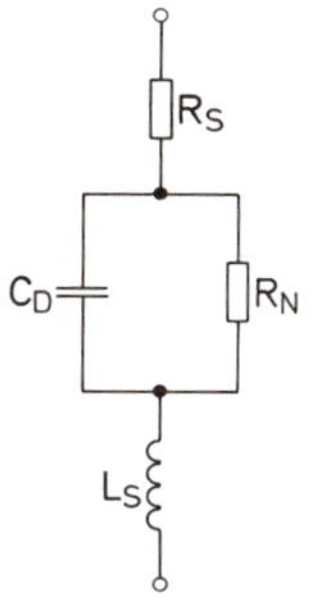

Bild 6.23 Ersatzschaltung der Tunneldiode

Die Werte R_S, R_N und C_D gelten für die Ersatzschaltung (Bild 6.23). L_S kann vernachlässigt werden.

Übliche Werte (nach Siemens Unterlagen für verschiedene Typen):

$U_P \approx$ 65 mV bis 110 mV
$I_P \approx$ 0,9 mA bis 22 mA
$R_N \approx$ 120 Ω bis 10 Ω
$C_D \approx$ 1,5 pF bis 20 pF
$R_S \approx$ 4 Ω bis 1,5 Ω

6.3.3. Anwendungen

Werden Tunneldioden im negativen Widerstandsbereich betrieben, so wirken sie wie aktive Bauelemente. Mit ihnen können Verstärkerstufen und Oszillatoren aufgebaut werden. Diese Schaltungen sind bis in den Gigahertzbereich (1 GHz = 10^9 Hz) verwendbar.

Bild 6.24 ist die Schaltung eines Oszillators mit Tunneldiode.

Der aus *L* und *C* gebildete Schwingkreis wird durch den negativen Widerstand der Tunneldiode entdämpft und zu freien Schwingungen angeregt. Der aus R_1 und R_2 bestehende Spannungs-

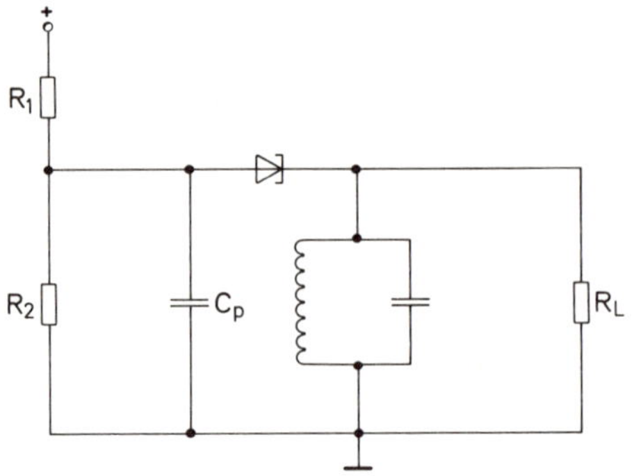

Bild 6.24 Oszillatorschaltung mit Tunneldiode

teiler dient der Einstellung des Arbeitspunktes im negativen Kennlinienbereich. R_L ist der Lastwiderstand. C_P überbrückt wechselstrommäßig den Widerstand R_2.
Die Tunneldiode ist auch als Schalterdiode verwendbar. Sie zeichnet sich durch sehr kurze Schaltzeiten aus. Die Schaltzeiten liegen bei einigen Nanosekunden (1 ns bis 10 ns).

6.4. Backwarddioden

Backwarddioden sind spezielle Germanium-Tunneldioden. Aufgrund ihrer besonderen Dotierung und eines abgewandelten Aufbaues zeigen sie nur ein geringes Strommaximum. Der Gipfelpunkt P liegt bei etwa 100 μA, der Talpunkt V bei etwa 60 μA (Bild 6.25).
Im Bereich von P bis V verläuft die Kennlinie sehr flach. Der negative differentielle Widerstand ist stets größer als 1 kΩ. Eine Schwingungsanfachung durch Entdämpfung ist bei diesem Widerstandswert nicht mehr möglich.

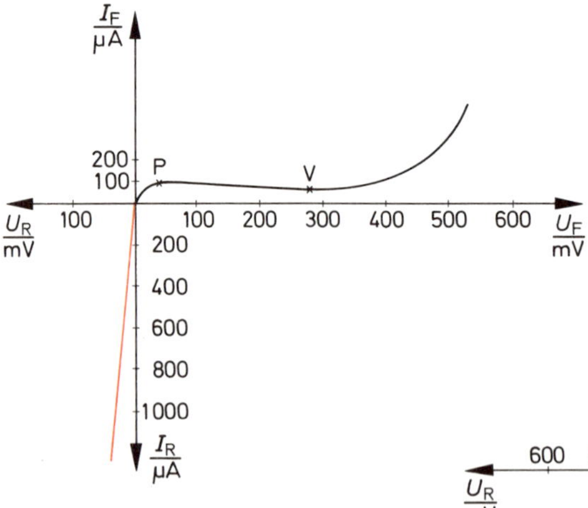

Bild 6.25 „Tunneldiodenkennlinie" einer Backwarddiode

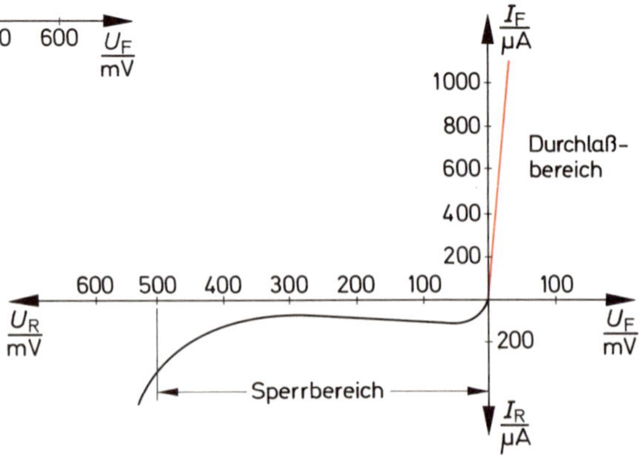

Bild 6.26 I-U-Kennlinie einer Backwarddiode

Dieser Kennlinienbereich kann bis zu einer Spannung von etwa 500 mV als Sperrbereich genutzt werden.
Bei umgekehrter Polung, also im konventionellen Sperrbereich, besteht keinerlei Sperrwirkung.
Bei kleinen „Sperrspannungen" ergeben sich bereits verhältnismäßig große Ströme.

Man verwendet nun den konventionellen Sperrbereich als Durchlaßbereich. Damit ergibt sich die in Bild 6.26 dargestellte Kennlinie.
Die Backwarddiode wird umgekehrt oder auch „rückwärts" betrieben (backward, engl.- = rückwärts, Backwarddiode = Rückwärtsdiode). Das genormte Schaltzeichen zeigt Bild 6.27.

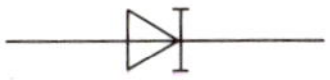

Bild 6.27 Schaltzeichen der Backwarddiode

Im jetzigen Durchlaßbereich ergibt sich praktisch keine Schwellspannung.

Backwarddioden können kleinste Wechselspannungen gleichrichten.

Da der Ladungsträgertransport sehr schnell vor sich geht, können Backwarddioden bei den höchsten technisch genutzten Frequenzen betrieben werden.

6.5. PIN-Dioden

6.5.1. Aufbau und Arbeitsweise

Der Kristall einer *PIN-Diode* besteht aus einer stark dotierten p-leitenden Zone und aus einer stark dotierten n-leitenden Zone. Zwischen diesen beiden Zonen befindet sich eine Eigenleitfähigkeitszone, die *I-Zone* oder *Intrinsic-Zone* genannt wird (Bild 6.28). Die Eigenleitfähigkeit von Halbleiterkristallen ist in Abschnitt 5.3 näher erläutert. Der Name PIN-Diode ergibt sich aus der Zonenfolge P-I-N. Als Schaltzeichen wird das normale Diodenschaltzeichen verwendet (Bild 6.28).
Die I-Zone ist keine hundertprozentige Eigenleitfähigkeitszone. Sie hat bei den meisten PIN-Dioden eine sehr schwache n-Dotierung. Trotzdem ist die I-Zone sehr hochohmig.

Die I-Zone einer PIN-Diode enthält fast keine freien Ladungsträger.

Bei Betrieb in Sperrichtung wird zwischen p-Zone und I-Zone eine Sperrschicht aufgebaut (Bild 6.29). Die Sperrschicht ist wegen der geringen n-Dotierung der I-Zone unterschiedlich breit, da die positive Raumladung gleich der negativen Raumladung sein muß. Es entsteht eine Kapazität.
Bei Betrieb in Durchlaßrichtung werden Löcher aus der p-Zone und Elektronen aus der n-Zone in die I-Zone getrieben (Bild 6.30).

Die I-Zone wird um so niederohmiger, je mehr Ladungsträger in sie hineintransportiert werden.

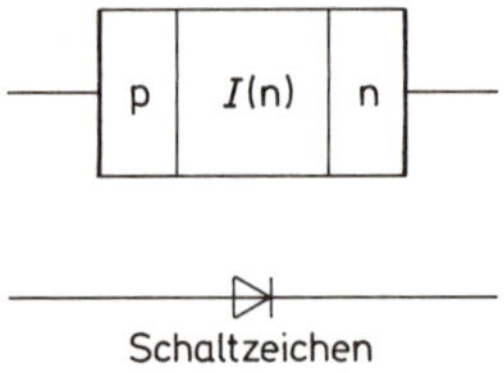

Bild 6.28 Kristallaufbau und Schaltzeichen einer PIN-Diode

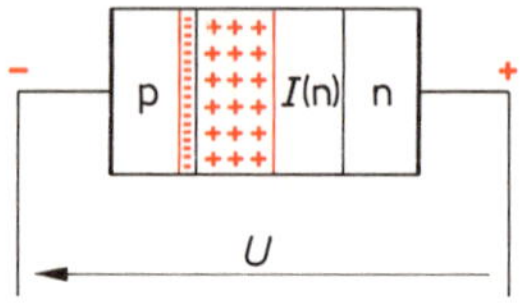

Bild 6.29 Sperrschicht einer PIN-Diode bei Polung in Sperrichtung

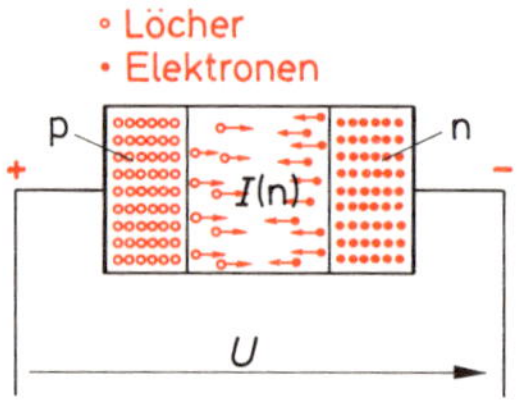

Bild 6.30 Ladungsträgereinströmung in die I-Zone bei Polung in Durchlaßrichtung

Sie stellt einen Wirkwiderstand dar, dessen Widerstandswert von der Ladungsträgerkonzentration abhängt. Durch die PIN-Diode fließt ein Strom.
Die PIN-Diode sperrt also bei Polung in Sperrichtung und läßt bei Polung in Durchlaßrichtung einen Strom fließen. Dieses normale Diodenverhalten zeigt sie aber nur bei verhältnismäßig niedrigen Frequenzen, das heißt bei Frequenzen, die wesentlich unter 10 MHz liegen.

Bei niedrigen Frequenzen verhält sich eine PIN-Diode wie eine normale Diode.

Bei Frequenzen oberhalb von 10 MHz wirkt sich die Diodenkapazität stark aus. Die negative Halbwelle wird nicht mehr gesperrt. Sie kann sich über die Diodenkapazität hinweg ausbreiten.

Bei hohen Frequenzen ($f > 10$ MHz) läßt die PIN-Diode die volle Wechselstromschwingung durch.

Die Größe des durchgelassenen Wechselstromes ist abhängig vom Widerstandswert der I-Zone. Man kann den Widerstandswert der I-Zone vermindern, indem man Ladungsträger in sie hineinführt. Zu diesem Zweck überlagert man dem hochfrequenten Wechselstrom einen Gleichstrom.

Der Widerstandswert der I-Zone kann durch einen Gleichstrom in Durchlaßrichtung gesteuert werden.

Der Gesamtwiderstand der PIN-Diode wird vor allem durch den Widerstand der I-Zone bestimmt. Hinzu kommen die geringen Bahnwiderstände von p-Zone und n-Zone und die geringen Kontakt- und Zuleitungswiderstände. Bild 6.31 zeigt den Verlauf des PIN-Diodenwiderstandes bei Hochfrequenz in Abhängigkeit vom Gleichstrom I_F.

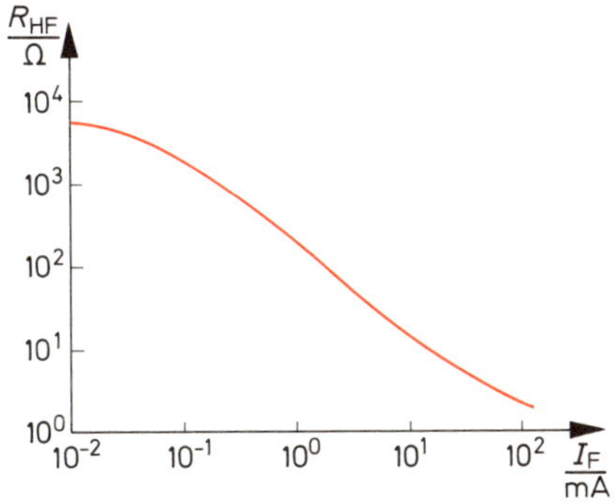

Bild 6.31 Hochfrequenzwiderstand der PIN-Diode in Abhängigkeit von Gleichstrom I_F

6.5.2. Kennwerte und Grenzwerte

Wichtige Grenzwerte sind:

Sperrspannung	U_R	≈ 30 V bis 150 V
Durchlaßgleichstrom	I_F	≈ 20 mA bis 100 mA
Verlustleistung	P_{tot}	≈ 1 W bis 6 W
Sperrschichttemperatur	T_j	≈ 125 °C
Lagerungstemperaturbereich	T_S	≈ −55 °C bis +125 °C

Wichtige Kennwerte sind:

Sperrgleichstrom	I_R	≈ 200 nA
differentieller Durchlaß-widerstand bei $I_F = 10$ mA, $f = 100$ MHz	r_f	≈ 5 Ω
differentieller Durchlaß-widerstand bei $I_F = 1$ µA, $f = 100$ MHz	r_f	≈ 6 kΩ

6.5.3. Anwendungen

Mit PIN-Dioden lassen sich gleichstromgesteuerte *Dämpfungsglieder* aufbauen, die praktisch verzerrungsfrei arbeiten.

> *PIN-Dioden eignen sich hervorragend zur Amplitudensteuerung hochfrequenter Signale.*

Das Hochfrequenzsignal kann von fast voller Spannung bis auf etwa $\frac{1}{300}$ dieser Spannung gesteuert werden. PIN-Dioden werden in hochwertigen Fernsehtunern und in HiFi-UKW-Empfängern eingesetzt.

6.6. Schottky-Dioden (Hot-Carrier-Dioden)

6.6.1. Aufbau und Arbeitsweise

Schottky-Dioden sind *Metall-Halbleiter-Dioden.* Den prinzipiellen Aufbau einer Schottky-Diode zeigt Bild 6.32. Eine Metall-Zone ist mit einer n-Silizium-Zone eng verbunden. Da die Elektronen im n-Silizium einen höheren Energiezustand haben als die Elektronen im Metall, wandern überwiegend Elektronen von der n-Silizium-Zone in die Metall-Zone. Durch diese Ladungsträgerdiffusion entsteht eine Raumladungszone.

In der Raumladungszone ist ein elektrisches Feld wirksam. Bei einer bestimmten Breite der Raumladungszone stellt sich ein Gleichgewichtszustand ein. Die Kräfte des elektrischen Feldes verhindern ein weiteres Übertreten von Elektronen aus der n-Silizium-Zone in das Metall.

Metallelektronen können nur dann in die n-Silizium-Zone übertreten, wenn sie einen genügend hohen Energiezustand haben. Nur sehr wenige Metallelektronen haben den erforderlichen hohen Energiezustand.

Polt man eine Schottky-Diode entsprechend Bild 6.33, so wird die Raumladungszone verbreitert. Die Schottky-Diode sperrt. Bei umgekehrter Polung (Bild 6.34) wird die Raumladungszone abgebaut. Elektronen fließen von der n-Silizium-Zone in die Metallzone. Die Schottky-Diode ist in Durchlaßrichtung gepolt.

> *Der Strom durch eine Schottky-Diode wird nur durch Majoritätsträger, also durch Elektronen gebildet.*

Diese Elektronen fließen aus der n-Silizium-Zone in die Metallzone. Sie haben einen höheren Energiezustand als die Metallelektronen und werden daher „heiße Ladungsträger" genannt. Ein anderer Name für Schottky-Diode ist daher auch „*Hot-Carrier*"-*Diode* (hot carrier, engl.: heiße Ladungsträger).

Der Übergang vom Durchlaßzustand in den Sperrzustand erfolgt sehr rasch, da keine Minoritätsträger ausgeräumt werden müssen (siehe Abschnitt 5.8, Schaltverhalten von Halbleiterdioden). Das Schalten vom Sperrzustand in den Durchlaßzustand erfordert ebenfalls wenig Zeit, da die Sperrschicht sehr schnell abgebaut ist.

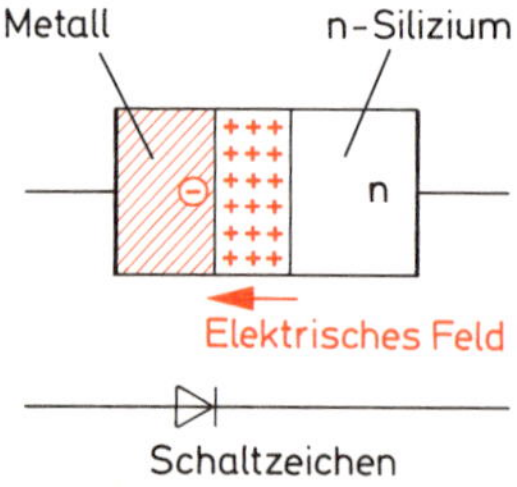

Bild 6.32 Aufbau und Schaltzeichen einer Schottky-Diode

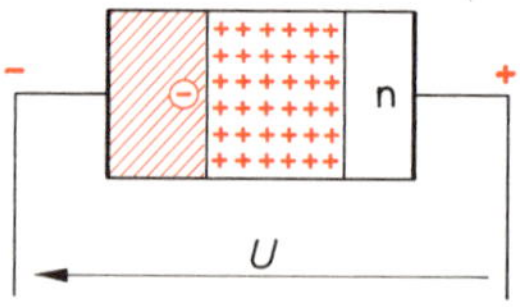

Bild 6.33 Polung einer Schottky-Diode in Sperrichtung

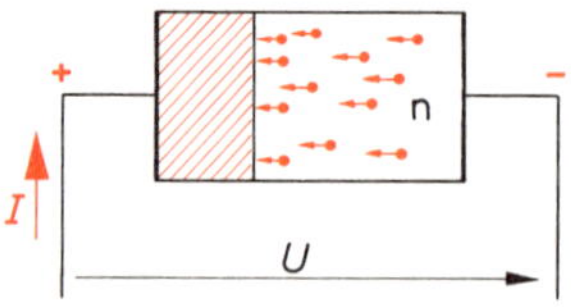

Bild 6.34 Polung einer Schottky-Diode in Durchlaßrichtung

> *Schottky-Dioden haben extrem kurze Schaltzeiten.*

Die üblichen Schaltzeiten von Schottky-Dioden liegen bei etwa 100 ps (ps = Picosekunden, 1 ps $= 10^{-12}$ s).
Schottky-Dioden zeigen ein sehr niedriges Rauschen.

6.6.2. Kennwerte und Grenzwerte

Wichtige Grenzwerte sind:

Sperrspannung	U_R	$\approx$ 5 V bis 20 V
Durchlaßstrom	I_F	$\approx$ 10 mA bis 100 mA
Verlustleistung	P_{tot}	$\approx$ 100 mW bis 200 mW

Wichtige Kennwerte sind:

Einschaltzeit	t_{fr}	$\approx$ 50 ps
Ausschaltzeit	t_{rr}	$\approx$ 100 ps
Kapazität	C_j	$\approx$ 0,2 pF
Sperrstrom	I_R	$\approx$ 25 nA

6.6.3. Anwendungen

Die Schottky-Diode ist eine extrem schnelle Schalterdiode. Sie wird überall dort eingesetzt, wo Schaltvorgänge sehr schnell ablaufen müssen. Ein Haupteinsatzgebiet ist die Mikrowellentechnik. Schottky-Dioden werden in Mikrowellengleichrichtern, in Mikrowellenmodulatoren und in Mikrowellenmischstufen verwendet.

6.7. Lernziel-Test

1. Beschreiben Sie den bei der Z-Diode auftretenden Zenereffekt.
2. Bei welcher kritischen Feldstärke beginnt ein Zenerdurchbruch bei einer Z-Diode?
3. Welcher Unterschied besteht zwischen einem Zenerdurchbruch und einem Wärmedurchbruch?
4. Warum tritt bei einer normalen Gleichrichterdiode kein Zenerdurchbruch auf?
5. Beschreiben Sie den bei der Z-Diode auftretenden Lawineneffekt, auch Avalancheffekt genannt.
6. Wie verhält sich eine Z-Diode im Durchlaßbereich?
7. Skizzieren Sie eine typische Z-Diodenkennlinie mit Durchlaßbereich, Sperrbereich und Durchbruchsbereich.
8. Warum ist im Durchbruchsbereich einer Z-Diode eine Strombegrenzung unbedingt erforderlich?
9. Kennzeichnen Sie bei einer typischen Z-Diodenkennlinie den möglichen Arbeitsbereich der Z-Diode.
10. Wie bestimmt man den differentiellen Zenerwiderstand r_Z?
11. Was gibt der Temperaturkoeffizient α_Z einer Z-Diode an?

12. Z-Dioden mit Zenerspannungen U_{ZK} größer als 6 V haben einen positiven Temperaturkoeffizienten. Z-Dioden mit U_{ZK} kleiner als 6 V haben einen negativen Temperaturkoeffizienten.
    Welche Erklärung gibt es dafür?
13. Es gibt temperaturkompensierte Z-Dioden. Wie sind diese aufgebaut? Wodurch erreicht man die Temperaturkompensation?
14. Der Lastwiderstand R_L in Bild 6.35 muß so groß gewählt werden, daß die Z-Diode einwandfrei arbeitet und nicht überlastet wird. Welchen größten und welchen kleinsten Ohmwert darf der Widerstand R_L haben, wenn die Eingangsspannung um $\pm 10\%$ schwanken kann?

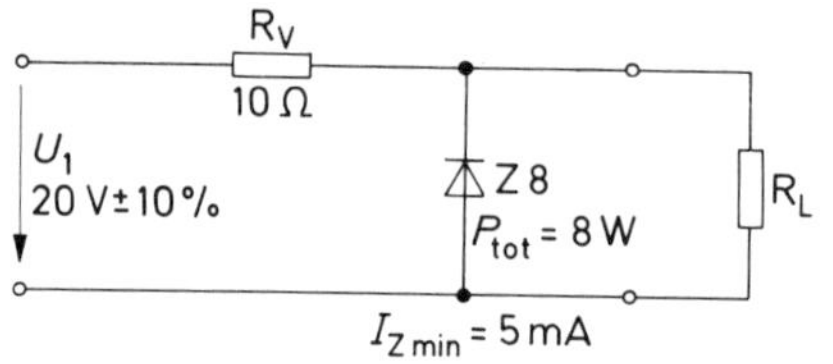

Bild 6.35 Schaltung zur Spannungsstabilisierung

15. Vergleichen Sie eine Kapazitätsdiode mit einem Plattenkondensator. Wovon hängt die Größe der Sperrschicht-Kapazität ab?
16. Skizzieren Sie in einem Diagramm den Verlauf der Kapazität C einer Kapazitätsdiode in Abhängigkeit von der Sperrspannung U_R.
17. Wie sind Verlustfaktor und Güte bei einer Kapazitätsdiode festgelegt?
18. Geben Sie an, für welche Zwecke Kapazitätsdioden überwiegend eingesetzt werden.
19. Tunneldioden arbeiten mit dem Tunneleffekt.
    Beschreiben Sie diesen Effekt.
20. Zeichnen Sie eine typische I-U-Kennlinie einer Tunneldiode.
21. Wie arbeitet eine Tunneldiode im Sperrzustand?
22. Was sind Backwarddioden?
23. Beschreiben Sie die Arbeitsweise einer PIN-Diode.
    Was geschieht in der I-Zone?
24. Wie verläuft ungefähr der Hochfrequenzwiderstand einer PIN-Diode in Abhängigkeit vom Gleichstrom I_F?
25. Erklären Sie Aufbau und Arbeitsweise einer Schottky-Diode.

7. Bipolare Transistoren

7.1. Allgemeines

Die „normalen“ Transistoren mit npn- und pnp-Schichtenfolge werden *bipolare Transistoren* genannt. Sie arbeiten mit zwei unterschiedlich gepolten pn-Übergängen. Die Feldeffekttransistoren, die nur mit gleichgepolten pn-Übergängen arbeiten, bezeichnet man als *unipolare Transistoren.*

Bipolare Transistoren werden überwiegend aus *Silizium* gefertigt. Die früher häufig verwendeten Germaniumtransistoren haben gegenüber den Siliziumtransistoren sehr viele Nachteile und werden nur noch für Sonderzwecke eingesetzt. Transistoren aus Mischkristallen (z.B. Galliumarsenid) sind in der Entwicklung und in der Erprobung. Es könnte sein, daß sie in Zukunft einmal Bedeutung erlangen.

Die folgenden Betrachtungen über Transistoren sind am Siliziumtransistor orientiert. Da Siliziumtransistoren und Germaniumtransistoren aber gleiche Arbeitsweise haben, gelten die Darlegungen auch für Germaniumtransistoren. Auf Besonderheiten des Germaniumtransistors wird an den entsprechenden Stellen hingewiesen.

Die bipolaren Transistoren können in zwei Gruppen eingeteilt werden, in die pnp-Transistoren und die npn-Transistoren. Bild 7.1 zeigt den grundsätzlichen Unterschied im Aufbau.

7.2. Arbeitsweise von pnp-Transistoren

Das Kristall eines pnp-Transistors besteht aus zwei p-leitenden Zonen, zwischen denen sich eine n-leitende Zone befindet (Bild 7.2).

Es ergeben sich zwei pn-Übergänge, die als zwei Diodenstrecken angesehen werden können. Allerdings läßt sich das Transistorkristall nicht durch zwei Dioden nachbilden.

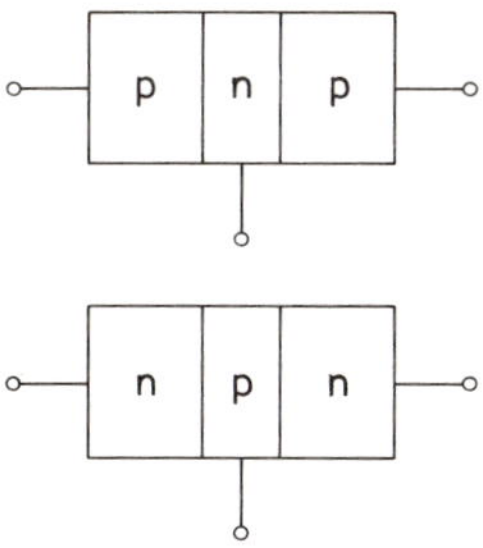

Bild 7.1 Grundaufbau von Transistoren

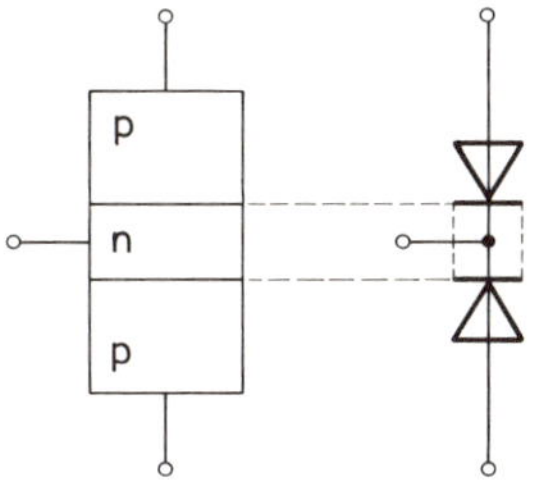

Bild 7.2 pn-Übergänge beim pnp-Transistor

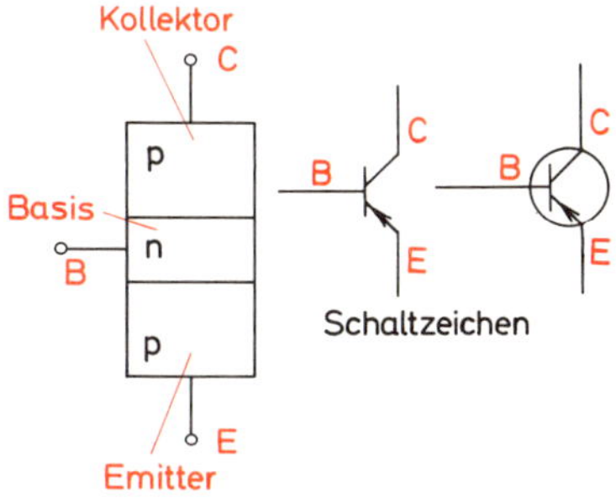

Bild 7.3 Benennung der Halbleiterzonen und der Anschlußelektroden, Schaltzeichen eines pnp-Transistors. Der Kreis für das Gehäuse kann entfallen.

Die eine p-Zone wird Emitterzone oder kurz *Emitter* genannt (Bild 7.3). Von hier gehen die Ladungsträger aus (emittere, lat. = aussenden). Die in der Mitte liegende n-Zone wird Basiszone oder *Basis* genannt. Sie war bei den früheren Herstellungsverfahren die zuerst vorhandene Zone. Die andere p-Zone heißt Kollektorzone oder *Kollektor*. Sie hat die Aufgabe, die Ladungsträger einzusammeln (collecta, lat. = Sammlung).

Grundsätzlich können Emitterzone und Kollektorzone vertauscht werden. In der Praxis bringt das aber Nachteile. Die Dotierung beider Zonen ist meist unterschiedlich, überdies entsteht der größte Anteil an Verlustwärme in der Kollektorzone. Transistoren sind so gebaut, daß die Kollektorzone besonders gut gekühlt wird.

Der pnp-Transistor benötigt zum Betrieb bestimmte Spannungen.

Ungefähre übliche Spannungswerte sind:

Spannung Basis gegen Emitter:	$U_{BE} = -0{,}7$ V	($-0{,}6$ V bis $-0{,}9$ V)
Spannung Kollektor gegen Emitter:	$U_{CE} = -7$ V	(-2 V bis -300 V)
(für Si-Transistor)		

Der Emitter wird meist als Bezugspunkt gewählt.

Basis und Kollektor erhalten negative Spannungswerte (Potentiale) bezogen auf den Emitter (Bild 7.4).

Erinnern wir uns:

Ein pn-Übergang ist in Durchlaßrichtung geschaltet, wenn „Plus an p-Zone“ liegt.

Das bedeutet, daß der pn-Übergang Emitter—Basis in Durchlaßrichtung geschaltet ist. Der pn-Übergang Basis—Kollektor ist in Sperrichtung geschaltet, denn der negative Potentialwert liegt an der p-Zone bzw. der positive Potentialwert liegt an der n-Zone.

Diese Polung der pn-Übergänge ist für ein Arbeiten des Transistors erforderlich.

Der pn-Übergang Emitter—Basis wird in Durchlaßrichtung gepolt. Der pn-Übergang Basis—Kollektor wird in Sperrichtung gepolt.

Die durch Ladungsträgerdiffusion entstandene Sperrschicht zwischen Emitter und Basis wird nach Anlegen der Spannung U_{BE} bis auf einen winzigen Rest abgebaut. In Bild 7.5 ist eine sehr kleine Spannungsschwelle gezeichnet.

Die Sperrschicht zwischen Basis und Kollektor wird nach Anlegen der Spannung U_{CE} wesentlich verbreitert. Es ergibt sich eine große Spannungsschwelle.

Bezieht man alle Spannungen auf die neutrale Emitterzone ($U = 0$ V), so erhält man den Gesamtpotentialverlauf (Bild 7.5).

Die im Emitter enthaltenen freien Ladungsträger (Löcher) wandern unter dem Einfluß der Spannung U_{BE} über die abgebaute Sperrschicht in die Basiszone. Sie „wollen“ zum Basisanschluß und weiter zur Spannungsquelle.

Dieses Hineinbringen von Ladungsträgern in die Basiszone nennt man *Ladungsträgerinjektion.*

Wenn nun ein vom Emitter gekommener (positiver) Ladungsträger in die breite Sperrschicht zwischen Basis und Kollektor gerät, was geschieht dann?

In der Sperrschicht (Raumladungszone) herrscht ein starkes elektrisches Feld, dessen Feldlinien von Plus nach Minus verlaufen. Der eingedrungene Ladungsträger ist ein positiver Ladungsträger (Loch). Auf ihn wird eine Kraft in Richtung der Feldlinien ausgeübt, also in

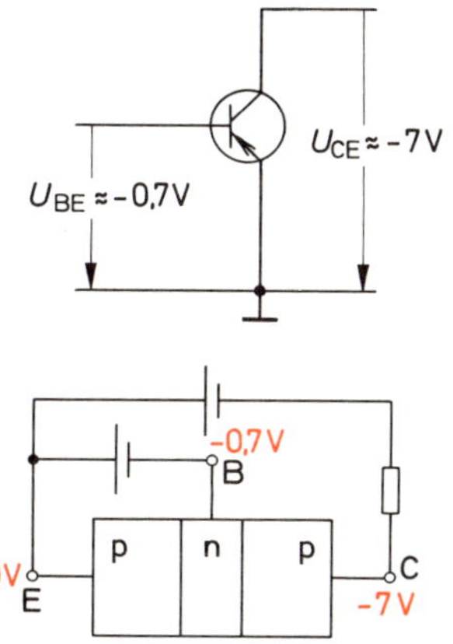

Bild 7.4 Ungefähre Speisespannungswerte beim pnp-Transistor

Bild 7.5 Potentialverläufe im pnp-Transistorkristall ▶

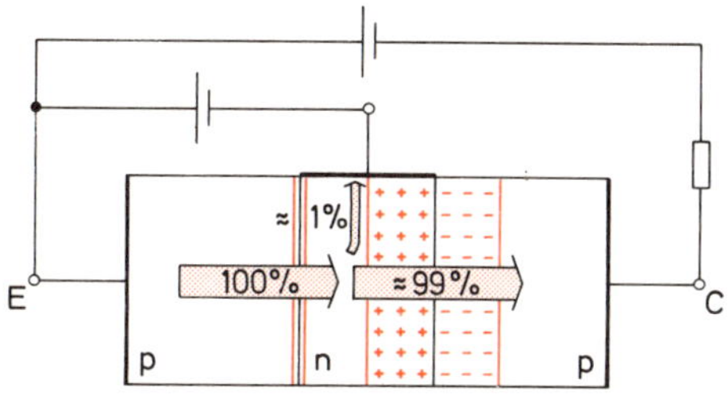

Bild 7.6 Ladungsträgerströmung im pnp-Transistorkristall (Löcherstrom)

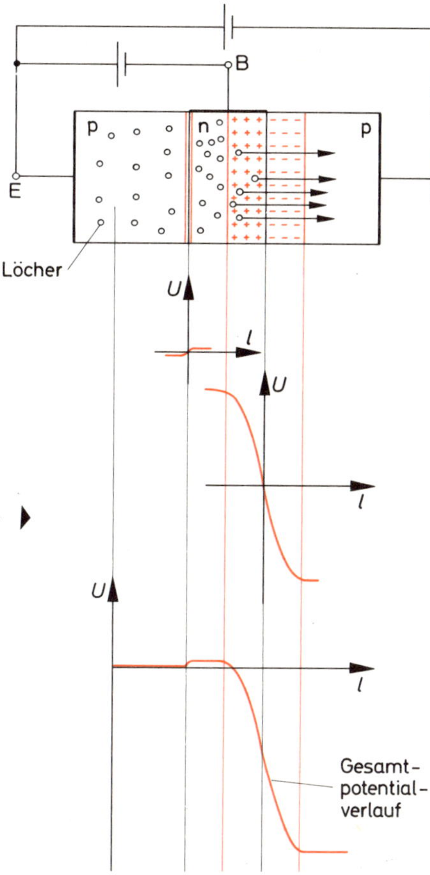

Richtung zur Kollektorzone. Der eingedrungene Ladungsträger wird also zum Kollektor hin beschleunigt. Er rutscht das Potentialgefälle herab.

> *Gerät ein vom Emitter gekommener (positiver) Ladungsträger in die Sperrschicht zwischen Basis und Kollektor, so wird er zum Kollektor herüber beschleunigt.*

Die Sperrschicht zwischen Basis und Kollektor wirkt wie eine *Ladungsträgerfalle.*
Man ist nun bestrebt, einen möglichst großen Teil der vom Emitter ausgehenden Ladungsträger in die „Falle" zu bekommen. Aus diesem Grunde macht man die Basiszone recht dünn. Es bleibt dann wenig Raum im neutralen Teil der Basiszone. In diesem neutralen Teil entsteht ein großes Ladungsträgergedränge, und sehr viele Ladungsträger geraten in die Sperrschicht.
Man kann die Basiszone so dotieren, daß die Ladungsträger vorwiegend im Bereich nahe der Sperrschicht wandern. Dann gerät eine noch größere Anzahl in die Sperrschicht. Dies Verfahren wird bei Drifttransistoren angewendet (Bild 7.6).

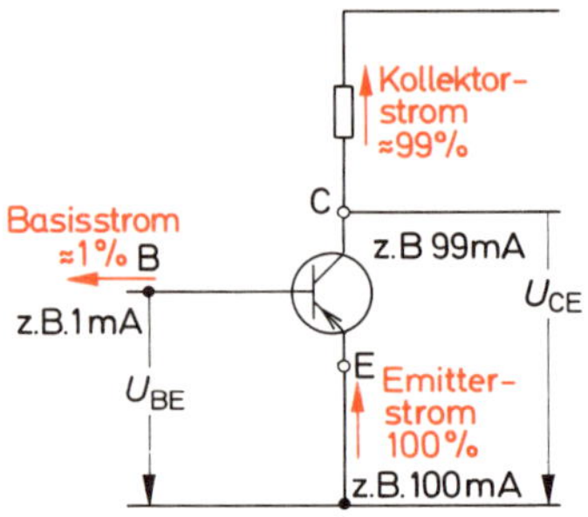

Bild 7.7 Transistorströme

> *Bei üblichen Transistoren geraten 99% und mehr der vom Emitter ausgehenden Ladungsträger in die Basis-Kollektor-Sperrschicht und rutschen zum Kollektor.*

Dieser Prozentsatz ist bei einem gegebenen Transistor und gegebenen Spannungen stets gleich, obwohl der einzelne Ladungsträger durch Zufall in die Sperrschicht gerät. Bei der sehr großen Zahl von Ladungsträger (1 mA = 6,24 · 10^{15} Ladungsträger pro Sekunde) bleibt die Gesamtzahl der Zufälle gleich.
Man nennt dieses Verhältnis *Gleichstromverstärkung* (Formelzeichen *B*)
Nach dem Beispiel in Bild 7.7 ergibt sich:

$$B = \frac{99\%}{1\%} = 99$$

Dieses Verhalten des Transistors kennzeichnet ihn als ein verstärkendes Bauelement.
Werden mehr Ladungsträger injiziert, so steigt der Kollektorstrom I_C z.B. um den Faktor 99 stärker als der Basisstrom I_B.

> *Kleine Basisstromänderungen gehören zu großen Kollektorstromänderungen.*

Die Kollektorstromänderungen können in einem Widerstand in Spannungsänderungen umgewandelt werden. Man kann also auch sagen:

> *Kleine Basisspannungsänderungen führen zu großen Kollektorspannungsänderungen.*

Im Vorstehenden wurde der Hauptladungsträgermechanismus beschrieben. Der Minoritätsträgermechanismus und einige andere vernachlässigbare Effekte überlagern sich.

Minoritätsträgermechanismus
In den p-Zonen sind einige wenige Elektronen vorhanden (siehe Eigenleitfähigkeit). In der n-Zone befinden sich einige wenige Löcher. Diese sogenannten Minoritätsträger können die Sperrschicht durchlaufen, und zwar die Elektronen der Kollektorzone in Richtung Basiszone und die Löcher der Basiszone in Richtung Kollektorzone. Dieser Strom kommt auch zustande,

wenn gar keine Ladungsträger injiziert werden. Er macht ein vollständiges Sperren des Transistors unmöglich. Der Minoritätsträgerstrom ist bei modernen Siliziumtransistoren sehr klein und kann in vielen Fällen vernachlässigt werden.

Rekombination
Die Basiszone ist n-leitfähig. Sie enthält freie Elektronen. Kommen zufällig ein Loch und ein Elektron zusammen, so „fällt das Elektron in das Loch“, das heißt, es wird in die offene Kristallbindung, die das Loch darstellt, gezwungen. Elektron und Loch sind dann keine freien Ladungsträger mehr. Diesen Vorgang nennt man *Rekombination* (Wiedervereinigung). Um die Zahl der Rekombinationsfälle möglichst gering zu halten, wird die Basiszone nur schwach n-dotiert. Sie enthält also verhältnismäßig wenig freie Elektronen. Für die Arbeitsweise des Transistors ist die Rekombination ohne wesentliche Bedeutung. Durch die Rekombination wird lediglich der Basisstrom etwas erhöht.

7.3. Arbeitsweise von npn-Transistoren

Das Kristall eines npn-Transistors besteht aus zwei n-leitenden Zonen, zwischen denen sich eine p-leitende Zone befindet.
Die Bezeichnungen der Zonen entsprechen den Bezeichnungen beim pnp-Transistor (Bild 7.8) mit dem Unterschied, daß Emitter und Kollektor n-leitende Zonen sind und die Basis eine p-leitende Zone ist.
Die pn-Übergänge werden gleich gepolt wie beim pnp-Transistor:

> *Der pn-Übergang Emitter – Basis wird in Durchlaßrichtung gepolt.*
> *Der pn-Übergang Basis – Kollektor wird in Sperrichtung gepolt.*

Das bedeutet, daß die Spannungen U_{BE} und U_{CE} anders gepolt sein müssen als beim pnp-Transistor (Bild 7.9).

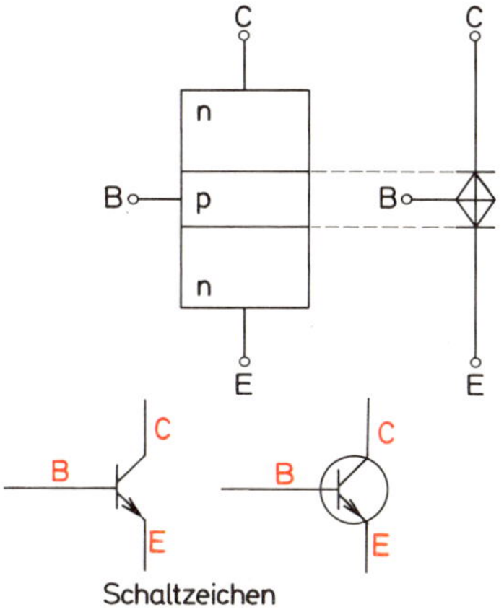

Bild 7.8 pn-Übergänge beim npn-Transistor und Schaltzeichen

Bild 7.9 Polung der pn-Übergänge und ungefähre Speisespannungswerte beim npn-Transistor

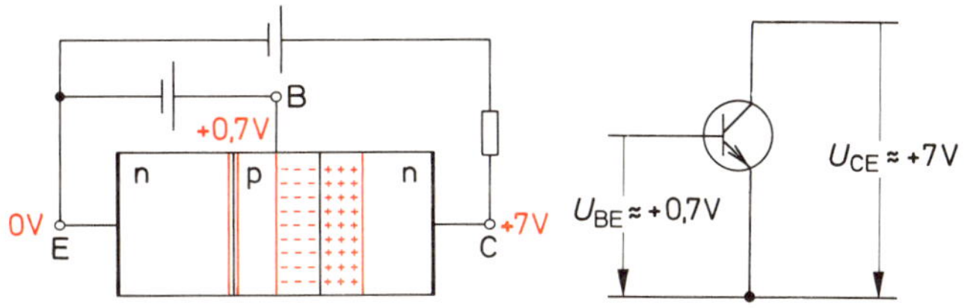

Ungefähre übliche Spannungswerte sind:

Spannung Basis gegen Emitter: $U_{BE} = +0{,}7$ V ($+0{,}6$ bis $+0{,}9$ V)
Spannung Kollektor gegen Emitter: $U_{CE} = +7$ V ($+2$ V bis $+300$ V)
(für Si-Transistor)

Basis und Kollektor erhalten positive Spannungswerte (Potentiale) bezogen auf den Emitter.

Beim pnp-Transistor wurden die Wege der Löcher verfolgt.

Beim npn-Transistor ist es zweckmäßig, die Wege der Elektronen zu betrachten.

Man stellt dann fest, daß die Arbeitsweise von pnp- und npn-Transistor im Prinzip gleich ist.
Die im Emitter enthaltenen freien Elektronen wandern unter dem Einfluß der Spannung U_{BE} über die abgebaute Sperrschicht Emitter – Basis in die Basiszone (Ladungsträgerinjektion).
Der pn-Übergang Basis – Kollektor ist in Sperrichtung gepolt. Er stellt eine Ladungsträgerfalle dar.
Die neutrale Basiszone ist sehr dünn. In ihr herrscht ein großes Ladungsträgergedränge. Ein sehr großer Teil der injizierten Ladungsträger gerät in die Sperrschicht Basis – Kollektor und wird zum Kollektor hin beschleunigt. Der Kollektor braucht die ankommenden Ladungsträger nur „einzusammeln“.
99% und mehr der vom Emitter ausgehenden Ladungsträger rutschen zum Kollektor herüber.
Man kann heute Transistoren bauen, bei denen 99,9% der injizierten Ladungsträger zum Kollektor gelangen und nur 0,1% zum Basisanschluß fließen. Für diese Transistoren ergibt sich eine Gleichstromverstärkung $B = 999$.

$$B = \frac{99{,}9\%}{0{,}1\%} = 999$$

Dem beschriebenen Hauptladungsträgermechanismus überlagert sich der Minoritätsträgermechanismus. Hier gilt das für den pnp-Transistor Gesagte entsprechend.
Rekombinationsvorgänge verlaufen in gleicher Weise wie beim pnp-Transistor.
Es soll hier nochmals daran erinnert werden, daß die Löcherbetrachtungsweise nur aus Gründen der besseren Anschaulichkeit eingeführt wurde. *Der Ladungstransport findet immer durch Elektronen statt,* und zwar bei n-Leitung durch strömende Elektronen, bei p-Leitung durch von Loch zu Loch springende Elektronen. Es ist dem Betrachter also freigestellt, entweder den Weg der Löcher oder den Weg der Elektronen zu verfolgen.

7.4. Spannungen und Ströme beim Transistor

Aus der Arbeitsweise des Transistors ergibt sich, daß vom Transistor aus gesehen alle Spannungen auf den Emitter zu beziehen sind.

Der Transistor „sieht" alle Spannungen vom Emitter aus.

Der Emitter soll der Bezugspunkt für Potentialangaben sein.
Die Spannung U_{CE} ist vom Kollektor auf den Emitter bezogen. Ihr Wert ist gleichzeitig das Potential des Kollektors.
Die Spannung U_{BE} ist von der Basis auf den Emitter bezogen. Ihr Wert gibt gleichzeitig das Potential der Basis an.
U_{CB} ist die Spannung zwischen Kollektor und Basis. Es gilt:

$$U_{CE} = U_{CB} + U_{BE}$$

Die Ströme des Transistors werden der technischen Stromrichtung entsprechend angegeben. Diese entspricht ja der Löcherstromrichtung. Sind die Elektronenstromrichtungen gemeint, so erhalten die Formelzeichen den zusätzlichen Index e.
Der Emitterstrom I_E setzt sich zusammen aus dem Kollektorstrom I_C und aus dem Basisstrom I_B.

$$I_E = I_C + I_B$$

Ströme und Spannungen beim pnp-Transistor sind in Bild 7.10 dargestellt. In Bild 7.11 sind die Ströme und Spannungen eines npn-Transistors angegeben.
Ströme und Spannungen sind vorzeichenbehaftet. Die Formelzeichen können positive und negative Vorzeichen haben, ebenfalls die Spannungs- und Stromwerte, z.B.:

$$U_{CE} = -7\ \text{V} \text{ oder } -U_{CE} = 7\ \text{V}$$

Es gelten folgende Regeln:

Ist das Potential der im Index zuerst genannten Elektrode positiver als das Potential der zweitgenannten Elektrode, so erhalten Formelzeichen und Wert ein positives Vorzeichen.

Beispiel:
Bei einem npn-Transistor ist der Kollektor z.B. 7 V positiver als der Emitter. Der Kollektor hat das Potential +7 V. Der Emitter hat das Potential 0 V. Für U_{CE} gilt:

$$U_{CE} = 7\ \text{V}$$

Ist das Potential der im Index zuerst genannten Elektrode negativer als das Potential der zweitgenannten Elektrode, so erhalten Formelzeichen oder Wert ein negatives Vorzeichen.

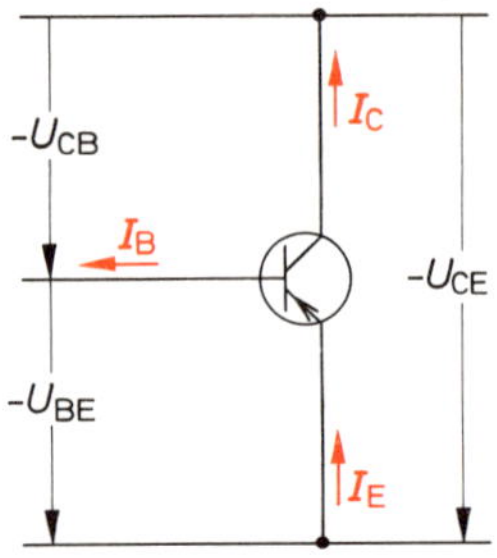

Bild 7.10 Bezeichnung der Ströme und Spannungen beim pnp-Transistor

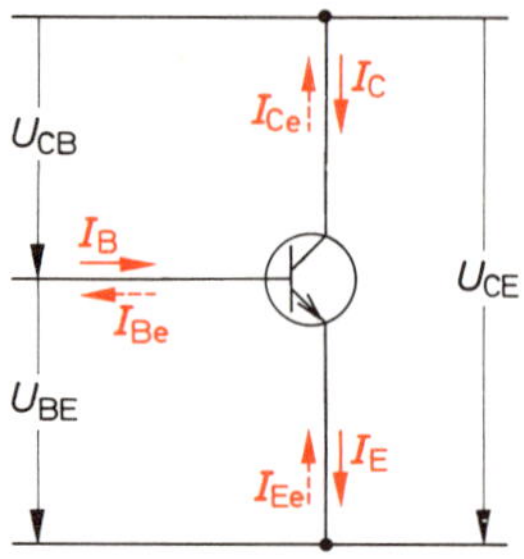

Bild 7.11 Bezeichnung der Ströme und Spannungen beim npn-Transistor

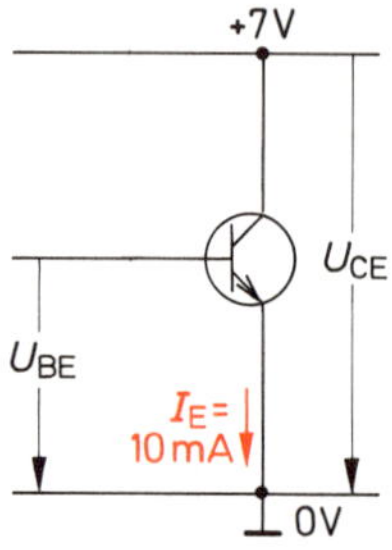

Bild 7.12 Angabe des Emitterstromes

Beispiel: Bei einem pnp-Transistor ist der Kollektor z.B. 7 V negativer als der Emitter. Der Kollektor hat das Potential −7 V. Der Emitter hat das Potential 0 V. U_{CE} wird wie folgt angegeben:

$$U_{CE} = -7\ \text{V}$$

oder

$$-U_{CE} = 7\ \text{V}$$

Das Vertauschen der Indexbuchstaben bedeutet eine Vorzeichenumkehr. Gleiche Angaben sind:

$$U_{CE} = -7\ \text{V}$$
$$U_{EC} = 7\ \text{V}$$

Stromwerte sind positiv, wenn als Pfeilrichtung die Richtung vom positiveren Potential weg zum negativeren Potential hin angegeben ist. Bei umgekehrter Pfeilrichtung sind sie negativ.

Beispiel: Der Emitterstrom I_E eines npn-Transistors hat die Größe 10 mA. Er ist in technischer Stromrichtung in Bild 7.12 angegeben. Welche Größe hat der Elektronenstrom I_{Ee}?

$$I_E = 10\ \text{mA}$$
$$I_{Ee} = -I_E = -10\ \text{mA}$$

Die Spannungen, die für npn-Transistoren erforderlich sind, unterscheiden sich von den für pnp-Transistoren erforderlichen Spannungen durch das Vorzeichen (Bild 7.13).
Kennlinien und teilweise auch Kennwerte müßten für npn- und pnp-Transistoren gesondert angegeben werden. Die Vorzeichen führen überdies zu einer komplizierteren Darstellung. Es sollen deshalb grundsätzlich nur die *Beträge* angegeben werden. Der Betrag ist der Wert einer Größe ohne Vorzeichen. Die Vorzeichen können also weggelassen werden.
Zur Kennzeichnung des Betrages verwendet man zwei senkrechte Striche beiderseits der betreffenden Größe

$$U_{CE} = -7\ \text{V}$$

Betragsangabe:

$$|U_{CE}| = 7\ \text{V}$$

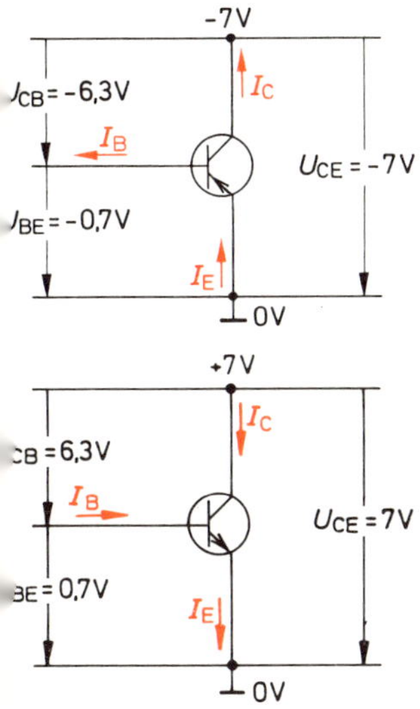

◀ *Bild 7.13 Beispiele für Spannungswerte bei pnp- und npn-Transistoren*

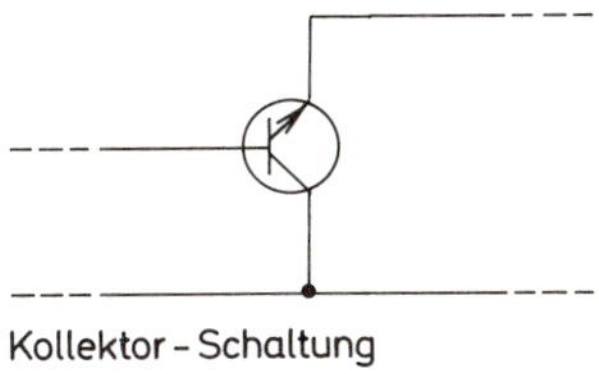

▶ *Bild 7.14 Eingangs- und Ausgangspole bei den drei Transistorgrundschaltungen*

> *Bei Angabe der Beträge gelten alle Kennlinien und die sonst vorzeichenbehafteten Kennwerte sowohl für pnp- als auch für npn-Transistoren.*

Irgendwelche Versehen bei der Polung der Transistoren in der Schaltung dürften dadurch nicht vorkommen, da die für npn- und pnp-Transistoren erforderliche Spannungspolung als allgemein bekannt vorausgesetzt werden kann.

7.5. Kennlinienfelder und Kennwerte (Emittergrundschaltung)

Bei bipolaren Transistoren haben wir die drei Stromgrößen I_E, I_C und I_B und die drei Spannungsgrößen U_{CE}, U_{BE} und U_{CB}.
Wollte man den Zusammenhang jeder Größe zu jeder anderen Größe als Kennlinienfeld darstellen, so ergäbe das 30 verschiedene Kennlinienfelder. Man benötigt zur Beschreibung der für das Arbeiten als Verstärker oder Schalter notwendigen Transistoreigenschaften nur vier Kennlinienfelder.
Strom- und Spannungswerte werden als Beträge angegeben. Die Kennlinien und Kennwerte gelten somit für npn- und pnp-Transistoren.
Welche vier Kennlinienfelder ausgewählt werden, hängt davon ab, in welcher Grundschaltung der Transistor betrieben wird.
Es gibt drei verschiedene Transistorgrundschaltungen, die *Emitterschaltung*, die *Basisschaltung* und die *Kollektorschaltung*.
In Bild 7.14 ist dargestellt, welche Transistorpole in den einzelnen Grundschaltungen für Eingang und Ausgang verwendet werden.
Die Emitterschaltung wird am häufigsten verwendet. Auf ihre besonderen Vorteile wird später noch eingegangen.

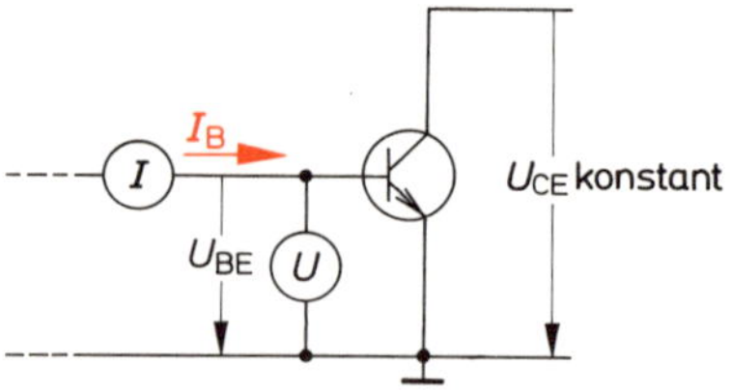

Bild 7.15 Schaltung zur Aufnahme von Eingangskennlinien

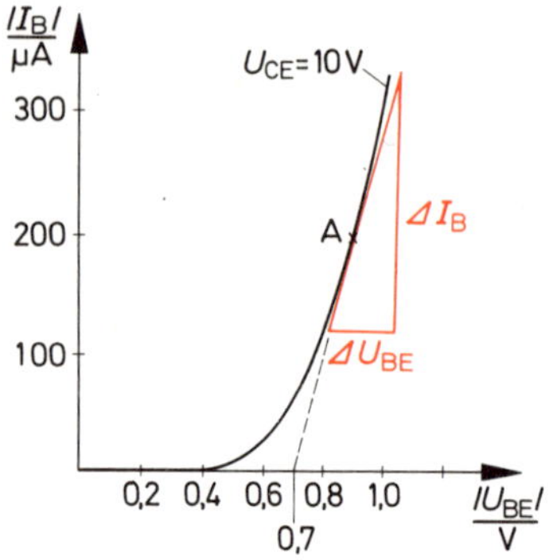

Bild 7.16

Die in den folgenden Abschnitten betrachteten Kennlinienfelder und Kennwerte beziehen sich auf die Emitterschaltung.

7.5.1. Eingangskennlinienfeld

Bei Emitterschaltung bezeichnet man den Basisstrom I_B und die Basis-Emitter-Spannung U_{BE} als Eingangsgrößen. Das Eingangskennlinienfeld gibt den Zusammenhang zwischen U_{BE} und I_B an. Es wird auch I_B-U_{BE}-Kennlinienfeld genannt (Bild 7.15).
Zwischen Basis und Emitter liegt ein pn-Übergang, der in Durchlaßrichtung geschaltet ist. Die Kennlinie müßte also Ähnlichkeit haben mit der Durchlaßkennlinie einer Diode. Das ist auch der Fall. Für Siliziumtransistoren ergibt sich eine Schwellspannung von rd. 0,7 V. Bei den nur noch selten verwendeten Germaniumtransistoren beträgt die Schwellspannung rd. 0,3 V (Bild 7.16).

Der Anstieg der I_B-U_{BE}-Kennlinie in einem bestimmten Kennlinienpunkt A ergibt den differentiellen Eingangswiderstand r_{BE} in diesem Kennlinienpunkt.

Ein solcher Kennlinienpunkt, in dem der Transistor dann später „arbeitet“, wird auch Arbeitspunkt genannt.
Die Größe von r_{BE} im Punkt *A* kann dem Kennlinienfeld entnommen werden. Man legt im Punkt *A* eine Tangente an die Kennlinie und zeichnet ein rechtwinkliges Dreieck wie in Bild 7.16. Die Seitenlängen des Dreiecks können beliebige Länge haben, sollten aber um der Genauigkeit der Ablesung willen nicht zu klein gewählt werden.
Die Gleichung für r_{BE} lautet:

$$r_{BE} = \frac{\Delta U_{BE}}{\Delta I_B}$$

(für U_{CE} konstant)

r_{BE}	diff. Transistor-Eingangswiderstand
ΔU_{BE}	Basis-Emitter-Spannungsänderung
ΔI_B	Basisstromänderung

Der Zusatz „für U_{CE} = konstant“ besagt, daß die Tangente an einer für konstante Kollektor-Emitter-Spannung geltenden Kennlinie anliegt, was ja eigentlich in diesem Zusammenhang selbstverständlich ist.

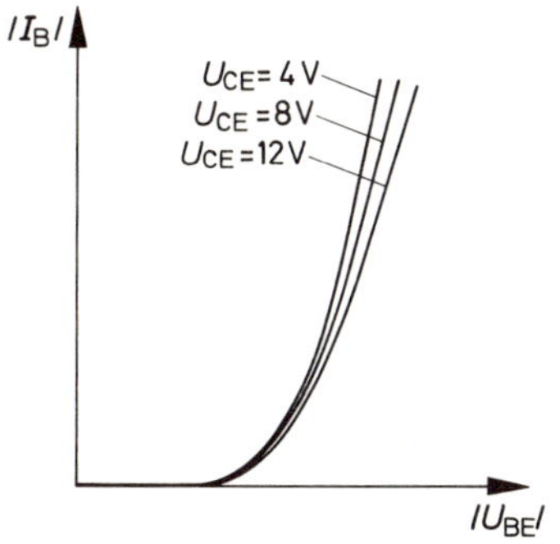

Bild 7.17 Eingangskennlinien für verschiedene Kollektor-Emitter-Spannungen

Ändert man die Größe der Kollektor-Emitter-Spannung, so verschiebt sich die Kennlinie etwas. Genau genommen gilt jede Kennlinie nur für eine bestimmte Kollektor-Emitter-Spannung (Bild 7.17).

Ein Verfahren zur Berechnung von Transistorschaltungen baut auf der *Vierpoltheorie* auf. Man benötigt für Rechnungen nach diesem Verfahren die sogenannten *Vierpolparameter,* die das Signalverhalten eines Transistors kennzeichnen. Der Vierpolparameter h_{11e} entspricht dem differentiellen Eingangswiderstand r_{BE}.

$$h_{11e} = r_{BE}$$

7.5.2. Ausgangskennlinienfeld

Ausgangsgrößen sind der Kollektorstrom I_C und die Kollektor-Emitter-Spannung U_{CE}. Das Ausgangskennlinienfeld wird auch I_C-U_{CE}-Kennlinienfeld genannt. Es gibt den Zusammenhang zwischen Kollektorstrom und Kollektor-Emitter-Spannung bei verschiedenen Basisströmen an. Jede Kennlinie gilt für einen bestimmten Basisstromwert. Dieser Basisstromwert muß während der Aufnahme der Kennlinie konstant gehalten werden.

Der Anstieg der I_C-U_{CE}-Kennlinie in einem bestimmten Arbeitspunkt A ergibt den differentiellen Ausgangswiderstand r_{CE} in diesem Arbeitspunkt.

Die Größe von r_{CE} in einem bestimmten Punkt kann dem Kennlinienfeld entnommen werden (Bild 7.18).

$$r_{CE} = \frac{\Delta U_{CE}}{\Delta I_C}$$

(für I_B konstant)

r_{CE}	diff. Transistor-Ausgangswiderstand
ΔU_{CE}	Kollektor-Emitter-Spannungsänderung
ΔI_C	Kollektorstromänderung

Der differentielle Transistor-Ausgangswiderstand r_{CE} hat ebenfalls wie der differentielle Transistor-Eingangswiderstand eine Entsprechung zu einem Vierpolparameter.

Der Vierpolparameter h_{22e} entspricht dem Kehrwert des Ausgangswiderstandes des Transistors.

$$h_{22e} = \frac{1}{r_{CE}}$$

h_{22e} wird auch differentieller Ausgangsleitwert genannt.

7.5.3. Stromsteuerungskennlinienfeld

Das Stromsteuerungskennlinienfeld wird auch I_C-I_B-Kennlinienfeld genannt. Es gibt den Zusammenhang zwischen Kollektorstrom und Basisstrom an.
Jede Kennlinie gilt genau nur für eine bestimmte Kollektor-Emitter-Spannung. Bild 7.19 zeigt je eine I_C-I_B-Kennlinie für $U_{CE} = 16$ V und $U_{CE} = 7$ V.
Bei modernen Transistoren verläuft die Kennlinie zunächst angenähert linear und krümmt sich dann leicht.

Bild 7.18 Ausgangskennlinienfeld

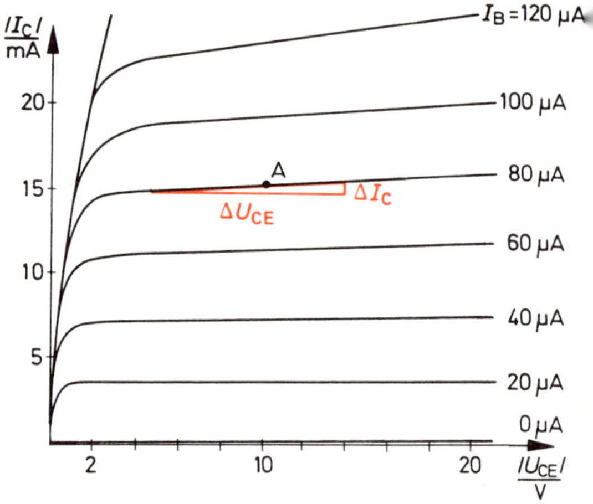

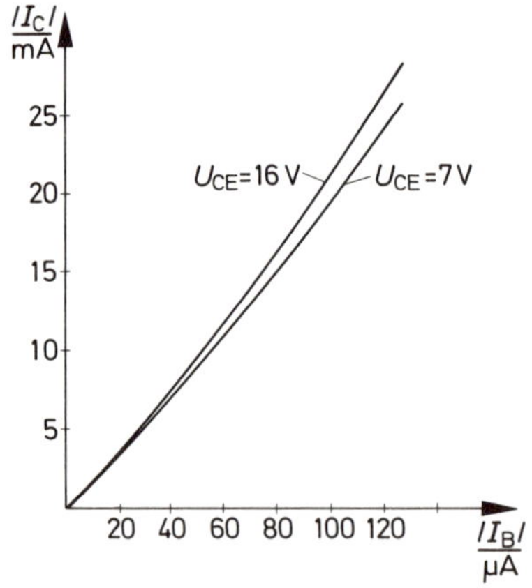

Bild 7.19 Stromsteuerungskennlinienfeld

Die für einen bestimmten Arbeitspunkt A geltende *Gleichstromverstärkung B*, auch Kollektorstrom-Basisstrom-Verhältnis genannt, kann aus dem Kennlinienfeld entnommen werden (Bild 7.20).

$$B = \frac{I_C}{I_B}$$

B Gleichstromverstärkung
I_C Kollektorstrom
I_B Basisstrom

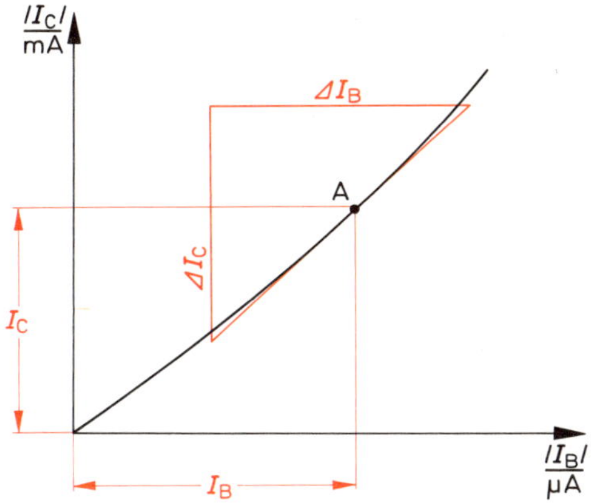

Bild 7.20 Bestimmung von Gleichstromverstärkung B und Stromverstärkungsfaktor β für den Arbeitspunkt A

> *Die Gleichstromverstärkung B gibt an, wie groß der Kollektorstrom I_C bei einem bestimmten Basisstrom I_B ist.*

Da die I_C-I_B-Kennlinie leicht gekrümmt ist, hat sie in jedem Kennlinienpunkt einen anderen Anstieg.

> *Der Anstieg der I_C-I_B-Kennlinie in einem bestimmten Arbeitspunkt A ergibt den differentiellen Stromverstärkungsfaktor β in diesem Arbeitspunkt.*

Die Größe von β in einem bestimmten Punkt kann, wie bereits bei anderen Kennlinien beschrieben, dem Kennlinienfeld entnommen werden.

$$\beta = \frac{\Delta I_C}{\Delta I_B}$$

(für U_{CE} konstant)

β	differentieller Stromverstärkungsfaktor
ΔI_C	Kollektorstromänderung
ΔI_B	Basisstromänderung

Der differentielle Stromverstärkungsfaktor β entspricht dem Vierpolparameter h_{21e}

$$h_{21e} = \beta$$

7.5.4. Rückwirkungskennlinienfeld

Eine Vergrößerung der Kollektor-Emitter-Spannung U_{CE} führt zur Vergrößerung der Spannungen U_{CB} und U_{BE}, da $U_{CE} = U_{CB} + U_{BE}$ ist (Bild 7.21).
Die Erhöhung der Ausgangsspannung U_{CE} und selbstverständlich auch ihre Verminderung wirken also auf die Eingangsspannung U_{BE} zurück.

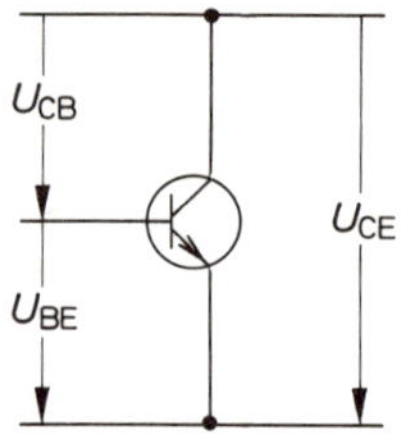

Bild 7.21

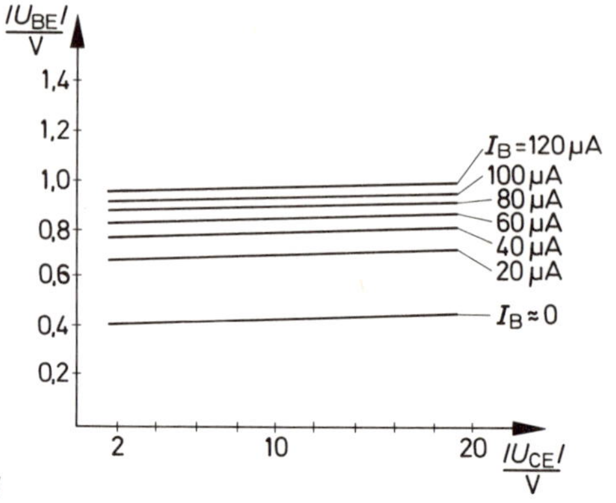

Bild 7.22 Rückwirkungskennlinienfeld

Die Rückwirkung vom Ausgang auf den Eingang ist sehr unerwünscht. Die Hersteller von Transistoren sind bemüht, die Rückwirkung von U_{CE} auf U_{BE} möglichst klein zu halten.
Der Zusammenhang zwischen U_{BE} und U_{CE} wird durch das Rückwirkungs-Kennlinienfeld gegeben, das auch U_{BE}-U_{CE}-Kennlinienfeld genannt wird (Bild 7.22).

Die Kennlinien verlaufen bei modernen Transistoren sehr flach. Das bedeutet, die Rückwirkung von U_{CE} auf U_{BE} ist gering. Ein Maß für die Rückwirkung ist der differentielle Rückwirkungsfaktor D.
Der Anstieg der U_{BE}-U_{CE}-Kennlinie in einem bestimmten Arbeitspunkt ergibt den differentiellen Rückwirkungsfaktor D in diesem Arbeitspunkt.

$$D = \frac{\Delta U_{BE}}{\Delta U_{CE}}$$

(für I_B konstant)

Der differentielle Rückwirkungsfaktor D entspricht dem Vierpolparameter h_{12e}

$$h_{12e} = D$$

7.5.5. Vierquadrantenkennlinienfeld

Die besprochenen vier Kennlinienfelder bilden zusammen ein System. Alle vier Kennlinienfelder werden zum sogenannten Vierquadrantenkennlinienfeld zusammengefaßt. Dabei werden einige Kennlinienfelder gedreht.
Bild 7.23 zeigt ein Vierquadrantenkennlinienfeld.

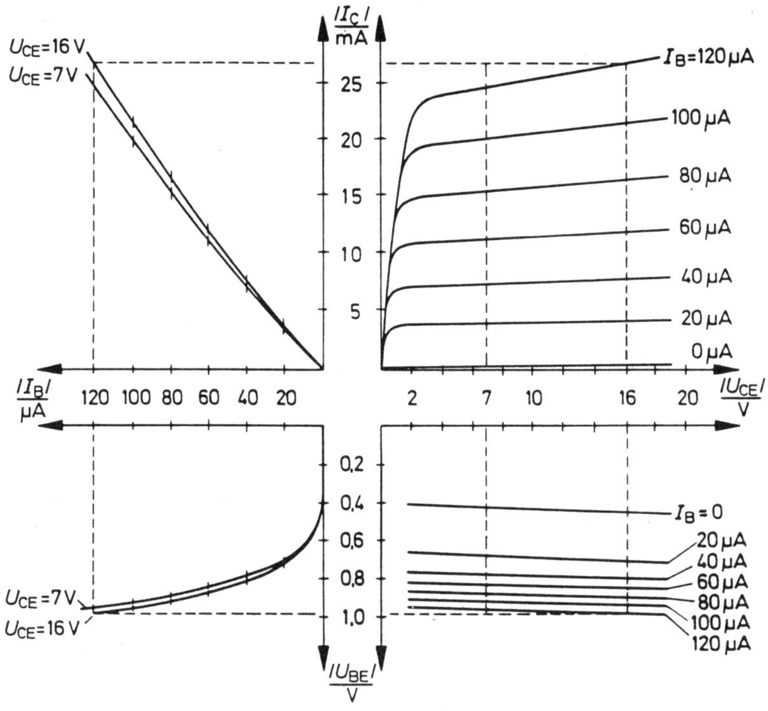

Bild 7.23 Vierquadrantenkennlinienfeld

7.6. Wahl des Transistorarbeitspunktes

Ein Transistor benötigt zum Betrieb bestimmte Spannungswerte für U_{CE} und U_{BE} und bestimmte Stromwerte für I_C und I_B. Diese Werte können unter Berücksichtigung ihrer gegenseitigen Abhängigkeit in einem gewissen Bereich frei gewählt werden.
Zwei der vier Größen U_{CE}, U_{BE}, I_C, I_B bestimmen den Arbeitspunkt des Transistors. Meist wählt man zur Festlegung des Arbeitspunktes U_{CE} und I_B aus.
Die Betriebsspannung U_B (Netzteilspannung) liegt meist fest (z.B. $U_B = 12$ V). Jetzt wird R_L so gewählt, daß sich bei dem gewünschten Basisstrom I_B die gewählte Kollektor-Emitter-Spannung U_{CE} einstellt.
Ein Beispiel hierfür zeigt Bild 7.24. R_L sei 2 kΩ. Für diesen Lastwiderstand wird die Widerstandsgerade eingezeichnet. Die Widerstandsgerade beginnt beim Betriebsspannungswert auf der U_{CE}-Achse. Ihr Anstieg $\tan\alpha$ entspricht dem Leitwert des Lastwiderstandes. Daraus ergibt sich der Widerstandswert R_L:

$$R_L = \frac{U_{CE}}{I_C} = \frac{U_B}{I_{Co}}$$

$$I_{Co} = \frac{U_B}{R_L} = \frac{12\text{ V}}{2\text{ k}\Omega} = 6\text{ mA}$$

Lotet man einen Punkt der Widerstandsgeraden auf die U_{CE}-Achse herunter, so erhält man eine Aufteilung der Betriebsspannung in die Transistorspannung U_{CE} und in die am Lastwiderstand anliegende Spannung U_{RL} für einen zugehörigen Kollektorstrom I_C. Zu diesem Kollektorstrom gehört ein bestimmter Basisstrom I_B.
Wie in Bild 7.24 gezeichnet, soll der Arbeitspunkt bei $U_{CE} = 6$ V liegen. Damit sind auch I_C und I_B gewählt.

$$I_C = 3\ \text{mA}$$
$$I_B = 30\ \mu\text{A}$$

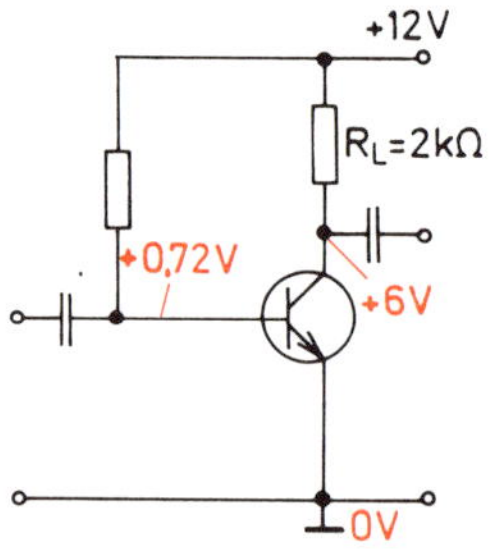

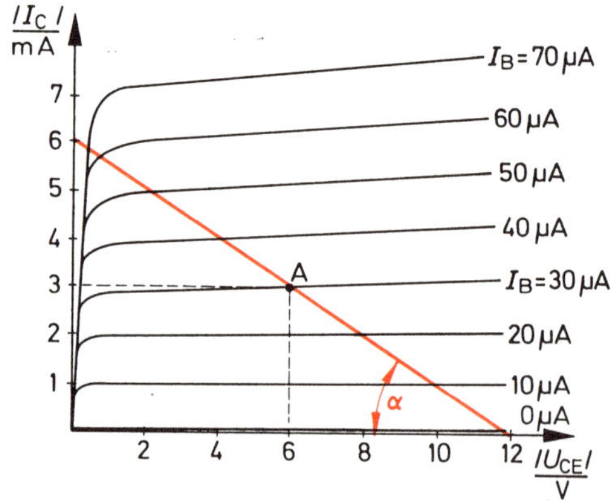

Bild 7.24 Festlegung des Transistorarbeitspunktes

Bild 7.25 Vierquadrantenkennlinienfeld mit Lastwiderstandsgerade, I_C-I_B-Betriebskennlinien, U_{BE}-I_B-Betriebskennlinie und Rückwirkungsgerade

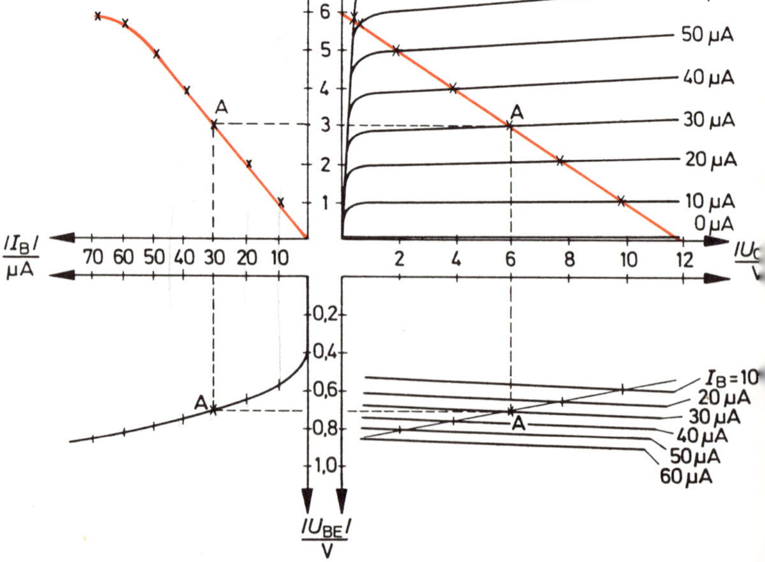

Aus den Schnittpunkten der Widerstandsgeraden mit den I_C-U_{CE}-Kennlinien kann die I_C-I_B-Betriebskennlinie konstruiert werden. Sie ist gegenüber der I_C-I_B-Kennlinie für $U_{CE} = 6$ V etwas verschoben. Ursache für diese Verschiebung ist die Änderung der Kollektor-Emitter-Spannung beim Durchlaufen der Punkte der Widerstandsgeraden (Bild 7.25).
Auf der I_C-I_B-Betriebskennlinie wird ebenfalls der Arbeitspunkt A eingezeichnet. Er hat die Koordinaten $I_C = 3$ mA, $I_B = 30$ µA.
Mit Hilfe der I_C-I_B-Betriebskennlinie und der Rückwirkungskennlinien kann die U_{BE}-I_B-Betriebskennlinie konstruiert werden (Bild 7.25). Der Arbeitspunkt A kann nun auf der U_{BE}-I_B-Betriebskennlinie eingezeichnet werden.
Verbindet man die Schnittpunkte der Rückwirkungskennlinien mit den Konstruktionslinien, so erhält man die Rückwirkungsgerade. Auf dieser Rückwirkungsgeraden kann der Arbeitspunkt A ebenfalls eingezeichnet werden.
Die für I_B erforderliche Spannung U_{BE} kann mit Hilfe der U_{BE}-I_B-Betriebskennlinie abgelesen werden. Es ergibt sich für das Schaltungsbeispiel $U_{BE} = 0{,}72$ V.
Die erforderliche Spannung U_{BE} wird mit Hilfe eines Vorwiderstandes oder eines Spannungsteilers eingestellt.
Die Spannungseinstellung mit Vorwiderstand ist sehr einfach (Bild 7.26). Durch den Vorwiderstand R_V fließt der Strom I_B. Es fällt an ihm die Spannung

$$U_V = U_B - U_{BE}$$

ab. Aus U_V und I_B erhält man den Widerstandswert von R_V.

$$\boxed{R_V = \frac{U_B - U_{BE}}{I_B}}$$

$$R_V = \frac{U_B - U_{BE}}{I_B} = \frac{U_V}{I_B} = \frac{11{,}28\ \text{V}}{30\ \mu\text{A}}$$

$$R_V = 376\ \text{k}\Omega$$

Für R_V kann ein Stellwiderstand verwendet werden, der dann auf den genauen Widerstandswert eingestellt wird.
Bei der Einstellung von U_{BE} mit Hilfe eines Spannungsteilers ist ein Querstrom zu wählen. Als Größe des Querstromes I_q wählt man üblicherweise das Zwei- bis Dreifache des Basisstromes. Ein großer Querstrom belastet das Netzteil entsprechend stark und führt zu einem verhältnismäßig niederohmigen Spannungsteiler. Ein zu kleiner Querstrom ($I_q < I_B$) führt zu einer unstabilen Spannung U_{BE}.

$$I_q \approx 2 \cdot I_B$$

Durch R_1 fließt der Strom $I_B + I_q$ (Bild 7.27).

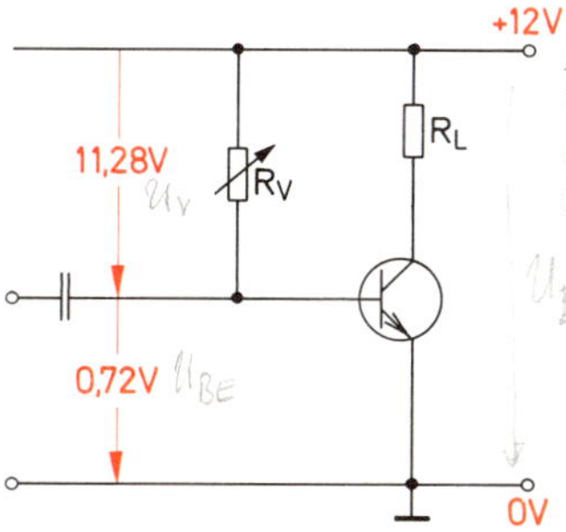

Bild 7.26 Basisvorspannungseinstellung mit Vorwiderstand

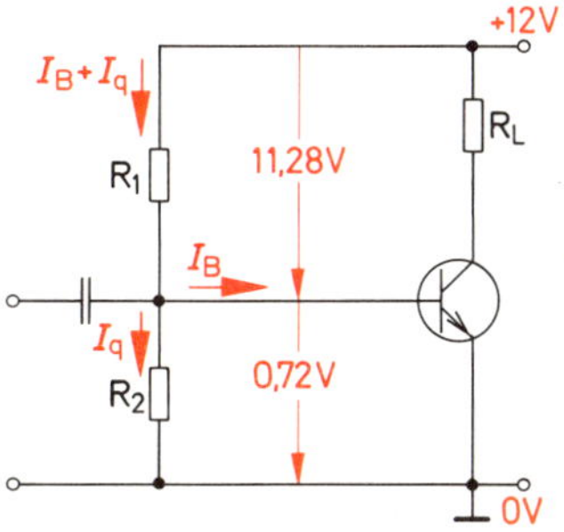

Bild 7.27 Basisvorspannungseinstellung mit Spannungsteiler

$$R_1 = \frac{U_B - U_{BE}}{I_B + I_q}$$

Durch R_2 fließt nur der Strom I_q (Bild 7.27).

$$R_2 = \frac{U_{BE}}{I_q}$$

Für die Werte des Beispiels ergibt sich bei $I_q = 2 \cdot I_B$:

$$R_1 = \frac{U_B - U_{BE}}{I_B + I_q} = \frac{12\text{ V} - 0{,}72\text{ V}}{30\text{ µA} + 60\text{ µA}} = \frac{11{,}28\text{ V}}{90\text{ µA}} = 125\text{ k}\Omega$$

$$R_2 = \frac{U_{BE}}{I_q} = \frac{0{,}72\text{ V}}{60\text{ µA}} = 12\text{ k}\Omega$$

Die Frage, wohin nun der Arbeitspunkt innerhalb des möglichen Bereichs gelegt werden soll, kann generell nicht beantwortet werden. Die günstigste Lage des Arbeitspunktes ist eine andere, je nachdem, ob man eine möglichst große Verstärkung, eine möglichst geringe Verzerrung, eine möglichst geringe Verlustleistung oder ein möglichst geringes Rauschen anstrebt. In „Grundschaltungen der Elektronik“ wird auf diese Zusammenhänge näher eingegangen.

7.7. Steuerung des Transistors

Nach der Wahl und der Einstellung des Arbeitspunktes können am Transistor folgende Gleichspannungs- und Gleichstromgrößen gemessen werden:

$$U'_{CE}, \quad I'_C, \quad I'_B, \quad U'_{BE}$$

Der zusätzliche Strich kennzeichnet diese Größen als zum Arbeitspunkt gehörig.
Im Vierquadrantenfeld nach Bild 7.28 ist ein Arbeitspunkt entsprechend dem bisher betrachteten Beispiel eingezeichnet.

$$U'_{CE} = 6\text{ V}$$
$$I'_C = 3\text{ mA}$$
$$I'_B = 30\text{ µA}$$
$$U'_{BE} = 0{,}72\text{ V}$$

Die Kennlinien I_C-I_B und U_{BE}-I_B sind Betriebskennlinien.
Nach Einstellung des Arbeitspunktes kann der Transistor gesteuert werden.
Zunächst soll eine *Stromsteuerung* betrachtet werden. Die Basis erhält zusätzlich zu dem Gleichstrom I'_B einen sinusförmigen Wechselstrom mit einem Scheitelwert von 10 µA.

$$\hat{i}_B = 10\text{ µA}$$

Der Gesamtbasisstrom schwankt jetzt zwischen einem Kleinstwert von 20 µA und einem Größtwert von 40 µA. Die Schwankung ist in Bild 7.28 eingezeichnet.

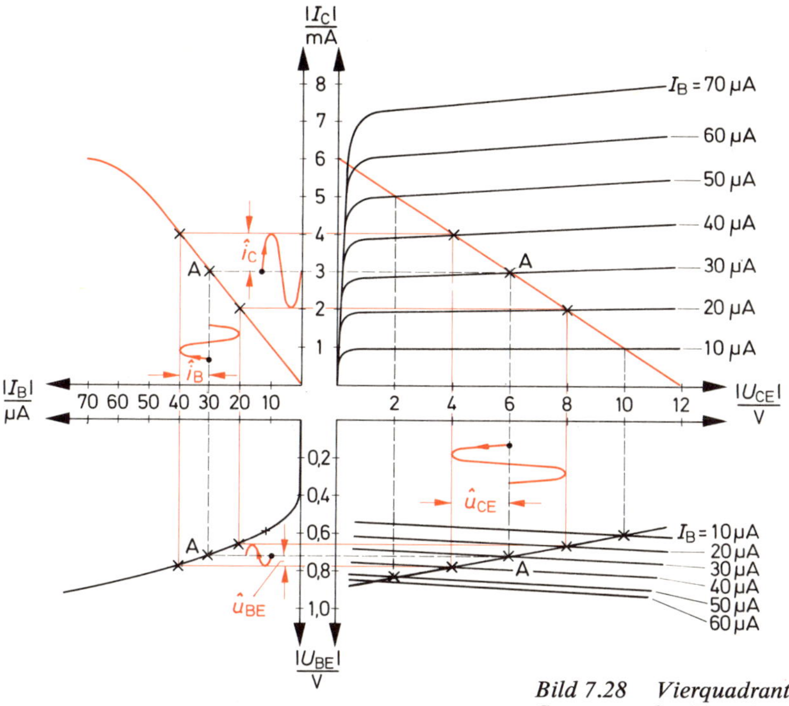

Bild 7.28 Vierquadrantenkennlinienfeld, Steuerung des Transistors

> *Der Gesamtbasisstrom besteht aus einem Basisgleichstrom I'_B und aus einem Basiswechselstrom $\hat{i}_B$.*

Die Änderung des Basisstromes hat eine Änderung des Kollektorstromes zur Folge. Der Gesamtkollektorstrom schwankt jetzt zwischen einem Kleinstwert von 2 mA und einem Größtwert von 4 mA.

> *Der Gesamtkollektorstrom besteht aus einem Kollektorgleichstrom I'_C und aus einem Kollektorwechselstrom $\hat{i}_C$.*

$I'_C = 3\ \text{mA} \qquad \hat{i}_C = 1\ \text{mA}$

Der Kollektorstrom erzeugt am Lastwiderstand R_L einen entsprechenden Spannungsabfall. Die Gesamtkollektorspannung des Transistors schwankt zwischen 8 V und 4 V.

> *Die Gesamtkollektorspannung besteht aus einer Kollektorgleichspannung U'_{CE} und aus einer Kollektorwechselspannung $\hat{u}_{CE}$.*

$U'_{CE} = 6\,V \qquad \hat{u}_{CE} = 2\,V$

Zum Basisstrom gehört immer eine Basisspannung. Diese kann aus dem U_{BE}-I_B-Kennlinienfeld entnommen werden.

Die Gesamtbasisspannung besteht aus einer Basisgleichspannung U'_{BE} und aus einer Basiswechselspannung $\hat{u}_{BE}$.

$U'_{BE} = 0{,}72\,V$

Das Ablesen von U_{BE} bereitet Schwierigkeiten, da eine Halbwelle größer ist als die andere.
Die Basiswechselspannung ist nicht sinusförmig.
Ursache für den nichtsinusförmigen Verlauf ist die gekrümmte U_{BE}-I_B-Kennlinie.
Der zwischen den Halbwellen gemittelte und ungefähre Wert für $\hat{u}_{BE}$ ist 0,05 V.

$\hat{u}_{BE} = 0{,}05\,V$

Die Verstärkungsfaktoren können aus dem Vierquadranten-Kennlinienfeld entnommen werden:

Spannungsverstärkung: $$V_u = \frac{\hat{u}_{CE}}{\hat{u}_{BE}}$$

Stromverstärkung: $$V_i = \frac{\hat{i}_C}{\hat{i}_B}$$

Leistungsverstärkung: $$V_p = V_u \cdot V_i$$

$$P_2 = \frac{\hat{u}_{CE} \cdot \hat{i}_C}{2}$$

$$P_1 = \frac{\hat{u}_{BE} \cdot \hat{i}_B}{2}$$

$$V_p = \frac{P_2}{P_1} = \frac{\hat{u}_{CE} \cdot \hat{i}_C}{\hat{u}_{BE} \cdot \hat{i}_B}$$

$$V_p = V_u \cdot V_i$$

Für das Schaltungsbeispiel gilt:

$$V_u = \frac{\hat{u}_{CE}}{\hat{u}_{BE}} = \frac{2\,V}{0{,}05} = 40$$

$$V_i = \frac{\hat{i}_C}{\hat{i}_B} = \frac{1\,mA}{10\,\mu A} = 100$$

$$V_p = V_u \cdot V_i = 40 \cdot 100 = 4000$$

Zwischen der Basiswechselspannung U_{BE} und der Kollektorwechselspannung U_{CE} besteht eine Phasenverschiebung von 180°, wie man aus dem Vierquadranten-Kennlinienfeld entnehmen kann. Dies ist eine Eigenart der Emittergrundschaltung.

Bei Emitterschaltung ist die Ausgangswechselspannung gegenüber der Eingangsswechselspannung um 180° phasenverschoben.

Stromsteuerung und Spannungssteuerung

Zu einem sinusförmigen Basiswechselstrom gehört eine nichtsinusförmige Basiswechselspannung (Bild 7.29).
Zu einer sinusförmigen Basiswechselspannung gehört ein nichtsinusförmiger Basiswechselstrom (Bild 7.30).

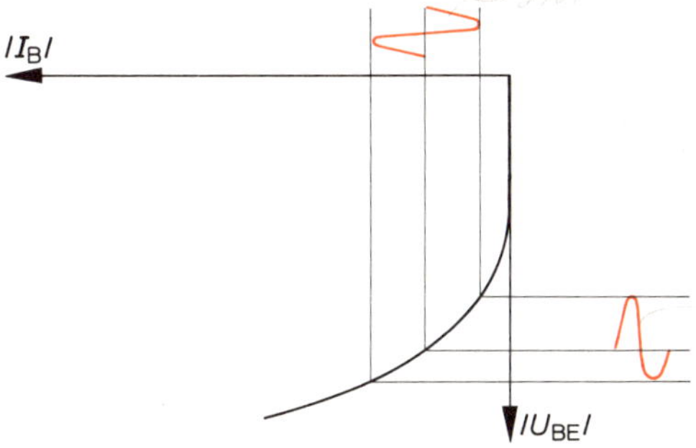

Bild 7.29 Stromsteuerung

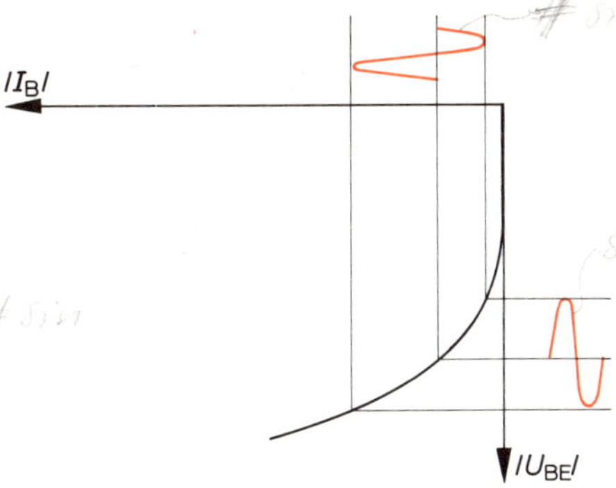

Bild 7.30 Spannungssteuerung

Da die I_C-I_B-Kennlinie im genutzten Bereich annähernd eine Gerade ist, hat die Stromkurve von I_C praktisch die gleiche Form wie die Stromkurve von I_B.
Steuert man einen Transistor mit sinusförmigem Basiswechselstrom aus, so sind auch Kollektorwechselstrom und Kollektorwechselspannung sinusförmig (siehe Vierquadranten-Kennlinienfeld).
Steuert man einen Transistor mit sinusförmiger Basiswechselspannung aus, so sind Basiswechselstrom, Kollektorwechselstrom und Kollektorwechselspannung nicht sinusförmig, also verzerrt.

Kollektorwechselstrom und Kollektorwechselspannung haben angenähert den gleichen zeitlichen Verlauf wie der Basiswechselstrom.

Will man eine möglichst verzerrungsarme Signalverstärkung, so muß man darauf achten, daß der zeitliche Verlauf des Basiswechsel*stromes* dem zeitlichen Verlauf des zu verstärkenden Signals entspricht. Diese Art der Steuerung des Transistors nennt man *Stromsteuerung*.

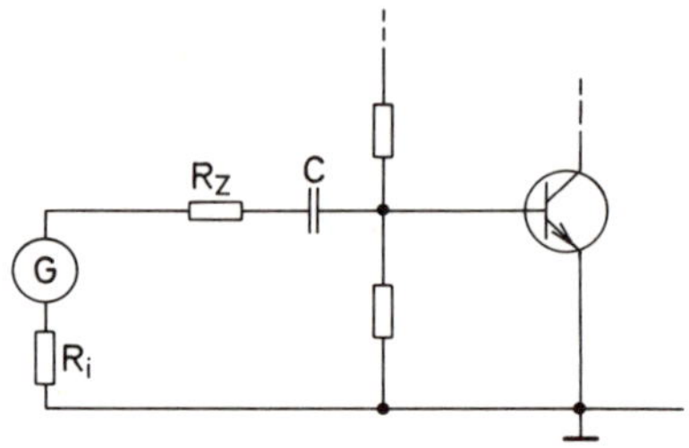

Bild 7.31 Transistorsteuerung mit angenähert konstantem Strom (Stromsteuerung)

Stromsteuerung besteht, wenn der Innenwiderstand der steuernden Spannungsquelle groß ist gegenüber dem Eingangswiderstand des Transistors. In diesem Fall wird der Stromverlauf durch den Eingangswiderstand des Transistors fast nicht beeinflußt.

Bei Stromsteuerung muß der Innenwiderstand der steuernden Spannungsquelle groß gegenüber dem Transistoreingangswiderstand sein (Unteranpassung, Stromanpassung).

Ist der Innenwiderstand der steuernden Spannungsquelle nicht groß genug, so ist es zweckmäßig, einen Vorwiderstand R_Z zu verwenden (Bild 7.31).
Am Vorwiderstand R_Z geht natürlich ein Teil der Steuerleistung verloren. Die Leistungsverstärkung wird dadurch geringer.
Steuert man einen Transistor so, daß der zeitliche Verlauf der Basiswechsel*spannung* dem zeitlichen Verlauf des zu verstärkenden Signals entspricht, so ist das *Spannungssteuerung.*

Bei Spannungssteuerung muß der Innenwiderstand der steuernden Spannungsquelle klein gegenüber dem Transistoreingangswiderstand sein (Überanpassung, Spannungsanpassung).

Bei Verstärkerstufen verwendet man meist die Stromsteuerung.

7.8. Restströme, Sperrspannungen und Durchbruchspannungen

7.8.1. Restströme

Restströme kennzeichnen das Sperrverhalten der Transistorstrecken. Bei einem idealen Transistor wären alle Restströme Null. Bei einem realen Transistor, also bei einem technisch zu verwirklichenden Transistor, muß man wegen der Eigenleitfähigkeit bzw. wegen der Minoritätsträgereffekte gewisse Restströme in Kauf nehmen. Die Restströme sollten aber möglichst klein sein.
Die Restströme werden stets über zwei Transistorelektroden gemessen. Die dritte Transistorelektrode bleibt offen, wird kurzgeschlossen (d.h. mit einer anderen Transistorelektrode verbunden) oder über einen Widerstand an eine andere Transistorelektrode angeschlossen.
Die Kennzeichnung der Restströme erfolgt nach einem bestimmten Schema:

Der Index des Kurzzeichens I besteht aus drei Buchstaben.

1. Buchstabe:
Transistorelektrode, an die der positive Pol der Spannungsquelle gelegt wird.

2. Buchstabe:
Transistorelektrode, an die der negative Pol der Spannungsquelle gelegt wird.

3. Buchstabe:
Er gibt Auskunft über die Anschlußart der dritten, nicht genannten Elektrode.

O Die dritte Elektrode ist offen.

S Die dritte Elektrode ist kurzgeschlossen. Sie ist mit der als zweiter Buchstabe genannten Elektrode verbunden.

R Es liegt ein ohmscher Widerstand zwischen der dritten Elektrode und der mit dem zweiten Buchstaben bezeichneten Elektrode. Die Größe des Widerstandes wird angegeben.

V Zwischen der dritten Elektrode und der mit dem zweiten Buchstaben bezeichneten Elektrode liegt eine Vorspannung in Sperrichtung. Die Größe der Vorspannung ist angegeben.

Man kann also viele verschiedene Restströme definieren. Es sollen hier nur die wichtigsten Restströme betrachtet werden.

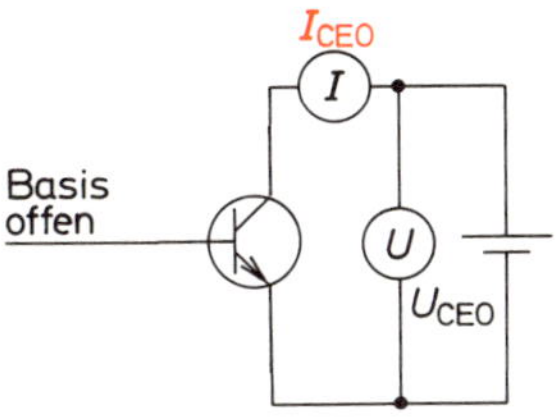

Bild 7.32 Bestimmung des Kollektor-Emitter-Reststromes I_{CEO}

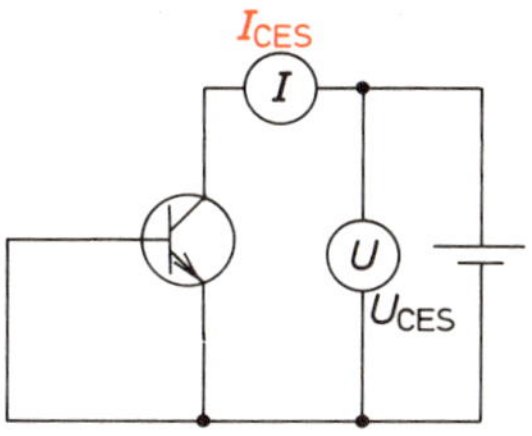

Bild 7.33 Bestimmung des Kollektor-Emitter-Reststromes I_{CES}

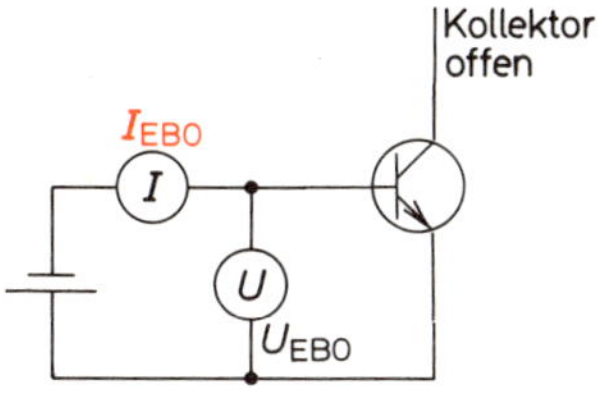

Bild 7.34 Bestimmung des Emitter-Basis-Reststromes I_{EBO}

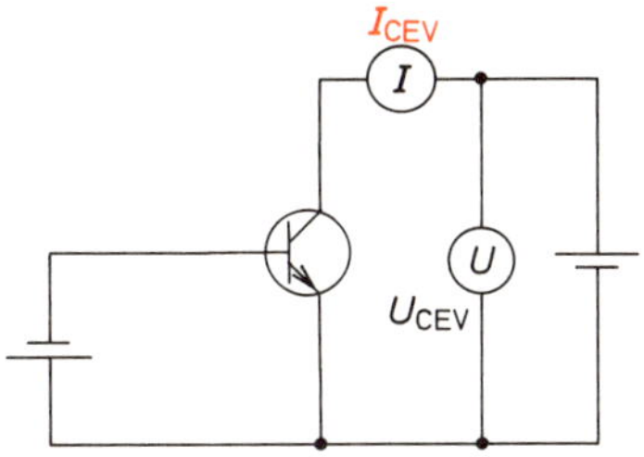

Bild 7.35 Bestimmung des Kollektor-Emitter-Reststromes I_{CEV}

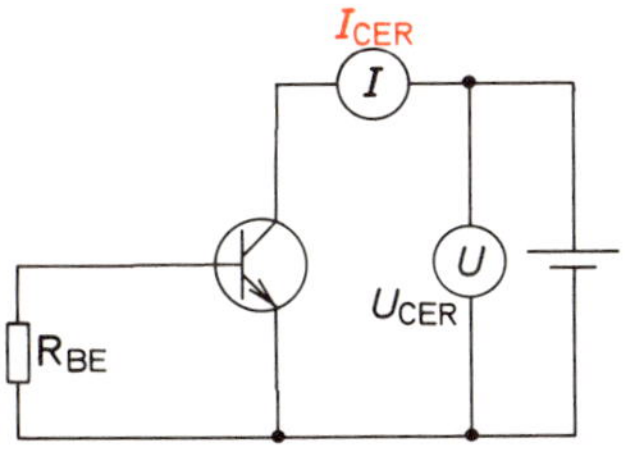

Bild 7.36 Bestimmung des Kollektor-Emitter-Reststromes I_{CER}

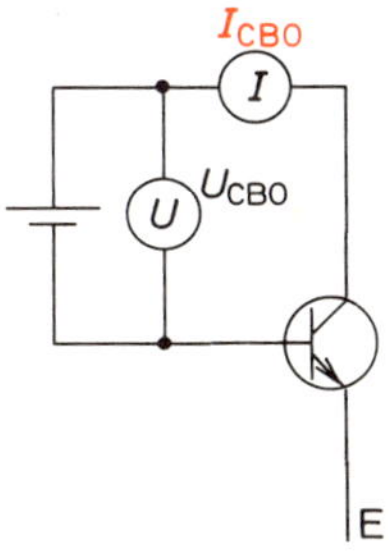

Bild 7.37 Bestimmung des Kollektor-Basis-Reststromes I_{CBO}

Kollektor-Emitter-Reststrom bei offener Basis (I_{CEO})
Die Emitterdiode ist in Durchlaßrichtung, die Kollektordiode in Sperrichtung gepolt (Bild 7.32).

Kollektor-Emitter-Reststrom bei kurzgeschlossener Basis (I_{CES})
Die Emitterdiode ist überbrückt. Der Reststrom ist der Sperrstrom der Kollektordiode (Bild 7.33).

Emitter-Basis-Reststrom bei offenem Kollektor (I_{EBO})
Dieser Reststrom ist der Sperrstrom der Emitterdiode (Bild 7.34).

Kollektor-Emitter-Reststrom bei gesperrter Emitterdiode (I_{CEV})
Die Emitterdiode erhält eine Vorspannung in Sperrichtung. Die Größe der Vorspannung ist im Datenblatt angegeben (Bild 7.35).

Kollektor-Emitter-Reststrom mit einem Widerstand zwischen Basis und Emitter (I_{CER})
Der Wert des Widerstandes R_{BE} ist im Datenblatt angegeben (Bild 7.36).

Kollektor-Basis-Reststrom bei offenem Emitteranschluß (I_{CBO})
Die Meßschaltung ist in Bild 7.37 angegeben.

7.8.2. Sperrspannungen

Die bei der Messung der Restströme angelegten Spannungen nennt man Sperrspannungen. Sie werden mit den gleichen Buchstaben gekennzeichnet wie die Restströme.
Die z.B. bei der Messung des Kollektor-Emitter-Reststromes bei gesperrter Emitterdiode angelegte Spannung heißt U_{CEV}.
Für die Sperrspannungen gibt es bestimmte Grenzwerte. Diese dürfen nicht überschritten werden (siehe Abschnitt 7.12.2.1).

7.8.3. Durchbruchspannungen

Wird die höchstzulässige Sperrspannung an einer Transistordiodenstrecke überschritten, so steigt der Sperrstrom stark an. Dies ist der Beginn einer Ladungsträgerlawine.
Der Transistor kann durch diese Ladungsträgerlawine zerstört werden, wenn der Strom nicht begrenzt wird.
Die Durchbruchspannung wird immer für einen bestimmten Stromwert angegeben. Dies ist ein Stromwert, bei dem der Transistor noch nicht zerstört wird.

Wie bei den Restströmen und bei den Sperrspannungen lassen sich auch verschiedene Durchbruchspannungen definieren. Die Kennzeichnung der Durchbruchspannungen entspricht der Kennzeichnung der Sperrspannungen. Zusätzlich erhält der Index die Buchstaben „BR").
Die Kollektor-Emitter-Durchbruchspannung bei offener Basis hat also die Bezeichnung:

$$\underline{U_{(BR)CEO}}$$

Bild 7.38 zeigt die Meßschaltung. Die Durchbruchspannung gilt z.B. für einen Strom von I_{CEO} = 2 mA.

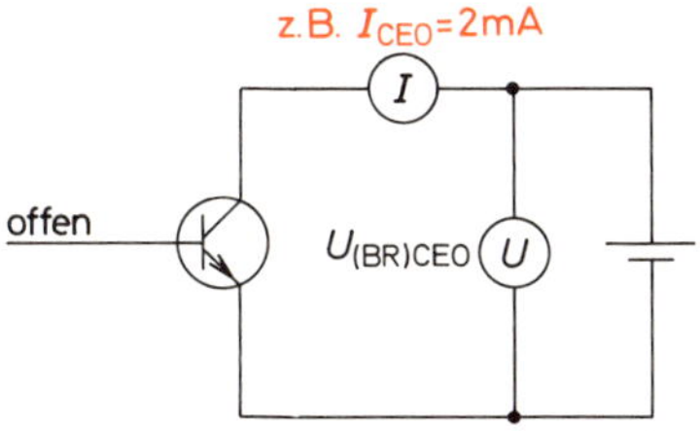

Bild 7.38 Bestimmung der Kollektor-Emitter-Durchbruchspannung $U_{(BR)CEO}$

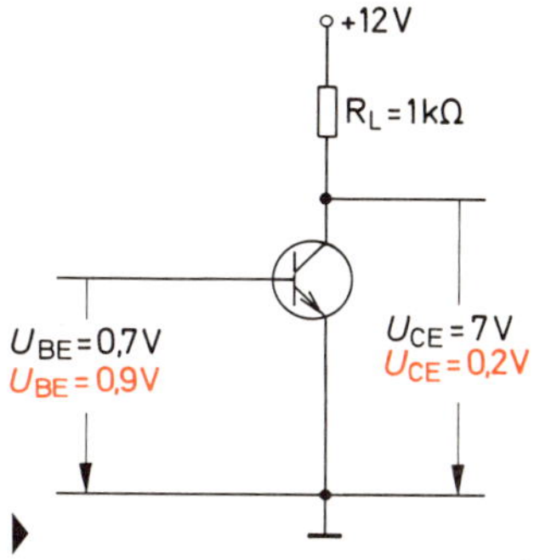

Bild 7.39 Transistorschaltstufe mit Spannungsangaben für den übersteuerten Zustand des Transistors ▸

7.9. Übersteuerungszustand und Sättigungsspannungen

Je größer der Basisstrom ist, desto mehr steuert ein Transistor durch. Das heißt, die Strecke Kollektor – Emitter wird um so niederohmiger, je stärker man den Basisstrom und die zugehörige Basis-Emitter-Spannung erhöht.
Dies gilt natürlich nur für einen bestimmten Steuerbereich.
Betrachten wir die Transistorschaltung Bild 7.39. Je größer der Basisstrom I_B wird, desto größer wird auch der Kollektorstrom I_C, desto kleiner wird die Kollektor-Emitter-Spannung U_{CE}. Bei einer bestimmten Basisstromstärke ist jedoch der kleinste Wert von U_{CE} erreicht. Der Transistor ist jetzt voll durchgesteuert. Die Strecke Kollektor – Emitter hat ihren kleinsten Widerstandswert erreicht. Der Kollektorstrom wird praktisch nur noch durch den äußeren Stromkreis bestimmt.
Die Spannung U_{CE}, die bei diesem kleinsten Widerstandswert herrscht, ist einmal vom Transistortyp abhängig, zum anderen von der Größe des Stromes I_C. Ein möglicher Wert ist $U_{CE} = 0{,}2$ V.
Diese Kollektor-Emitter-Spannung wird Sättigungsspannung, genauer *Kollektor-Emitter-Sättigungsspannung* (U_{CEsat}) genannt.
Die Basis-Emitter-Spannung, die sich unter den für die Ermittlung von U_{CEsat} geltenden Bedingungen ergibt, heißt *Basis-Emitter-Sättigungsspannung.*
(Die Sättigungsspannungen wurden früher Restspannungen genannt.)
Wird ein Transistor aufgesteuert, so sinkt also die Spannung U_{CE} ab. *Bei einem bestimmten Steuerzustand sind die Spannungen U_{CE} und U_{BE} gleich groß.* Das bedeutet, daß die Sperrschicht Basis – Kollektor ohne äußere Spannung betrieben wird (Bild 7.40).

$$U_{CE} = U_{BE}$$
$$U_{CB} = 0$$

Die Kollektordiode ist also nicht mehr in Sperrichtung gepolt. Sinkt die Spannung U_{CE} weiter ab, so wird die Kollektordiode in Durchlaßrichtung betrieben. Diesen Zustand des Transistors nennt man Übersteuerungszustand (Bild 7.41).

> *Ein Transistor befindet sich im Übersteuerungszustand, wenn Kollektordiode und Emitterdiode in Durchlaßrichtung betrieben werden.*

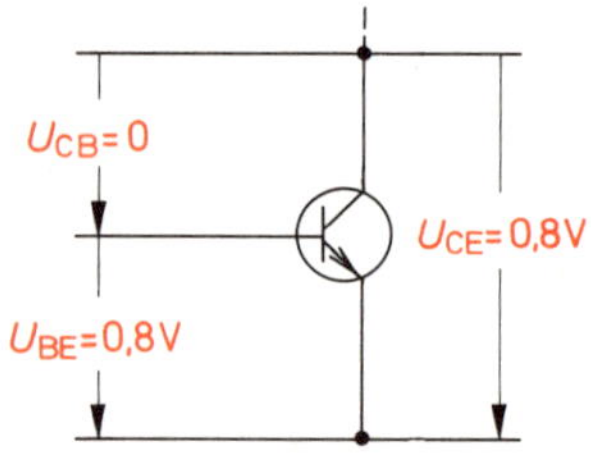

Bild 7.40 Der Basis-Kollektor-pn-Übergang wird ohne Spannung betrieben

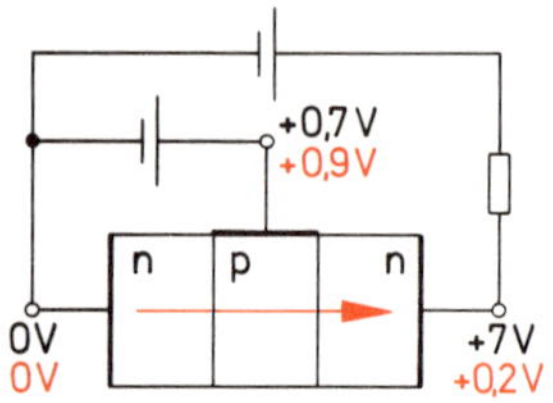

Bild 7.41 Transistor im Übersteuerungszustand (rote Spannungsangaben)

Im Übersteuerungszustand ist das Innere des Transistors von Ladungsträgern überschwemmt. Der Basisstrom ist wesentlich größer als im Normalzustand.

> *Im Übersteuerungszustand bei Sättigungsspannung hat die Kollektor-Emitter-Strecke ihren kleinsten Widerstandswert.*

Dieser Widerstandswert heißt *Sättigungswiderstand.*

Transistoren werden vor allem in Schalterstufen im Übersteuerungszustand betrieben.

7.10. Transistorverlustleistung

7.10.1. Verlustleistung und Verlusthyperbel

In einem Transistor wird während des Betriebes elektrische Arbeit in Wärme umgesetzt. Der Transistor wird dadurch erwärmt.
Man unterscheidet eine Kollektor-Emitter-Verlustleistung P_{CE} und eine Basis-Emitter-Verlustleistung P_{BE}. Es gilt:

$$P_{CE} = U_{CE} \cdot I_C$$
$$P_{BE} = U_{BE} \cdot I_B$$

Beide Verlustleistungen ergeben zusammen die Gesamtverlustleistung P_{tot}.

$$P_{tot} = U_{CE} \cdot I_C + U_{BE} \cdot I_B$$

Die Basis-Emitter-Verlustleistung ist meist sehr viel kleiner als die Kollektor-Emitter-Verlustleistung. Die Gesamtverlustleistung ist daher angenähert:

$$P_{tot} \approx U_{CE} \cdot I_C$$

In den Transistor-Datenblättern wird eine höchstzulässige Gesamtverlustleistung bei bestimmten Kühlbedingungen angegeben. Soll diese Verlustleistung nicht überschritten werden, so ist

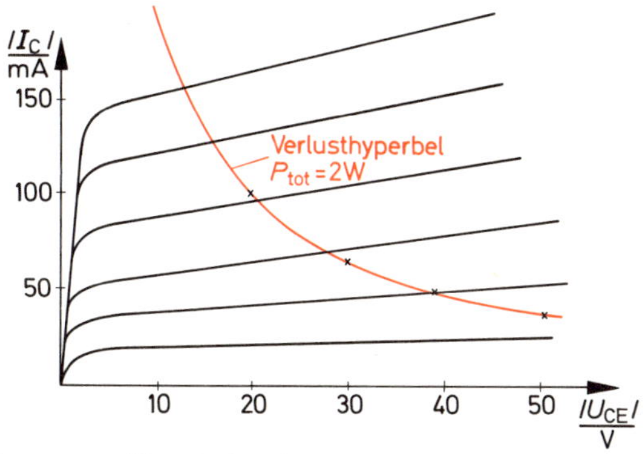

Bild 7.42 Darstellung der Verlusthyperbel

für jede Spannung U_{CE} ein bestimmter höchster Strom I_{Cmax} einzuhalten. Dieser höchste Strom kann in das Ausgangskennlinienfeld $I_C = f(U_{CE})$ eingetragen werden. Verbindet man die Strompunkte, so erhält man die sogenannte *Verlusthyperbel* (Bild 7.42).

Beispiel:

Ein Transistor hat unter bestimmten Kühlbedingungen eine höchstzulässige Verlustleistung P_{tot} von 5 W.

Für einige Spannungen U_{CE} ergeben sich folgende höchste Stromwerte I_{Cmax}:

$$\boldsymbol{P_{tot} = U_{CE} \cdot I_{Cmax}}$$

$$\boldsymbol{I_{Cmax} = \frac{P_{tot}}{U_{CE}}}$$

$\frac{U_{CE}}{V}$	$\frac{I_{Cmax}}{mA}$	$\frac{P_{tot}}{W}$
10	500	5
20	250	5
30	167	5
40	125	5

Mit diesen und weiteren Stromwerten kann die Verlusthyperbel gezeichnet werden (Bild 7.43).

> *Der Arbeitspunkt eines Transistors muß stets im Gebiet unterhalb der Verlusthyperbel liegen. Liegt er im Gebiet oberhalb der Verlusthyperbel, so wird der Transistor wärmemäßig überlastet und zerstört.*

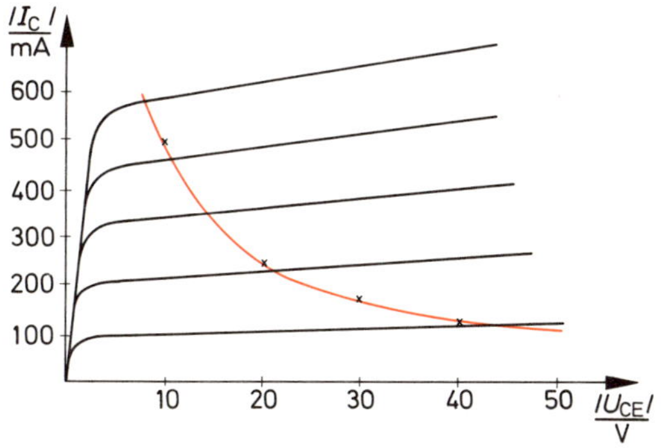

Bild 7.43 Berechnung der Verlusthyperbel (Beispiel)

7.10.2. Kühlung von Transistoren

Die höchstzulässige Verlustleistung P_{tot} hängt einmal davon ab, welche Sperrschichttemperatur das Transistorkristall vertragen kann; zum anderen hängt sie davon ab, welche Wärmemenge pro Zeiteinheit abgeführt wird.
Die höchstzulässige Sperrschichttemperatur wird in den Transistordaten angegeben. Sie wird mit dem Kurzzeichen T_j bezeichnet.

Die Wärmemenge, die bei einem bestimmten Temperaturunterschied zwischen der Sperrschicht und der kühlenden Umgebung pro Zeiteinheit abgeführt wird, ergibt den Wärmeleitwert G_{th}.

Der Kehrwert des Wärmeleitwertes ist der Wärmewiderstand R_{th}.

$$R_{th} = \frac{\text{Temperaturunterschied Sperrschicht – kühlende Umgebung}}{\text{abgeführte Wärmemenge pro Zeiteinheit}}$$

Die pro Zeiteinheit abgeführte Wärmemenge muß gleich der pro Zeiteinheit entstehenden Wärmemenge sein, wenn die Temperatur nicht weiter zunehmen soll.
Die pro Zeiteinheit entstehende Wärmemenge entspricht aber der Verlustleistung P_{tot}.

$$R_{th} = \frac{T_j - T_x}{P_{tot}}$$

Die Einheit des Wärmewiderstandes ist °C/W oder K/W

$$P_{tot} = \frac{T_j - T_x}{R_{th}}$$

T_j = höchstzulässige Sperrschichttemperatur
T_x = Temperatur einer kühlenden Umgebung

Als kühlende Umgebung kann das Transistorgehäuse, die umgebende Luft oder auch ein Kühlblech bzw. ein Metallgehäuse gelten. Dem entsprechend gibt es sehr verschiedene Wärmewiderstände, z.B.:

R_{thG} *Wärmewiderstand Sperrschicht – Gehäuse,*
R_{thGK} *Wärmewiderstand Gehäuse – Kühlkörper,*
R_{thK} *Wärmewiderstand Kühlkörper – umgebende Luft.*

Der Gesamtwärmewiderstand eines auf einem Kühlkörper montierten Transistors zwischen Sperrschicht und umgebender Luft setzt sich wie folgt zusammen:

$$R_{thg} = R_{thG} + R_{thGK} + R_{thK}$$

R_{thG} kann dem Transistordatenblatt entnommen werden. R_{thK} ist ein Kennwert des Kühlkörpers.
R_{thGK} hängt von der Montage ab. Es ist günstig, eine Wärmeleitpaste zu verwenden.

Je besser ein Transistor gekühlt ist, desto höher ist die höchstzulässige Verlustleistung P_{tot}.

Beispiel:
Für den Leistungstransistor BD 107 ist eine höchste Sperrschichttemperatur von 175 °C zugelassen. Der Hersteller gibt einen Wärmewiderstand $R_{thG} = 12$ °C/W an.
Der Transistor wird auf ein Kühlblech mit einem Wärmewiderstand $R_{thK} = 1{,}5$ °C/W montiert. Zur Isolation ist eine Glimmerzwischenscheibe erforderlich. Es ergibt sich ein Wärmewiderstand $R_{thGK} = 0{,}5$ °C/W.
Welche größte Verlustleistung kann der Transistor vertragen? Die Umgebungstemperatur kann maximal 35 °C betragen.

$$R_{thg} = R_{thG} + R_{thGK} + R_{thK}$$

$$R_{thg} = 12\,°\text{C/W} + 0{,}5\,°\text{C/W} + 1{,}5\,°\text{C/W} = 14\,°\text{C/W}$$

$$P_{tot} = \frac{T_j - T_U}{R_{thg}} = \frac{175\,°\text{C} - 35\,°\text{C}}{14\,°\text{C/W}} = \frac{140}{14}\,\text{W}$$

$$P_{tot} = 10\,\text{W}$$

Wird ein Transistor nicht auf ein Kühlblech montiert, sondern wird er, wie üblicherweise alle Kleinsignaltransistoren, direkt von der umgebenden Luft gekühlt, so ist der Wärmewiderstand R_{thU} anzusetzen.

R_{thU} = Wärmewiderstand Sperrschicht – umgebende Luft (bei freihängender Montage)

Für den Transistor BD 107 ist $R_{thU} = 40$ °C/W.

$$P_{tot} = \frac{T_j - T_U}{R_{thU}} = \frac{175\,°\text{C} - 35\,°\text{C}}{40\,°\text{C/W}} = \frac{140}{40}\,\text{W}$$

$$P_{tot} = 3{,}5\,\text{W}$$

Ohne Kühlkörper kann dieser Transistor nur eine größte Verlustleistung von 3,5 W vertragen.

7.11. Temperatureinfluß und Arbeitspunktstabilisierung

Die meisten Kennwerte von Transistoren sind temperaturabhängig. Die Kennlinien verschieben sich etwas bei Temperaturerhöhung. Dies gilt besonders für die Eingangskennlinie $I_B = f(U_{BE})$ (Bild 7.44).

> *Bei gleicher Basis-Emitter-Spannung ergeben sich bei höheren Temperaturen höhere Basisströme.*

Höhere Basisströme haben aber höhere Kollektorströme zur Folge. Das bedeutet, daß ein einmal eingestellter Arbeitspunkt bei Erwärmung des Transistors „wegläuft".
Der Arbeitspunkt kann einmal mit Hilfe eines *Emitter-Widerstandes* R_E (Bild 7.45) stabilisiert werden.
Die Spannung U_2 ist durch den aus R_1 und R_2 bestehenden Spannungsteiler weitgehend festgelegt. Es gilt:

$$U_2 = U_{BE} + U_E$$

$$U_{BE} = U_2 - U_E$$

$$U_{BE} = 1{,}7\,\text{V} - 1{,}0\,\text{V} = 0{,}7\,\text{V}$$

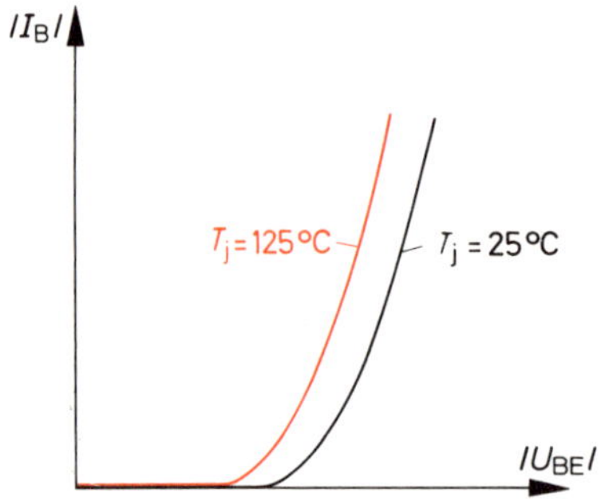

Bild 7.44 Verschiebung der Eingangskennlinie durch Temperaturerhöhung

Bild 7.45 Arbeitspunktstabilisierung mit Emitterwiderstand

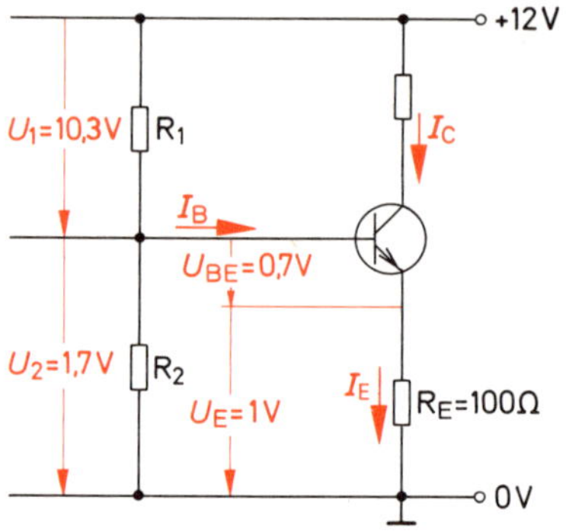

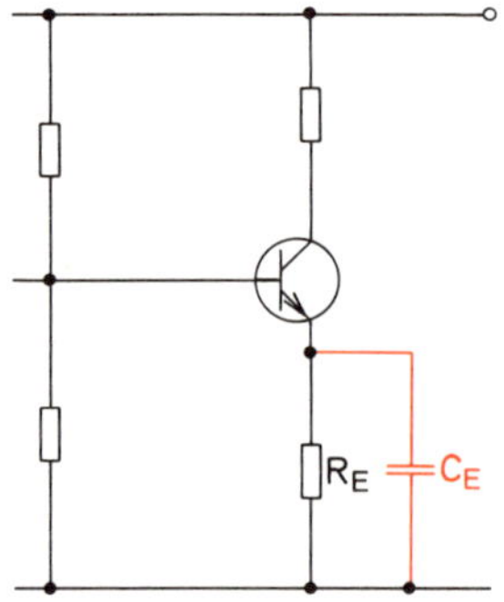

Bild 7.46 Umleitung des Emitterwechselstromes über C_E

Bild 7.47 Arbeitspunktstabilisierung mit Hilfe eines NTC-Widerstandes

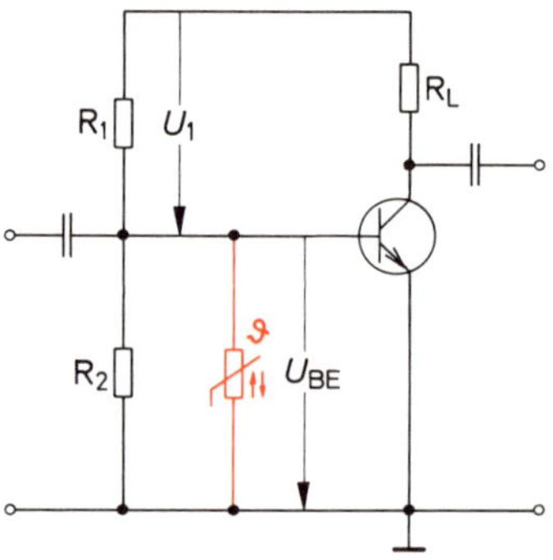

Steigt I_E nun infolge der Erwärmung auf 10,5 mA, so fällt an R_E eine Spannung von 1,05 V ab.

$$U_E = I_E \cdot R_E$$
$$U_E = 10{,}5 \text{ mA} \cdot 100\ \Omega = 1{,}050 \text{ V}$$

Die Spannung U_2 ändert sich jedoch praktisch nicht, so daß U_{BE} jetzt nur noch 0,65 V beträgt.

$$U_{BE} = U_2 - U_E$$
$$U_{BE} = 1{,}7 \text{ V} - 1{,}05 \text{ V} = 0{,}65 \text{ V}$$

Der Transistor wird jetzt etwas zugesteuert. I_E sinkt ab. Bei richtiger Bemessung von R_E ergibt sich eine gute Stabilisierung.
Wird die Schaltung mit einem Wechselstrom ausgesteuert, so erzeugt der Emitterwechselstrom einen oft unerwünschten Spannungsabfall an R_E. Um diesen Spannungsabfall zu vermeiden, überbrückt man R_E oft mit einem großen Kondensator (Bild 7.46).
Ein anderes Mittel zur Arbeitspunktstabilisierung ist der *temperaturabhängige Spannungsteiler.*
Man schaltet parallel zum Widerstand R_2 einen NTC-Widerstand (Bild 7.47).

Dieser NTC-Widerstand muß eng mit dem Transistorgehäuse verbunden sein. Erwärmt sich das Transistorgehäuse, so erwärmt sich auch der NTC-Widerstand. Sein Widerstandswert verringert sich. Damit wird auch der Gesamtwiderstand im unteren Spannungsteilerzweig geringer.
Das Spannungsteilerverhältnis wird so verändert, daß die Spannung U_{BE} absinkt. Der Transistor wird entsprechend zugesteuert.

7.12. Transistor-Rauschen

7.12.1. Ursachen des Rauschens

Ladungsträger führen in Leitern und in Halbleiterkristallen unregelmäßige Bewegungen aus, das heißt, sie bewegen sich nicht alle gleich schnell und nicht in gleicher Richtung. Die Ladungsträgerbewegungen werden ganz wesentlich durch die Wärmeschwingungen der Atome beeinflußt.
Diese unregelmäßigen Ladungsträgerbewegungen führen bei allen Strömen zu einem allerdings sehr kleinen Wechselstromanteil, dem sogenannten *Rauschstrom*.

Jeder Strom enthält einen Rauschstromanteil.

An den Klemmen eines Widerstandes R entsteht eine Rauschspannung. Rauschstrom und Rauschspannung enthalten alle nur möglichen Frequenzen. Die *Rauschleistung* P_r ist das Produkt aus dem Effektivwert der Rauschspannung und dem Effektivwert des Rauschstromes.

$$P_r = U_r \cdot I_r$$

P_r Rauschleistung
U_r Rauschspannung (Effektivwert)
I_r Rauschstrom (Effektivwert)

7.12.2. Widerstandsrauschen

Das in Wirkwiderständen entstehende Rauschen wird Widerstandsrauschen genannt. Die Rauschleistung eines Widerstandes R wird stets für eine interessierende Frequenz-Bandbreite b angegeben.

$$P_{rR} = 4 \cdot k \cdot T \cdot b$$

P_{rR} Rauschleistung eines Widerstandes

k **Boltzmann-Konstante**

$$k = 1{,}38 \cdot 10^{-23} \frac{\text{Wattsekunden}}{\text{Kelvin}}$$

T absolute Temperatur in Kelvin (K)

b Frequenzbandbreite

Bei Zimmertemperatur ($\approx 20\,°C$) gilt:

$$4 \cdot k \cdot T = 1{,}6 \cdot 10^{-20}$$

Aus der Rauschleistung kann die *Rauschspannung* U_{rR} an einem Widerstand R_i errechnet werden.

$$U_{rR} = \sqrt{P_{rR} \cdot R_i} = \sqrt{4 \cdot k \cdot T \cdot b \cdot R_i}$$

Der Widerstand R_i wird als Generator aufgefaßt. U_{rR} ist die Leerlauf-Rauschspannung.

7.12.3. Rauschzahl und Rauschmaß

Im Kristall eines Transistors entsteht ebenfalls eine Rauschleistung. Außerdem verstärkt ein Transistor das Rauschen, das vom Innenwiderstand seiner Signalspannungsquelle herkommt.

Angaben über die Rauschleistung eines Transistors werden stets im Zusammenhang mit dem Innenwiderstand seiner Signalspannungsquelle gemacht.

Die Rauschleistung, die ein Transistor von seiner Signalspannungsquelle erhält, sei P_{R1}. Diese Leistung wird vom Transistor entsprechend seinem Leistungsverstärkungsfaktor V_p verstärkt, so daß am Ausgang eine Leistung $P_{R1} \cdot V_p$ vorhanden wäre, wenn der Transistor selbst keine Rauschleistung erzeugen würde.
Der Transistor erzeugt aber selbst eine Rauschleistung, die P_{RT} genannt wird. Um diese Rauschleistung ist die Ausgangsrauschleistung des Transistors größer als $P_{R1} \cdot V_p$.
Die tatsächliche Rauschausgangsleistung ist also:

$$P_{RT2} = P_{R1} \cdot V_p + P_{RT}$$

Die Rauschausgangsleistung bei rauschfreiem Transistor wäre:

$$P_{R2} = P_{R1} \cdot V_p$$

Die Rauschzahl F gibt das Verhältnis zwischen der tatsächlichen Rauschausgangsleistung und der Rauschausgangsleistung bei rauschfreiem Transistor an.

$$F = \frac{P_{RT2}}{P_{R2}} = \frac{P_{R1} \cdot V_p + P_{RT}}{P_{R1} \cdot V_p}$$

$$P_{RT2} = F \cdot P_{R2}$$

$$P_{RT2} = F \cdot P_{R1} \cdot V_p$$

$$F = 1 + \frac{P_{RT}}{P_{R1} \cdot V_p}$$

F Rauschzahl
P_{RT2} tatsächliche Rauschausgangsleistung des Transistors
P_{R2} Rauschausgangsleistung des rauschfreien Transistors
P_{R1} Rauscheingangsleistung des Transistors
P_{RT} Rauschleistung, im Transistor entstanden
V_p Leistungsverstärkungsfaktor

Würde ein Transistor nicht rauschen, so wäre seine Rauschzahl 1. In der Praxis ist F jedoch stets größer als 1. Übliche Werte von F liegen zwischen 1,4 und 10.

Das durch die Rauschzahl F festgelegte Leistungsverhältnis wird oft als logarithmisches Leistungsmaß in dB angegeben.

$$F = \frac{P_{RT2}}{P_{R2}}$$

$$F^* = 10 \cdot \lg \frac{P_{RT2}}{P_{R2}} \text{ dB}$$

Die Größe F^* wird als Rauschmaß bezeichnet. Übliche Rauschmaße liegen zwischen 1,5 dB und 10 dB.

Das Rauschen eines Transistors ist um so geringer, je kleiner Rauschzahl und Rauschmaß sind.

Rauschzahl und Rauschmaß sind abhängig von der Transistortype und vom gewählten Arbeitspunkt. Bei kleinen Kollektorströmen ist das Rauschen geringer als bei großen Kollektorströmen. Das Rauschen hat immer dann eine große Bedeutung, wenn sehr kleine Signale verstärkt werden sollen. Kleine Signalspannungen können im Rauschen untergehen. Weiteres Verstärken hilft nichts, da die Rauschspannungen mit verstärkt werden.

Die Rauschspannung bestimmt die kleinste noch sinnvoll verstärkbare Signalspannung.

Die Rauschspannungen können aus den Rauschleistungen errechnet werden. Oft geht man von der Voraussetzung aus, daß alle Rauschleistung vom Innenwiderstand des Signalgenerators komme und der Transistor selbst rauschfrei sei. In diesem Fall nimmt man eine höhere Rauscheingangsleistung des Transistors, die sogenannte Ersatzrauschleistung P_{ER1}, an, die wie folgt gefunden wird:

$$P_{RT2} = F \cdot P_{R2}$$

$$\frac{P_{RT2}}{V_p} = F \cdot \frac{P_{R2}}{V_p}$$

$$P_{ER1} = F \cdot P_{R1}$$

Multipliziert man die dem Transistor tatsächlich zugeführte Rauschleistung P_{R1} mit der Rauschzahl F, so erhält man die Ersatzrauschleistung.

Beispiel

Für den Transistor BSY 52 wird ein Rauschmaß von 6 dB angegeben. Dies entspricht einer Rauschzahl $F = 4$. Der Innenwiderstand der Signalspannungsquelle ist 10 kΩ. Der Transistor wird in einem Frequenzbereich von 0 bis 20 kHz mit einer Leistungsverstärkung von $V_p = 4000$ betrieben.

a) Wie groß sind Rauschleistung und Leerlauf-Rauschspannung des Innenwiderstandes der Signalspannungsquelle bei Zimmertemperatur?
b) Welche Rauscheingangsleistung ergibt sich bei einem Eingangswiderstand von $r_{BE} = 10\,\mathrm{k\Omega}$?
c) Wie groß ist die tatsächliche Rauschausgangsleistung?

a) $P_{rR} = 4 \cdot k \cdot T \cdot b$

$$P_{rR} = 1{,}6 \cdot 10^{-20}\,\mathrm{Ws} \cdot 20 \cdot 10^3 \frac{1}{\mathrm{s}}$$

$$P_{rR} = 32 \cdot 10^{-17}\,\mathrm{W}$$

$$P_{rR} = 320 \cdot 10^{-18}\,\mathrm{W}$$

$$U_{rR} = \sqrt{P_{rR} \cdot R_i} = \sqrt{320 \cdot 10^{-18} \cdot 10^4}\,\mathrm{V} =$$

$$U_{rR} = 17{,}89 \cdot 10^{-7}\,\mathrm{V}$$

$$U_{rR} = 1{,}789\,\mathrm{\mu V}$$

b) Bei Anpassung ($R_i = r_{BE} = 10\,\mathrm{k\Omega}$) ist die Rauschspannung am Transistoreingang U_{R1} halb so groß wie die Leerlauf-Rauschspannung U_{rR}.

$$U_{R1} = \frac{U_{rR}}{2} = 0{,}8945\,\mathrm{\mu V}$$

Die Rauscheingangsleistung des Transistors P_{R1} ist dann ein Viertel der Rauschleistung P_{rR}.

$$P_{R1} = \left(\frac{U_{rR}}{2}\right)^2 \cdot \frac{1}{r_{BE}} = \left(\frac{1{,}789 \cdot 10^{-6}}{2}\right)^2 \cdot \frac{1}{10 \cdot 10^3}\,\mathrm{W}$$

$$P_{R1} = 0{,}8 \cdot 10^{-16}\,\mathrm{W}$$

$$P_{R1} = 80 \cdot 10^{-18}\,\mathrm{W}$$

c) $P_{RT2} = F \cdot P_{R1} \cdot V_p = 4 \cdot 80 \cdot 10^{-18}\,\mathrm{W} \cdot 4000$

$$P_{RT2} = 1\,280\,000 \cdot 10^{-18}\,\mathrm{W}$$

$$P_{RT2} = 1{,}28 \cdot 10^{-12}\,\mathrm{W}$$

$$P_{RT2} = 1{,}28\,\mathrm{pW}$$

7.13. Transistordaten

Die Eigenschaften eines Transistors werden durch seine Daten beschrieben. Die Daten werden eingeteilt in *Kennwerte* und *Grenzwerte*. Sie können den Datenblättern der Hersteller entnommen werden.

7.13.1. Kennwerte

Die Kennwerte geben die Betriebseigenschaften des Transistors an.

7.13.1.1. *Signalkennwerte*

Das Signalverhalten eines Transistors wird durch die folgenden Kennwerte, die für Emitterschaltung gelten, bestimmt:

differentieller Eingangswiderstand	r_{BE}	$= h_{11e}$
differentieller Ausgangswiderstand	r_{CE}	$= \frac{1}{h_{22e}}$
differentieller Stromverstärkungsfaktor	β	$= h_{21e}$
differentieller Rückwirkungsfaktor	D	$= h_{12e}$

Diese Kennwerte sind in Abschnitt 7.5 zusammen mit den Kennlinienfeldern näher erläutert. Sie gelten stets nur für einen bestimmten Arbeitspunkt.

7.13.1.2. *Gleichstromverhältnis*

Ein weiterer Kennwert ist die *Gleichstromverstärkung B*, die auch *Gleichstromverhältnis* oder Kollektor-Basis-Stromverhältnis genannt wird.

$$\boxed{B = \frac{I_C}{I_B}}$$

Der Wert für B wird meist für verschiedene Arbeitspunkte angegeben, die durch U_{CE} und I_C bestimmt sind.

7.13.1.3. *Restströme und Durchbruchspannungen*

Wichtige Kennwerte sind auch die *Transistorrestströme* und die *Durchbruchspannungen* (Abschnitt 7.8). Die Hersteller geben meist nur einige besonders wichtige Restströme in den Datenblättern an, z.B. den Kollektor-Emitter-Reststrom (Basis mit Emitter verbunden) I_{CES} und den Kollektor-Basis-Reststrom bei offenem Emitter I_{CBO}.
Als Kennwerte werden die Kollektor-Emitter-Durchbruchspannung $U_{(BR)CEO}$ (Basis offen), die Emitter-Basis-Durchbruchspannung $U_{(BR)EBO}$ (Kollektor offen) und die Kollektor-Emitter-Durchbruchspannung $U_{(BR)CES}$ (Emitter mit Basis verbunden) angegeben. Zu jeder Angabe gehört der zugehörige Sperrstromwert.

7.13.1.4. *Sperrschichtkapazitäten*

Für einige Anwendungsfälle ist es wichtig, die Sperrschichtkapazitäten der Transistordiodenstrecken zu kennen. Die Kapazitätswerte gelten für bestimmte Sperrspannungen, z.B.

Kollektor-Basis-Kapazität
(Emitteranschluß offen, $U_{CB} = 10$ V) $C_{CBO} = 6$ pF

Emitter-Basis-Kapazität
(Kollektoranschluß offen, $U_{EB} = 0{,}5$ V) $C_{EBO} = 25$ pF

7.13.1.5. Grenzfrequenzen

Bei hohen Frequenzen machen sich die Sperrschichtkapazitäten ungünstig bemerkbar. Der differentielle Stromverstärkungsfaktor β wird von einer bestimmten Frequenz ab geringer. Transistoren haben also Grenzfrequenzen:

Frequenz bei Stromverstärkung 1 ($f_{\beta = 1}$)
($\beta = 1$)-Frequenz
Dies ist die Frequenz, bei der β auf den Wert 1 abgesunken ist.

Transitfrequenz (f_T)
Die Transitfrequenz ist eine Rechengröße. Sie ist das Produkt aus einer Meßfrequenz mit dem bei dieser Frequenz vorhandenen Stromverstärkungsfaktor β. Die Meßfrequenz muß in dem Frequenzbereich liegen, in dem β stark abfällt.

Grenzfrequenz (f_g)
Als Grenzfrequenz bezeichnet man allgemein die Frequenz, bei der der Betrag einer gemessenen Größe auf das $1/\sqrt{2}$fache seines Wertes bei niedrigeren Frequenzen (meist 1000 Hz) abgesunken ist.

7.13.1.6. Wärmewiderstände

Die Transistorhersteller geben meist folgende Wärmewiderstände an:

1. *Wärmewiderstand Sperrschicht – umgebende Luft* R_{thU}
   Dieser Wärmewiderstand gilt für freihängende Montage.

2. *Wärmewiderstand Sperrschicht – Gehäuse* R_{thG}
   Dieser Wärmewiderstand gilt, zusammen mit den Wärmewiderständen der Kühlmittel, für Montage auf Kühlkörpern. (Näheres siehe Abschnitt 7.10.2.)

7.13.1.7. Rauschmaß

Das Rauschen eines Transistors wird durch sein Rauschmaß F^* angegeben. Dieses sollte möglichst gering sein. Einige Hersteller geben statt des Rauschmaßes die Rauschzahl F an (Näheres siehe Abschnitt 7.12, Transistor-Rauschen).

7.13.1.8. Transistor-Schaltzeiten

Wird ein Transistor vom Sperrzustand in den Durchlaßzustand gesteuert, so vergeht eine bestimmte, allerdings kleine Zeit, bis der Kollektorstrom seinen vorgesehenen Höchstwert erreicht hat. Die Sperrschicht zwischen Emitter und Basis muß erst abgebaut werden.
Die *Einschaltzeit* t_{ein} ist die Zeit, die vom Anlegen des Einschalt-Basissignals an vergeht, bis der Kollektorstrom 90 % seines vorgesehenen Höchstwertes erreicht hat.
Zum Sperren eines durchgesteuerten Transistors benötigt man ebenfalls eine gewisse Zeit. Die Kristallzonen sind mit Ladungsträgern überschwemmt. Diese Ladungsträger müssen ausgeräumt und die Emitter-Basis-Sperrschicht muß wieder aufgebaut werden.
Die *Ausschaltzeit* t_{aus} ist die Zeit, die vom Anlegen des Sperrsignals an der Basis vergeht, bis der Kollektorstrom auf 10 % seines Höchstwertes zurückgegangen ist.
Siehe auch „Elektronik 3“, Abschnitt 5.3.

7.13.2. Grenzwerte

Grenzwerte sind Werte, die nicht überschritten werden dürfen.

Werden sie trotzdem überschritten, so ist eine sofortige Zerstörung des Bauteiles wahrscheinlich.

7.13.2.1. Höchstzulässige Sperrspannungen

Werden die höchstzulässigen Sperrspannungen überschritten, so erfolgen Sperrschichtdurchbrüche. Diese Sperrspannungen geben die Spannungsfestigkeit der Transistoren an.
Von den Herstellern werden meist die *maximalen Sperrspannungen* U_{CBO}, U_{CEO} *und* U_{EBO}, teilweise auch U_{CES}, angegeben.

7.13.2.2. Höchstzulässige Ströme

Diese Stromwerte geben die höchstzulässige Strombelastbarkeit der Transistoren an.

Maximaler Kollektorstrom I_{Cmax}
Dies ist der höchstzulässige Dauerkollektorstrom.

Kollektorspitzenstrom I_{CM}
Dieser Strom darf gelegentlich und kurzzeitig auftreten. Die längste zulässige Dauer ist angegeben (z.B. 10 ms).

Maximaler Basisstrom I_{Bmax}
Der maximale Basisstrom ist der höchste zulässige Basisdauerstrom.

7.13.2.3. Höchstzulässige Verlustleistungen

Man unterscheidet die Kollektor-Emitter-Verlustleistung P_{CE} und die Basis-Emitter-Verlustleistung P_{BE}.
Meist wird jedoch nur die *Gesamtverlustleistung* P_{tot} angegeben.
Die zulässige Größe von P_{tot} hängt von den Kühlbedingungen ab. P_{tot} kann für bestimmte Umgebungstemperaturen und für bestimmte Gehäusetemperaturen den Datenblättern entnommen werden.

7.13.2.4. Höchstzulässige Temperaturen

Halbleiterkristalle können nur bestimmte Temperaturen vertragen. Die höchste Kristalltemperatur tritt normalerweise in der Kollektor-Basis-Sperrschicht eines Transistors auf.
Die höchste zulässige Sperrschichttemperatur T_j ist ein wichtiger Grenzwert.
Für Siliziumtransistoren werden höchstzulässige Sperrschichttemperaturen bis etwa 200 °C angegeben. Germaniumtransistoren vertragen nur Temperaturen bis etwa 90 °C.
In den Datenblättern wird oft ein zulässiger Lagerungstemperaturbereich angegeben. Dieser liegt meist zwischen −60 °C und +200 °C bei Siliziumtransistoren und zwischen −30 °C und +75 °C bei Germaniumtransistoren.
Die Grenzen des Lagerungstemperaturbereiches gelten natürlich auch für Transistoren in zur Zeit nicht betriebenen Geräten.

7.13.3. Datenblätter

Die von den Herstellern herausgegebenen *Datenblätter* geben Auskunft über die Transistoreigenschaften. Aus den Datenblättern können die Grenzwerte und Kennwerte eines bestimmten Transistortyps entnommen werden. Zusätzlich werden Angaben über mögliche Streuungen von Daten gemacht. Für einige Daten werden Höchstwerte oder Kleinstwerte garantiert.
Abhängigkeiten zwischen verschiedenen Größen sind graphisch dargestellt. Die wichtigsten Kennlinien sind angegeben.
Als Beispiel wird das Datenblatt der Transistoren BCY 58 und BCY 59 angeführt. Es wurde Unterlagen der Firma Intermetall, Freiburg, entnommen. Einige nur in Spezialfällen interessierende Kennlinien wurden aus Platzgründen weggelassen. Sie können im Datenbuch der Firma Intermetall nachgesehen werden (siehe Anhang Seite 318).

7.14. Anwendungen

Transistoren werden in sehr vielen Bereichen verwendet. Sie dienen vorwiegend zur Verstärkung kleiner und größerer Wechselspannungen und Wechselströme, zur elektronischen Erzeugung von Schwingungen und zum kontaktlosen schnellen Schalten kleiner und mittlerer Leistungen. Darüber hinaus gibt es noch viele weitere Anwendungsgebiete.

7.14.1. Transistorschalterstufen

Eine Transistorschalterstufe ist in Bild 7.48 dargestellt. Der Transistor wird nur zwischen zwei Zuständen gesteuert.

Zustand 1: Transistor gesperrt

$$I_B = 0$$
$$U_{BE} = 0$$
$$R_{CE} \approx 100\ \text{M}\Omega$$
$$U_{CE} = U_B = 12\ \text{V}$$
$$I_C = 0$$

Zustand 2: Transistor durchgesteuert

$$I_B = 1\ \text{mA}$$
$$U_{BE} = 0{,}9\ \text{V}$$
$$R_{CE} \approx 4\ \Omega$$
$$U_{CE} \approx 0{,}2\ \text{V}$$
$$I_C \approx \frac{U_B}{R_L} = \frac{12\ \text{V}}{240\ \Omega}$$
$$I_C \approx 50\ \text{mA}$$

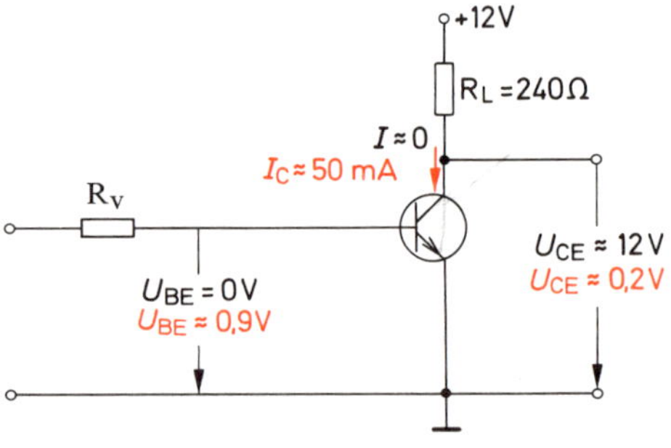

Bild 7.48 Transistorschaltstufe

Im Ausgangskennlinienfeld Bild 7.49 sind die Arbeitspunkte der beiden Schaltzustände eingezeichnet.
Zum Zustand 1 gehört der Arbeitspunkt P_1, zum Zustand 2 der Arbeitspunkt P_2.
Das Umschalten von einem Arbeitspunkt in den anderen erfolgt im Zeitraum weniger Mikrosekunden.

Der Lastwiderstand muß so bemessen sein, daß im durchgesteuerten Zustand des Transistors der höchstzulässige Wert des Kollektorstromes auf keinen Fall überschritten wird.
Bild 7.50 zeigt eine Transistorschaltstufe für eine Lichtschranke. Der Fotowiderstand hat einen Dunkelwiderstandswert von 10 MΩ und einen Hellwiderstandswert von rd. 1 kΩ.
Wird der Fotowiderstand beleuchtet, so beträgt der Gesamtwiderstand im oberen Spannungsteilerzweig rd. 48 kΩ. Es kann ein genügend großer Basisstrom fließen. Der Transistor steuert durch. Das Relais zieht an.

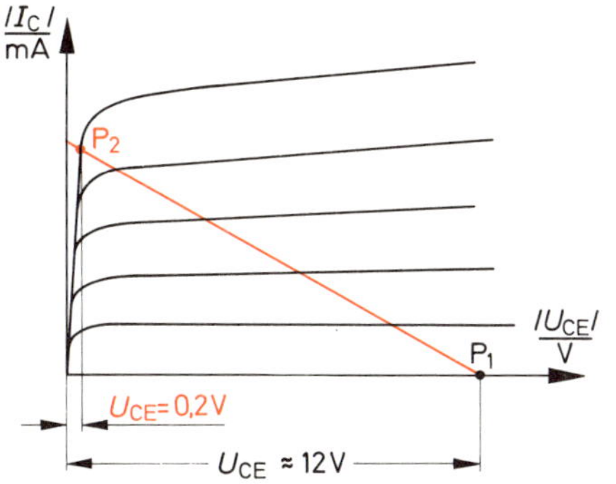

Bild 7.49 Ausgangskennlinienfeld eines Schalttransistors mit Angabe der Arbeitspunkte

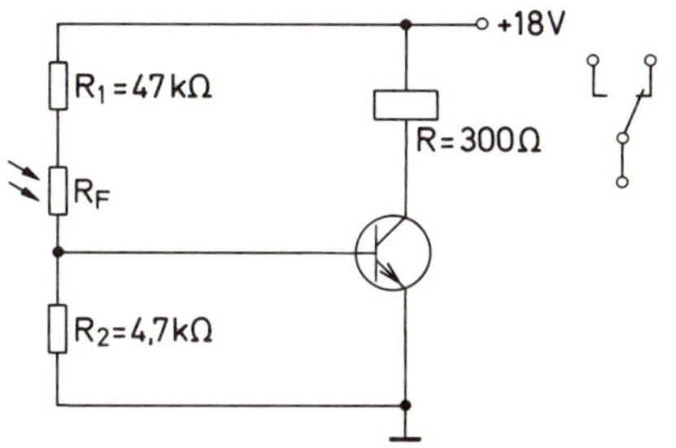

Bild 7.50 Transistorschaltstufe für Lichtschranke

Bei Unterbrechung des Lichtstrahls wird der Fotowiderstand sehr hochohmig. Der Transistor schaltet in den Sperrzustand, und das Relais fällt ab.

7.14.2. Transistorverstärker

Verstärker haben die Aufgabe, kleine zeitabhängige Spannungs- und Stromverläufe amplitudenverhältnisgetreu zu verstärken.
Mit Transistoren lassen sich sehr gute Verstärker aufbauen. Verstärker bestehen oft aus mehreren Verstärkerstufen. Man unterscheidet *einstufige Verstärker* und *mehrstufige Verstärker.*

7.14.2.1. Einstufige Verstärker

Eine einstufige Transistorverstärkerstufe ist in Bild 7.51 dargestellt. Der Widerstand R_1 dient der Erzeugung einer Basisvorspannung und zusammen mit dem Lastwiderstand R_L der Einstellung des Arbeitspunktes (siehe auch Abschnitt 7.6). Gleichzeitig wandelt der Lastwiderstand Kollektorstromänderungen in entsprechende Spannungsänderungen um.
Kleine Basisstromänderungen haben große Kollektorstromänderungen zur Folge. *Die Transistorverstärkerstufe hat eine Stromverstärkung.*
Zu den Basisstromänderungen gehören Basisspannungsänderungen, und zu den Kollektorstromänderungen gehören Kollektorspannungsänderungen. Kleine zwischen Basis und Emitter angelegte Wechselspannungen führen also zu wesentlich größeren Wechselspannungen zwischen Kollektor und Emitter. *Die Transistorverstärkerstufe hat eine Spannungsverstärkung.*
Bei zunehmender Spannung U_{BE} steigt der Kollektorstrom I_C an. Damit sinkt aber die Spannung U_{CE} ab. Zwischen der Eingangswechselspannung u_1 und der Ausgangswechselspannung u_2 besteht bei dieser Schaltung eine Phasenverschiebung von 180° (Bild 7.52).

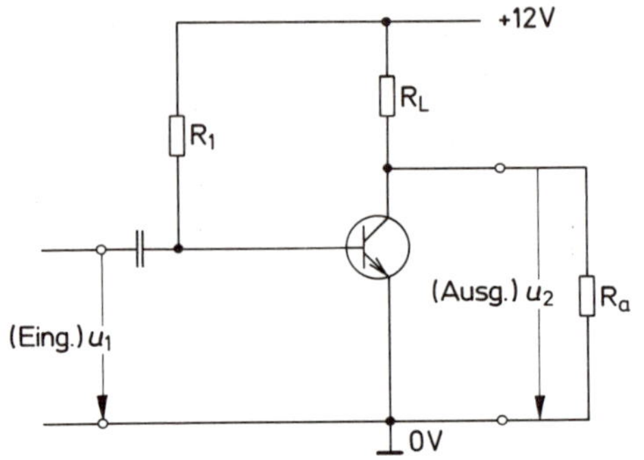

Bild 7.51 Transistorverstärkerstufe

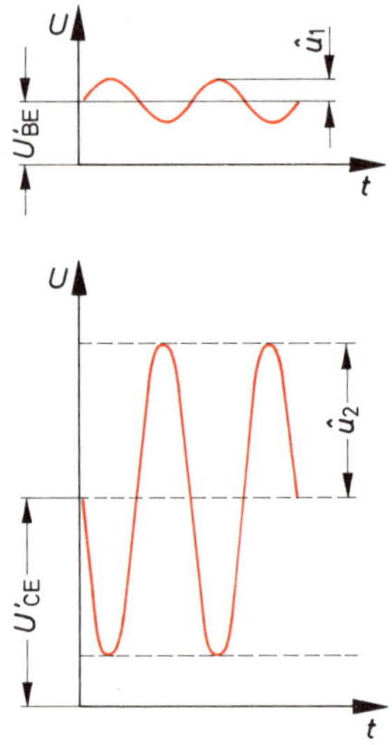

Bild 7.52 Zeitlicher Verlauf von Eingangswechselspannung und Ausgangswechselspannung bei einer Transistorverstärkerstufe

Am Eingang der Transistorverstärkerstufe liegt eine Eingangswechselspannung u_1. Es fließt ein Eingangsstrom i_1. Aus u_1 und i_1 ergibt sich der sogenannte *Eingangswiderstand der Verstärkerstufe.*

$$r_e = \frac{\hat{u}_1}{\hat{i}_1} = \frac{U_{1\mathrm{eff}}}{I_{1\mathrm{eff}}}$$

Am Ausgang der Transistorverstärkerstufe liegt eine Ausgangswechselspannung u_2. Der Ausgangsstrom ist i_2.
Für den *Ausgangswiderstand* gilt:

$$r_a = \frac{\hat{u}_2}{\hat{i}_2} = \frac{U_{2\mathrm{eff}}}{I_{2\mathrm{eff}}}$$

Eine Transistorverstärkerstufe kann als Vierpol betrachtet werden (Bild 7.53). Sie ist gekennzeichnet durch folgende Größen:

Stromverstärkung	V_i
Spannungsverstärkung	V_u
Eingangswiderstand	r_e
Ausgangswiderstand	r_a
Phasenwinkel φ (zwischen u_2 und u_1)	

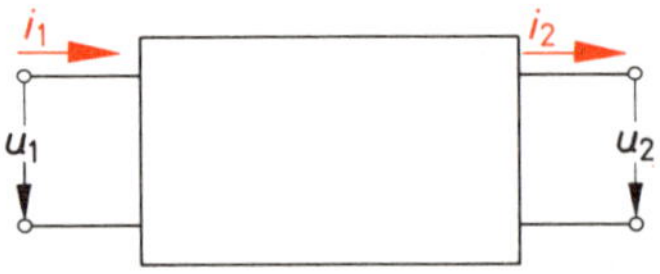

Bild 7.53 Transistor als Vierpol

Weiterhin ist sie durch einen bestimmten linearen Steuerbereich gekennzeichnet. Eine höchstzulässige Eingangsspannung darf nicht überschritten werden.

7.14.2.2. Mehrstufige Verstärker

Reicht die Verstärkung einer einzelnen Verstärkerstufe nicht aus, so können weitere Verstärkerstufen nachgeschaltet werden.

Beispiel:
Eine Wechselspannung von 1 µV soll auf 1 V verstärkt werden. Mit den zur Verfügung stehenden Transistoren lassen sich Verstärkerstufen mit Spannungsverstärkungen von 100 aufbauen. Wieviel Stufen muß der gewünschte Verstärker haben?
Es sind drei Verstärkerstufen erforderlich, wie Bild 7.54 zeigt. Die Gesamtspannungsverstärkung beträgt:

$$V_{ug} = V_{u1} \cdot V_{u2} \cdot V_{u3}$$
$$V_{ug} = 100 \cdot 100 \cdot 100 = 1\,000\,000$$

Bild 7.55 zeigt eine einfache Schaltung eines dreistufigen Transistorverstärkers. Die einzelnen Stufen sind über Kondensatoren gekoppelt.
Diese Kopplungsart bringt eine gleichstrommäßige Trennung der Verstärkerstufen. Das ist ein Vorteil. Ein Nachteil ist, daß langsame Strom- und Spannungsänderungen über die Kondensatoren nicht weitergegeben werden. Der Verstärker hat eine untere Grenzfrequenz. Diese ist vor allem von der Größe der Koppelkondensatoren abhängig. Sie liegt meist bei etwa 10 Hz bis 20 Hz.
In vielen Fällen möchte man jedoch wesentlich langsamer verlaufende Strom- und Spannungsänderungen verstärken, z.B. in der Steuer- und Regelungstechnik und in der Meßtechnik. In diesen Fällen müssen die Verstärkerstufen direkt gekoppelt werden.

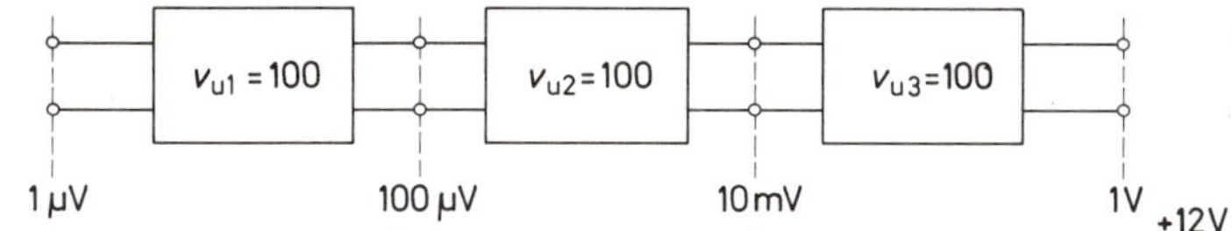

Bild 7.54 Dreistufiger Transistorverstärker in Vierpoldarstellung

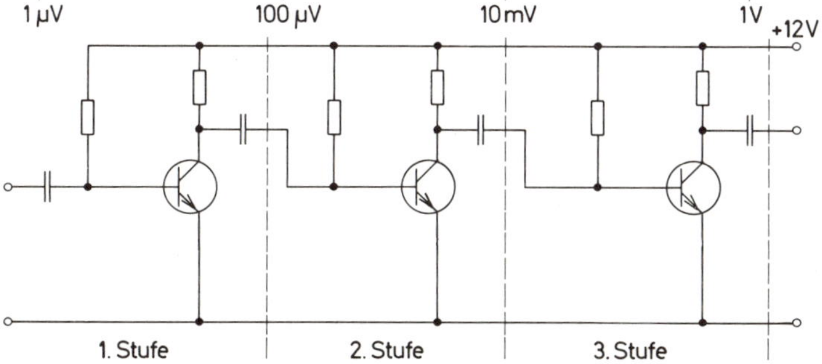

Bild 7.55 Dreistufiger Transistorverstärker

In Bild 7.56 ist ein direkt gekoppelter dreistufiger Verstärker dargestellt.
Direkt gekoppelte Verstärker haben eine untere Grenzfrequenz von 0 Hz, d.h., sie verstärken *auch* Gleichspannungen und Gleichströme.

> *Verstärker mit einer unteren Grenzfrequenz von 0 Hz werden Gleichspannungsverstärker genannt.*

Sind die Verstärkerstufen über Kondensatoren, über Transformatoren (Übertrager) oder über Schwingkreise gekoppelt, so können diese Verstärker nur Wechselspannungen und Wechselströme verstärken. Man nennt Verstärker dieser Art *Wechselspannungsverstärker.*

> *Verstärker, deren untere Grenzfrequenz größer als 0 Hz ist, werden Wechselspannungsverstärker genannt.*

Wechselspannungsverstärker werden in großer Zahl in Tonfrequenztechnik und in der Radio- und Fernsehtechnik eingesetzt.

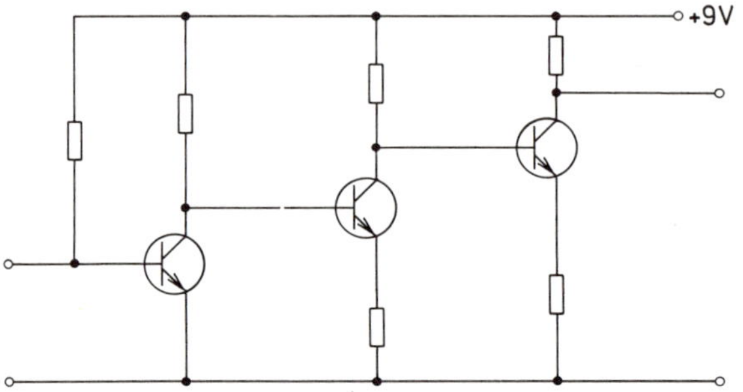

Bild 7.56 Dreistufiger Transistorverstärker mit direkter Stufenkopplung

Bild 7.57 Verstärkerstufe in Emitterschaltung

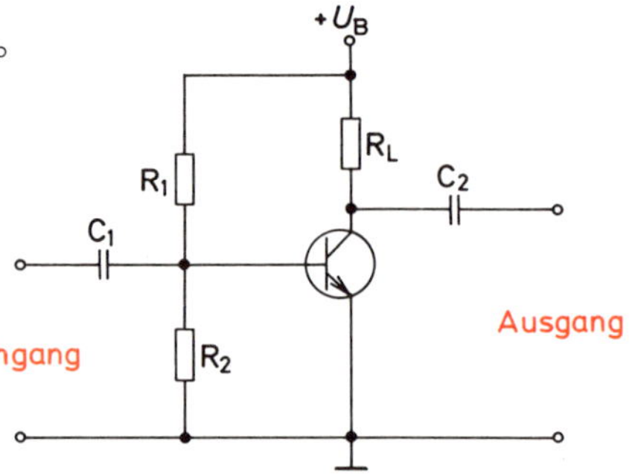

7.14.3 Verstärker-Grundschaltungen

Bei bipolaren Transistoren sind drei verschiedene Verstärker-Grundschaltungen möglich. Die bisher betrachteten Verstärkerstufen waren Verstärkerstufen in Emitterschaltung. Der Emitter ist gemeinsamer Pol für Signaleingang und Signalausgang (Bild 7.57).

Außer der *Emitterschaltung* wird die sogenannte *Basisschaltung* verwendet. Eine Verstärkerstufe in Basisschaltung zeigt Bild 7.58. Die Basis ist gemeinsamer Pol für Eingangs- und Ausgangssignal. Der Spannungsteilerwiderstand R_2 ist durch einen genügend großen Kondensator überbrückt, so daß die Basis wechselstrommäßig an Masse liegt.

Die dritte Verstärker-Grundschaltung heißt *Kollektorschaltung* (Bild 7.59). Der Lastwiderstand liegt in der Emitterleitung. Der Kollektor hat signalmäßig, also wechselstrommäßig, Massepotential, Er kann daher als gemeinsamer Pol für Eingangs- und Ausgangssignal angesehen werden.

Jede Verstärker-Grundschaltung hat andere Eigenschaften. Diese werden eingehend in Band „Elektronik 3“, Kapitel 3, behandelt.

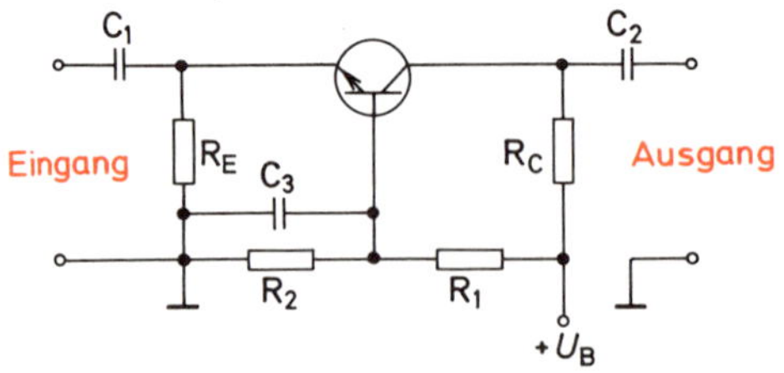

Bild 7.58 Verstärkerstufe in Basisschaltung

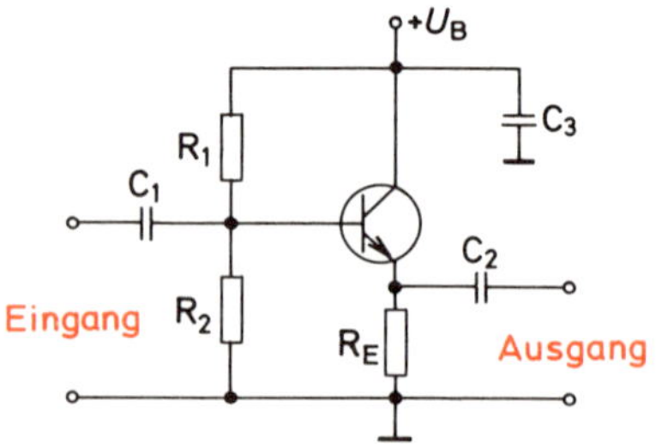

Bild 7.59 Verstärkerstufe in Kollektorschaltung

7.15 Lernziel-Test

1. Skizzieren Sie den Schichtaufbau eines pnp-Transistors.
   Wie werden die Halbleiterzonen und die Anschlüsse benannt?
2. Zeichnen Sie einen Schnitt durch einen npn-Transistor-Kristall.
   Wie sind die pn-Übergänge im normalen Betrieb gepolt?
3. Erklären Sie die Funktion der Sperrschicht zwischen Basiszone und Kollektorzone beim npn-Transistor.
4. Bei pnp-Transistoren und bei npn-Transistoren gibt es drei Spannungen und drei Ströme. Wie werden diese genannt?
5. Erklären Sie die Arbeitsweise eines npn-Transistors. Wie kommt es zu einer Stromverstärkung, wie zu einer Spannungsverstärkung?
6. Welche Beziehung besteht zwischen den drei Transistorströmen, welche zwischen den drei Transistorspannungen?
7. Skizzieren Sie eine typische Eingangskennlinie eines npn-Transistors, und geben Sie an, wie der differentielle Eingangswiderstand r_{BE} für einen Arbeitspunkt A bestimmt wird.
8. Skizzieren Sie ein typisches Ausgangskennlinienfeld eines npn-Transistors. Wie wird der differentielle Ausgangswiderstand r_{CE} für einen Arbeitspunkt A bestimmt?
9. Was versteht man unter dem differentiellen Stromverstärkungsfaktor β?
10. Ein Transistor hat in einem bestimmten Arbeitspunkt ein Kollektorstrom-Basisstrom-Verhältnis $B = 120$. Was bedeutet das?
11. Für Transistoren wird ein differentieller Rückwirkungsfaktor D angegeben. Was sagt dieser Rückwirkungsfaktor aus?
12. Skizzieren Sie ein typisches Vierquadranten-Kennlinienfeld eines bipolaren Transistors.
13. Was versteht man unter Vierpolparametern (h-Parametern)?
    Welchem Vierpolparameter entspricht der Kennwert β?
14. Nach welchen Gesichtspunkten legt man bei einem Transistorverstärker den Arbeitspunkt fest?
15. Berechnen Sie für die Verstärkerschaltung Bild 7.60 die Ohmwerte für R_1 und R_2.

Gegeben:		
	Kollektorruhestrom	$I_C = 6\,\text{mA}$
	Querstrom	$I_q = 6 \cdot I_B$
	Basis-Ermitter-Spannung	$U_{BE} = 0{,}72\,\text{V}$
	Gleichstromverstärkung	$B = 20$

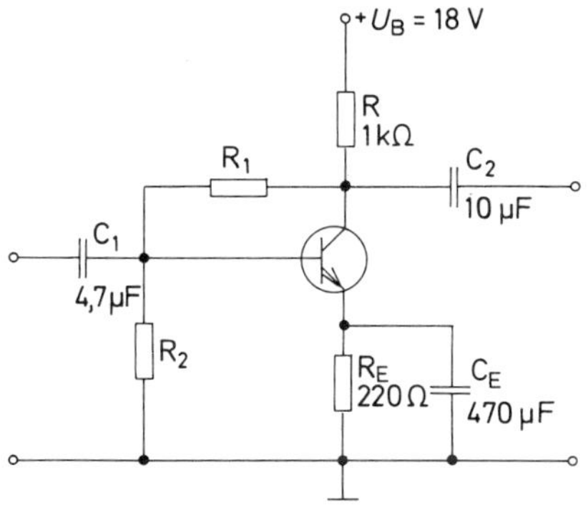

Bild 7.60 Transistorverstärker

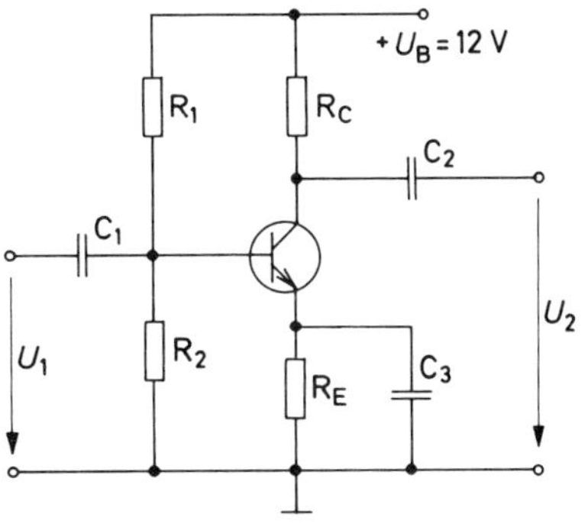

Bild 7.61 Verstärkerschaltung

16. Für die Schaltung Bild 7.61 werden folgende Werte angegeben:

$U_{BE} = 0{,}75$ V	$U_{CE} = 5{,}5$ V
$I_q = 3 \cdot I_B$	$B = 60$
$R_E = 200\ \Omega$	$R_C = 1\ \mathrm{k}\Omega$
$C_1 = C_2 = 10\ \mu F$	$C_3 = 100\ \mu F$

Gesucht sind: R_1, R_2, U_{CE}

17. Wie sind die Restströme bei einem bipolaren Transistor festgelegt und mit welchen Indexbuchstaben werden sie gekennzeichnet?
18. Was sind Sperrspannungen, was Durchbruchspannungen?
19. Wann arbeitet ein bipolarer Transistor im Übersteuerungszustand?
20. Ein ohne Kühlblech montierter Transistor hat einen Wärmewiderstand R_{thU} von 80 °C/W. Die höchste Sperrschichttemperatur beträgt 170 °C, die Umgebungstemperatur 50 °C. Berechnen Sie die höchstzulässige Verlustleistung P_{tot}.
21. Beschreiben Sie die Ursachen des Transistor-Rauschens.
22. Der Arbeitspunkt einer Verstärkerstufe mit npn-Transistor soll temperaturstabilisiert werden. Welche Maßnahmen kann man ergreifen?
23. Nennen Sie die drei Verstärkergrundschaltungen für Bipolartransistoren, und skizzieren Sie eine Verstärkerstufe in Kollektorschaltung.
24. Was stellt die Schaltung Bild 7.62 dar?

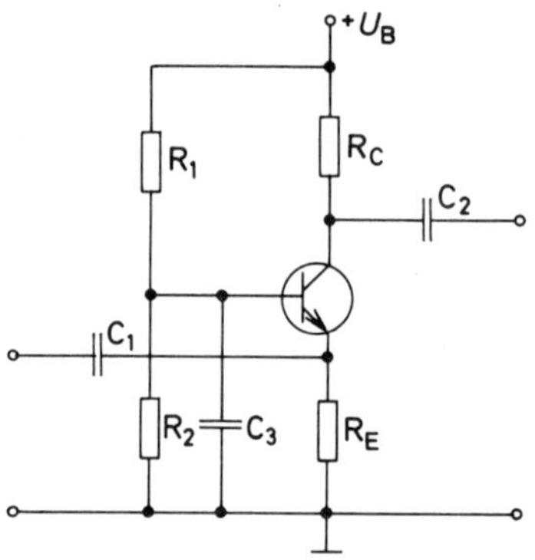

Bild 7.62 Transistorschaltung

25. Wie arbeitet eine Transistorschalterstufe?
Zeichnen Sie das Schaltbild einer einfachen Transistorschalterstufe mit npn-Transistor.

8. Unipolare Transistoren

Unipolare Transistoren sind Transistoren mit gleichgepolten pn-Übergängen bzw. mit einem pn-Übergang. Zu ihnen gehören alle Feldeffekttransistoren und der Unijunction-Transistor.

8.1 Sperrschicht-Feldeffekttransistoren (JFET)

8.1.1 Aufbau und Arbeitsweise

Sperrschicht-Feldeffekttransistoren, abgekürzt Sperrschicht-FET oder JFET (J = Junction, engl.: Sperrschicht), werden als n-Kanal-Typen und als p-Kanal-Typen gebaut. Hier soll zunächst der n-Kanal-Typ betrachtet werden.

Der aktive Teil eines n-Kanal-Sperrschicht-FET besteht aus einer n-leitenden Kristallstrecke, in die zwei p-leitende Zonen eindotiert sind (Bild 8.1).

Wird an diese n-leitende Kristallstrecke eine Spannung U (z.B. 12 V) angelegt, so fließt ein Elektronenstrom von S nach D. Die Größe dieses Elektronenstroms wird bestimmt durch die angelegte Spannung und den Bahnwiderstand des Kristalls.

Die angelegte Spannung fällt entlang der Kristallstrecke ab (Bild 8.2).

Die beiden p-Zonen sind leitend miteinander verbunden und an den Anschluß G geführt (Bild 8.3). Wird G nun an Nullpotential gelegt, also mit S verbunden, so sind die beiden pn-Übergänge in Sperrichtung gepolt.

Die n-leitende Kristallstrecke hat positive Spannungswerte (Potentiale) gegenüber jeder p-Zone.

Es bilden sich zwei Sperrschichten (Raumladungszonen) aus. Diese Sperrschichten sind um so breiter, je größer die in Sperrichtung wirksame Spannung ist. Die Sperrschichtbreite nimmt also in Richtung von S nach D zu. Die p-Zonen haben überall das gleiche Potential von 0 V, da in ihnen kein Strom fließt.

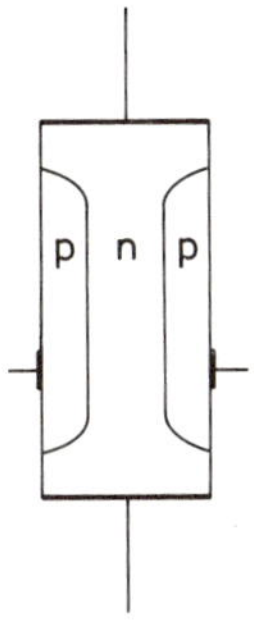

Bild 8.1 Grundaufbau eines n-Kanal-Sperrschicht-FET

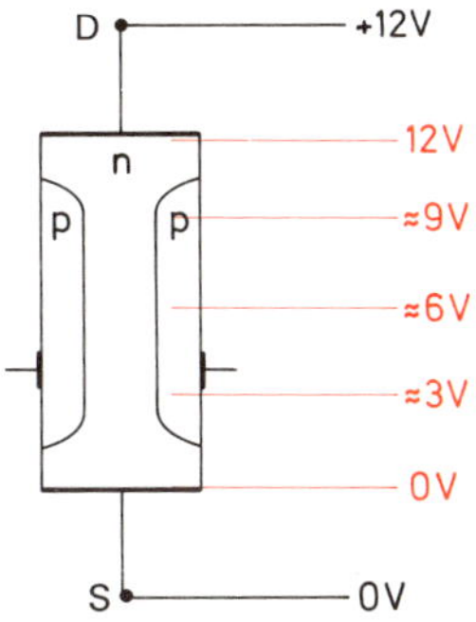

Bild 8.2 Spannungsabfall entlang der n-Kristallstrecke

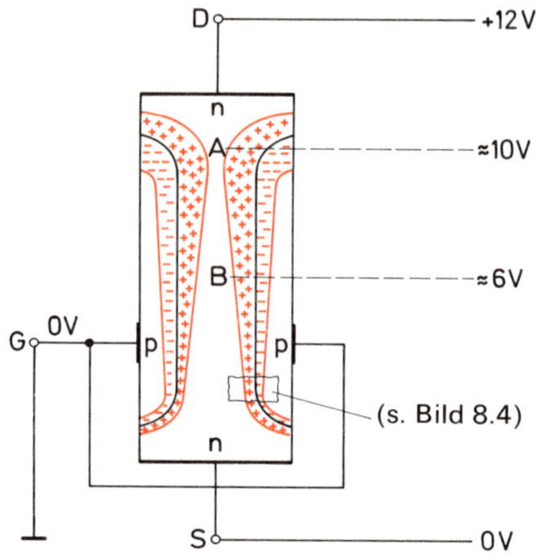

Bild 8.3 Sperrschichten eines Sperrschicht-FET

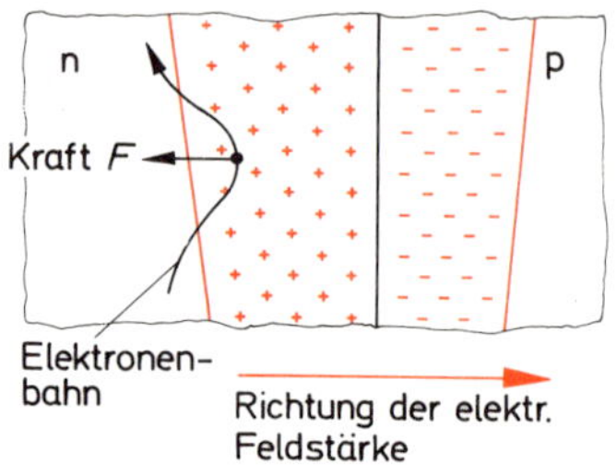

Bild 8.4 Vergrößerter Ausschnitt aus der Sperrschicht

> *Zwischen der n-leitenden Kristallstrecke und den beiden p-Zonen bilden sich zwei Sperrschichten aus.*

Das Kristall mit den beiden Sperrschichten ist in Bild 8.3 dargestellt. Im Bereich A beträgt die Sperrspannung z.B. 10 V, im Bereich B nur 6 V.
Die Elektronen strömen von S nach D durch das Kristall. Es soll nun untersucht werden, was geschieht, wenn eines dieser strömenden Elektronen in eine Sperrschicht gerät.
In Bild 8.4 ist ein vergrößerter Ausschnitt aus einer Sperrschicht zu sehen.
Die Sperrschicht enthält Raumladung. In der Sperrschicht herrscht ein starkes elektrisches Feld. Die Feldlinien verlaufen von den positiven Ladungen zu den negativen Ladungen.
Kommt ein Elektron in dieses elektrische Feld, so erfährt es eine Krafteinwirkung. Ein elektrisches Feld übt auf Elektronen, die ja negative Ladungsträger sind, Kräfte entgegengesetzt zur Feldlinienrichtung aus. Auf das Elektron wirkt eine Kraft F (Bild 8.4).
Die Kraft F drängt das Elektron aus der Sperrschicht heraus. In der Sperrschicht können sich keine beweglichen Ladungsträger halten.

> *Gerät ein Elektron in eine Sperrschicht, so wird es aus dieser Sperrschicht in Richtung zum neutralen n-Kristallbereich herausgedrängt.*
>
> *Die Sperrschichten sind für die Elektronen „verbotene Gebiete".*

Die Elektronen müssen also auf ihrem Weg von S nach D durch die neutrale n-Zone strömen.
Dieser neutrale Bereich der n-Zone wird *Kanal* genannt (Bild 8.5).

> *Als Strömungspfad steht den Elektronen nur der Kanal zur Verfügung.*

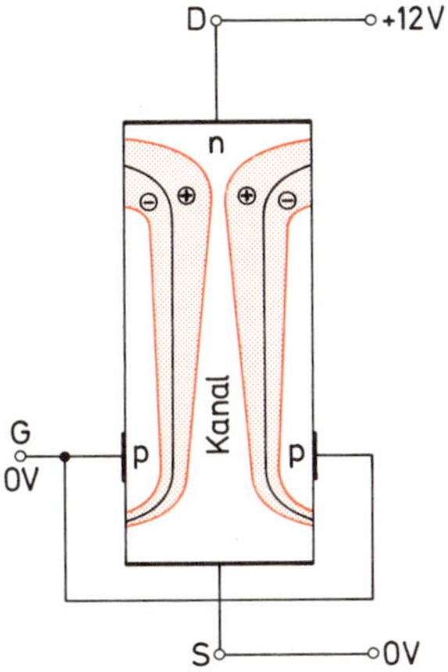

Bild 8.5 Lage des Kanals eines Sperrschicht-FET

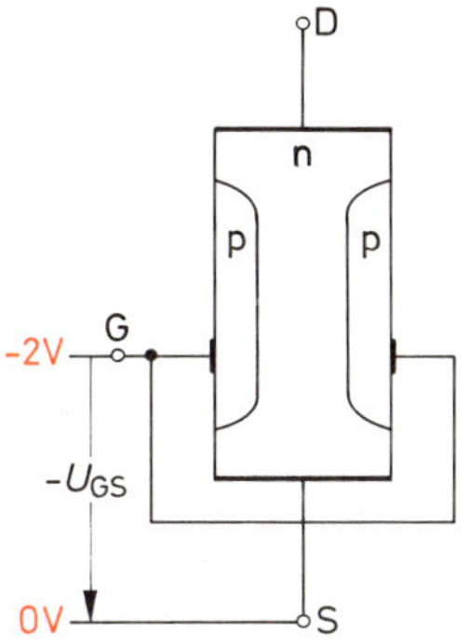

Bild 8.6 Polung der Steuerspannung U_{GS}

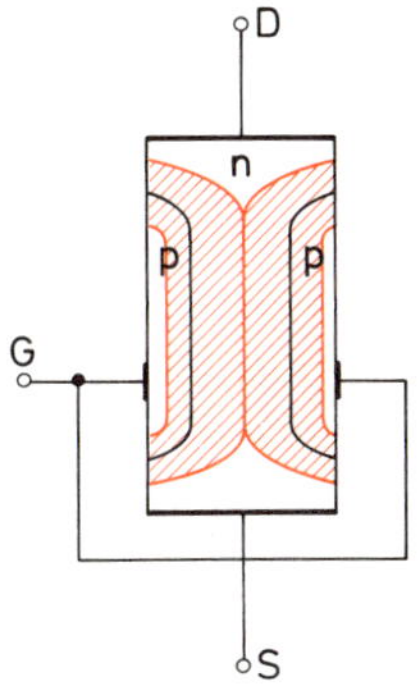

Bild 8.7 Sperrschichten bei Sperrzustand

Wird das Potential des Anschlußpunktes G (bezogen auf S) negativer gemacht, so bedeutet das, daß die Spannungen in Sperrichtung größer werden. Die größeren Sperrspannungen haben breitere Sperrschichten zur Folge. Der Kanalquerschnitt wird kleiner.
Ein Kanal mit kleinerem Querschnitt hat aber einen größeren Widerstand. Steigt der Widerstand des Kanals, so fließt bei gleicher anliegender Spannung ein kleiner Strom.
Eine Änderung der Spannung zwischen G und S führt zu einer Stromänderung. Die Spannung zwischen G und S wird U_{GS} genannt (Bild 8.6).
Der durch den Kanal fließende Strom wird mit I_D bezeichnet.

> *Je negativer die Spannung U_{GS}, desto breiter die Sperrschichten, desto geringer der Kanalquerschnitt, desto größer der Kanalwiderstand, desto kleiner der Strom I_D.*

Das Verändern der Sperrschichtbreite erfordert so gut wie keine Leistung. Der Strom I_D wird also leistungslos gesteuert. Die Steuerung erfolgt durch die Spannung U_{GS}. Ein Steuerstrom ist nicht erforderlich. Es fließt lediglich ein winziger Sperrstrom, der wegen der Eigenleitfähigkeit von Halbleiterkristallen nicht zu vermeiden ist.

> *Der Strom I_D wird durch die Spannung U_{GS} leistungslos gesteuert.*

Bei einem bestimmten negativen Spannungswert von U_{GS} stoßen die beiden Sperrschichten wie in Bild 8.7 dargestellt zusammen. Der Kanal hat jetzt den Querschnitt Null. Ein Strom kann nicht mehr fließen. Der Transistor ist gesperrt.
Die Spannung U_{GS} muß immer negativ sein. Bei positiven Spannungswerten von U_{GS} werden die Sperrschichten abgebaut, und es fließt über die p-Zonen ein Strom.
Für die Elektroden von FET sind fast ausschließlich englische Bezeichnungen gebräuchlich (Bild 8.8).

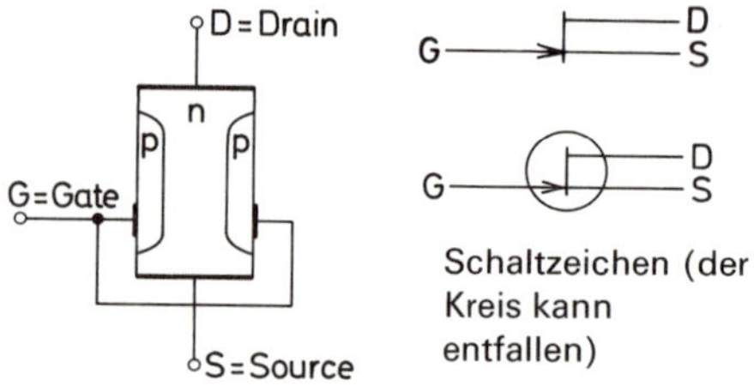

Bild 8.8 Benennung der Elektroden und Schaltzeichen

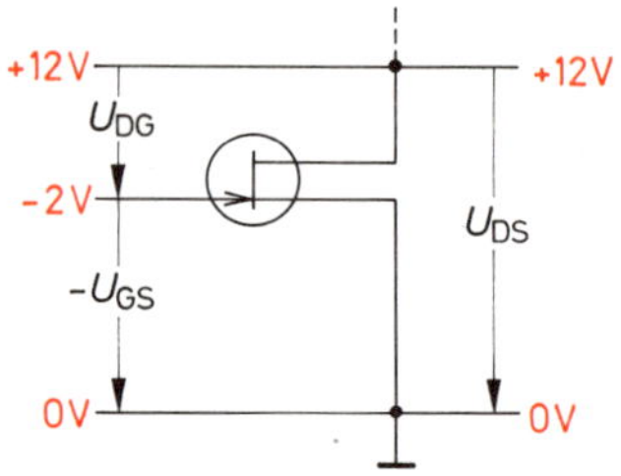

Bild 8.9 Spannungen bei einem Sperrschicht-FET (N-Kanal-Typ)

S	*Source*	= Quelle
D	*Drain*	= Abfluß
G	*Gate*	= Tor

Diese Bezeichnungen entsprechen etwa folgenden Bezeichnungen bei bipolaren Transistoren und Elektronenröhren.

Source	– Emitter	– Katode
Drain	– Kollektor	– Anode
Gate	– Basis	– Gitter

Das Gate ist die Steuerelektrode.
Die angegebenen Spannungswerte sind meist auf Source bezogen.

U_{DS} Drainspannung bezogen auf Source
U_{GS} Gatespannung bezogen auf Source

(Bild 8.9).

> *Beim Sperrschicht-FET vom n-Kanal-Typ ist die Drainspannung U_{DS} positiv und die Gatespannung U_{GS} negativ (gegen Source).*

Die Polung ist die gleiche wie bei Elektronenröhren.
Ein Sperrschicht-FET vom p-Kanal-Typ besteht aus einer p-leitenden Kristallstrecke in die zwei n-leitende Zonen eindotiert sind (Bild 8.10).
Die Arbeitsweise des p-Kanal-Typs ist im Prinzip die gleiche wie die des n-Kanal-Typs. Man sieht das sofort, wenn man statt der Elektronen die Löcher betrachtet.

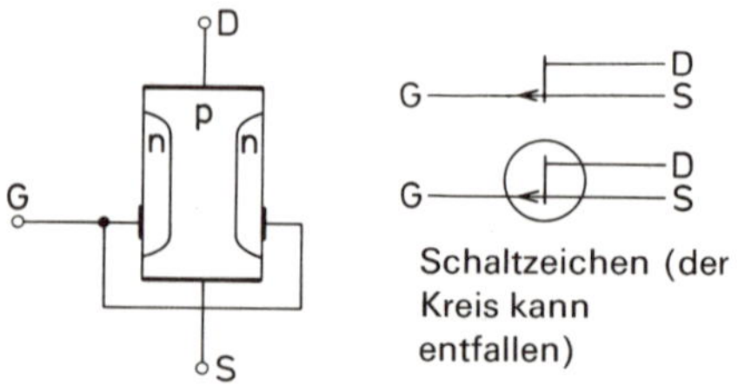

Bild 8.10 Grundaufbau eines p-Kanal-Sperrschicht-FET und Schaltzeichen

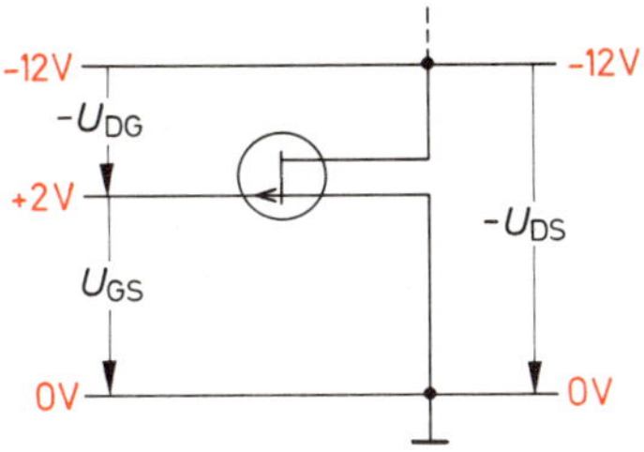

Bild 8.11 Spannungen bei einem p-Kanal-Sperrschicht-FET

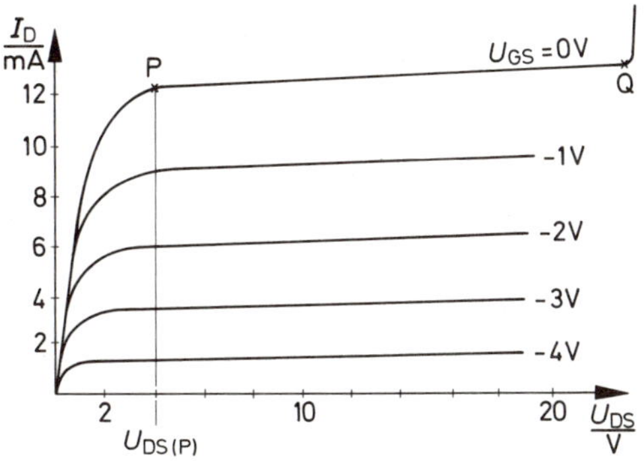

Bild 8.12 I_D-U_{DS}-Kennlinienfeld eines n-Kanal-Sperrschicht-FET

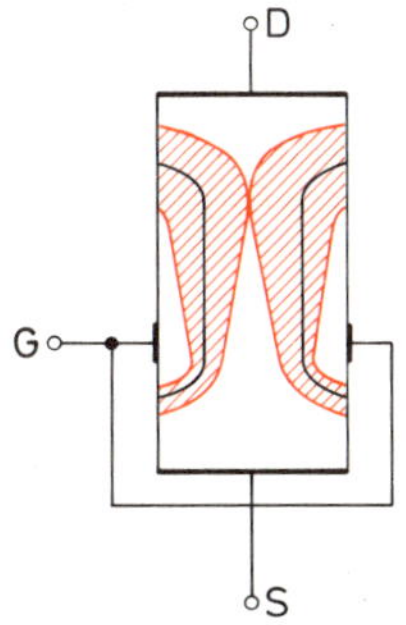

Bild 8.13 Punktweise Berührung der Sperrschichten bei der Spannung $U_{DS\,(P)}$

Damit die Löcher von Source nach Drain wandern, ist eine negative Spannung U_{DS} erforderlich. Die pn-Übergänge müssen in Sperrichtung gepolt sein. Das bedeutet, die Spannung U_{GS} muß einen positiven Wert haben (Bild 8.11).

> *Beim Sperrschicht-FET vom p-Kanal-Typ ist die Drainspannung U_{DS} negativ und die Gatespannung U_{GS} positiv (gegen Source).*

8.1.2 Kennlinien, Kennwerte, Grenzwerte

Die folgenden Betrachtungen beziehen sich stets auf den häufiger verwendeten Sperrschicht-FET vom n-Kanal-Typ. Sie gelten für den p-Kanal-Typ entsprechend, wenn man die andere Polung der Spannungen und die andere Stromrichtung beachtet.

I_D-U_{DS}-Kennlinienfeld

Das I_D-U_{DS}-Kennlinienfeld (Bild 8.12) gibt den Zusammenhang zwischen dem Drainstrom I_D und der zwischen Drain und Source herrschenden Spannung U_{DS} an. Jede Kennlinie gilt für eine bestimmte Gatespannung U_{GS}. Bei einer Gatespannung $U_{GS} = 0$ V ist der Kanal am breitesten. Es ergeben sich für die einzelnen Werte von U_{DS} besonders große Stromwerte. Die Kennlinie für $U_{GS} = 0$ V liegt am höchsten. Ab Punkt P verläuft die Kennlinie flach, das heißt, eine weitere Erhöhung der Spannung U_{DS} führt zu keiner wesentlichen Erhöhung des Stromes I_D. Was ist die Ursache?
Bei der Spannung $U_{DS\,(P)}$ stoßen die beiden Sperrschichten in einem Punkt zusammen. Der vom Strom I_D verursachte Spannungsabfall im n-Kanal ist so groß, daß sich Sperrspannungen ergeben, zu denen die in Bild 8.13 dargestellten Sperrschichten gehören.

Ein weiteres Ansteigen von I_D würde zu einem weiteren Zusammenwachsen der Sperrschichten führen, damit würde sich I_D selbst abschnüren. Ein Abfallen von I_D verringert aber den Spannungsabfall im n-Kanal und läßt die Sperrschichten schmaler werden. Damit würde aber I_D wieder ansteigen. Es stellt sich ein Gleichgewichtszustand ein. Vom Punkt P ab kann I_D fast nicht mehr zunehmen. Die Kennlinie verläuft jetzt sehr flach. Der Punkt P wird *Abschnürpunkt* genannt.
Im Kennlinienpunkt Q ist die Spannung zwischen Drain und Gate so groß, daß es zu seinem Durchbruch kommt. Die Sperrschichten werden jetzt abgebaut. Die Strecke zwischen Source und Drain ist sehr niederohmig. In diesem Zustand kann der FET sehr schnell zerstört werden. Der Durchbruch erfolgt im Prinzip auf die gleiche Weise wie der Z-Durchbruch bei einer Z-Diode.
Je negativer die Gatespannung, desto tiefer liegen die Kennlinien. Der Abschnürpunkt P tritt schon bei kleineren Spannungen U_{DS} auf, da ja die Sperrschichten wegen der negativen U_{GS} ohnehin breiter sind. Bild 8.14 zeigt ein vollständiges I_D-U_{DS}-Kennlinienfeld.

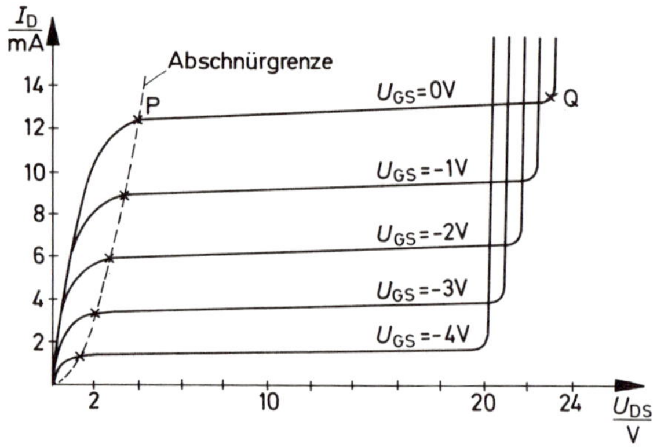

Bild 8.14 Vollständiges I_D-U_{DS}-Kennlinienfeld eines n-Kanal-Sperrschicht-FET

I_D-U_{GS}-Kennlinienfeld

Das I_D-U_{GS}-Kennlinienfeld gibt den Zusammenhang zwischen dem Drainstrom und der Gate-Sourcespannung an. Es ist das Steuerkennlinienfeld.
Üblicherweise wählt man Drainspannungen, die größer sind als $U_{DS(P)}$. Für diese Drainspannungen ergibt sich näherungsweise nur eine einzige $I_D U_{GS}$-Kennlinie (Bild 8.15).
Bei der Spannung $U_{GS(P)}$ ist die Strecke Source – Drain gesperrt ($I_D = 0$).

Die Steilheit S kennzeichnet das Steuerverhalten des FET. Je steiler die I_D-U_{GS}-Kennlinie ansteigt, desto größer ist die Steilheit.
Die Steilheit im Arbeitspunkt A findet man durch Einzeichnen einer Tangente und eines rechtwinkligen Dreiecks (Bild 8.16).

Es gilt $$S = \frac{\Delta I_D}{\Delta U_{GS}}$$

S	Steilheit
ΔI_D	Drainstromänderung
ΔU_{GS}	Gatespannungsänderung

(für U_{DS} = konstant)

Übliche Werte: $S \approx 3\,\frac{\text{mA}}{\text{V}}$ bis $10\,\frac{\text{mA}}{\text{V}}$

Bild 8.15 I_D-U_{GS}-Kennlinie eines n-Kanal-Sperrschicht-FET (links)

Bild 8.16 Bestimmung der Steilheit (rechts)

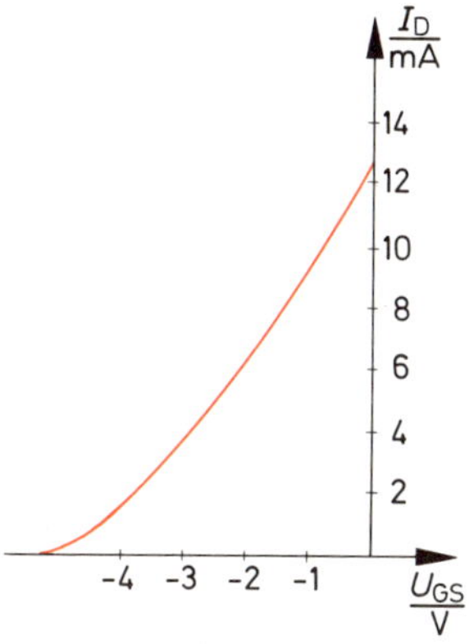

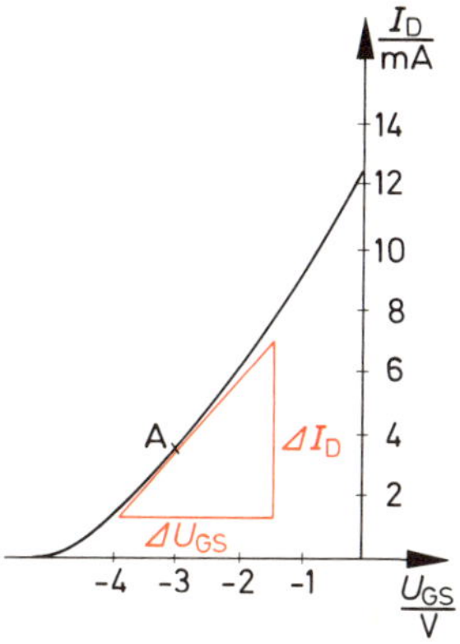

Die Steilheit S gibt an, um wieviel Milliampere sich der Drainstrom ändert, wenn die Gatespannung um 1 V geändert wird.

Differentieller Ausgangswiderstand

Der Ausgangswiderstand r_{DS} ist ein differentieller Widerstand, der den Zusammenhang zwischen kleinen Drainstromänderungen ΔI_D und kleinen Drainspannungsänderungen ΔU_{DS} angibt (Bild 8.17).
In einem Arbeitspunkt A hat der Ausgangswiderstand die Größe:

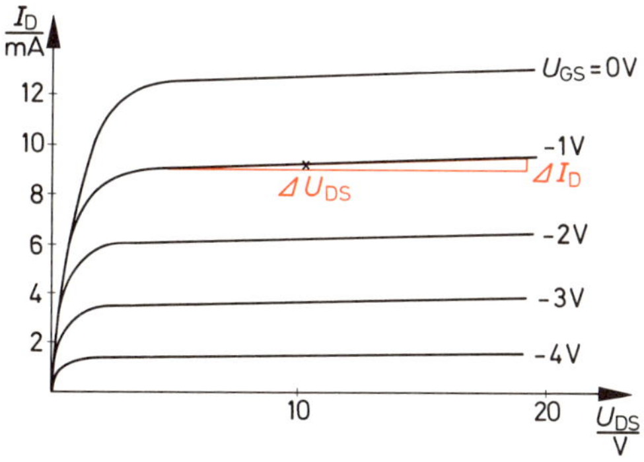

Bild 8.17 Bestimmung des Ausgangswiderstandes

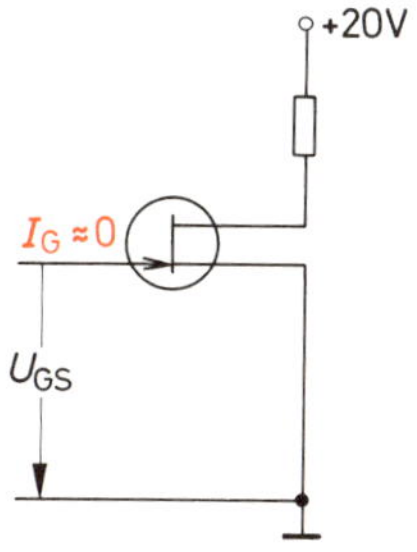

Bild 8.18 Bestimmung des Eingangswiderstandes

$$r_{DS} = \frac{\Delta U_{DS}}{\Delta I_D}$$

r_{DS} differentieller Ausgangswiderstand
ΔI_D Drainstromänderung
ΔU_{DS} Drainspannungsänderung

(für U_{GS} = konstant)

Übliche Werte: $r_{DS} \approx 80\ \text{k}\Omega$ bis $200\ \text{k}\Omega$

Differentieller Eingangswiderstand

Zwischen Gate und Source liegt zwar eine Spannung, es fließt aber so gut wie kein Strom (Bild 8.18).

Der Eingangswiderstand r_{GS} ist deshalb eine annähernd konstante Größe

$$r_{GS} \approx 10^{10}\ \Omega \text{ bis } 10^{14}\ \Omega$$

Über die Sperrschichten fließt ein winziger, von Minoritätsträgern verursachter Sperrstrom. Ein solcher Sperrstrom ist nicht zu vermeiden. Er kann aber sehr klein gehalten werden.

$$I_{Sperr} \approx 5\ \text{nA bis } 20\ \text{nA}$$

I_{Sperr} = Sperrstrom

Grenzwerte

Bei Überschreiten der Grenzwerte ist mit einer Zerstörung des Bauteils zu rechnen.

Grenzwerte von Sperrschicht-Feldeffekttransistoren sind:

Maximale Drainspannung gegen Source	U_{DSmax}
Maximale Gate-Source-Spannung	U_{GSmax}
Maximaler Drainstrom	I_{Dmax}
Maximale Verlustleistung	P_{tot}
Höchste Sperrschichttemperatur	T_j

Ungefähre Werte sind:
(n-Kanal-Sperrschicht-FET)

U_{DSmax}	≈ 30 V
U_{GSmax}	≈ -8 V
I_{Dmax}	≈ 20 mA
P_{tot}	≈ 200 mW
T_j	≈ 135 °C

Verlustleistung

Die Verlustleistung ergibt sich aus dem Produkt Drainspannung (bezogen auf Source) mal Drainstrom:

$$P_{tot} = U_{DS} \cdot I_D$$

Die näheren Zusammenhänge gelten sowohl für Sperrschicht-FET als auch für MOS-FET. Sie werden deshalb weiter hinten behandelt.

8.1.3. Anwendungen

Sperrschicht-Feldeffekttransistoren werden in Verstärkern, in Schalterstufen und in Oszillatoren eingesetzt. Die mit Sperrschicht-FET aufgebauten Schaltungen ähneln Elektronenröhrenschaltungen, nur werden kleinere Spannungen verwendet.

Ein besonderer Vorteil der Sperrschicht-FET ist sein großer Eingangswiderstand, der eine leistungslose Steuerung ermöglicht.

Verstärkerstufe in Sourceschaltung

Die Sourceschaltung entspricht der Emitterschaltung bei bipolaren Transistoren.
Der FET erhält eine Gatevorspannung von -2 V und einen Arbeitswiderstand R_L von 1 kΩ (Bild 8.19). Damit ist der Arbeitspunkt festgelegt. Die Widerstandsgerade kann in das I_D-U_{DS}-Kennlinienfeld eingezeichnet werden.

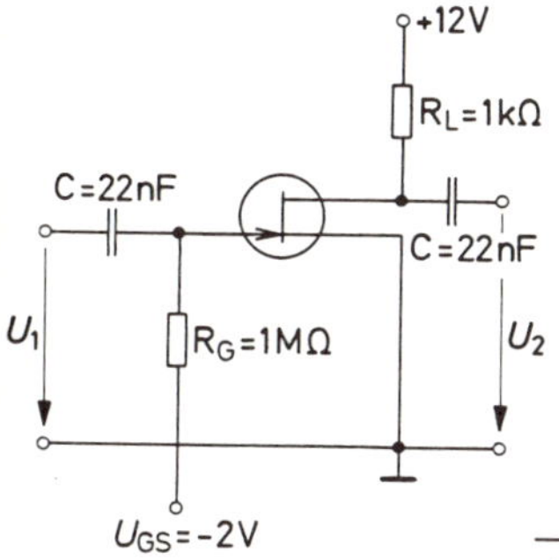

Bild 8.19 Verstärkerstufe in Sourceschaltung

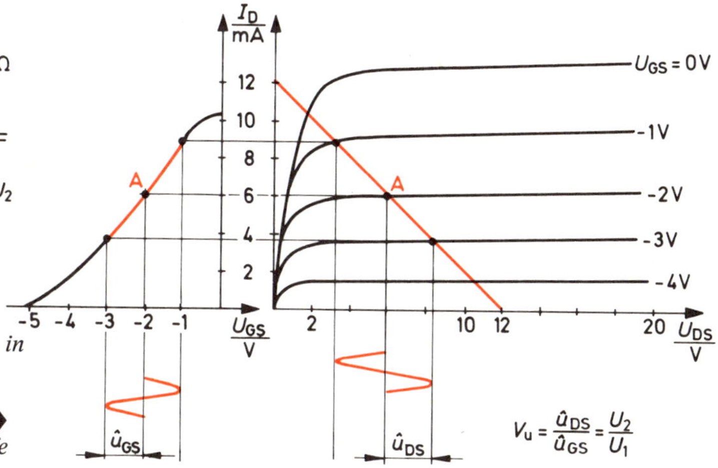

Bild 8.20 Verstärkervorgang, Erläuterung mit Hilfe der Kennlinienfelder

Die Eingangswechselspannung soll einen Scheitelwert von 1 V haben.
Der Verstärkungsvorgang ist in Bild 8.20 dargestellt. Man erhält nur eine Spannungsverstärkung V_u.
Die Spannungsverstärkung V_u kann näherungsweise mit folgender Gleichung errechnet werden:

$$V_u = S \frac{R_L \cdot r_{DS}}{R_L + r_{DS}}$$

S	Steilheit
R_L	Lastwiderstand
r_{DS}	differentieller Ausgangswiderstand des FET

Für den Eingangswiderstand der Schaltung gilt:

$$r_e \approx \frac{R_G \cdot r_{GS}}{R_G + r_{GS}}$$

R_G	Gatewiderstand
r_e	differentieller Eingangswiderstand der Schaltung
r_{GS}	differentieller Eingangswiderstand des FET

Der Ausgangswiderstand der Schaltung läßt sich mit folgender Gleichung errechnen:

$$r_a = \frac{R_L \cdot r_{DS}}{R_L + r_{DS}}$$

r_a	differentieller Ausgangswiderstand der Schaltung

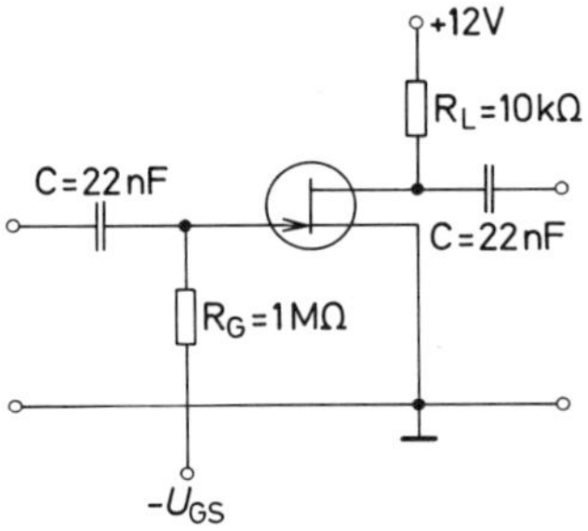

Bild 8.21 Verstärkerstufe mit Sperrschicht-FET (Sourceschaltung)

Beispiel

Der für die Verstärkerstufe nach Bild 8.21 verwendete Sperrschicht-FET hat in dem eingestellten Arbeitspunkt eine Steilheit von 8 mA/V und einen differentiellen Ausgangswiderstand von 100 kΩ. Wie groß ist die Spannungsverstärkung der Schaltung?

$$V_u = S \frac{R_L \cdot r_{DS}}{R_L + r_{DS}} = 8 \frac{\text{mA}}{\text{V}} \cdot \frac{10\,\text{k}\Omega \cdot 100\,\text{k}\Omega}{10\,\text{k}\Omega + 100\,\text{k}\Omega} = 72{,}7$$

8.2. MOS-Feldeffekttransistoren (IG-FET)

Der Name dieser Gruppe von Feldeffekttransistoren hängt mit ihrem Aufbau zusammen:

MOS bedeutet Metal-Oxide-Semiconductor, Metall-Oxid-Halbleiterbauteil
IG bedeutet isoliertes Gate (engl.: Insulated Gate FET)

8.2.1. Aufbau und Arbeitsweise

8.2.1.1. Allgemeines

Der aktive Teil dieser Transistoren besteht aus einem p-leitenden Kristall, dem sogenannten *Substrat.*

In dieses Substrat sind zwei n-leitende Inseln eindotiert. Das ganze Kristall erhält eine Abdeckschicht aus Siliziumdioxid (SiO_2). Zwei Fenster für die Anschlüsse S und D werden ausgespart. Die SiO_2-Schicht ist hochisolierend und verhältnismäßig spannungsfest. Auf diese Isolierschicht wird – wie in Bild 8.22 dargestellt – eine Aluminiumschicht als Gateelektrode aufgedampft. Das Substrat erhält einen besonderen Anschluß B. Dieser Anschluß ist entweder im Gehäuse mit dem Sourceanschluß S verbunden oder wird aus dem Gehäuse herausgeführt.

Legt man an den Drainanschluß eine positive Spannung gegen den Sourceanschluß, so fließt kein Strom. Polt man die Spannung um, so fließt ebenfalls kein Strom. Der MOS-FET ist gesperrt.

Der Gateanschluß erhält nun positive Spannung gegen Source und Substrat, z.B. +4 V. Im Substrat herrscht jetzt ein elektrisches Feld.

Das p-leitende Substrat enthält zwar Löcher als freie Ladungsträger, aber auch eine Anzahl

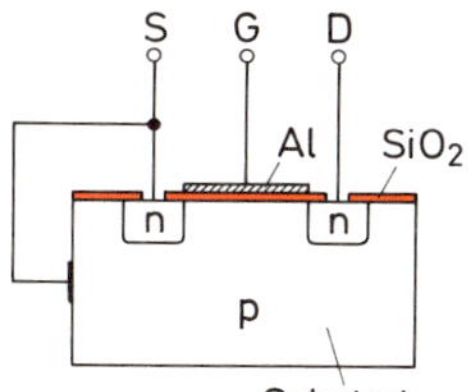

Bild 8.22 Grundaufbau eines MOS-FET (n-Kanal-Anreicherungstyp)

Bild 8.23 MOS-FET, Entstehung der n-leitenden Brücke zwischen Source und Drain

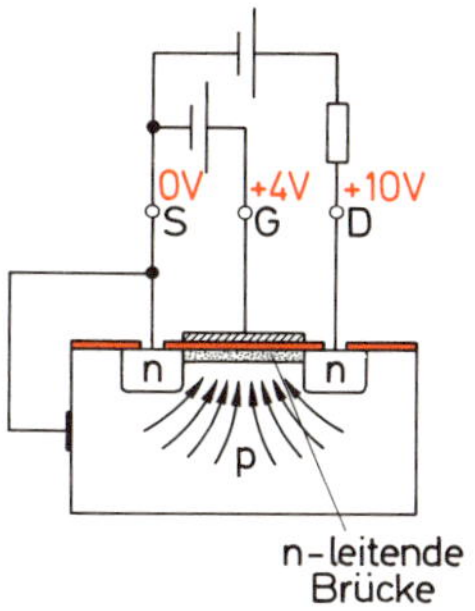

von Elektronen als Minoritätsträger. Diese Elektronen werden vom positiven Gateanschluß angezogen. Sie wandern unter dem Einfluß der Kräfte des elektrischen Feldes bis unmittelbar an die isolierende SiO_2-Schicht und sammeln sich dort. In dieser Zone sind sie jetzt in wesentlich größerer Zahl vorhanden als die Löcher. Sie bilden die Mehrheit. Die Löcher werden in entgegengesetzter Richtung wie die Elektronen bewegt. Sie räumen die Zone in der Nähe der SiO_2-Schicht. Die Zone enthält jetzt weit überwiegend Elektronen als freie Ladungsträger. Sie hat n-leitenden Charakter (Bild 8.23).
Zwischen der n-leitenden Sourceinsel und der n-leitenden Draininsel besteht jetzt eine n-leitende Brücke. Die Elektronen können über diese Brücke vom Sourceanschluß zum Drainanschluß fließen.

Durch eine positive Spannung des Gates gegen Source und Substrat entsteht eine n-leitende Brücke zwischen Source und Drain.

Die Leitfähigkeit der Brücke kann geändert werden. Da die Elektronen einander abstoßen, bedarf es einer Kraft, sie zusammenzuhalten. Eine Vergrößerung der positiven Gatespannung führt zu einer Anreicherung der Brücke mit Elektronen. Die Brücke wird dadurch leitfähiger.
Eine Verringerung der positiven Gatespannung führt zu einer Verarmung der Brücke an Elektronen. Die Brücke wird dadurch weniger leitfähig.

Die Leitfähigkeit der Brücke kann durch die Gatespannung U_{GS} gesteuert werden.

Durch die Steuerung der Brückenleitfähigkeit wird auch der Drainstrom I_D gesteuert. Für die Steuerung ist nur eine Spannung notwendig. Ein Steuerstrom ist praktisch nicht erforderlich. Die Steuerung erfolgt also leistungslos.

Der Drainstrom I_D wird durch die Gatespannung U_{GS} leistungslos gesteuert.

8.2.1.2. *Anreicherungstyp*

Bei Gatespannung Null oder bei offenem Gate ist die Strecke von Source nach Drain gesperrt. Der Transistor sperrt sich selbst bei fehlender Gatespannung. Er wird deshalb auch *selbstsperrender MOS-FET* genannt. Eine Brücke entsteht nur durch Anreicherung der Zone in der Nähe der SiO_2-Schicht. Ein anderer Name für diesen Transistortyp ist *Anreicherungstyp*. Die englischen Bezeichnungen sind *enhancement-type* und *normally-off-type*.

8.2.1.3. *Verarmungstyp*

Bei der Herstellung von MOS-Feldeffekttransistoren kann bereits eine Brücke zwischen Source und Drain durch schwache n-Dotierung erzeugt werden (Bild 8.24).

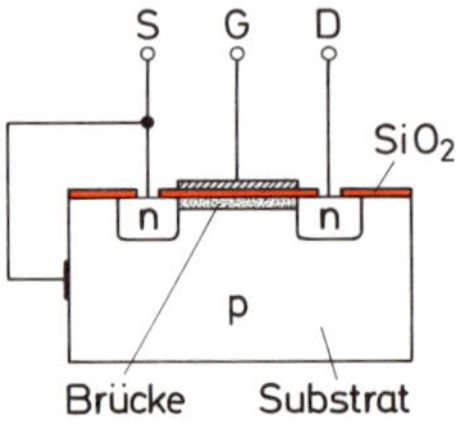

Bild 8.24 Grundaufbau eines MOS-FET (n-Kanal-Verarmungstyp)

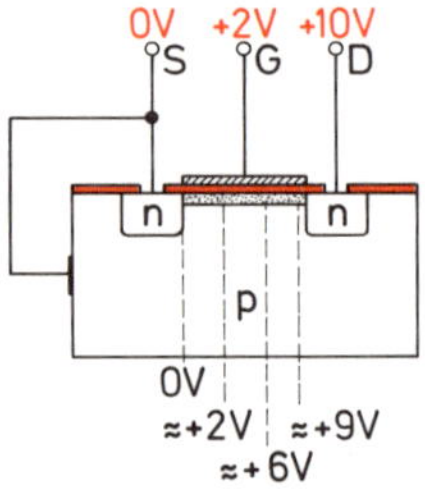

Bild 8.25 Spannungsabfall entlang der n-leitenden Brücke

Ein solcher MOS-FET hat bereits eine leitende Verbindung zwischen Source und Drain, ohne daß am Gate eine Spannung anliegt. Man nennt Transistoren dieser Art *selbstleitende MOS-FET*.

> *Ein selbstleitender MOS-FET kann sowohl durch negative als auch durch positive Gatespannungen U_{GS} gesteuert werden.*

Eine positive Gatespannung führt zu einer Anreicherung der Brücke mit Elektronen. Es werden zusätzliche Elektronen angezogen. Die Brücke wird leitfähiger.
Eine negative Gatespannung führt zu einer Verarmung der Brücke an Elektronen. Die Brücke wird weniger leitfähig.
Da die Steuerung mit negativer Gatespannung häufiger angewendet wird, nennt man Transistoren dieser Art auch *Verarmungstypen*. Die englischen Bezeichnungen sind *depletion type* und *normally-on-type*.

8.2.1.4. *Sperrschichtaufbau und Kanalabschnürung*

Fließt über die n-leitende Brücke ein Drainstrom, so kommt es entlang des Brückenweges zu einem Spannungsabfall (Bild 8.25). Das Substrat hat Potential 0. Dort, wo die Brücke Potential +2 V hat, besteht eine Sperrspannung von 2 V. Dort, wo die Brücke ein Potential +9 V hat, besteht eine Sperrspannung von 9 V.
Zwischen der n-leitenden Brücke und dem Substrat bildet sich nun eine Sperrschicht aus. Die Breite der Sperrschicht entspricht der Größe der dort herrschenden Sperrspannung (Bild 8.26). Eine Sperrschicht entsteht ebenfalls zwischen der n-leitenden Draininsel und dem Substrat.

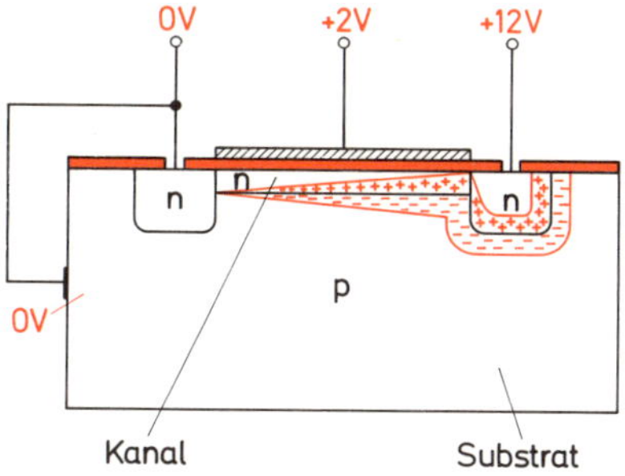

Bild 8.26 Ausbildung der Sperrschicht bei einem n-Kanal-MOS-FET

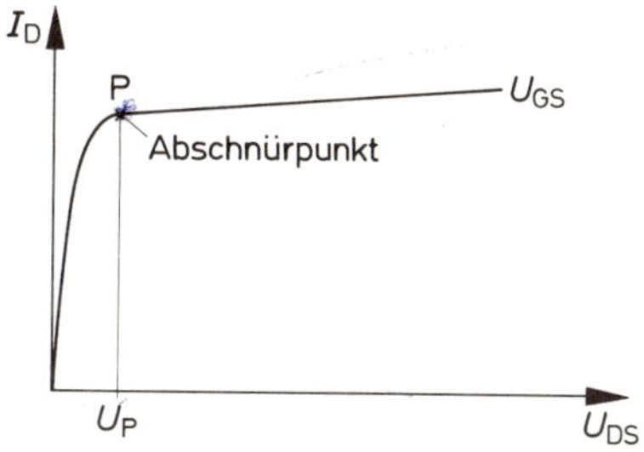

Bild 8.27 I_D-U_{DS}-Kennlinie. Oberhalb des Abschnürpunktes P steigt die Kennlinie nur geringfügig an

Die Sperrschicht ist für die Elektronen verbotenes Gebiet (siehe Abschnitt Sperrschicht-FET). Gerät ein Elektron aus der n-leitenden Brücke in die Sperrschicht, so wird es zurückgetrieben.

Den Elektronen steht nur die neutrale Zone der n-leitenden Brücke zur Verfügung.

> *Die neutrale Zone der n-leitenden Brücke wird Kanal genannt.*

Bei Stromfluß verengt sich der Kanal von der Sourceinsel zur Draininsel hin. Die Verengung wird um so stärker, je mehr der Drainstrom ansteigt. Bei einem bestimmten Drainstrom kommt es zu einer *Abschnürung* des Kanals. Jetzt tritt die gleiche Erscheinung auf wie beim Sperrschicht-FET. Der Strom I_D kann auch bei weiter ansteigender Spannung U_{DS} nur geringfügig zunehmen (Bild 8.27).

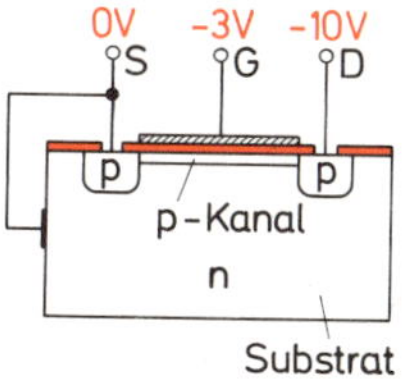

Bild 8.28 Grundaufbau eines p-Kanal-MOS-FET p-Kanal-Typen

Die bisher betrachteten MOS-FET-Typen haben einen n-leitenden Kanal. Man kann auch entsprechende Feldeffekttransistoren mit p-leitendem Kanal bauen (Bild 8.28).

Ohne eindotierte Brücke erhält man einen selbstsperrenden p-Kanal-MOS-FET, mit eindotierter Brücke einen selbstleitenden p-Kanal MOS-FET.

Zusammenstellung der MOS-FET-Typen

Es sind also folgende MOS-FET-Typen zu unterscheiden:

1. *Selbstsperrender Typ* (Anreicherungstyp), *n-Kanal-Ausführung*
2. *Selbstleitender Typ* (Verarmungstyp), *n-Kanal-Ausführung*
3. *Selbstsperrender Typ* (Anreicherungstyp), *p-Kanal-Ausführung*
4. *Selbstleitender Typ* (Verarmungstyp), *p-Kanal-Ausführung*

Bild 8.29 Schaltzeichen eines selbstsperrenden MOS-FET, n-Kanal-Ausführung (Anreicherungstyp)

Bild 8.30 Schaltzeichen eines selbstsperrenden MOS-FET, p-Kanal-Ausführung (Anreicherungstyp)

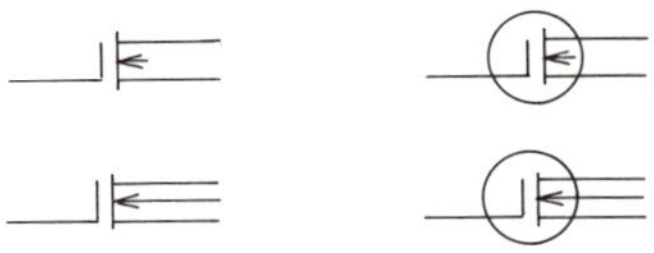

Bild 8.31 Schaltzeichen eines selbstleitenden MOS-FET, n-Kanal-Ausführung (Verarmungstyp), unten: mit Angabe, daß Substratanschluß herausgeführt ist

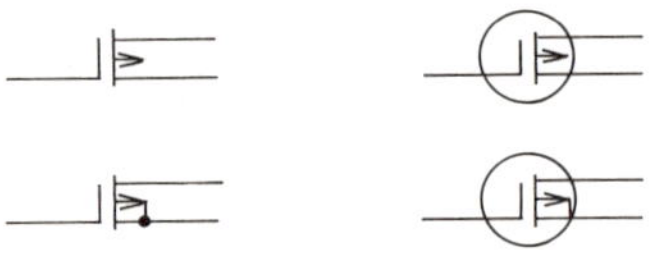

Bild 8.32 Schaltzeichen eines selbstleitenden MOS-FET, p-Kanal-Ausführung (Verarmungstyp), unten: mit Angabe, daß Substratanschluß innen mit Source verbunden ist

Zu den Bildern 8.29 bis 8.32 sind die Schaltzeichen dargestellt. Die Kreise dürfen entfallen. Sie müssen entfallen, wenn der Transistor kein eigenes Gehäuse hat, sondern Teil einer integrierten Schaltung ist.

8.2.2. Kennlinien, Kennwerte, Grenzwerte

Für alle MOS-FET-Typen sind zwei Kennlinienfelder gebräuchlich:

1. das I_D-U_{DS}-*Kennlinienfeld,* auch Ausgangskennlinienfeld genannt,
2. das I_D-U_{GS}-*Kennlinienfeld,* auch Steuerkennlinienfeld genannt.

Da die n-Kanal-MOS-Feldeffekt-Transistoren besonders häufig eingesetzt werden, sollen die Kennlinien dieser Typen betrachtet werden. Diese Kennlinien gelten entsprechend für p-Kanal-Typen, wenn man die Vorzeichen für Strom und Spannungen umkehrt.
Bild 8.33 zeigt das I_D-U_{DS}-Kennlinienfeld eines selbstsperrenden MOS-FET (n-Kanal-Typ).
Zum Aufbau der n-leitenden Brücke ist eine Mindestgatespannung erforderlich. Diese liegt etwa zwischen 1 V und 2 V. Ist die Gatespannung kleiner, so fließt fast kein Drainstrom.
Die Abschnürung des Kanals tritt an den Schnittpunkten der gestrichelt eingezeichneten Abschnürungslinie mit den Kennlinien auf. Von diesen Schnittpunkten an verlaufen die Kennlinien nur noch mit leichter Steigung.

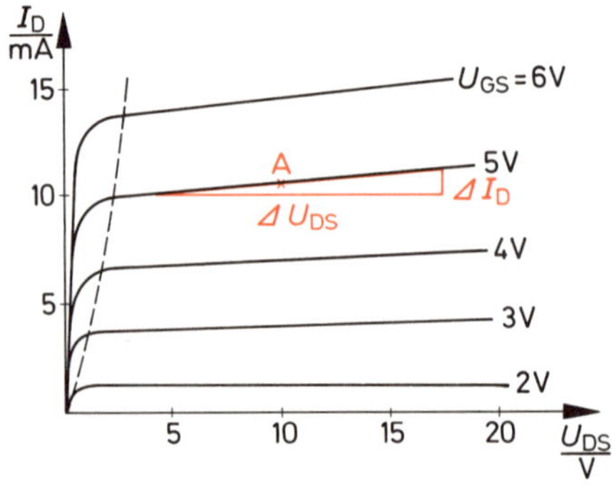

Bild 8.33 I_D-U_{DS}-Kennlinienfeld eines selbstsperrenden MOS-FET (n-Kanal-Typ)

Bild 8.34 I_D-U_{GS}-Kennlinienfeld und I_D-U_{DS}-Kennlinienfeld eines selbstsperrenden MOS-FET (n-Kanal-Typ)

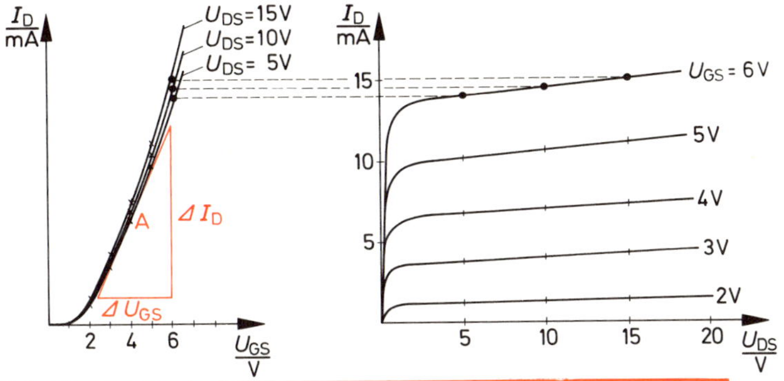

Der Anstieg einer I_D-U_{DS}-Kennlinie in einem bestimmten Arbeitspunkt A ergibt den Wert des differentiellen Ausgangswiderstandes r_{DS} in diesem Arbeitspunkt.

$$r_{DS} = \frac{\Delta U_{DS}}{\Delta I_D}$$

(für U_{GS} konstant)

r_{DS}	Ausgangswiderstand
ΔU_{DS}	Drainspannungsänderung
ΔI_D	Drainstromänderung

Übliche Werte: $r_{DS} \approx 10\ \text{k}\Omega$ bis $50\ \text{k}\Omega$

Aus dem I_D-U_{DS}-Kennlinienfeld kann man das Steuerkennlinienfeld I_D-U_{GS} konstruieren. Für jede Drainspannung U_{DS} erhält man eine Kennlinie.
In Bild 8.34 ist neben dem I_D-U_{DS}-Kennlinienfeld das I_D-U_{GS}-Kennlinienfeld dargestellt mit je einer Kennlinie für $U_{DS} = 5$ V, 10 V, 15 V.
Der Anstieg einer I_D-U_{GS}-Kennlinie kennzeichnet die Steuereigenschaft des Transistors.
Der Anstieg einer I_D-U_{GS}-Kennlinie in einem bestimmten Arbeitspunkt A ergibt den Wert der Steilheit S in diesem Arbeitspunkt.

$$S = \frac{\Delta I_D}{\Delta U_{GS}}$$

(für U_{DS} konstant)

S	Steilheit
ΔI_D	Drainstromänderung
ΔU_{GS}	Gatespannungsänderung

Übliche Werte: $S \approx 5\ \frac{\text{mA}}{\text{V}}$ bis $12\ \frac{\text{mA}}{\text{V}}$

Für einen selbstleitenden MOS-FET (n-Kanal-Typ) gelten die in Bild 8.35 dargestellten Kennlinienfelder.
Bei $U_{GS} = 0$ V fließt bereits ein bestimmter Drainstrom I_D, da ja eine Brücke vorhanden ist. Bei positiven Gatespannungen nimmt die Leitfähigkeit der Brücke zu. Die I_D-U_{DS}-Kennlinien verlaufen um so höher, je positiver die Gatespannung ist.
Bei negativen Gatespannungen nimmt die Leitfähigkeit der Brücke ab. Die I_D-U_{DS}-Kennlinien verlaufen entsprechend tiefer.

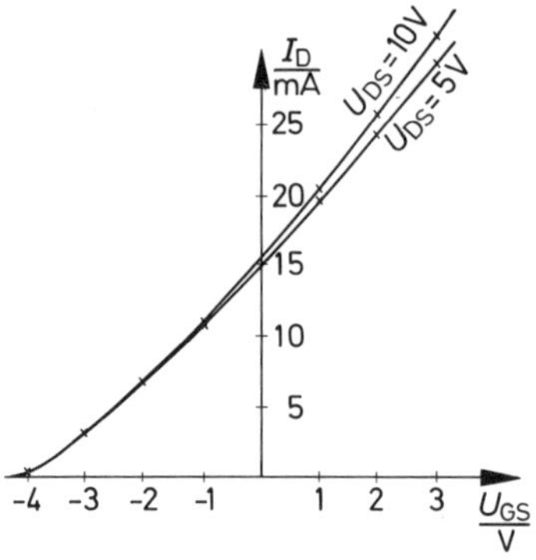

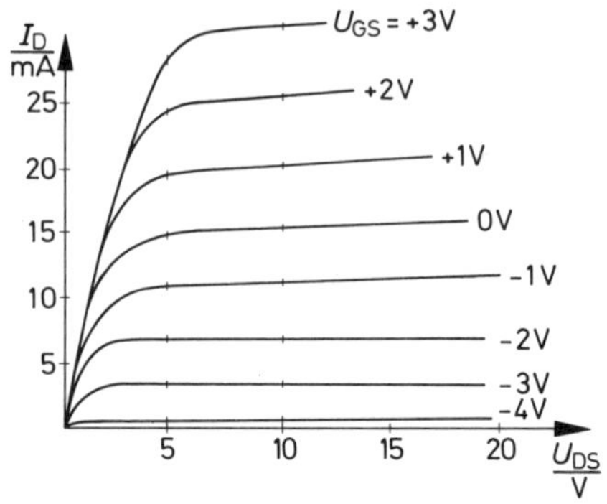

Bild 8.35 I_D-U_{GS}-Kennlinienfeld eines selbstleitenden MOS-FET (n-Kanal-Typ)

Die Angaben über die Kennwerte Ausgangswiderstand r_{DS} und Steilheit S gelten selbstverständlich genauso für den selbstleitenden MOS-FET wie für den selbstsperrenden.
Die *Eingangswiderstände* r_{GS} von MOS-Feldeffekttransistoren sind außerordentlich groß. Sie erreichen Werte von 10^{15} Ω. Typisch sind 10^{14} Ω.

$$r_{GS} \approx 10^{14}\ \Omega$$

r_{GS} = Eingangswiderstand

Der Gateanschluß bildet mit dem Substrat eine Kapazität. Diese sogenannte Eingangskapazität C_{GS} ist je nach der Konstruktion des MOS-FET verschieden groß. Typische Werte sind:

$$C_{GS} \approx 2\ \text{pF bis } 5\ \text{pF}$$

Durch den hohen Eingangswiderstand verbunden mit der kleinen Eingangskapazität ist der MOS-FET sehr empfindlich gegenüber statischen Aufladungen des Gates gegen das Substrat.
Eine leicht durch Reibung von Kunststoffgegenständen zu erzeugende Ladung von 10^{-9} As verursacht bereits eine sehr hohe Spannung U:

$$Q = C \cdot U$$

$$U = \frac{Q}{C} = \frac{10^{-9}\ \text{As}}{2\ \text{pF}} = \frac{10^{-9}\ \text{As}}{2 \cdot 10^{-12}\ \text{F}} = 500\ \text{V}$$

Eine Spannung dieser Größe kann die dünne isolierende SiO_2-Schicht nicht aushalten. Es kommt zu einem Durchschlag, und der FET wird zerstört.
Um derartige Zerstörungen zu vermeiden, werden MOS-FET mit kurzgeschlossenen Anschlüssen geliefert (Bild 8.36). Der Kurzschlußring ist erst nach Einlöten des FET in die Schaltung abzuziehen.
Einige MOS-FET sind im Innern des Gehäuses mit Schutzdiodenstrecken versehen. Diese Schutzdiodenstrecken sind Bestandteil des Kristalls. Meist verwendet man zwei gegeneinandergeschaltete Z-Diodenstrecken (Bild 8.37).

Bild 8.36 MOS-FET mit Kurzschlußring

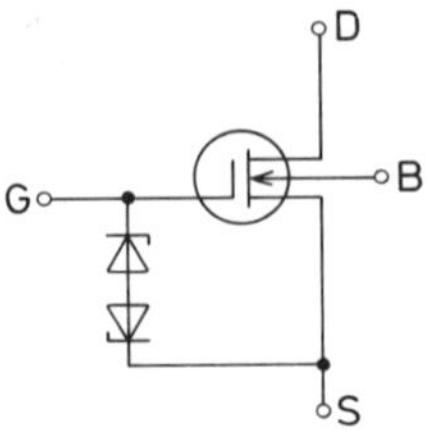

Bild 8.37 MOS-FET mit Schutzdioden

Die Hersteller von MOS-FET geben den *Gateleckstrom* I_{GSS} an. Das ist der Strom, den das Gate bei bestimmten Spannungen U_{GS} und U_{DS} und bei einer bestimmten Temperatur aufnimmt. Typisch ist ein Wert von einigen pA.

$$I_{GSS} \approx 0{,}1 \text{ pA bis } 10 \text{ pA}$$

Ein Maß dafür, wie gut sich ein bestimmter MOS-FET sperren läßt, ist der *Drainsperrstrom* $I_{D\,(off)}$. Er wird im gesperrten Zustand, also bei sehr negativer Spannung U_{GS}, bei einer bestimmten Temperatur und bei $U_{GS} = 0$ gemessen.
Der Index „off" stammt aus der englischen Bezeichnungsweise und kennzeichnet den sogenannten ausgeschalteten Zustand.
Typische Werte für $I_{D\,(off)}$ sind:

$$\underline{I_{D\,(off)} \approx 10 \text{ pA bis } 500 \text{ pA bei } T_j = 25\,°\text{C}}$$

$$\underline{I_{D\,(off)} \approx 10 \text{ nA bis } 500 \text{ nA bei } T_j = 125\,°\text{C}}$$

T_j = Sperrschichttemperatur

Weiterhin werden vielfach noch die Gleichstromwiderstände der Drain-Source-Strecke im Durchlaßzustand und im Sperrzustand $R_{DS\,(on)}$ und $R_{DS\,(off)}$ angegeben sowie die Bedingungen, unter denen sie gemessen wurden. Typische Werte sind:

Durchlaßwiderstand $R_{DS\,(on)} \approx 200\ \Omega$

(gemessen bei $U_{GS} = 0$ V, $U_{DS} = 0$ V, $T_j = 25\,°$C
bei einem selbstleitenden MOS-FET)

Sperrwiderstand $R_{DS\,(off)} \approx 10^{10}\ \Omega$

(gemessen bei $U_{GS} = -10$ V, $U_{DS} = +1$ V
bei einem selbstleitenden MOS-FET)

Die Werte wurden RCA-Unterlagen und Philips-Unterlagen entnommen.

Grenzwerte

Bei Überschreiten der Grenzwerte ist mit einer Zerstörung des Bauteils zu rechnen.
Grenzwerte von MOS-Feldeffekttransistoren sind:

Maximale Drainspannung gegen Source	U_{DSmax}
Maximale Drainspannung gegen Substrat	U_{DBmax}
Maximale Gatespannung gegen Source	U_{GSmax}
Maximaler Drainstrom	I_{Dmax}
Maximale Verlustleistung (bei 25 °C Umgebungstemperatur)	P_{tot}
Höchste Sperrschichttemperatur	T_j

Ungefähre Werte sind:

U_{DSmax}	≈ 35 V
U_{DBmax}	≈ 35 V
U_{GSmax}	$\approx \pm 10$ V
I_{Dmax}	≈ 50 mA
P_{tot}	≈ 150 mW
T_j	$\approx 150\,°$C

(selbstleitender MOS-FET, n-Kanal-Typ)

8.2.3. Temperaturabhängigkeit

MOS-Feldeffekttransistoren haben eine geringe Temperaturabhängigkeit. Mit steigender Temperatur nimmt die Beweglichkeit der Ladungsträger im Kanal ab. Dadurch würde der Strom I_D vermindert werden.
Mit steigender Temperatur wächst der Wert der zur Sperrung des Stromes I_D erforderlichen Gatespannung. Die Leitfähigkeit der Brücke nimmt also bei höherer Temperatur weniger ab als bei niederer Temperatur, wenn die Gatespannung um den gleichen Wert vermindert wird. Hierdurch würde der Strom I_D vergrößert werden.
Die beiden Einflüsse heben sich in ihrer Wirkung gegenseitig fast auf, so daß die Temperaturabhängigkeit in vielen Fällen vernachlässigt werden kann.

8.2.4. Verlustleistung

Beim Stromdurchgang durch den Kanal und die anderen Kristallbahnen wird elektrische Energie in Wärme umgewandelt. Die Wärme muß abgeführt werden, sonst steigt die Kristalltemperatur auf unzulässig hohe Werte an.
Die in Wärmeleistung umgesetzte Verlustleistung eines Feldeffekttransistors ist das Produkt aus Drainspannung U_{DS} und Drainstrom I_D.

$$P_{tot} = U_{DS} \cdot I_D$$

P_{tot} Verlustleistung
U_{DS} Drainspannung bezogen auf Source
I_D Drainstrom

Die Kühleigenschaften eines Halbleiterbauteils werden durch seinen *Wärmewiderstand* erfaßt.
Der Wärmewiderstand ist eine Rechengröße, mit der das Abströmen von Wärme von heißeren Stoffen zu kühleren Stoffen berechnet werden kann.

Die Einheit des Wärmewiderstandes ist °C/W = K/W.
Der Wärmewiderstand zwischen der Kanalzone und der umgebenden Luft hat das Formelzeichen R_{thU}.
Die Größe für R_{thU} wird vom Hersteller des Feldeffekttransistors angegeben. Sie hängt von der Konstruktion des Bauteils ab.

Übliche Werte sind:

$$R_{thU} \approx 350\,°\text{C/W bis } 600\,°\text{C/W}$$

Sind Wärmewiderstand R_{thU} und größte zulässige Sperrschichttemperatur bekannt, so kann die größte zulässige Verlustleistung errechnet werden.

$$P_{tot} = \frac{T_j - T_u}{R_{thU}}$$

P_{tot} größte zulässige Verlustleistung
T_j größte zulässige Kanaltemperatur
T_u Umgebungstemperatur

Für eine beliebige Verlustleistung P_V und eine beliebige Kanaltemperatur T gilt die Gleichung entsprechend:

$$P_V = \frac{T - T_u}{R_{thU}}$$

Je höher die Umgebungstemperatur, desto schlechter ist die Kühlung des Bauteiles, desto kleiner ist die zulässige Verlustleistung.
Die Ausführungen über die Verlustleistung gelten für MOS-FET und Sperrschicht-FET gleichermaßen.

8.2.5. Anwendungen

MOS-Feldeffekttransistoren werden hauptsächlich für Verstärker- und Schaltstufen verwendet. Ihr besonderer Vorteil gegenüber bipolaren Transistoren liegt in der Möglichkeit der leistungslosen Steuerung. Die Leistungsaufnahme von MOS-Schaltungen ist wesentlich geringer als die von Schaltungen mit bipolaren Transistoren und etwas geringer als die von Schaltungen mit Sperrschicht-FET.

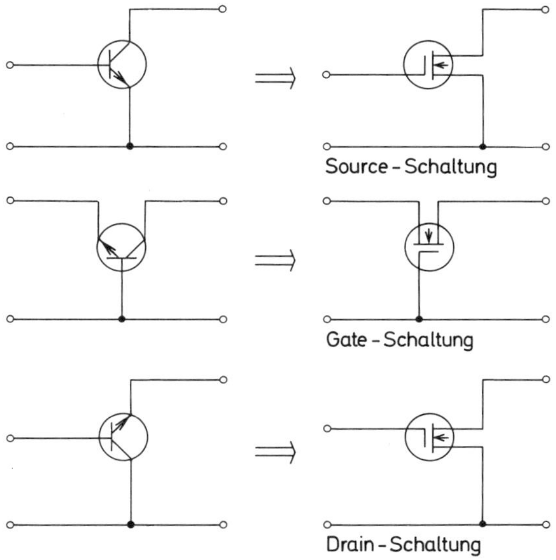

Bild 8.38 Eingangs- und Ausgangspole bei den drei Verstärkergrundschaltungen

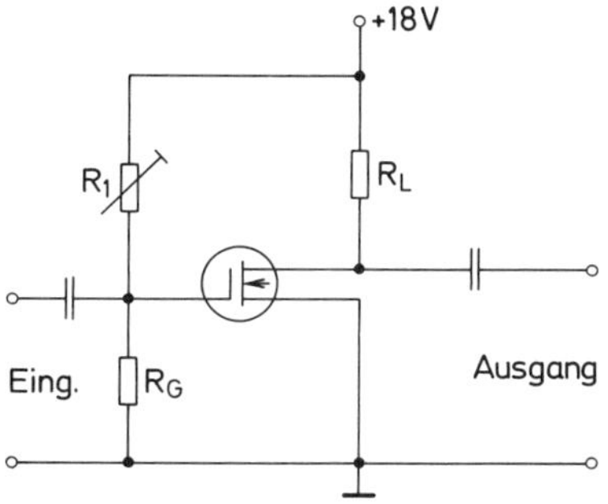

Bild 8.39 Verstärkerstufe mit MOS-FET in Sourceschaltung

Man erreicht mit MOS-FET kleine Schaltzeiten und hohe Grenzfrequenzen. Das Eigenrauschen ist gering und liegt unter dem Wert bipolarer Transistoren, besonders im Hochfrequenzbereich. Im Tonfrequenzbereich hat der Sperrschicht-FET ein besonders geringes Rauschen. Wie bei den bipolaren Transistoren so gibt es auch bei den Feldeffekttransistoren drei Verstärkergrundschaltungen (Bild 8.38).
Der Emitterschaltung entspricht die *Sourceschaltung*, der Basisschaltung entspricht die *Gate-Schaltung* und der Kollektorschaltung entspricht die *Drainschaltung*.

8.2.5.1. Sourceschaltung

Bei der Sourceschaltung ist der Sourceanschluß der gemeinsame Pol für Eingang und Ausgang (Bild 8.38).
Der MOS-FET muß mit den benötigten Gleichspannungen versorgt werden. Im Drain-Source-Kreis ist ein Lastwiderstand vorzusehen. Die Gatespannungsversorgung und die Einstellung des Arbeitspunktes erfolgt mit den Widerständen R_1 und R_G (Bild 8.39).

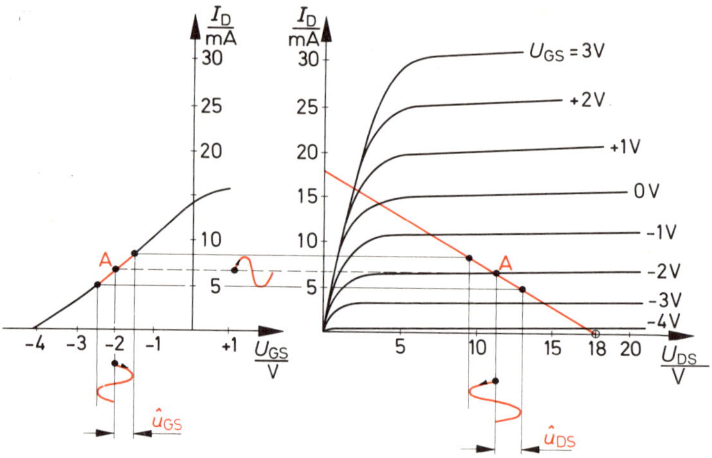

Bild 8.40 Darstellung des Verstärkungsvorganges

Die Kennlinienfelder eines selbstleitenden n-Kanal-MOS-FET sind in Bild 8.40 dargestellt. Der Lastwiderstand soll eine Größe von 1 kΩ haben. Die Betriebsspannung beträgt 18 V. Die Widerstandsgerade liegt damit fest.
Es wird eine Gatevorspannung von -2 V gewählt. Damit ist der Arbeitspunkt A bestimmt. Die Aussteuerung erfolgt mit einer Gatewechselspannung $\hat{u}_{GS} = 0{,}5$ V. Die Ausgangswechselspannung $\hat{u}_{DS}$ kann dem Kennlinienfeld entnommen werden. Die Spannungsverstärkung errechnet man nach der Gleichung:

$$V_u = \frac{\hat{u}_{DS}}{\hat{u}_{GS}}$$

Die Spannungsverstärkung V_u kann näherungsweise auch ohne Verwendung von Kennlinienfeldern bestimmt werden, wenn die Kennwerte, die der MOS-FET in dem gewählten Arbeitspunkt hat, bekannt sind.

$$V_u = S \cdot \frac{R_L \cdot r_{DS}}{R_L + r_{DS}}$$

V_u Spannungsverstärkung
S Steilheit
R_L Lastwiderstand
r_{DS} differentieller Ausgangswiderstand des FET

Da der differentielle Eingangswiderstand r_{GS} des MOS-FET sehr groß ist, ergibt sich auch ein großer differentieller Eingangswiderstand der Schaltung. Der Widerstand des Spannungsteilers R_G liegt parallel zu r_{GS}.

$$r_e = \frac{R_G \cdot r_{GS}}{R_G + r_{GS}}$$

r_e differentieller Eingangswiderstand der Schaltung
R_G Gatewiderstand
r_{GS} differentieller Eingangswiderstand des FET

Der Ausgangswiderstand der Verstärkerstufe wird nach folgender Gleichung berechnet:

$$r_a = \frac{R_L \cdot r_{DS}}{R_L + r_{DS}}$$

r_a differentieller Ausgangswiderstand der Schaltung
r_{DS} differentieller Ausgangswiderstand des FET
R_L Lastwiderstand

8.2.5.2. *Drainschaltung*

Bei der Drainschaltung ist der Drainanschluß der gemeinsame Pol für Eingang und Ausgang. Es genügt, wenn Eingang und Ausgang wechselstrommäßig den Drainanschluß zum gemeinsamen Pol haben.
Bild 8.41 zeigt eine Drainschaltung, wie sie in der Praxis verwendet wird. Die Pole A und B liegen wechselstrommäßig praktisch auf gleichem Potential, da sie von der Spannungsquelle (bzw. durch einen großen Kondensator des Netzteiles) überbrückt werden.
Der Transistor dieser Schaltung ist ein selbstleitender MOS-FET. Er soll mit einer negativen Gatespannung (z.B. $U_{GS} = -2$ V) betrieben werden.

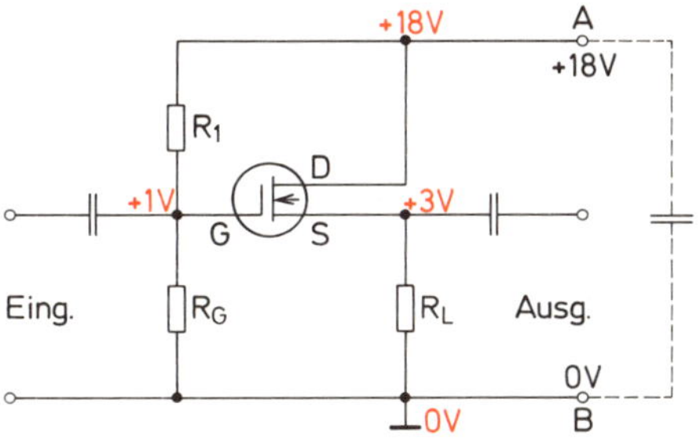

Bild 8.41
Drainschaltung

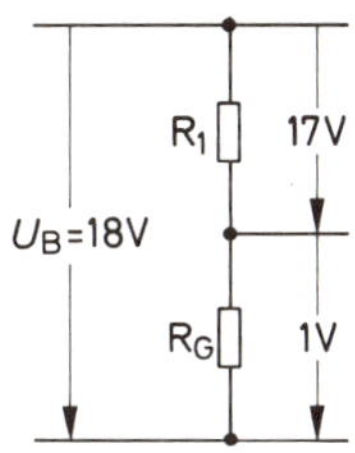

Bild 8.42
Gatespannungsteiler

Der im nichtausgesteuerten Zustand fließende Strom I_D erzeugt am Sourceanschluß ein positives Potential gegen Masse (z. B. +3 V).
Der Spannungsteiler $R_1 - R_G$ ist nun so zu bemessen, daß am Gate ein entsprechend geringeres positives Potential liegt (im Beispiel +1 V). Das Gate hat dann gegenüber dem Source die gewünschte negative Vorspannung (Bild 8.42).
Die Drainschaltung hat keine Spannungsverstärkung.

$$V_u \approx \frac{1}{1 + \frac{1}{S \cdot R_L}} \approx 1$$

Mit der vorstehenden Gleichung erhält man für v_u einen Wert, der etwas kleiner als 1 ist.
Die Drainschaltung wird auch nicht um der Spannungsverstärkung willen angewendet. Sie hat die Aufgabe, Widerstände umzuformen.
Der Eingangswiderstand der Draingrundschaltung ist noch etwa um den Faktor 10 höher als der Eingangswiderstand der Sourcegrundschaltung.

Der Ausgangswiderstand der Draingrundschaltung ist allerdings sehr gering. Er liegt je nach Bemessung der Schaltung etwa zwischen 100 Ω und 1 kΩ.
Für den Eingangswiderstand gilt die Gleichung:

$$r_e = (1 + S \cdot R_L) \cdot \frac{r_{GS} \cdot R_G}{r_{GS} + R_G}$$

Der Ausgangswiderstand wird nach folgender Gleichung berechnet:

$$r_a = \frac{R_L \cdot \frac{1}{S}}{R_L + \frac{1}{S}}$$

r_e	differentieller Eingangswiderstand der Schaltung
r_{GS}	differentieller Eingangswiderstand des FET
R_G	Spannungsteilerwiderstand, Gatewiderstand
r_a	differentieller Ausgangswiderstand der Schaltung
S	Steilheit
R_L	Lastwiderstand

Beispiel
Eine Verstärkerstufe mit selbstleitendem MOS-FET in Draingrundschaltung (nach Bild 8.43) wird mit einem Lastwiderstand $R_L = 1\ \text{k}\Omega$ betrieben. Der Transistor hat in dem Arbeitspunkt eine Steilheit $S = 8\ \text{mA/V}$. Der Spannungsteilerwiderstand R_G hat die Größe 4,7 MΩ. Der Eingangswiderstand des MOS-FET (r_{GS}) beträgt $5 \cdot 10^{12}\ \Omega$.
Welche Werte ergeben sich für Eingangs- und Ausgangswiderstand der Schaltung?

$$r_e = (1 + S \cdot R_L) \cdot \frac{r_{GS} \cdot R_G}{r_{GS} + R_G}$$

$$r_e = \left(1 + 8\,\frac{\text{mA}}{\text{V}} \cdot 1\ \text{k}\Omega\right) \frac{5 \cdot 10^{12}\ \Omega \cdot 4{,}7 \cdot 10^{6}\ \Omega}{5 \cdot 10^{12}\ \Omega + 4{,}7 \cdot 10^{6}\ \Omega}$$

$$r_e = 9 \cdot 4{,}7\ \text{M}\Omega$$

$$r_e = 42{,}3\ \text{M}\Omega$$

$$r_a = \frac{R_L \cdot \frac{1}{S}}{R_L + \frac{1}{S}} = \frac{1\ \text{k}\Omega \cdot \frac{1}{8}\ \frac{\text{V}}{\text{mA}}}{1\ \text{k}\Omega + \frac{1}{8}\ \frac{\text{V}}{\text{mA}}}$$

$$r_a = \frac{0{,}125}{1{,}125}\ \text{k}\Omega$$

$$r_a = 111\ \Omega$$

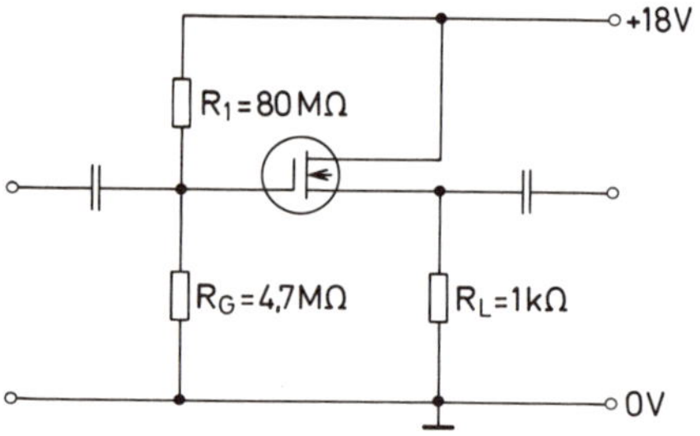

Bild 8.43 Verstärkerstufe in Drainschaltung

Der Eingangswiderstand der Schaltung wird also weitgehend durch die Größe des Gatewiderstandes bestimmt. Der Ausgangswiderstand ist verhältnismäßig niederohmig.

8.2.5.3. Gateschaltung

Für die Gateschaltung ergibt sich – ähnlich wie für die Basisschaltung – ein kleiner Eingangswiderstand und ein großer Ausgangswiderstand (Bild 8.44).

Die Gateschaltung wird aber so gut wie nie verwendet, denn sie bietet keine Vorteile. Der hohe Widerstand der Gate-Source-Strecke bzw. der Gate-Substrat-Strecke kann nicht genutzt werden.

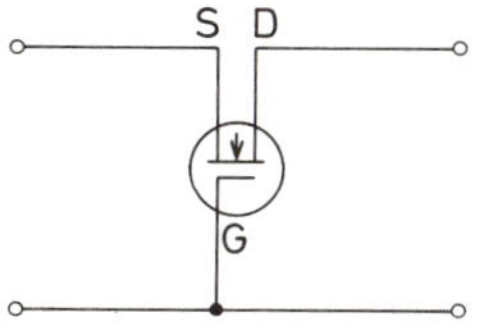

Bild 8.44 Prinzip der Gateschaltung

8.3. Dual-Gate-MOS-FET

Dual-Gate-MOS-FET sind Sonderbauformen der MOS-Feldeffekttransistoren.
Ein Dual-Gate-MOS-FET besitzt zwei Kanalbereiche, von denen jeder durch eine eigene Gateelektrode gesteuert werden kann. Jedes Gate steuert den Drainstrom weitgehend unabhängig von dem anderen.
Bild 8.45 zeigt den prinzipiellen Aufbau eines Dual-Gate-MOS-FET vom n-Kanal-Typ. Die gesamte Kanalstrecke besteht aus zwei Teilstrecken. Die eine Teilstrecke befindet sich unterhalb der metallischen Elektrode von G_1, die andere Teilstrecke unterhalb der metallischen Elektrode von G_2.
Man könnte Dual-Gate-MOS-FET als selbstsperrende und als selbstleitende Typen bauen, außerdem jede dieser Typen in n-Kanal-Ausführung und in p-Kanal-Ausführung.
Üblich sind zur Zeit vor allem *selbstleitende n-Kanal-Typen.* Ihre Kennlinien, Kennwerte und Grenzwerte entsprechen denen der MOS-FET mit einem Gate.
Mit Hilfe des zweiten Gates kann die Spannungsverstärkung von Verstärkerstufen in weiten Grenzen gesteuert werden (Regelverstärker).
Schaltungen, die bisher nur mit Zweisteuergitter-Röhren (Hexoden, Heptoden) ausgeführt werden konnten, lassen sich jetzt mit Dual-Gate-MOS-FET als Halbleiterschaltungen aufbauen. Zu diesen Schaltungen gehören die sogenannten „multiplikativen Mischstufen".
In Bild 8.46 sind die Schaltzeichen der möglichen Dual-Gate-MOS-FET angegeben.

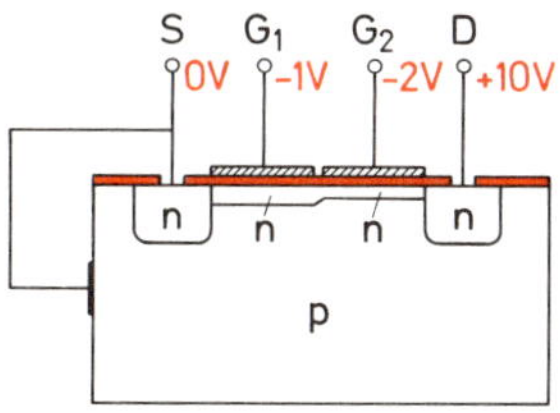

Bild 8.45 Grundaufbau eines Dual-Gate-MOS-FET, (selbstleitender n-Kanal-Typ)

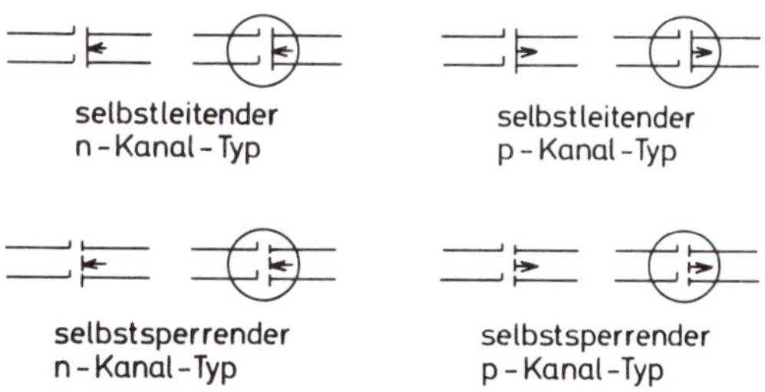

Bild 8.46 Schaltzeichen der Dual-Gate-MOS-FET-Typen (die Kreise dürfen entfallen)

8.4 Unijunktiontransistoren (UJT)

Ein Unijunktiontransistor besteht aus einer n-leitenden Kristallbahn zwischen den Anschlüssen B_1 und B_2. In diese Kristallbahn wurde eine kleine p-leitende Zone eindotiert und mit einem Anschluß E versehen (Bild 8.47).

Die Anschlüsse und die Spannungen werden wie folgt bezeichnet:

B_1	= Basis 1	U_{EB1}	= Emitter-Basis-Spannung
B_2	= Basis 2	U_{B2B1}	= Interbasisspannung
E	= Emitter		

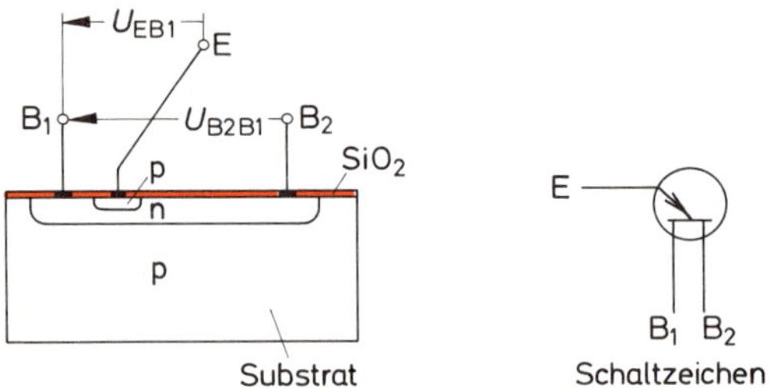

Bild 8.47 Grundaufbau eines Unijunktiontransistors (n-Typ) und Schaltzeichen

Man nennt dieses Halbleiterbauteil wegen der zwei Basisanschlüsse auch *Doppelbasisdiode.*
Zwischen B_2 und B_1 wird eine Spannung angelegt, die so gepolt ist, daß B_2 die positive Elektrode ist (Bild 8.48).
Jetzt werden die freien Elektronen der n-Zone bewegt. Es entsteht ein Strom durch das Kristall. Die Elektronen wandern in Richtung B_2.
Die Spannung U_{B2B1} fällt entlang der Kristallbahn ab. Im Punkt Q besteht ein positives Potential gegen B_1. Die Größe dieses Potentials hängt von der angelegten Spannung U_{B2B1} ab.

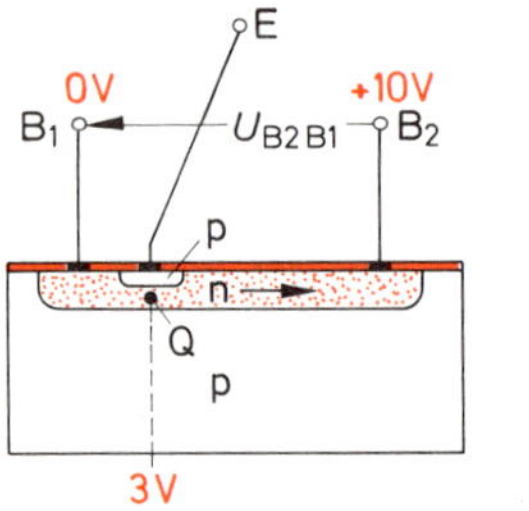

Bild 8.48 Erläuterung der Arbeitsweise des Unijunktiontransistors

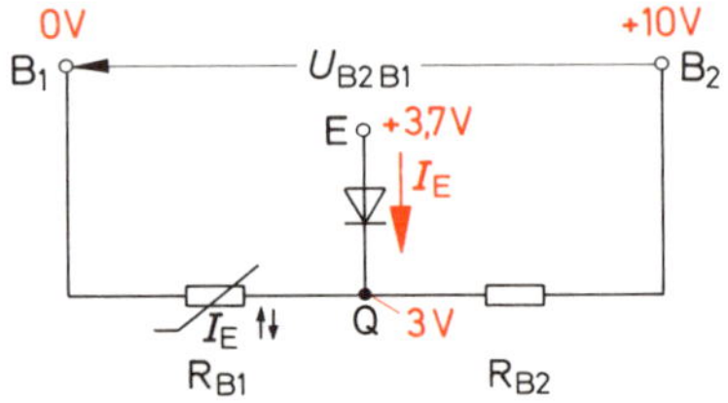

Bild 8.49 Ersatzschaltung eines Unijunktiontransistors

Wenn, wie in Bild 8.48 dargestellt,
$U_{B2B1} = 10$ V ist, so ist z.B. $U_{QB1} = 3$ V. Wird U_{B2B1} auf 20 V erhöht, so erhöht sich die Spannung U_{QB1} auf 6 V.
Die Kristallstrecke B_1-Q kann man als einen Widerstand (R_{B1}) auffassen. Die Kristallstrecke $Q-B_2$ kann man ebenfalls als einen Widerstand (R_{B2}) auffassen. Die p-Zone bildet mit der n-Zone eine Diodenstrecke. Die Überlegungen führen zur Ersatzschaltung Bild 8.49.

> *Die Diodenstrecke kann nur dann durchsteuern, wenn an ihr eine Spannung in Durchlaßrichtung liegt, die größer ist als die Schwellspannung.*

Die Schwellspannung für Si-Dioden liegt bei etwa 0,7 V.

Wenn Punkt Q ein Potential von + 3 V hat, so muß an E mindestens ein Potential von + 3,7 V liegen, damit die Diode durchsteuern kann. Erst bei diesem *Schwellwert* schaltet die Diode durch.

Die Spannung des Emitters E gegen die Basis B_1, bei der die Diode durchschaltet, wird *Zündspannung* U_Z oder Höckerspannung genannt. Die Zündung erfolgt bei $U_{EB1} = U_Z$.

Das Verhältnis U_{QB1} zu U_{B2B1} wird inneres Spannungsverhältnis genannt und mit dem Formelzeichen η bezeichnet.

$$\boxed{\eta = \frac{U_{QB1}}{U_{B2B1}}}$$

U_{QB1} = Spannung des Punktes Q gegen B_1 vor der Zündung.

Für U_Z gilt:

$$U_Z = U_{QB1} + 0{,}7\ \text{V};\quad U_{QB1} = U_{B2B1} \cdot \eta$$

oder:

$$\boxed{U_Z = \eta \cdot U_{B2B1} + 0{,}7\ \text{V}}$$

Das innere Spannungsverhältnis η ist ein Kennwert des Unijunktiontransistors (übliche Werte: $\eta = 0{,}4$ bis 0,9).

Nach dem Durchschalten der Diodenstrecke wandern Löcher von Q nach B_1. Diese Kristallstrecke erhält jetzt viele zusätzliche Ladungsträger. Der Wert des Widerstandes R_{B1} nimmt erheblich ab. Damit wird das Spannungsteilerverhältnis der Kristallstreckenwiderstände R_{B1} und R_{B2} verändert.

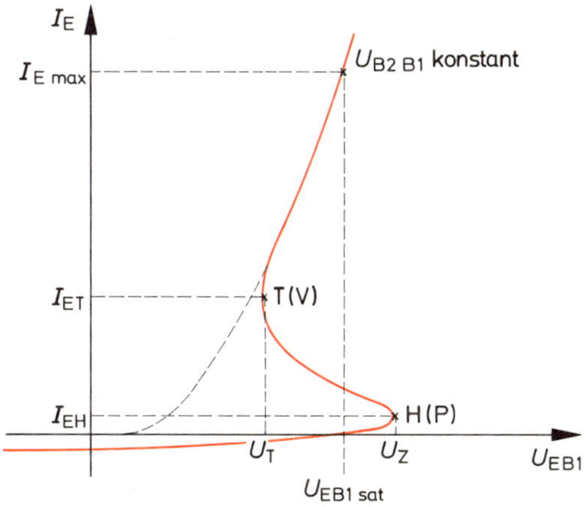

Bild 8.50 I_E-U_{EB1}-Kennlinie eines Unijunktiontransistors

Die Spannung von Q bezogen auf B_1 nimmt erheblich ab. Die Spannung des Emitters gegen B_1 sinkt ebenfalls ab, da sie ja nach der Zündung stets um den Betrag der Schwellspannung höher ist als die Spannung U_{QB1}.
Je größer der Emitterstrom, desto mehr Ladungsträger gelangen in die Kristallstrecke $Q-B_1$, desto niederohmiger wird R_{B1}, desto stärker sinkt die Spannung U_{EB1} ab. Das gilt ab Zündpunkt H bis zum Talpunkt T.
Die Kennlinie in Bild 8.50 zeigt den genauen Zusammenhang zwischen I_E und U_{EB1}.

Für den Kennlinienbereich zwischen H und T ergeben sich negative differenzielle Widerstände.

Bild 8.51 zeigt das I_E-U_{EB1}-Kennlinienfeld eines Unijunktiontransistors. Die einzelnen Kennlinien gelten für verschiedene Interbasisspannungen U_{B2B1}.

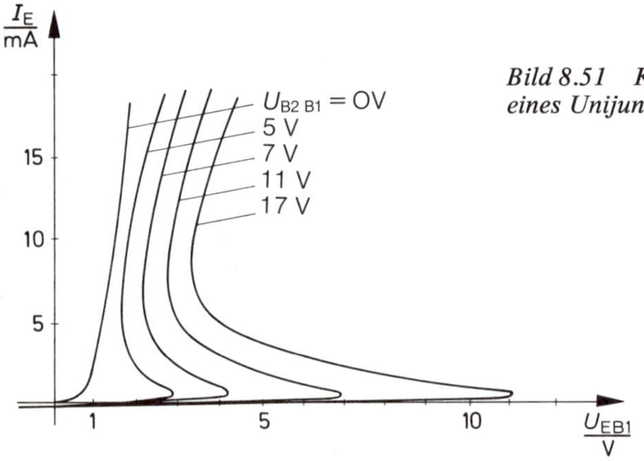

Bild 8.51 Kennlinienfeld $I_E = f(U_{EB1})$ eines Unijunktiontransistors

Vom Zündpunkt H bis zum Talpunkt T nimmt der Widerstandswert der Kristallstrecke $Q-B_1$ ab. Im Talpunkt T hat er seinen kleinsten Wert (Ladungsträgersättigung). Die zum Punkt T gehörige Emitterspannung heißt Talspannung (U_T). Der dann fließende Emitterstrom wird Talstrom (I_{ET}) genannt.
Wird die Talspannung unterschritten, so geht die Diodenstrecke des Unijunktiontransistors in den Sperrzustand über.
Vom Hersteller wird als Grenzwert ein größter Strom zwischen Emitter und Basis 1 angegeben. Dieser Stromwert I_{Emax} liegt etwa um den Faktor 2 bis 2,5 höher als der Talstrom. Die zu I_{Emax} gehörende Spannung wird Sättigungsspannung U_{EB1sat} genannt.
Der Unijunktiontransistor wird hauptsächlich in Schwellwert-Schaltstufen und Impulsgeneratoren eingesetzt.

8.5 Lernziel-Test

1. Wie kommen die Sperrschichten bei Sperrschicht-Feldeffekttransistoren zustande? Geben Sie eine Erklärung unter Zuhilfenahme einer Skizze.
2. Warum sind Sperrschichten „verbotene Gebiete“ für Ladungsträger?
3. Auf welche Weise werden beim Sperrschicht-FET Kanalquerschnitt und Kanalwiderstand gesteuert?
4. Skizzieren Sie ein typisches I_D-U_{DS}-Kennlinienfeld eines n-Kanal-Sperrschicht-FET.
5. Wie ist die Steilheit eines Sperrschicht-FET festgelegt?

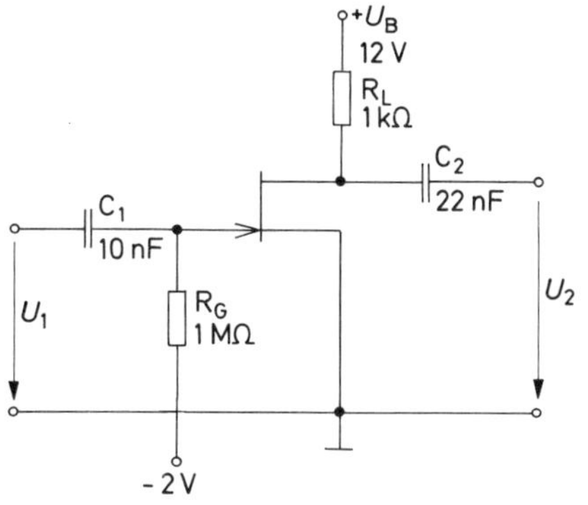

Bild 8.52 Schaltung mit JFET

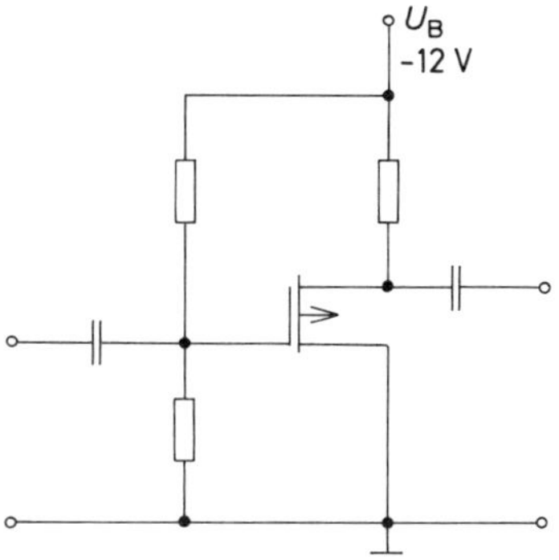

Bild 8.53 Schaltung mit MOS-FET

6. Was stellt die Schaltung in Bild 8.52 dar?
   Beschreiben Sie die Arbeitsweise!
7. Beschreiben Sie den Kristallaufbau eines selbstsperrenden n-Kanal-MOS-FET.
8. Wie entsteht beim selbstsperrenden p-Kanal-MOS-FET die leitende Brücke zwischen Source und Gate?
9. Wodurch unterscheidet sich ein selbstsperrender von einem selbstleitenden MOS-FET?
10. Skizzieren Sie ein typisches I_D-U_{GS}-Kennlinienfeld eines selbstleitenden MOS-FET (n-Kanal-Typ).
11. MOS-FET sind besonders empfindlich gegen elektrostatische Aufladungen. Was ist die Ursache dieser Empfindlichkeit?
12. Welche Maßnahmen sind zu treffen, um MOS-FET gegen elektrostatische Aufladungen zu schützen?
13. Was stellt die Schaltung Bild 8.53 dar? Erklären Sie die Arbeitsweise der Schaltung.
14. Mit MOS-FET kann man drei Verstärkergrundschaltungen aufbauen. Wie heißen diese drei Grundschaltungen?
15. Beschreiben Sie Aufbau und Arbeitsweise eines selbstleitenden Dual-Gate-MOS-FET vom p-Kanal-Typ.
16. Wie arbeitet ein Unijunktiontransistor?

17. Was versteht man unter der Verlustleistung P_{tot} eines MOS-FET?
18. Wie bestimmt man für einen gewählten Arbeitspunkt den differentiellen Ausgangswiderstand r_{DS} eines MOS-FET?
19. Was bedeuten die Buchstaben in den Namen „MOS-FET" und „IG-FET"?
20. Was versteht man unter der Steilheit S eines MOS-FET?

9. Integrierte Schaltungen

9.1. Allgemeines

Bei der Transistorherstellung werden etwa 1000 bis 6000 Transistorsysteme auf einer Siliziumscheibe von rd. 10 cm Durchmesser gefertigt. Die Siliziumscheibe wird dann in die einzelnen Transistorsysteme (Chips) zerschnitten.
Jedes dieser Systeme wird auf einer Gehäusegrundplatte befestigt und mit den Anschlußdrähten verbunden. Die Verbindung des Systems mit den Anschlußdrähten, das sogenannte *Kontaktieren,* muß weitgehend von Hand unter dem Mikroskop durchgeführt werden. Diese Arbeit verursacht einen großen Kostenanteil.
Das Hineinbringen eines Transistorsystems in ein Gehäuse ist heute wesentlich teurer als die Herstellung des Transistorsystems selbst.
Nachdem man die Transistoren auf der Si-Scheibe zerschnitten und mit großem Aufwand in ein Gehäuse gebracht hat, lötet man sie anschließend in einer Schaltung zumindest teilweise wieder zusammen (Bild 9.1). Dieses Verfahren ist bei großen Serien unwirtschaftlich.

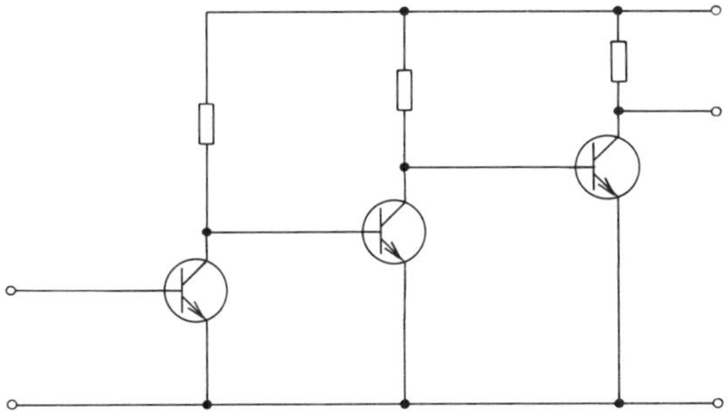

Bild 9.1 Zusammenschaltung von Transistoren zu einem dreistufigen Tonfrequenzverstärker

Wirtschaftlich und auch technisch günstiger ist es, die benötigten Transistoren, Dioden und Widerstände und die erforderlichen Verbindungen zwischen ihnen gemeinsam auf einer Si-Scheibe herzustellen und die ganze Schaltung in ein Gehäuse zu bringen. Eine solche Schaltung wird *integrierte Schaltung* oder *integrierter Schaltkreis* (Integrated Circuit = IC) genannt.
In einer integrierten Schaltung sind viele Bauteile zusammengefaßt (integriert). Bild 9.2 zeigt einen einfachen dreistufigen Nf-Verstärker als integrierte Schaltung.
Die Schaltung entspricht in ihrem Aufbau der Schaltung Bild 9.1. Der Eingang liegt zwischen den Anschlüssen 1 und 4, der Ausgang zwischen den Anschlüssen 3 und 4. An 2 und 4 wird die Speisespannung gelegt.
Das Schaltzeichen einer integrierten Schaltung ist in Bild 9.3 dargestellt.

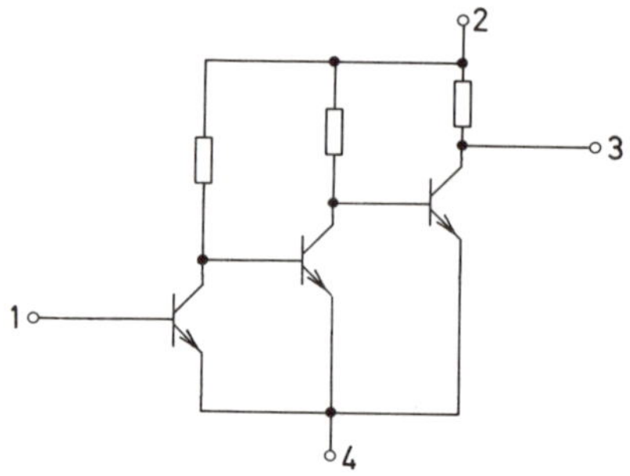

Bild 9.2 Dreistufiger Tonfrequenzverstärker als integrierte Schaltung

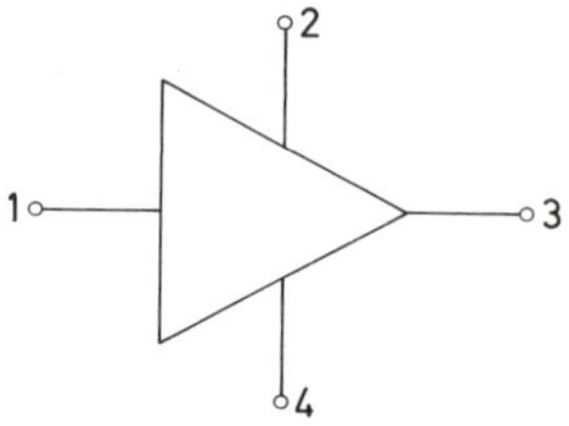

Bild 9.3 Integrierte Schaltung

9.2. Integrationstechniken

9.2.1. Monolithtechnik (Halbleiterblocktechnik)

Die Monolithtechnik ist die modernste Technologie zur Herstellung integrierter Schaltungen. Die ganze Schaltung wird in einem Stückchen Silizium-Halbleiterkristall hergestellt. Sie besteht aus einem einzigen Block oder Stein (Monolith).
Mehrere integrierte Schaltungen werden in einer Siliziumscheibe (Wafer) hergestellt. Je nach der Anzahl der zu integrierenden Bauteile hat die einzelne integrierte Schaltung eine Größe von Bruchteilen eines Quadratmillimeters bis zu mehreren Quadratmillimetern.
Bei der Herstellung geht man von einer p-leitenden Siliziumgrundplatte, Substrat genannt, aus. Auf diese Platte läßt man eine n-leitende Kristallschicht epitaktisch aufwachsen. Das heißt, die neuen Si-Atome lagern sich an die vorhandenen Si-Atome so an, daß Einkristallstruktur entsteht. Die Dotierungsatome verhalten sich wie die Si-Atome. Diese n-leitende Kristallschicht heißt *Epitaxialschicht* (Bild 9.4).

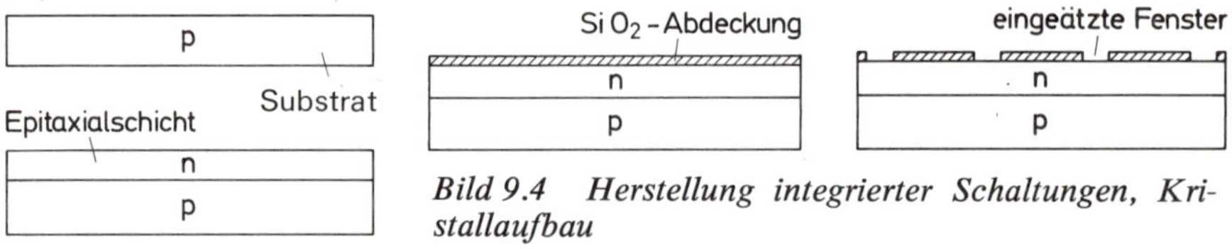

Bild 9.4 Herstellung integrierter Schaltungen, Kristallaufbau

Die Epitaxialschicht erhält eine Siliziumdioxidschicht (SiO_2-Schicht). In die SiO_2-Schicht werden an bestimmten Stellen Öffnungen (Fenster) eingeätzt. Die Lage und Form der Öffnungen wird durch Masken bestimmt.
Die durch die Fenster erreichbaren Stellen der Epitaxialschicht erhalten eine p-Dotierung durch Eindiffusion von bestimmten Fremdatomen (Bild 9.5).
Die SiO_2-Schicht wird geschlossen (Bild 9.6). An anderen Stellen werden Fenster eingeätzt (Bild 9.7).
Die n-Zonen bilden „Inseln". Sie sind voneinander durch p-n-Übergänge isoliert.

> *Jede Insel kann ein Bauteil aufnehmen.*

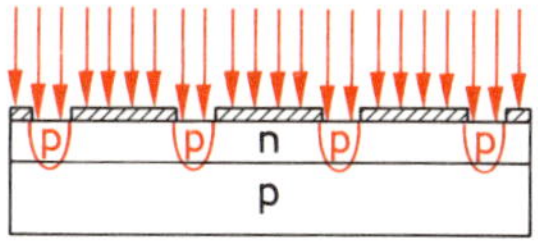

Bild 9.5 Eindiffundieren von p-leitenden Trennzonen

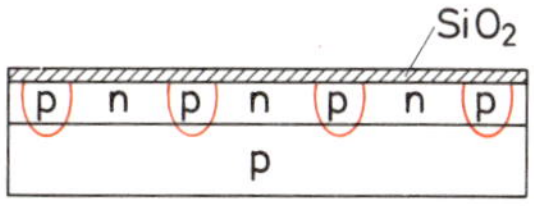

Bild 9.6 Nach dem Eindiffundieren der p-Zonen wird die SiO_2-Schicht geschlossen

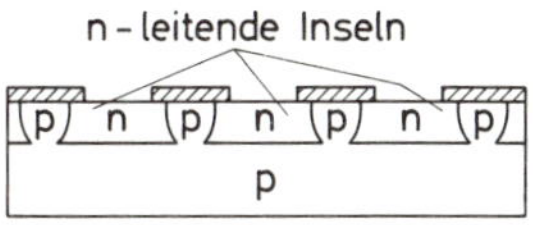

Bild 9.7 In die SiO_2-Schicht werden an anderen Stellen Fenster eingeätzt

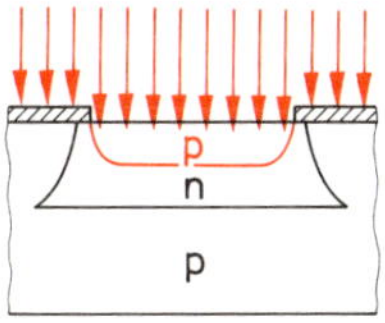

Bild 9.8 Eindiffundieren einer p-Zone in eine n-Insel

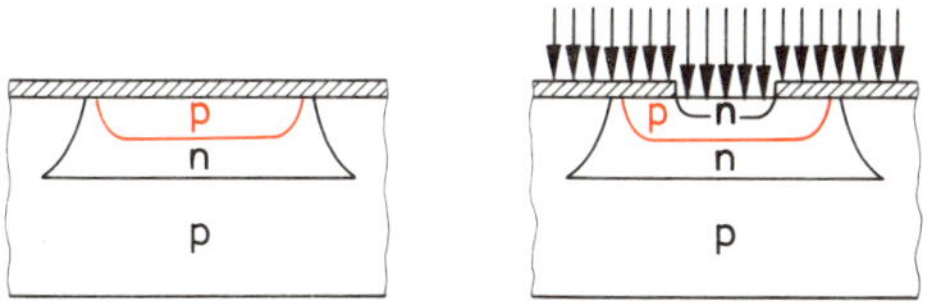

Bild 9.9 Erzeugung einer n-Zone in der p-Zone einer Insel

In einer Insel soll ein bipolarer npn-Transistor entstehen (Bild 9.8).
Durch eine in gewünschter Größe erzeugte Fensteröffnung werden geeignete 3wertige Fremdatome in genügend großer Zahl eindiffundiert. Es entsteht eine p-Zone, d.h., in dieser Zone sind die Löcher in der Überzahl.
Die SiO_2-Schicht wird geschlossen (Bild 9.9). Ein neues Fenster wird erzeugt. Durch dieses Fenster werden geeignete 5wertige Fremdatome eindiffundiert. Die Zahl der freien Elektronen muß wesentlich größer sein als die Zahl der Löcher. Es entsteht eine n-leitende Zone.
Die SiO_2-Schicht wird erneut geschlossen und erhält die in Bild 9.10 dargestellten Fenster. Der npn-Transistor ist damit fertiggestellt.
Dioden, Widerstände und kleine Kapazitäten werden in ähnlicher Weise hergestellt.
Bild 9.11 zeigt eine Insel mit einer Diode.

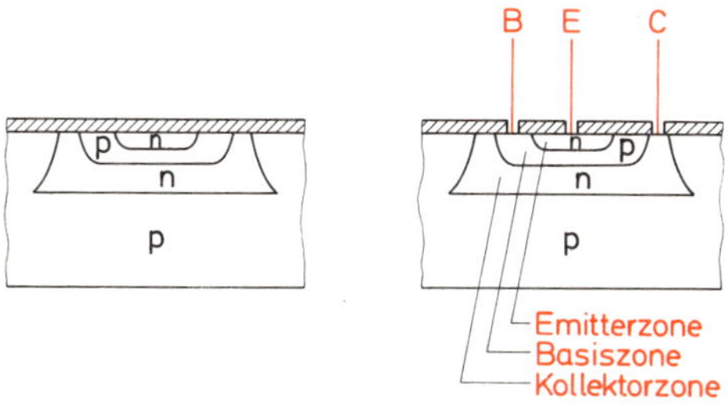

Bild 9.10 Herstellung der Fenster für Emitter-, Basis- und Kollektoranschluß

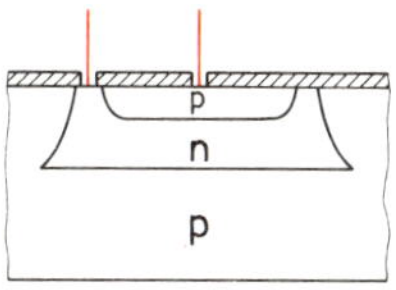

Bild 9.11 Kristallinsel mit Diode

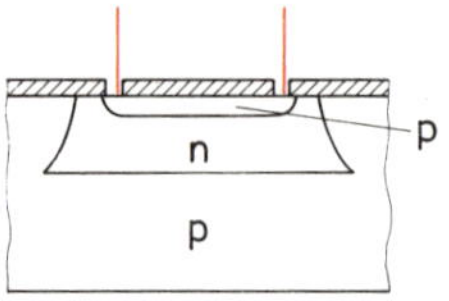

Bild 9.12 Kristallinsel mit Widerstand

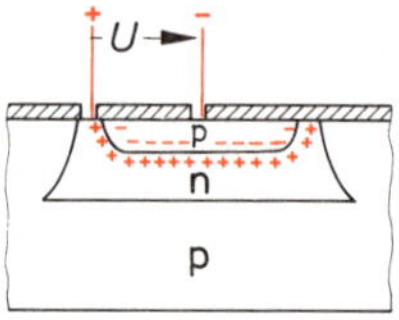

Bild 9.13 Kristallinsel mit Kapazität

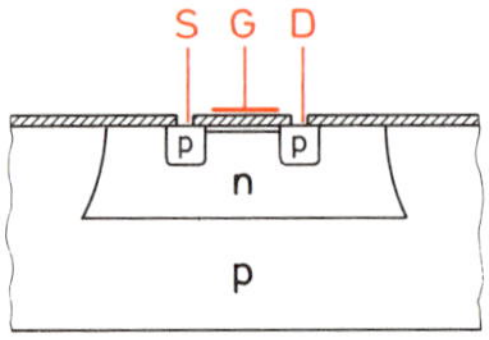

Bild 9.14 Kristallinsel mit p-Kanal-MOS-FET (selbstleitender Typ)

Die in Bild 9.12 dargestellte Insel enthält einen Widerstand. Widerstandsstrecke ist die p-Zone. Länge, Breite, Dicke und Dotierungsgrad der p-Zone sind so gewählt, daß der gewünschte Widerstandswert entsteht.

Als Kapazität verwendet man einen pn-Übergang, der in Sperrichtung gepolt ist (Bild 9.13).

MOS-Feldeffekttransistoren lassen sich recht einfach herstellen. Das Gate wird als dünne Metallschicht auf die SiO_2-Schicht aufgedampft. Bild 9.14 zeigt die Struktur eines p-Kanal-MOS-FET, Bild 9.15 die eines n-Kanal-MOS-FET.

Spulen und größere Kapazitäten lassen sich mit dieser Technik nicht verwirklichen.

Die auf den einzelnen Inseln vorhandenen Bauteile werden durch gut leitende Strecken miteinander zur gewünschten Schaltung verbunden. Diese Verbindungsstrecken können niederohmige Halbleiterbahnen sein oder Metallbahnen, die durch Aufdampfen hergestellt wurden.

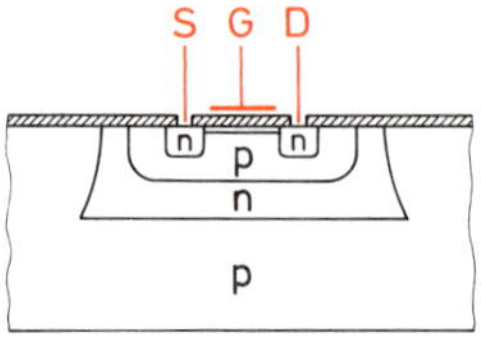

Bild 9.15 Kristallinsel mit n-Kanal-MOS-FET (selbstleitender Typ)

Die Entwicklung führt zu immer kleinerem Flächenbedarf der einzelnen Bauteile. Damit werden immer höhere Integrationsdichten möglich.

Die folgende Tabelle gibt die zur Zeit benötigten Flächengrößen an:

Bauteil	Mindestgröße der Insel
Bipolarer Transistor	0,01 mm^2
MOS-Transistor	0,002 mm^2
Widerstand 100 Ω	0,015 mm^2
Widerstand 10 kΩ	0,2 mm^2

Monolithische IC werden vorwiegend im *Dual-in-line-Gehäuse* (Bild 9.16) oder im *Lead-Gehäuse* (Bild 9.17) geliefert. Für einige integrierte Schaltungen werden zylindrische Gehäuse (ähnlich TO 100 oder TO 5) verwendet (Bild 9.18).

Bild 9.16 *Dual-in-line-Gehäuse*

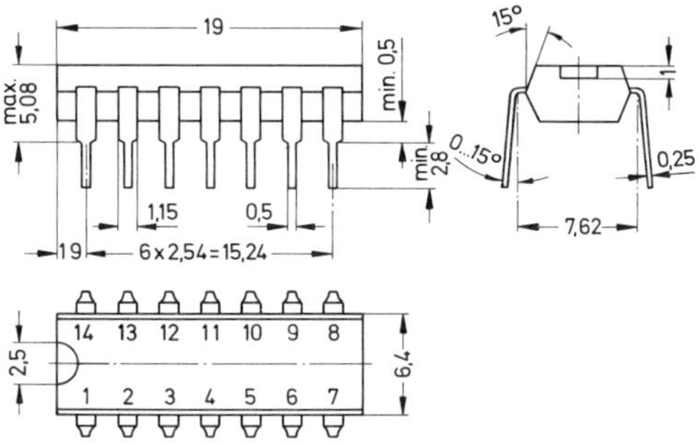

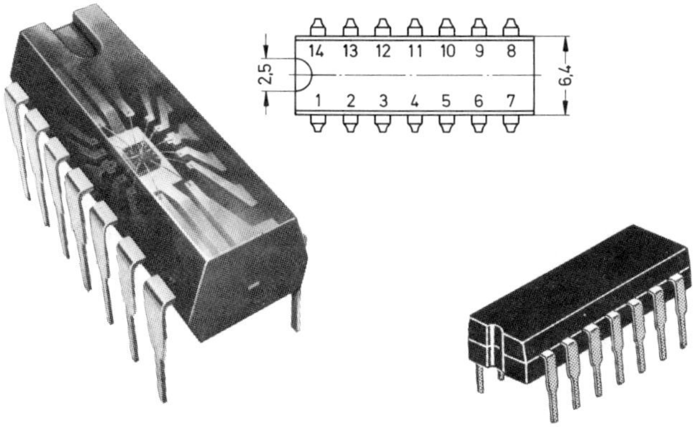

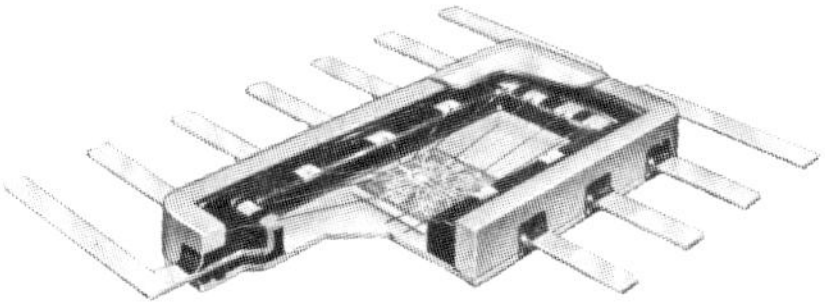

Bild 9.17 Leadgehäuse

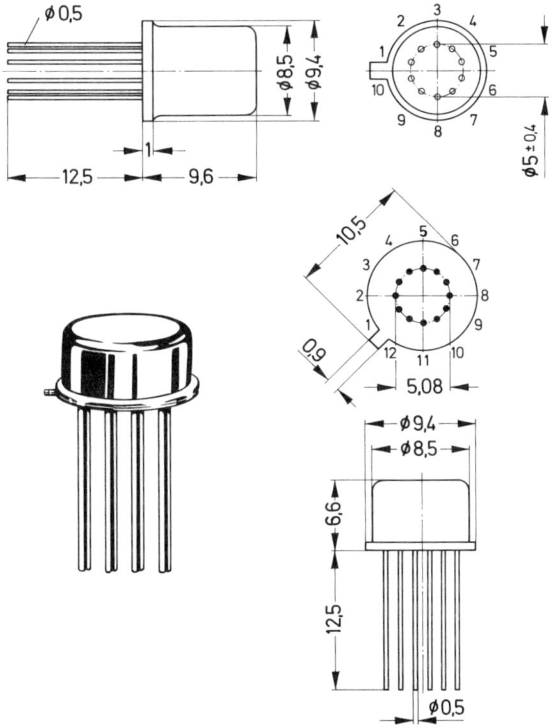

Bild 9.18 Übliche Zylindergehäuse

9.2.2. Hybridtechnik

Die Hybridtechnik wird unterteilt in die Dünnfilmtechnik und in die Dickschichttechnik.

9.2.2.1. Dünnfilmtechnik

Die Dünnfilmtechnik wurde aus der Leiterplattentechnik entwickelt. Man strebte nach immer kleineren Abmessungen der Schaltungen.
Der eigentliche Schaltkreis wird auf einer Keramikplatte von etwa 20 mm · 30 mm aufgebaut. Die metallischen Leiterbahnen erzeugt man durch Aufdampfen im Vakuum. Man verwendet meist Silber oder Gold.
Widerstände werden ebenfalls mit Hilfe der Aufdampftechnik hergestellt. Durch Länge, Breite und Dicke der Schicht und durch den Schichtwerkstoff ist der Widerstandswert des Bauteils bestimmt. Ein nachträgliches Abgleichen ist möglich (z.B. durch Einbrennen von Trennlinien mit dem Laserstrahl).
Kleine und mittlere Kapazitäten können durch zwei metallische Schichten erzeugt werden, zwischen denen sich eine isolierende Schicht befindet.
Spulen lassen sich nur schwer verwirklichen. Auf dem Keramikplättchen können kleine Flachspulen (Bild 9.19) untergebracht werden. Sie nehmen aber viel Platz weg.
Transistoren und Dioden werden mit Gehäuse in die Schaltung eingelötet. Die fertig bestückte Dünnfilmschaltung sieht wie eine Miniaturleiterplatte mit großer Packungsdichte aus. Sie wird nach der Bestückung mit Kunststoff zu einem Modul vergossen (Bild 9.20).

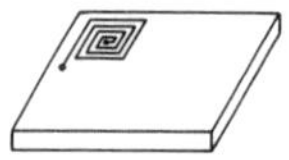

Bild 9.19 Flachspule auf Keramikplättchen

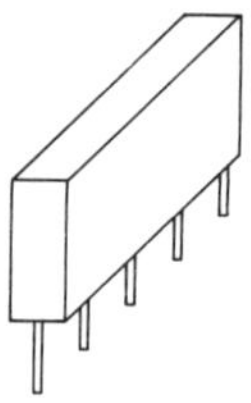

Bild 9.20 Dünnfilmmodul, vergossen

9.2.2.2. Dickschichttechnik

Als Träger verwendet man Aluminiumplättchen, die mit einer Oxidschicht versehen sind, oder Keramikplättchen unterschiedlicher Größe.
Die Leiterbahnen werden nach dem Siebdruckverfahren aufgedruckt. Man verwendet elektrisch leitfähige Pasten, die nach dem Aufbringen aushärten oder eingebrannt werden (Bild 9.21).
Widerstände werden durch Aufdrucken besonderer Pasten erzeugt. Der gewünschte Widerstandswert ergibt sich aus den Abmessungen und aus der Art der verwendeten Paste. Der Widerstandswert kann nachträglich mit Sandstrahlen abgeglichen werden.
Kleine Kapazitäten können durch Aufbringen mehrerer elektrisch leitfähiger Schichten erzeugt werden, die durch isolierende Schichten getrennt sind.
Das Herstellen von Spulen ist in Dickschichtschaltungen nicht möglich.
Dioden, Transistoren und eventuell andere Halbleiterbauteile werden als Kristallchips (Systeme) in die Schaltung eingefügt. Man legt die Chips mit ihren Anschlußstellen direkt auf die Pastenbahnen und erzeugt eine leitfähige und feste Verbindung. Die Schaltung wird anschließend gekapselt.

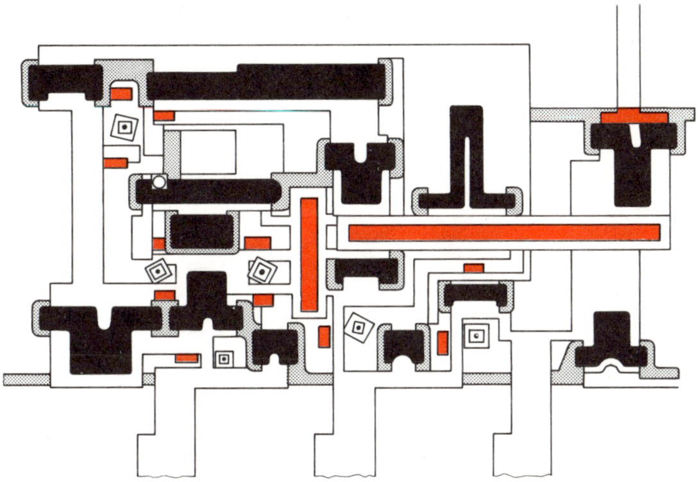

Bild 9.21

Dickschichtschaltkreise lassen sich auch in kleinen Stückzahlen wirtschaftlich fertigen.

Die Hybridtechnik hat ihren Namen von hybrid, lat. = von zweierlei Herkunft. Sie ist eine Mischtechnik und hat ihre Wurzeln einmal in der Leiterplattentechnik, zum anderen in der Halbleitertechnik.

9.3. Analoge und digitale integrierte Schaltungen

9.3.1. Digitale IC

Schaltungen, die nur die beiden Zustände 1 und 0 kennen, heißen digitale Schaltungen. Den Zuständen 1 und 0 ist meist eine elektrische Spannung zugeordnet, z.B. 1 = + 5 V, 0 = 0 V (Masse). Digitale Schaltungen werden in der digitalen Rechentechnik, der digitalen Steuerungstechnik und der digitalen Meßtechnik benötigt. Diese drei Teilgebiete bilden zusammen die Digitaltechnik. In der Digitaltechnik benötigt man große Stückzahlen gleichartiger Schaltungen. Ein einziger Rechner kann z.B. 10 000 Schaltungen des gleichen Typs enthalten. Es ist besonders wirtschaftlich, derartige Schaltungen als integrierte Schaltungen herzustellen.
Digitale IC werden heute fast ausschließlich in Monolithtechnik hergestellt. Man unterscheidet digitale IC in *Bipolar-Technik* und digitale IC in *MOS-Technik.*

Die MOS-Technik erlaubt einen sehr hohen Integrationsgrad. Die Chips sind verhältnismäßig einfach herzustellen. Man benötigt etwa 40 Arbeitsgänge gegenüber rd. 140 Arbeitsgängen bei der Herstellung von bipolaren IC.
Schaltungen in MOS-Technik sind hochohmig. Sie benötigen nur etwa $^1/_{10}$ der Leistung, die für gleichartige Schaltungen in Bipolartechnik erforderlich ist.
Bipolare IC haben eine größere Ausgangsleistung. Eingangswiderstände und Ausgangswiderstände sind niederohmig. Sie arbeiten noch bei wesentlich höheren Frequenzen als IC in MOS-Technik.

Die folgende Darstellung gibt einen Überblick über die Einteilung digitaler integrierter Schaltungen.

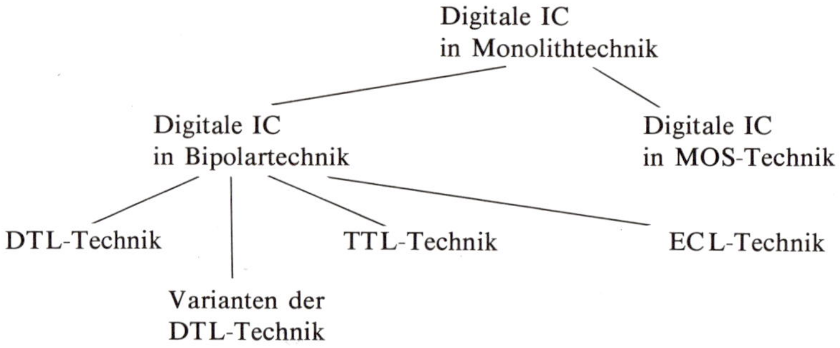

Integrierte Schaltungen in *DTL-Technik* sind aus Dioden- und Transistorinseln aufgebaut.

DTL = Diode Transistor Logic =
Dioden-Transistor-Logik.

Schaltungen in dieser Technik sind besonders störungsunempfindlich.

Die *TTL-Technik* erlaubt sehr elegante technische Lösungen der Schaltungsaufgaben. TTL-Schaltungen können z.B. verhältnismäßig große Ströme aufnehmen und abgeben, ohne sich wesentlich zu erwärmen.

TTL = Transistor Transistor Logic =
Transistor-Transistor-Logik.

Die kürzesten Schaltzeiten und die höchsten Schaltfrequenzen haben digitale IC in *ECL-Technik.*

ECL = Emitter Coupled Logic
emittergekoppelte Logik.

In der ECL-Technik sind die Emitter der Transistoren miteinander gekoppelt. Das IC besteht aus Transistorinseln und Widerstandsinseln.

9.3.2. Analoge IC

Analoge IC verarbeiten kontinuierlich sich ändernde Signale, z.B. Tonfrequenzschwingungen. Sie werden für die unterschiedlichsten Anwendungen hergestellt.
Es werden Tonfrequenzverstärker mit 3 bis 6 Verstärkerstufen gebaut, ebenfalls Zwischenfrequenzverstärker für Rundfunk- und Fernsehgeräte, regelbare Verstärker unterschiedlichster Art, Mischstufen, Filterschaltungen, Operationsverstärker.
Filterschaltungen können tatsächlich auch ohne Spulen realisiert werden. Man verwendet Verstärker mit mehreren starken frequenzabhängigen Gegenkopplungen, die nur die gewünschten Frequenzen verstärken.
Spulen und Kondensatoren können durch Schaltungen mit mehreren Transistoren und Widerständen nachgebildet werden.

> *Eine Schaltung wirkt wie eine Spule, wenn sie eine Phasenverschiebung von $\approx 90°$ erzeugt, bei der die Spannung gegenüber dem Strom voreilt.*

Erzeugt die Schaltung eine Phasenverschiebung von $\approx 90°$ und eilt der Strom gegenüber der Spannung vor, so wirkt sie wie ein Kondensator.

Die Anwendungsmöglichkeiten analoger IC nehmen einen immer breiteren Raum ein. Überall dort, wo Schaltungen in größeren Stückzahlen benötigt werden, ist es zweckmäßig, IC einzusetzen.

Die Hersteller von Halbleiterbauelementen fertigen spezielle IC nach Kundenwünschen. Solche Sonderanfertigungen sollen ab Stückzahlen von 5000 rentabel sein, was eine Rentabilität bereits bei mittleren Serien bedeutet.

Die Rundfunk- und Fernsehindustrie wird bei den großen Serien, die sie fertigt, mehr und mehr IC einsetzen. Rundfunk- und Fernsehgeräte der Zukunft werden also überwiegend aus integrierten Schaltungen aufgebaut sein.

9.4. Integrationsgrad und Packungsdichte

Die Packungsdichte gibt an, wieviel Bauteile bzw. Bauteilfunktionen auf eine Chipfläche von 1 mm^2 entfallen. Übliche Packungsdichten sind:

bipolare Technik:	rd. 200 pro mm^2
MOS-Technik:	rd. 1000 bis 10000 pro mm^2.

Der Integrationsgrad ist ein Maß für die Anzahl der Bauteilfunktionen, die insgesamt in einem Chip enthalten sind. Es werden zur Zeit Chips mit bis zu etwa 4 Millionen MOS-Transistoren hergestellt. Man unterscheidet mittleren Integrationsgrad und hohen Integrationsgrad und sehr hohen Integrationsgrad.

MSI = Medium Scale Integration (mittlerer Integrationsgrad)
LSI = Large Scale Integration (hoher Integrationsgrad)
VLSI = Very Large Scale Integration (sehr hoher Integrationsgrad)

MSI-Schaltungen enthalten etwa bis 1000 Bauteilfunktionen, LSI-Schaltungen enthalten 1000 bis etwa 50000 Bauteilfunktionen. Schaltungen mit über 50000 bis ca. 8000000 Bauteilfunktionen werden VLSI-Schaltungen genannt.

Sämtliche Funktionen eines Kleinrechners können heute in einem Chip zusammengefaßt werden. Die sogenannten Vierspezies-Rechner, die addieren, subtrahieren, multiplizieren und dividieren können, bestehen fast alle aus nur einem einzigen Chip und aus einer Leistungsstufe für die Leuchtanzeige. Für größere wissenschaftliche Rechner gilt das inzwischen auch.

9.5. Vor- und Nachteile integrierter Schaltungen

Vorteile

Integrierte Schaltungen lassen sich verhältnismäßig preisgünstig herstellen. Eine Transistorfunktion kostet oft nur Bruchteile eines Pfennigs.

Ein dreistufiger Tonfrequenzverstärker als integrierte Schaltung ist heute zu einem Preis zu haben, den man vor wenigen Jahren noch für einen einzelnen Transistor bezahlen mußte.

Durch den Einsatz integrierter Schaltungen wird ein Gerät übersichtlicher und einfacher im Aufbau. Es ist leichter zu reparieren. Kleine Baugrößen sind möglich.

Die Anzahl der Lötstellen eines Gerätes wird durch den Einsatz integrierter Schaltungen stark vermindert. Dadurch wird das Gerät betriebssicherer, denn jede Lötstelle ist eine mögliche Fehlerquelle.
In integrierten Schaltungen sind die Verbindungsleitungen zwischen den Bauteilen und Baugruppen kurz. Dies ist besonders bei hohen Frequenzen ein großer Vorteil (kurze Laufzeiten der Signale, geringe Störstrahlung, geringe gegenseitige Beeinflussung).

Nachteile

Der Einsatz von integrierten Schaltungen bringt verhältnismäßig wenig Nachteile.
Der Hauptnachteil für den Praktiker besteht darin, daß es gar nicht so einfach ist, festzustellen, ob ein IC tatsächlich defekt ist oder nicht. Diese Schwierigkeit wächst mit höherem Integrationsgrad und schwierigerer Schaltung.
Das Auslöten eines IC mit seinen vielen Anschlüssen ist nicht so ganz einfach, man benötigt Spezialwerkzeug dazu.
Wenn die Typenvielfalt der IC sehr groß wird und jeder Hersteller seine speziellen Typenreihen produziert, könnte die Ersatzteilbeschaffung schwierig werden. Wie kommt man z.B. an ein IC, das eine kleine Firma in Japan produziert?
Wägt man Vor- und Nachteile des Einsatzes von integrierten Schaltungen gegeneinander ab, so dürften die Vorteile überwiegen.

9.6. Operationsverstärker

9.6.1. Einführung

Operationsverstärker sind sehr hochwertige Gleichspannungsverstärker mit besonderen Eigenschaften. Sie wurden für die Analogrechentechnik und für besondere Anwendungen in der Regelungstechnik konstruiert.
Das ursprüngliche Aufgabengebiet der Operationsverstärker war die Durchführung mathematischer und regelungstechnischer Operationen.
Die Operationsverstärker mußten sehr hohen Anforderungen genügen. Sie wurden aus Einzelbauteilen aufgebaut und teilweise als vergossene Module geliefert. Die Preise lagen zwischen einigen hundert bis zu einigen tausend Mark pro Stück.
Die Herstellung der Operationsverstärker wurde durch die modernen Technologien stark verbilligt. Operationsverstärker wurden zunächst als integrierte Schaltungen in Hybridtechnik aufgebaut. Heute werden sie überwiegend als monolithische integrierte Schaltungen gefertigt. Die großen Stückzahlen ermöglichen günstige Preise. Hochwertige Operationsverstärker können heute bereits für einige Mark erworben werden.
Die günstigen Preise haben dem Operationsverstärker viele weitere Anwendungsgebiete erschlossen. Neben seinem ursprünglichen Einsatzgebiet wird er heute häufig in der Nachrichtentechnik und in der Elektronik eingesetzt.
Ein Verstärker dieser Art verstärkt Tonfrequenzsignale ebenso gut wie regelungstechnische Signale oder Signale von Meßwertgebern. *Ein Operationsverstärker kann eigentlich überall dort eingesetzt werden, wo es erforderlich ist, elektrische Signale zu verstärken und wo keine großen Ausgangsleistungen benötigt werden.* Er ist ein hervorragender Universalverstärker.
In vielen Anwendungsfällen sollte man sich jedoch fragen, ob man für die Verstärkung tatsächlich einen Operationsverstärker braucht oder ob nicht ein einfacher aufgebauter Verstärker, der ebenfalls als integrierte Schaltung lieferbar ist, für den beabsichtigten Zweck genügt.

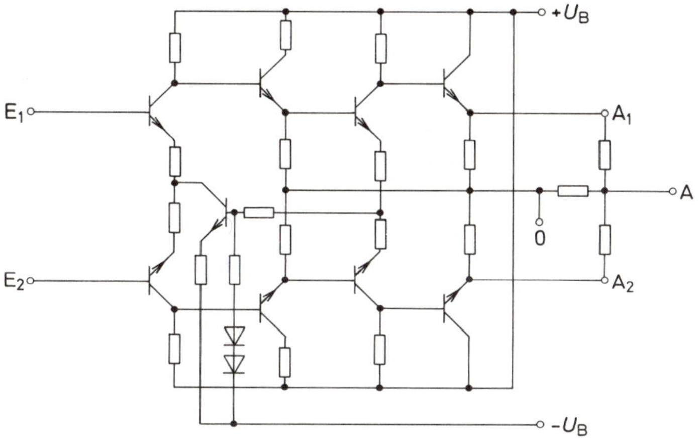

Bild 9.22 Schaltung eines einfachen Operationsverstärkers

9.6.2. Aufbau und Arbeitsweise

Operationsverstärker werden auch *Rechenverstärker* oder *Differenzverstärker* genannt. Der Name Differenzverstärker hat seinen Ursprung im Schaltungsaufbau. Die Schaltung ist weitgehend symmetrisch aufgebaut. Sie besteht praktisch aus zwei Verstärkern, die auf einen gemeinsamen Ausgang arbeiten (Bild 9.22). Jeder dieser Verstärker hat einen eigenen Eingang. Die Spannungsdifferenz zwischen beiden Eingängen kann verstärkt werden.

Das Schaltzeichen eines Operationsverstärkers ist in Bild 9.23 und 9.23a dargestellt. Die Pole 1 und 2 sind Eingänge, der Pol 3 ist der Ausgang. Alle Spannungen sind auf einen gemeinsamen Pol bezogen, der im Schaltzeichen nicht dargestellt ist. Er wird in den Schaltungen gesondert gezeichnet. Bild 9.24 zeigt einen Operationsverstärker mit Angabe des Bezugspoles und der Spannungen.

Als Bezugspol wurde hier Masse gewählt. Der mit einem Minuszeichen gekennzeichnete Eingang wird *invertierender Eingang* oder N-Eingang genannt. Die an diesen Eingang angelegte Spannung erscheint am Ausgang umgekehrt bzw. um 180° verschoben, wenn es sich um eine sinusförmige Spannung handelt (Bild 9.25).

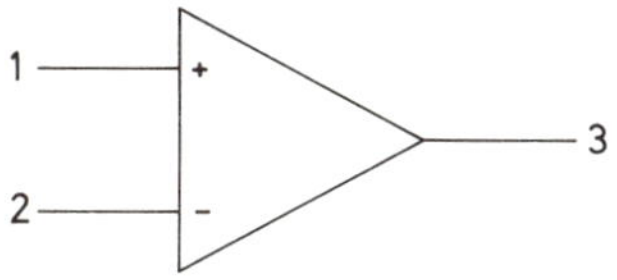

Bild 9.23 Schaltzeichen für Operationsverstärker (wird fast ausschließlich verwendet)

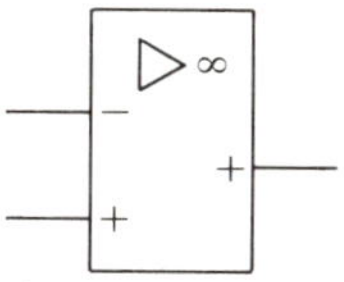

Bild 9.23a Schaltzeichen für Operationsverstärker nach DIN 40900

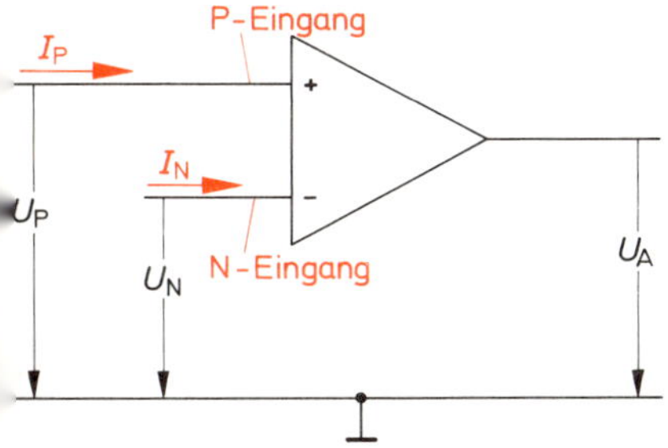

Bild 9.24 Operationsverstärker mit Angabe des Bezugspoles und der Spannungen

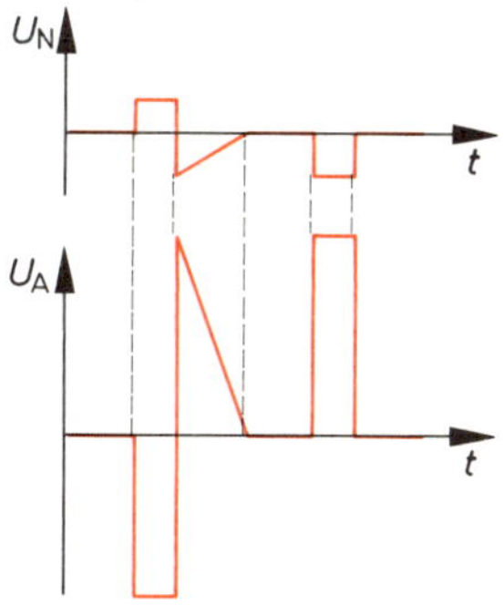

Bild 9.25 Zeitlicher Verlauf der Spannungen U_N und U_A

> *Eine an den N-Eingang gelegte Spannung wird verstärkt und invertiert.*

Der andere Eingang, der durch ein Pluszeichen kenntlich gemacht ist, heißt *Normaleingang,* P-Eingang oder nichtinvertierender Eingang. Eine hier angelegte Spannung erscheint am Ausgang mit gleicher Polung bzw. mit gleicher Phasenlage.

> *Eine an den P-Eingang gelegte Spannung wird verstärkt, aber nicht invertiert.*

Ein Operationsverstärker benötigt zwei gegenüber dem Bezugspol symmetrische Speisespannungen, z.B. + 10 V gegen Masse und – 10 V gegen Masse. Die richtige Zuführung dieser Speisespannungen wird vorausgesetzt. Sie ist im Schaltbild nicht eingezeichnet.
Man kann nun wählen, welchen Eingang man beschalten will. Der nicht benutzte Eingang wird an Masse gelegt (Bild 9.26).

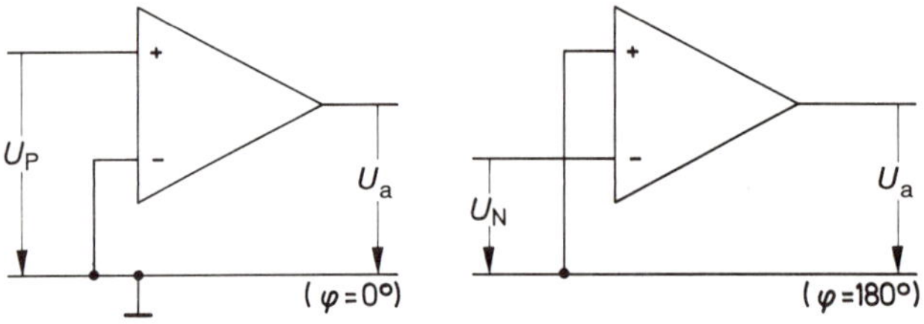

Bild 9.26 Möglichkeiten der Beschaltung der Eingänge von Operationsverstärkern

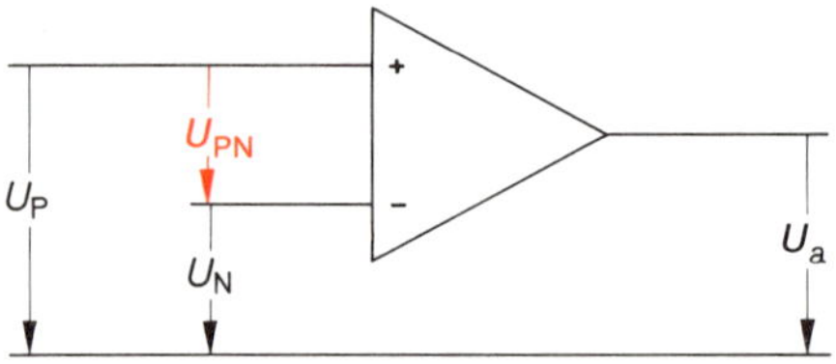

Bild 9.27 Schaltung eines Operationsverstärkers als Differenzverstärker

Legt man an den P-Eingang eine Spannung U_P und an den N-Eingang eine Spannung U_N, so werden beide Spannungen verstärkt. Da die am N-Eingang liegende Spannung U_N jedoch invertiert, also in ihrer Polung umgekehrt wird, erscheint am Ausgang die verstärkte Differenz beider Spannungen (Bild 9.27).

$$U_a = V \cdot (U_P - U_N);$$

$$U_a = V \cdot U_{PN}$$

$$U_{PN} = U_P - U_N$$

U_a Ausgangsspannung
V Verstärkungsfaktor
U_{PN} Differenzspannung

Ist die Spannung $U_N = 0$, liegt also am N-Eingang keine Spannung, so wird nur die Spannung U_P verstärkt (Bild 9.28).

Bild 9.28 Verstärkung bei $U_N = 0\ V$

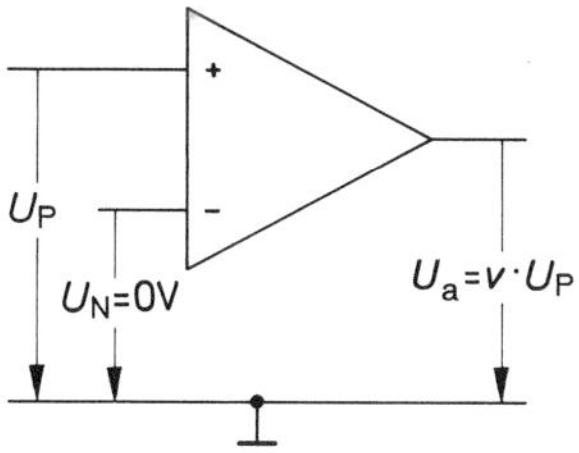

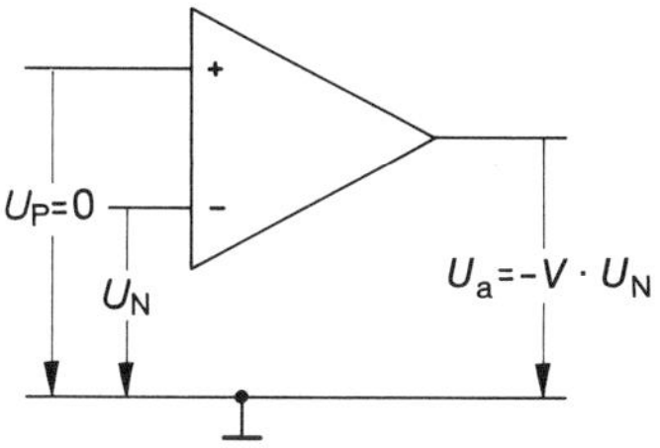

Bild 9.29 Verstärkung bei $U_P = 0\ V$

Es gilt: $U_a = V \cdot (U_P - U_N)$

$U_a = V \cdot (U_P - 0)$

$$\boxed{U_a = V \cdot U_P} \qquad \boxed{V = \frac{U_a}{U_P}}$$

Ist nur eine Spannung U_N vorhanden (Bild 9.29), also $U_P = 0$, so ergibt sich folgende Gleichung:

$U_a = V \cdot (U_P - U_N)$

$U_a = V \cdot (0 - U_N)$

$$\boxed{U_a = -V \cdot U_N} \qquad \boxed{V = -\frac{U_a}{U_N}}$$

Das Minuszeichen gibt an, daß die Ausgangsspannung gegenüber der Eingangsspannung invertiert ist.

9.6.3. Idealer Operationsverstärker

Für die Durchführung vieler Rechenoperationen benötigt man eigentlich Operationsverstärker mit Eigenschaften, die als ideal bezeichnet werden.
Solche *idealen Operationsverstärker* kann man jedoch nicht herstellen. Man kann die gewünschten idealen Eigenschaften nicht verwirklichen. Nur eine Annäherung an diese Eigenschaften ist möglich.
Ein idealer Operationsverstärker hat einen unendlich großen Verstärkungsfaktor V, einen unendlich großen Eingangswiderstand R_e, einen Ausgangswiderstand R_a, der gleich Null ist, und einen Frequenzbereich, der von $f_{min} = 0$ bis $f_{max} = \infty$ reicht.
Der ideale Operationsverstärker muß außerdem vollkommen symmetrisch aufgebaut sein. Legt man die gleiche Spannung an den P-Eingang und an den N-Eingang, so muß die Ausgangsspannung Null sein, da die Differenzspannung U_{PN} Null ist.

$U_{PN} = U_P - U_N$

Bei gleicher Spannung (Amplitude und Phasenlage gleich) am P-Eingang und am N-Eingang spricht man von *Gleichtaktaussteuerung*. Die dabei auftretende Verstärkung heißt *Gleichtaktverstärkung* (V_{Gl}). Sie ist beim idealen Operationsverstärker Null.

$V_{Gl} = 0$

Das Verhältnis des Verstärkungsfaktors v zur Gleichtaktverstärkung wird Gleichtaktunterdrückung (G) genannt.

$$G = \frac{V}{V_{Gl}}$$

G	Gleichtaktunterdrückung
V	Verstärkungsfaktor
V_{Gl}	Gleichtaktverstärkung

Die Gleichtaktunterdrückung ist beim idealen Operationsverstärker unendlich groß.

$G = \infty$

Weiterhin hat der ideale Operationsverstärker einen absolut linearen Zusammenhang zwischen der Ausgangsspannung und den Eingangsspannungen. Verzerrungen treten nicht auf, das Rauschen ist Null. Irgendwelche Abhängigkeiten von der Umgebungstemperatur oder von Schwankungen der Speisespannungen bestehen nicht.

Zusammenstellung der wichtigsten Eigenschaften des idealen Operationsverstärkers:

Verstärkungsfaktor	V	$= \infty$
Eingangswiderstand	R_e	$= \infty\ \Omega$
Ausgangswiderstand	R_a	$= 0\ \Omega$
Untere Grenzfrequenz	f_{min}	$= 0$ Hz
Obere Grenzfrequenz	f_{max}	$= \infty$ Hz
Gleichtaktverstärkung	V_{Gl}	$= 0$
Gleichtaktunterdrückung	G	$= \infty$
Linearitätsabweichung des Zusammenhanges Ausgangsspannung zu Eingangsspannungen		$= 0$
Rausch-Ausgangsspannung	U_{rausch}	$= 0$ V

9.6.4. Realer Operationsverstärker

Ideale Operationsverstärker können, wie gesagt, nicht gebaut werden. Die Operationsverstärker, die hergestellt werden können, heißen *reale Operationsverstärker.*
Man ist bemüht, die Kennwerte realer Operationsverstärker möglichst weitgehend den für ideale Operationsverstärker geltenden Eigenschaften anzunähern.
Dies ist recht gut möglich, so daß bei praktischen Berechnungen oft so getan werden kann, als seien die realen Operationsverstärker ideale Operationsverstärker.

Man kann folgende Daten erreichen:

Verstärkungsfaktor	V	$\approx$ 1 000 000
Eingangswiderstand	R_e	$=$ 1 MΩ bis 1000 MΩ
Ausgangswiderstand	R_a	$=$ 10 Ω
Untere Grenzfrequenz	f_{min}	$=$ 0 Hz
Obere Grenzfrequenz	f_{max}	$\approx$ 100 MHz
Gleichtaktverstärkung	V_{Gl}	$\approx$ 0,2
Gleichtaktunterdrückung	G	$\approx$ 5 000 000
Rausch-Ausgangsspannung	U_{rausch}	$\approx$ 3 μV

Die vorstehend angeführten Daten werden nur von sehr hochwertigen Operationsverstärkern erreicht. Viele Typen von Operationsverstärkern haben etwas schlechtere Daten. Dies ist nicht weiter schlimm, denn für viele Anwendungszwecke sind die sehr guten Daten nicht unbedingt erforderlich.

9.6.5. Anwendungen

Operationsverstärker sind sehr vielfältig verwendbare Verstärker. Sie können z.B. als Tonfrequenzverstärker und als Hochfrequenzverstärker bis rd. 100 MHz eingesetzt werden. Bild 9.30 zeigt einen Tonfrequenzverstärker mit Tonblende.

Bild 9.30 Tonfrequenzverstärker mit Tonblende

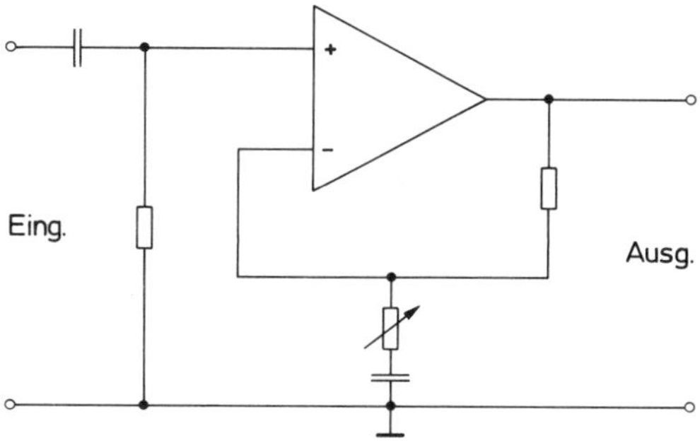

Operationsverstärker können weiter als Addier- und Subtrahierverstärker Verwendung finden. Eine Subtrahierschaltung ist in Bild 9.31 dargestellt.
Schwingungserzeuger aller Art, wie Sinusoszillatoren, RC-Generatoren, astabile Multivibratoren, können mit Operationsverstärkern aufgebaut werden, ebenfalls verschiedene Schalterstufen.

Bild 9.31 Substrahierschaltung, U_a = Konstante $K \cdot (U_1 - U_2)$

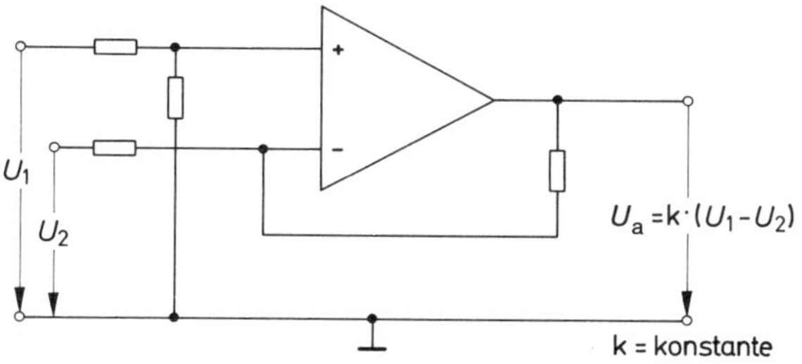

Das Schaltbild eines Universalverstärkers, auch Umkehrverstärker genannt, zeigt Bild 9.32. Am invertierenden Eingang wird angesteuert. Zwischen der Spannung U_S und der Spannung U_a besteht eine Phasenverschiebung von 180°. Ein Teil der Ausgangsspannung U_a wird über R_1 mit

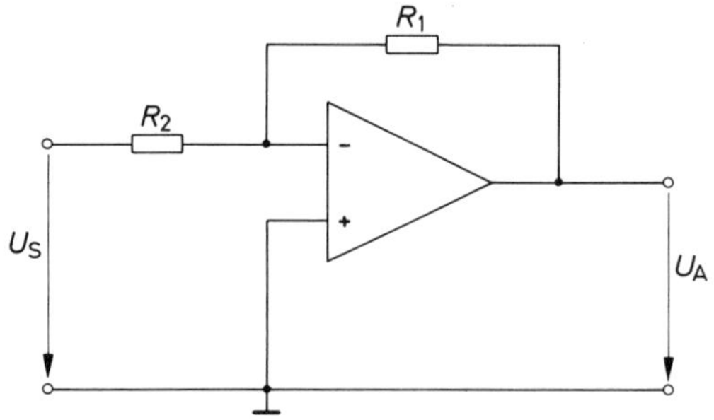

Bild 9.32

umgekehrter Phasenlage auf den Eingang zurückgeführt. Dies nennt man Spannungsgegenkopplung. Durch die Spannungsgegenkopplung wird die Verstärkung der Schaltung verringert (Näheres siehe Beuth/Schmusch, „Elektronik 3").
Der hohe Verstärkungsfaktor V des Operationsverstärkers wird auf einen gewünschten Verstärkungsfaktor V_u verringert. Der gewünschte Verstärkungsfaktor ergibt sich mit guter Näherung aus dem Verhältnis der Widerstände R_1/R_2.

$$V_u = \frac{R_1}{R_2}$$ V_u = Spannungsverstärkung

Besonders gut eignen sich Operationsverstärker als Meßverstärker. Über diese genannten Einsatzmöglichkeiten hinaus gibt es noch viele weitere Einsatzmöglichkeiten.

9.7. Lernziel-Test

1. Integrierte Schaltungen werden häufig in Monolithtechnik hergestellt. Beschreiben Sie diese Technik.
2. Was versteht man unter einem Dual-in-line-Gehäuse?
3. Wie sind Dickschicht-Schaltkreise aufgebaut?
4. Bei der Herstellung integrierter Schaltungen in kleinen und mittleren Stückzahlen wird oft die Hybridtechnik angewendet. Was versteht man unter Hybridtechnik?
5. Es gibt analoge und digitale IC. Wodurch unterscheiden sich beide Arten?
6. Man sagt, eine integrierte Schaltung sei in Bipolartechnik, eine andere in MOS-Technik aufgebaut. Was sagen die Bezeichnungen aus?
7. Was versteht man unter Integrationsgrad, was unter Packungsdichte?
8. Wie ist ein Operationsverstärker aufgebaut? Geben Sie die beiden üblichen Schaltzeichen an.
9. Welche Eigenschaften hat ein idealer Operationsverstärker?
10. Mit einem Operationsverstärker soll ein nichtinvertierender Tonfrequenzverstärker mit Tonblende aufgebaut werden. Skizzieren Sie das Schaltbild.

10. Thyristoren

10.1. Vierschichtdioden (Thyristordioden)

10.1.1. Aufbau und Arbeitsweise

Die Vierschichtdiode ist ein Silizium-Einkristall-Halbleiterbauteil mit 4 Halbleiterzonen wechselnden Leitfähigkeitstyps (Bild 10.1).
Neben der Bezeichnung *Vierschichtdiode* werden auch die Bezeichnungen *Thyristordiode* und *Triggerdiode* verwendet.
Die beiden Anschlußelektroden heißen *Katode* (K) und *Anode* (A).
Die Vierschichtdiode hat 3 pn-Übergänge. Jeder pn-Übergang stellt eine Diodenstrecke dar. Es bestehen die Diodenstrecken D_I, D_{II} und D_{III} (Bild 10.2).

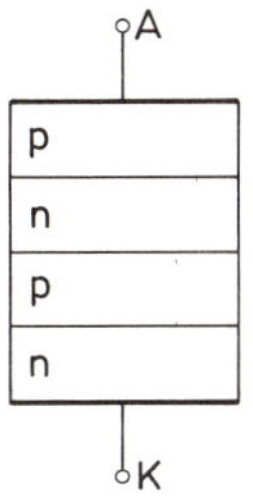

Bild 10.1 Grundaufbau einer Vierschichtdiode

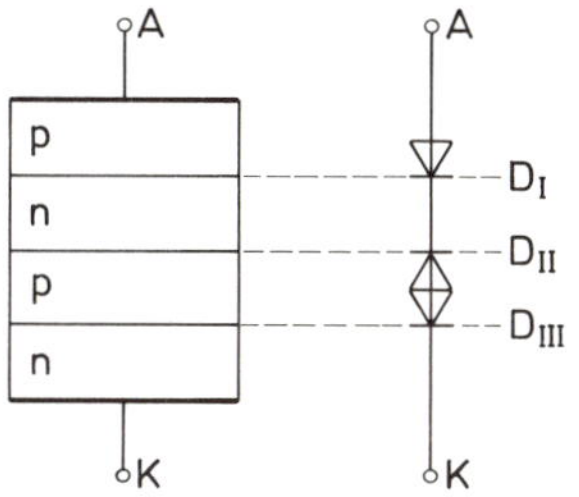

Bild 10.2 Diodenstrecken der Vierschichtdiode

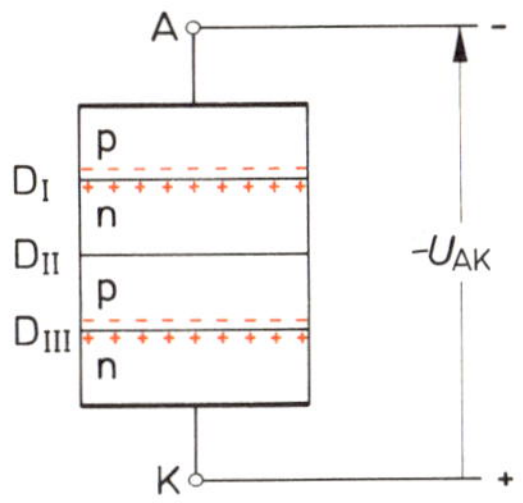

Bild 10.3 Polung der pn-Übergänge

Legt man zwischen Anode und Katode eine Spannung, so daß die Anode ein negatives Potential gegenüber der Katode hat, so sind die Diodenstrecken D_I und D_{III} in Sperrichtung gepolt, die Diodenstrecke D_{II} in Durchlaßrichtung (Bild 10.3). Es fließt nur ein sehr geringer Sperrstrom.
Erhält die Anode eine positive Spannung gegen Katode, so sind die Diodenstrecken D_I und D_{III} in Durchlaßrichtung gepolt. Die Diodenstrecke D_{II} ist jetzt aber gesperrt (Bild 10.4). Die Vierschichtdiode sperrt auch bei dieser Polung in einem bestimmten Spannungsbereich.
Vergrößert man die Spannung U_{AK}, so wird die Vierschichtdiode bei einem bestimmten Spannungswert plötzlich niederohmig. Ihr Widerstand sinkt von einigen Megaohm auf einige Ohm ab.

Die Vierschichtdiode ist ein Bauteil mit Schaltereigenschaften. Sie hat einen hochohmigen Zustand und einen niederohmigen Zustand.

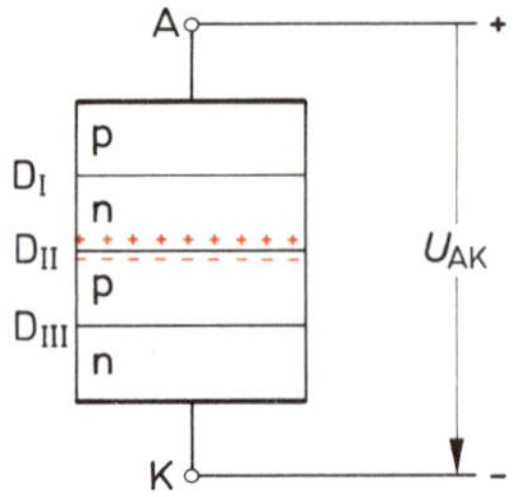

Bild 10.4 Polung der pn-Übergänge

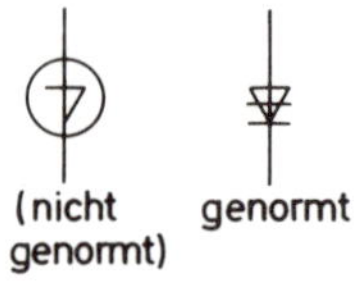

Bild 10.5 Schaltzeichen der Vierschichtdiode

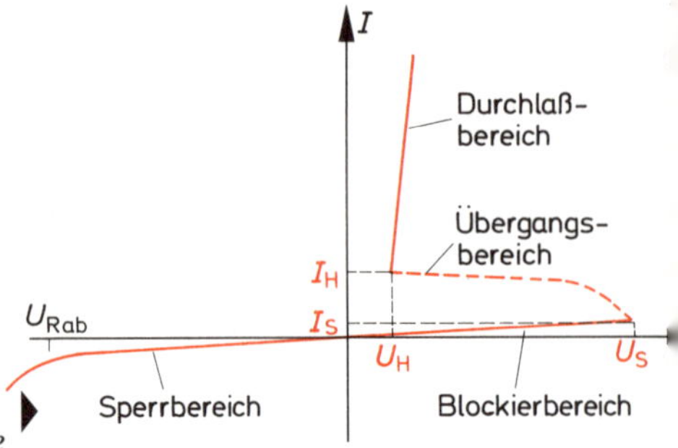

Bild 10.6 Kennlinie einer Vierschichtdiode

Die Schaltzeichen einer Vierschichtdiode sind in Bild 10.5 dargestellt.
Bild 10.6 zeigt die Kennlinie einer Vierschichtdiode. Man unterscheidet den *Sperrbereich,* den *Blockierbereich,* den *Übergangsbereich* und den *Durchlaßbereich.*
Im Sperrbereich fließt ein sehr geringer Sperrstrom. Bei der Sperrspannung $U_{\mathbf{Rab}}$ kommt es zu einem Durchbruch. Die Diode kann dabei zerstört werden.
Im Blockierbereich ist die Vierschichtdiode hochohmig. Bei der Schaltspannung U_S geht sie in den niederohmigen Zustand über. Dieser Teil der Kennlinie heißt Übergangsbereich.
Die Kennlinie wird mit Hilfe einer Schaltung, wie sie in Bild 10.7 angegeben ist, aufgenommen. Wird der Widerstand der Vierschichtdiode sehr klein, so fällt der größte Teil der angelegten Spannung von R_V ab. Die Spannung an der Vierschichtdiode sinkt auf den Wert U_H ab. U_H ist die sogenannte *Haltespannung.* Zu ihr gehört ein *Haltestrom* I_H. Werden U_H und I_H unterschritten, so geht die Vierschichtdiode in den hochohmigen Zustand zurück.
Im Durchlaßbereich ist die Vierschichtdiode niederohmig. Die an ihr abfallende Spannung ist gering. Sie steigt mit größer werdendem Strom. Die Größe des Durchlaßstromes muß begrenzt werden.

Im Stromkreis einer Vierschichtdiode muß ein genügend großer Widerstand R wirksam sein, damit der Strom in Durchlaßrichtung begrenzt wird.

Bei zu großem Durchlaßstrom wird die Vierschichtdiode zerstört.
Vierschichtdioden werden häufig mit einem Vorwiderstand betrieben.
Wie ist es nun möglich, daß die Vierschichtdiode bei der Spannung U_S plötzlich niederohmig wird?

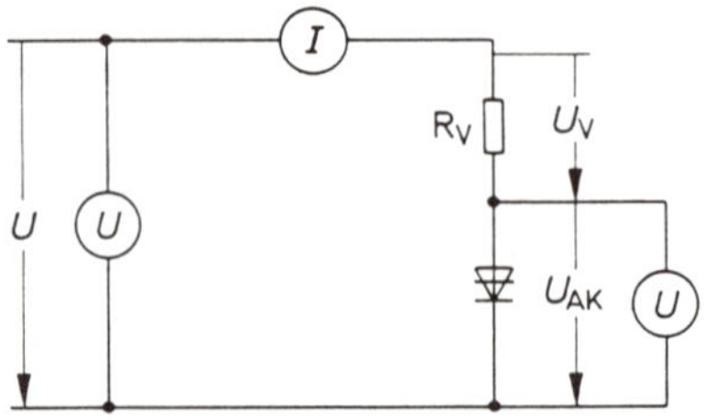

Bild 10.7 Schaltung zur Aufnahme der Kennlinie einer Vierschichtdiode

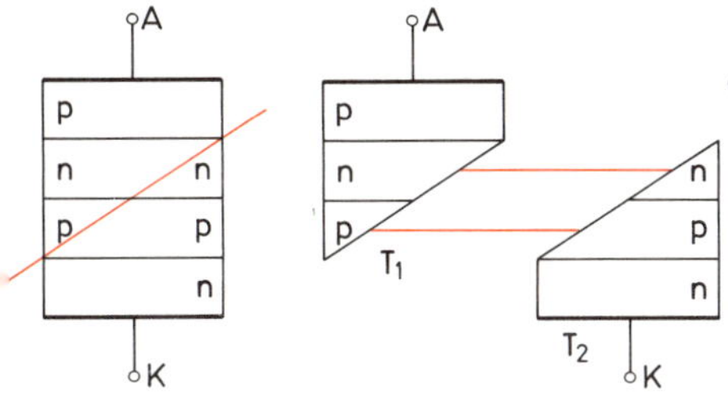

Bild 10.8 Aufteilung des Vierschichtkristalls in zwei Transistorstrecken

Bild 10.9 Transistorersatzschaltung einer Vierschichtdiode

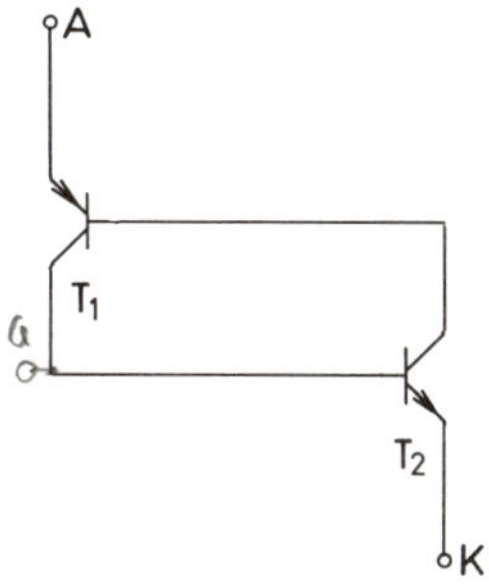

Man kann sich vorstellen, daß die mittlere Diodenstrecke (D_{II}) Zenerdiodencharakteristik hat und bei einer bestimmten Sperrspannung plötzlich durchbricht. Da die Diodenstrecken D_I und D_{III} ohnehin in Durchlaßrichtung gepolt sind, wird dann das ganze Bauteil niederohmig.

Genaueren Einblick in die inneren Vorgänge erhält man jedoch, wenn man das Vierschichtbauteil als eine Zusammenschaltung von zwei Transistorstrecken auffaßt. Man denke sich einen Schnitt durch die Zonen wie in Bild 10.8 dargestellt. Der obere Teil des Kristalls ergibt ein pnp-Transistorsystem, der untere Teil ein npn-Transistorsystem.

Beide Transistoren T_1 und T_2 sind entsprechend Bild 10.9 zusammengeschaltet. Wird die Spannung zwischen A und K erhöht, so steigen auch die Sperrströme beider Transistorstrecken. Der Sperrstrom von T_1 ist aber der Basisstrom von T_2 und der Sperrstrom von T_2 ist der Basisstrom von T_1.

Bei einem bestimmten Spannungswert von U_{AK}, bei der Spannung U_S, wird nun der Sperrstrom des einen Transistors so groß, daß er den anderen Transistor ganz wenig aufsteuern kann.

Nehmen wir an, der Sperrstrom von T_2 steuert T_1 etwas auf. Das bedeutet, daß der Sperrstrom von T_1 jetzt größer wird. Der größere Sperrstrom von T_1 steuert aber T_2 etwas weiter auf.

Wenn T_2 weiter aufgesteuert wird, wird auch T_1 weiter aufgesteuert. Wenn T_1 weiter aufgesteuert wird, wird ebenfalls T_2 weiter aufgesteuert usw. Die beiden Transistoren steuern sich gegenseitig auf, bis beide voll durchgesteuert sind und die Vierschichtdiode damit ihren niederohmigen Zustand erreicht hat. Die pn-Übergänge sind jetzt mit Ladungsträgern überschwemmt.

Die Vierschichtdiode kann erst wieder in den hochohmigen Zustand übergehen, wenn der Strom I einen bestimmten Mindestwert, den Haltestrom I_H, unterschritten hat. Das ist bei der Spannung U_H der Fall. Dann wird die mittlere Sperrschicht wieder aufgebaut. Die dort vorhandenen Ladungsträger werden ausgeräumt.

10.1.2. Kennwerte und Grenzwerte

Kennwerte

Der wichtigste Kennwert einer Vierschichtdiode ist die *Schaltspannung* U_S, die mit einer bestimmten Toleranz angegeben wird. Die Toleranz beträgt meist $\pm$ 10% der angegebenen Schaltspannung.

Ein weiterer wichtiger Kennwert ist der *Haltestrom* I_H. Er läßt sich nur ungenau angeben. Der Hersteller garantiert einen bestimmten Bereich, in dem der Haltestrom eines bestimmten Vierschichtdiodentyps mit Sicherheit liegt. Die Exemplarstreuung ist groß. Zum Haltestrom gehört die *Haltespannung* U_H.

Weitere Kennwerte sind der *Schaltstrom* I_S, bei dem das Durchsteuern der beiden Transistorstrecken beginnt, und der *Sperrstrom* I_R, der für eine bestimmte Spannung angegeben wird. Für den Betrieb im Durchlaßbereich ist der *differentielle Durchlaßwiderstand* r_f wichtig. Der Wert für r_f ergibt sich entsprechend Bild 10.10 zu:

$$r_f = \frac{\Delta U}{\Delta I}$$

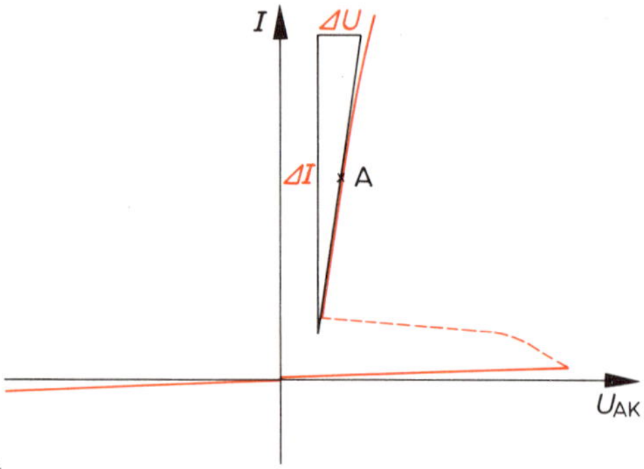

Bild 10.10 Bestimmung des differentiellen Durchlaßwiderstandes r_f

Er gilt genau für einen bestimmten Arbeitspunkt.

Für den Übergang vom hochohmigen Zustand in den niederohmigen Zustand wird eine bestimmte Zeit benötigt. Diese Zeit wird *Einschaltzeit* t_{ein} genannt.

Der Aufbau der Sperrschicht der Diodenstrecke D_{II} nach Unterschreiten des Haltestromes erfordert ebenfalls eine bestimmte Zeit. Die dort befindlichen Ladungsträger müssen ausgeräumt werden. Diese Zeit heißt *Ausschaltzeit* oder *Freiwerdezeit* oder *Sperrverzugszeit*. Kurzzeichen t_{aus}.

Häufig wird noch der *Wärmewiderstand* R_{thU} Sperrschicht umgebende Luft angegeben.

Übliche Kennwerte einer Vierschichtdiode

Schaltspannung	U_S	$\approx$ 50 V $\pm$ 4 V
Haltestrom	I_H	$\approx$ 14 bis 45 mA
Haltespannung	U_H	$\approx$ 0,8 V
Schaltstrom	I_S	$\approx$ 120 µA
Sperrstrom	I_R	$\approx$ 15 µA
Differentieller Durchlaßwiderstand	r_f	$\approx$ 2 Ω
Einschaltzeit	t_{ein}	$\approx$ 0,2 µs
Ausschaltzeit	t_{aus}	$\approx$ 5 µs

Grenzwerte

Grenzwerte sind der *maximal zulässige Dauergleichstrom* I_F, *der maximal zulässige Impulsstrom* I_{FM} und die *maximal zulässige Verlustleistung* P_{tot}.

Weiterhin gelten die *höchst zulässige Umgebungstemperatur* T_{Umax} und die tiefste zulässige *Umgebungstemperatur* T_{Umin} als Grenzwerte.

Die höchstzulässige Spannung in Sperrichtung U_{Rmax} ist ebenfalls ein Grenzwert.

Übliche Grenzwerte einer Vierschichtdiode:

Max. zul. Dauergleichstrom	I_F	$\approx$ 150 mA
Max. zul. Impulsstrom	I_{FM}	$\approx$ 10 A
Max. zul. Verlustleistung	P_{tot}	$\approx$ 150 mW
Umgebungstemperaturbereich	T_{Umax}	$\approx$ +65 °C
	T_{Umin}	$\approx$ −40 °C
Max. zul. Sperrspannung	U_{Rmax}	$\approx$ 60 V

10.1.3. Anwendungen

Vierschichtdioden, auch Triggerdioden genannt, werden als Schalterbauteile eingesetzt. Sie werden überwiegend zum Ansteuern von Thyristoren verwendet. Mit Vierschichtdioden können Zähler und Impulsschaltungen einfach aufgebaut werden. Man setzt Vierschichtdioden in Schaltstufen der elektronischen Fernsprechvermittlungstechnik und in Verknüpfungsgliedern der Digitaltechnik ein.
Vierschichtdioden werden nur für kleine Leistungen gebaut. Für große Leistungen verwendet man gesteuerte Vierschichtdioden, sogenannte Thyristoren.

10.2. Thyristoren (rückwärtssperrende Thyristortrioden)

10.2.1. Aufbau und Arbeitsweise

Thyristoren sind Einkristall-Halbleiterbauteile mit vier oder mehr Schichten unterschiedlicher Leitfähigkeitsart. Sie sind meist ähnlich aufgebaut wie Vierschichtdioden und haben wie diese zwei stabile Betriebszustände, einen *hochohmigen Zustand* und einen *niederohmigen Zustand*. Sie haben Schaltereigenschaften.
Das Umschalten von einem Zustand in den anderen ist über einen Steueranschluß steuerbar.

> *Thyristoren sind steuerbare Bauteile mit Schaltereigenschaften.*

Der Aufbau des häufigsten Thyristortyps ist in Bild 10.11 dargestellt. Das Vierschichtkristall hat drei Elektroden: *Anode* (A), *Katode* (K) und *Steueranschluß* (G). Wegen dieser drei Elektroden wird das Bauteil auch *Thyristortriode* genannt.
Der Steueranschluß G liegt meist an der inneren p-Zone. Solche Thyristoren heißen p-gesteuerte Thyristoren oder katodenseitig steuerbare Thyristoren.
Einige seltener verwendete Thyristortypen haben den Steueranschluß an der inneren n-Zone. Sie werden n-gesteuerte Thyristoren oder anodenseitig steuerbare Thyristoren genannt (Bild 10.12).
Die genormten Schaltzeichen sind in Bild 10.13 dargestellt.
Die folgenden Betrachtungen beziehen sich vorwiegend auf die meist verwendeten p-gesteuerten Thyristortypen.

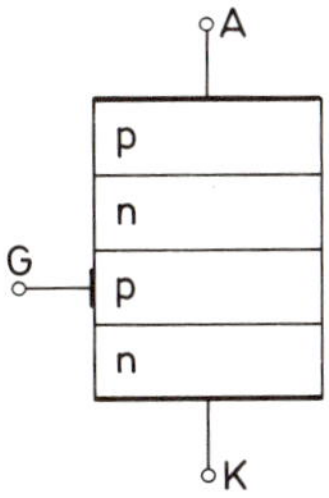

Bild 10.11 Grundaufbau eines p-gesteuerten Thyristors (katodenseitig steuerbare Thyristortriode)

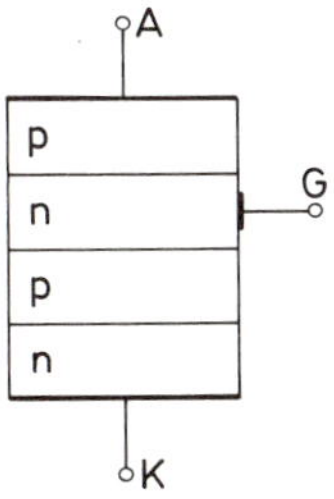

Bild 10.12 Grundaufbau eines n-gesteuerten Thyristors (anodenseitig steuerbare Thyristordiode)

Bild 10.13 Schaltzeichen von Thyristoren

Die äußere p-Zone, die sogenannte Anodenzone, erwärmt sich im Betrieb besonders stark. Sie muß so gut wie möglich gekühlt werden und ist meist mit dem Gehäuseboden verbunden. Die äußere n-Zone (Katodenzone) liegt an der Anschlußleitung. Bild 10.14 zeigt einen Schnitt durch ein übliches Thyristorgehäuse.
Ein Thyristor hat drei pn-Übergänge, die als Diodenstrecken D_I, D_{II} und D_{III} aufgefaßt werden können. Je nach Richtung der Spannung U_{AK} unterscheidet man eine Polung in *Sperrrichtung* und eine Polung in *Schaltrichtung*.
Statt Sperrichtung verwendet man auch die Bezeichnung *Rückwärtsrichtung* und statt Schaltrichtung die Bezeichnung *Vorwärtsrichtung*.

Bild 10.14 Schnitt durch ein Thyristorgehäuse

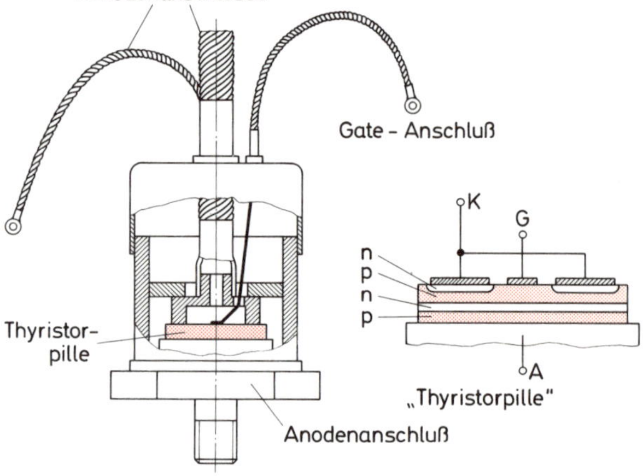

Bild 10.15 Polung eines Thyristors in Sperrichtung

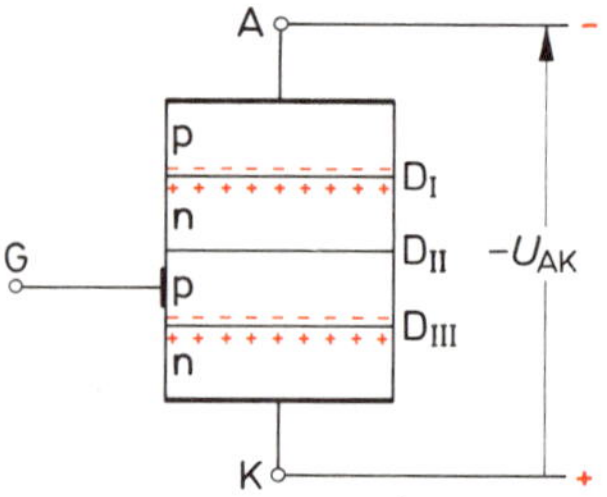

Bei Polung in Sperrichtung liegt der negative Pol der Spannung U_{AK} an der Anode (Bild 10.15). Die pn-Übergänge bzw. Diodenstrecken D_I und D_{III} sind in Sperrichtung gepolt. Der mittlere pn-Übergang D_{II} wird in Durchlaßrichtung betrieben.
Bei dieser Polung der Spannung U_{AK} bleibt der Thyristor stets gesperrt. Das heißt, er behält seinen hochohmigen Zustand bei. Zwischen Anode und Katode liegt ein Widerstand von einigen Megaohm.
Überschreitet die Spannung U_{AK} einen höchstzulässigen Wert, so kommt es zu einem Wärmedurchbruch, und der Thyristor wird zerstört.
Bei Betrieb in Schaltrichtung liegt der positive Pol der Spannung U_{AK} an der Anode (Bild 10.16). Die Diodenstrecken D_I und D_{III} werden in Durchlaßrichtung betrieben. Nur die Diodenstrecke D_{II} ist in Sperrichtung gepolt. Der Steueranschluß bleibt zunächst unbeschaltet.
Der Widerstand zwischen Anode und Katode beträgt ebenfalls einige Megaohm. Der Thyristor sperrt also auch bei dieser Polung. Um einen Unterschied zum Sperrzustand zu machen, sagt man, der Thyristor *blockiert*. Es fließt nur ein kleiner Sperrstrom.
Erhöht man die Spannung U_{AK} weiter, so tritt bei einem bestimmten Spannungswert ein plötzliches Umkippen in den niederohmigen Zustand auf. Die Spannung, bei der der Kippvorgang oder Schaltvorgang auftritt, wird *Nullkippspannung* U_{KO} genannt. „Null" deutet auf den offenen Steueranschluß hin.

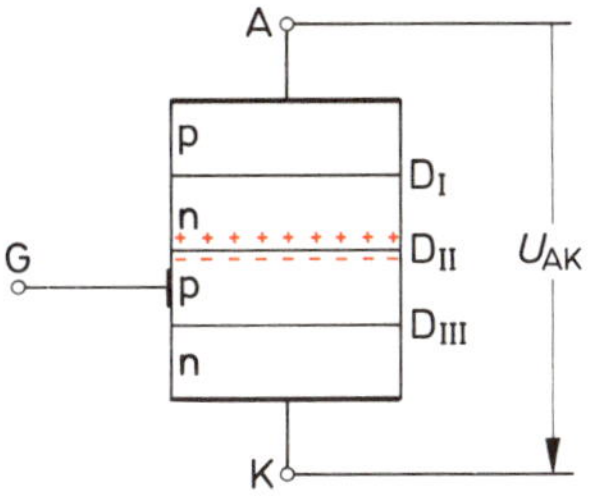

Bild 10.16 Polung eines Thyristors in Schaltrichtung

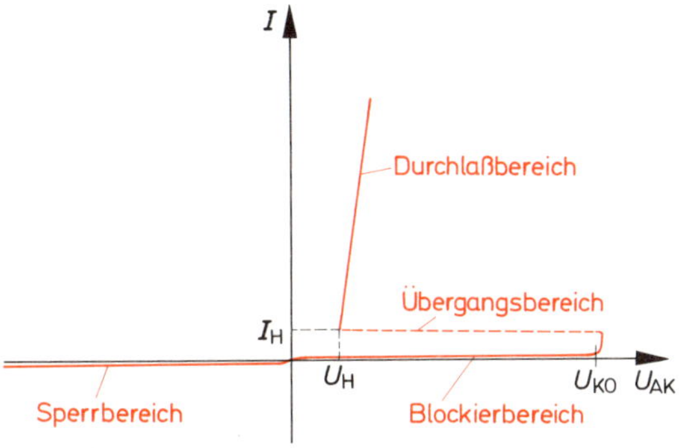

Bild 10.17 I-U_{AK}-Kennlinie eines Thyristors

> *Die Nullkippspannung ist die Spannung, bei der ein mit offenem Steueranschluß in Schaltrichtung betriebener Thyristor in den niederohmigen Zustand kippt.*

Die Nullkippspannung entspricht der Schaltspannung der Vierschichtdiode.
Bild 10.17 zeigt die Strom-Spannungs-Kennlinie eines Thyristors bei offenem Steueranschluß. Man unterscheidet – wie bei der Vierschichtdiode – die Kennlinienbereiche *Sperrbereich, Blockierbereich, Übergangsbereich* und *Durchlaßbereich.*

Zu beachten ist allerdings, daß die Sperrkennlinie stark temperaturabhängig ist. Bild 10.17a zeigt den Verlauf der Sperrkennlinie mit der Temperatur als Parameter. Man erkennt, daß der Sperrstrom exponentiell mit der Temperatur wächst. Bei 130 °C beträgt er dann schon einige mA. Die Sperrverluste $P_{VS} = U_{AK} \cdot I_S$ sind dann erheblich größer.

Bild 10.17b zeigt die Temperaturabhängigkeit des Blockierbereiches. Ähnlich wie im Sperrbereich nimmt auch hier der Strom mit steigender Temperatur zu. Die Blockierverluste $P_{VB} = U_{AK} \cdot I_B$ nehmen stark zu.

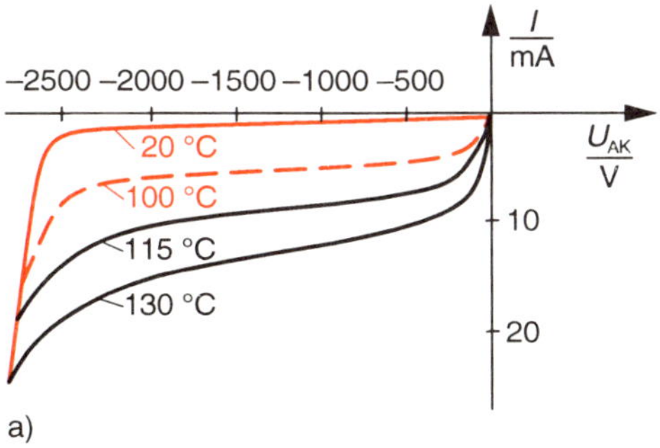

Bild 10.17 a
Temperaturabhängigkeit der Sperrkennlinien

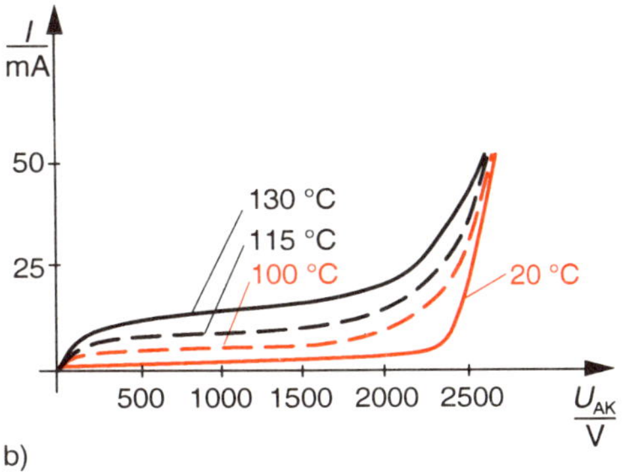

Bild 10.17 b
Temperaturabhängigkeit der Blockierkennlinie

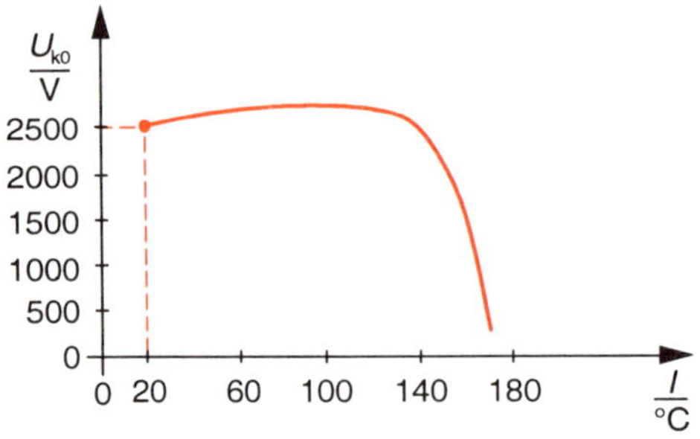

Bild 10.18a
Temperaturdrift der Nullkippspannung U_{K0}

Das Vierschichtkristall kann als Zusammenschaltung von zwei Transistorstrecken angesehen werden (Bild 10.18).

Wie bei der Vierschichtdiode beginnt bei einer bestimmten Spannung U_{AK} ein gegenseitiges Aufsteuern der Transistorstrecken T_1 und T_2, das zu einem völligen Durchsteuern und zum Niederohmigwerden des Thyristors führt.

Die Spannung, bei der das gegenseitige Aufsteuern bei offenem Steueranschluß beginnt, ist die Nullkippspannung.

Das gegenseitige Aufsteuern und damit das Umkippen in den niederohmigen Zustand kann vor Erreichen der Nullkippspannung erfolgen.

Beträgt die Kristalltemperatur mehr als 130 °C, fällt die Nullkippspannung U_{K0} stark ab (Bild 10.18a). Der Thyristor schaltet dann erheblich früher in den niederohmigen Bereich.

Gibt man auf den Steueranschluß des in Bild 10.18 dargestellten Thyristors einen gegenüber der Katode positiven Impuls, so steuert die Transistorstrecke T_2 auf und leitet den gegenseitigen Aufsteuerungsvorgang zwischen T_1 und T_2 ein. Der Thyristor kippt in den niederohmigen Zustand.

Der Steuerimpuls muß eine bestimmte Mindestdauer haben (Mindestimpulszeit), damit die beiden Transistorstrecken voll durchsteuern können. Seine Stromstärke muß ebenfalls ausreichend groß sein.

Ein in Schaltrichtung betriebener Thyristor kippt bei Eintreffen eines ausreichend großen und genügend lange dauernden Steuerimpulses in den niederohmigen Zustand.

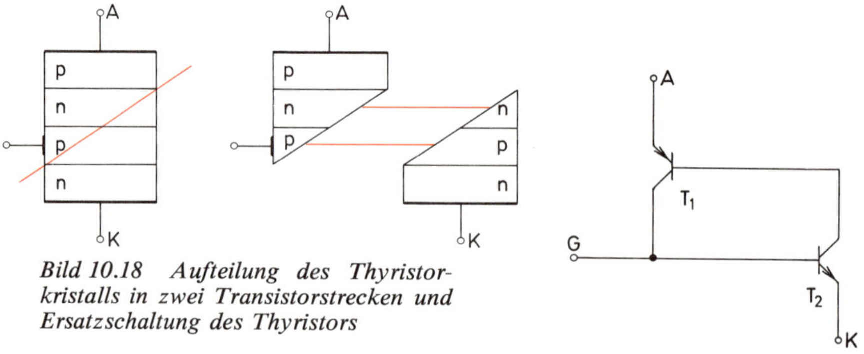

Bild 10.18 Aufteilung des Thyristorkristalls in zwei Transistorstrecken und Ersatzschaltung des Thyristors

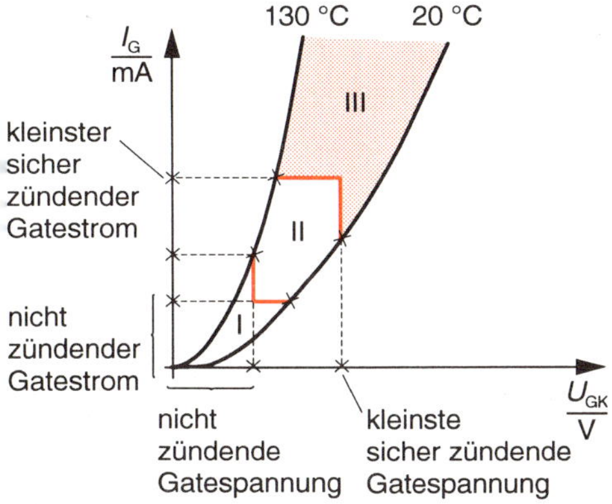

Bild 10.18b
Streuband der Eingangskennlinien
Bereich I Nichtzündung
Bereich II Zündung möglich
Bereich III Sichere Zündung

Um die zur sicheren Zündung erforderliche Höhe des Steuerstromes I_G und der Steuerspannung U_{GK} abzuschätzen, muß bedacht werden, daß auch der Steuerkreis, also die Strecke Gate–Katode, ein pn-Übergang mit der bekannten Durchgangskennlinie ist.
Aufgrund von Exemplarstreuungen und Temperaturabhängigkeiten verschiebt sich diese Kennlinie. Bild 10.18b zeigt das sog. Streuband für den gesamten Temperaturbereich. Man erkennt drei Bereiche: den nichtzündenden Bereich, den Bereich möglicher Zündung und den der sicheren Zündung. Um den Thyristor sicher zu betreiben, müssen Störimpulse also im Bereich I liegen, damit er nicht ungewollt zündet. Für sicheres Zünden müssen die Impulse im Bereich III liegen.
Im niederohmigen Zustand wird das Thyristorkristall von sehr vielen Ladungsträgern überschwemmt. Der Steueranschluß ist wirkungslos geworden. Der normale Thyristor kann nicht mit Hilfe der Steuerelektrode in den hochohmigen Zustand zurückgeschaltet werden. Er bleibt im niederohmigen Zustand, bis der Strom einen bestimmten Mindestwert unterschreitet. Dieser Mindeststromwert wird *Haltestrom* genannt.
Nach Unterschreiten des Haltestromes wird die mittlere Sperrschicht wieder aufgebaut. Die im Sperrschichtbereich befindlichen Ladungsträger werden ausgeräumt. Hierfür ist eine bestimmte Zeit erforderlich, die sogenannte *Freiwerdezeit.*

Ein im niederohmigen Zustand befindlicher Thyristor bleibt niederohmig, bis der Haltestrom unterschritten wird.

Thyristoren können im niederohmigen Zustand Widerstandswerte von wenigen Milliohm haben. Im Laststromkreis eines Thyristors muß daher unbedingt ein genügend großer strombegrenzender Widerstand wirksam sein (Bild 10.19).

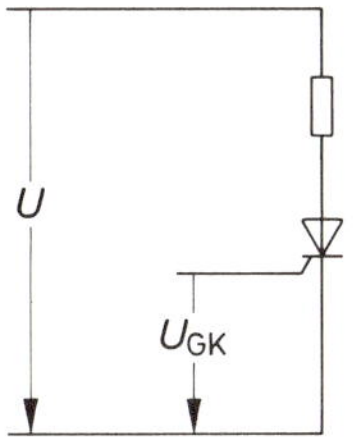

Bild 10.19 Strombegrenzung durch einen Lastwiderstand R ◀

Bild 10.20 Kippkennlinie eines Thyristors ▶

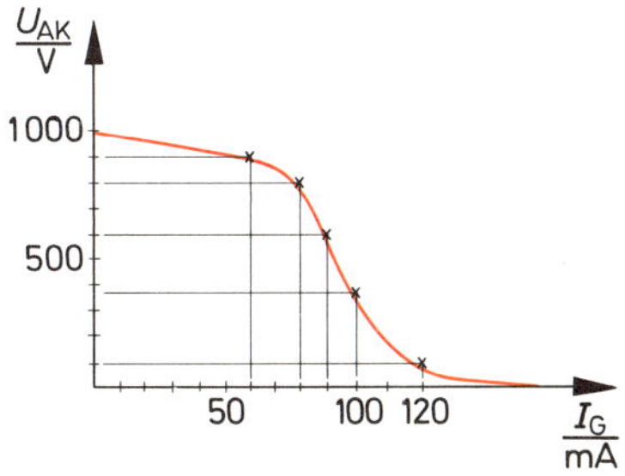

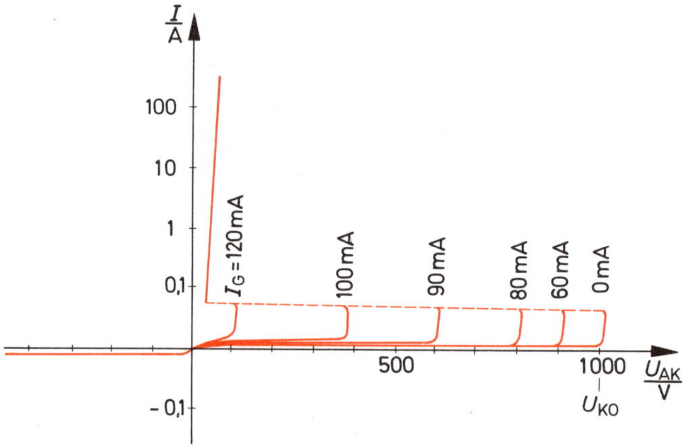

Bild 10.21 Strom-Spannungs-Kennlinie eines Thyristors mit Angabe der Mindeststeuerströme

> *Der durch einen niederohmigen Thyristor fließende Strom muß unbedingt begrenzt werden.*

Die Kippkennlinie eines Thyristors gibt an, welcher Steuerstrom I_G mindestens erforderlich ist, um bei einer bestimmten in Schaltrichtung anliegenden Spannung U_{AK} ein Kippen in den niederohmigen Zustand auszulösen. Eine typische Kippkennlinie ist in Bild 10.20 dargestellt.
Aus der Kippkennlinie, gelegentlich auch Zündkennlinie genannt, kann die Strom-Spannungs-Kennlinie abgeleitet werden. Die Kennlinie in Bild 10.21 gibt die für ein Kippen erforderlichen Mindeststeuerstromwerte an.
Thyristoren sind empfindlich gegen einen schnellen Spannungsanstieg in Schaltrichtung. Überschreitet die Spannungsanstiegsgeschwindigkeit einen bestimmten kritischen Wert, so kann der Thyristor vorzeitig und ohne Steuerimpuls in den niederohmigen Bereich kippen. Dieses Kippen wird durch kapazitive Verschiebungsströme im Kristall ausgelöst.

10.2.2 Schaltverhalten

Einschaltverhalten

Wie bei der Halbleiterdiode verlaufen auch beim Thyristor die Schaltvorgänge nicht in unendlich kurzer Zeit ab. Bild 10.21a erläutert den Einschaltvorgang eines Thyristors. Betrachten wir zunächst die Spannung U_{AK}, die nach dem Einschalten auf die Durchlaßspannung U_t abgefallen sein soll.
Erhält der Thyristor über den Gateanschluß einen Steuerimpuls, so vergeht zunächst eine Zeit, in der sich die Spannung U_{AK} nur geringfügig ändert. Die Zeit, die vergeht, bis U_{AK} auf 90% ihres Anfangswertes abgesunken ist, wird *Zündverzugszeit* t_{gd} genannt. Sie liegt im Bereich weniger Mikrosekunden und verkürzt sich, je höher die Zündimpulse am Gate gewählt werden.
Nach Ablauf dieser Zeit fällt die Spannung U_{AK} dann steil ab. Ist die sogenannte *Durchschaltzeit* t_{gr} vergangen, beträgt U_{AK} nur noch 10% ihres Anfangswertes. Die Durchschaltzeit beträgt etwa 1 bis 2 Mikrosekunden. In der Durchschaltzeit steigt der Strom I steil an und erreicht sein Maximum I_t, den sogenannten Durchlaßstrom.
Danach vergeht eine verhältnismäßig lange Zeit, bis U_{AK} seinen statischen Endwert U_t erreicht hat. Diese *Zündausbreitungszeit* t_{gs} kann etwa 100 Mikrosekunden lang sein. Wichtig für die spätere Betrachtung der Verluste sind die Einschaltverluste, die sich aus den Augenblickswerten

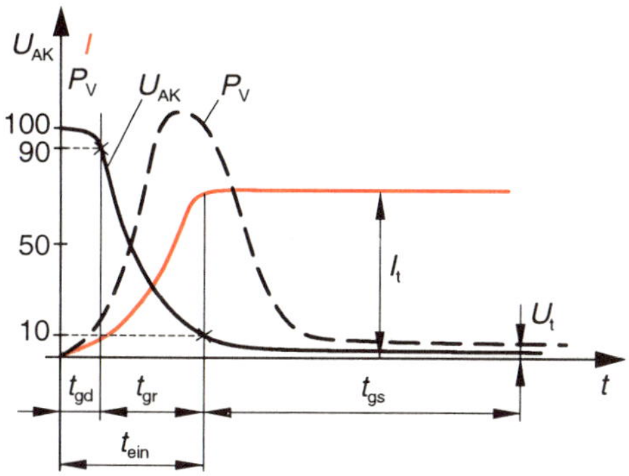

a)

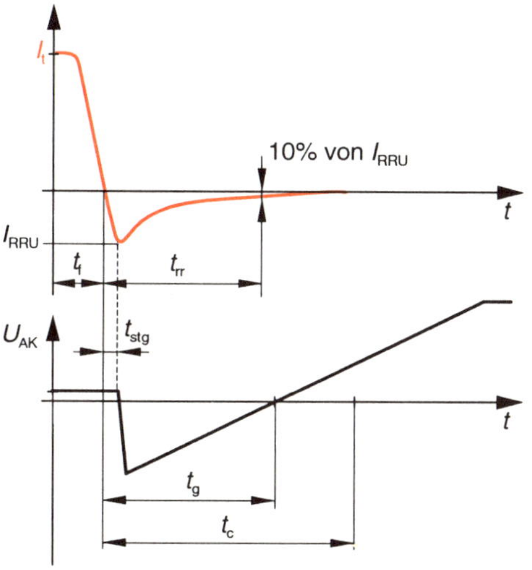

b)

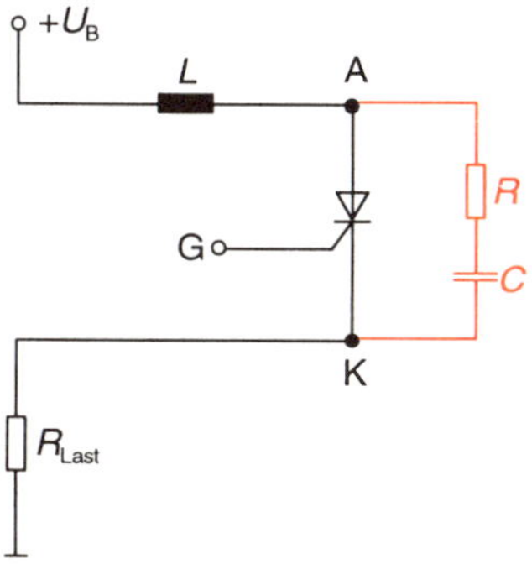

c)

Bild 10.21 a
Einschaltverhalten eines Thyristors
t_{gd} *Zündverzugszeit*
t_{gr} *Durchschaltzeit*
t_{gs} *Zündausbreitungszeit*
P_V *Verlustleistung*

Bild 10.21 b
Ausschaltverhalten eines Thyristors
t_{rr} *Sperrverzugszeit*
t_f *Abfallzeit*
t_g *Freiwerdezeit*
t_{stg} *Speicherzeit*
t_c *Schonzeit*

Bild 10.21 c
Thyristor mit Schutzbeschaltung

von U_{AK} und I ergeben. Die Leitfähigkeit breitet sich vom Gate her über das Kristall aus. Die Einschaltverluste entstehen daher in einem nur kleinflächigen Teil in der Nähe der Gate-Elektrode und können unter Umständen durch Kristallüberhitzung den Thyristor zerstören.

In Bild 2.21 a sieht man, daß mit ansteigendem Strom I die Verluste stark zunehmen. Die äußere Beschaltung des Thyristors muß also den Anstieg von I ($\Delta I/\Delta t$) unter der für das Bauteil angegebenen *kritischen Stromsteilheit* halten. Hierzu kann man beispielsweise eine in Reihe geschaltete Induktivität verwenden. Sie dämpft den Stromanstieg $\Delta I/\Delta t$. Der Thyristor darf also in einem bestimmten Zeitraum nicht zu häufig gezündet werden, da bei jedem Schalten Verluste auftreten, die als Wärme über das Kristall abgeführt werden müssen.

Die Schaltfrequenz eines Thyristors darf einen bestimmten Wert nicht überschreiten. Sonst besteht Zerstörungsgefahr.

Wie zu Anfang des Kapitels aus Bild 10.3 ersichtlich, sperrt die Diodenstrecke D2, wenn die Anode positive Spannung gegenüber der Katode hat (Blockierbereich). Aus dem Abschnitt über Kapazitätsdioden wissen wir, daß ein gesperrter pn-Übergang eine Kapazität hat. Für Kapazitäten gilt:

$$i = C \cdot \frac{\Delta U}{\Delta I}$$

Der Strom steigt also mit zunehmender Spannungssteilheit stark an. Erhält nun U_{AK} solche steilen Spannungsänderungen, so reicht der entstehende kapazitive Strom aus, um den Thyristor zu zünden, ohne daß ein Gate-Impuls anliegt. Solche Zündungen werden „Überkopf-Zündungen" genannt. Sie müssen unbedingt vermieden werden. Im Betrieb muß also darauf geachtet werden, daß die *kritische Spannungssteilheit* SU_{krit} nicht überschritten wird.

Ausschaltverhalten

Wird das Potential der Anode negativ gegenüber der Katode, so wechselt auch die Richtung des Stromes I. Der Haltestrom wird unterschritten, der Ausschaltvorgang beginnt. Bild 10.21 b erläutert diesen Vorgang. Nach dem Nulldurchgang des Stromes I beginnt die *Sperrverzugszeit* t_{rr}. Es fließt ein Sperrstrom, der nach Ablauf der Speicherzeit t_{stg} sehr schnell abfällt. In den inneren, den sogenannten parasitären Induktivitäten des Thyristors, die vom Strom I durchflossen werden, erzeugt die schnelle Stromänderung Induktionsspannungen, die der Änderung des Stromes entgegenwirken. Dies führt zu dem sogenannten *Trägerstaueffekt*, der das Ausschalten verlangsamt. Die Spannung U_{AK} ist negativ. Sie bleibt so lange negativ, bis die im Kristall, vor allem in der mittleren Sperrschicht, vorhandenen Ladungsträger ausgeräumt sind.

Erst wenn die *Freiwerdezeit* t_g verstrichen ist, kann U_{AK} positiv werden, ohne daß die Gefahr besteht, daß der Thyristor selbsttätig durchschaltet. Die Freiwerdezeit nimmt mit steigender Kristalltemperatur zu. Die Schaltung, in der der Thyristor betrieben wird, muß diese Zeit negativer Spannung U_{AK} gewährleisten. Man veranschlagt eine Schonzeit t_c, die etwa das 1,5fache der Freiwerdezeit beträgt (Sicherheitsfaktor 1,5).

> Die *Schonzeit* ist die Zeit, die eine Schaltung dem Thyristor zum Ausschalten gibt. Sie ist aus Sicherheitsgründen größer als die Freiwerdezeit.

Die Schonzeit bestimmt somit auch die höchstzulässige Schaltfrequenz mit.

Verluste

Zur Bemessung der Kühlung ist es erforderlich, die zu erwartenden Verluste abzuschätzen.

Es treten 5 Verlustarten auf:

1 Durchlaßverluste,
2 Sperrverluste,
3 Einschaltverluste,
4 Ausschaltverluste,
5 Zündverluste.

Besonders bei hohen Schaltfrequenzen spielen die Einschalt- und Ausschaltverluste eine wichtige Rolle. Sie sind dann nicht mehr klein gegenüber den Durchlaßverlusten. Betreibt man einen Thyristor an 50-Hz-Spannung, muß man die Einschalt- und Ausschaltverluste nicht genau bestimmen. Es wird empfohlen, sie mit 10% der Durchlaßverluste anzunehmen (Sicherheitsfaktor 1,1).

Schutzbeschaltung

In einer Thyristorschaltung darf keine zu große Stromsteilheit auftreten. Überspannungen beim Ausschalten und mögliche Überspannungen im Netz gefährden den Thyristor. Bild 10.21c zeigt eine häufig eingesetzte Schutzbeschaltung. Die parallelgeschaltete RC-Kombination bedämpft Überspannungen. Die Stromsteilheit wird durch die Drosselspule begrenzt.

10.2.3 Kennwerte und Grenzwerte

Kennwerte

Nennstrom I_N

Der Nennstrom ist der arithmetische Mittelwert des dauernd zulässigen Durchlaßstromes (bei Einwegschaltung und ohmscher Belastung bei bestimmter Kühlung).

Durchlaßspannung U_t

Die Durchlaßspannung ist die im niederohmigen Zustand zwischen Anode und Katode auftretende Spannung (Augenblickswert bei bestimmtem Strom).

Haltestrom I_H

Der Haltestrom ist der kleinste Wert des Durchlaßstromes. Wird der Haltestrom unterschritten, so kippt der Thyristor in den hochohmigen Zustand.

Zündstrom I_{GT}

Der Zündstrom ist der Wert des Steuerstromes, der mindestens erforderlich ist, um den Thyristor in den niederohmigen Zustand zu kippen. Das Kippen wird auch „Zünden“ genannt.

Zündspannung U_{GT}

Die Zündspannung ist die Spannung, die bei Fließen des Steuerstromes zwischen Steuerelektrode und Katode auftritt.

Zündzeit t_{ein} (Einschaltzeit, Zündverzug)

Die Zündzeit ist die Zeit, die vom Beginn eines steilen Steuerimpulses an vergeht, bis die Spannung am gesperrten Thyristor auf 10% ihres Anfangswertes abgesunken ist, der Thyristor also in den niederohmigen Zustand gekippt ist.

Freiwerdezeit t_q (Ausschaltzeit, Sperrverzug)

Die Freiwerdezeit ist die Zeit, die vom Nulldurchgang des Stromes an vergeht, bis der Sperrzustand des Thyristors voll wieder aufgebaut ist.

Sperrstrom I_D, I_R

Man unterscheidet einen positiven und einen negativen Sperrstrom. Der positive Sperrstrom I_D ist der im Blockierzustand auftretende Strom, der negative Sperrstrom I_R ist der im Sperrzustand auftretende Strom. Meist sind beide Sperrströme angenähert gleich groß.

Wärmewiderstand R_{thG}, R_{thU}

Angegeben wird oft der Wärmewiderstand Sperrschicht — Gehäuse R_{thG} und der Wärmewiderstand Sperrschicht — umgebende Luft R_{thU}.

Nullkippspannung U_{KO}

Die Nullkippspannung ist die Spannung zwischen Anode und Katode, bei der der Thyristor bei offener Steuerelektrode in den niederohmigen Zustand kippt. Sie wird oft in den Datenblättern nicht angegeben, da bei vielen Thyristoren ein Betrieb bei der Nullkippspannung nicht mehr zulässig ist.

Grenzwerte

Periodische Spitzensperrspannung U_{DRM}, U_{RRM}

Man unterscheidet eine positive Spitzensperrspannung und eine negative Spitzensperrspannung. Die positive Spitzensperrspannung U_{DRM} ist in Schaltrichtung gepolt (Blockierzustand), die negative Spitzensperrspannung U_{RRM} ist in Sperrichtung gepolt. Die Spitzensperrspannungen U_{DRM} und U_{RRM} geben die höchstzulässigen Augenblickswerte von periodischen Spannungen an.

Höchstzulässige Stoßspitzenspannung U_{RSM}

Die höchstzulässige Stoßspitzenspannung ist der Spannungswert, der bei nichtperiodischen Vorgängen gelegentlich auftreten darf. Er darf auch bei kürzester Impulsdauer nicht überschritten werden.

Dauergrenzstrom I_{TAV}

Der Dauergrenzstrom ist der arithmetische Mittelwert des höchsten dauernd zulässigen Durchlaßstromes (Einwegschaltung, ohmsche Belastung, bestimmte Kühlung).

Höchster periodischer Spitzenstrom I_{TRM}

Der höchste periodische Spitzenstrom ist der höchstzulässige Spitzenwert des Durchlaßstromes während einer Periode.

Dauergleichstrom I_T

Der Dauergleichstrom ist der höchstzulässige Gleichstrom, der dauernd durch den Thyristor fließen darf.

Grenzeffektivstrom $I_{Teffmax}$

Der Grenzeffektivstrom ist der höchstzulässige Effektivwert des Durchlaßstromes.

Grenzlastintegral

Das Grenzlastintegral ist die höchstzulässige Summe aller Quadrate der Durchlaßstromwerte während einer bestimmten Zeit ($\int i^2 \, dt$). Es ist ein Maß für die Gesamtbelastung des Thyristors. Nach diesem Wert werden die Schutzeinrichtungen (z.B. Sicherungen) des Thyristors bemessen.

Spitzenwert der Steuerleistung P_{GM}

Dieser Wert gibt die höchstzulässige Steuerleistung an.

Höchstzulässige Sperrspannung am Steuereingang U_{GRM}

Der pn-Übergang zwischen Steuerelektrode und Katode kann nur eine bestimmte Sperrspannung aushalten. Der höchstzulässige Wert dieser Sperrspannung wird durch U_{GRM} angegeben.

Kritische Spannungssteilheit S_{Ukrit}

Die kritische Spannungssteilheit ist der höchstzulässige Wert der Anstiegsgeschwindigkeit der Spannung in Schaltrichtung. Wird dieser Wert überschritten, so kommt es zu einem ungewollten Kippen in den niederohmigen Zustand.

Kritische Stromsteilheit S_{Ikrit}

Die kritische Stromsteilheit ist der höchstzulässige Wert der Anstiegsgeschwindigkeit des Stromes.

Maximale Sperrschichttemperatur T_j

Wird diese Temperatur überschritten, so wird das Kristall zerstört.

Es ist sehr schwer, übliche Kennwerte und Grenzwerte anzugeben, da sehr unterschiedliche Thyristoren-Typen hergestellt werden. Es muß hier auf die Datenbücher der Hersteller verwiesen werden.

10.2.4 Anwendungen

10.2.4.1. Thyristor im Wechselstromkreis

Thyristoren werden überwiegend als *kontaktlose Schalter* und als *steuerbare Gleichrichter* eingesetzt.

Der Thyristor in Bild 10.22 kann durch einen richtig gepolten, genügend großen und genügend lange dauernden Strom- und Spannungsimpuls auf den Steuereingang vom hochohmigen Zustand in den niederohmigen Zustand geschaltet werden.

Befindet sich der Thyristor im niederohmigen Zustand (Durchlaßzustand), so ist der Steuereingang wirkungslos. Erst nach Unterschreiten des Haltestromes kippt der Thyristor wieder in den hochohmigen Zustand. Das Kippen in den hochohmigen Zustand erfolgt in der Nähe eines jeden Nulldurchganges des Wechselstromes.

Die Zündimpulse können periodisch oder nichtperiodisch auf den Steuereingang gegeben werden.

Werden die Impulse periodisch mit bestimmter Phasenlage zur Wechselspannung U_1 auf den Steuereingang gegeben, so zündet der Thyristor periodisch, d.h., er kippt bei einem ganz bestimmten *Phasenwinkel* innerhalb einer Periode in den niederohmigen Zustand.

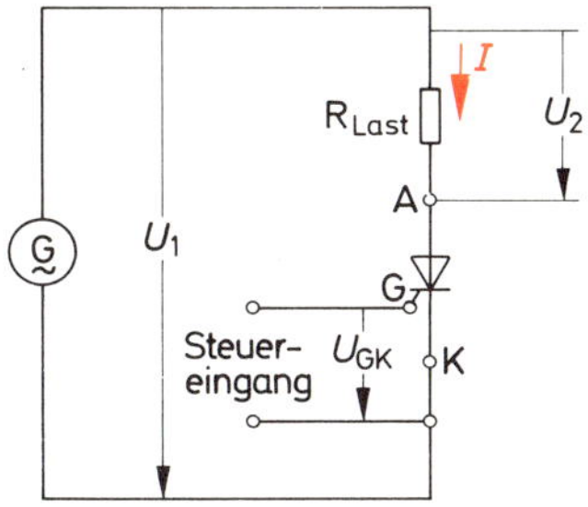

Bild 10.22 Steuereingang und Laststromkreis eines Thyristors

Bild 10.23 zeigt eine gesteuerte Gleichrichterschaltung. Der Thyristor zündet in jeder Periode bei der zum Winkel φ_Z gehörenden Zeit t_Z.

Der Winkel φ_Z heißt *Zündverzögerungswinkel.*

Der Thyristor bleibt nach der Zündung niederohmig, bis der Phasenwinkel $\varphi = 180°$ fast erreicht ist (Stromnulldurchgang).

Es ergeben sich angeschnittene Stromhalbwellen. In Bild 10.24 sind die zeitlichen Verläufe der Spannungen U_1, U_{Th}, U_2, U_{GK} und des Stromes I angegeben.

Ändert man die Phasenlage der Impulse U_{GK}, so ändert man den Zündverzögerungswinkel φ_Z. Die angeschnittenen Stromhalbwellen bekommen eine andere Form. Bild 10.25 zeigt angeschnittene Stromhalbwellen für verschiedene Zündverzögerungswinkel.

> *Je größer der Zündverzögerungswinkel φ_Z ist, desto schmaler sind die angeschnittenen Stromhalbwellen.*

Werden die angeschnittenen Stromhalbwellen gesiebt, so ergibt sich am Ausgang der Siebkette eine um so kleinere Gleichspannung, je schmaler die angeschnittenen Stromhalbwellen sind. Die Ausgangsgleichspannung kann also durch Anschnitt der Halbwellen gesteuert werden. Man nennt dieses Verfahren *Anschnittssteuerung.*

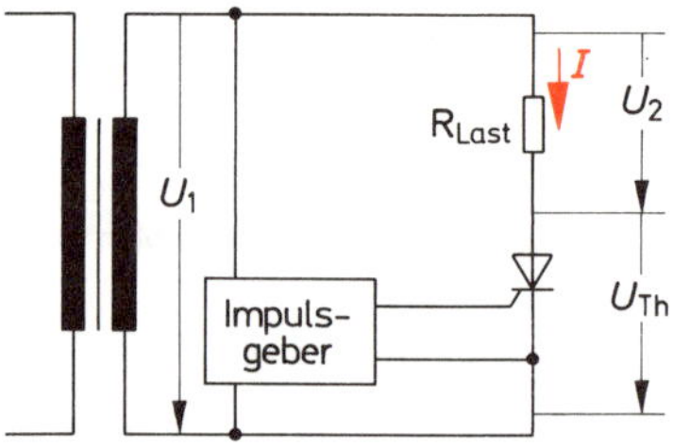

Bild 10.23 Gesteuerte Gleichrichterschaltung mit Thyristor

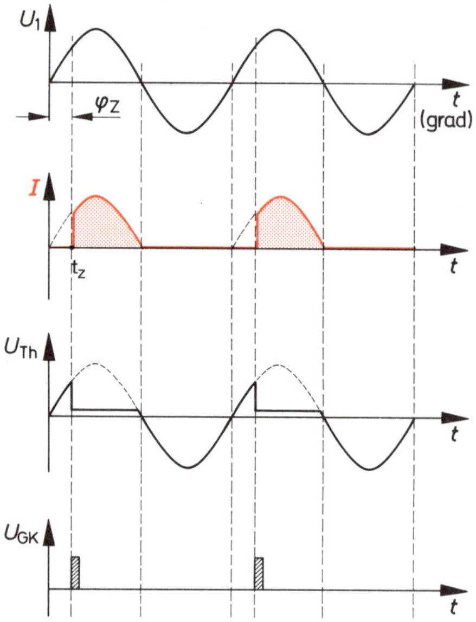

Bild 10.24 Zeitliche Verläufe der Spannungen U_1, U_{Th}, U_2, U_{GK} und des Stromes I

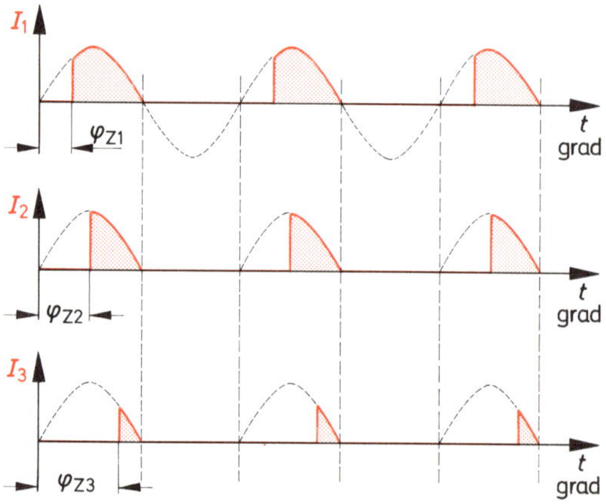

Bild 10.25 Angeschnittene Stromhalbwellen für verschiedene Zündverzögerungswinkel

Bei Anschnittssteuerung ergibt sich eine sehr ungleichmäßige Belastung des Energieversorgungsnetzes. Die sinusförmigen Spannungs- und Stromverläufe werden verzerrt. Dadurch entstehen Oberwellen. Diese Oberwellen sind unerwünscht. Sie können erhebliche Störungen bei Geräten und Maschinen hervorrufen. Außerdem ergeben sich Rundfunkstörungen. Sehr große Leistungen dürfen daher nicht mit Anschnittssteuerung gesteuert werden.

Es ist aber möglich, Steuerimpulse mit einer veränderbaren Impulsfolgefrequenz und starrer Phasenlage zu erzeugen (Bild 10.26). Dies ermöglicht ein Sperren bestimmter positiver *Halbwellen.*

Man kann z.B. jede 100. Halbwelle sperren, man kann auch jede 10., 8., 5. oder jede 2. Halbwelle sperren, oder man kann z.B. 10 Halbwellen sperren und dann jeweils die 11.

Bild 10.26 Halbwellensteuerung

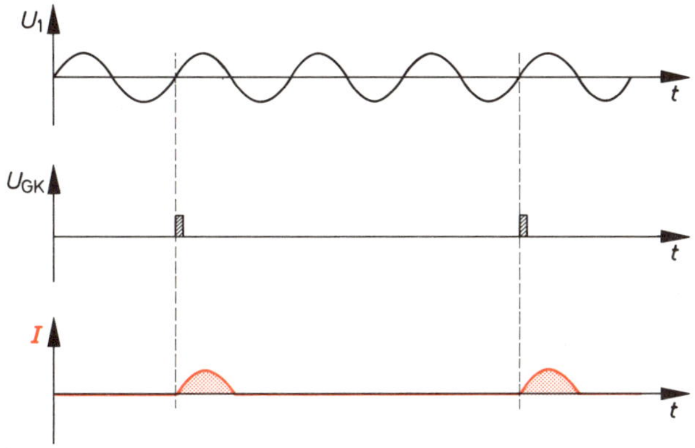

Halbwelle durchlassen. Man kann beliebig festlegen, welche Halbwellen gesperrt und welche durchgelassen werden.
Diese Art der Steuerung nennt man *Halbwellensteuerung.*

> *Bei der Halbwellensteuerung zündet der Thyristor während bestimmter positiver Halbwellen nicht.*

Ausgangsspannung und Ausgangsleistung einer Thyristorgleichrichterschaltung sind um so kleiner, je mehr positive Halbwellen gesperrt werden.
Die Halbwellensteuerung erzeugt wesentlich weniger Oberwellen. Dieses Verfahren wird für die Steuerung großer Leistungen verwendet.

10.2.4.2. Thyristor im Gleichstromkreis

Thyristoren arbeiten in Gleichstromkreisen als kontaktlose Schalter. Mit Hilfe eines kleinen Steuerstromes kann ein großer Laststrom eingeschaltet werden.
Das Ausschalten des Laststromes ist jedoch nicht ganz so einfach. Der normale Thyristor kann über den Steuereingang nicht in den hochohmigen Zustand geschaltet werden. Ein Kippen in den hochohmigen Zustand kann nur durch Unterschreiten des Haltestromes herbeigeführt werden. Der Laststrom muß also zumindest kurzzeitig wesentlich herabgesetzt werden. Es gibt natürlich die Möglichkeit, den Laststrom mit Hilfe eines Schalters zu unterbrechen (Bild 10.27). Doch dies erfordert den Einsatz elektromechanischer Bauteile, z.B. von Relais. Eine kontaktlose Abschaltmöglichkeit ist besser.
Die in Bild 10.28 dargestellte Schaltung erlaubt ein kontaktloses Abschalten. Thyristor Th 1 ist der sogenannte Hauptthyristor. Er kann die gewünschte große Leistung schalten.
Der Thyristor Th 2 ist der Abschaltthyristor. Er kann für eine kleinere Leistung bemessen sein.
Während des niederohmigen Zustandes von Th 1 wird der Kondensator C aufgeladen (siehe Bild 10.29). Th 2 ist gesperrt.
Wird nun Th 2 durch einen Impuls gezündet, so sinkt die Spannung an der Anode von Th 2 auf etwa +2 V (gegen Masse). Der Kondensator ist aber auf 98 V aufgeladen. Sein zweiter Pol hat also kurzzeitig das Potential −96 V. Durch dieses Potential wird der Laststrom praktisch unterbrochen und der Thyristor Th 1 in den hochohmigen Zustand gekippt.

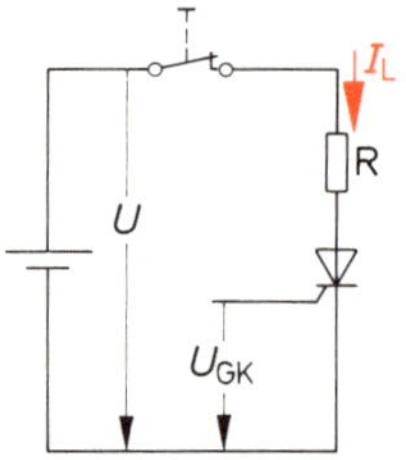

Bild 10.27 Thyristor im Gleichstromkreis

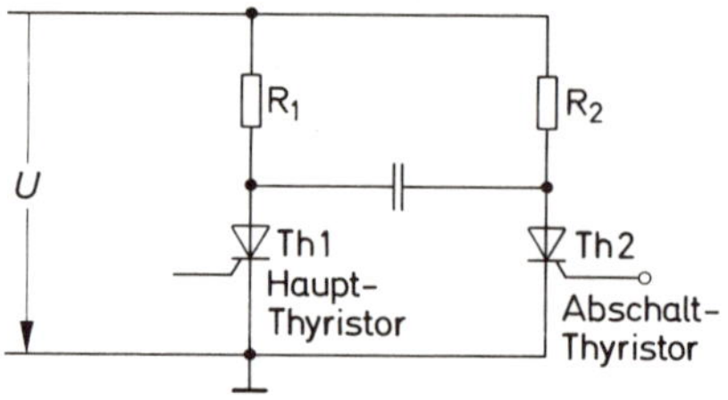

Bild 10.28 Steuerschaltung mit Hauptthyristor und Abschaltthyristor

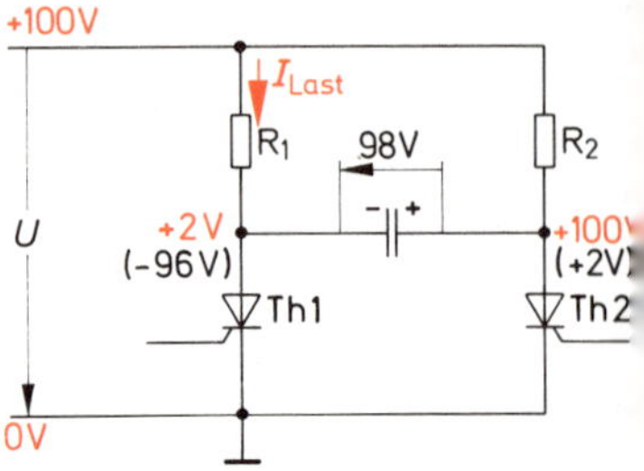

Bild 10.29 Erläuterung der Arbeitsweise einer Steuerschaltung mit Haupt- und Abschaltthyristor

Schaltungen dieser Art werden z.B. in den Steuerungen batteriebetriebener Fahrzeuge wie Elektrokarren, Gabelstapler usw. verwendet.

10.3. Thyristortetroden

10.3.1. Aufbau und Arbeitsweise

Die Thyristortetrode ist eine Weiterentwicklung des Thyristors bzw. der Thyristortriode. Bild 10.30 zeigt den Aufbau einer Thyristortetrode. Sie hat zwei Steueranschlüsse (G_1 und G_2). Die Zündung kann sowohl durch einen positiven Strom über G_1 als auch durch einen negativen Strom über G_2 erfolgen. Dabei soll unter einem positiven Strom ein in die Steuerelektrode hineinfließender Strom verstanden werden. Ein negativer Strom ist dann ein aus der Steuerelektrode herausfließender Strom. Als Stromrichtung gilt die technische Stromrichtung (von + nach –).

> *Die Thyristortetrode kann wahlweise über G_1 oder G_2 oder über beide in den niederohmigen Zustand geschaltet werden.*

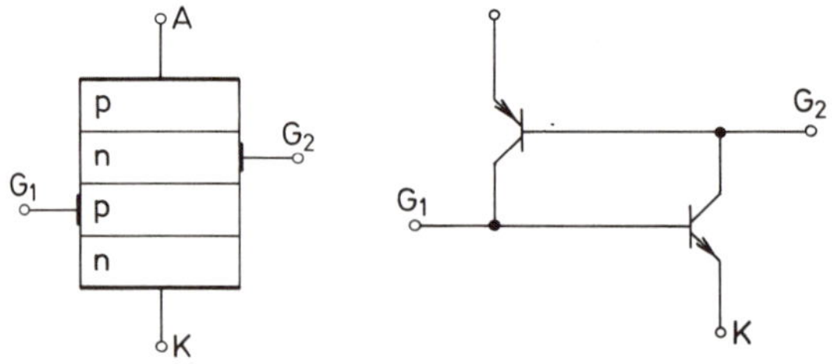

Bild 10.30 Grundaufbau und Ersatzschaltung einer Thyristortetrode

Während beim Thyristor nach erfolgter Zündung die Steuerelektrode ihre Wirksamkeit weitgehend verliert und ein Zurückschalten in den hochohmigen Zustand mit Hilfe der Steuerelektrode nicht möglich ist, kann eine Thyristortetrode über die Steuerelektroden abgeschaltet (gesperrt) werden.

Das Abschalten kann über G_1 oder über G_2 oder über beide Steueranschlüsse gleichzeitig erfolgen.

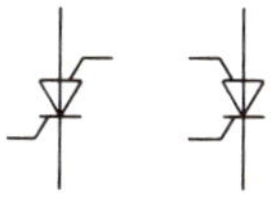

Bild 10.31 Schaltzeichen von Thyristortetroden

Beim Schaltvorgang in den hochohmigen Zustand müssen die Steuerströme umgekehrt gepolt sein wie beim Schaltvorgang in den niederohmigen Zustand.

> *Die Thyristortetrode kann wahlweise über G_1 oder G_2 oder über beide Steueranschlüsse gleichzeitig in den hochohmigen Zustand geschaltet werden.*

Bild 10.31 zeigt die genormten Schaltzeichen von Thyristortetroden.
Thyristortetroden haben die unangenehme Eigenschaft, bei schnellem Anstieg der Spannung U_{AK} gelegentlich ohne Steuerströme und vor Erreichen der Nullkippspannung in den niederohmigen Zustand umzuschalten. Dieses ungesteuerte Schalten kann durch bestimmte schaltungstechnische Maßnahmen weitgehend verhindert werden.
Thyristortetroden werden zur Zeit nur für verhältnismäßig kleine Stromstärken (bis etwa 5 A) gebaut. Bei größeren Stromstärken bereitet das Abschalten über die Steueranschlüsse Schwierigkeiten. Die hier auftretenden technischen Probleme werden zur Zeit noch nicht beherrscht. Es ist aber anzunehmen, daß es in Zukunft auch Thyristortetroden für größere Stromstärken geben wird.

10.3.2. Kennwerte und Grenzwerte

Die Kennwerte und Grenzwerte einer Thyristortetrode entsprechen ziemlich gut den Kennwerten und Grenzwerten eines Kleinthyristors. Sie brauchen hier nicht nochmals aufgeführt zu werden. Es wird auf Abschnitt 10.1.2 verwiesen. Lediglich die Schaltzeiten von Thyristortetroden sind kürzer als die von Thyristoren gleicher Nennstromstärke.

10.3.3. Anwendungen

Thyristortetroden werden häufig in Steuerschaltungen mit kleinen Stromstärken angewendet.

Ein großes Einsatzgebiet ist die Digitaltechnik. Hier verwendet man Thyristortetroden für Speicher, Zähler und Register sowie für Impulsgeneratoren. Thyristortetroden erlauben den Aufbau verhältnismäßig einfacher Schaltungen. Durch eine Thyristortetrode können meist mehrere der bisher für eine ähnliche Schaltung verwendeten Bauteile ersetzt werden.

10.4. GTO-Thyristoren

Die herkömmlichen Thyristoren, oder genauer gesagt die Thyristortrioden, haben den Nachteil, nach dem Einschalten im niederohmigen Zustand zu verbleiben, bis der Haltestromwert unterschritten wird. Die Steuerelektrode, das Gate, ist in dieser Zeit wirkungslos. Man hat Thyristortetroden entwickelt, die ein Abschalten über ein oder zwei Gates zulassen. Diese sind aber nur für verhältnismäßig kleine Stromstärken verfügbar.
Eine neue, zukunftsträchtige Entwicklung stellen die *GTO-Thyristoren* dar. Sie erlauben ein Abschalten über das Gate durch einen negativen Steuerstrom (GTO = Gate-Turn-Off, engl.: Gate schaltet ab).

GTO-Thyristoren können über das Gate vom niederohmigen in den hochohmigen Zustand geschaltet werden.

Die anderen Eigenschaften der GTO-Tyristoren sind denen der Thyristortrioden sehr ähnlich.

10.4.1. Aufbau und Arbeitsweise

GTO-Thyristoren sind Vierschicht-Halbleiterbauelemente wie die Thyristortrioden auch. Die Zonenfolge ist pnpn, wie in Bild 10.32 dargestellt. Es gilt auch die gleiche Ersatzschaltung aus zwei Transistorstrecken. Nur ist die Dotierung der Zonen sehr unsymmetrisch. Die Stromverstärkung der pnp-Transistorstrecke B_{pnp} wird durch Herstellungsmaßnahmen so vermindert, daß sich nach dem Einschalten der niederohmige Zustand gerade noch sicher hält. Das Ausschalten über das Gate wird erst durch diese Maßnahme möglich.

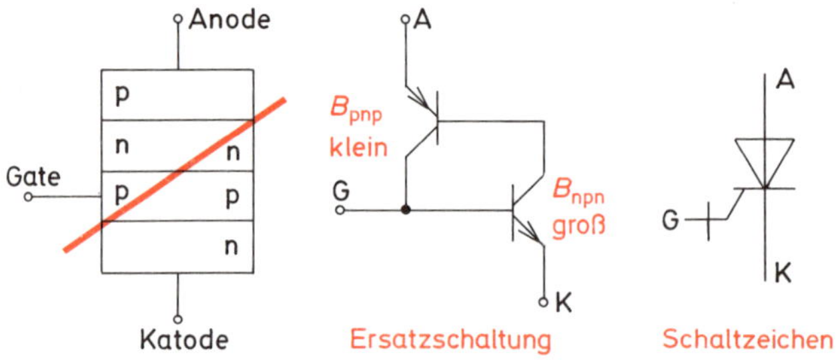

Bild 10.32 Aufbauschema, Ersatzschaltung und Schaltzeichen eines GTO-Thyristors

Trotzdem benötigt man zum Ausschalten einen recht großen negativen Steuerstrom, den sogenannten *Abschalt-Steuerstrom*. Die in den Kristallzonen herrschende Ladungsträgerüberschwemmung muß kurzzeitig beseitigt werden, damit sich der Sperrzustand aufbauen kann.

Zum Abschalten von GTO-Thyristoren ist ein Abschalt-Steuerstrom erforderlich, der etwa 20% bis 30% des Laststromes beträgt.

Für GTO-Tyristoren wird eine *Abschaltverstärkung* G_{GQ} angegeben. Je höher G_{GQ} ist, desto kleiner kann der Abschalt-Steuerstrom sein.

$$G_{GQ} = \frac{I_{TQS}}{I_{GQ}}$$

G_{GQ} Abschaltverstärkung
I_{TQS} abzuschaltender Strom, Laststrom
I_{GQ} Abschalt-Steuerstrom

Übliche Abschaltverstärkungen liegen etwa zwischen 3 und 5. Die zur Zeit größten GTO-Thyristoren können Lastströme von 1000 A abschalten. Sie benötigen dazu Abschalt-Steuerströme von etwa 250 A. Damit das Abschalten sicher geschieht, muß der Abschalt-Steuerstrom mit etwa 50 A pro Mikrosekunde ansteigen. Das ist eine hohe Anforderung.

GTO-Thyristoren benötigen zum Abschalten sehr leistungsfähige Steuerschaltungen.

Man ist bemüht, GTO-Thyristoren herzustellen, die größere Abschaltverstärkungen haben, die also mit kleineren Abschalt-Steuerströmen auskommen.

Zum Schalten in den niederohmigen Zustand, zum sogenannten Einschalten, werden wesentlich geringere Steuerströme benötigt als zum Abschalten. Die Einschalt-Steuerströme liegen bei etwa 0,5% bis 1% des Laststromes. Die Zeiten für das Einschalten und für das Abschalten hängen von der Größe der Steuerströme und von deren Anstiegsgeschwindigkeit ab.

Die Schaltzeiten von GTO-Tyristoren sind um so kleiner, je größer die Steuerströme sind und je steiler sie ansteigen.

Die Einschaltzeit und die Ausschaltzeit liegen etwa zwischen 2 µs und 6 µs. Ein Schalterbetrieb ist bis zu einer Frequenz von etwa 2 kHz möglich.

10.4.2. Kennwerte und Grenzwerte

Die Kennwerte und Grenzwerte sind denen von Thyristortrioden ähnlich. Es sollen hier nur die besonders typischen genannt werden.

Grenzwerte		Beispielwerte
Höchster abschaltbarer Strom	I_{TQSM}	z. B. 500 A
Durchlaßstrom (Spitzenwert)	I_{TM}	z. B. 800 A
Maximale Sperrspannung	U_{DRM}	z. B. 1800 V

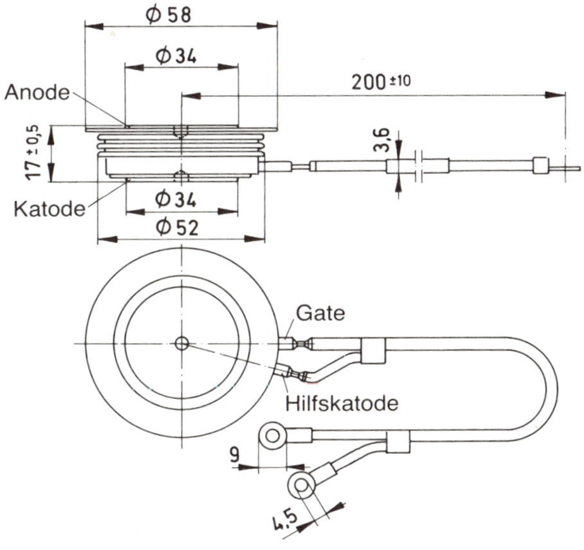

Bild 10.33 Gehäuse eines GTO-Thyristors mit Anschlüssen (Scheibengehäuse)

Kennwerte		
Abschaltbarer Nennstrom (Laststrom)	I_{TQS}	z. B. 400 A
Einschalt-Steuerstrom (Zündstrom)	I_{GT}	z. B. 2 A
Abschalt-Steuerstrom	I_{GQ}	z. B. 100 A
Abschaltverstärkung	G_{GQ}	z. B. 4

Betriebswerte	
Spannung zwischen Anode und Katode	U_{AK}
Sperrspannung	U_D
Durchlaßspannung	U_T
Laststrom	I_{TQ}
Schwanzstrom (Nachstrom)	I_{tail}

Zeiten	
Einschaltzeit (t_{gt})	t_{ein}
Verzögerungszeit (delay time)	t_d
Austiegszeit (rise time)	t_r
Ausschaltzeit (t_{gq})	t_{aus}
Speicherzeit (storage time)	t_s
Abfallzeit (fall time)	t_f
Nachstromzeit (tail time) (Schwanzstromzeit)	t_{tail}

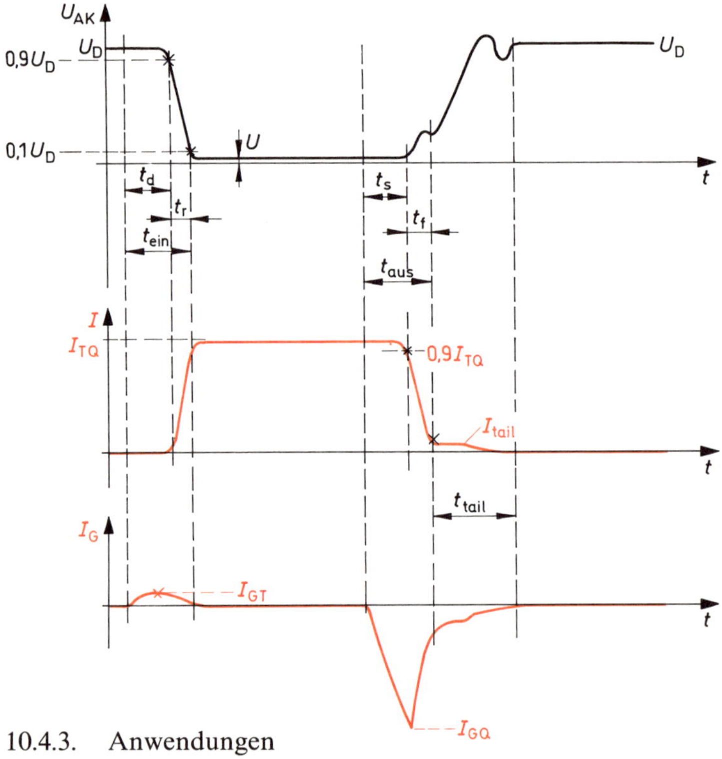

Bild 10.34 Einschalten und Ausschalten von GTO-Thyristoren

10.4.3. Anwendungen

GTO-Tyristoren eignen sich besonders gut zum Aufbau von Schaltungen, die Gleichspannungen in Wechselspannungen umwandeln. Diese sogenannten Wechselrichterschaltungen können mit GTO-Thyristoren wesentlich einfacher als mit Thyristortrioden konstruiert werden. Wechselrichterschaltungen dienen der Spannungsumformung in modernen Elektro-Loks und in Straßenbahnzügen.

10.5. Lernziel-Test

1. Erklären Sie Aufbau und Arbeitsweise einer Vierschichtdiode.
2. Für die Vierschichtdiode gilt eine Ersatzschaltung aus zwei Transistorsystemen. Skizzieren Sie diese Ersatzschaltung.

3. Zeichnen Sie eine typische Vierschichtdioden-Kennlinie (I in Abhängigkeit von U_{AK}) mit Blockierbereich, Übergangsbereich, Durchlaßbereich und Sperrbereich.
4. Wie ist ein üblicher Thyristor, also eine rückwärts sperrende Thyristortriode, aufgebaut? Wodurch unterscheidet sich der Thyristor von einer Vierschichtdiode?
5. Ein Thyristorkristall kann man sich aufgeteilt in zwei Transistorstrecken vorstellen. Skizzieren Sie die Transistorstrecken und ihre Zusammenschaltung, und entwickeln Sie hieraus die Ersatzschaltung eines Thyristors.
6. Wie arbeitet eine rückwärts sperrende Thyristortriode?
   Beschreiben Sie, unter welchen Bedingungen das Bauteil niederohmig wird und wodurch es wieder in den hochohmigen Zustand zurückgeschaltet werden kann.
7. Nennen Sie sechs Kennwerte eines Thyristors!
8. Nennen Sie sechs Grenzwerte eines Thyristors. Was hat es für Folgen, wenn ein Grenzwert im Betrieb überschritten wird?
9. Was versteht man unter der Kippkennlinie eines Thyristors?
10. Skizzieren Sie eine typische I-U_{AK}-Kennlinie eines Thyristors.
11. Bild 10.35 zeigt eine gesteuerte Einweg-Gleichrichterschaltung. Erklären Sie die Arbeitsweise.
12. Die gesteuerte Gleichrichterschaltung Bild 10.35 arbeitet mit einem Zündverzögerungswinkel $\varphi_Z = 90°$. Die Eingangsspannung U_1 hat sinusförmigen Verlauf. Zeichnen Sie den Verlauf der Ausgangsspannung.

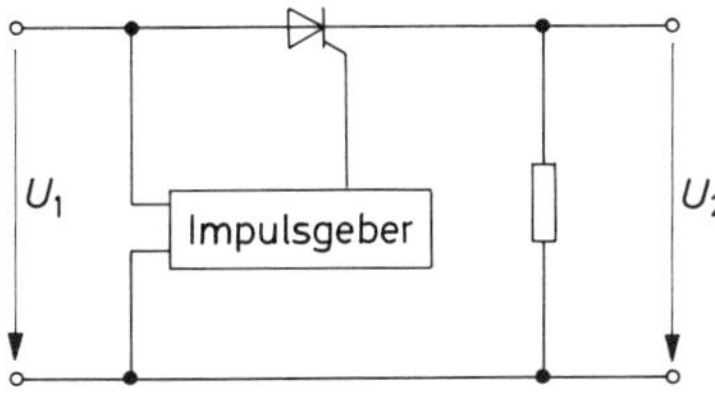

Bild 10.35 Gesteuerte Einweg-Gleichrichterschaltung

13. Was versteht man bei Thyristorschaltungen unter Halbwellensteuerung?
14. Wie arbeitet die Schaltung Bild 10.36?

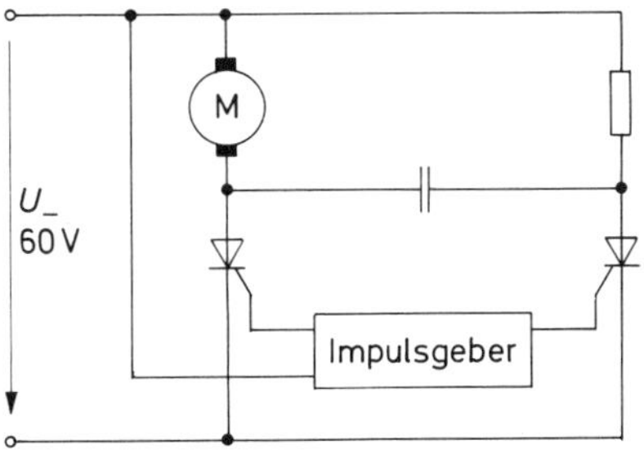

Bild 10.36 Schaltung mit Thyristoren

15. Was ist ein GTO-Thyristor? Wie arbeitet er und wodurch unterscheidet er sich von einer rückwärts sperrenden Thyristortriode?
16. Ein wichtiger Kennwert eines GTO-Thyristors ist seine Abschaltverstärkung. Was versteht man unter Abschaltverstärkung?

17. Die einem Lastwiderstand zuzuführende Wechselstromleistung soll gesteuert werden. Wie kann man mit einem Thyristor eine solche Leistungssteuerung bewerkstelligen?
18. Erklären Sie die Arbeitsweise der Schaltung Bild 10.37.

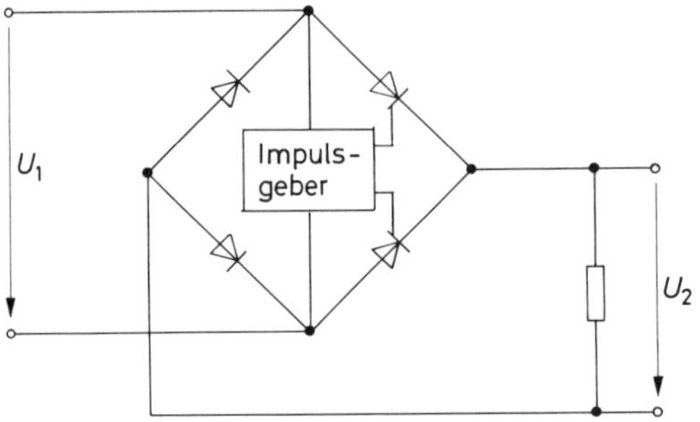

Bild 10.37 Schaltung mit Thyristoren und Dioden

11. Diac und Triac

11.1. Diac

Diac sind Halbleiterbauteile mit ausgeprägten Schaltereigenschaften. Sie haben einen *hochohmigen Zustand,* auch Sperrzustand oder Blockierzustand genannt, und einen *niederohmigen Zustand,* der als Durchlaßzustand bezeichnet wird.
Die Bezeichnung „Diac“ ist die Zusammenfassung der Anfangsbuchstaben des englischen Namens „diode alternating current switch“, was übersetzt *Diodenwechselstromschalter* bedeutet.
Diac kippen bei einer bestimmten Spannung U_{B0}, der sogenannten *Durchbruchspannung,* vom hochohmigen Zustand in den niederohmigen Zustand. Der Übergang in den niederohmigen Zustand erfolgt bei beiden Polungsrichtungen der angelegten Spannung etwa beim gleichen Spannungsbetrag. Man sagt, der Diac sei ein *bidirektionaler* Schalter, ein Schalter also, der bei beiden Spannungsrichtungen schaltet.
Diac werden als Dreischicht-Halbleiterbauteile und als Fünfschicht-Halbleiterbauteile hergestellt. Dem entsprechend unterscheidet man *Zweirichtungsdioden* und *Zweirichtungs-Thyristordioden.*

11.1.1. Zweirichtungsdioden

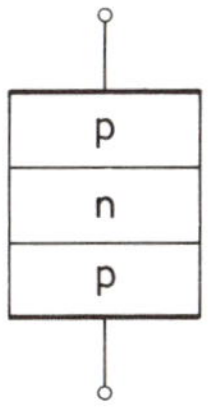

Bild 11.1 Grundaufbau einer Zweirichtungsdiode

Bild 11.2 Polungen der Zweirichtungsdiode ▶

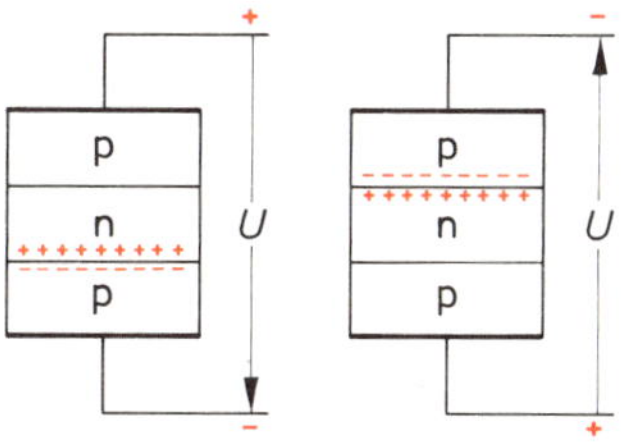

11.1.1.1. Aufbau und Arbeitsweise

Die Zweirichtungsdiode ist ähnlich aufgebaut wie ein Transistor (Bild 11.1). Das Kristall besteht aus drei Zonen, die abwechselnd p- und n-leitfähig sind. Die Zonenfolge p-n-p ist üblich, möglich ist aber auch die Zonenfolge n-p-n.
Wie man die äußere Spannung auch polt, ein pn-Übergang wird stets in Sperrichtung betrieben, der andere in Durchlaßrichtung (Bild 11.2).
Bei einer bestimmten Spannung U_{B0} bricht der in Sperrichtung betriebene pn-Übergang durch. Der Durchbruch erfolgt ähnlich wie bei einer Z-Diode. Nach dem Durchbruch ist die Zweirichtungsdiode niederohmig. Die Größe der Durchbruchspannung U_{B0} hängt von der Dotierung der Zonen ab.

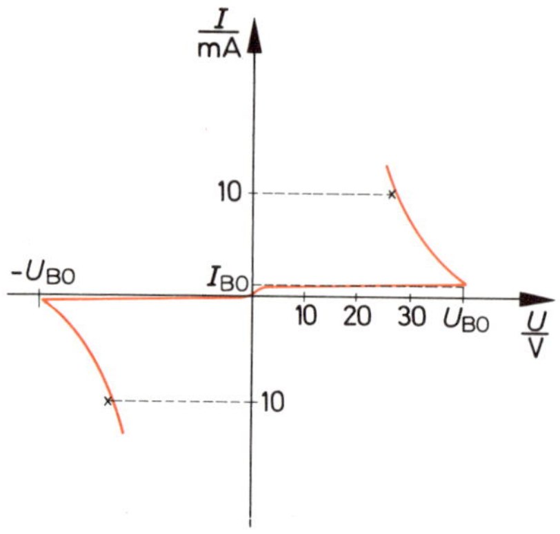

Bild 11.3 Strom-Spannungs-Kennlinie einer Zweirichtungsdiode

Das Zurückkippen in den hochohmigen Zustand erfolgt bei Unterschreiten einer bestimmten Spannung, der sogenannten *Haltespannung.*
Die Größe der Haltespannung ist ebenfalls von der Dotierung der Zonen abhängig.

> *Eine Zweirichtungsdiode wird bei Unterschreiten der Haltespannung hochohmig.*

11.1.1.2. Kennwerte und Grenzwerte

Die Strom-Spannungs-Kennlinie einer Zweirichtungsdiode ist in Bild 11.3 dargestellt.
Kennwerte sind die *Durchbruchspannung* U_{B0} und die *Haltespannung* U_H, weiterhin der *Durchbruchsstrom* I_{B0}.
Der Durchbruchsstrom I_{B0} ist der Strom, der unmittelbar vor Beginn des Durchbruches fließt. Er sollte möglichst klein sein, da er ja ein Sperrstrom ist und die Güte der Sperrwirkung kennzeichnet.
Als Kennwert wird weiterhin der mögliche Unterschied zwischen den Beträgen von $+U_{B0}$ und $-U_{B0}$ angegeben. Dieser Unterschied sollte möglichst klein sein. Bei vollkommener Symmetrie des Bauteilaufbaus wäre er Null. Dieser Kennwert wird *Symmetrieabweichung* genannt.

Übliche Kennwerte:

Durchbruchspannung	$U_{B0} \approx 32$ V
Durchbruchsstrom	$I_{B0} \approx 50\,\mu$A
Haltespannung	$U_H \approx 20$ V
Symmetrieabweichung	$S \approx \pm 3$ V

Grenzwerte sind die höchstzulässige Verlustleistung P_{tot}, die höchste und die tiefste Gehäusetemperatur ϑ_{max} und ϑ_{min} und der höchste zulässige Impulsstrom I_{Pmax}.

Übliche Grenzwerte:

Höchstzulässige Verlustleistung	$P_{tot} \approx 0{,}5$ W
Höchstzulässiger Impulsstrom	$I_{pmax} \approx 2$ A
Höchste Gehäusetemperatur	$T_{max} \approx +100$ °C
Tiefste Gehäusetemperatur	$T_{min} \approx -40$ °C

Bild 11.4 Schaltzeichen der Zweirichtungsdiode

11.1.2. Zweirichtungs-Thyristordioden

11.1.2.1. Aufbau und Arbeitsweise

Eine Zweirichtungs-Thyristordiode ist im Prinzip eine Antiparallelschaltung von zwei Thyristordioden (Bild 11.5).
Die Thyristordioden werden auch Vierschichtdioden genannt, da ihr Kristall aus 4 verschiedenen Zonen besteht (Bild 11.6).
Die beiden Thyristordiodensysteme können in einem Kristall vereinigt werden. Dabei werden jeweils n-leitende und p-leitende Zonen zusammengefaßt, wie in Bild 11.7 dargestellt. Es ergibt sich ein Fünfschicht-Halbleiterbauteil.

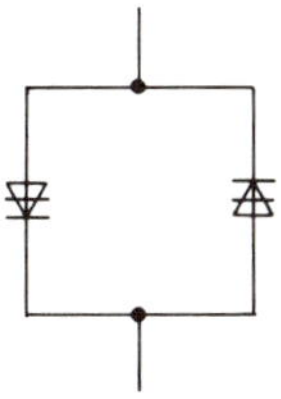

Bild 11.5 Antiparallelschaltung von zwei Thyristordioden

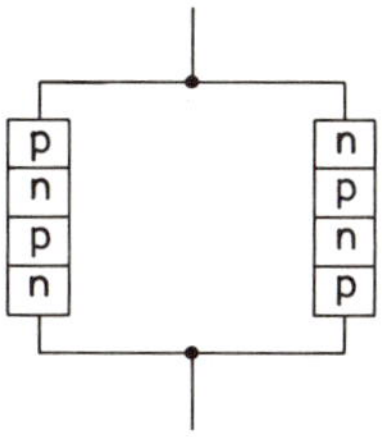

Bild 11.6 Antiparallelschaltung von zwei Thyristordioden. Darstellung des Zonenaufbaus

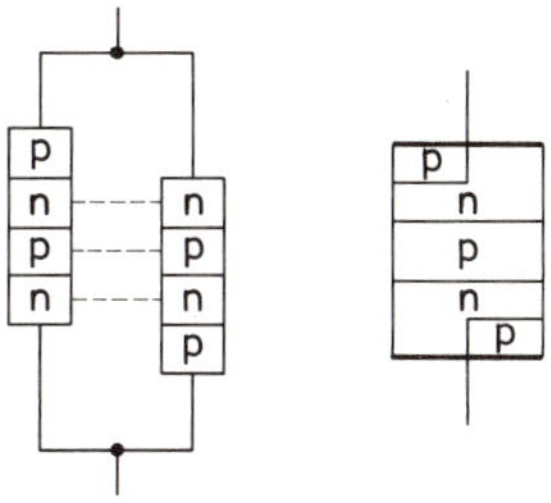

Bild 11.7 Vereinigung der Systeme zweier antiparallel geschalteter Thyristordioden in einem Kristall

Die Eigenschaften der Zweirichtungs-Thyristordiode entsprechen denen der Antiparallelschaltung von zwei Thyristordioden (Bild 11.5). Bei einer bestimmten Spannung U_{B0} geht das Bauteil vom hochohmigen in den niederohmigen Zustand über. Das Zurückkippen in den hochohmigen Zustand erfolgt bei Unterschreiten des Haltestromes.

> *Eine Zweirichtungs-Thyristordiode wird bei Unterschreiten des Haltestromes hochohmig.*

11.1.2.2. Kennwerte und Grenzwerte

Die Kennwerte von Zweirichtungs-Thyristordioden entsprechen den Kennwerten von Thyristordioden bzw. Vierschichtdioden. Es wird deshalb auf Abschnitt 10.1.2 verwiesen. Lediglich die Symmetrieabweichung ist besonders zu erwähnen. Es ist sehr schwer, die Zonen so symmetrisch aufzubauen, daß die Beträge der Spannungen $+U_{B0}$ und $-U_{B0}$ annähernd gleich groß sind. Die Symmetrieabweichung beträgt etwa 4 V bis 6 V. Das heißt, die Spannungen $+U_{B0}$ und $-U_{B0}$ dürfen sich maximal um diesen Wert unterscheiden.
Bild 11.8 zeigt die Strom-Spannungs-Kennlinie einer Zweirichtungs-Thyristordiode.
Die Grenzwerte entsprechen ebenfalls den Grenzwerten von Thyristordioden (siehe 10.1.2.).
Für Zweirichtungs-Thyristordioden wurde in letzter Zeit das in Bild 11.9 dargestellte Schaltzeichen genormt.

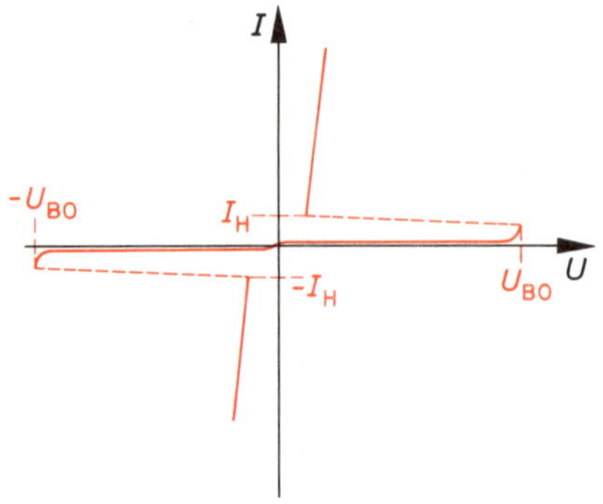

Bild 11.8 Strom-Spannungs-Kennlinie einer Zweirichtungs-Thyristordiode

Bild 11.9 Schaltzeichen der Zweirichtungs-Thyristordiode

11.1.3. Anwendung von Diac

Diac, also Zweirichtungsdioden und Zweirichtungs-Thyristordioden, werden vorwiegend als kontaktlose Schalter eingesetzt. Sie werden nur für kleine Stromstärken (bis etwa 3 A) gebaut. Ihr Hauptanwendungsgebiet ist zur Zeit die Ansteuerung von Triac.

11.2. Triac

11.2.1. Aufbau und Arbeitsweise

In der Steuerungstechnik wird oft gefordert, daß einem Verbraucher eine steuerbare Leistung zugeführt wird. Die Steuerung dieser Leistung soll möglichst wirtschaftlich erfolgen.
Eine solche Leistungssteuerung ist grundsätzlich mit Thyristoren möglich. Thyristoren haben aber einen Gleichrichtereffekt. Sie steuern nur positive Halbwellen. Die negativen Halbwellen werden immer gesperrt.
Häufig besteht der Wunsch, auch die negativen Halbwellen zu steuern. Dies kann mit einer Antiparallelschaltung von zwei Thyristoren erfolgen, wie sie in Bild 11.10 dargestellt ist. Thyristor Th 1 steuert z.B. die positiven Halbwellen, Thyristor Th 2 steuert die negativen Halbwellen.
Zur Steuerung der Antiparallelschaltung sind aber zwei Steuerströme und die in Bild 11.10 angegebenen Steuerspannungen U_{St1} und U_{St2} erforderlich. Der Aufwand für die Steuerung einer solchen Schaltung ist verhältnismäßig groß.

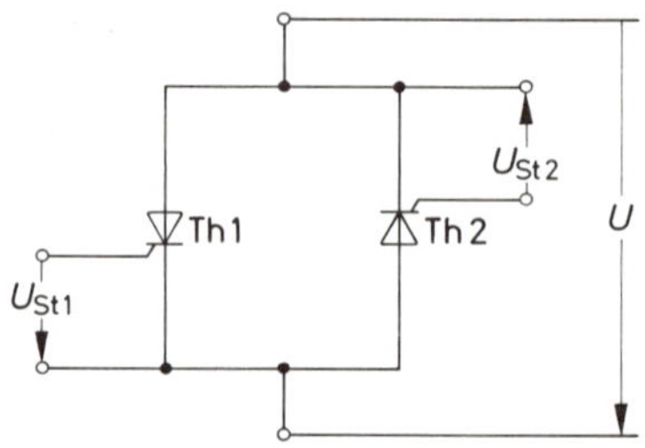

Bild 11.10 Antiparallelschaltung von zwei Thyristoren

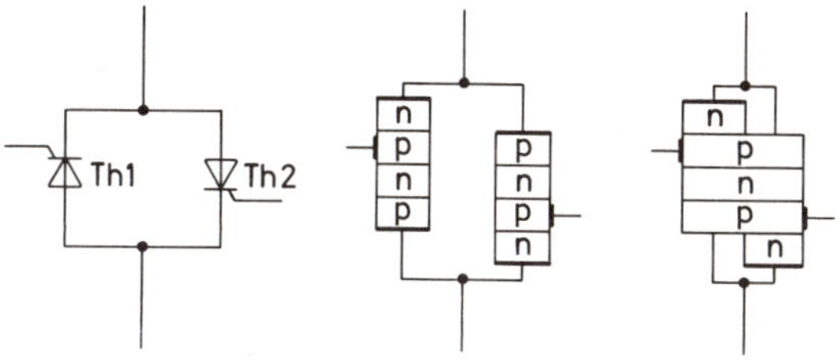

Bild 11.11 Vereinigung der Systeme zweier antiparallel geschalteter Thyristoren in einem Kristall

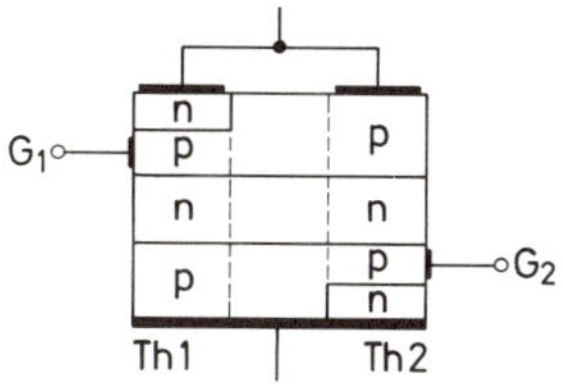

Bild 11.12 Kristallaufbau

Die Steuerspannungen U_{St1} und U_{St2} müssen spannungsmäßig voneinander unabhängig sein. Andererseits muß zwischen ihnen eine starre Phasenkopplung bestehen.

Interessante Steuerungsmöglichkeiten ergeben sich, wenn die beiden antiparallel geschalteten Thyristorsysteme in einem Kristall aufgebaut werden. Bild 11.11 zeigt die Zusammenfassung der Kristallzonen von gleichem Leitfähigkeitstyp. Man erhält ein Fünfschicht-Halbleiterbauteil.

Bei der Herstellung geht man von einem n-leitenden Si-Scheibchen aus, in das die oberen und unteren p-Zonen und n-Zonen eindotiert werden. Es ergibt sich ein Kristallaufbau nach Bild 11.12.

Die Steuerelektroden G_1 und G_2 müssen nun noch zu einer gemeinsamen Steuerelektrode zusammengefaßt werden.

Die Steuerelektrode G_1 soll die gemeinsame Steuerelektrode G werden. Sie wird, wie in Bild 11.13 dargestellt, herausgeführt.

Das Thyristorsystem Th 1 kann ohne Schwierigkeiten über diese Steuerelektrode gezündet werden, denn sie ist ja der eigentliche Steuereingang dieses Systems.

Das Thyristorsystem Th 1 wird gezündet, wenn an G eine gegen A_1 positive Spannung gelegt wird, die einen Strom I_{St} in das Kristall treibt.

Die Steuerelektrode G ist aber bei diesem Aufbau nicht in der Lage, das Thyristorsystem Th 2 zu zünden, weder mit einem positiven noch mit einem negativen Steuerimpuls.

Um eine Steuermöglichkeit für das Thyristorsystem Th 2 zu schaffen, wird eine kleine n-Zone unterhalb des Steuerelektrodenanschlusses eindotiert (Bild 11.14). Zusätzlich erzeugt man meist eine gleichartige kleine n-Zone an der Elektrode A_2. Man hat jetzt zwei Hilfsthyristorstrecken, die auch Zündthyristorstrecken genannt werden.

Das Bauteil kann über die Hilfsthyristorstrecken mit positiven und mit negativen Steuerimpulsen in den niederohmigen Zustand gekippt werden.

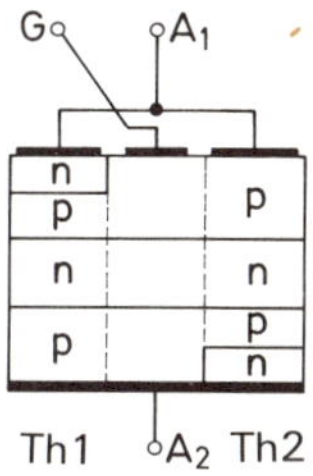

Bild 11.13 Kristallaufbau mit Steuerelektrode G

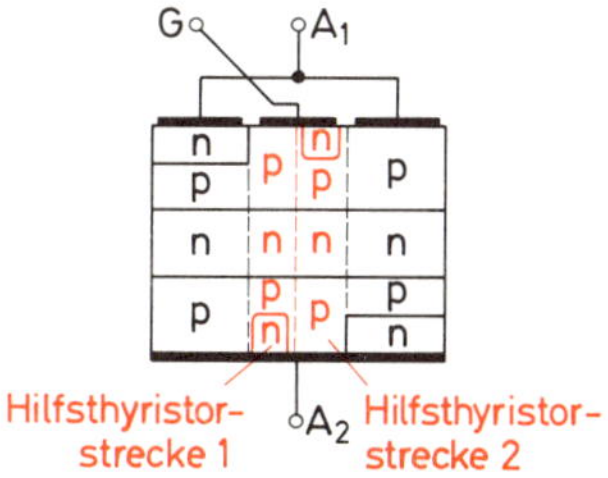

Bild 11.14 Kristallaufbau mit Hilfsthyristorstrecken

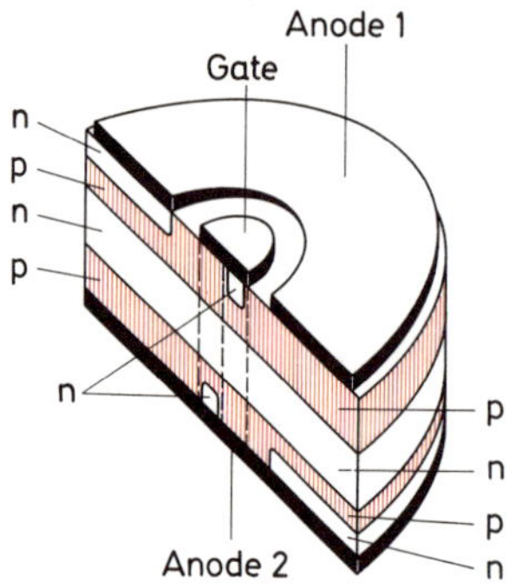

Bild 11.15 Schnitt durch ein Triackristall

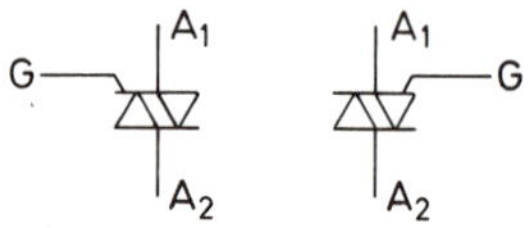

Bild 11.16 Schaltzeichen des Triacs (Zweirichtungs-Thyristortriode)

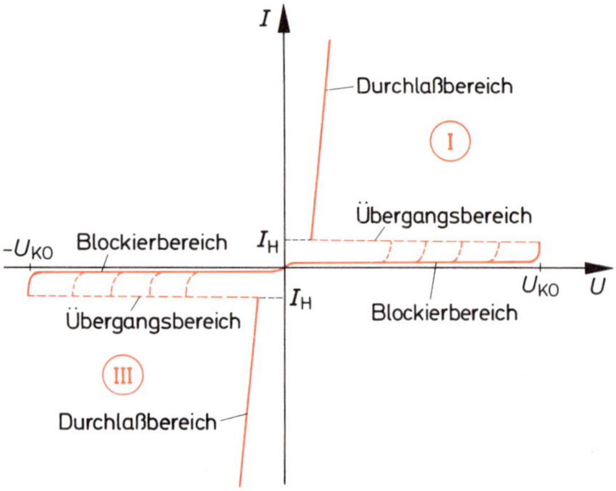

Bild 11.17 Strom-Spannungs-Kennlinie eines Triacs

Das in Bild 11.15 dargestellte Siebenschicht-Halbleiterbauteil wird *Triac* genannt.

> *Ein Triac arbeitet wie eine Antiparallelschaltung von zwei Thyristoren. Er steuert beide Halbwellen eines Wechselstromes. Die Steuerung erfolgt über eine einzige Steuerelektrode.*

Die Bezeichnung „Triac" ist eine Abkürzung des englischen Namens „triode alternating current switch", deutsch: *Trioden-Wechselstromschalter.*
Ein Triac hat zwei Anoden, die mit A_1 und A_2 bezeichnet werden.

A_1 Anode 1 (obere Anode)
A_2 Anode 2 (Gehäuseanode).

Die Steuerelektrode G wird Gate oder Tor genannt. Bild 11.15 zeigt die Lage der Anoden und des Gates. In Bild 11.16 ist das genormte Schaltzeichen eines Triac angegeben.
Triac werden auch *Zweirichtungs-Thyristortrioden* genannt.
Die Strom-Spannungs-Kennlinie eines Triac ist in Bild 11.17 dargestellt.
Man unterscheidet einen *Blockierbereich,* einen *Übergangsbereich* und einen *Durchlaßbereich* der Kennlinie im I. Quadranten und die entsprechenden Bereiche im III. Quadranten.

11.2.2. Triggermodes

Das Steuern vom hochohmigen Zustand (Blockierbereich) in den niederohmigen Zustand (Durchlaßbereich) kann auf vier verschiedene Arten geschehen. Man unterscheidet dementsprechend *vier Steuerarten (Triggermodes).*

I^+-Steuerung

A_2 ist positiv gegen A_1. Man arbeitet im *I. Quadranten* der Strom-Spannungs-Kennlinie (I in der Bezeichnung der Steuerart). Die Spannung U_{GA1} des Steuerimpulses ist positiv gegen A_1 (+ in der Bezeichnung der Steuerart). Die Spannungen sind in Bild 11.18 angegeben.

III^--Steuerung

A_2 ist negativ gegen A_1. Man arbeitet im III. Quadranten der Kennlinie. Die Spannung U_{GA1} des Steuerimpulses ist negativ gegen A_1 (Bild 11.19).

I^--Steuerung

Betrieb im I. Quadranten der Kennlinie (A_2 positiv gegen A_1). Die Spannung des Steuerimpulses ist negativ gegen A_1 (Bild 11.20).

III^+-Steuerung

Betrieb im III. Quadranten der Kennlinie (A_2 negativ gegen A_1). Die Spannung des Steuerimpulses ist positiv gegen A_1 (Bild 11.21).

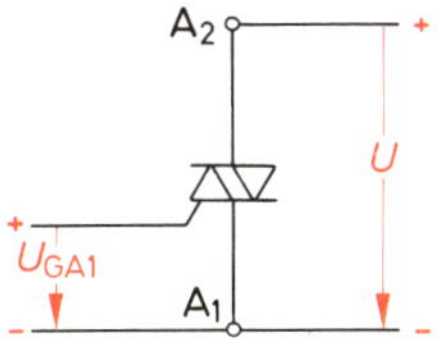

Bild 11.18
I^+-Steuerung

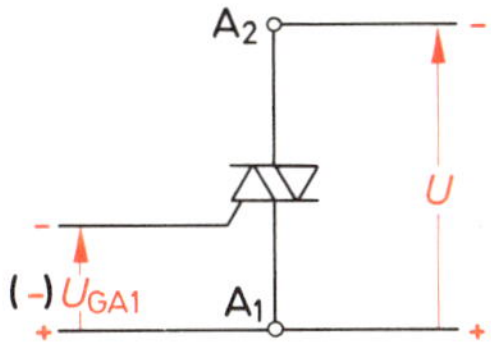

Bild 11.19
III^--Steuerung

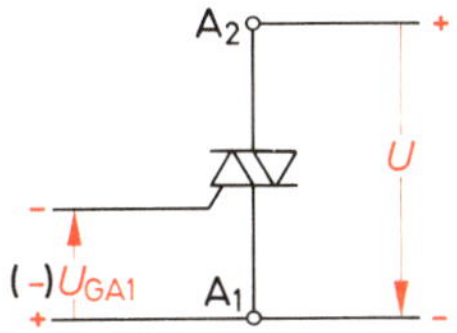

Bild 11.20
I^--Steuerung

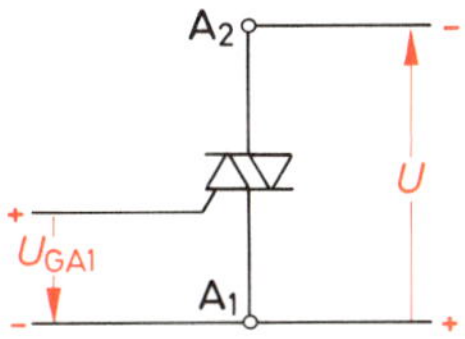

Bild 11.21
III^+-Steuerung

Triac werden meist in I^+-Steuerung und III^--Steuerung betrieben. Die Steuerempfindlichkeit ist bei diesen Steuerarten besonders groß. Bei den anderen Steuerarten sind etwa doppelt so große Steuerimpulse erforderlich.

Die Steuerelektrode eines Triac hat wie die Steuerelektrode eines Thyristors nach der Zündung ihre Wirksamkeit verloren. Der Triac bleibt so lange niederohmig, bis der Haltestrom I_H unterschritten wird. Dann kippt er in den hochohmigen Zustand.

Bei der Steuerung von Wechselstrom muß der Triac in jeder Halbwelle erneut gezündet werden.

Triac verformen die Strom- und Spannungsschwingungen. Sie erzeugen Oberwellen. Die Frequenzen dieser Oberwellen reichen bis in den Rundfunkbereich. Triacschaltungen müssen daher in allen Fällen entstört werden. Dies erfolgt mit Hilfe von Kondensatoren und Drosseln. Triacschaltungen erzeugen Rundfunkstörungen.

11.2.3. Kennwerte und Grenzwerte

Kennwerte

Die wichtigsten Eigenschaften der Triac werden durch folgende Kennwerte beschrieben:

Spitzensperrstrom I_{DROM}

Der Spitzensperrstrom ist der Strom, der im Sperrzustand bei offenem Gate und zwischen A_1 und A_2 anliegender Spitzensperrspannung durch den Triac fließt. Er sollte möglichst klein sein. Je kleiner er ist, desto besser sperrt der Triac.

Maximale Durchlaßspannung U_{TM}

Die maximale Durchlaßspannung ist die Spannung, die im Durchlaßzustand am Triac liegt, wenn ein Strom bestimmter Größe, meist der maximale Durchlaßstrom, durch den Triac fließt.

Haltestrom I_H

Bei Unterschreiten des Haltestromes kippt der Triac vom niederohmigen Zustand in den hochohmigen Zustand.

Gate-Triggerstrom I_{GT}

Dies ist der kleinste Gatestrom, der den Triac vom hochohmigen Zustand in den niederohmigen Zustand schaltet. Er wird für eine bestimmte Sperrspannung zwischen A_1 und A_2 angegeben.

Gate-Triggerspannung U_{GT}

Die Gate-Triggerspannung ist die Spannung, die zur Erzeugung des Gate-Triggerstromes I_{GT} erforderlich ist.

Einschaltzeit t_{gt}

Die Einschaltzeit ist die Zeit, die vom Eintreffen eines steilen Gate-Spannungsimpulses an vergeht, bis der Durchlaßstrom auf 90% seines Höchstwertes angestiegen ist.

Kritische Spannungssteilheit

Bei schnellem Spannungsanstieg am Triac kann es zu einem ungewollten Zünden kommen. Die kritische Spannungssteilheit gibt die größte Spannungsanstiegsgeschwindigkeit an, die noch nicht zu solchen ungewollten Zündungen führt. Sie gilt für offenes Gate.

Wärmewiderstand R_{thG}, R_{thU}

Triac werden oft auf Kühlbleche montiert. Der Wärmewiderstand dient zur Berechnung der Kühlung. R_{thG} ist der Wärmewiderstand Sperrschicht – Gehäuse. R_{thU} ist der Wärmewiderstand Sperrschicht – umgebende Luft.

Übliche Kennwerte:

Spitzensperrstrom	I_{DROM}	$\approx$ 0,5 mA
Maximale Durchlaßspannung	U_{TM}	$\approx$ 1,8 V
Haltestrom	I_H	$\approx$ 15 mA
Gate-Triggerstrom	I_{GT}	$\approx$ 20 mA
Gate-Triggerspannung	U_{GT}	$\approx$ 1,2 V
Einschaltzeit	t_{gt}	$\approx$ 2 µs

Die Hersteller geben für die Kennwerte bestimmte Meßbedingungen an. Weiterhin wird eine zulässige Streuung angegeben. Die Kennwerte sind temperaturabhängig.

Grenzwerte

Periodische Spitzensperrspannung U_{DROM}

Dies ist die höchste Spannung, die periodisch im gesperrten Zustand und bei offenem Gate am Triac liegen darf, ohne daß der Triac in den niederohmigen Zustand schaltet.

Durchlaßstrom I_T

Der Durchlaßstrom I_T ist der höchstzulässige Dauerlaststrom (Effektivwert).

Stoßstrom I_{TSM}

Dieser Strom darf gelegentlich unter bestimmten Bedingungen kurzzeitig fließen. Ein Überschreiten dieses Stromwertes und der zulässigen Zeit führt zur Zerstörung des Triac.

Gate-Spitzenstrom I_{GTM}

Der Gate-Spitzenstrom darf kurzzeitig im Gate-Stromkreis fließen. Neben der höchstzulässigen Stromstärke wird die höchstzulässige Zeitdauer angegeben.

Temperaturbereich

Es wird eine höchste (T_{max}) und eine tiefste Temperatur (T_{min}) angegeben. Die Temperaturen sind entweder Umgebungstemperaturen oder Gehäusetemperaturen.

Übliche Grenzwerte

Periodische Spitzensperrspannung	U_{DROM}	≈ 400 V
Durchlaßstrom	I_T	≈ 15 A
Stoßstrom (20 ms)	I_{TSM}	≈ 100 A
Gate-Spitzenstrom (1 μs)	I_{GTM}	≈ 4 A
Höchste Gehäusetemperatur	T_{max}	≈ 100 °C
Tiefste Gehäusetemperatur	T_{min}	≈ −60 °C

11.3. Steuerungen mit Diac und Triac

Mit Hilfe von Triac können Wechselstromleistungen einfach gesteuert und geregelt werden. Diac werden meist zum Ansteuern der Triac, also zur Schaltung der Zündimpulse verwendet.

Die zur Steuerung erforderliche Leistung ist sehr gering (einige mW). Sie kann üblichen Halbleiterschaltungen oder integrierten Schaltkreisen entnommen werden.

Triac werden häufig für Lichtsteuerungen aller Art verwendet. Es gibt einfache Lichtsteuereinheiten für den Haushalt, die anstelle eines üblichen Schalters in die Installationsdosen eingesetzt werden können. Diese sogenannten Dimmer steuern fast leistungslos den Effektivwert des Wechselstromes und damit die Wechselstromleistung und die Lampenhelligkeit.

Sehr gut eignen sich Triac auch für Motorsteuerungen. Sie werden oft zur Drehzahlsteuerung von Einphasen-Wechselstrommotoren verwendet (Bohrmaschinensteuerung, Küchenmaschinensteuerung).

Elektrowärmegeräte können mit Triac sehr einfach gesteuert und geregelt werden. Die Steuerung leistungsstarker Elektrowärmegeräte kann mit Hilfe eines kleinen Potentiometers erfolgen. Eine Regelungsschaltung müßte die Änderung der Widerstandswerte dieses Potentiometers nachbilden. Das ist durch eine einfache Transistorschaltung möglich.

Die Heizplatten von Elektroherden können z.B. mit Triacschaltungen automatisch geregelt werden. Der bisher verwendete teure Siebentaktschalter könnte dabei eingespart werden.

Relais und Schütze können durch Triac in vielen Fällen ersetzt werden. Das kontaktlose Schalten bringt viele Vorteile. Es erfolgt wesentlich schneller. Kontaktabbrand und Kontaktverschmutzung entfallen. Die Lebensdauer von Triac ist praktisch unbegrenzt, sofern sie nicht überlastet werden.
Der höchstzulässige Laststrom (Durchlaßstrom I_T) ist ein Grenzwert.

Bei Triacschaltungen muß stets dafür gesorgt werden, daß der im Laststromkreis wirksame Widerstand den Strom so begrenzt, daß der höchstzulässige Laststrom nicht überschritten werden kann.

Der Widerstand eines Triac im niederohmigen Zustand beträgt nur wenige Ohm. Er kann bei der Bemessung des Lastwiderstandes unberücksichtigt bleiben.

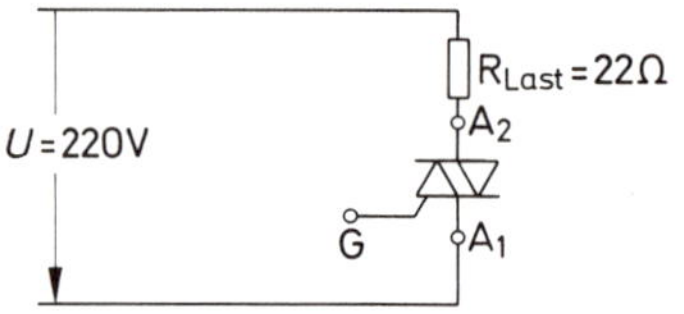

Bild 11.22 Stromkreis mit Triac

Bild 11.23 Schaltung eines Dimmers mit Entstörungsglied und Laststromkreis

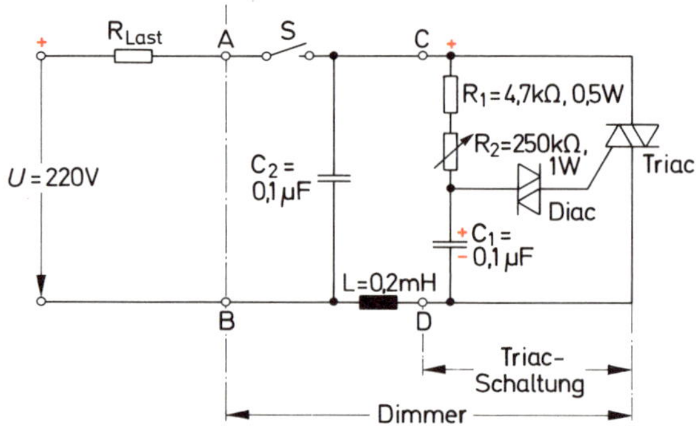

Der in Bild 11.22 dargestellte Triac soll einen höchstzulässigen Laststrom von 10 A haben. Der Mindestwert für R_{Last} ergibt sich aus folgender Rechnung:

$$R_{Last} = \frac{U}{I_T} = \frac{220\ \text{V}}{10\ \text{A}} = 22\ \Omega$$

Die Arbeitsweise einer Triacsteuerung soll am Beispiel einer üblichen Lichtsteuerschaltung erläutert werden. Bild 11.23 zeigt die Schaltung eines Dimmers.
Die eigentliche Triacschaltung liegt zwischen den Punkten C und D. Der Kondensator C_1 lädt sich während des hochohmigen Zustandes des Triac auf. Während des hochohmigen Zustandes des Triac liegt fast die volle Netzspannung zwischen C und D. In Bild 10.23 ist die Polung der Spannungen während der positiven Halbwelle angegeben.
Die Aufladegeschwindigkeit hängt von der Zeitkonstante τ der Reihenschaltung R_1, R_2, C_1 ab

$$\tau = R_g \cdot C = (R_1 + R_2) \cdot C_1$$

Je größer die Zeitkonstante τ ist, desto langsamer wird C_1 geladen.
Der Triac bleibt so lange im Sperrzustand, bis die Kondensatorspannung groß genug ist, um den Diac in den niederohmigen Zustand zu kippen. Dies geschieht etwa bei $U_C = 30$ V.
Sobald der Diac in den niederohmigen Zustand gekippt ist, wird C_1 entladen.
C_1 gibt einen kräftigen Steuerimpuls auf das Gate des Triac. Der Triac schaltet in den niederohmigen Zustand. Jetzt kann ein Laststrom fließen.

Die Triac-Steuerung während der positiven Halbwelle des Wechselstromes ist die I^+-Steuerung.
Während des hochohmigen Zustandes des Triac bei negativer Halbwelle wird C_1 mit umgekehrter Polarität geladen. Ist die Spannung U_C genügend groß, kippt der Diac in den niederohmigen Zustand. Der von C_1 gelieferte Steuerimpuls zündet den Triac. Diese Triac-Steuerung ist die III^--Steuerung.
Mit dem Potentiometer R_2 wird die Ladegeschwindigkeit von C_1 eingestellt. *Die Ladegeschwindigkeit bestimmt den Zündzeitpunkt des Triac während der Halbwelle.* Mit R_2 wird also auch der Zündverzögerungswinkel φ_Z eingestellt.
In Bild 11.24 ist der zeitliche Verlauf der Netzspannung U zusammen mit dem zeitlichen Verlauf des Laststromes I für einen bestimmten Zündverzögerungswinkel φ_Z dargestellt. Die positiven und die negativen Stromhalbwellen sind angeschnitten.

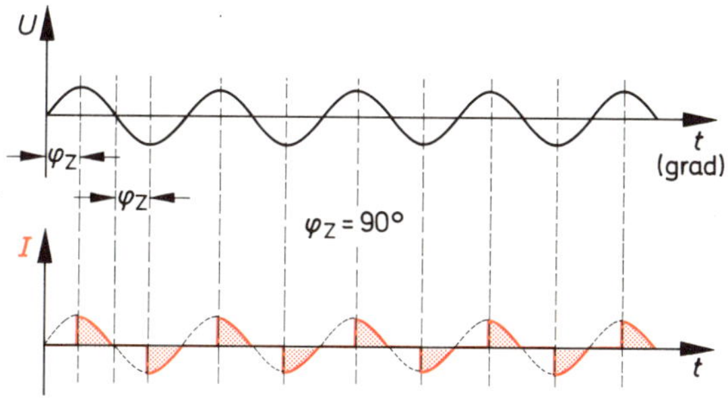

Bild 11.24 Zeitlicher Verlauf der Netzspannung U und des Laststromes I bei $\varphi_Z = 90°$

Die „Stromportionen" werden um so kleiner, je größer der Winkel φ_Z ist. φ_Z kann zwischen etwa 5° und fast 180° bzw. zwischen 185° und fast 360° eingestellt werden. Damit ist es möglich, dem Lastwiderstand R_{Last} Leistungen zuzuführen, die fast zwischen der vollen Leistung und der Leistung Null einstellbar sind. Eine Lampe kann also zwischen voller Helligkeit und Dunkelzustand kontinuierlich gesteuert werden.
Die Bauteile C_2 und L dienen der Entstörung. Der Dimmer endet an den Polen A und B. Soll der Dimmer nicht in Betrieb sein, so kann er mit dem Schalter S von der Netzspannung abgetrennt werden.

Ein Dimmer darf nur in Reihe mit einem genügend großen Lastwiderstand betrieben werden.

Werden die Pole A und B direkt an Netzspannung gelegt, so wird der Triac durch einen zu großen Laststrom zerstört.

11.4. Lernziel-Test

1. Mit Diac werden sowohl Zweirichtungsdioden als auch Zweirichtungs-Thyristordioden bezeichnet.
   a) Erklären Sie Aufbau und Arbeitsweise einer Zweirichtungsdiode.
   b) Erklären Sie Aufbau und Arbeitsweise einer Zweirichtungs-Thyristordiode.

2. Ein Triac ist im Prinzip eine Antiparallelschaltung von zwei Thyristorstrecken in einem Kristall mit einer gemeinsamen Steuerelektrode. Erklären Sie den Kristallaufbau und die Arbeitsweise eines Triac.
3. Zeichnen Sie eine typische *I*-*U*-Kennlinie eines Triac.
4. Beim Triac gibt es vier verschiedene Steuermodes. Was bedeuten diese Steuermodes? Erklären Sie die I^+-Steuerung, die I^--Steuerung, die III^+-Steuerung und die III^--Steuerung.
5. Nennen Sie 5 Kennwerte und 5 Grenzwerte eines Triac.
6. Zeichnen Sie das Schaltbild eines Dimmers.
7. Wie arbeitet eine Dimmerschaltung? Wie kommt es zum Zünden des Triac?

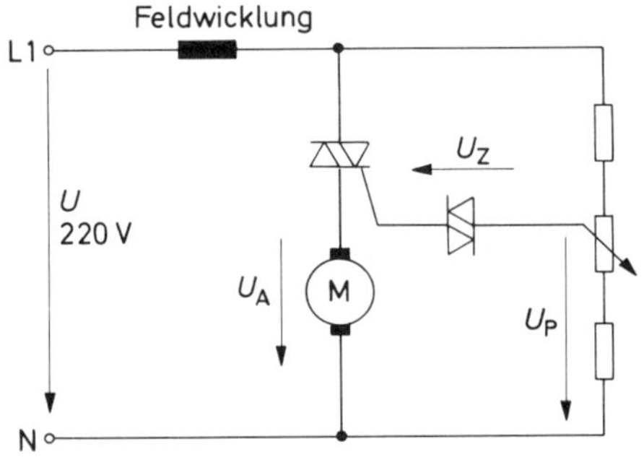

Bild 11.25 Schaltung mit Diac und Triac

8. Wie arbeitet die in Bild 11.25 dargestellte Schaltung? Welche Aufgaben haben Diac und Triac?

12. Fotohalbleiter

12.1. Innerer fotoelektrischer Effekt

Halbleiterwerkstoffe haben eine gewisse *Eigenleitfähigkeit.* Man versteht darunter die Leitfähigkeit des nicht dotierten Werkstoffes.
Die Ursachen der Eigenleitfähigkeit sind in Abschnitt 5 genauer beschrieben. Es soll hier nur kurz daran erinnert werden, daß die Eigenleitfähigkeit bei Energiezufuhr, z.B. bei Erwärmung des Werkstoffes, erhöht wird. Die Erwärmung des Werkstoffes führt zu stärkerer Wärmeschwingung. Dadurch brechen mehr Kristallbindungen auf. Beim Aufbrechen von Kristallbindungen werden aber Elektronen freigesetzt, gleichzeitig entstehen Löcher. Diese Ladungsträger stehen für die Bildung eines Stromes zur Verfügung. Sie vergrößern die Leitfähigkeit des Werkstoffes.
Erhält ein Halbleiterwerkstoff eine Energiezufuhr durch Lichteinstrahlung, so werden ebenfalls Elektronen aus ihren Bindungen befreit. Man kann sich vorstellen, daß die Lichtteilchen, die sogenannten Photonen, Kristallbindungen zerschlagen (Bild 12.1).

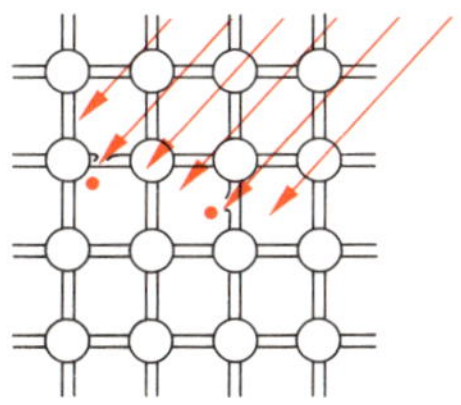

Bild 12.1 Herauslösen von Valenzelektronen aus Halbleiterkristallbindungen bei Lichteinstrahlung (Modelldarstellung)

Die Elektronen dieser Kristallbindungen werden dadurch freigesetzt. Die entstehenden offenen Bindungen stellen Löcher dar. Durch Lichteinstrahlung wird also die Anzahl der freien Elektronen und der Löcher vermehrt. Die Vergrößerung der Anzahl der freien Ladungsträger bedeutet eine Vergrößerung der Leitfähigkeit bzw. der Eigenleitfähigkeit.

> *Die Eigenleitfähigkeit von Halbleiterwerkstoffen wird bei Lichteinstrahlung vergrößert.*

Dieser Vorgang wird *innerer fotoelektrischer Effekt* genannt. Er tritt bei einkristallinen und bei polykristallinen Halbleiterwerkstoffen gleichermaßen auf.
Grundsätzlich werden die elektrischen Eigenschaften aller Halbleiterbauteile durch Lichteinfall beeinflußt. Man verwendet allgemein lichtdichte Gehäuse, wenn der innere fotoelektrische Effekt unerwünscht ist.

12.2. Fotowiderstände

12.2.1. Aufbau und Arbeitsweise

Die aktiven Schichten von Fotowiderständen bestehen aus Halbleiter-Mischkristallen. Man verwendet Werkstoffe, bei denen der innere fotoelektrische Effekt besonders stark ist.
Solche Werkstoffe sind z.B. Cadmiumsulfid (CdS), Bleisulfid, Bleiselenid und Bleitellurid. Diesen Grundwerkstoffen werden besondere Beimengungen zugegeben, die den fotoelektrischen Effekt, also die Lichtempfindlichkeit, steigern.
Die aktive Schicht wird auf einen Keramikkörper, der als Träger dient, aufgebracht. Durch Länge, Breite und Dicke der Schicht sowie durch den verwendeten Werkstoff sind die Eigenschaften des Fotowiderstandes bestimmt (Bild 12.2).
Bei Lichteinstrahlung werden Ladungsträger freigesetzt. Der Widerstandswert nimmt ab.

> *Der Widerstandswert von Fotowiderständen wird um so geringer, je stärker die Lichteinstrahlung ist.*

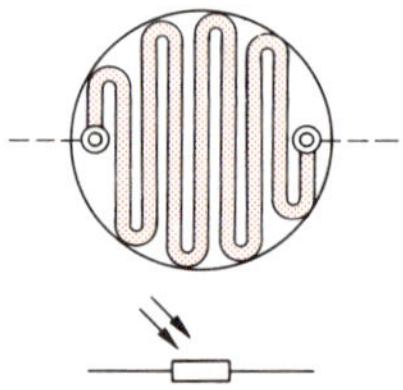

Bild 12.2 Aufbau und Schaltzeichen eines Fotowiderstandes

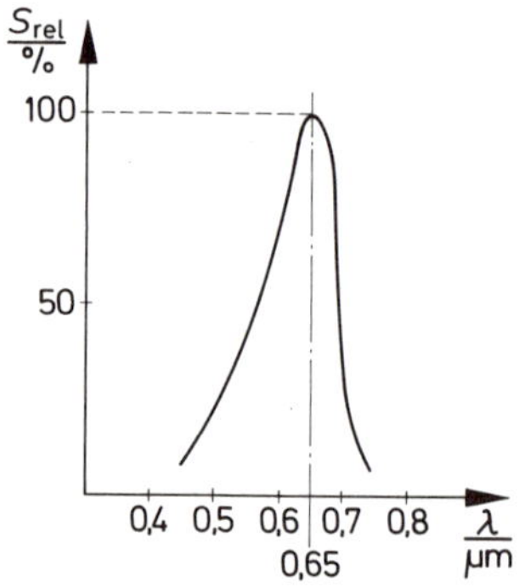

Bild 12.3 Spektrale Empfindlichkeit eines Fotowiderstandes

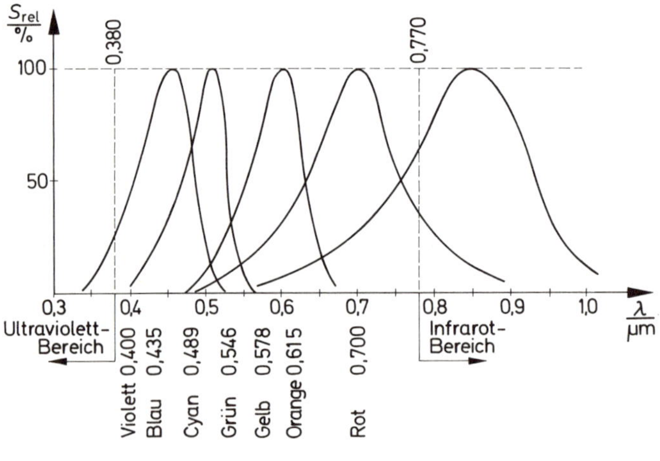

Bild 12.4 Spektrale Empfindlichkeit bei verschiedenen Typen von Fotowiderständen

Ein Fotowiderstand ist nicht für alle Lichtwellenlängen gleich empfindlich. Bei einer bestimmten Wellenlänge liegt das Empfindlichkeitsmaximum.
Bild 12.3 zeigt den Verlauf der sogenannten spektralen Empfindlichkeit eines Fotowiderstandes. Bei einer Wellenlänge von 0,65 µm liegt die größte Empfindlichkeit dieses Fotowiderstandes. Das Licht dieser Wellenlänge hat eine hellrote Farbe.

Man kann Fotowiderstände bauen, die besonders empfindlich sind für grünes, blaues oder oranges Licht, auch solche, deren Empfindlichkeitsmaximum im Infrarotbereich liegt (Bild 12.4).
Wird die Beleuchtung eines Fotowiderstandes geändert, so ändert sich der Widerstandswert mit einer gewissen zeitlichen Verzögerung. Die Widerstandsänderung erfolgt also nicht trägheitslos. Die Verzögerung beträgt einige Millisekunden.
Fotowiderstände haben eine gewisse Temperaturabhängigkeit. Der Temperaturkoeffizient ist jedoch gering. Er nimmt mit wachsender Beleuchtungsstärke ab.

12.2.2. Kennwerte und Grenzwerte

Wichtige *Kennwerte* sind der *Dunkelwiderstand,* der *Hellwiderstand,* die *Wellenlänge der maximalen Fotoempfindlichkeit* und die Ansprechzeit.

Der *Dunkelwiderstand* R_0 ist der Widerstandswert, den der Fotowiderstand bei Dunkelheit hat. (Die Dunkelheit muß wenigstens 1 Minute bestehen.)

Mit *Hellwiderstand* R_{1000} bezeichnet man den Widerstandswert, den der Fotowiderstand bei einer Beleuchtungsstärke von 1000 Lux hat.

Die *Wellenlänge der maximalen Fotoempfindlichkeit* λ_{ES} ist die Lichtwellenlänge, bei der der innere fotoelektrische Effekt besonders stark auftritt.

Als *Ansprechzeit* t_r bezeichnet man die Zeit, die nach Einschalten einer Beleuchtungsstärke von 1000 Lux nach Dunkelheit vergeht, bis der Strom 65% seines Wertes bei R_{1000} erreicht hat.

Übliche Werte:

Dunkelwiderstand	R_0	$\approx$ 1 MΩ bis 100 MΩ
Hellwiderstand	R_{1000}	$\approx$ 100 Ω bis 2 kΩ
Ansprechzeit	t_r	$\approx$ 1 ms bis 3 ms

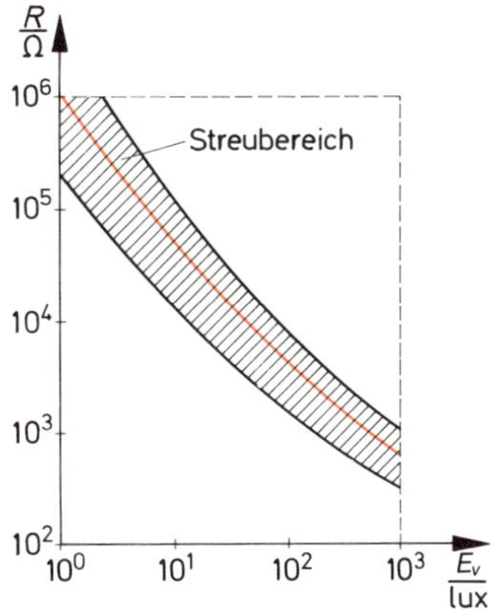

Bild 12.5 Widerstandsverlauf eines Fotowiderstandes in Abhängigkeit von der Beleuchtungsstärke E_V

Grenzwerte sind die *Verlustleistung* P_{tot}, die sich daraus ergebende *höchste zulässige Arbeitsspannung* U_a und die *höchstzulässige Umgebungstemperatur* T_{max}.

Übliche Werte:

P_{tot} $\approx$ 50 mW bis 2 W
U_a $\approx$ 100 V bis 250 V
T_{max} $\approx$ 70 °C

12.2.3. Anwendungen

Fotowiderstände sind verhältnismäßig preiswerte Bauteile. Sie werden in großer Zahl für Lichtschranken aller Art, für Dämmerungsschalter, Lichtwächterschaltungen und Alarmanlagen verwendet. Man findet Fotowiderstände in Schaltungen der Steuer- und Regelungstechnik und als Flammenwächter in Ölzentralheizungsanlagen. Die Anwendungsmöglichkeiten sind sehr groß. Ein gewisser Nachteil der Fotowiderstände ist ihre vorstehend näher beschriebene Trägheit. Sie können nur dort eingesetzt werden, wo diese Trägheit keine Rolle spielt.

12.3. Fotoelemente und Solarzellen

12.3.1. Aufbau und Arbeitsweise

Fotoelemente und Solarzellen sind *Energiewandler*. Die Lichtenergie wird in elektrische Energie umgewandelt. Diese Bauteile haben die Eigenschaft von Generatoren, d.h., sie haben eine Urspannung und einen Innenwiderstand. Man unterscheidet Selen-Fotoelemente und Silizium-Fotoelemente. Solarzellen sind im Prinzip Silizium-Fotoelemente. Sie sind für den Einsatz im Weltraum gebaut, arbeiten noch bei hohen Temperaturen und haben eine lange Funktionsfähigkeit bei der im Weltraum vorkommenden energiereichen Partikelstrahlung.

> *Fotoelemente wandeln Lichtenergie in elektrische Energie um.*

12.3.1.1. Silizium-Fotoelemente

Ein Silizium-Fotoelement besteht aus einem p-leitenden Si-Einkristall, in das eine dünne (1 μm bis 2 μm) n-leitende Zone eindotiert wurde (Bild 12.6).

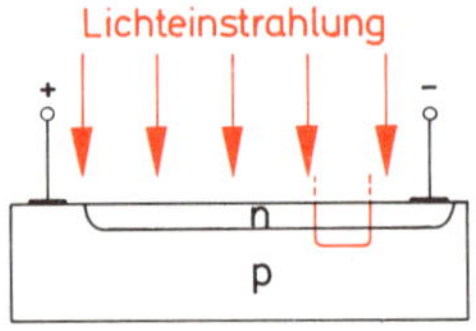

Bild 12.6 Grundaufbau eines Silizium-Fotoelementes, N-auf-P-Typ (Ausschnitt s. Bild 12.7 und 12.8)

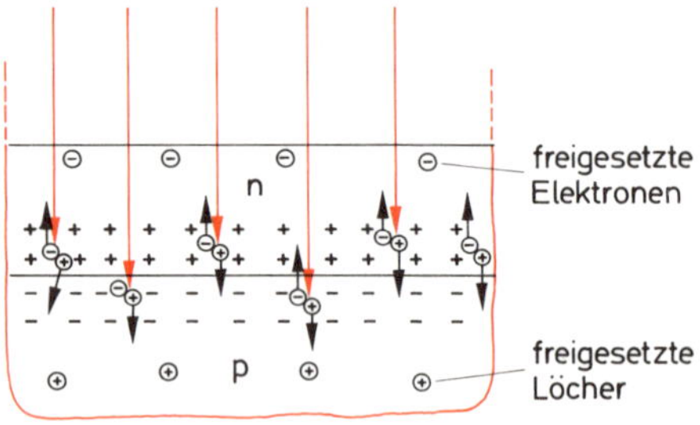

Bild 12.7 Kristallausschnitt, Freisetzen von Elektronen und Löchern

Zwischen p-Zone und n-Zone bildet sich durch Ladungsträgerdiffusion eine Raumladungszone (siehe auch Abschnitt 5). In dieser Raumladungszone herrscht ein elektrisches Feld (Bild 12.7).

Da die n-Zone sehr dünn ist, wird sie fast ganz von der Raumladungszone durchsetzt. Die n-Zone ist mit einer lichtdurchlässigen Schutzschicht abgedeckt. Das Licht fällt auf die n-Zone und bewirkt in ihr ein Freisetzen von Elektronen. Man kann sich vorstellen, daß die Photonen des Lichts Kristallbindungen zerschlagen. Die aus ihren Bindungen befreiten Elektronen werden vom elektrischen Feld beschleunigt. Sie erfahren als negative Ladungsträger eine Kraftwirkung entgegengesetzt zur Feldlinienrichtung, d.h., sie wandern in den sperrschichtfreien Bereich der n-Zone. Dort herrscht Elektronenüberschuß (Bild 12.8).

Der sperrschichtfreie Bereich der n-Zone ist der negative Pol des Fotoelementes.

Die bei der Freisetzung von Elektronen entstandenen Löcher wandern in Feldlinienrichtung in den sperrschichtfreien Teil der p-Zone. Dort herrscht Elektronenmangel.

Der sperrschichtfreie Bereich der p-Zone ist der positive Pol des Fotoelementes.

Fotoelemente dieser Bauart nennt man N-auf-P-Typen (Bild 12.9).

P-auf-N-Typen (Bild 12.10) sind ebenfalls möglich, werden aber seltener hergestellt, da sie einige Nachteile haben. Sie sind nicht so widerstandsfähig gegen energiereiche Partikelstrahlung.

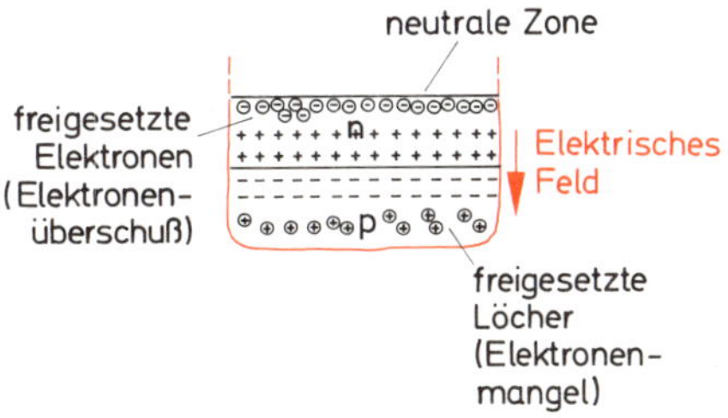

Bild 12.8 Kristallausschnitt, Entstehung des Minuspols

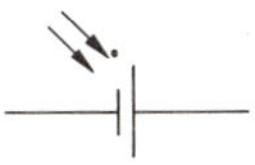

Bild 12.9 Schaltzeichen des Fotoelementes

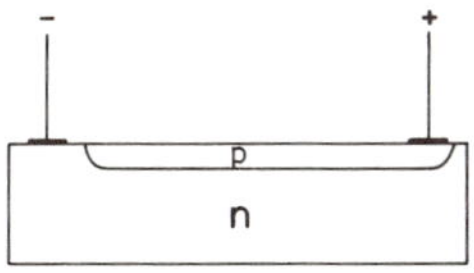

Bild 12.10 Grundaufbau eines Silizium-Fotoelementes

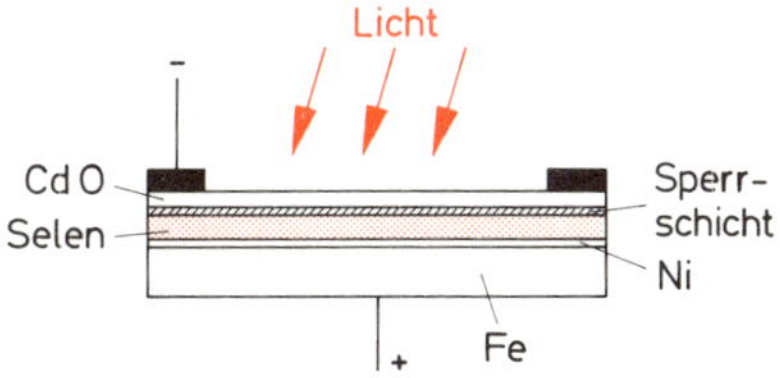

Bild 12.11 Aufbau eines Selen-Fotoelementes

12.3.1.2. Selen-Fotoelemente

Selen-Fotoelemente sind die zuerst bekanntgewordenen Fotoelemente. Sie bestehen aus einer vernickelten Eisengrundplatte. Auf diese ist eine polykristalline Selenschicht aufgebracht. Als Abdeckung verwendet man eine transparente Gegenelektrode aus Cadmiumoxid (CdO) (Bild 12.11).

Zwischen Selen und CdO bildet sich eine Sperrschicht aus. Die durch die Lichtstrahlung freigesetzten Elektronen wandern unter dem Einfluß des elektrischen Feldes in den neutralen,

d.h. raumladungsfreien Bereich der CdO-Schicht. Die Löcher wandern in den neutralen Bereich der Selenschicht. Es entsteht eine Spannung zwischen beiden Bereichen, die als Spannung zwischen Grundplatte und Abdeckring zutage tritt.
Silizium-Fotoelemente haben etwa einen Wirkungsgrad von 10%. Sie können bei voller Sonnenbestrahlung etwa 10 mW/cm^2 Leistung abgeben.
Bei Selen-Fotoelementen ist der Wirkungsgrad maximal 1%. Ihre Leistungsabgabe liegt bei voller Sonneneinstrahlung unter 1 mW/cm^2.
Bild 12.12 zeigt den Verlauf der Urspannungen eines Silizium-Fotoelementes und eines Selen-Fotoelementes.
Die Urspannungen steigen mit der Beleuchtungsstärke zunächst stark an. Ab etwa 20 klx nehmen die Spannungen nur noch schwach zu.
Die höchstmögliche Urspannung eines Silizium-Fotoelementes liegt bei etwa 0,6 V, die eines Selen-Fotoelementes bei etwa 0,3 V. Die Urspannungen müssen stets kleiner sein als die Schwellspannungen der Halbleiterwerkstoffe.

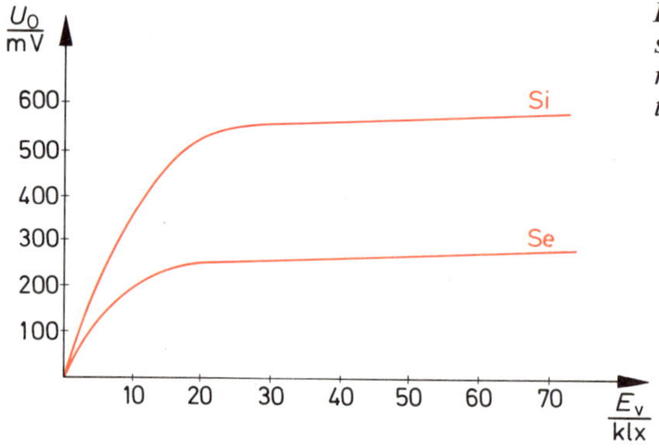

Bild 12.12 Abhängigkeit der Urspannungen eines Silizium-Fotoelementes und eines Selen-Fotoelementes von der Beleuchtungsstärke

Werden Fotoelemente im Kurzschluß betrieben, so ergibt sich ein sehr guter linearer Zusammenhang zwischen Beleuchtungsstärke und Kurzschlußstrom (Bild 12.13).
Fotoelemente zeigen eine spektrale Empfindlichkeit. Selen-Fotoelemente haben einen Empfindlichkeitsverlauf, der nicht allzusehr von der Augenempfindlichkeit abweicht (Bild 12.14). Sie eignen sich daher gut für fotoelektrische Belichtungsmesser.
Silizium-Fotoelemente haben eine sehr breite spektrale Empfindlichkeit, sie umfaßt das sichtbare Spektrum und reicht weit in den Infrarotbereich (Bild 12.14).

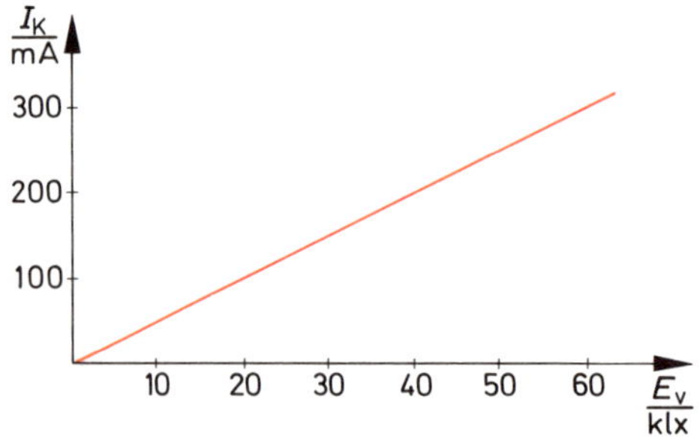

Bild 12.13 Abhängigkeit des Kurzschlußstromes von der Beleuchtungsstärke

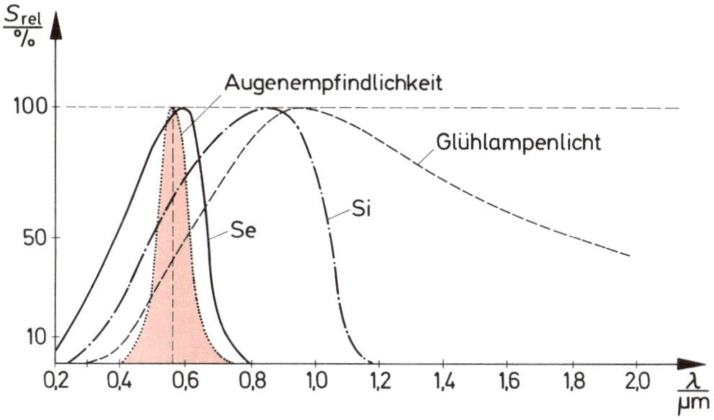

Bild 12.14 Spektrale Empfindlichkeit von Si- und Se-Fotoelementen. Augenempfindlichkeit und spektrale Verteilung von Glühlampenlicht

12.3.2. Kennwerte und Grenzwerte

Ein Fotoelement hat eine *lichtempfindliche Fläche* A_L bestimmter Größe. Es ist weiterhin durch eine bestimmte *maximale Leerlaufspannung (Urspannung)* U_{0max} und durch einen *maximalen Kurzschlußstrom* I_{kmax} gekennzeichnet.

U_{0max} und I_{kmax} werden bei voller Sonneneinstrahlung (100 klx) gemessen.
Das Fotoelement kann eine bestimmte *maximale Leistung* P_{max} bei Leistungsanpassung und einer Beleuchtungsstärke von 100 klx abgeben.

Leerlaufspannung und Kurzschlußstrom sind temperaturabhängig. Für sie werden Temperaturkoeffizienten angegeben.

Unter *Fotoempfindlichkeit E* versteht man den Betrag, um den der Kurzschlußstrom zunimmt, wenn man die Beleuchtungsstärke um 1 Lux erhöht.
Meist werden noch einige Leerlaufspannungen U_0 bei verschiedenen Beleuchtungsstärken angegeben.
Ein weiterer Kennwert ist die *Wellenlänge der maximalen Fotoempfindlichkeit* λ_{ES}.

Übliche Kennwerte eines Silizium-Fotoelementes:
(Solarzelle)

U_{0max}	$\approx$ 0,58 V
I_{kmax}	$\approx$ 130 mA
A_L	$\approx$ 3,72 cm^2
P_{max}	$\approx$ 60 mW
E	$\approx$ 1,3 µA/lx
λ_{ES}	$\approx$ 0,7 µm

Grenzwerte:

Der wichtigste Grenzwert ist der *Umgebungstemperaturbereich* (üblich: −40 °C bis +125 °C, in Sonderfällen +200 °C).

Fotoelemente können in einigen Anwendungsfällen durch eine Spannung in Sperrichtung beansprucht werden. Die auftretende Sperrspannung darf die maximal zulässige Größe nicht überschreiten (üblich: 1 V bis 2 V).

12.3.3. Anwendungen

Fotoelemente werden zur Umwandlung von Sonnenlichtenergie in elektrische Energie verwendet. Sie dienen als Solarzellen der Energieversorgung von Satelliten und werden darüber hinaus auch für andere Energieversorgungsaufgaben eingesetzt, z.B. für die Speisung von Verstärkern in Telefonleitungen.
Zum anderen verwendet man Fotoelemente in der Meßtechnik sowie in der Steuer- und Regelungstechnik. Baugruppen aus zeilenförmig angeordneten Fotoelementen werden zur optischen Abtastung von Lochkarten und Lochstreifen eingesetzt.

12.4. Fotodioden

12.4.1. Aufbau und Arbeitsweise

Eine Fotodiode ist eine Halbleiterdiode, deren pn-Übergang dem Licht gut zugänglich ist. Es werden Silizium- und Germanium-Fotodioden hergestellt (Bild 12.15).
Die Fotodiode wird in Sperrichtung betrieben. Es entsteht eine verhältnismäßig breite Raumladungszone.
Fällt kein Licht auf die Raumladungszone, so kann nur ein sehr kleiner Sperrstrom fließen. Die Größe des Sperrstromes bei Dunkelheit entspricht dem Sperrstrom einer normalen Si-Diode bzw. Ge-Diode.
Bei Lichteinfall werden Elektronen aus ihren Bindungen gelöst. Dort, wo eine Kristallbindung aufbricht, entsteht ein freies Elektron und ein Loch. Durch die Lichteinstrahlung werden in der Sperrschicht freie Ladungsträger erzeugt. Die erzeugten Ladungsträger werden aus der Sperrschicht heraustransportiert. Der Sperrstrom steigt um einige Zehnerpotenzen an.
Zwischen Sperrstrom und Lichteinfall besteht ein gut linearer Zusammenhang (Bild 12.16). Fotodioden eignen sich deshalb besonders gut zur Lichtmessung. Der Sperrstrom ändert sich bei Änderung der Beleuchtungsstärke fast trägheitslos.

Fotodioden lassen einen mit der Beleuchtungsstärke ansteigenden Sperrstrom fließen.

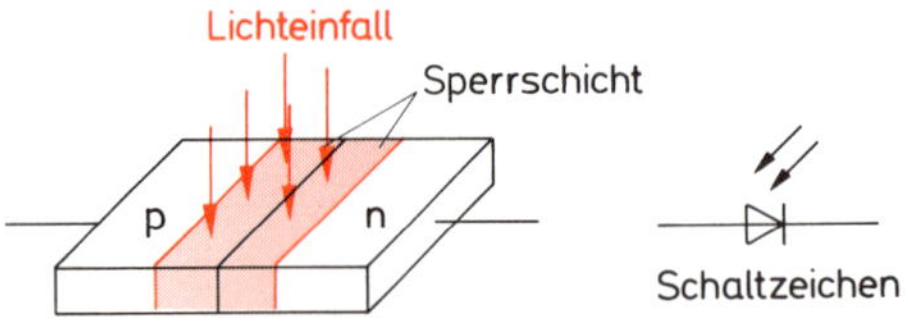

Bild 12.15 Prinzipieller Aufbau und Schaltzeichen einer Fotodiode

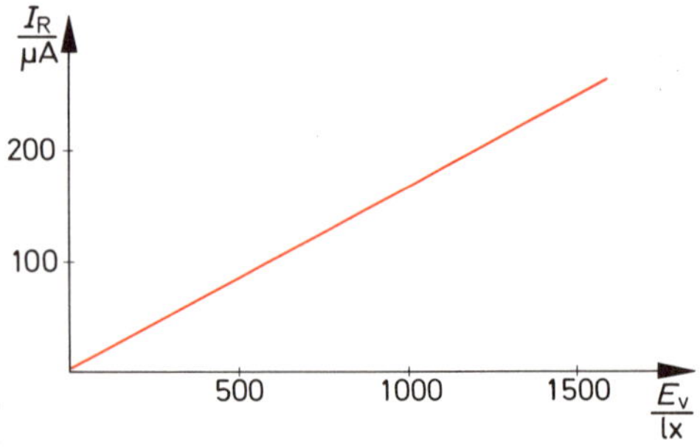

Bild 12.16 Abhängigkeit des Sperrstromes von der Beleuchtungsstärke ▶

Das Kennlinienfeld in Bild 12.17 gibt den Zusammenhang zwischen Sperrstrom und Sperrspannung für verschiedene Beleuchtungsstärken an.
Wie alle Fotohalbleiter-Bauteile hat auch die Fotodiode eine bestimmte spektrale Empfindlichkeit. Die Empfindlichkeit erstreckt sich vom Ultraviolettbereich bis weit in den Infrarotbereich (Bild 12.18).

Das Empfindlichkeitsmaximum liegt bei Si-Fotodioden etwa bei $\lambda = 0{,}85\ \mu m$, bei Ge-Fotodioden etwa bei $\lambda = 1{,}5\ \mu m$.

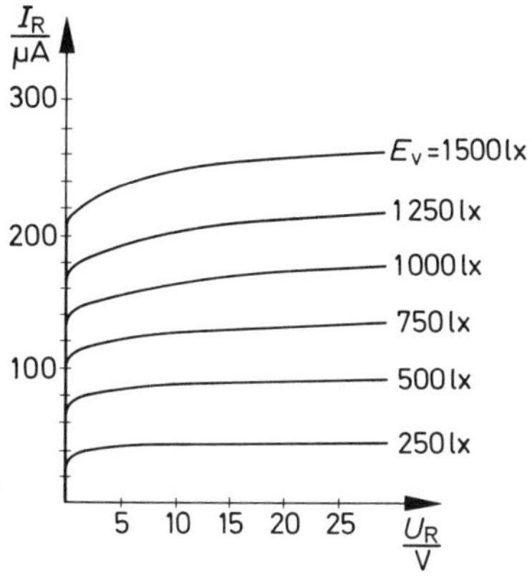

Bild 12.17 I_R-U_R-Kennlinienfeld einer Fotodiode mit der Beleuchtungsstärke als Parameter

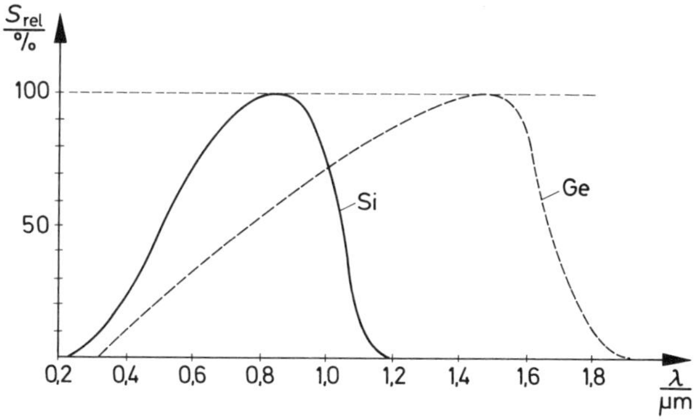

Bild 12.18 Spektrale Empfindlichkeit von Germanium- und Silizium-Fotodioden

12.4.2. Kennwerte und Grenzwerte

Der Hauptkennwert ist die *Fotoempfindlichkeit E*. Sie gibt an, um wieviel nA sich der Sperrstrom I_R pro Lux Beleuchtungsstärkezunahme vergrößert.
Weiterhin wird die *Wellenlänge der maximalen Fotoempfindlichkeit* λ_{ES} angegeben.

Grenzfrequenz f_g und *Sperrschichtkapazität* C_s sind weitere Kennwerte.
Von besonderem Interesse ist der Dunkelstrom I_d, der für eine bestimmte Sperrspannung angegeben wird. Außerdem gehört die Größe der lichtempfindlichen Fläche A_L zu den Kennwerten.

Übliche Kennwerte:

$E \approx 120\,\text{nA/lx}$

$\lambda_{ES} \approx 0{,}85\,\mu\text{m}$

$f_g \approx 1\,\text{MHz}$

$C_s \approx 150\,\text{pF bei } U_R = 0\,\text{V}$

$\quad\;\; 20\,\text{pF bei } U_R = 20\,\text{V}$

$I_d \approx 500\,\text{nA}$

Grenzwerte sind die *höchstzulässige Sperrspannung* (üblich 20 V bis 30 V) und der *Umgebungstemperaturbereich* (üblich $-50\,°\text{C}$ bis $+100\,°\text{C}$).

12.4.3. Anwendungen

Fotodioden werden wegen des linearen Zusammenhangs zwischen Sperrstrom und Beleuchtungsstärke vorwiegend für Meßzwecke verwendet. Sie können sehr klein gebaut werden, eine große Packungsdichte ist möglich.

Weiterhin werden Fotodioden in der Steuer- und Regelungstechnik eingesetzt. Dort wo Fotowiderstände wegen ihrer großen Trägheit nicht eingesetzt werden können, verwendet man Fotodioden.

Vergleicht man den Aufbau von Si-Fotoelementen und Fotodioden, so stellt man eine sehr große Ähnlichkeit fest. Fotodioden können auch als Fotoelemente verwendet werden, d.h., sie können bei Beleuchtung eine Spannung abgeben. Jedoch ist ihr Wirkungsgrad schlechter als der von Fotoelementen.

12.5. Fototransistoren

12.5.1. Aufbau und Arbeitsweise

Fototransistoren sind spezielle Siliziumtransistoren, bei denen Licht auf die Basis-Kollektor-Sperrschicht fallen kann. Der Basisanschluß ist bei einigen Fototransistortypen herausgeführt. Durch Beschaltung des Basisanschlusses kann der Arbeitspunkt voreingestellt werden. Bei anderen Fototransistortypen wurde auf das Herausführen des Basisanschlusses verzichtet. Diese Transistoren werden nur durch Licht gesteuert (Bild 12.19).

Man kann sich einen Fototransistor als Zusammenschaltung eines Fotoelementes und einer Transistorstufe vorstellen (Bild 12.20). Bei Lichteinfall wird eine Spannung erzeugt, die ähnlich wie eine Basisspannung den Transistor steuert. Der Fototransistor kann auch als Zusammenschaltung einer Fotodiode und einer Transistorstufe angesehen werden.

Die Lichtempfindlichkeit eines Fototransistors ist wesentlich höher als die eines Fotoelementes mit gleicher lichtempfindlicher Fläche, da der Fotoeffekt verstärkt wird. Die Empfindlichkeitsverstärkung entspricht etwa dem Gleichstromverstärkungsfaktor B des Fototransistors. Aus diesem Grunde werden Fototransistoren vor allem dort verwendet, wo die lichtempfindliche Fläche wegen geforderter großer Packungsdichte klein sein muß.

Bild 12.21 zeigt das I_C-U_{CE}-Kennlinienfeld eines Fototransistors mit der Beleuchtungsstärke als Parameter.

Die spektrale Empfindlichkeit entspricht der einer Silizium-Fotodiode. Die Wellenlänge maximaler Fotoempfindlichkeit liegt bei etwa 0,8 μm bis 0,85 μm.

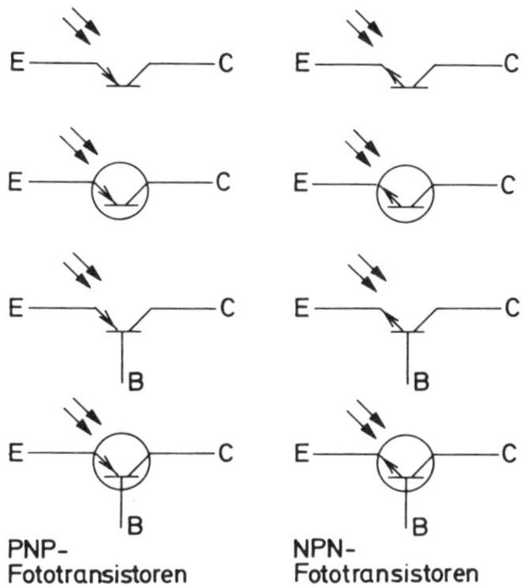

Bild 12.19 Schaltzeichen von Fototransistoren (der Kreis für das Gehäuse kann entfallen)

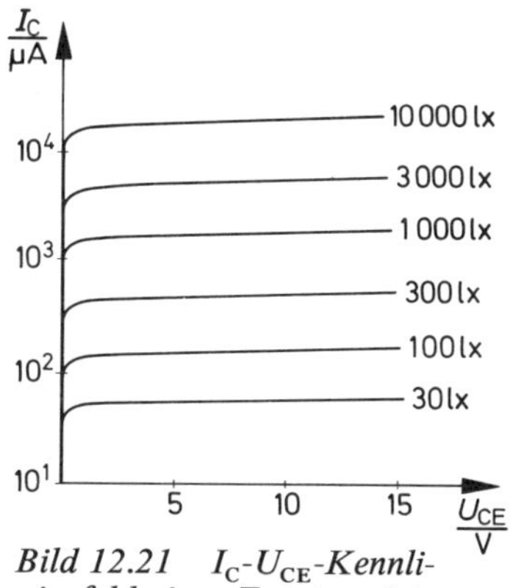

Bild 12.21 I_C-U_{CE}-Kennlinienfeld eines Fototransistors

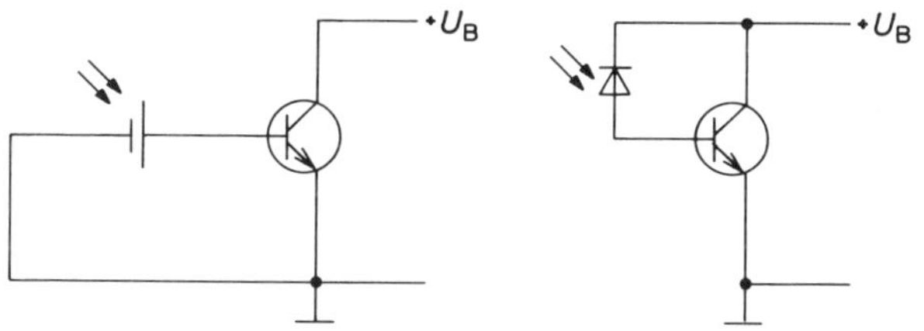

Bild 12.20 Ersatzschaltungen ▶ eines Fototransistors

12.5.2. Kennwerte und Grenzwerte

Die Kennwerte und Grenzwerte von Fototransistoren entsprechen teilweise den Kennwerten und Grenzwerten normaler Transistoren. Zusätzlich werden folgende weitere Kennwerte angegeben:

Kollektorhellstrom (z.B. bei $E = 1000$ lx, $U_{CE} = 5$ V)	I_{Ch}
Kollektordunkelstrom	I_{Cd}
Wellenlänge der max. Fotoempfindlichkeit	λ_{ES}
Fotoempfindlichkeit	E

Übliche Kennwerte:

$I_{Ch} \approx 0{,}8$ mA
$I_{Cd} \approx 0{,}2\ \mu$A
$\lambda_{ES} \approx 0{,}85\ \mu$m
$E \approx 0{,}15\ \mu$A/lx

12.5.3. Anwendungen

Fototransistoren haben einen breiten Anwendungsbereich. Sie können überall dort eingesetzt werden, wo auch Fotodioden verwendet werden. Gegenüber den Fotodioden haben sie unter sonst gleichen Bedingungen höhere Ausgangsspannungen.

Fototransistoren können sehr klein gebaut werden. Zeilen aus vielen Fototransistoren werden für die optische Abtastung von Lochkarten, Lochstreifen und Bildvorlagen verwendet.

12.6. Fotothyristoren, Fotothyristortetroden

12.6.1. Aufbau und Arbeitsweise

Fotothyristoren sind sehr ähnlich aufgebaut wie normale Thyristoren. Sie bestehen aus einem Vierzonenkristall nach Bild 12.22 und den Anschlüssen Anode (A), Katode (K) und Steuerelektrode (G).

Im Blockierbereich ist der mittlere pn-Übergang in Sperrichtung gepolt. Durch ein Gehäusefenster kann Licht auf die Sperrschicht fallen. Die Einstrahlung von Lichtenergie führt zu einer Freisetzung von Ladungsträgern in der Sperrschicht.

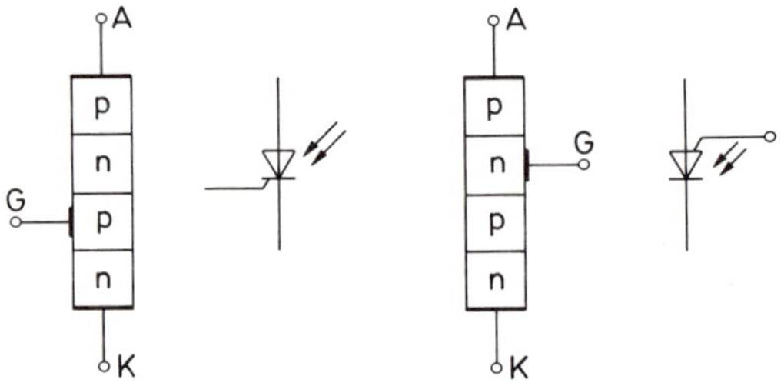

Bild 12.22 Grundaufbau und Schaltzeichen von Fotothyristoren

Die dadurch hervorgerufene Erhöhung des Sperrstromes führt zu einem gegenseitigen Durchsteuern der Transistorstrecken T_1 und T_2 (Bild 12.23). Bekanntlich kann man sich das Vierzonenkristall in 2 Transistorstrecken aufgeteilt denken (siehe auch Kapitel 10).

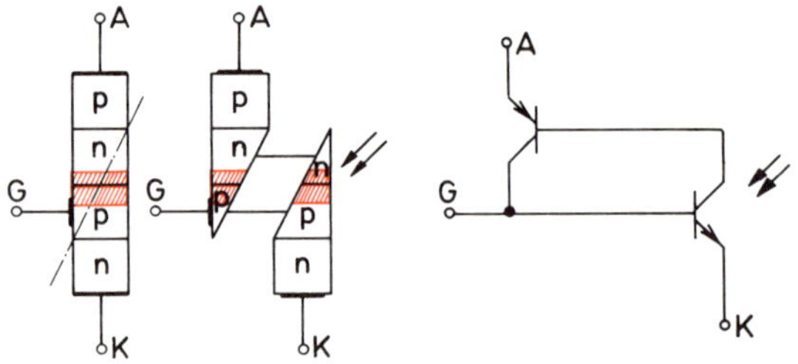

Bild 12.23 Ersatzschaltung des Fotothyristors

Das Durchsteuern (Zünden) des Fotothyristors erfolgt bei einer bestimmten Beleuchtungsstärke. Die zum Zünden erforderliche Beleuchtungsstärke kann durch einen Widerstand zwischen Steuerelektrode und Katode beeinflußt werden (Bild 12.24). Je größer der Widerstandswert des Widerstandes R_{GK}, desto geringer ist in bestimmten Grenzen die zum Zünden erforderliche Mindestbeleuchtungsstärke.

> ***Zusätzlich zur Lichtsteuerung ist die übliche Thyristorsteuerung durch einen gegenüber der Katode positiven Strom- bzw. Spannungsimpuls möglich.***

Nach der Zündung verhält sich der Fotothyristor wie ein normaler Thyristor. Erst nach Unterschreiten eines Mindestlaststromwertes, des sogenannten Haltestromes, geht die Anoden-Katoden-Strecke wieder in den hochohmigen Zustand über.

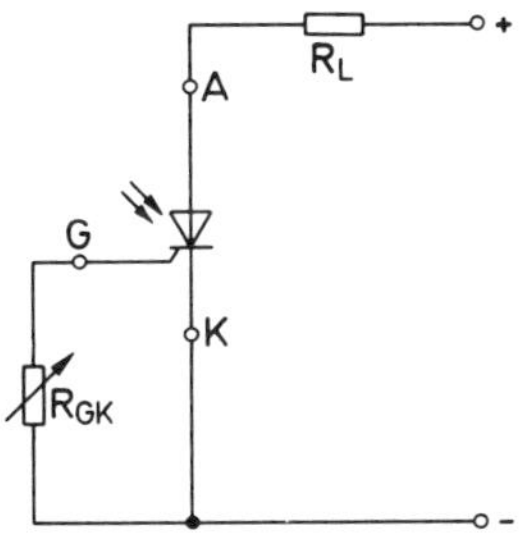

Bild 12.24 Stromkreis mit Fotothyristor

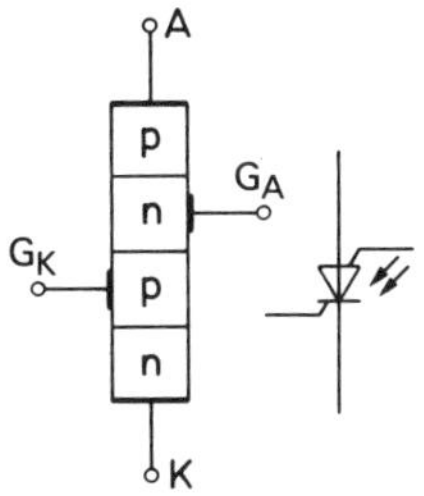

Bild 12.25 Grundaufbau und Schaltzeichen einer Fotothyristortetrode

In neuerer Zeit sind den Thyristoren ähnliche Vierschichtbauteile entwickelt worden, die über zwei Steueranschlüsse gesteuert werden können. Bauteile dieser Art werden *Thyristortetroden* oder SGS (Silicon Controlled Switch) genannt (Bild 12.25).

Eine Thyristortetrode kann durch einen positiven Strom- bzw. Spannungsimpuls auf G_K oder durch einen negativen Impuls auf G_A durchgesteuert (gezündet) werden. Sie kann in den hochohmigen Zustand zurückgeschaltet werden, und zwar wahlweise

a) durch einen negativen Impuls an G_K (bezogen auf K),
b) durch einen positiven Impuls an G_A (bezogen auf K),
c) durch Unterschreiten des Haltestromes.

Eine Thyristortetrode kann also auch dann in den hochohmigen Zustand geschaltet werden, wenn der Haltestrom nicht unterschritten wird.

Solche Thyristortetroden werden auch als *Fotothyristortetroden* gebaut. Sie lassen sich durch ausreichend große Lichtimpulse in den niederohmigen Zustand schalten. Der Vorgang ist der gleiche wie beim Fotothyristor.

Mit Hilfe von Strom- bzw. Spannungsimpulsen können die Fotothyristortetroden dann jederzeit wieder in den hochohmigen Zustand zurückgeschaltet werden.

12.6.2. Kennwerte und Grenzwerte

Die meisten Kennwerte und Grenzwerte der Fotothyristoren und Fotothyristortetroden sind die gleichen wie die der Thyristoren und Thyristortetroden. Es wird deshalb auf Abschnitt 10 verwiesen.

Lediglich die Kennwerte, die sich auf die Lichtsteuerung beziehen, sollen hier betrachtet werden. Ein solcher Kennwert ist die *Zündbeleuchtungsstärke* E_{AT}.

Bild 12.26 zeigt den Verlauf der erforderlichen Zündbeleuchtungsstärke in Abhängigkeit von der Größe des Widerstandes R_{GKK} für einen Laststrom von 100 mA. Die Kurve gilt für eine Fotothyristortetrode. Für einen Fotothyristor sieht sie sehr ähnlich aus.

Ein weiterer Kennwert ist die spektrale Empfindlichkeit bzw. die *Wellenlänge der maximalen Fotoempfindlichkeit.* Sie liegt bei etwa 0,85 μm (Bild 12.27).

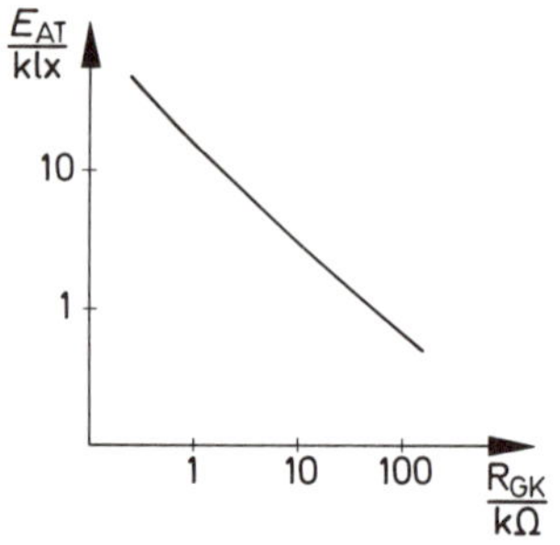

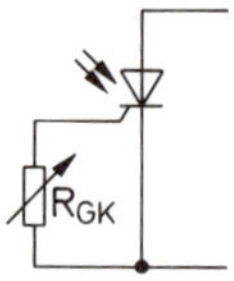

Bild 12.26 Abhängigkeit der erforderlichen Zündbeleuchtung von der Größe des Widerstandes R

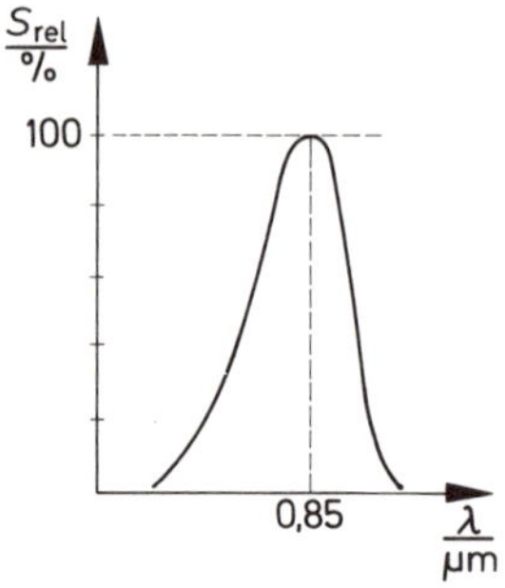

Bild 12.27 Spektrale Empfindlichkeit einer Fotothyristortetrode

12.6.3. Anwendungen

Fotothyristoren und Fotothyristortetroden erlauben den Aufbau von Lichtschranken ohne Verstärker. Der Thyristorlaststrom kann unmittelbar auch größere Relais schalten. Alarmgeräte und Meldegeräte lassen sich mit und ohne Zeitverzögerung sehr einfach aufbauen.
Das Schalten kann durch einen einfachen Lichtblitz ausgelöst werden. Bei Fotothyristortetroden ist ein Übergang in den hochohmigen Zustand sehr einfach möglich.

12.7. Leuchtdioden (LED)

12.7.1. Aufbau und Arbeitsweise

Leuchtdioden werden auch „Licht emittierende Dioden" (LED) genannt. Sie bestehen aus Mischkristallhalbleitern wie Galliumarsenid (GaAs). Galliumarsenidphosphid (GaAsP), Galliumphosphid (GaP).

Leuchtdioden wandeln elektrische Energie in Lichtenergie um.

Durch entsprechende Dotierung erzeugt man ein n-leitendes Grundkristall. Auf dieses läßt man eine nur etwa 1 μm dicke p-Zone mit hohem Dotierungsgrad (großer Löcherdichte) aufwachsen (Bild 12.28).

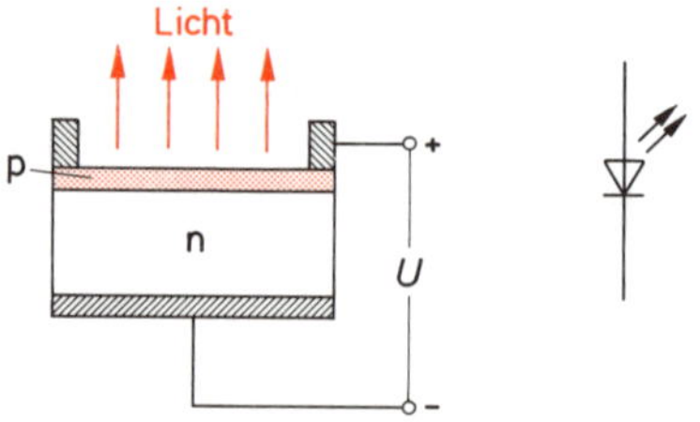

Bild 12.28 Aufbau und Schaltzeichen einer Leuchtdiode

> *Die Diodenstrecke einer Leuchtdiode wird in Durchlaßrichtung betrieben.*

Die Elektronen wandern von der n-Zone in die p-Zone. Dort kommt es zu häufigen Rekombinationen. Elektronen fallen mit Löchern zusammen. Bei jeder Rekombination wird Energie frei. Diese Energie wird in Form von Licht bestimmter Wellenlänge abgestrahlt. Da die p-Zone sehr dünn ist, kann das Licht entweichen. Die wahrnehmbare Lichtabstrahlung beginnt bei Stromstärken von etwa 2 mA. Die Lichtstärke wächst proportional mit der Stromstärke. Die Wellenlänge des Lichtes ist vor allem vom Kristallwerkstoff abhängig, etwas auch von der Dotierung. Besonders wirtschaftlich sind zur Zeit rotstrahlende Leuchtdioden ($\lambda = 0{,}66\ \mu m$). Sie können mit Anzeigeglühlampen konkurrieren.
Weiterhin gibt es gelb- und grünstrahlende Leuchtdioden – und neuerdings auch blaustrahlende. Die blaustrahlenden Leuchtdioden sind noch verhältnismäßig teuer und haben einen schlechten Wirkungsgrad.
Den höchsten Wirkungsgrad erreicht man mit Leuchtdioden, die im Infrarotbereich ($\lambda = 0{,}9$ bis $0{,}94\ \mu m$) strahlen. Die Strahlungsleistung ist bei gleicher Leistungsaufnahme 20- bis 50mal höher als die der rotstrahlenden Leuchtdioden.

> *Leuchtdioden reagieren fast trägheitslos.*

Eine Modulation des Lichtstrahles bis in den Megahertzbereich hinein ist möglich. Die Lebensdauer beträgt etwa 10^6 Stunden.

12.7.2. Kennwerte und Grenzwerte

Wichtige *Kennwerte* sind *Leuchtfläche A*, *Lichtstärke* I_V und *Lichtstrom* Φ, weiterhin die *Wellenlänge der Strahlung* λ_p und der *Öffnungswinkel* α, in dem das Licht abgestrahlt wird. Elektrische Kennwerte sind die *Durchlaßspannung* U_F und die *Sperrschichtkapazität* C_s.

Übliche Kennwerte:

$A \approx 0{,}5$ bis $30\ mm^2$
$I_V \approx 2$ bis 5 mcd (Millicandela) bei $I_F = 20$ mA
$\Phi \approx 2$ mlm (Millilumen) bei $I_F = 20$ mA
$\lambda_p \approx 660$ nm
$\alpha \approx 25°$ bis $60°$

Grenzwerte sind der *höchstzulässige Durchlaß-Gleichstrom* $I_{F\,max}$, die *höchstzulässige Sperrspannung* $U_{R\,max}$ und die *höchstzulässige Verlustleistung* P_{tot}.
Als Grenzwerte werden außerdem die größte und die kleinste zulässige Umgebungstemperatur angegeben.

Übliche Grenzwerte:

$I_{Fmax} \approx 50$ mA
$U_{Rmax} \approx 3$ V
$P_{tot} \approx 120$ mW
$T_U \approx -40$ bis $+100$ °C

12.7.3. Anwendungen

Leuchtdioden werden vorwiegend als Anzeigelämpchen verwendet. Für die Darstellung von Ziffern werden 7-Segment-Systeme gebaut. Ein 7-Segment-System besteht aus 7 Leuchtdioden (Bild 12.29).
Die Anzeige vielstelliger Zahlen bei Kleinrechnern erfolgt meist ebenfalls mit Leuchtdioden. Es sind Baueinheiten entwickelt worden, die die Anzeige 6-, 8- und 12stelliger Zahlen gestatten. Eine Einheit zur Anzeige 12stelliger Zahlen enthält 84 Leuchtdiodensysteme. 12stellige Anzeigeeinheiten haben einen verhältnismäßig großen Stromverbrauch.
Für Lichtschranken werden vor allem Leuchtdioden verwendet, die Infrarotlicht ausstrahlen.

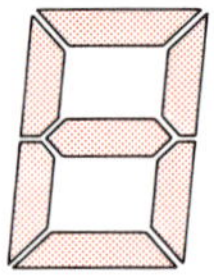

Bild 12.29
7-Segment-System, aus Leuchtdioden aufgebaut

12.8. Opto-Koppler

12.8.1. Aufbau und Arbeitsweise

Jeder *Opto-Koppler* besteht aus einem *Lichtsender* und aus einem *Lichtempfänger* (Bild 12.30). Als Lichtsender verwendet man vor allem Leuchtdioden, die Infrarot-Licht abstrahlen. Diese Leuchtdioden haben zur Zeit den besten Wirkungsgrad. Es werden aber auch Leuchtdioden verwendet, die sichtbares, meist rotes Licht abgeben.
Als Lichtempfänger dienen Fotodioden, Fototransistoren, Fotothyristoren und Fotodarlingtontransistoren. Unter einem Darlingtontransistor versteht man eine Zusammenschaltung von zwei Transistoren zur Erzielung einer besonders großen Verstärkung. Die wichtigsten Opto-Koppler sind in Bild 12.31 dargestellt.

> *Opto-Koppler gestatten eine rückwirkungsfreie galvanisch getrennte Koppelung von elektronischen Baugruppen.*

Als Gehäuse verwendet man übliche Transistorgehäuse oder sogenannte Dual-in-line-Gehäuse, wie sie für integrierte Schaltungen üblich sind (Bild 12.32).

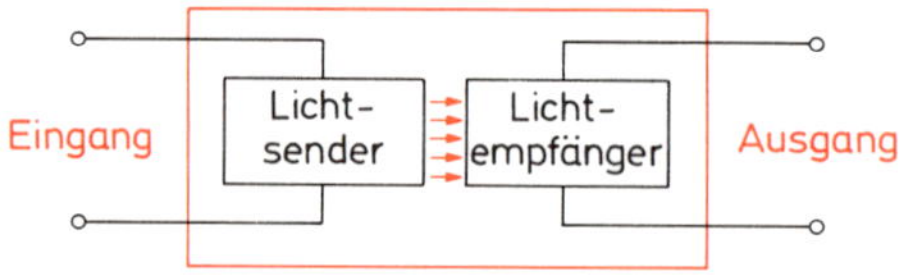

Bild 12.30 Prinzip eines Opto-Kopplers

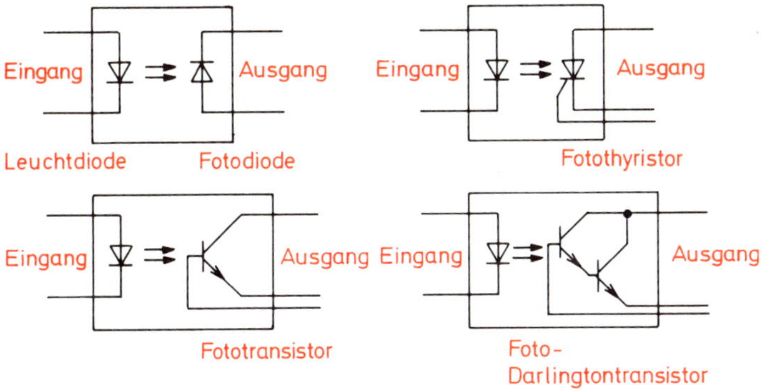

Bild 12.31 Opto-Koppler

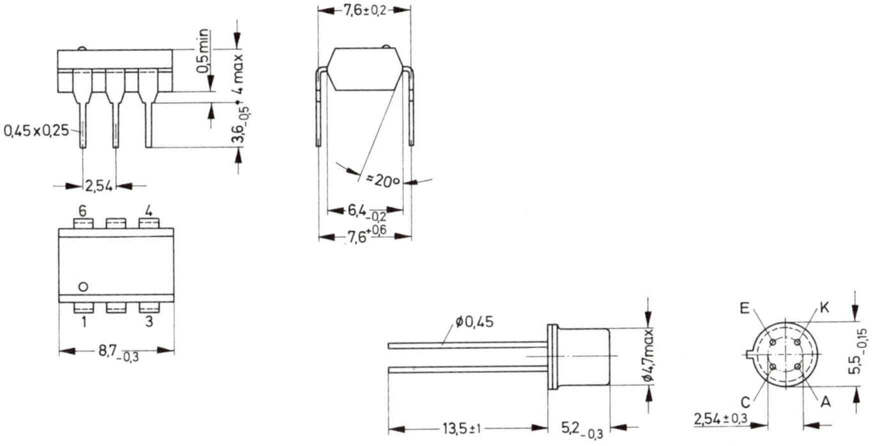

Bild 12.32 Gehäuseformen von Opto-Kopplern (Siemens)

12.8.2. Kennwerte und Grenzwerte

Die Kennwerte und Grenzwerte entsprechen den Kennwerten und Grenzwerten, die für Lichtsender und Lichtempfänger gelten.
Wichtige Grenzwerte sind:

Lichtsender (Leuchtdiode)

Sperrspannung	U_R	$\approx 3\,V$
Durchlaßstrom	I_F	$\approx 60\,mA$
Verlustleistung	P_{tot}	$\approx 100\,mW$

Lichtempfänger (Fototransistor)

Kollektor-Emitter-Sperrspannung	U_{CE0}	$\approx$ 70 V
Emitter-Basis-Sperrspannung	U_{EB0}	$\approx$ 7 V
Kollektorstrom	I_{Cmax}	$\approx$ 100 mA
Verlustleistung	P_{tot}	$\approx$ 150 mW

Wichtige Kennwerte sind:

Lichtsender (Leuchtdiode)

Durchlaßspannung bei $I_F = 60$ mA	U_F	$\approx$ 1,5 V
Sperrstrom bei $U_R = 3$ V	I_R	$\approx$ 10 nA

Lichtempfänger (Fototransistor)

Kollektor-Emitter-Sättigungsspannung	U_{CEsat}	$\approx$ 0,3 V
Gleichstromverstärkung	B	$\approx$ 300 bis 700

Opto-Koppler

Stromübertragungsverhältnis	$\frac{I_C}{I_F}$	$\approx$ 80 bis 300
Isolationsprüfspannung	U_{is}	$\approx$ 4000 V
Grenzfrequenz	f_g	$\approx$ 10 MHz

12.8.3. Anwendungen

Opto-Koppler werden überall dort eingesetzt, wo aus Sicherheitsgründen eine galvanische Trennung zwischen elektronischen Baugruppen gefordert wird. Sie werden weiterhin in kritischen Schaltungen verwendet, in denen absolut keine Rückwirkung der angekoppelten Stufe auf die vorhergehende Stufe erfolgen darf.

12.9. Lernziel-Test

1. Bei Fotohalbleitern gibt es den inneren fotoelektrischen Effekt. Was versteht man darunter?
2. Eklären Sie den Begriff „spektrale Empfindlichkeit", der bei fotoelektrischen Bauteilen eine Rolle spielt.
3. Was versteht man unter dem Dunkelwiderstand und unter dem Hellwiderstand eines Fotowiderstandes?
4. Wie arbeitet ein Fotoelement? Erklären Sie das Entstehen der Spannung.
5. Beschreiben Sie Aufbau und Arbeitsweise einer Fotodiode.
6. Wodurch unterscheidet sich ein Fototransistor von einer Fotodiode?
7. Wie arbeiten Fotothyristoren?
8. Erklären Sie Aufbau und Arbeitsweise einer Leuchtdiode.
9. Was sind Optokoppler? Wie sind sie aufgebaut und wo werden sie eingesetzt?

13. Halbleiterbauelemente mit speziellen Eigenschaften

13.1. Hallgeneratoren

13.1.1. Halleffekt

Ein magnetisches Feld übt auf strömende Elektronen Kräfte aus. Diese Kräfte entstehen in ähnlicher Weise wie die Kraft auf einen stromdurchflossenen Leiter. Strömende Elektronen stellen ja einen elektrischen Strom dar.
In Bild 13.1 ist eine leitfähige kleine Platte dargestellt, die von einem Strom durchflossen wird. Die Strömungslinien verlaufen in gleichen Abständen. Das Strömungsfeld ist homogen.
Wird diese Platte von einem magnetischen Feld durchsetzt (Bild 13.2), so wird auf jedes einzelne Elektron eine Kraft ausgeübt (Lorentz-Kraft). Die Elektronen werden nach einer Seite gedrängt. Es entsteht eine inhomogene Strömung.
In der linken Randzone der in Bild 13.2 dargestellten Platte entsteht ein Elektronenüberschuß, in der rechten Randzone ein Elektronenmangel. Zwischen den beiden Randzonen herrscht also eine elektrische Spannung. Diese Erscheinung wird *Halleffekt* genannt (nach Edwin Herbert Hall, amerikanischer Physiker). Der Halleffekt ist seit 1879 bekannt.

Hallgeneratoren erzeugen bei magnetischer Durchflutung eine elektrische Spannung

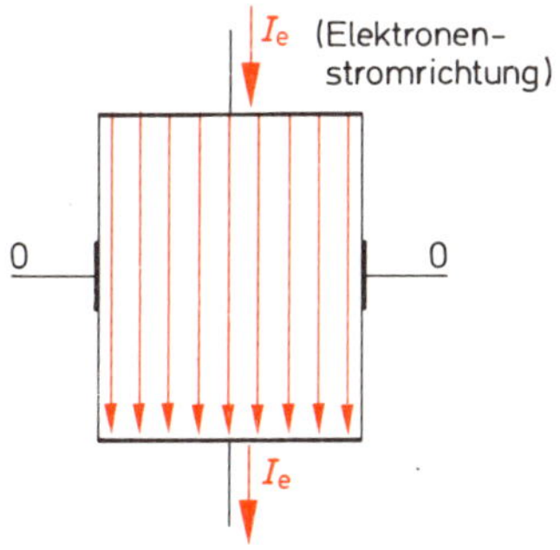

Bild 13.1 Homogene Elektronenströmung durch die leitfähige Platte eines Hallgenerators

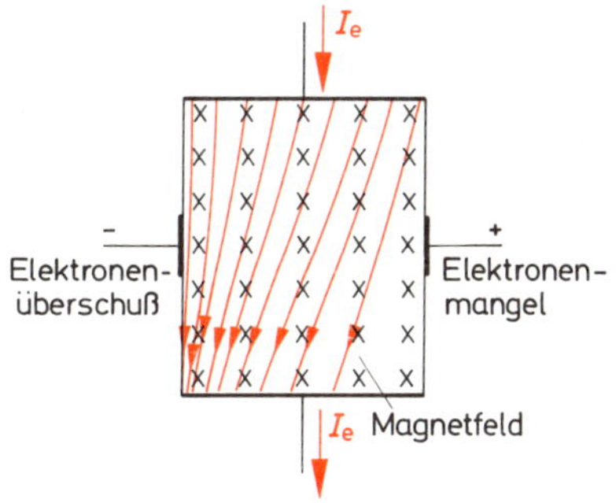

Bild 13.2 Von einem äußeren Magnetfeld verursachte inhomogene Elektronenströmung

13.1.2. Hallspannung

Die zwischen den Randzonen entstehende Spannung (Hallspannung) ist um so größer, je dünner das Plättchen ist. Sie ist weiterhin um so größer, je größer Stromstärke und magnetische Flußdichte sind. Sehr stark ist die Größe der entstehenden Spannung vom Werkstoff des Plättchens abhängig (Bild 13.3).

Es gilt die Gleichung:

$$U_H = R_H \cdot \frac{I \cdot B}{d}$$

U_H Hallspannung
R_H Hallkonstante
I Strom
B magnetische Flußdichte
d Dicke des Plättchens

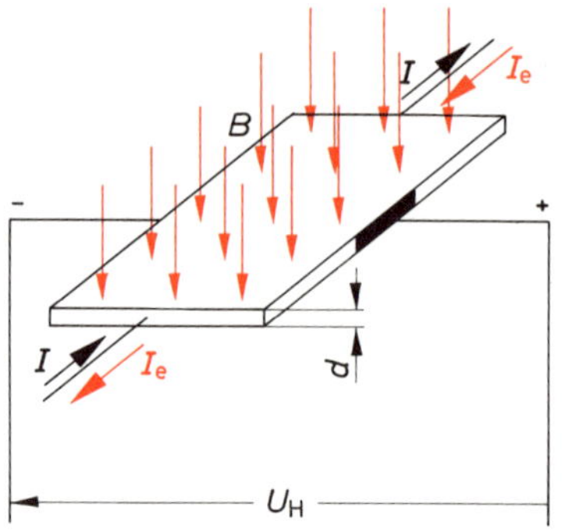

Bild 13.3 Entstehen einer Hallspannung

Die Hallkonstante R_H erfaßt die Werkstoffeigenschaften, die für das Entstehen der Hallspannung von Bedeutung sind. Zu diesen Werkstoffeigenschaften gehören die Ladungsträgerbeweglichkeit und die Anzahl der freien Ladungsträger pro Volumeneinheit.
Bei Metallen ist $R_H \approx 10^{-9}$ m³/As. Die in Metallen entstehenden Hallspannungen sind gering.
Große Hallkonstanten ergeben sich für bestimmte Halbleiterwerkstoffe:

Indiumantimonid (InSb) $R_H \approx 240 \cdot 10^{-6}$ m³/As
Indiumarsenid (InAs) $R_H \approx 120 \cdot 10^{-6}$ m³/As

Bei Verwendung dieser Werkstoffe können Hallspannungen von einigen Volt erzielt werden. Die Hallkonstanten sind temperaturabhängig.

13.1.3. Aufbau

Bei Hallgeneratoren bildet sich die volle nach vorstehender Gleichung zu errechnende Hallspannung nur dann, wenn l groß gegenüber a ist (Bild 13.4). Bei $l = a$ entsteht nur 75% der vollen Hallspannung. Die Plättchen von Hallgeneratoren haben also meist eine längliche Form. Sie sollen möglichst dünn sein. Das Halbleitermaterial InSb bzw. InAs wird heute meist auf ein Trägermaterial aufgedampft. Man wählt Schichtdicken von einigen μm.

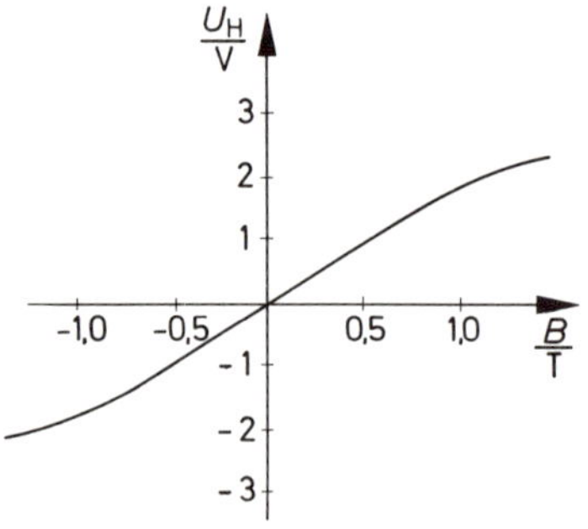

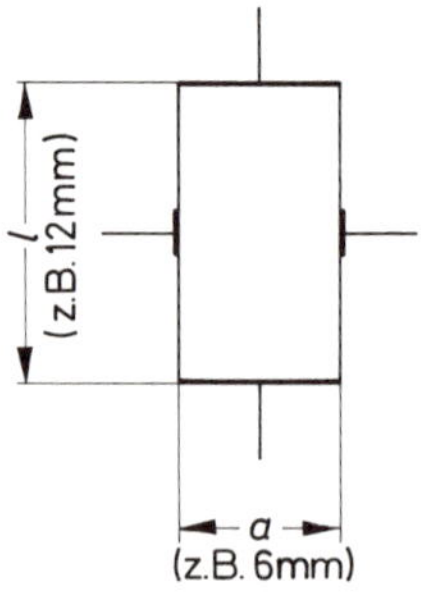

Bild 13.4 Abmessungen eines Hallgeneratorplättchens

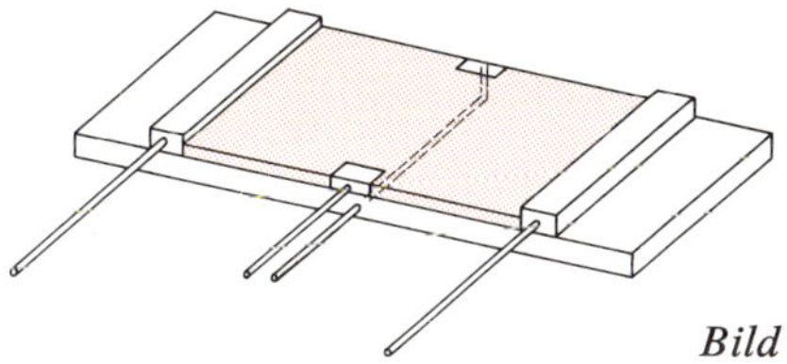

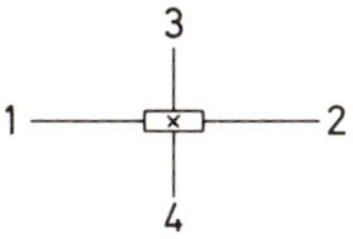

Schaltzeichen
1,2 Steuerelektroden
3,4 Hallelektroden

Bild 13.5 Aufbau und Schaltzeichen eines Hallgenerators

Das Trägermaterial wird im Betrieb ebenfalls vom magnetischen Feld durchsetzt. Für viele Anwendungsfälle ist es daher günstig, ein magnetisch leitfähiges Trägermaterial zu verwenden. Weichmagnetische Ferrite sind als Trägermaterial gut geeignet.
Der Hallgenerator hat, wie jeder Spannungserzeuger, einen Innenwiderstand. Die Größe des Innenwiderstandes ist von den Abmessungen der Halbleiterschicht und von der magnetischen Flußdichte abhängig. Übliche Innenwiderstände liegen bei etwa 1 Ω bis 4 Ω.
Bild 13.5 zeigt den Aufbau eines modernen Hallgenerators.

13.1.4. Kennwerte und Grenzwerte

		übliche Werte
höchstzulässiger Steuerstrom	I_{max}	≈ 600 mA
höchstzulässige Betriebstemperatur	T_{max}	≈ 100 °C
Nennwert des Steuerstromes	I_n	≈ 100 mA
Nennwert des Steuerfeldes	B_n	≈ 1 T
Leerlauf-Hallspannung bei I_n und B_n	U_H	≈ 0,4 V
Innenwiderstand zwischen den Steuerelektroden	R_{iSt}	≈ 3 Ω
Innenwiderstand zwischen den Hallelektroden	R_{iH}	≈ 1,5 Ω
Temperaturbeiwert	β	≈ −0,002 1/°C bei InAs ≈ −0,01 1/°C bei InSb

Der *höchstzulässige Steuerstrom* ist der größte Strom, der fließen darf, ohne daß der Hallgenerator durch zu starke Erwärmung zerstört wird. Die Nennwerte I_n und B_n sind so festgelegt, daß nur eine geringfügige Eigenerwärmung auftritt. Im Bereich der Nennwerte besteht ein sehr guter linearer Zusammenhang zwischen I, B und U_H.

Mit Hilfe des Temperaturbeiwertes β kann die Änderung der Hallspannung bei Temperaturänderung berechnet werden.

$$\Delta U_H = U_{H20} \cdot \beta \cdot \Delta T$$

ΔU_H Änderung der Hallspannung
U_{H20} Hallspannung bei Zimmertemperatur (20 °C)
β Temperaturbeiwert
ΔT Temperaturänderung

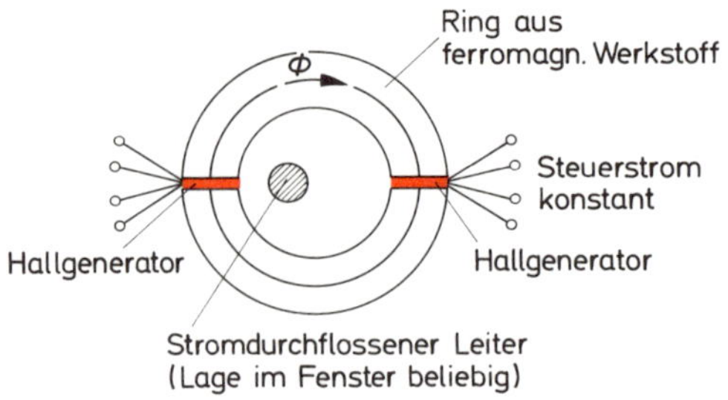

Bild 13.6 Anordnung zur Gleichstrommessung

13.1.5. Anwendungen

Es können fünf Anwendungsbereiche unterschieden werden:

1. Messen der magnetischen Flußdichte B. Bei konstantem Steuerstrom ist U_H der magnetischen Flußdichte B proportional. Kleine Hallgeneratoren (etwa 2 mm · 1 mm) dienen als Feldsonden. Sie gestatten ein Ausmessen inhomogener Magnetfelder.
   Auf dem Umweg über ein Magnetfeld können z.B. große Gleichströme gemessen werden. Bild 13.6 zeigt eine Anordnung zur Gleichstrommessung. Die Summe der beiden Hallspannungen ist der Stromstärke proportional. Die Summenspannung ist unabhängig von der Lage des stromdurchflossenen Leiters im Fenster.
2. Messen des Produktes $I \cdot B$. Die Hallspannung ist sowohl dem Steuerstrom I als auch der magnetischen Flußdichte B proportional. Die Größe der Hallspannung hängt vom Produkt $I \cdot B$ ab. Der Hallgenerator arbeitet als Multiplikator. Die magnetische Flußdichte kann z.B. einem Strom I_M proportional sein. In diesem Falle werden von dem Hallgenerator zwei Stromwerte miteinander multipliziert. Derartige Multiplikatoren werden in der Analogrechentechnik und in der Steuer- und Regelungstechnik benötigt.
3. Wird der Hallgenerator in ein magnetisches Wechselfeld gleichbleibender Amplitude gebracht, so entsteht bei Steuergleichstrom eine Hallwechselspannung, die der magnetischen Flußdichte B proportional ist. Der Hallgenerator arbeitet als Modulator oder als kontaktloser Wechselrichter.
4. Die magnetische Flußdichte B kann mit kleiner Leistung gesteuert werden. Es ist möglich, dem Hallgenerator eine größere Leistung zu entnehmen. Der Hallgenerator hat dann eine Verstärkereigenschaft.
5. Der Hallgenerator dient als Indikator eines Magnetfeldes. Wird z.B. ein Dauermagnet an dem Hallgenerator vorbeigeführt, so entsteht eine Hallspannung. Eine Drehzahlmessung läßt sich auf diese Weise einfach durchführen (Bild 13.7).

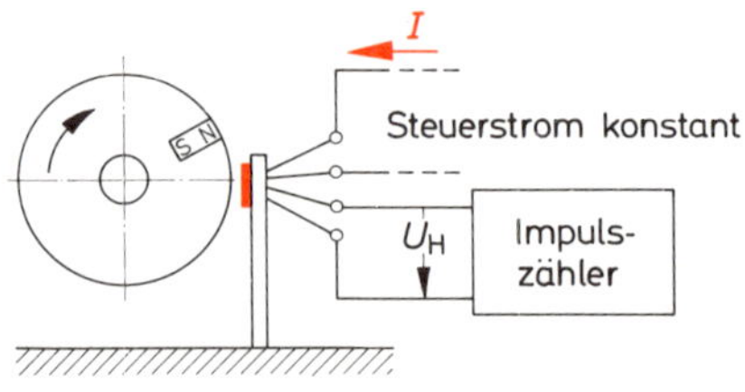

Bild 13.7 Drehzahlmessung mit Hallgenerator

13.2. Feldplatten

Feldplatten sind Halbleiterwiderstände, deren Widerstandswert durch ein Magnetfeld gesteuert werden kann. Das Schaltzeichen ist in Bild 13.8 dargestellt.

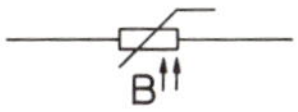

Bild 13.8 Schaltzeichen der Feldplatte

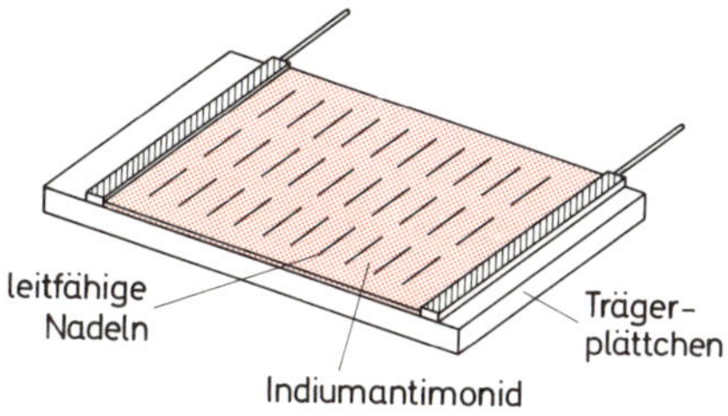

Bild 13.9 Aufbau einer Feldplatte

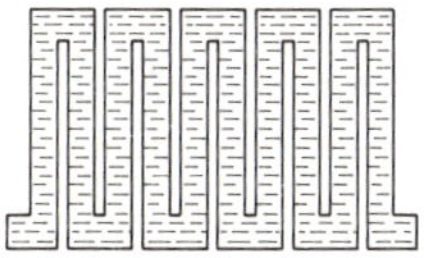

Bild 13.10 Mäanderförmige Schicht einer Feldplatte

13.2.1. Aufbau

Feldplatten werden als *Eisentypen* (E-Typen) und als *Kunststofftypen* (K-Typen) hergestellt. Bei E-Typen verwendet man als Trägermaterial ferromagnetische Werkstoffe mit großer Permeabilität. Das Trägerplättchen aus diesem Werkstoff wird mit einer Isolierschicht versehen.

Bei K-Typen besteht der Träger aus Kunststoff oder aus Keramik.

Auf den Träger, der normalerweise etwa 0,1 mm dick ist, wird eine Schicht aus Indiumantimonid aufgebracht (übliche Schichtdicke etwa 25 μm). Das Indiumantimonid enthält Nadeln aus Nickelantimonid, die eine sehr gute Leitfähigkeit haben (metallische Leitfähigkeit). Diese Nadeln werden, wie in Bild 13.9 dargestellt, ausgerichtet.

Bei vielen Feldplatten hat die Schicht eine Mäanderform (Bild 13.10). Je nach Wahl der Abmessungen können Widerstandswerte ohne Magnetfeld von einigen Ohm bis zu einigen Kiloohm hergestellt werden.

13.2.2. Widerstandsänderung

Ist kein magnetisches Feld vorhanden, so verlaufen die Strombahnen geradlinig wie in Bild 13.11 dargestellt.

Unter dem Einfluß eines Magnetfeldes werden die Ladungsträger abgedrängt (siehe Hallgenerator). Sie verlaufen von einer metallisch leitfähigen Nadel zur anderen in schrägen Bahnen (Bild 13.12). Die Nadeln stellen Kurzschlußbrücken dar. Unterschiedliche Ladungsträgerdichten gleichen sich innerhalb der Kurzschlußbrücken sofort aus.

Die Kraft, die die Elektronen ablenkt, ist um so größer, je größer die magnetische Flußdichte ist. Mit steigender Flußdichte verlaufen die Strombahnen immer schräger. Die Weglängen werden immer größer (Bild 13.13).

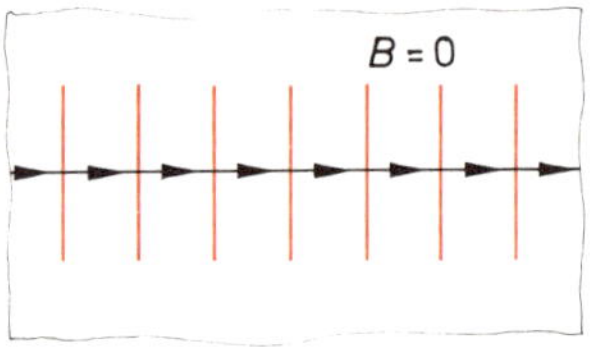

Bild 13.11 Schichtausschnitt mit Strombahn ohne Einwirkung eines Magnetfeldes

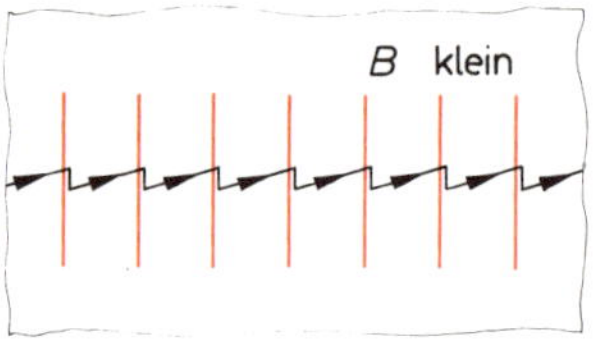

Bild 13.12 Schichtausschnitt mit Strombahn unter Einwirkung einer kleinen magnetischen Flußdichte

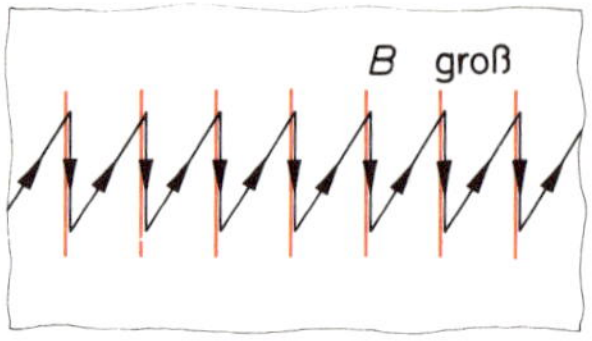

Bild 13.13 Schichtausschnitt mit Strombahn unter der Einwirkung einer großen magnetischen Flußdichte

Eine Vergrößerung der Weglängen der Strombahnen bedeutet aber eine Erhöhung des Widerstandes der Feldplatte.

Der Widerstandswert von Feldplatten nimmt mit steigender Flußdichte zu.

Bild 13.14 zeigt den Widerstandsverlauf einer Feldplatte in Abhängigkeit von der magnetischen Flußdichte B. Die Richtung des Magnetfeldes hat keinen Einfluß auf die Größe des Widerstandes.
Der Widerstand, der sich für eine bestimmte magnetische Feldstärke ergibt, ist ein ohmscher Widerstand, d.h., zwischen Strom und Spannung besteht eine lineare Abhängigkeit.

13.2.3. Kennwerte und Grenzwerte

		übliche Werte
höchstzulässige Belastung	P_{tot}	≈ 0,5 W
maximale Betriebstemperatur	T_{max}	≈ 95 °C
höchstzulässige Spannung zwischen Feldplattenschicht und metallischem Träger	U_I	≈ 100 V
Grundwiderstandswert (Widerstand ohne Magnetfeld)	R_0	je nach Typ zwischen 10 Ω und 10 kΩ
Toleranz des Grundwiderstandswertes	R_0-Tol	z.B. ± 20%
Widerstandswert bei einer bestimmten Flußdichte	R_B	
relative Widerstandsänderung für eine bestimmte Flußdichte (z.B. 1 Tesla)	R_B/R_0	≈ 10
Temperaturbeiwert (abhängig von B)	α	≈ −0,004 1/°C

13.2.4. Anwendungen

Feldplatten werden häufig zur kontaktlosen Signalgabe verwendet. Man kann mit ihnen kontaktlose und damit prellfreie Taster bauen (Bild 13.15).
Als stufenlos steuerbare Widerstände werden sie in der Steuer- und Regelungstechnik und in der allgemeinen Elektronik eingesetzt.

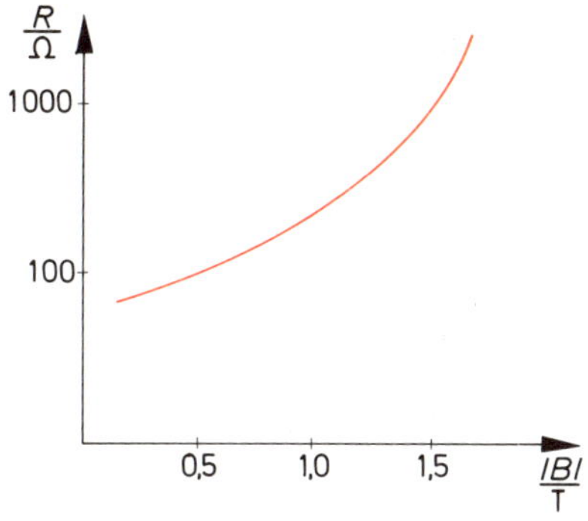

Bild 13.14 Verlauf des Widerstandes einer Feldplatte in Abhängigkeit von der magnetischen Flußdichte

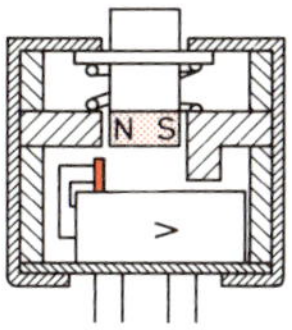

Bild 13.15 Prellfreier Taster

Bild 13.16 Transistorschaltstufe mit kontaktloser Signalgabe

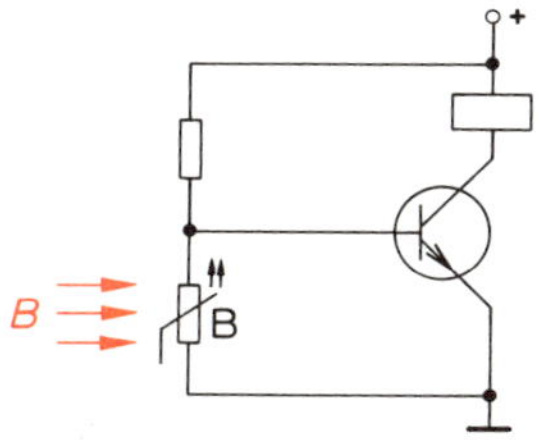

Feldplatten eignen sich als Meßsonden zum Ausmessen von Magnetfeldern. Sie können in Eisenkerne, Luftspalte oder Joche eingebaut werden und gestatten eine dauernde Überwachung des magnetischen Flusses z.B. in elektrischen Maschinen.
Ein Anwendungsschwerpunkt ist die kontaktlose Signalgabe an Transistorschaltstufen (Bild 13.16) und Schmitt-Trigger. Kleine Magnetfeldänderungen können bereits ein Ansprechen dieser Schaltungen bewirken.

13.3. Magnetdioden

Magnetdioden sind Dioden, deren Widerstandswert durch ein äußeres Magnetfeld geändert werden kann (Bild 13.17).

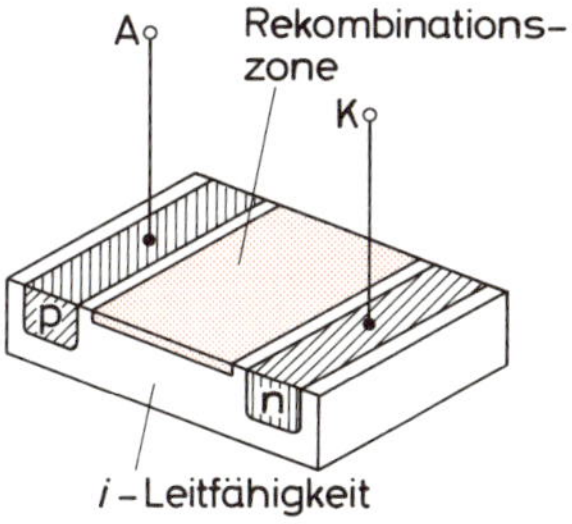

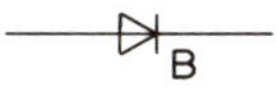

Bild 13.17 Schaltzeichen der Magnetdiode

Bild 13.18 Aufbau einer Magnetdiode

13.3.1. Aufbau

Magnetdioden sind Germanium-Halbleiter-Bauteile. In das eine Ende eines kleinen Germaniumquaders wird eine p-Zone, in das andere Ende eine n-Zone eindotiert. Zwischen beiden Zonen bleibt eine verhältnismäßig große undotierte Zone. In dieser Zone herrscht nur eine geringe Leitfähigkeit, die sogenannte Eigenleitfähigkeit oder i = Leitfähigkeit (Bild 13.18).

Eine Randseite der *i*-leitenden Zone wird so verunreinigt, daß dort eine starke Rekombination von Ladungsträger erfolgen kann. Diese sogenannte Rekombinationszone (R-Zone) „schluckt" Ladungsträger.
Der Kristallquader wird mit Kontakten versehen und in ein Gehäuse eingebracht. Häufig kommen zwei Diodenkörper in ein Gehäuse, da Magnetdioden oft als Doppeldioden eingesetzt werden.

13.3.2. Widerstandsänderung

Unter dem Einfluß eines magnetischen Feldes werden die Elektronen in Richtung zur R-Zone oder in entgegengesetzter Richtung abgelenkt (je nach Polung des Magnetfeldes).
Ladungsträger, die in die R-Zone geraten, rekombinieren, d.h., Elektronen und Löcher fallen zusammen. Die Elektronen und die Löcher sind damit als freie Ladungsträger ausgefallen. Je mehr freie Ladungsträger aber verschwinden, desto größer wird der Widerstand der Magnetdiode.

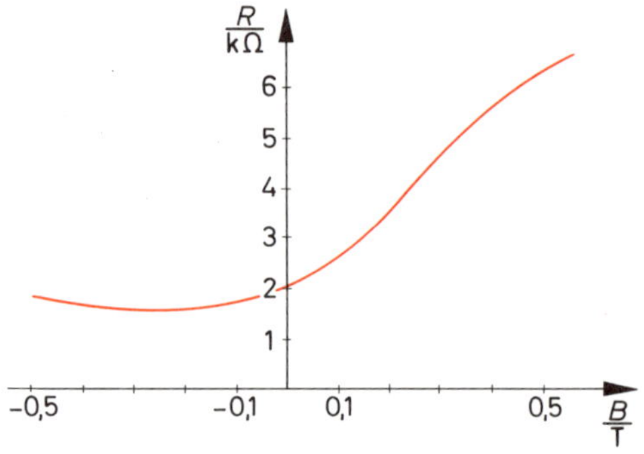

Bild 13.19 Widerstandsverlauf einer Magnetdiode in Abhängigkeit von der magnetischen Flußdichte

Durch die magnetische Flußdichte *B* wird die Rekombinationshäufigkeit gesteuert. Die Vergrößerung der Rekombinationshäufigkeit führt zu einer Verarmung an Ladungsträgern und zu einer Widerstandserhöhung der Magnetdiode.
Bild 13.19 zeigt den Widerstandsverlauf in Abhängigkeit von der magnetischen Flußdichte.
Der Widerstandswert von Magnetdioden ist sehr temperaturabhängig. Eine Temperaturzunahme um 17 °C führt zu einer Halbierung des Widerstandes.

13.3.3. Kennwerte und Grenzwerte

		übliche Werte
maximale Betriebsspannung	U_{Bmax}	≈ 20 V
maximale Verlustleistung	P_{vmax}	≈ 50 mW
maximale Betriebstemperatur	T_{max}	≈ 60 °C
Betriebsspannung	U_B	≈ 4 V
Grundwiderstandswert (bei $B = 0$)	R_0	≈ 2 kΩ

13.3.4. Anwendungen

Magnetdioden werden wegen ihrer starken Temperaturabhängigkeit meist als Doppeldioden eingesetzt.
Die beiden Magnetdioden der Schaltung Bild 13.20 werden *in entgegengesetzter Richtung* vom Magnetfeld durchsetzt. Bei Temperaturänderung ändern beide Dioden ihren Widerstand in gleicher Weise. Die Spannung U_2 bleibt dadurch angenähert konstant.

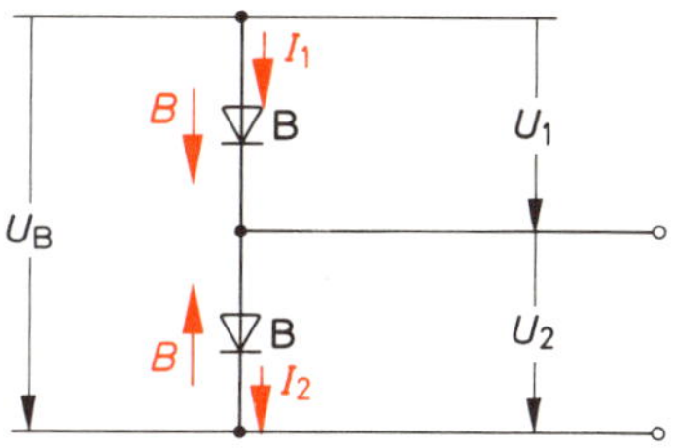

Bild 13.20 Zusammenschaltung von zwei Magnetdioden

Bild 13.21 Abhängigkeit der Spannung U_2 von der magnetischen Flußdichte

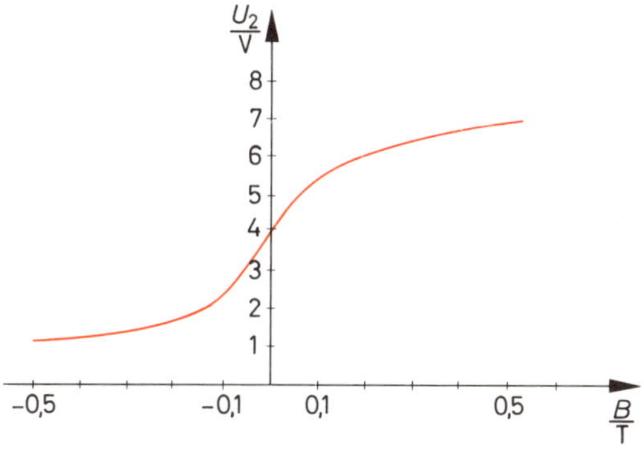

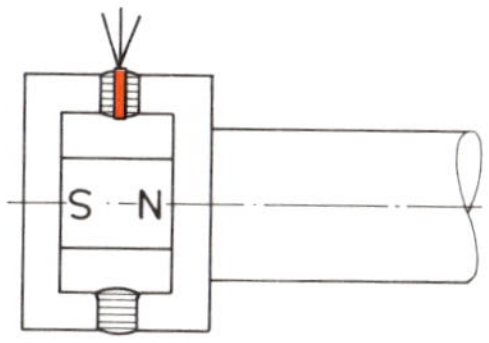

Bild 13.22 Prinzip eines Drehzahlmessers mit Magnetdiode

Eine Änderung der magnetischen Flußdichte ändert jedoch den Widerstand der einen Magnetdiode stärker als den der anderen Magnetdiode. Die Spannung U_2 hat den in Bild 13.21 gezeigten Verlauf in Abhängigkeit von der magnetischen Flußdichte.
Magnetdioden werden vorwiegend zur kontaktlosen Signalgabe verwendet. Mit ihnen können bei Transistorschaltstufen und Schmitt-Triggern Schaltvorgänge ausgelöst werden. Magnetdioden eignen sich gut für die Signalgabe bei Drehzahlmessern (Bild 13.22). Ebenfalls lassen sich mit ihnen prellfreie kontaktlose Taster herstellen.

13.4. Druckabhängige Halbleiterbauelemente

13.4.1. Piezoeffekt

In bestimmten Kristallen kommt es bei Druckänderung zu einer Ladungsträgertrennung. Zwischen zwei Kristallflächen entsteht während der Dauer der Druckänderung eine elektrische Spannung. Die Druckänderung im Innern kann auch durch Biegung des Kristalls erfolgen.

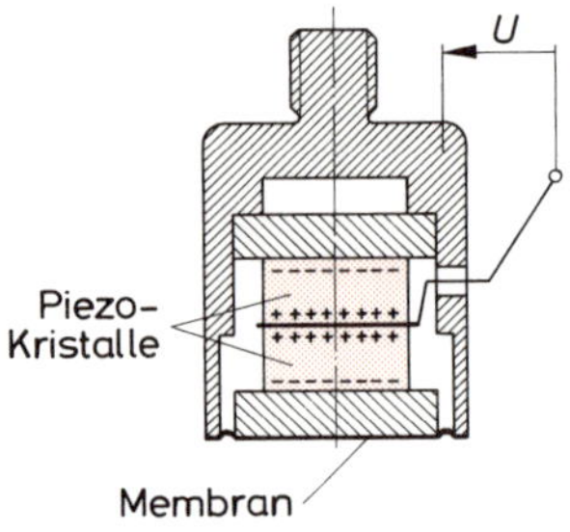

Bild 13.23 Prinzip eines piezoelektrischen Druckänderungsaufnehmers

Piezokristalle werden in der Elektronik vorwiegend als Meßwertaufnehmer bzw. als Meßgrößenwandler eingesetzt. In Bild 13.23 ist ein piezoelektrischer Druckänderungsaufnehmer dargestellt.

13.4.2. Piezohalbleiter

In neuerer Zeit wurden Halbleiterkristalle gefunden, die außerordentlich starke piezoelektrische Eigenschaften haben.
Diese *Piezoxide* (Valvo) bestehen aus einem polykristallinen Material auf einer Basis von Blei-Zirkonat-Titanat. Dieses Material wird einem komplizierten Sinterverfahren unterzogen, bei dem eine Polarisation durch ein kräftiges elektrisches Gleichfeld erfolgt.
Die bisher bekannten Piezokristalle (Quarz, Seignettesalz, Bariumtitanat und andere) lassen auch bei kräftigen Druckänderungen nur Spannungen von wenigen Volt entstehen. Mit den Piezoxiden können Spannungen von vielen Kilovolt erzeugt werden.
Piezoxide eignen sich sehr gut als Druckänderungsaufnehmer bis zu Druckwechselfrequenzen im Ultraschallbereich. Sie werden für Mikrophone (vorwiegend für Ultraschallmikrophone) für Filterschaltungen und für Tonabnehmer verwendet.
Ein besonderes Anwendungsgebiet ist die Gaszündung. Die hierfür verwendeten Piezoxide geben bei verhältnismäßig kleinen zugeführten mechanischen Energien Spannungen von 15 kV und mehr ab und ermöglichen eine Funkenzündung des Gases.

13.5. Flüssigkristall-Bauteile

13.5.1. Flüssige Kristalle (LCD, engl. Liquid Crystal Device)

Körper, die sich bei Beanspruchungen in allen Richtungen gleich verhalten und in allen Richtungen gleiche Eigenschaften haben, sind *isotrop.*
Sind bestimmte Eigenschaften oder Verhaltensweisen von Körpern von Beanspruchungsrichtungen abhängig, so sind diese Körper *anisotrop.*
Kristalle sind anisotrope Körper. Sie haben bestimmte Vorzugsrichtungen. Flüssigkeiten sind normalerweise stets isotrop. Es gibt aber einige organische Verbindungen, die im festen Zustand Kristallstruktur haben und die nach dem Schmelzen eine anisotrope Phase durchlaufen, das heißt, auch im geschmolzenen Zustand ergeben sich bestimmte Vorzugsrichtungen. Diese Flüssigkeiten verhalten sich zumindest teilweise wie Kristalle. Sie zeigen z.B. eine Doppelbrechung des Lichtes.Wird die Temperatur weiter erhöht, so geht der anisotrope flüssige Zustand in einen isotropen flüssigen Zustand über.

13.5.2. Aufbau von Anzeigebauteilen
(Feldeffekt-Technik, dielektrische Polarisation)

Es gibt nun derartige Flüssigkeiten, die im Bereich von etwa −5 °C bis 65 °C in der anisotropen Phase sind. Bringt man diese Flüssigkeiten in ein genügend starkes elektrisches Feld, so kommt es zu einer Ausrichtung der Moleküle. Die vorher klare Flüssigkeit wird durch den Einfluß des elektrischen Feldes milchig trübe. Nach Abschalten des elektrischen Feldes stellt sich der klare Zustand wieder ein. Flüssigkeiten dieser Art sind elektrisch nicht leitfähig.
Diese flüssigen Kristalle verwendet man zum Bau von Anzeigebauteilen. Man bringt eine dünne Flüssigkeitsschicht zwischen zwei Glasplatten. Die beiden Glasplatten haben auf ihren Innenseiten durchsichtige leitende Beläge aus Zinnoxid. An diese Beläge wird die Spannung gelegt, die das benötigte elektrische Feld erzeugt (Bild 13.24). Ein Belag hat die Strukturen der anzuzeigenden Zeichen, z.B. Siebensegmentflächen.

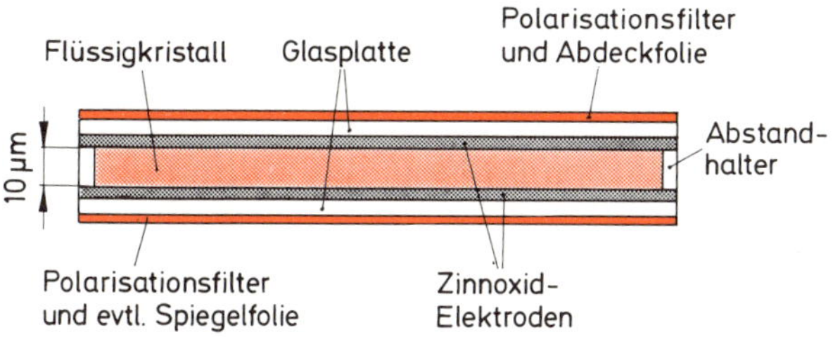

Bild 13.24
Grundaufbau eines Flüssigkristall-Anzeigeelementes

Der Plattenabstand beträgt etwa 5 bis 10 µm. Um eine Trübung zu erzielen, ist die Feldstärke von etwa 0,1 V/µm erforderlich. Vergrößert man die Feldstärke, so wird die Trübung intensiver.
Bei einer Feldstärke von etwa 3 V/µm ist die maximale Trübung erreicht.
Zur Erzeugung der Trübung benötigt man nur eine sehr geringe Leistung. Der übliche Leistungsbedarf liegt bei etwa 0,1 µW pro cm^2 Trübungsfläche.
Die Trübung muß durch eine geeignete Beleuchtung sichtbar gemacht werden. Dies kann durch Anstrahlen oder Durchleuchten geschehen. Die Trübung wird besonders kontrastreich erkennbar, wenn man Polarisationsfilter verwendet. Je nach Polarisationsebene erscheint die trübe Flüssigkeit vor dem Hintergrund hell oder dunkel. Die Polarisationsfolien werden auf die beiden Glasplatten aufgeklebt. Beim Anstrahlen (Reflexionsverfahren) wird hinter einem der Polarisationsfilter eine Spiegelfolie angebracht.
Zur Anzeige von Dezimalziffern verwendet man 7-Segment-Anzeigen (Bild 13.25). Das Bauteil kann aus einem 7-Segment-System bestehen oder aus einer Vielzahl von 7-Segment-Systemen (Bild 13.26).
Durch entsprechende Ausbildung der Trübungszonen können Anzeigebauteile für Buchstaben, Zeichen und beliebige Symbole hergestellt werden. Ein Betrieb mit Gleichspannung ist nicht zulässig. Bei Flüssigkristallen kann eine elektrolytische Zersetzung auftreten.

Kennwerte und Grenzwerte		*übliche Werte:*
maximale Betriebsspannung	U_{Bmax}	≈ 8 V
Betriebsspannung	U_B	≈ 1,5 V bis 3 V
Frequenz	f	≈ 30 Hz bis 100 Hz
Temperatur	T	≈ 25 °C
Strom pro Segment	I_S	≈ 10 nA
Gesamtstrom	I_{ges}	≈ 70 nA

Bild 13.25 7-Segment-Flüssigkristall-Anzeige-Display (Siemens)

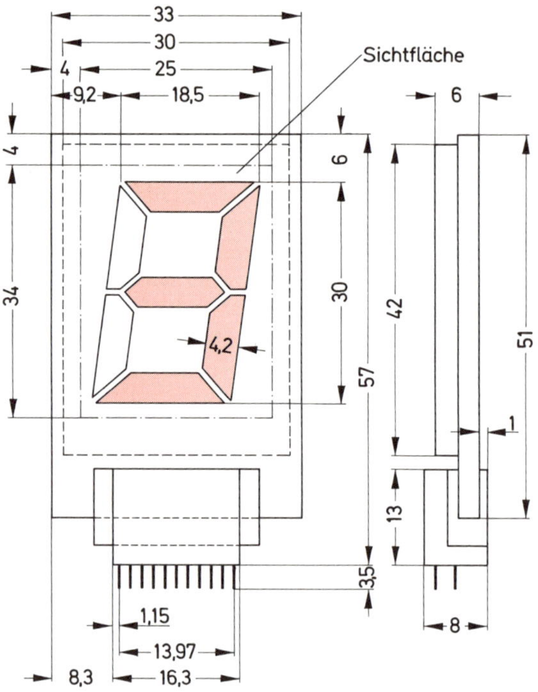

Bild 13.26 Vierstellige 7-Segment-Flüssigkristall-Anzeigeeinheit (Siemens)

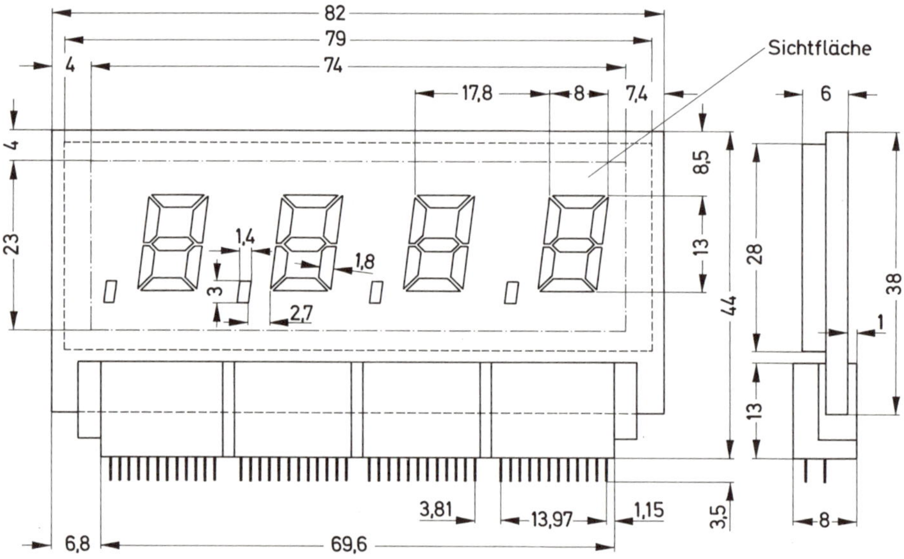

Gesamtkapazität	≈ 50 pF
Anstiegsverzögerungszeit	≈ 80 ms
Anstiegszeit	≈ 100 ms
Abfallzeit	≈ 200 ms
Lagertemperaturbereich	–20 °C bis 80 °C

Die Zeiten $t_{an\,verz.}$, t_{an} und t_{ab} ergeben sich aus Bild 13.27.

Prinzip der dynamischen Streuung

Es gibt auch elektrisch leitfähige Flüssigkristall-Werkstoffe. Werden diese an eine Wechselspannung gelegt, so kommt es im Inneren des Flüssigkristall-Werkstoffes zu einer Teilchenbewegung ähnlich einer turbulenten Strömung. Durch diese Teilchenbewegung wird der Flüssigkristall-Werkstoff getrübt. Die getrübten Bereiche wirken bei durchscheinendem Licht milchig weiß. Nach Abschalten der Spannung beruhigt sich die Teilchenbewegung und der Flüssigkristall-Werkstoff wird wieder durchsichtig. Flüssigkristallanzeigen dieser Art arbeiten mit sogenannter *dynamischer Streuung*.

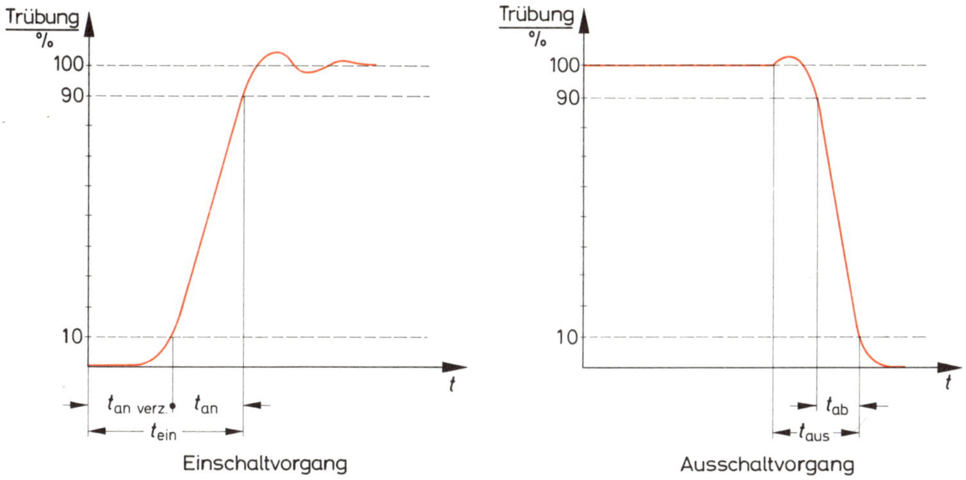

Bild 13.27 Einschalt- und Ausschaltvorgang mit Angabe der festgelegten Zeiten

Flüssigkristallanzeigen, die nach dem Prinzip der dynamischen Streuung arbeiten, benötigen eine wesentlich größere Leistung als *Feldeffekt-Flüssigkristallanzeigen*. Auch verhalten sie sich beim Schalten träger. Sie eignen sich besonders für Großanzeigen bei netzgespeisten Geräten.

Kennwerte und Grenzwerte

maximale Betriebsspannung	U_{Bmax}	≈ 50 V
Betriebsspannung	U_B	≈ 25 V
Frequenz	f	≈ 20 Hz bis 150 Hz
Strom pro Segment	I_S	≈ 0,4 mA
Gesamtstrom	I_{ges}	≈ 2,8 mA
Anstiegszeit	t_{an}	≈ 400 ms
Abfallzeit	t_{ab}	≈ 1000 ms

13.5.3. Anwendungen

Flüssigkristall-Anzeigebauteile in Feldeffekt-Technik haben den geringsten Leistungsbedarf aller Anzeigebauteile. Sie eignen sich besonders für den Einsatz in batteriebetriebenen Geräten. Eine direkte Ansteuerung durch MOS-Bauteile ist wegen des geringen Strombedarfs möglich. Flüssigkristall-Anzeigebauteile, die nach dem Prinzip der *dynamischen Streuung* arbeiten, sind vor allem für Großanzeigen geeignet. Zur Zeit werden Flüssigkristall-Großanzeigeeinheiten dieser Art bis zu Ziffierngrößen von 19 cm hergestellt.

13.6. Lernziel-Test

1. Beschreiben Sie den Halleffekt.
2. Wie entsteht bei einem Hallgenerator die Hallspannung?
   Geben Sie eine Erläuterung mit Skizze.
3. Ein Hallgenerator hat eine Hallkonstante $R_H = 230 \cdot 10^{-6}$ m³/As und eine Plättchendicke von 0,2 mm. Das Plättchen wird von einem Strom $I = 80$ mA durchflossen. Die Flußdichte ist $B = 0{,}9$ T. Berechnen Sie die Hallspannung.
4. Geben Sie das Schaltzeichen eines Hallgenerators an.
5. Erklären Sie Aufbau und Arbeitsweise einer Feldplatte. Wie kommt es zu der Widerstandsänderung beim Auftreten eines Magnetfeldes?
6. Wie funktioniert eine Magnetdiode?
7. Piezohalbleiterbauteile können bei Druckänderungen Spannung von einigen kV erzeugen. Wie ist das möglich?
8. Was ist ein „flüssiges Kristall“? Wie verhält es sich im elektrischen Feld?
9. Wie ist eine Flüssigkristall-Anzeigeeinheit im Prinzip aufgebaut?
10. Wie wirkt sich die Temperaturabhängigkeit von Flüssigkristall-Anzeigen aus?

14. Elektronen- und Ionenröhren

14.1. Thermoemission

Die Atome und Moleküle fester Stoffe schwingen auf ihren Plätzen. Je höher die Temperatur eines Stoffes ist, desto stärker sind diese Wärmeschwingungen.
Bei bestimmten Stoffen werden durch den Einfluß der Wärmeschwingungen Elektronen ausgestoßen. Diesen Vorgang nennt man *Thermoemission.*
Wird ein Metallstück (Katode) in einem praktisch luftleeren Glaskolben erhitzt, dann treten Elektronen aus dem Metall aus. Das Metallstück wird dadurch positiv geladen. Es zieht die Elektronen an und holt sie wieder zurück (Bild 14.1).

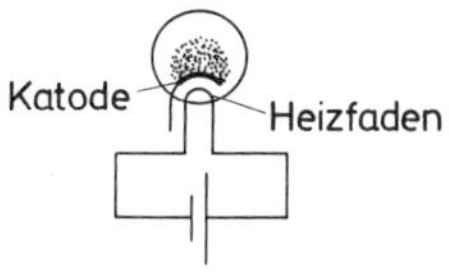

Bild 14.1 Thermoemission

Da ständig neue Elektronen ausgesendet werden, befindet sich immer eine große Zahl von Elektronen außerhalb des Metalls. Sie bilden eine Wolke um das Metall (Raumladungswolke).
Die Zahl der pro Zeiteinheit ausgestoßenen Elektronen hängt vom Werkstoff, von der Temperatur und von der Größe der Oberfläche des erhitzten Körpers ab. Je höher die Temperatur und je größer die Oberfläche, desto mehr Elektronen werden pro Sekunde ausgestoßen.
Die Elektronen der Raumladungswolke können nun für unterschiedliche Zwecke verwendet werden. Diese vom Stoff gelösten Elektronen waren der „Anfangswerkstoff" der Elektronik.

14.2. Röhrendiode (Zweipolröhre, Vakuumdiode)

Der Glaskolben mit der Katode erhält eine zweite Metallelektrode, eine sogenannte Anode (Bild 14.2).
Der Glaskolben mit den zwei Elektroden wird Zweipolröhre oder Diode genannt. Die für die Heizung notwendigen Pole zählen nicht.

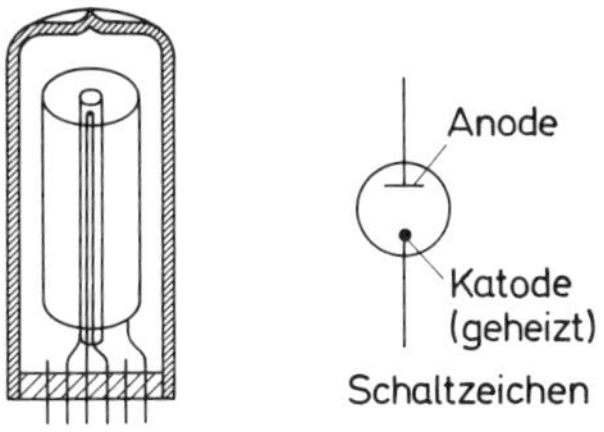

Bild 14.2 Aufbau und Schaltzeichen einer Vakuumdiode

Bild 14.3 Die positive Anode saugt die negativ geladenen Elektronen an

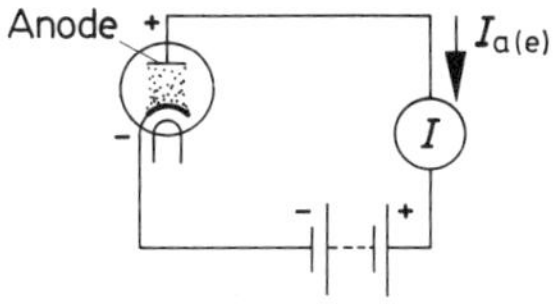

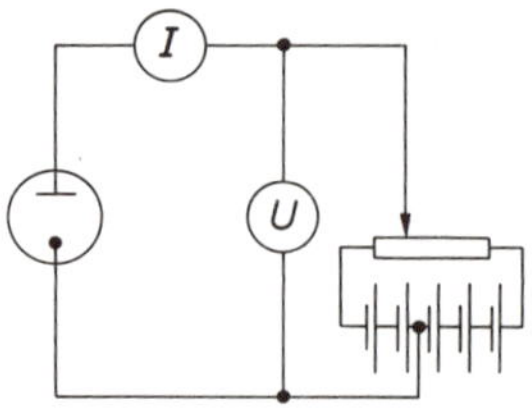

Bild 14.4 Schaltung zur Aufnahme der I_a-U_a-Kennlinie einer Vakuumdiode

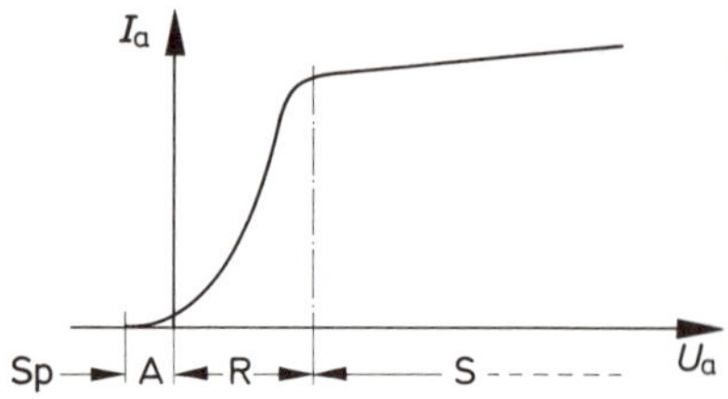

Bild 14.5 I_a-U_a-Kennlinie einer Vakuumdiode

Gibt man der Anode eine positive Spannung gegenüber der Katode, so saugt die positive Anode die negativ geladenen Elektronen an. Es fließt ein Strom durch die Diode (Bild 14.3).

Wird die Spannung umgepolt, erhält also die Anode eine negative Spannung gegenüber der Katode, so fließt kein Strom durch die Diode. Die negative Anode stößt die Elektronen ab. Die Diode sperrt.

Die Röhrendiode ist ein Stromventil.

Das Verhalten der Diode ist aus ihrer Kennlinie ersichtlich. Eine Schaltung zur Aufnahme der Kennlinie ist in Bild 14.4 gegeben.

Die Diodenkennlinie (Bild 14.5) wird in folgende Bereiche eingeteilt:

Sperrbereich (Sp)

Die Anodenspannung ist stark negativ. Auch schnelle Elektronen erreichen die Anode nicht. Die Diode sperrt vollständig.

Anlaufstrombereich (A)

Elektronen, die mit großer Anfangsgeschwindigkeit aus der Katode austreten, können gegen die bremsende Wirkung einer schwach negativen Anode anlaufen. Es fließt ein kleiner Strom, der sogenannte *Anlaufstrom.*

Raumladungsbereich (R)

Es werden um so mehr Elektronen abgesaugt, je größer die Anodenspannung U_a ist.

Sättigungsbereich (S)

Alle emittierten Elektronen werden abgesaugt. Auch bei weiterer Steigerung von U_a kann I_a nicht wesentlich ansteigen.

Anwendungen

Röhrendioden wurden früher als Gleichrichter in Netzteilen eingesetzt. Heute werden sie noch für die Demodulation von Hochfrequenzschwingungen und für Sonderzwecke eingesetzt.

14.3. Triode (Dreipolröhre)

Fügt man zwischen Katode und Anode einer Zweipolröhre ein Drahtgitter ein, so wird aus der Zweipolröhre eine Dreipolröhre oder Triode (Bild 14.6).
Das Gitter erhält eine negative Spannung gegenüber der Katode. Es bremst den zur Anode fließenden Elektronenstrom.

> *Je größer die negative Gitterspannung, um so kleiner wird der Anodenstrom. Mit Hilfe der Gitterspannung kann der Anodenstrom leistungslos gesteuert werden.*

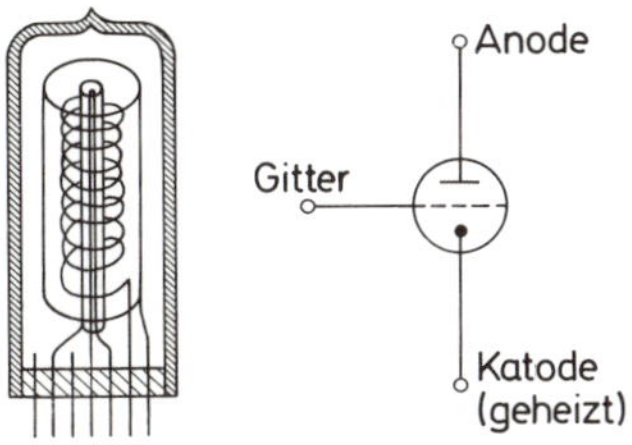

◀ *Bild 14.6 Aufbau und Schaltzeichen einer Triode*

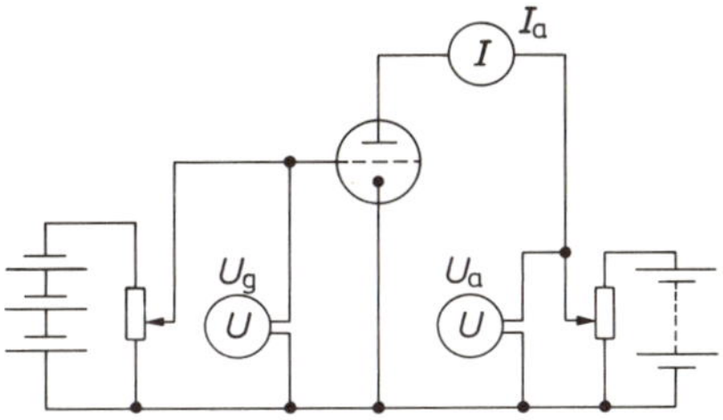

Bild 14.7 Schaltung zur Aufnahme von Triodenkennlinien

14.3.1. Kennlinien

Bild 14.7 zeigt eine Schaltung zur Aufnahme von Triodenkennlinien.
Es sind zwei Kennlinienfelder üblich. Das *I_a-U_a-Kennlinienfeld* gibt die Abhängigkeit zwischen Anodenstrom I_a und Anodenspannung U_a an. Für jeden gewählten Gitterspannungswert U_g erhält man eine Kennlinie (Bild 14.8).

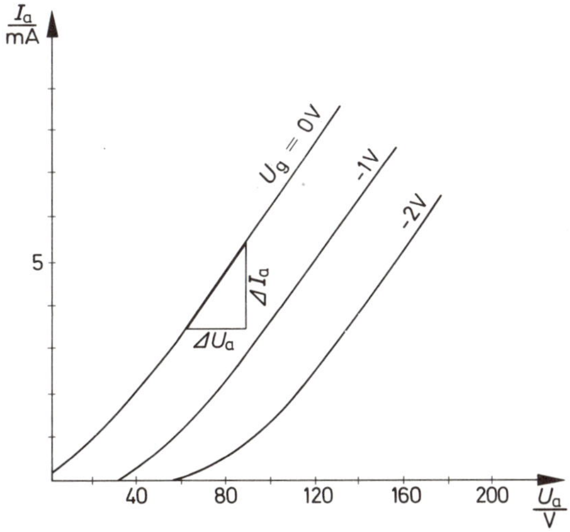

Bild 14.8 I_a-U_a-Kennlinienfeld

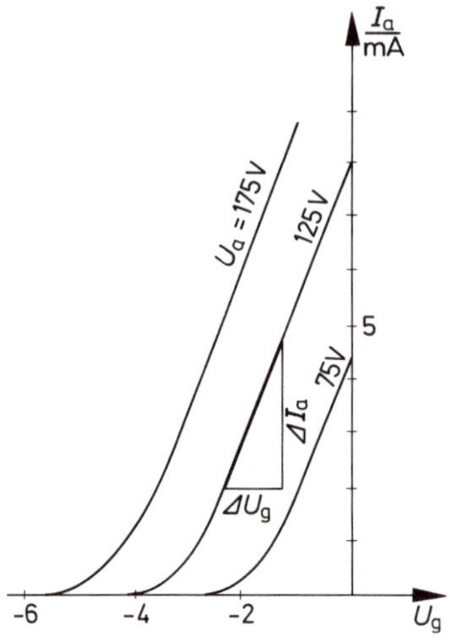

Bild 14.9 I_a-U_g-*Kennlinienfeld*

Das I_a-U_g-*Kennlinienfeld* zeigt den Zusammenhang zwischen Anodenstrom I_a und Gitterspannung U_g. Bei der Kennlinienaufnahme wird für jede Kennlinie ein fester Anodenspannungswert U_a eingestellt (Bild 14.9).

I_a-U_a-Kennlinien: Für jede Gitterspannung gibt es eine Kennlinie.
I_a-U_g-Kennlinien: Für jede Anodenspannung gibt es eine Kennlinie.

14.3.2. Kennwerte

Innenwiderstand R_i

$$R_i = \frac{\Delta U_a}{\Delta I_a}$$

(für U_g konstant)

Der Innenwiderstand R_i ist aus dem I_a-U_a-Kennlinienfeld abzulesen.

ΔU_a Anodenspannungsänderung
ΔI_a Anodenstromänderung

Steilheit S

$$S = \frac{\Delta I_a}{\Delta U_g}$$

(für U_a konstant)

Die Steilheit ist ein Maßstab für die Steuerwirkung des Gitters. Sie kann aus dem I_a-U_g-Kennlinienfeld abgelesen werden.

ΔI_a Anodenstromänderung
ΔU_g Gitterspannungsänderung

Die Steilheit S gibt an, um wieviel Milliampere sich der Anodenstrom ändert, wenn die Gitterspannung um 1 Volt geändert wird.

Durchgriff D

Der Durchgriff *D* ist ein Maßstab für den Steuereinfluß der Anodenspannung im Verhältnis zum Steuereinfluß der Gitterspannung.

$$D = \frac{\Delta U_g}{\Delta U_a}$$

(für I_a konstant)

$$D = \frac{\Delta U_g}{\Delta U_a} \cdot 100\,\%$$

Je kleiner der Durchgriff D ist, desto geringer ist der Steuereinfluß der Anodenspannung.

$D = 0{,}02 = 2\%$ bedeutet, daß die Anodenspannung nur 2% der Steuerwirkung der Gitterspannung hat.

Der Durchgriff D gibt an, welcher Bruchteil oder wieviel % einer Spannungsänderung an der Anode am Gitter wirksam werden muß, damit die gleiche Steuerwirkung erzielt wird.

Der Kehrwert des Durchgriffes ist der *Leerlaufverstärkungsfaktor* μ.

$$\mu = \frac{1}{D}$$

Der Leerlaufverstärkungsfaktor gibt die theoretisch höchstmögliche Spannungsverstärkung an. Dieser Wert wird aber in der Praxis nie erreicht.

Die Röhrenkennlinien sind gekrümmt. Die aus den Kennlinienfeldern entnommenen Werte für R_i, S und D gelten immer nur für einen Arbeitspunkt.
Die *Barkhausensche Röhrengleichung* gibt den Zusammenhang zwischen den für den gleichen Arbeitspunkt geltenden Werten R_i, S und D an.

$$R_i \cdot S \cdot D = 1$$

$$\frac{\cancel{\Delta U_a}}{\cancel{\Delta I_a}} \cdot \frac{\cancel{\Delta I_a}}{\cancel{\Delta U_g}} \cdot \frac{\cancel{\Delta U_g}}{\cancel{\Delta U_a}} = 1$$

Sind zwei Kennwerte bekannt, so kann der dritte errechnet werden.

14.3.3. Anodenrückwirkung

Die Anodenrückwirkung ist einer der wesentlichen Nachteile der Triode. Die Zusammenhänge sollen an einem Beispiel erläutert werden (Bild 14.10).

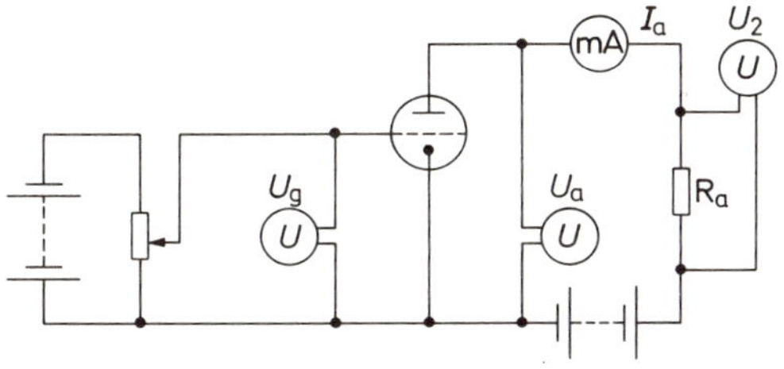

Bild 14.10 Schaltung zur Erläuterung der Anodenrückwirkung

$R_a = 20\ \text{k}\Omega$
$U_B = 200\ \text{V}$

U_B beträgt 200 V. Bei $U_{g1} = -6$ V ist die Röhre gesperrt. Es fließt kein Anodenstrom. Jetzt ist $U_a = 200$ V.
Mit zunehmendem Anodenstrom wird U_a kleiner. Steuert das Gitter also die Triode auf und fließt ein größerer Anodenstrom, so geht die Anodenspannung herunter. Die Anode saugt die Elektronen jetzt weniger stark an (Bild 14.11).

U_g	U_a	U_2	I_a
-6 V	200 V	0 V	0
-4 V	175 V	25 V	1,25 mA
-2 V	134 V	66 V	3,3 mA
0 V	90 V	110 V	5,5 mA

Bild 14.11 Tabelle zur Erläuterung der Anodenrückwirkung

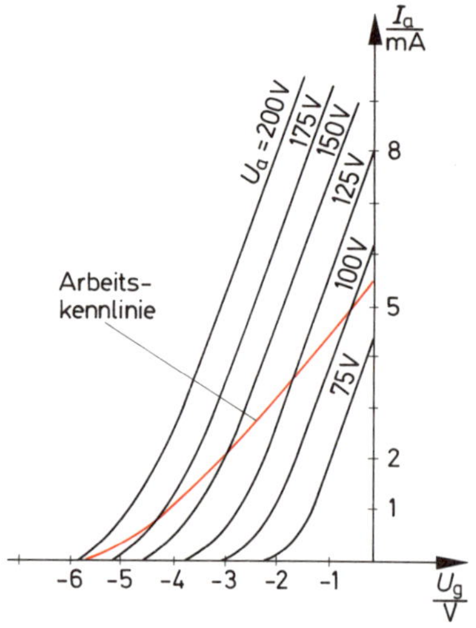

Bild 14.12 Entstehung der Arbeitskennlinie

„Die Anode steuert dem Gitter entgegen." Diesen Vorgang nennt man *Anodenrückwirkung*. Die Anodenrückwirkung hat zur Folge, daß die wirksame Röhrensteilheit geringer wird.
Die wirksame Röhrensteilheit ergibt sich aus der Arbeitskennlinie (Bild 14.12). Sie wird *dynamische Steilheit* genannt (Formelzeichen S_D).

$$S_D = S \cdot \frac{R_i}{R_i + R_a}$$

S_D	Dyn. Steilheit
S	Steilheit
R_i	Innenwiderstand
R_a	Außenwiderstand

14.3.4. Spannungsverstärkung

Es wird ein Arbeitspunkt A gewählt. Damit sind U_{a0}, I_{a0} und U_{g0} festgelegt (Bild 14.13).

U_{a0}	Anodenspannung	ohne Signalwechselspannung
I_{a0}	Anodenstrom	
U_{g0}	Gitterspannung	

Die Aussteuerung ist im Kennlinienfeld (Bild 14.14) dargestellt. Aus dem Kennlinienfeld können abgelesen werden:

$\hat{u}_g$, $\hat{u}_a$, i_a

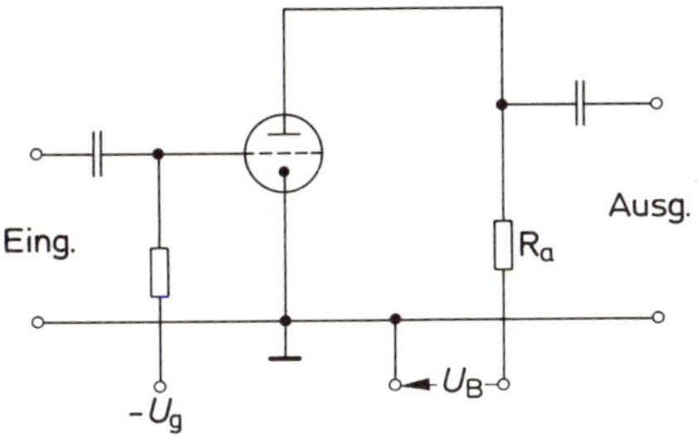

Bild 14.13 Verstärkerstufe mit Triode

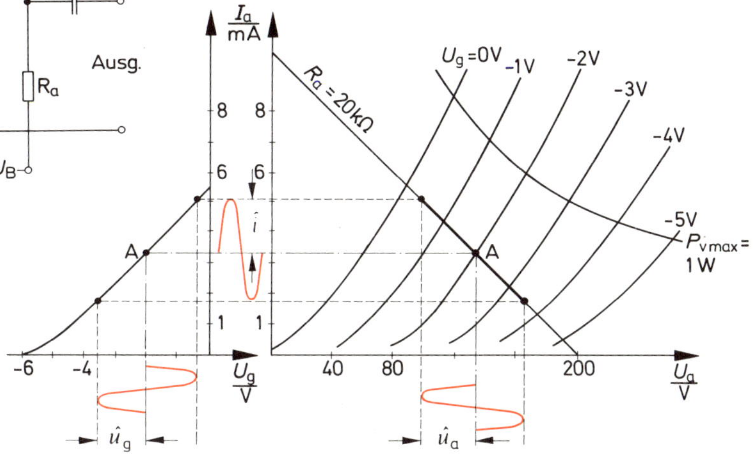

Bild 14.14 Darstellung der Aussteuerung

Man erhält die Spannungsverstärkung *V:*

$$V = \frac{\hat{u}_a}{\hat{u}_g}$$

Sind die Kennwerte für den gewünschten Arbeitspunkt und der Außenwiderstand der Triode bekannt, so kann die Spannungsverstärkung errechnet werden.

$$V = \mu \cdot \frac{R_a}{R_i + R_a}$$

$$V = S_D \cdot R_a$$

Die Spannungsverstärkung von Trioden liegt üblicherweise zwischen $V = 20$ bis $V = 60$ (Tonfrequenzbereich).

14.3.5. Anodenverlustleistung

Die Triode darf thermisch nicht überlastet werden. Der Hersteller gibt eine maximal zulässige Anodenverlustleistung P_{vmax} an. Mit dieser Angabe kann eine *Verlusthyperbel* ins I_a-U_a-Kennlinienfeld gezeichnet werden.

$$P_v = I_{a0} \cdot U_{a0}$$

Für I_{a0} und U_{a0} gelten die Werte des Arbeitspunktes *A* (nicht ausgesteuerte Röhre).

14.4. Tetrode (Vierpolröhre)

Die Anodenrückwirkung setzt die Verstärkung der Triode herab. Um diesen Nachteil zu beseitigen, wird ein zweites Gitter zwischen Steuergitter und Anode eingebaut (Bild 14.15). Dieses Gitter erhält eine gleichbleibende positive Spannung (z.B. 100 V). Es saugt jetzt anstelle der Anode die Elektronen an. Die Anodenspannung hat nur noch einen ganz geringen Einfluß auf den Anodenstrom.

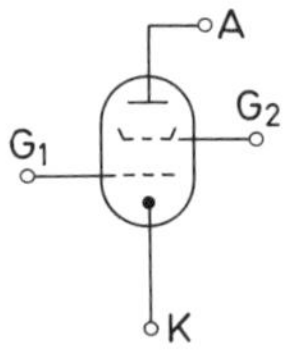

Bild 14.15 Schaltzeichen einer Tetrode

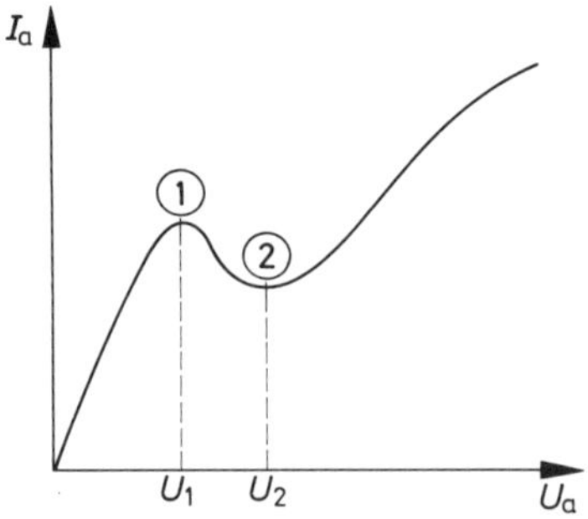

Bild 14.16 I_a-U_a-Kennlinie einer Tetrode
U_{g1} konstant
U_{g2} konstant

Das neue Gitter schirmt den Einfluß der Anodenspannung ab. Es heißt darum *Schirmgitter*. Die Anodenrückwirkung ist aufgehoben.
Wenn die Elektronen durch das Schirmgitter fließen, haben sie bereits eine sehr hohe Geschwindigkeit. Sie werden nun von der Anodenspannung zusätzlich beschleunigt.

Ist die Anodenspannung genügend groß (z.B. U_1 in der Kennlinie Bild 14.16), so werden durch den starken Aufprall der Elektronen neue Elektronen aus dem Anodenblech herausgeschlagen. Diese sogenannten *Sekundärelektronen* fliegen zum Schirmgitter. Der Anodenstrom sinkt. Steigt die Anodenspannung auf den Wert U_2, so hat die Anode genügend Kraft, die Sekundärelektronen wieder zurückzusaugen. Der Anodenstrom steigt wieder an.
Die Tetrode ist wegen der Kennlinieneinbuchtung als Verstärkerröhre sehr schlecht geeignet. Sie wird als Senderöhre und für Sonderzwecke verwendet.

14.5. Pentode (Fünfpolröhre)

Die Pentode ist die Weiterentwicklung der Tetrode. Zwischen Schirmgitter und Anode wird nun ein drittes Gitter eingebaut (Bild 14.17). Dieses wird meist mit der Katode verbunden. Es hat dann Nullpotential. Das zusätzliche Gitter hat die Aufgabe, die Sekundärelektronen abzubremsen. Es wird daher *Bremsgitter* genannt. Die abgebremsten Sekundärelektronen können dann auch von einer „schwachen" Anode wieder eingefangen werden.

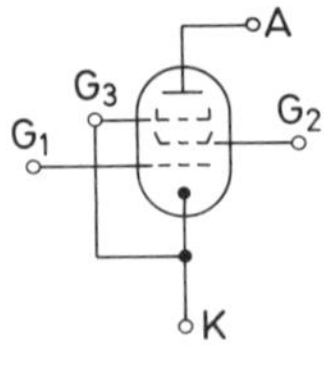

Bild 14.17 Schaltzeichen einer Pentode

Bild 14.18
I_a-U_a-Kennlinienfeld einer Pentode

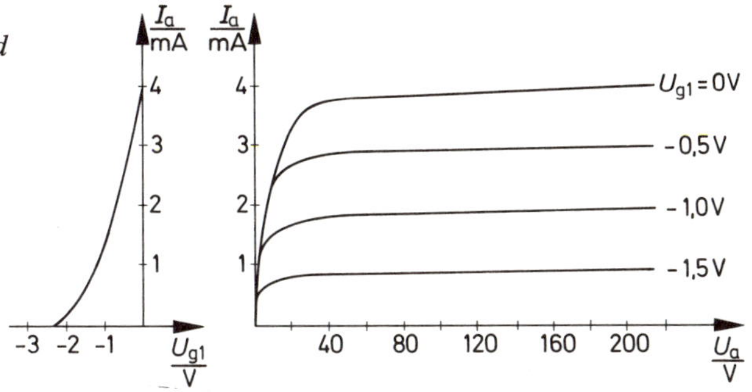

14.5.1. Kennlinien

Das I_a-U_a-Kennlinienfeld ist in Bild 14.18 dargestellt. Es gilt für konstante Werte der Schirmgitterspannung U_{g2} und der Bremsgitterspannung U_{g3}.
Die Anodenspannung hat praktisch keinen Steuereinfluß auf den Anodenstrom. Deshalb fallen die für verschiedene Anodenspannungen gemessenen I_a-U_g-Kennlinien näherungsweise zusammen.

> *Das I_a-U_g-Kennlinienfeld besteht nur aus einer Kennlinie*

14.5.2. Kennwerte

Steilheit S

$$S = \frac{\Delta I_a}{\Delta U_g}$$

(für U_a konstant)

Die Steilheit S wird aus der I_a-U_g-Kennlinie entnommen.
Sie hat die gleiche Bedeutung wie bei der Triode (Bild 14.19).
Da die Pentode keine Anodenrückwirkung hat, hat die dynamische Steilheit S_D den gleichen Wert wie die Steilheit S.

$$S_D \approx S$$

Innenwiderstand R_i

$$R_i = \frac{\Delta U_a}{\Delta I_a}$$

(für U_g konstant)

Die Größe des Innenwiderstandes kann für bestimmte Arbeitspunkte dem I_a-U_a- Kennlinienfeld entnommen werden. Je flacher die Kennlinie in dem betrachteten Arbeitspunkt verläuft, desto größer ist der Innenwiderstand (Bild 14.20).

> *Pentoden haben einen sehr großen Innenwiderstand.*

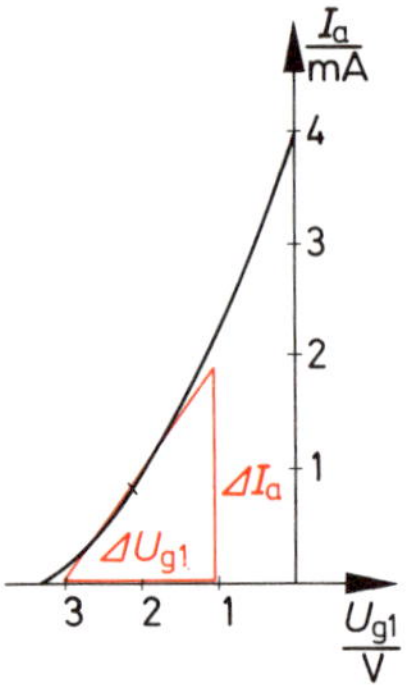

Bild 14.19 *links Bestimmung der Steilheit S einer Pentode*

Bild 14.20 *rechts Bestimmung des Innenwiderstandes R_i einer Pentode*

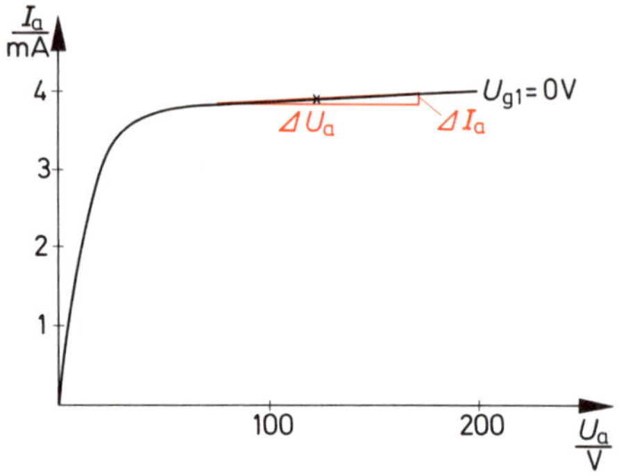

Durchgriff D

Da die Anodenspannung so gut wie keine Steuerwirkung hat, ist der Durchgriff praktisch Null.

$$D \approx 0$$

Das bedeutet, daß die Barkhausensche Röhrengleichung keine Gültigkeit haben kann.

Die Barkhausensche Röhrengleichung gilt nicht für Pentoden.

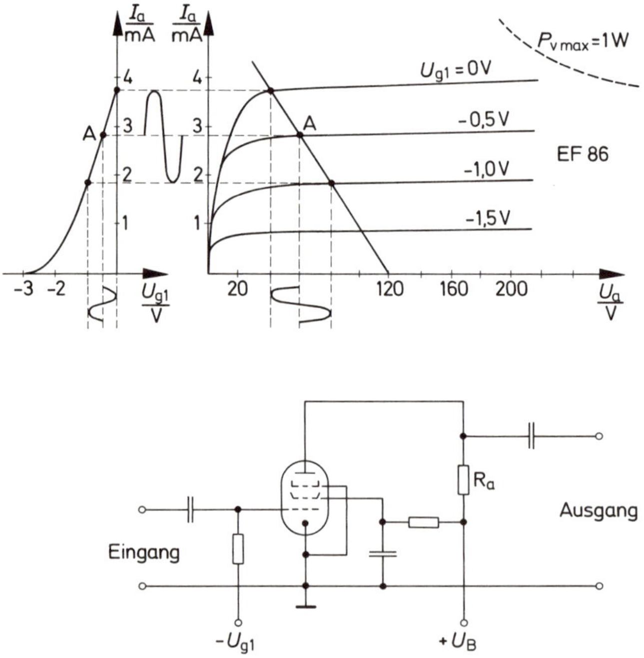

Bild 14.21 *Verstärkerstufe mit Pentode und Darstellung der Aussteuerung im Kennlinienfeld*

14.5.3. Spannungsverstärkung

In Bild 14.21 ist eine Spannungsverstärkerstufe mit Pentode dargestellt. Nach Wahl des Arbeitspunktes liegen die Anodenspannung (U_{a0}) die Gitterspannung (U_{g0}) und der Anodenstrom (I_{a0}) im nichtausgesteuerten Zustand fest.
Für eine Steuerwechselspannung $\hat{u}_g$ kann die Größe der Anodenwechselspannung $\hat{u}_a$ dem Kennlinienfeld entnommen werden. Für die Verstärkung gilt:

$$V = \frac{\hat{u}_a}{\hat{u}_g}$$

Der Spannungsverstärkungsfaktor v kann mit folgender Näherungsformel berechnet werden:

$$V \approx S \cdot R_a$$

Für Pentoden-Spannungsverstärkerstufen gelten folgende übliche Verstärkungsfaktoren:

Tonfrequenzbereich:	$V \approx$ 100 bis 150
Hochfrequenzbereich (bis rd. 40 MHz):	$V \approx$ 15 bis 40

Bei der Bemessung der Pentodenverstärkerstufe darf die zulässige Anodenverlustleistung P_{vmax} nicht überschritten werden.

14.5.4. Vor- und Nachteile der Pentode gegenüber der Triode

Vorteile:
a) größere mögliche Verstärkungsfaktoren, da keine Anodenrückwirkung vorhanden ist.
b) hoher Innenwiderstand, daher fast keine Bedämpfung nachfolgender Schwingkreise.
c) kleine Kapazität zwischen Gitter und Anode.

Nachteile:
a) stärkeres Rauschen
b) für hohe Frequenzen schlechter geeignet (Gitterkapazitäten).

14.6. Sonderröhren

Für bestimmte Aufgaben werden Röhren mit besonderem Aufbau benötigt. Häufig wird gefordert, daß der Anodenstrom über zwei unabhängig voneinander arbeitende Gitter gesteuert werden kann. Für diesen Zweck wurden *Hexoden* (Sechspolröhren) und *Heptoden* (Siebenpolröhren) entwickelt (Bild 14.22). Die Schirmgitter schirmen die Steuergitter untereinander und gegenüber der Anode ab. Das Bremsgitter der Heptode hat die gleiche Aufgabe wie das Bremsgitter der Pentode.
Zur Anzeige von Spannungszuständen verwendet man sogenannte *Anzeigenröhren* auch magisches Auge oder magisches Band genannt.

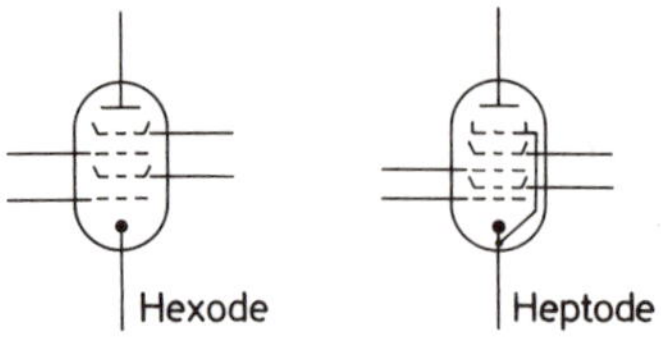

Bild 14.22 Schaltzeichen von Hexoden und Heptoden

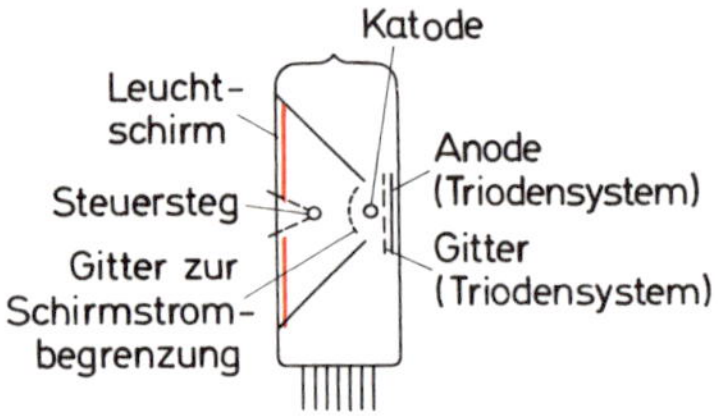

Bild 14.23 Aufbau einer Anzeigeröhre (magisches Band)

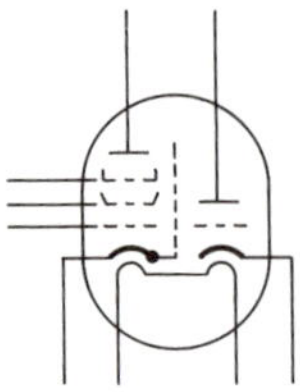

Bild 14.24 Schaltzeichen einer Verbundröhre mit Pentodensystem und Triodensystem

Bild 14.23 zeigt den Aufbau einer Anzeigeröhre. Je größer die Spannung an den Steuerstegen, desto mehr schließt sich der Leuchtbereich, desto kleiner wird die Schattenzone. Röhren dieser Art werden z.B. in Rundfunkempfängern zur Anzeige des Abstimmzustandes verwendet.

14.7. Verbundröhren

Mehrere Röhrensysteme in einem Glaskolben beeinflussen sich untereinander fast nicht. Aus Gründen der Kostenersparnis werden deshalb Verbundröhren gebaut. Es gibt z.B. Doppeldioden, Doppeltrioden, Verbundröhren mit Triode und Diode, mit Pentode und Diode, mit Pentode und Triode (Bild 14.24).

14.8. Elektronenstrahlröhren

Die von der Katode ausgesandten Elektronen werden zu einem Strahl gebündelt. Die Stelle, an der dieser Elektronenstrahl auf einen Leuchtschirm fällt, leuchtet auf. Der Elektronenstrahl wird in senkrechter und waagerechter Richtung abgelenkt. Man kann mit Hilfe des Elektronenstrahls z.B. zeitliche Verläufe von Spannungen und Strömen sichtbar machen. Es ist auch möglich, den Elektronenstrahl so abzulenken und in seiner Intensität (Helligkeit) zu steuern, daß Bilder auf dem Leuchtschirm entstehen (Bild 14.25).

Jede Elektronenstrahlröhre besteht aus

Strahlerzeugungssystem
Strahlbündelungssystem
Strahlablenkungssystem
Glaskolben mit Leuchtschirm

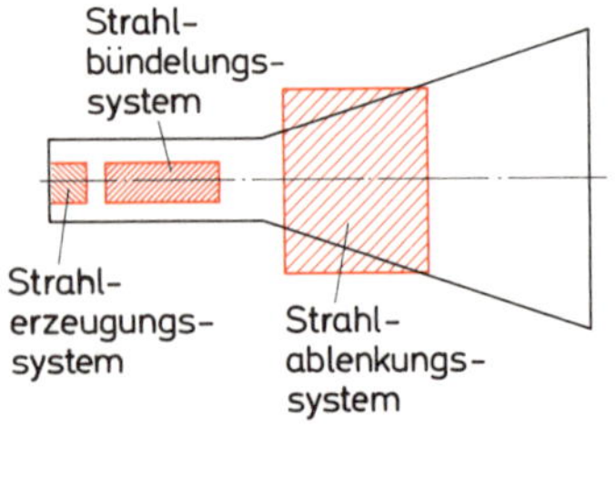

Bild 14.25 Grundaufbau einer Elektronenstrahlröhre

Bild 14.26 Aufbau des Strahlerzeugungssystems

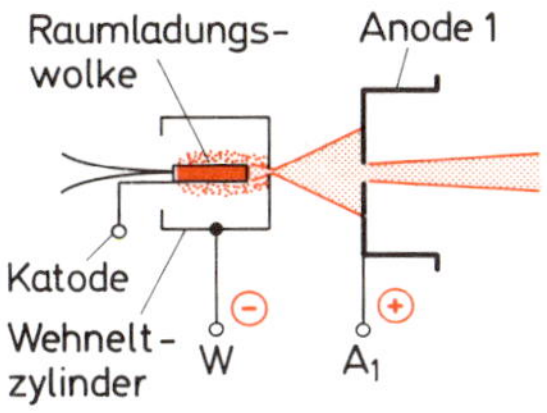

14.8.1. Strahlerzeugungssystem

Das Strahlerzeugungssystem besteht aus einer Katode und aus einem Metallhohlzylinder, der die Katode umschließt. Dieser Zylinder wird *Wehneltzylinder* genannt. Er hat an der dem Leuchtschirm zugewandten Stirnseite eine Lochblende. Hier treten die Elektronen aus (Bild 14.26).

Der Wehneltzylinder erhält eine negative Spannung gegenüber Katode. Er stößt die Elektronen ab. Die Raumladungswolke wird in der Nähe der Katode konzentriert. *Mit dem Wehneltzylinder kann die Intensität des Elektronenstrahls gesteuert werden.* Je negativer die am Wehneltzylinder anliegende Spannung ist, desto geringer ist die Stromstärke des Elektronenstrahls.

Vor der Lochblende des Wehneltzylinders befindet sich eine kreisringförmige Beschleunigungselektrode, die Anode 1. Sie hat eine gegenüber der Katode konstante Spannung von etwa 300 bis 2000 V. Diese Beschleunigungselektrode saugt die Elektronen aus der Raumladungswolke durch die Lochblende. Es bildet sich ein grober Elektronenstrahl.

14.8.2. Strahlbündelungssystem

Die Anode 1 gehört auch zum Strahlbündelungssystem. Die Bündelung wird heute fast nur durch „elektrostatische Linsen", also mit Hilfe elektrischer Felder durchgeführt.

> *Die Bündelung des Elektronenstrahls mit Hilfe elektrischer Felder wird elektrostatische Fokussierung genannt.*

Grundsätzlich ist eine Bündelung des Elektronenstrahls auch mit magnetischen Feldern möglich (magnetische Fokussierung). Die magnetische Fokussierung hat jedoch gegenüber der elektrostatischen Fokussierung einige Nachteile.

Elektrische Felder, die Elektronenstrahlen bündeln sollen, müssen bestimmte Feldlinienverläufe haben. Elektronen erfahren im elektrischen Feld eine Kraft entgegengesetzt zur Feldlinienrichtung.

Bild 14.27 zeigt die Ablenkung der Elektronen zwischen Anode 3 und Anode 4. Die ankommenden Elektronen werden zur Strahlmitte hin getrieben. Ein System aus mehreren elektrostatischen Linsen wird *Elektronenoptik* genannt.

Die Elektronenoptik einer Elektronenstrahlröhre kann verschieden konstruiert sein. Meist besteht sie aus drei oder vier unterschiedlich geformten Anoden. Bild 14.28 zeigt ein Beispiel für den Aufbau einer Elektronenoptik.

Die einzelnen Anoden haben unterschiedliche Spannungen. Werden diese Spannungsverhältnisse geändert, so ändert sich der Bündelungsgrad. Die Schärfe des Strahles wird schlechter. Je nach Aufbau der Elektronenoptik erhält entweder Anode 2 oder Anode 3 eine einstellbare Spannung. Diese Anode ist die Fokussierelektrode. Durch Änderung ihrer Spannung wird die Schärfe des Elektronenstrahls eingestellt.

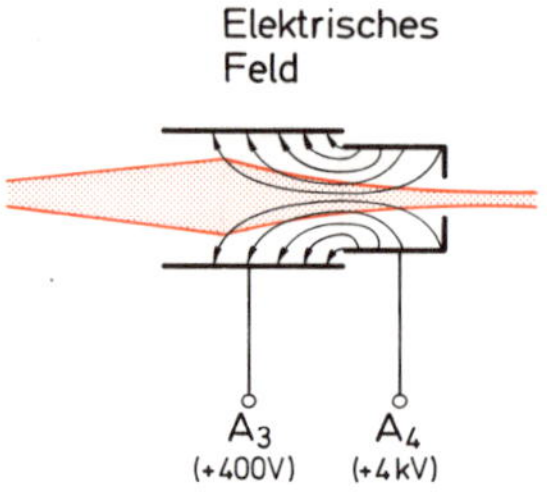

Bild 14.27 Ablenkung der Elektronen zwischen Anode 3 und Anode 4

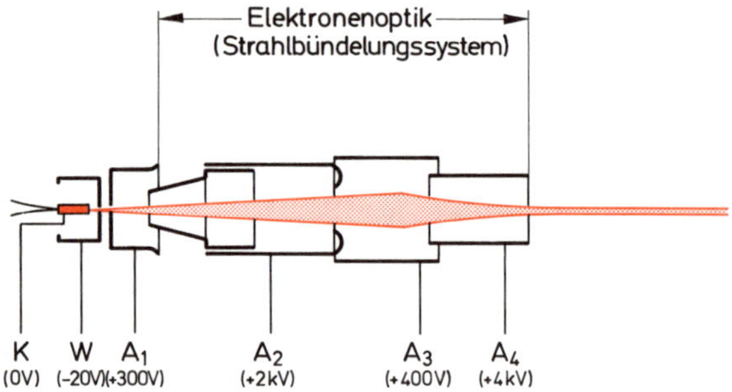

Bild 14.28 Aufbau einer Elektronenoptik (Strahlbündelungssystem, Spannungsangaben als Beispiel)

Das Strahlerzeugungssystem und das Strahlbündelungssystem bilden zusammen die *Elektronenkanone.*

Die am häufigsten verwendeten Elektronenstrahlröhren enthalten eine Elektronenkanone. Röhren für Zweistrahloszilloskope enthalten zwei Elektronenkanonen. Die Bildröhren für Farbfernsehempfänger enthalten drei Elektronenkanonen.

14.8.3. Strahlablenksystem

Das Strahlablenksystem kann ein elektrostatisches oder ein magnetisches Ablenksystem sein.

> *Für Oszilloskopröhren verwendet man nur elektrostatische Ablenkung.*

Das elektrostatische Ablenksystem besteht aus einem vertikal (senkrecht) angeordneten Plattenpaar und aus einem horizontal (waagerecht) angeordneten Plattenpaar (Bild 14.29).

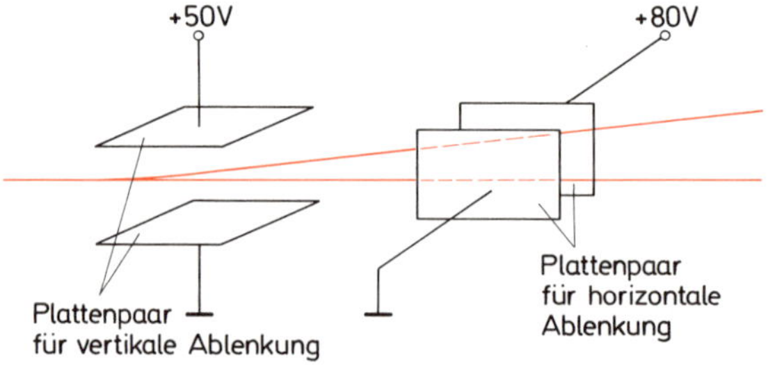

Bild 14.29 Aufbau eines elektrostatischen Strahlablenksystems

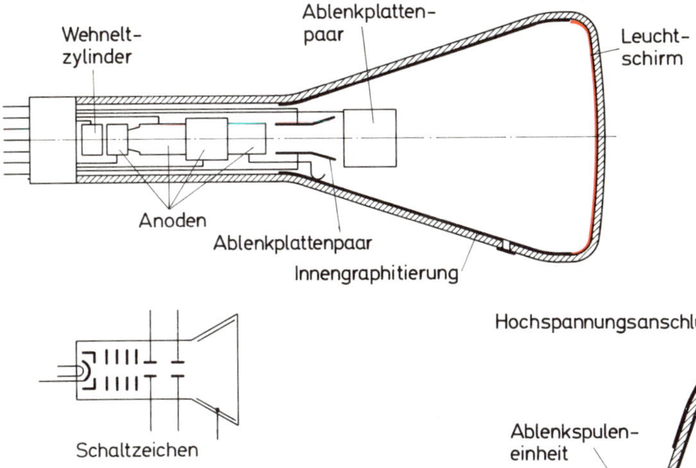

Bild 14.30 Aufbau und Schaltzeichen einer Oszilloskopröhre

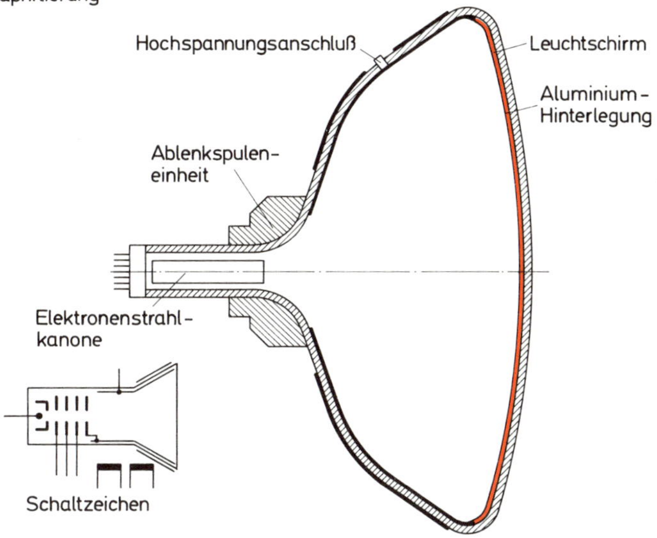

Bild 14.31 Aufbau und Schaltzeichen einer Fernsehbildröhre mit Ablenkspuleinheit

Der Elektronenstrahl wird stets zur positiven Platte hin abgelenkt. Er wird von der positiven Platte angezogen und von der negativen Platte abgestoßen.

Mit Hilfe der beiden Plattenpaare ist es möglich, den Elektronenstrahl auf jeden Punkt des Leuchtschirmes zu lenken. Die Plattenpaare befinden sich im Inneren des Glaskolbens.

Für die elektrostatische Ablenkung ist fast keine Leistung erforderlich. Es können sehr unterschiedliche Ablenkfrequenzen angewendet werden. Es sind jedoch nur kleine Ablenkwinkel erreichbar, will man nicht große Ungenauigkeiten in Kauf nehmen. Die Oszilloskopröhren haben eine im Verhältnis zum Schirmdurchmesser große Baulänge.

Bild 14.30 zeigt den prinzipiellen Aufbau einer Oszilloskopröhre. Der Glaskolben hat einen Innenbelag aus Graphit oder aufgedampftem Metall. Abgetrennte Teile des Innenbelages in Schirmnähe können eine besonders hohe Spannung erhalten. Sie wirken als *Nachbeschleunigungselektrode.* Die Nachbeschleunigungselektrode beschleunigt den bereits ausgelenkten Elektronenstrahl weiter. Dadurch wird die Helligkeit des Leuchtpunktes auf dem Bildschirm erhöht.

> *Bei Fernsehbildröhren verwendet man nur magnetische Ablenkung.*

Man benötigt zwei Spulenpaare, deren Magnetfelder senkrecht aufeinander stehen. Ein Spulenpaar dient der vertikalen Auslenkung, das andere der horizontalen Auslenkung des Elektronenstrahls. Die Magnetfelder müssen bestimmte Feldverläufe haben. Die Spulenpaare sind deshalb recht kompliziert aufgebaut.
Beide Spulenpaare bilden die Ablenkeinheit. Diese Ablenkeinheit wird auf den Hals der Fernsehbildröhre geschoben (Bild 14.31).
Mit magnetischer Ablenkung erreicht man große Ablenkwinkel (z.B. 110°). Die Baulänge der Röhren kann dadurch kurz sein. Für sehr unterschiedliche Ablenkfrequenzen wie sie bei Oszilloskopen vorkommen, ist die magnetische Ablenkung nicht geeignet. Die Ablenkeinheiten sind verhältnismäßig teuer.

14.8.4. Leuchtschirm

Die Innenseite der Schirmfläche des Glaskolbens ist mit einer Leuchtstoffschicht überzogen. Diese Leuchtstoffe sind chemische Verbindungen, meist Oxide oder Sulfide von Zink und Cadmium mit Elementen aus der Gruppe der seltenen Erden. Sie enthalten gewisse Zusätze von Kupfer, Mangan und Nickel.
Die einzelnen Leuchtstoffe unterscheiden sich durch die Leuchtfarbe, durch ihre Helligkeit bei bestimmter Strahlstromstärke und durch ihre Nachleuchtdauer.
Für Oszilloskopröhren werden vorwiegend blaugrün strahlende Leuchtstoffe mit unterschiedlicher Nachleuchtdauer verwendet (meist etwa 0,5 Sekunden).
Für Schwarzweiß-Bildröhren bemüht man sich um einen rein weißen Leuchtstoff. Die bisher bekannten Leuchtstoffe haben alle einen kleinen Blaustich. Die Nachleuchtdauer ist etwa 0,1 Sekunden.

14.8.5. Stromkreis der Elektronenstrahlröhren

Die meisten von der Katode ausgehenden Elektronen erreichen im gebündelten Strahl den Leuchtschirm. Sie müssen nun vom Leuchtschirm wieder abfließen. Beim Auftreffen des Elektronenstrahls entstehen Sekundärelektronen. Diese fliegen zum Innenbelag. Röhren mit großen Strahlstromstärken haben eine hauchdünne leitfähige Hinterlegung des Bildschirms. Über diese fließen Elektronen zum Innenbelag ab (Bild 14.32).

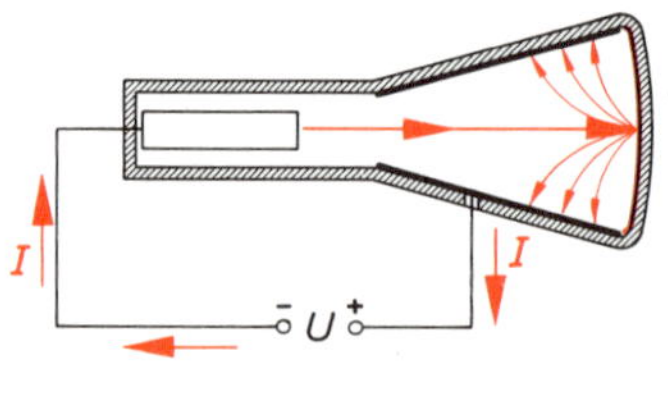

Bild 14.32 Strahlstromkreis einer Elektronenstrahlröhre (die Pfeile geben die Elektronenstromrichtung an)

Moderne Fernsehbildröhren haben alle eine Aluminiumschicht hinter der Leuchtstoffschicht. Diese Schicht wird von den schnellen Elektronen ohne Schwierigkeiten durchschlagen. Sie wirkt wie ein Spiegel und strahlt das Licht der Leuchtstoffe nach außen. Über diese Aluminiumschicht fließen die Elektronen ab.

14.9. Ionenröhren

14.9.1. Stoßionisation

Der Glaskolben einer Zweipolröhre nach Bild 14.33 enthält eine geringe Gasmenge. Aus der geheizten Katode treten Elektronen aus. Diese werden von der Anode angesaugt. Sie werden beschleunigt, treffen aber schon nach kurzer Zeit auf Gasmoleküle.
Haben die Elektronen geringe Geschwindigkeit, so werden sie von den Gasmolekülen geschluckt. Die Gasmoleküle sind nun negativ geladen. Sie sind also Ionen und wandern zur Anode.
Ist die Geschwindigkeit der Elektronen etwas größer, so schlagen sie beim Eintritt in ein Gasmolekül ein anderes Elektron heraus. Dieses fliegt weiter bis zum nächsten Gasmolekül und schlägt wieder ein Elektron heraus — usw.
In den beiden Fällen wird die Zahl der geladenen Teilchen also nicht erhöht. Der durch die Röhre fließende Strom ist gering.
Haben die Elektronen jedoch eine ausreichend große Geschwindigkeit — und dies ist von einer bestimmten Anodenspannung an der Fall —, so schlägt jedes Elektron beim Auftreffen auf ein Gasmolekül 2 oder 3 Elektronen heraus. Jedes dieser herausgeschlagenen Elektronen schlägt seinerseits wieder 2 oder 3 Elektronen heraus usw. Mehr und mehr Gasmoleküle werden ionisiert. Die Ionen werden bei der herrschenden Anodenspannung so beschleunigt, daß auch sie in der Lage sind, neutrale Gasmoleküle zu ionisieren.
Es werden jetzt in der Röhre sehr viele Ladungsträger gebildet. Man spricht von einer *Ionenlawine.*

> *Der Strom, der durch die Röhre fließt, steigt mit Einsetzen der Ionenlawine plötzlich steil an.*

Das Einsetzen der Ionenlawine wird *Zündung* genannt.

14.9.2. Gasdiode

Eine Zweipolröhre nach Bild 14.34 wird Gasdiode genannt. Sie ist ähnlich aufgebaut wie eine Vakuumdiode, auch Röhrendiode genannt. Nur enthält der Glaskolben eine geringe Gasfüllung. Die Katode wird geheizt.
Bei einer bestimmten Spannung zündet die Gasdiode. Die Ionenlawine setzt ein. Die Strecke zwischen Anode und Katode wird sehr niederohmig. Es kann ein großer Strom fließen (Bild 14.35). Der Strom muß begrenzt werden.

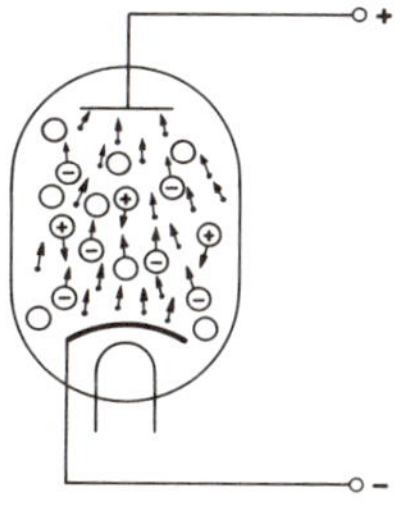

Bild 14.33 Stoßionisation in einer gasgefüllten Röhre

Bild 14.34 Schaltzeichen der Gasdiode

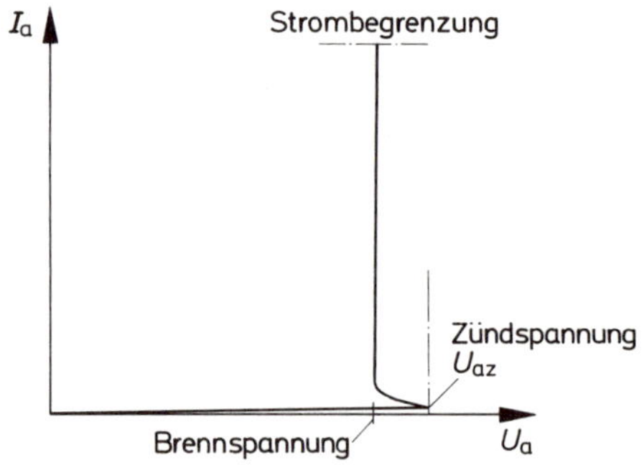

Bild 14.35 Kennlinie einer Gasdiode

> *Jede gasgefüllte Röhre muß mit einem Schutzwiderstand zur Strombegrenzung betrieben werden.*

Fehlt dieser Schutzwiderstand, so steigt der Strom unzulässig hoch an. Die Stoßionisation wird immer intensiver. Der Gasdruck im Glaskolben steigt an. Bei einem bestimmten Gasdruck zerplatzt der Glaskolben.

Hat die Röhre gezündet, so kann die Anodenspannung ruhig etwas geringer werden. Der gezündete Zustand bleibt erhalten. Die Spannung, bei der die Röhre noch sicher arbeitet, heißt *Brennspannung.* Wird die Brennspannung unterschritten, „löscht" die Röhre (Löschspannung).

Löschen = Ionisation setzt schlagartig aus.

> *Jede gasgefüllte Röhre arbeitet wie ein Schalter. Es gibt nur zwei Betriebszustände:*

1. ungezündet
   (die Röhre sperrt praktisch, sehr hoher Innenwiderstand)
2. gezündet
   (die Röhre ist stromdurchlässig, sehr geringer Innenwiderstand)

Daten einer Gasdiode:

Zündspannung: rd. 20 V
Brennspannung: rd. 16 V
Betriebsstrom: rd. 400 A

Anwendung der Gasdioden: Gleichrichterröhren für sehr hohe Stromstärken.

14.9.3. Gastriode (Thyratron)

14.9.3.1. Aufbau und Arbeitsweise

Fügt man zwischen Anode und Katode einer Gasdiode ein Gitter ein, so erhält man eine Gastriode, auch *Thyratron* genannt (Bild 13.36).

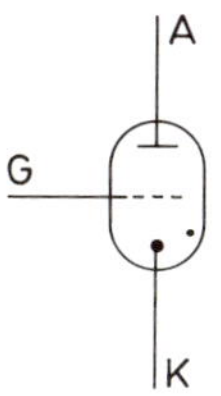

Bild 14.36 Schaltzeichen des Thyratrons

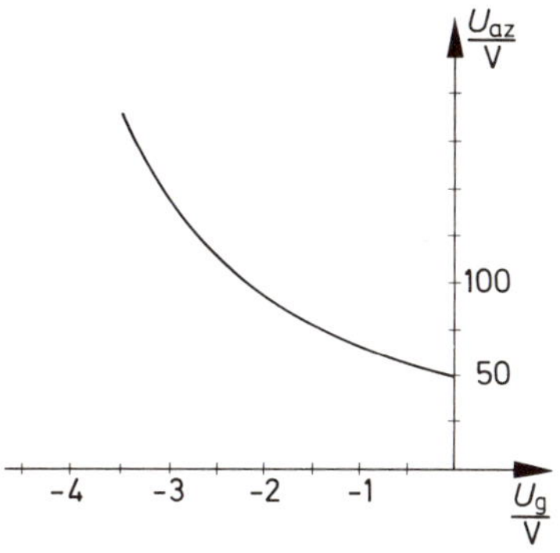

Bild 14.37 Abhängigkeit der erforderlichen Zündspannung U_{az} von der Gitterspannung U_g

Die negative Spannung des Gitters bremst die von der Katode emittierten Elektronen. Um die für eine Zündung nötige Geschwindigkeit der Elektronen zu erreichen, muß die Anodenspannung höher sein.

> *Je stärker negativ das Gitter ist, desto höher wird die erforderliche Zündspannung* (Bild 14.37).
> *Mit der Gitterspannung wird der Zündpunkt der Gastriode eingestellt.*

Schutzwiderstände:
Es ist ein Schutzwiderstand im Anodenkreis wie bei allen Ionenröhren erforderlich.
Da positive Ionen nach der Zündung zum negativen Gitter strömen, ist zur Begrenzung des Gitterstromes ein *Gitterschutzwiderstand* notwendig.

> *Nach der Zündung ist das Gitter wirkungslos.*

Es wird von positiven Ionen eingehüllt und elektrisch neutralisiert. *Das Thyratron arbeitet jetzt wie eine Gasdiode.*

14.9.3.2. Anschnittssteuerung durch veränderliche Gitterspannung

Anschnittssteuerung durch veränderliche Gitterspannung
Durch negative Spannungen am Gitter kann der Zündpunkt verschoben werden.
Je negativer die Gitterspannung ist, desto höher muß die Zündspannung sein, desto später zündet die Röhre, desto schmaler wird die Stromkurve.
Der *Zündwinkel* φ_Z gibt die Lage des Zündpunktes innerhalb einer Periode an.
Eine Vergrößerung des Zündwinkels hat eine schmalere Stromkurve und damit eine Verringerung des Gleichstromanteils zur Folge (Bild 14.38).
Die von einer Gleichrichterschaltung abgegebene mittlere Gleichspannung kann also durch die Gitterspannung gesteuert werden. Der Zündwinkel kann zwischen 0° und 90° verändert werden.
Für eine gegebene Anodenwechselspannung kann eine Zündkennlinie konstruiert werden. Liegt die Gitterspannung auf oder innerhalb der Zündkennlinie, ist die Röhre gezündet.

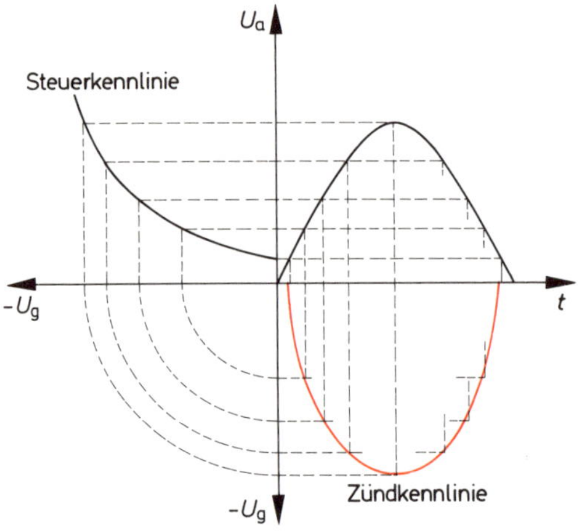

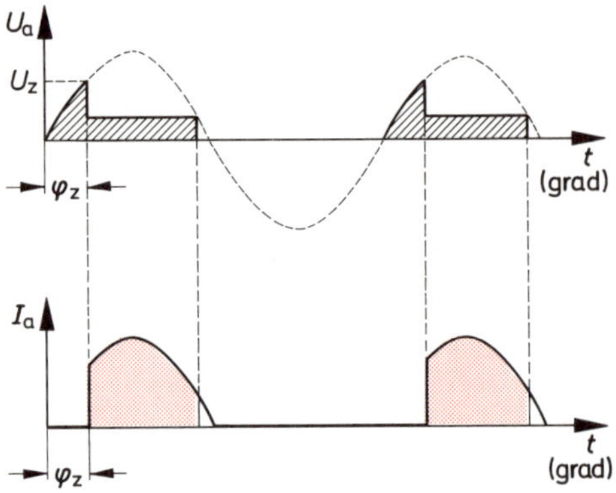

Bild 14.38 Spannungs- und Stromkurve eines Thyratrons ($S_z = 45°$) und Konstruktion der Zündkennlinie

14.9.3.3. Anschnittssteuerung mit Impulsen

Mit diesem Verfahren kann man den Zündwinkel zwischen 0° und 180° verändern. Der mittlere Gleichstromanteil kann also zwischen einem Maximum und 0 gesteuert werden (Bild 14.39).

Das Gitter erhält eine negative Gleichspannung, die so groß ist, daß die Röhre während der ganzen Periode nicht zündet.

Der Gittergleichspannung werden nun positive Impulse überlagert. Diese zünden die Röhre. Impulse reichen aus, da nach erfolgter Zündung das Gitter ohnehin wirkungslos ist.

Die Impulse müssen in ihrer Phasenlage zwischen 0° und 180° verschiebbar sein.

Thyratrons werden heute immer seltener eingesetzt. An ihrer Stelle verwendet man Thyristoren. Mit Thyristoren lassen sich die gleichen Aufgaben mit weniger Aufwand und Raumbedarf lösen.

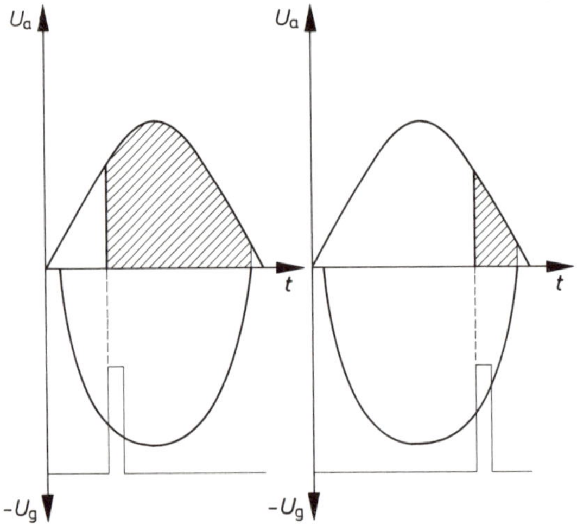

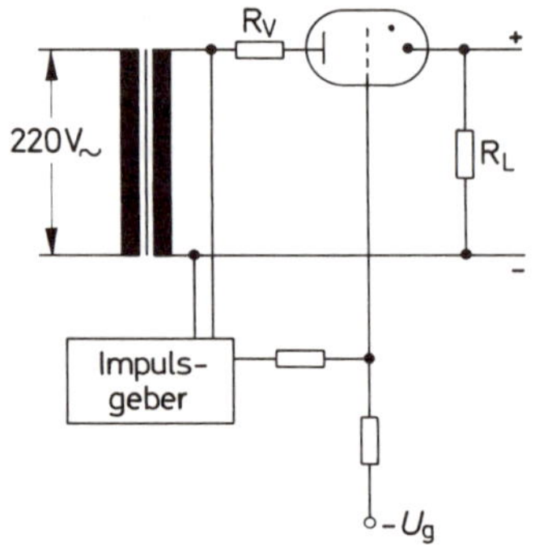

Bild 14.39 Anschnittssteuerung mit Impulsen

14.9.4. Ignitrons (Zündstiftröhren)

Die Stromstärke eines Thyratrons ist durch die Emissionsfähigkeit der beheizten Katode begrenzt. Verwendet man Quecksilberkatoden, so kann man nahezu unbegrenzt große Stromstärken fließen lassen.
Bild 14.40 zeigt das Schaltzeichen eines Ignitrons.
Wie bei allen Ionenröhren ist ein Strombegrenzungswiderstand erforderlich. Die Zündung erfolgt über einen Zündstift. Zwischen Zündstift und Quecksilber entsteht eine hohe Feldstärke, die die Zündung einleitet. Für den Zündkreis ist ebenfalls ein Strombegrenzungswiderstand erforderlich (Bild 14.41).

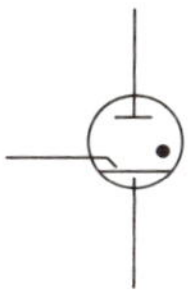

Bild 14.40 Schaltzeichen eines Ignitrons

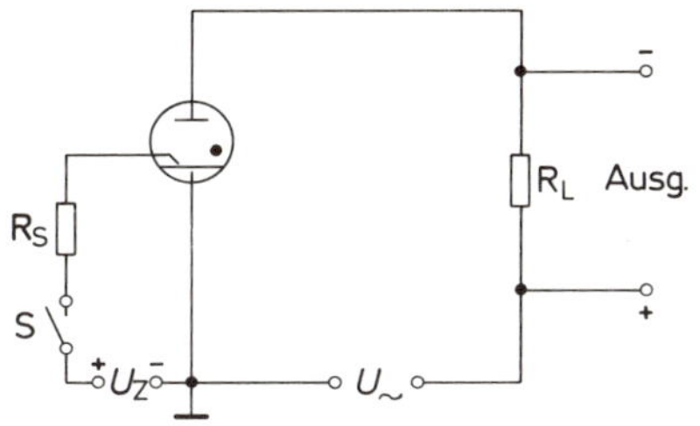

Bild 14.41 Gleichrichterschaltung mit Ignitron

Ignitrons haben meist einen Metallkolben. Sie können bei ausreichender Kühlung Stromstärken bis 20 000 A bewältigen.
Sie werden für die Gleichrichtung sehr großer Stromstärken eingesetzt. In neuerer Zeit werden sie aber zunehmend durch Großthyristoren oder Zusammenschaltungen von Silizium-Halbleiterdioden ersetzt.

14.9.5. Glimmröhren

14.9.5.1. Aufbau und Arbeitsweise

> *Glimmröhren sind Ionenröhren mit kalter Katode.*

Röhren dieser Art werden auch *Kaltkatodenröhren* genannt.
Da auch eine kalte Katode einige wenige Elektronen aussendet und außerdem jedes Gas einige Ionen enthält, ist das Auslösen einer Ionenlawine möglich. Auch bei kalter Katode kommt es zu einer Zündung. Allerdings ist die erforderliche Zündspannung höher als bei Ionenröhren mit geheizter Katode. In Bild 14.42 ist das Schaltzeichen einer Glimmröhre dargestellt.

Bild 14.42 Schaltzeichen der Glimmröhre

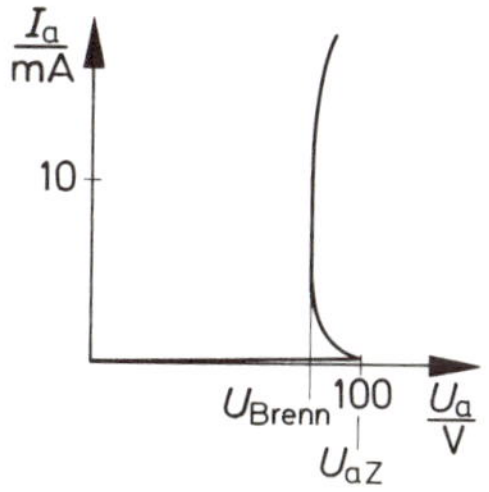

Bild 14.43 Kennlinie einer Glimmröhre

Die erforderliche *Zündspannung* und die für eine bestimmte Stromstärke erforderliche Brennspannung können der Kennlinie (Bild 14.43) entnommen werden.
Wird die Brennspannung unterschritten, so löscht die Röhre. Die Ionenlawine verebbt. Die Stoßionisation hört auf, und die Glimmröhre wird wieder hochohmig.
Wie jede Ionenröhre darf auch die Glimmröhre nur über einen Strombegrenzungswiderstand, auch Schutzwiderstand genannt, betrieben werden (Bild 14.44).
Übliche Spannungs- und Stromwerte:

Zündspannung rd. 80 V bis 150 V
Brennspannung rd. 70 V bis 140 V
Katodenstrom rd. 2 mA bis 10 mA

Die Glimmerscheinung tritt besonders stark an der negativen Elektrode der Glimmröhre auf.

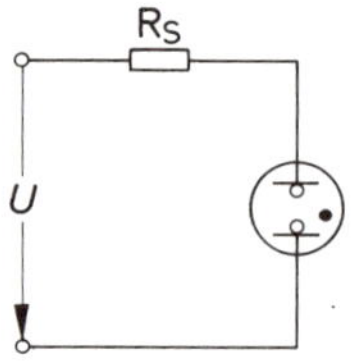

Bild 14.44 Glimmröhre mit Schutzwiderstand

Bild 14.45 Netzgleichrichterschaltung mit Glimmröhrenstabilisator

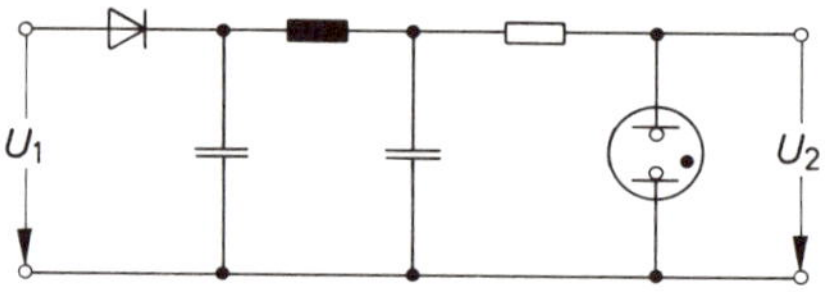

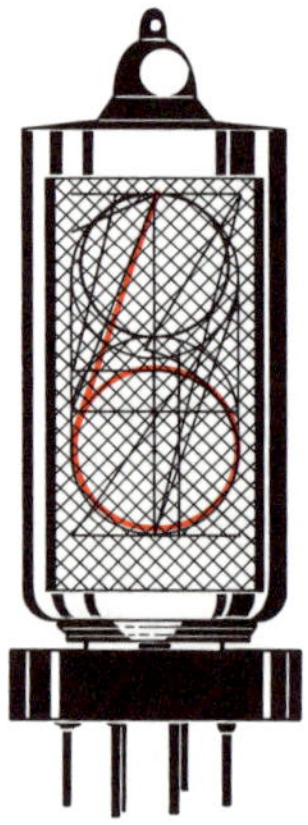

Bild 14.46 Nixie-Röhre

14.9.5.2. Anwendungen

Glimmröhren sind verhältnismäßig billig. Sie werden in großer Zahl als Betriebsanzeigelampen, als Anzeigelampen in Spannungs- und Stromartprüfern und als Notbeleuchtung verwendet.
Sie eignen sich auch als Stabilisatorröhren, da ihre Brennspannung in einem größeren Laststrombereich annähernd konstant bleibt. In Bild 14.45 ist ein Netzgleichrichter mit Glimmröhren-Stabilisator dargestellt.
Ein neues Anwendungsgebiet sind die Ziffern- und Zeichen-Anzeigeröhren (Nixi-Röhren).
In einem Röhrenkolben sind z.B. 10 Drahtelektroden und eine gemeinsame Gegenelektrode untergebracht. Jede Drahtelektrode hat die Form einer Dezimalziffer (Ziffernelektrode). Alle Elektroden sind aus dem Röhrenkolben herausgeführt (Bild 14.46).
Die gemeinsame Gegenelektrode wird an positive Spannung gelegt. Gibt man nun einer Ziffernelektrode eine negative Spannung, so tritt die Glimmererscheinung in ihrer unmittelbaren Umgebung auf. Die Ziffer leuchtet auf. Die Dezimalziffern Null bis Neun können dargestellt werden.

Leider liegen die erforderlichen Zündspannungen bei etwa 160 V, die Brennspannungen bei etwa 140 V. Die Stromaufnahme beträgt 1 bis 3 mA. Das Aussteuern dieser Glimmröhren mit Transistorschaltstufen erfordert wegen der verhältnismäßig hohen notwendigen Spannungen besonderen Aufwand. Trotzdem findet man diese Anzeigeröhren häufig in Meßgeräten mit digitaler Anzeige.

14.10. Fotozellen

14.10.1. Fotoemission

Lichtteilchen, sogenannte Photonen, enthalten bestimmte Energiemengen. Diese Energiemengen sind um so größer, je höher die Frequenz des Lichtes ist. Ultraviolettes Licht enthält eine größere Energie als infrarotes Licht.
Treffen die Lichtteilchen auf bestimmte Stoffe auf, die sich im Vakuum befinden, so schlagen sie aus diesen Stoffen Elektronen heraus.
Das Herauslösen der Elektronen erfolgt durch Licht. Diesen Vorgang nennt man *Fotoemission* oder äußeren fotoelektrischer Effekt.
Der Stoff, aus dem die Elektronen herausgelöst werden, heißt *Fotokatode.*

> *Unter Fotoemission versteht man das Herauslösen von Elektronen aus einer Fotokatode durch Licht.*

Die für Fotokatoden verwendeten Werkstoffe emittieren bereits bei verhältnismäßig geringen Lichtenergien größere Mengen von Elektronen. Solche Werkstoffe sind z.B. *Caesium, Lithium, Natrium, Kalium.*
Die Anzahl der pro Zeiteinheit ausgesandten Elektronen ist von der Frequenz des Lichtes bzw. von seiner Wellenlänge abhängig. Die Fotokatoden haben also für die verschiedenen Farben des Lichts unterschiedliche Empfindlichkeit, sie haben eine sogenannte *spektrale Empfindlichkeit.* Auf „unsichtbares Licht", also auf elektromagnetische Strahlung in der Nähe der Lichtfrequenzen, sprechen sie teilweise auch an. Es gibt Fotokatoden, die vorwiegend im Infrarotbereich empfindlich sind und solche, die ihr Empfindlichkeitsmaximum im Ultraviolettbereich haben.
Bild 14.47 zeigt die spektrale Empfindlichkeit verschiedener Fotokatodenwerkstoffe in Abhängigkeit von der Wellenlänge der elektromagnetischen Strahlung.

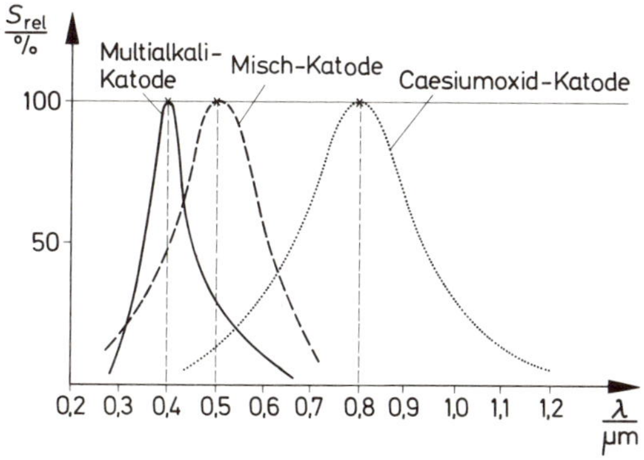

Bild 14.47 Spektrale Empfindlichkeit verschiedener Fotokatodenwerkstoffe

Die besondere Empfindlichkeit für bestimmte Wellenlängen erreicht man durch Mischen der genannten und ähnlicher Werkstoffe, ferner durch Beimengen bestimmter Fremdstoffe wie Silber, Wismut, Antimon und Barium.
Häufig werden auch Fotokatoden aus sehr dünnen Schichten unterschiedlicher Werkstoffe aufgebaut.

14.10.2. Aufbau und Arbeitsweise

Fotozellen werden als Hochvakuum-Röhren und als gasgefüllte Röhren hergestellt.

14.10.2.1. Vakuumfotozellen

Die Fotokatode besteht meist aus einem etwa halbkreisförmig gebogenen Blech, auf dessen Innenfläche die emittierende Schicht aufgetragen ist. Die Anode ist ein runder Stab (Bild 14.48).
Das auf die Schicht fallende Licht verursacht die Fotoemission. Die ausgestoßenen Elektronen werden von der Anode angezogen.
Bild 14.49 zeigt den Verlauf des Stromes I_F in Abhängigkeit vom Lichtstrom Φ. Der Lichtstrom wird in Lumen gemessen (lm).

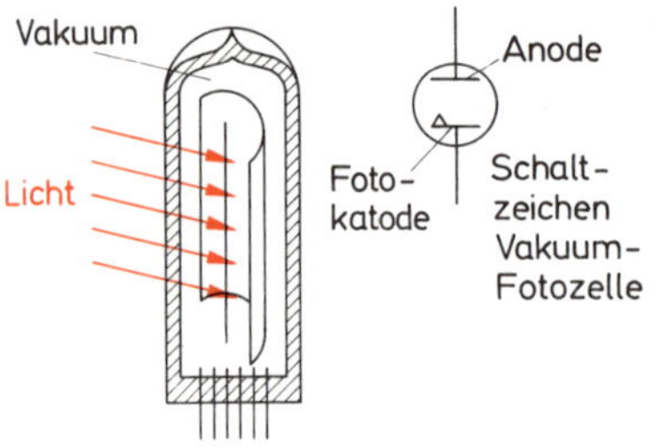

Bild 14.48 Aufbau und Schaltzeichen einer Vakuumfotozelle

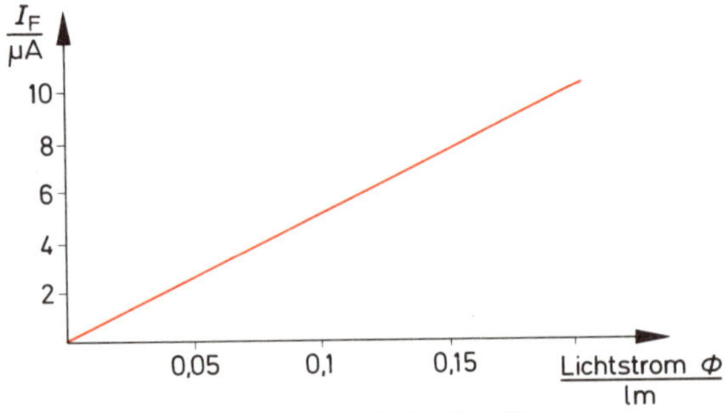

Bild 14.49 Abhängigkeit des Stromes I_F einer Vakuumfotozelle vom Lichtstrom

> *Bei Vakuumfotozellen besteht ein linearer Zusammenhang zwischen dem Lichtstrom Φ und der Stromstärke I.*

Dabei ist vorausgesetzt, daß alle emittierten Elektronen von der Anode auch abgesaugt werden (Sättigungsbetrieb). Die Spannung U_1 muß dazu etwa 80 V bis 100 V sein (Bild 14.50).
Der Zusammenhang zwischen Strom I_F und Spannung U_a ist für verschiedene Lichtströme in Bild 14.51 dargestellt.
Die Empfindlichkeit beträgt etwa 30 μA/lm bis 50 μA/lm.
Vakuumfotozellen werden wegen des linearen Zusammenhanges zwischen Lichtstrom Φ und Strom I_F (bei Sättigungsbetrieb) vor allem für Lichttonschaltungen in Tonfilmprojektoren

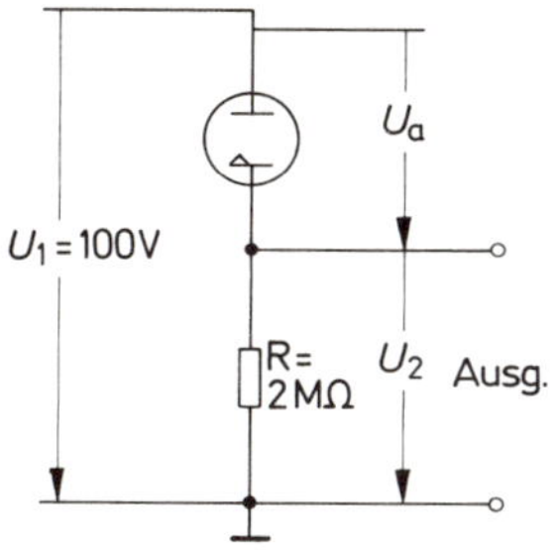

Bild 14.50 Stromkreis einer Vakuumfotozelle (Sättigungsbetrieb)

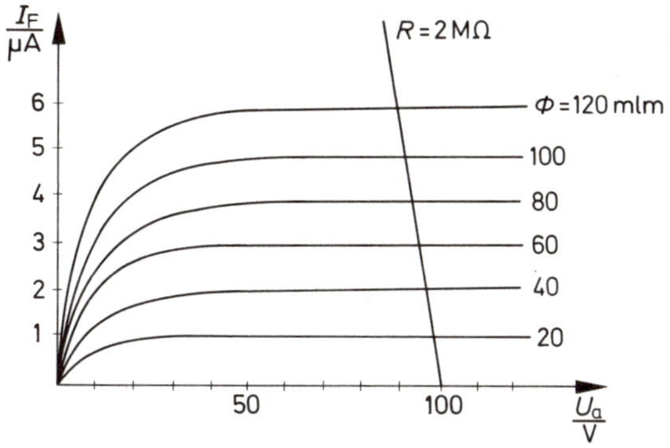

Bild 14.51 I_F-U_a-Kennlinienfeld einer Vakuumfotozelle

verwendet. In der Industrieelektronik werden sie überall dort verwendet, wo dieser lineare Zusammenhang zwischen I_F und Φ gefordert wird.

14.10.2.2. Gasfotozellen

Gasfotozellen sind im Prinzip gleich aufgebaut wie Vakuumfotozellen. Nur enthält der Glaskolben eine geringe Menge Gas. Die Schaltzeichen der Gasfotozelle zeigt Bild 14.52.
Die von der Fotokatode zur Anode fliegenden Elektronen stoßen auf ihrem Weg mit Gasteilchen zusammen und ionisieren diese. Dadurch entstehen zusätzliche Ladungsträger.
Die Gasfotozelle liefert unter sonst gleichen Bedingungen bei gleichem Lichtstrom Φ einen größeren Strom I_F (Bild 14.53).

> *Die Gasfotozelle ist empfindlicher als die Vakuumfotozelle.*

Die Empfindlichkeit beträgt etwa 200 μA/lm.
Der Zusammenhang zwischen Lichtstrom Φ und Strom I_F ist nur näherungsweise linear.
Tritt im Betrieb eine zu hohe Anodenspannung auf, so kann es zu einer „Zündung“ kommen. Durch die dann auftretende Ladungsträgerlawine wird die Fotozelle zerstört. Die Gasfotozelle wird überall dort angewendet, wo man die wesentlichen Eigenschaften der Vakuumfotozelle aber eine höhere Empfindlichkeit benötigt.

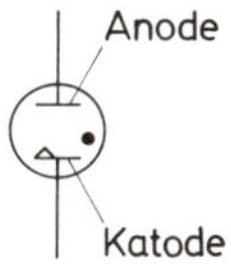

Bild 14.52 Schaltzeichen der Gasfotozelle

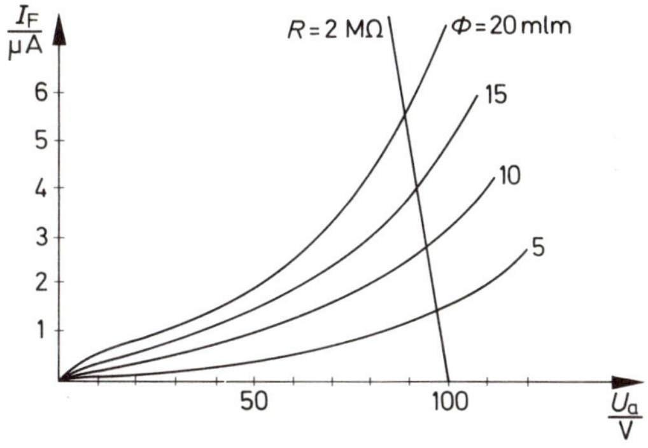

Bild 14.53 I_F-U_a-Kennlinienfeld einer Gasfotozelle

14.11. Lernziel-Test

1. Bei Elektronenröhren werden Elektronen durch Thermoemission freigesetzt. Wovon hängt die Anzahl der pro Zeiteinheit ausgestoßenen Elektronen ab?
2. Wie ist eine Röhrendiode aufgebaut und wie arbeitet sie?
3. Skizzieren Sie die I_a-U_a-Kennlinie einer Röhrendiode.
4. Erklären Sie Aufbau und Arbeitsweise einer Dreipolröhre (Triode).
5. Wie wird bei einer Triode der Anodenstrom gesteuert?
6. Erklären Sie die Begriffe Steilheit, Durchgriff und Innenwiderstand einer Triode.
7. Skizzieren Sie die Schaltung einer einfachen Verstärkerstufe mit Triode.
8. Wie ist eine Pentode aufgebaut?
9. Bei Elektronenstrahlröhren werden die Elektronen zu einem Strahl gebündelt. Wie geschieht dies?
10. Was versteht man unter einer Elektronenkanone?
11. Wie funktioniert die elektrostatische Elektronenstrahl-Ablenkung?
12. Warum verwendet man bei Fernsehbildröhren die magnetische Elektronenstrahlablenkung?
13. Wodurch unterscheiden sich Ionenröhren von Elektronenröhren?
14. Was versteht man unter Stoßionisation?
15. Erklären Sie Aufbau und Arbeitsweise einer Gastriode (Thyratron).
16. Wie arbeitet eine Glimmröhre?
17. Erklären Sie den prinzipiellen Aufbau von Fotozellen.
18. Was versteht man unter dem äußeren fotoelektrischen Effekt?

15 Lösungen der Lernziel-Tests

Es werden die Lösungen der *Zeichenaufgaben* und der *Berechnungen* angegeben. Die Antworten auf Verständnisfragen können im allgemeinen leicht dem Buchtext entnommen werden. Sie werden hier nur formuliert, wenn die Entnahme aus dem Buchtext schwierig ist.

Kapitel 1

1. bis 8. siehe Buchtext

Kapitel 2

1. bis 7. siehe Buchtext

8.

a)	10000 Ω	± 5%
b)	820 Ω	±10%
c)	2,2 Ω	± 5%
d)	47 MΩ	±20%
e)	0,15 Ω	±10%
f)	5,36 Ω	± 2%
g)	887 MΩ	± 1%
h)	274 Ω	± 2%
i)	13,8 Ω	± 1%
k)	4,32 kΩ	± 1%

9.

	1. Ring	*2. Ring*	*3. Ring*	*4. Ring*	*5. Ring*
a)	orange	violett	gelb	silber	braun
b)	blau	grau	braun	orange	rot
c)	braun	braun	gelb	schwarz	grün
d)	rot	gelb	blau	gelb	grün
e)	gelb	blau	gelb	rot	braun
f)	violett	braun	grün	braun	rot

10. bis 15. siehe Buchtext

16. siehe Bild 2.20

17. bis 19. siehe Buchtext

20. $\Delta R = 6{,}615\ \Omega$, $R_W = 496{,}615\ \Omega$

21., 22. siehe Buchtext

23. siehe Bild 2.25

24., 25. siehe Buchtext

26. siehe Bild 2.30 b

27. a) $I=\left(\frac{U}{C}\right)^{\frac{1}{\beta}}=\left(\frac{20}{120}\right)^{\frac{1}{0,3}}\,\mathrm{A}=0{,}1667^{3{,}333}\,\mathrm{A}=2{,}551\,\mathrm{mA}$

$$\underline{\underline{R}}=\frac{U}{I}=\frac{20\,\mathrm{V}}{7{,}840\,\mathrm{mA}}=\underline{\underline{7{,}840\,\mathrm{k\Omega}}}$$

b) $I=\left(\frac{U}{C}\right)^{\frac{1}{\beta}}=\left(\frac{100}{120}\right)^{\frac{1}{0,3}}=0{,}8333^{3{,}333}=544{,}5\,\mathrm{mA}$

$$\underline{\underline{R}}=\frac{U}{I}=\frac{100\,\mathrm{V}}{544{,}5\,\mathrm{mA}}=\underline{\underline{183{,}65\,\Omega}}$$

28. Der Ohmwert des VDR-Widerstandes ändert sich mit der angelegten Spannung. Die Form des entstehenden Stromes kann daher nicht der Form der Spannung entsprechen.

29. siehe Buchtext

Kapitel 3

1. bis 4. siehe Buchtext

5. $\Delta C=C_{20}\cdot\alpha_C\cdot\Delta\vartheta$

$$\Delta C=2{,}2\,\mathrm{nF}\cdot(-2{,}5\cdot10^{-3})\,\frac{1}{\mathrm{K}}\cdot70\,\mathrm{K}$$

$$\Delta C=-385\,\mathrm{pF}$$

$$C_{95}=C_{25}+\Delta C=2200\,\mathrm{pF}-385\,\mathrm{pF}$$

$$\underline{\underline{C_{95}=1815\,\mathrm{pF}}}$$

6. bis 16. siehe Buchtext

17. $W=\frac{1}{2}\,C\cdot U^2=\frac{1}{2}\cdot2200\cdot10^{-6}\,\mathrm{F}\cdot(450\,\mathrm{V})^2$

$$W=1100\cdot10^{-6}\,\frac{\mathrm{As}}{\mathrm{V}}\cdot202\,500\,\mathrm{V}^2$$

$$\underline{\underline{W=222{,}75\,\mathrm{Ws}}}$$

18. $\tau=R\cdot C=10\cdot10^6\,\Omega\cdot6800\cdot10^{-6}\,\frac{\mathrm{As}}{\mathrm{V}}$

$\tau=68\,000\,\mathrm{s}$

Entladezeit: $5\tau=340\,000\,\mathrm{s}=94{,}44\,\mathrm{h}$
Der Kondensator ist nach 94,44 Stunden, also nach etwa 4 Tagen, entladen.

19. $\tan\delta=\frac{R}{X_C}\qquad X_C=\frac{1}{\omega C}$

$$X_C=\frac{1}{6{,}28\cdot10^4\,\frac{1}{\mathrm{s}}\cdot47\cdot10^{-9}\,\frac{\mathrm{As}}{\mathrm{V}}}$$

$$X_C=\frac{100\,000}{6{,}28\cdot47}\,\Omega$$

$$X_C=338{,}8\,\Omega$$

$R = X_C \cdot \tan\delta = 338{,}8\ \Omega \cdot 0{,}02$

$\underline{\underline{R = 6{,}776\ \Omega}} \qquad \underline{\underline{Q}} = \frac{1}{\tan\delta} = \frac{1}{0{,}02} = \underline{\underline{50}}$

20. $\frac{1}{C_g} = \frac{1}{C_1} + \frac{1}{C_2} + \frac{1}{C_3}$

$\frac{1}{C_g} = \left(\frac{1}{100} + \frac{1}{22} + \frac{1}{47}\right)\frac{1}{\text{nF}} = 0{,}07673\ \frac{1}{\text{nF}}$

$\underline{\underline{C_g = 13{,}03\ \text{nF}}}$

21. $\frac{1}{C_g} = \frac{1}{C_1} + \frac{1}{C_2}$

$\frac{1}{C_2} = \frac{1}{C_g} - \frac{1}{C_1} = \left(\frac{1}{359} - \frac{1}{1000}\right)\frac{1}{\text{nF}}$

$\underline{\underline{C_2 = 560\ \text{nF}}}$

22. bis 26. siehe Buchtext

27. $\frac{1}{L_g} = \frac{1}{L_1} + \frac{1}{L_2} + \frac{1}{L_3}$

$\frac{1}{L_g} = \left(\frac{1}{20} + \frac{1}{100} + \frac{1}{1000}\right)\frac{1}{\text{mH}}$

$\underline{\underline{L_g = 16{,}39\ \text{mH}}}$

28. $C_{45} = \frac{C_4 \cdot C_5}{C_4 + C_5} = \frac{4 \cdot 6}{4+6}\ \mu\text{F} = 2{,}4\ \mu\text{F}$

$C_{345} = C_3 + C_{45} = 2\ \mu\text{F} + 2{,}4\ \mu\text{F} = 4{,}4\ \mu\text{F}$

$C_{2345} = C_{345} + C_2 = 4{,}4\ \mu\text{F} + 100\ \text{nF} = 4{,}5\ \mu\text{F}$

$C_g = \frac{C_2 \cdot C_{2345}}{C_2 + C_{2345}} = \frac{2 \cdot 4{,}5}{2 + 4{,}5}\ \mu\text{F}$

$\underline{\underline{C_g = 1{,}385\ \mu\text{F}}}$

Kapitel 4

1. siehe Buchtext

2. $f_g = \frac{1}{2\pi \cdot R \cdot C} = \frac{1}{6{,}28 \cdot 100\ \Omega \cdot 4{,}7 \cdot 10^{-9}\ \frac{\text{As}}{\text{V}}}$

$f_g = \frac{10^9}{6{,}28 \cdot 100 \cdot 4{,}7}\ \text{Hz} = \frac{1\,000\,000}{6{,}28 \cdot 100 \cdot 4{,}7}\ \text{kHz}$

$\underline{\underline{f_g = 338{,}8\ \text{kHz}}}$

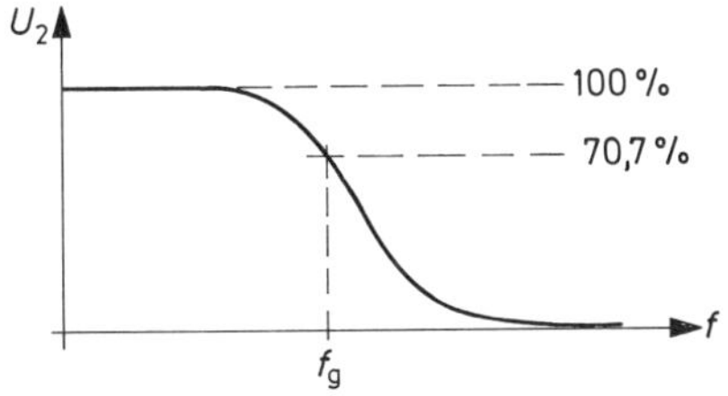

3. siehe Buchtext

4.

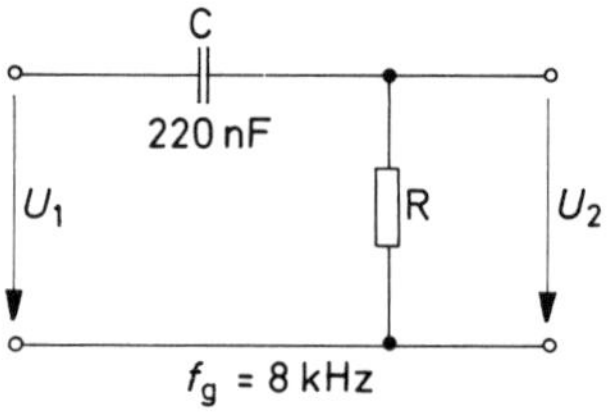

$$f_g = \frac{1}{2\pi \cdot R \cdot C}$$

$$R = \frac{1}{2\pi \cdot C \cdot f_g}$$

$$R = \frac{1}{6{,}28 \cdot 220 \cdot 10^{-9}\,\frac{\text{As}}{\text{V}} \cdot 8 \cdot 10^3\,\frac{1}{\text{s}}}$$

$$\underline{\underline{R = 90{,}47\ \Omega}}$$

5. $f_g = \dfrac{R}{2\pi \cdot L}$

$$L = \frac{R}{2\pi \cdot f_g} = \frac{8\ \Omega}{6{,}28 \cdot 300\,\frac{1}{\text{s}}} = \frac{8000\ \text{mH}}{6{,}28 \cdot 300}$$

$$\underline{\underline{L = 4{,}246\ \text{mH}}}$$

6., 7. siehe Buchtext

8. $\omega L = \dfrac{1}{\omega C}$

$$C = \frac{1}{\omega^2 \cdot L} = \frac{1}{\left(6{,}28 \cdot 19\,000\,\frac{1}{\text{s}}\right)^2 \cdot 2 \cdot 10^{-3}\ \Omega\text{s}}$$

$$C = \frac{1}{39{,}44 \cdot 361 \cdot 10^6 \cdot 2 \cdot 10^{-3}}\ \text{F} = 0{,}03512\ \mu\text{F}$$

$$\underline{\underline{C = 35{,}12\ \text{nF}}}$$

9. bis 14. siehe Buchtext

15. Berechnung des gleichwertigen Parallelwiderstandes R:

$$R = \frac{L}{C \cdot (R_{r1} + R_{r2})} = \frac{10 \cdot 10^{-6}\ \Omega\text{s}}{47 \cdot 10^{-12}\ \text{Ss} \cdot (10\ \Omega + 22\ \Omega)}$$

$$\underline{\underline{R = 6{,}649\ \text{k}\Omega}}$$

Berechnung der Resonanzfrequenz f_r:

$$f_r = \frac{1}{2\pi \cdot \sqrt{LC}} = \frac{1}{2\pi \sqrt{10 \cdot 10^{-6}\ \Omega\text{s} \cdot 47 \cdot 10^{-12}\ \text{Ss}}}$$

$$f_r = \frac{1}{6{,}28 \sqrt{470} \cdot 10^{-9}}\ \text{H} = \frac{1000\ \text{MHz}}{6{,}28 \cdot 21{,}68}$$

$$\underline{\underline{f_r = 7{,}345\ \text{MHz}}}$$

16. bis 19. siehe Buchtext

Kapitel 5

1. bis 26. siehe Buchtext

27.

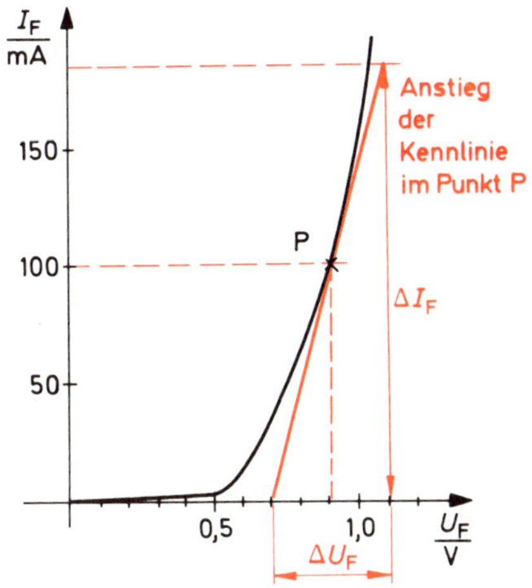

$$R_F = \frac{U_F}{I_F} = \frac{0{,}9\ \text{V}}{100\ \text{mA}}$$

$$\underline{\underline{R_F = 9\ \Omega}}$$

$$r_F = \frac{\Delta U_F}{\Delta I_F} = \frac{0{,}4\ \text{V}}{185\ \text{mA}}$$

$$\underline{\underline{r_F = 2{,}16\ \Omega}}$$

28. bis 30. siehe Buchtext

31. siehe Buchtext und Bild 5.40

32. siehe Buchtext und Bild 5.47

33. bis 35. siehe Buchtext

Kapitel 6

1. bis 6. siehe Buchtext

7. siehe Buchtext und Bilder 6.1, 6.3

8. bis 13. siehe Buchtext

14. a) Z-Diode darf nicht überlastet werden:

$U_1 = 20\ \text{V} + 2\ \text{V} = 22\ \text{V}$

$U_V = U_1 - U_Z = 22\ \text{V} - 8\ \text{V} = 14\ \text{V}$

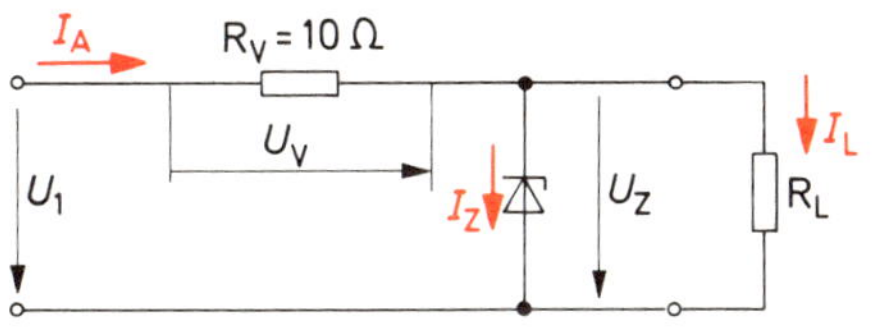

$$I_{Z\,max} = \frac{P_{tot}}{U_Z} = \frac{8\ \text{W}}{8\ \text{V}} = 1\ \text{A}$$

$$I_{Z\,min} = 5\ \text{mA}$$

$$I_A = \frac{U_V}{R_V} = \frac{14\ \text{V}}{R_V} = \frac{14\ \text{V}}{10\ \Omega} = 1{,}4\ \text{A}$$

$$I_L = I_A - I_{Z\,max} = 1{,}4\ \text{A} - 1\ \text{A}$$

$$I_L = 0{,}4\ \text{A}$$

$$\underline{\underline{R_{L\,max}}} = \frac{U_Z}{I_L} = \frac{8\ \text{V}}{0{,}4\ \text{A}} = \underline{\underline{20\ \Omega}}$$

b) Die Schaltung muß noch stabilisieren:

$U_1 = 20\text{ V} - 2\text{ V} = 18\text{ V}$

$U_V = U_1 - U_Z = 18\text{ V} - 8\text{ V} = 10\text{ V}$

$I_A = \frac{U_V}{R_V} = \frac{10\text{ V}}{10\,\Omega} = 1\text{ A}$

$I_L = I_A - I_{Z\,min} = 1\text{ A} - 0{,}005\text{ A}$

$I_L = 0{,}995\text{ A}$

$\underline{\underline{R_{L\,min}}} = \frac{U_Z}{I_L} = \frac{8\text{ V}}{0{,}995\text{ A}} = \underline{\underline{8{,}04\,\Omega}}$

Der Lastwiderstand muß im Bereich 8,04 Ω bis 20 Ω liegen.

15. bis 25. siehe Buchtext

Kapitel 7

1. bis 11. siehe Buchtext

12. siehe Bild 7.23

13., 14. siehe Buchtext

15. Berechnung der Verstärkerschaltung Bild 7.60:

$I_B = \frac{I_C}{B} = \frac{6\text{ mA}}{20} = 300\,\mu\text{A}$

$I_E = I_C + I_B = 6{,}3\text{ mA}$

$I_q = 6 \cdot I_B = 1{,}8\text{ mA}$

$I_{RC} = I_C + I_B + I_q = 8{,}1\text{ mA}$

$U_E = I_E \cdot R_E = 6{,}3\text{ mA} \cdot 220\,\Omega$

$U_E = 1{,}386\text{ V}$

$U_{RC} = I_{RC} \cdot R_C = 8{,}1\text{ mA} \cdot 1\text{ k}\Omega$

$U_{RC} = 8{,}1\text{ V}$

U_2: Spannung an R_2

$U_2 = U_{BE} + U_{RE} = 0{,}72\text{ V} + 1{,}386\text{ V}$

$U_2 = 2{,}106\text{ V}$

$R_2 = \frac{U_2}{I_q} = \frac{2{,}105\text{ V}}{1{,}8\text{ mA}}$

$\underline{\underline{R_2 = 1{,}17\text{ k}\Omega}}$

U_1: Spannung an R_1

$U_1 = U_B - U_{RC} - U_2 = 18\text{ V} - 8{,}1\text{ V} - 2{,}106\text{ V}$

$U_1 = 7{,}794\text{ V}$

$R_1 = \frac{U_1}{I_B + I_q} = \frac{7{,}794\text{ V}}{2{,}1\text{ mA}}$

$\underline{\underline{R_1 = 3{,}711\,\Omega}}$

16. Berechnung der Verstärkerschaltung Bild 7.61:

$U_B = U_{RC} + U_{CE} + U_E$

$U_B - U_{CE} = U_{RC} + U_E$

$U_{RC} + U_E = 12\text{ V} - 5{,}5\text{ V}$

$U_{RC} + U_E = 6{,}5\text{ V}$

$I_C \cdot R_C + I_E \cdot R_E = 6{,}5\text{ V}$

$60 \cdot I_B \cdot R_C + 61 \cdot I_B \cdot R_E = 6{,}5\text{ V}$

$I_B(60 \cdot R_C + 61 \cdot R_E) = 6{,}5\text{ V}$

$I_B = \frac{6{,}5\text{ V}}{60 \cdot R_C + 61 \cdot R_E}$

$$I_B = \frac{6{,}5\ \text{V}}{60 \cdot R_C + 61 \cdot R_E} = \frac{6{,}5\ \text{V}}{60 \cdot 1000\ \Omega + 61 \cdot 220\ \Omega} = \frac{6{,}5\ \text{V}}{73{,}42\ \text{k}\Omega} = 88{,}53\ \mu\text{A}$$

Da $B = 60$ gilt:

$I_C = 60 \cdot I_B$; $\quad I_E = 61 \cdot I_B$

$I_C = 60 \cdot I_B = 60 \cdot 88{,}53\ \mu\text{A} = 5{,}312\ \text{mA}$

$I_E = I_C + I_B = 5{,}312\ \text{mA} + 88{,}53\ \mu\text{A} = 5{,}4\ \text{mA}$

$U_{RC} = I_C \cdot R_C = 5{,}312\ \text{mA} \cdot 1\ \text{k}\Omega = 5{,}312\ \text{V}$

$U_E = I_E \cdot R_E = 5{,}4\ \text{mA} \cdot 200\ \Omega = 1{,}08\ \text{V}$

U_2: Spannung an R_2

$U_2 = U_E + U_{BE} = 1{,}08\ \text{V} + 0{,}75\ \text{V} = 1{,}83\ \text{V}$

$$R_2 = \frac{U_2}{I_q} = \frac{U_2}{3 \cdot I_B} = \frac{1{,}83\ \text{V}}{3 \cdot 88{,}53\ \mu\text{A}} = \frac{1{,}83\ \text{V}}{0{,}2656\ \text{mA}}$$

$\underline{\underline{R_2 = 6{,}89\ \text{k}\Omega}}$

U_1: Spannung an R_1

$U_1 = U_B - U_2 = 12\ \text{V} - 1{,}83\ \text{V}$

$U_1 = 10{,}17\ \text{V}$

$$R_1 = \frac{U_1}{I_B + I_q} = \frac{10{,}17\ \text{V}}{88{,}53\ \mu\text{A} + 265{,}6\ \mu\text{A}} = \frac{10{,}17\ \text{V}}{0{,}3541\ \text{mA}}$$

$\underline{\underline{R_1 = 28{,}72\ \text{k}\Omega}}$

$U_{CE} = U_B - U_{RC} - U_E = 12\ \text{V} - 5{,}312\ \text{V} - 1{,}08\ \text{V}$

$\underline{\underline{U_{CE} = 5{,}608\ \text{V}}}$

17. bis 19. siehe Buchtext

20. $$P_{tot} = \frac{T_j - T_U}{R_{thU}} = \frac{170\ °\text{C} - 50\ °\text{C}}{80 \frac{°\text{C}}{\text{W}}} = \frac{120}{80}\ \text{W}$$

$\underline{\underline{P_{tot} = 1{,}5\ \text{W}}}$

21. bis 23. siehe Buchtext

24. Die Schaltung stellt eine Verstärkerstufe in Basisschaltung dar. Die Schaltung Bild 7.58 wurde nur in anderer Form dargestellt.

25. siehe Bild 7.48 und Buchtext

Kapitel 8

1. bis 5. siehe Buchtext

6. Die Schaltung stellt eine Verstärkerstufe mit n-Kanal-Sperrschicht-FET in Sourceschaltung dar (Bild 8.19).

7. bis 12. siehe Buchtext

13. Die Schaltung zeigt eine Verstärkerstufe in Sourceschaltung mit selbstleitendem p-Kanal-MOS-FET (ähnlich Bild 8.39).

14. bis 20. siehe Buchtext

Kapitel 9

1. bis 9. siehe Buchtext

10.

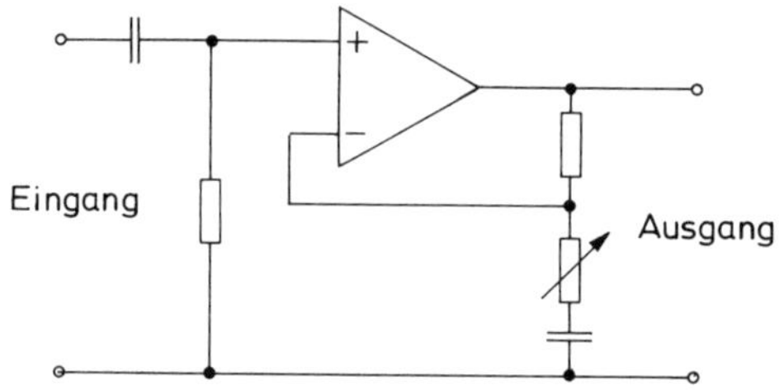

Kapitel 10

1. bis 11. siehe Buchtext

12.

13. siehe Buchtext

14. Die Schaltung stellt eine Motorsteuerung dar (siehe Bilder 10.28, 10.29).

15. bis 17. siehe Buchtext

18. Die Schaltung ist eine gesteuerte Gleichrichterschaltung in Brückenschaltung. Die beiden Halbwellen werden mit Hilfe der beiden Thyristoren angeschnitten (Phasenanschnittssteuerung). Der Impulsgeber erzeugt die Steuerimpulse für die Thyristoren und bestimmt den Zündverzögerungswinkel.

Kapitel 11

1. bis 7. siehe Buchtext

8. Die Schaltung ist eine Motorsteuerung mit Triac. Die induzierte Ankerspannung U_A ist der Drehzahl proportional. Sinkt die Drehzahl ab, so sinkt auch die Ankerspannung U_A. Die Zündspannung U_Z ist die Differenz zwischen der Potentiometerspannung U_P und der Ankerspannung U_A ($U_Z = U_P - U_A$). Wird die Drehzahl geringer, so wird die Ankerspannung kleiner und damit die Zündspannung größer. Der Diac zündet früher. Der Motor erhält mehr Leistung und dreht wieder schneller. Die Nenndrehzahl ist mit Hilfe des Potentiometerabgriffs einstellbar.

Kapitel 12

1. bis 9. siehe Buchtext

Kapitel 13

1., 2. siehe Buchtext

3. Lösung: $U_H = R_H \cdot \frac{I \cdot B}{d}$

$$U_H = \frac{230 \cdot 10^{-6}\ m^3 \cdot 80\ mA \cdot 0{,}9\ Vs}{As \cdot 0{,}2\ mm \cdot m^2}$$

$$\underline{\underline{U_H = 82{,}8\ mV}}$$

4. bis 10. siehe Buchtext

Kapitel 14

1. bis 6. siehe Buchtext

7.

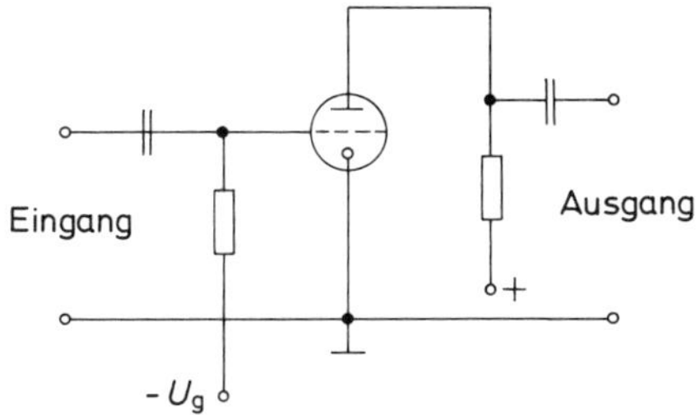

8. bis 18. siehe Buchtext.

Anhang

Datenblätter der Transistoren BCY 58 und BCY 59 aus Unterlagen der Firma Intermetall, Freiburg

BCY 58, BCY 59

NPN-Silizium-Epitaxie-Planar-Transistoren
für Schalter- und Verstärkeranwendungen in der kommerziellen Elektronik.

Die Transistoren werden nach der Stromverstärkung in die vier Gruppen A, B, C und D eingeteilt. Als Komplementärtypen werden die PNP-Transistoren BCY 78 und BCY 79 empfohlen.

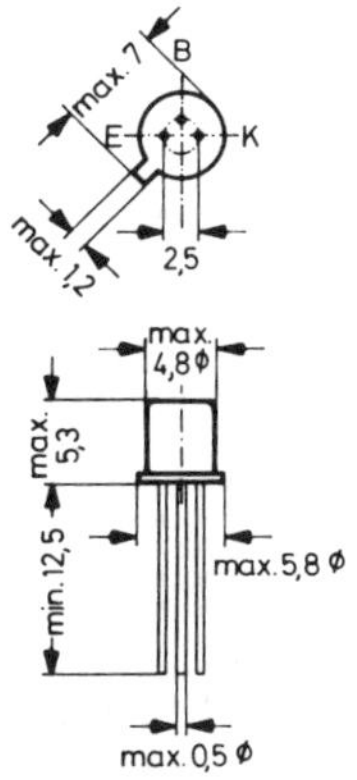

Metallgehäuse JEDEC TO-18
18 A 3 nach DIN 41 876
Gewicht ca. 0,35 g
Kollektor mit Gehäuse verbunden
Maße in mm

Grenzwerte		**BCY 58**	**BCY 59**	
Kollektor-Emitter-Spannung	U_{CES}	32	45	V
Kollektor-Emitter-Spannung	U_{CEO}	32	45	V
Emitter-Basis-Spannung	U_{EBO}	7	7	V
Kollektorstrom	I_C	200		mA
Basisstrom	I_B	50		mA
Verlustleistung bei $T_U = 25$ °C	P_{tot}	390		mW
bei $T_G = 45$ °C	P_{tot}	1		W
Sperrschichttemperatur	T_j	200		°C
Lagerungstemperaturbereich	T_S	− 65 . . . + 200		°C

Kennwerte bei $T_U = 25$ °C

Stromverstärkungsgruppe

h-Parameter bei $U_{CE} = 5$ V, $I_C = 2$ mA, $f = 1$ kHz		**A**	**B**	**C**	**D**
Strom-verstärkung	h_{21e}	200 (125 . . . 250)	260 (175 . . . 350)	330 (250 . . . 500)	520 (350 . . . 700)
Eingangs-widerstand	h_{11e}	2,7 (1,6 . . . 4,5)	3,6 (2,5 . . . 6)	4,5 (3,2 . . . 8,5)	7,5 (4,5 . . . 12) kΩ
Ausgangsleitwert	h_{22e}	18 (< 30)	24 (< 50)	30 (< 60)	50 (< 100) µS
Spannungs-rückwirkung	h_{12e}	$1{,}5 \cdot 10^{-4}$	$2 \cdot 10^{-4}$	$2 \cdot 10^{-4}$	$3 \cdot 10^{-4}$

		Stromverstärkungsgruppe			
		A	B	C	D
Kollektor-Basis-Stromverhältnis bei $U_{CE} = 5$ V, $I_C = 10$ µA	B	78	145 (> 20)	220 (> 40)	300 (> 100)
bei $U_{CE} = 5$ V, $I_C = 2$ mA	B	170 (120 ... 220)	250 (180 ... 310)	350 (250 ... 460)	500 (380 ... 630)
bei $U_{CE} = 1$ V, $I_C = 10$ mA	B	190 (> 80)	260 (120 ... 400)	380 (160 ... 630)	550 (240 ... 1000)
bei $U_{CE} = 1$ V, $I_C = 100$ mA	B	> 40	> 45	> 60	> 60

Basis-Emitter-Spannung			
bei $U_{CE} = 5$ V, $I_C = 10$ µA	U_{BE}	0,5	V
bei $U_{CE} = 5$ V, $I_C = 2$ mA	U_{BE}	0,62 (0,55 ... 0,7)	V
bei $U_{CE} = 1$ V, $I_C = 10$ mA	U_{BE}	0,7	V
bei $U_{CE} = 1$ V, $I_C = 100$ mA	U_{BE}	0,76	V
Kollektor-Sättigungsspannung			
bei $I_C = 10$ mA, $I_B = 0,25$ mA	U_{CEsat}	0,12 (0,05 ... 0,35)	V
bei $I_C = 100$ mA, $I_B = 2,5$ mA	U_{CEsat}	0,3 (0,15 ... 0,7)	V
Basis-Sättigungsspannung			
bei $I_C = 10$ mA, $I_B = 0,25$ mA	U_{BEsat}	0,7 (0,6 ... 0,85)	V
bei $I_C = 100$ mA, $I_B = 2,5$ mA	U_{BEsat}	0,9 (0,75 ... 1,2)	V

		BCY 58	BCY 59	
Kollektor-Emitter-Reststrom				
bei $U_{CE} = 32$ V	I_{CES}	0,2 (< 10)	–	nA
bei $U_{CE} = 45$ V	I_{CES}	–	0,2 (< 10)	nA
bei $U_{CE} = 32$ V, $T_U = 150$ °C	I_{CES}	0,2 (< 10)	–	µA
bei $U_{CE} = 45$ V, $T_U = 150$ °C	I_{CES}	–	0,2 (< 10)	µA
bei $U_{CE} = 32$ V, $U_{BE} = 0,2$ V, $T_U = 100$ °C	I_{CEV}	< 20	–	µA
bei $U_{CE} = 45$ V, $U_{BE} = 0,2$ V, $T_U = 100$ °C	I_{CEV}	–	< 20	µA
Emitterreststrom bei $U_{EB} = 5$ V	I_{EBO}	< 10	< 10	nA
Kollektor-Emitter-Durchbruchspannung bei $I_C = 2$ mA	$U_{(BR)CEO}$	> 32	> 45	V
Emitter-Basis-Durchbruchspannung bei $I_E = 1$ µA	$U_{(BR)EBO}$	> 7	> 7	V
Transitfrequenz bei $U_{CE} = 5$ V, $I_C = 10$ mA, $f = 100$ MHz	f_T	250 (> 125)		MHz
Kollektor-Basis-Kapazität bei $U_{CB} = 10$ V, $f = 1$ MHz	C_{CBO}	3,5 (< 6)		pF
Emitter-Basis-Kapazität bei $U_{EB} = 0,5$ V, $f = 1$ MHz	C_{EBO}	8 (< 15)		pF

Rauschmaß bei $U_{CE} = 5$ V, $I_C = 0{,}2$ mA, $R_G = 2\,k\Omega$, $f = 1$ kHz, $\Delta f = 200$ Hz	F	2 (< 6)	dB
Wärmewiderstand			
Sperrschicht – umgebende Luft	R_{thU}	< 450	K/W
Sperrschicht – Gehäuse	R_{thG}	< 150	K/W

Schaltzeiten

Arbeitspunkt:
$I_C : I_{B1} : -I_{B2} \approx 10 : 1 : 1$ mA, $R_1 = R_2 = 5\,k\Omega$, $R_L = 990\,\Omega$, $-U_{BB} = 3{,}6$ V

Verzögerungszeit	t_d	35	ns
Anstiegszeit	t_r	50	ns
Einschaltzeit	t_{ein}	85 (< 150)	ns
Speicherzeit	t_s	400	ns
Abfallzeit	t_f	80	ns
Ausschaltzeit	t_{aus}	480 (< 800)	ns

Arbeitspunkt:
$I_C : I_{B1} : -I_{B2} \approx 100 : 10 : 10$ mA, $R_1 = 500\,\Omega$, $R_2 = 700\,\Omega$, $R_L = 98\,\Omega$,
$-U_{BB} = 5$ V

Verzögerungszeit	t_d	5	ns
Anstiegszeit	t_r	50	ns
Einschaltzeit	t_{ein}	55 (< 150)	ns
Speicherzeit	t_s	250	ns
Abfallzeit	t_f	200	ns
Ausschaltzeit	t_{aus}	450 (< 800)	ns

Meßschaltung für die Schaltzeiten

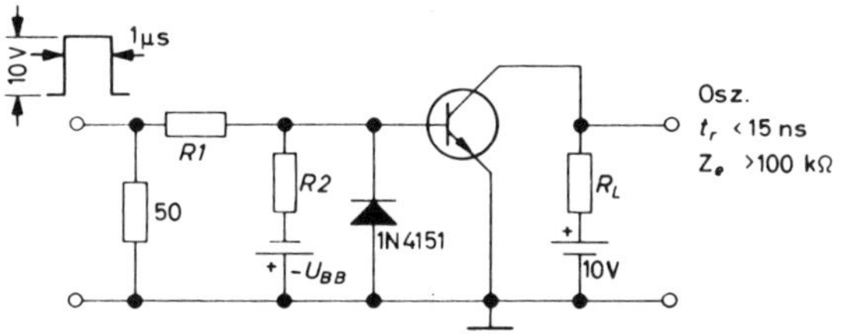

Anstiegszeit der Eingangsspannung 5 ns, Tastverhältnis < 1 %,
Generator-Innenwiderstand 50 Ω.

zulässige Gesamtverlustleistung in Abhängigkeit von der Temperatur

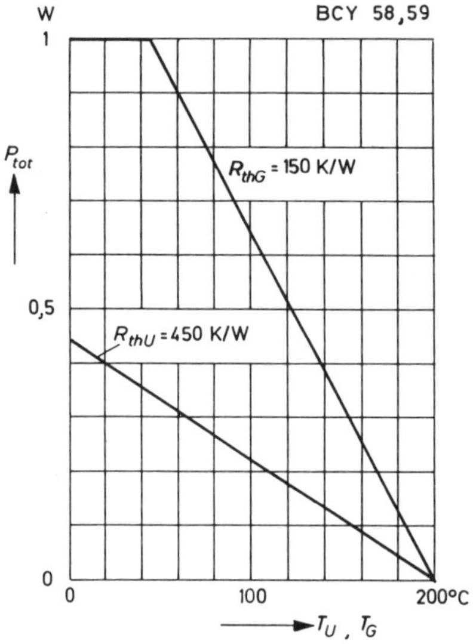

Impuls-Wärmewiderstand in Abhängigkeit von der Impulsdauer

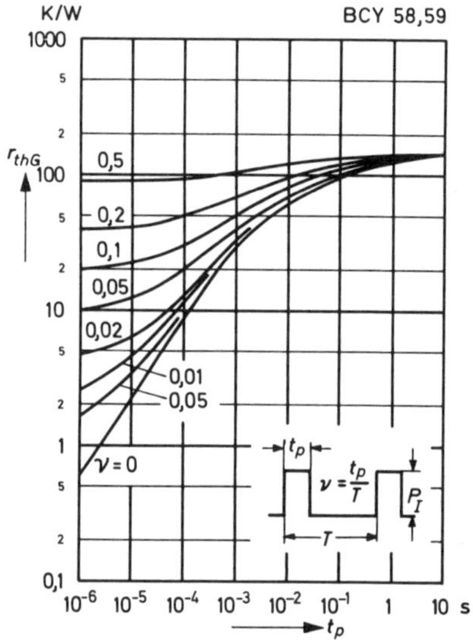

Kollektor-Basis-Stromverhältnis in Abhängigkeit vom Kollektorstrom

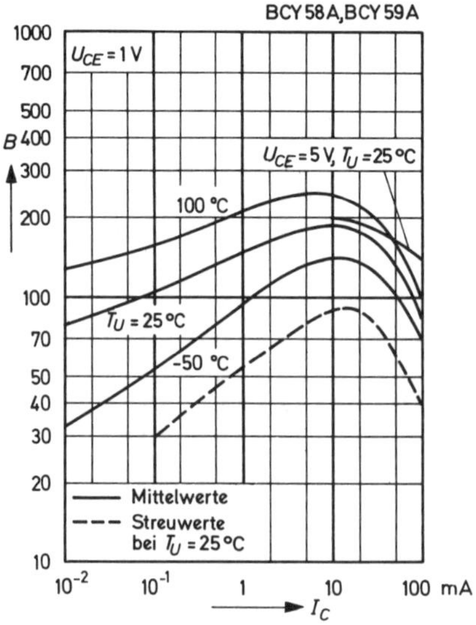

Kollektor-Basis-Stromverhältnis in Abhängigkeit vom Kollektorstrom

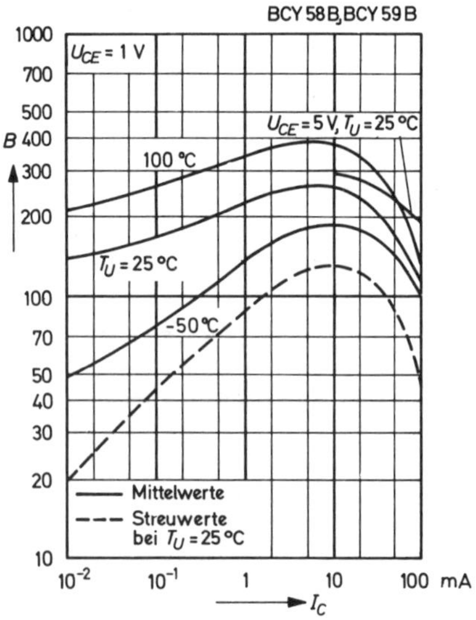

Kollektor-Basis-Stromverhältnis in Abhängigkeit vom Kollektorstrom

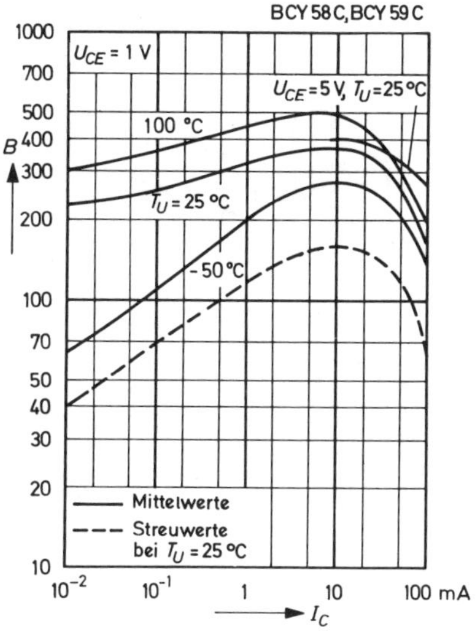

Kollektor-Basis-Stromverhältnis in Abhängigkeit vom Kollektorstrom

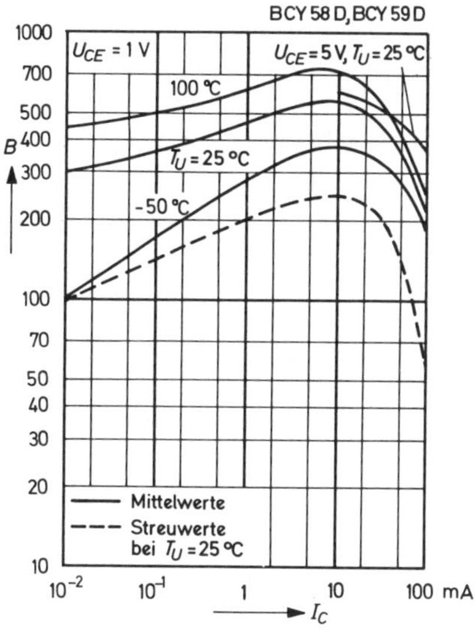

Kollektorstrom in Abhängigkeit von der Basis-Emitter-Spannung

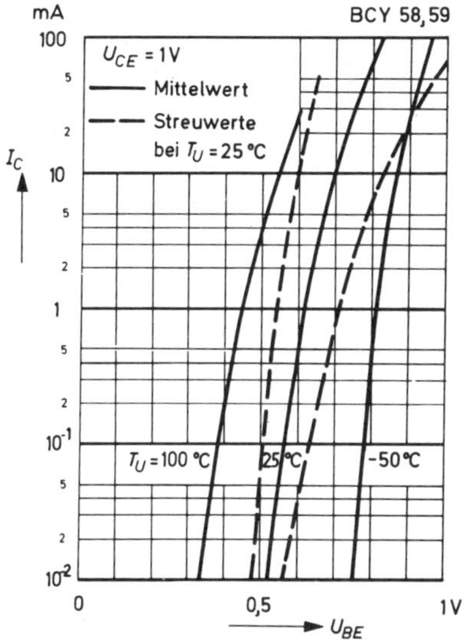

Kollektorreststrom in Abhängigkeit von der Umgebungstemperatur

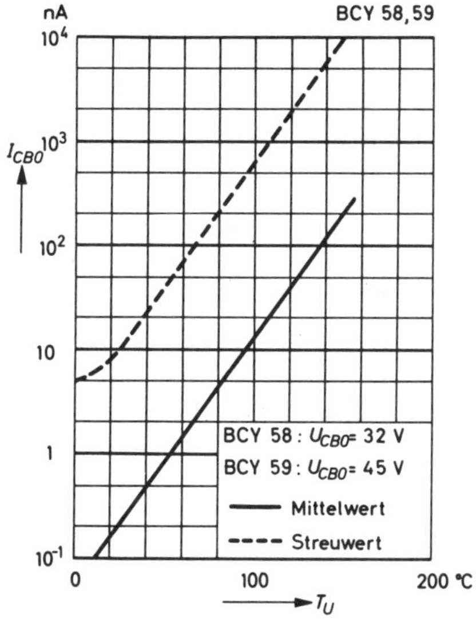

Ausgangskennlinien
Emitterschaltung

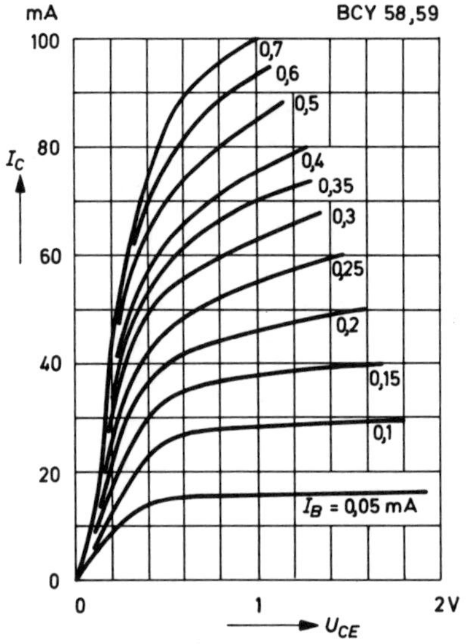

Ausgangskennlinien
Emitterschaltung

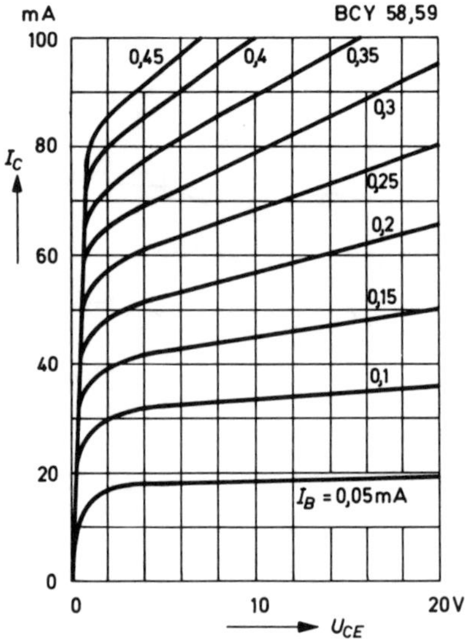

Ausgangskennlinien
Emitterschaltung

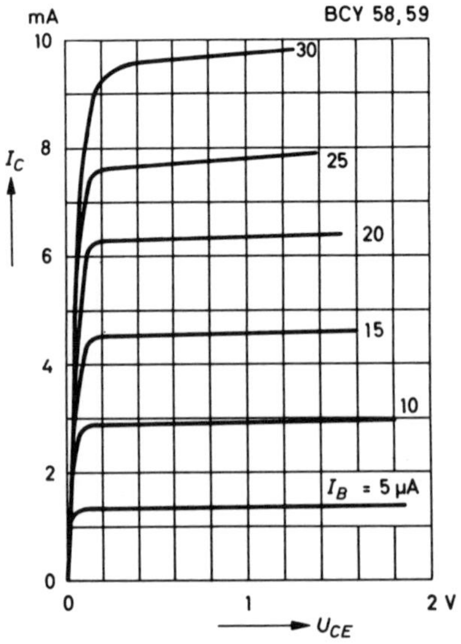

Ausgangskennlinien
Emitterschaltung

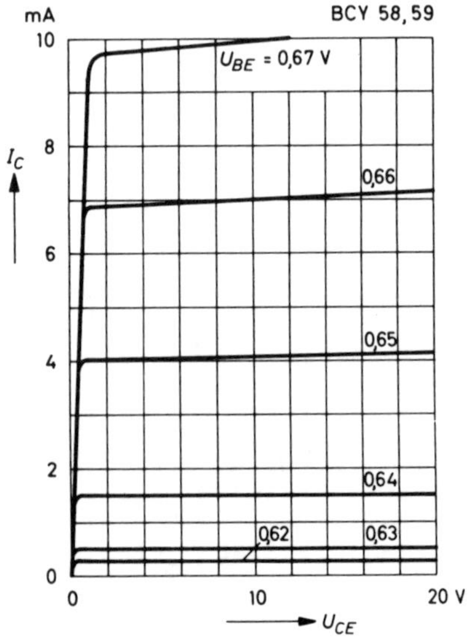

Ausgangskennlinien
Emitterschaltung

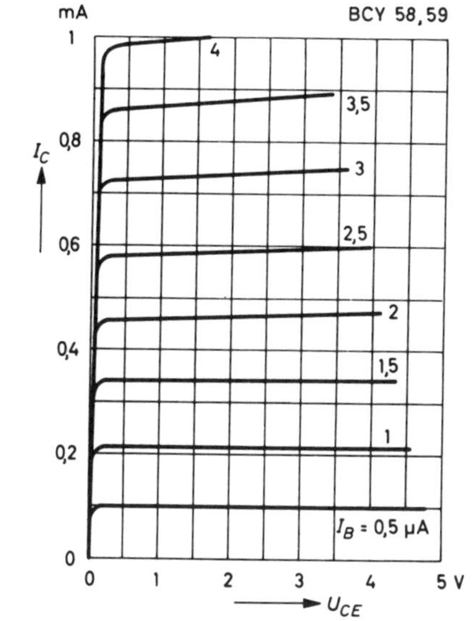

Ausgangskennlinien
Emitterschaltung

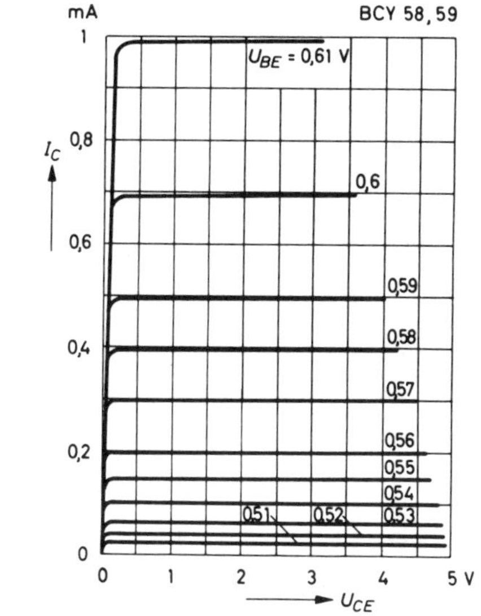

Kollektor-Sättigungsspannung in Abhängigkeit vom Kollektorstrom

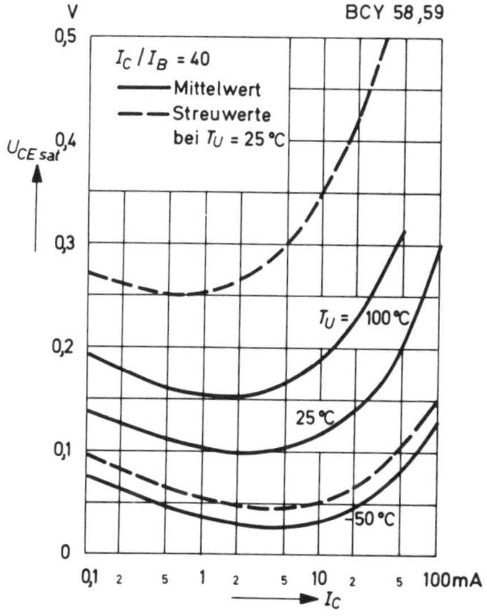

Basis-Sättigungsspannung in Abhängigkeit vom Kollektorstrom

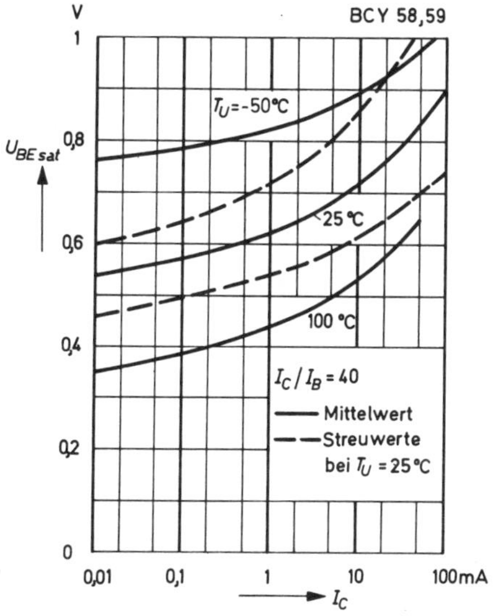

Kollektor-Basis- und Emitter-Basis-Kapazität in Abhängigkeit von der Sperrspannung

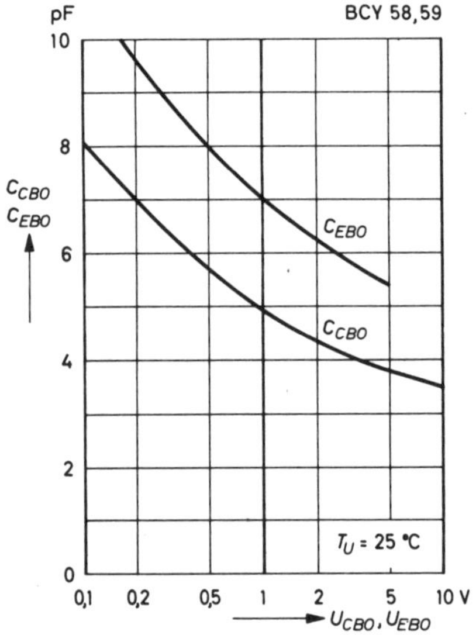

Transitfrequenz in Abhängigkeit vom Kollektorstrom

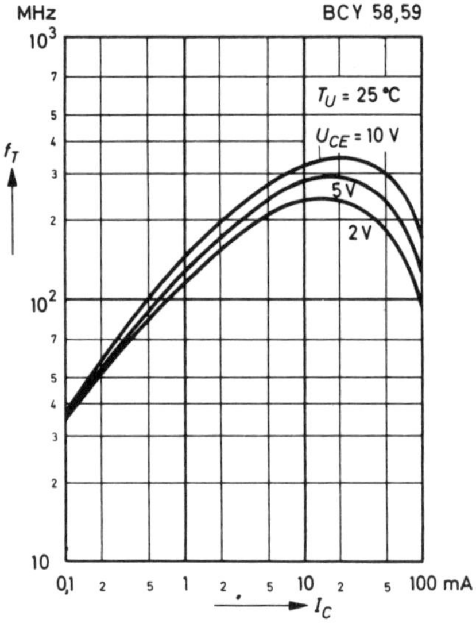

***h*-Parameter (normiert) in Abhängigkeit vom Kollektorstrom**

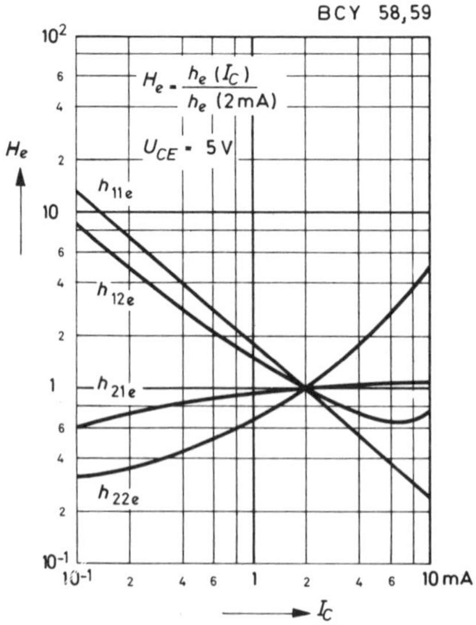

***h*-Parameter (normiert) in Abhängigkeit von der Kollektor-Emitter-Spannung**

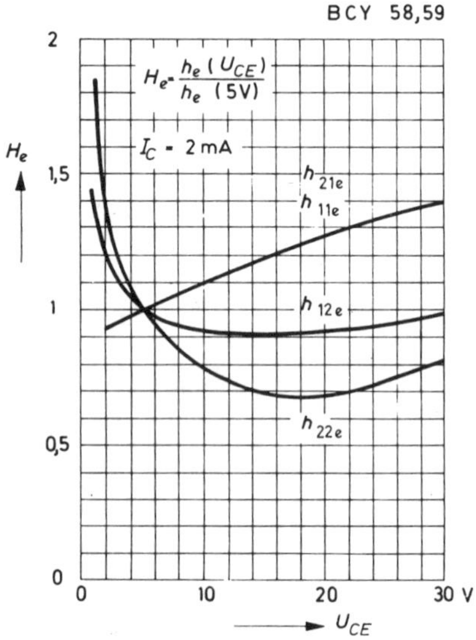

Stichwortverzeichnis

E

F

G

H

I

K

L

M

N

O

P

R

S

T

U

V

W

X

Y

Z